신화장품학

光井武夫 編

김주덕 · 김상진 · 김한석 · 권영두
박경환 · 이화순 · 진종언 공역

제2판

南山堂 도서출판 동화기술

新化粧品学

第2版

(株)資生堂 元専務取締役・研究開発本部長
理学博士　光 井 武 夫 編

南 山 堂

제2판의 서

본서 「신화장품학」이 자생당 연구센터의 연구원들에 의해 집필되어 출판된 후 4판이 출간되었고 국내에서는 많은 독자를 얻기에 이르렀다.

해외로부터도 본서의 출판 요구가 잇따라 중국에서는 1996년 4월에 중국 경공업출판사에서, 대만에서는 1996년 10월에 합기도서출판사에 의해, 한국에서는 1997년 10월에 도서출판 동화기술에 의해 번역서가 출판되었다.

또한 1997년 6월에는 Elsevier Science B.V.에 의해 구미를 중심으로 영어판이 출판되었다.

이러는 와중에 본서의 초판이 출판된 이후 7년여의 시간이 흐름에 따라 최근에는 화장품 과학의 진보도 현저하고, 신약제의 개발도 이루어져 화장품에 대한 국내·외의 법규나 규제도 변하게 되었다.

이러한 변화에 대응하기 위해 본서를 전면적으로 개정한 개정판을 출판하기로 하였다.

특히 개정을 실시한 장은 「화장품과 피부」, 「화장품과 약제」, 「화장품과 법규」이다.

「화장품과 피부」의 장에서는 화장품과 관련하여 피부과학을 가능한한 알기 쉽게 재정리하였고, 마지막 절에서는 최근에 주목되고 있는 화장품이 전신의 조절계인 뇌·신경·내분비·면역계에 미치는 영향에 대해 언급했다.

「화장품과 약제」의 장에서는 항목을 재정리함과 동시에 최근에 새롭게 개발된 약제에 대해 설명하였다.

「화장품과 법규」의 장에서는 개정된 법규와 규제를 전면적으로 도입하였다. 또한 이장 이외에서도 법규나 규제가 인용되고 있는 부분은 전면적으로 수정하였다. 그러나 법규와 규제는 시대에 의해 변화하기 때문에 실제로 상품을 개발하여 판매하는 시점에서의 법규, 규제를 조사할 필요가 있다.

화장품의 분류 명칭도 변경하여 「기초 화장품」은 「스킨 케어 화장품」으로, 「모발 화장품」은 「헤어 케어 화장품」으로, 「방향 화장품」은 「프래그런스 화장품」으로, 「바디 화장품」은 「바디 케어 화장품」으로, 「구강용 화장품」은 「오랄 화장품」으로 하였다. 이러한 명칭들이 일반화되었기 때문이다.

증보 개정은 이러한 장 이외에도 전반적인 부분에 걸쳐 이루어졌다. 이번의 개정이 화장품 과학의 최근의 발전을 정확히 전달하여 독자에게 도움이 될 수 있기를 집필자 일동은 간절히 바란다.

끝으로, 본 서의 개정을 전면적으로 지원해주신 (주) 자생당의 신전 길홍씨, 영도신차씨에게 진심으로 감사드린다.

광이무부

제1판의 서

이 책의 이전본이라고 할 수 있는 池田鐵作 편의 「화장품학」이 출판된 것이 1957년으로 벌써 35년의 세월이 흘렀다. 그 사이 인쇄를 거듭하여 총 출판부수도 3만 수 천권을 넘어섰다. 이것은 이 분야의 전문서로서는 실로 최대일 것이다. 그러나 편자인 池田鐵作 선생도 이미 세상을 떠났고, 1978년 마지막 개정을 한 후 14년이 경과했다. 그 동안 기술의 발전이 현저했고, 특히 일본의 신원료, 신약제의 개발, 제제기술의 진보 등은 화장품의 기술을 대폭적으로 변혁시켰다.

2년마다 개최되는 IFSCC(국제 화장품 기술자 연맹)의 학술대회에서도 일본의 수많은 우수한 연구가 발표되고 있고, 특히 근래 몇 년 동안(1986-1992) 일본의 발표가 연속해서 최우수상을 수상했다. 일본의 화장품 기술은 확실히 세계 최고 수준에 달했다고 하더라도 과언은 아닐 것이다.

여기에서 우리들은 「화장품학」을 전면적으로 고쳐서 새로운 도서로서 본 서를 출판하고자 한다.

본 서는 화장품의 연구, 생산에 종사하는 기술자나, 화장품 과학을 배우는 학생을 비롯하여, 화장품에 관심을 갖는 많은 사람들에게 폭 넓게 흥미를 주고 이해할 수 있도록 배려해서 작성되었다. 실제 화장품(Toiletry제품도 포함해서)은 일상의 필수품이 되고 있으며, 그 수요도 해마다 확대되고 있다.

일본의 대학 약학부에서 화장품 과학 강좌가 많아지고 있으며, 화장품 과학에 대한 일반의 관심은 점점 높아지고 있다.

화장품과학은 화학, 약학, 물리화학을 비롯하여 피부과학, 생화학, 생리학, 공학, 분석화학, 향료과학, 색채학, 심리학 등 실제로 많은 학문과 관련이 있다.

총론에서는 이들 학문의 화장품과의 관계에 대해서 기술했고, 특히 종래의 도서에는 없었던 새로운 항목도 몇 가지 추가되었다.

즉, 최근에는 화장품의 안전성에 추가하여 유용성을 추구하고 기대하는 시대가 되었으므로, 「화장품의 유용성」에 대해서 하나의 항목을 만들어 여러 가지 연구 예를 게재했다.

화장품의 안정성 평가는 기술자가 가장 관심을 갖는 분야이고, 다년간의 경험에 기초한 노하우에 속하는 부분도 많다. 그래서 「화장품의 안정성」의 항을 만들어 화장품을 연구하는 사람을 위해 참고가 되도록 하였다. 총론의 마지막 항에서는 「화장품과 정보」를 게재했다. 정보화 시대를 맞이하여 정보의 중요성은 더욱 높아가고 있다. 화장품에 관한 서적, 잡지 이외 최근 많이 이용되는 데이터 베이스의 몇 가지를 소개했다.

각론은 사용목적별로 기초 화장품, 메이크업 화장품, 모발 화장품, 방향 화장품, 바디 화장품, 구강용 화장품의 항으로 나누어 기술하고, 치약은 구강용 화장품, 비누와 목욕제는 바디 화장품으로 분류했다. 각 항목 모두 제품의 기능, 종류, 주요 구성원료, 기본처방, 제법 등으로 구성했다.

본 서가 화장품에 관심을 가진 많은 독자에게 도움이 되고 화장품과학의 발전에 보탬이 된다면 편자로서는 더 없는 영광이겠다.

끝으로 본 서의 출판에 많은 유익한 조언을 해주신 (주) 남산당의 鳥海高良씨, 門脇佳子씨에게 깊이 감사드린다.

光井武夫
(みついたけお)

contents

화장품 개론 13

1 화장의 목적 15
2 화장품의 의의 15
3 화장품의 분류 16
4 화장품의 품질 특성과 품질 보증 18
5 화장품의 개발 프로세스 20
6 화장품을 지탱하는 과학, 기술과 미래 21

총 론 25

1 화장품과 피부 27
1-1. 피부의 구조와 기능 27
1-2. 피부의 생리작용 35
1-3. 피부의 색 40
1-4. 피부 타입의 분류 방법 44
1-5. 여드름 ; Acne 49
1-6. 자외선과 피부 53
1-7. 피부의 노화 60
1-8. 전신계와 피부 70
2 화장품과 모발, 손톱 73
2-1. 모발의 발생 73
2-2. 모간의 형상과 구조 78
2-3. 모발의 화학구조 84
2-4. 모발의 물리적 성질 88
2-5. 모발의 손상 ; Hair damage 90
2-6. 손톱과 발톱의 기능과 구조 95
3 화장품과 색채, 색재 101
3-1. 색채 ; Color 101

3-2. 색재 ; Color materials 114
4 화장품과 향료 139
4-1. 후각 ; Olfaction 139
4-2. 냄새·향기·향료 141
4-3. 천연 향료 ; Natural perfumes 147
4-4. 합성향료 ; Aroma chemicals (Synthetic perfumes) 154
4-5. 조합향료 ; Fragrance compounds 155
4-6. 조향 ; Perfume creation 161
5 화장품의 원료 167
5-1. 유성 원료 ; Oily materials 168
5-2. 계면활성제 ; Surface active agents, Surfactants 177
5-3. 보습제 ; Humectants 183
5-4. 고분자 화합물 ; Polymers 189
5-5. 자외선 흡수제 ; Ultraviolet absorbents 193
5-6. 산화 방지제 ; Antioxidants 196
5-7. 금속이온 봉쇄제 ; Sequestering agents, Cheating agents 198
5-8. 기타 원료 199
6 화장품과 약제 201
6-1. 피부용 약제 201
6-2. 두피, 두발용 약제 212
6-3. 구강용 약제 ; Oral health care agents 216
6-4. 기타 약제 ; Other effective ingredients 220
7 화장품의 물리화학 227
7-1. 화장품의 콜로이드 과학과 계면 과학 227
7-2. 화장품의 레올러지 248
8 화장품의 안정성 257
8-1. 기제의 안정성과 각종 보증 시험 257
8-2. 약제의 안정성과 시험법 263
8-3. 양산화에 의한 화장품의 안정성 264
8-4. 사용 실례를 고려한 안정성 보증 265
9 화장품의 방부와 곰팡이 방지 267
9-1. 방부제 첨가의 필요성 267
9-2. 일차오염·이차오염과 약사법 268
9-3. 항균제 ; Antimicrobial agents 269
9-4. 사용할 수 있는 항균제 271

9-5. 방부제, 곰팡이 방지제의 효과 평가법 274
9-6. GMP와 validation 275
10 화장품의 안전성 279
10-1. 화장품 안전성의 기본적인 개념 279
10-2. 안전성 시험 항목과 평가방법 281
10-3. 동물 시험 대체법 ; Animal test alternative 287
11 화장품의 유용성 291
11-1. 화장품의 유용성에 대하여 291
11-2. 화장품의 유용성 연구 292
11-3. 유용성의 연구예 293
11-4. 유용성의 향후 방향 306
12 화장품의 용기 307
12-1. 화장품 용기에 필요한 특성 307
12-2. 화장품 용기의 종류 ; Types of cosmetic containers 312
12-3. 화장품 용기로 이용되는 재료 315
12-4. 화장품 용기의 설계 및 품질 보증 319
12-5. 화장품 용기의 동향 321
13 화장품과 에어로졸 기술 325
13-1. 에어로졸의 원리와 구조 325
13-2. 에어로졸의 분사제 ; Aerosol Propellants 326
13-3. 에어로졸의 원액(분사물질) 327
13-4. 에어로졸의 용기 ; Aerosol containers 328
13-5. 에어로졸의 법규 330
13-6. 에어로졸의 제조방법 331
13-7. 에어로졸 화장품의 사용상의 주의점 332
13-8. 에어로졸 화장품의 동향 333
14 화장품과 분석 335
14-1. 화장품의 분석 335
14-2. 피부, 모발의 분석 351
14-3. 분석의 자동화 356
15 화장품의 제조장치 359
15-1. 분쇄기 ; Grinders 360
15-2. 분체혼합기 ; Powder mixing equipment 360
15-3. 분산기·유화기 ; Dispersion and Emulsification equipment 361
15-4. 반죽·혼합기 ; Kneading equipment 363

15-5. 냉각장치 ; Cooling equipment 364
15-6. 성형기 ; Molding machines 366
15-7. 충전 · 포장기 ; Filling and Packaging machines 369
16 화장품과 법규 371
16-1. 화장품에 관한 법규 371
16-2. 기타 화장품에 관한 법규 376
16-3. 일본의 화장품의 규제 완화 385
16-4. 외국의 화장품의 법규 387
16-5. 대한민국 화장품법 389
17 화장품과 정보 407
17-1. 연구개발에 있어서 정보의 중요성 407
17-2. 화장품관계 도서 · 잡지 410
17-3. 데이터 베이스의 활용 ; Databases 413

각 론 415

1 스킨 케어 화장품 417
1-1. 스킨 케어 화장품의 목적 · 기능 · 역할 417
1-2. 세안료 ; Face cleansing cosmetics 420
1-3. 화장수 ; Lotion 426
1-4. 유액 ; Milky lotions 436
1-5. 크림 ; Creams 442
1-6. 젤 ; Gels 455
1-7. 에센스(미용액) ; Essences(beauty lotions) 458
1-8. 팩 · 마스크 ; Packs and masks 462
1-9. 쉐이브용 화장품 ; Shaving cosmetics 468
1-10. 기타 화장품 474
2 메이크업 화장품 477
2-1. 메이크업 화장품의 역사 477
2-2. 메이크업 화장품의 종류와 기능 478
2-3. 메이크업 화장품의 종류와 제형 479
2-4. 메이크업 화장품의 구성원료 479
2-5. 백분 · 타정분류 ; Face powder · Pressed powder 483
2-6. 파운데이션류 ; Foundations 487

2-7. 립스틱과 루즈 ; Lipsticks and Rouge 495
2-8. 볼연지류 ; Rouge, Cheek color and Blush-on product 500
2-9. 눈 화장품류 ; Eye make up cosmetics 501
2-10. 매니큐어 제품류 ; Manicure preparations 512

3 모발 화장품 521
3-1. 세발용 화장품 ; Hair cleansing cosmetics 521
3-2. 육모제 ; Hair growth promoters 529
3-3. 모발 마무리 화장품 535
3-4. 퍼머넌트 웨이브용제 ; Permanent waving lotion 544
3-5. 염모제, 헤어 브리치 ; Hair colour, Hair bleach 549

4 방향 화장품 559
4-1. 방향 화장품의 종류 559
4-2. 여성용 향수 ; Perfume 559
4-3. 남성용 코롱 ; Men's cologne 564

5 바디 케어 화장품 567
5-1. 비누 ; Soap 567
5-2. 액체바디 세정료 ; Body shampoo 576
5-3. UV케어 화장품 ; UVcare cosmetics 581
5-4. 핸드 케어 화장품 ; Hand care cosmetics 592
5-5. 방취 화장품 ; Deodorant cosmetics 594
5-6. 탈색제 · 제모제 599
5-7. 목욕용제 ; Bath preparations 603
5-8. 해충 퇴치제 608

6 구강용 화장품 609
6-1. 치약류 ; Dentifrices 609
6-2. 구강 청량제 ; Mouth freshener 620

찾아보기 623

화장품 개론

1 화장의 목적

2 화장품의 의의

3 화장품의 분류

4 화장품의 품질 특성과 품질 보증

5 화장품의 개발 프로세스

6 화장품을 지탱하는 과학, 기술과 미래

화장품 개론

1 》 화장의 목적

화장품은 우리의 일상 생활과 깊은 관계를 지니며, 많은 사람들이 사용하고 있다. 또한 그 소비량도 대단히 증가하고 있다.

그렇다면 사람이 화장을 시작한 것은 언제부터일까? 화장의 발생을 역사적으로 거슬러 올라가서 언제라고 확증하기는 어려우나 출토품 등으로부터 미루어 보아 구석기 시대 무렵으로 추정되며, 화장은 인류 역사와 함께 하였고, 매우 오랜 역사를 지닌 것을 알 수 있다.

그렇다면 사람은 왜 화장을 했을까? 화장의 목적에 대해 생각해 보자. 우선 자연으로부터의 신체 보호를 들 수 있다. 신체를 자연의 위협(예를 들면 온도, 햇빛 등)으로부터 지키기 위해 기름이나 기름에 흙이나 식물을 혼합한 것을 발랐고, 신체를 보온하고, 강한 빛을 막고, 벌레로부터 보호할 수 있었다. 또한, 종교적인 이용은, 예를 들면 분향(향나무 등을 가열하여 향을 발하는 것)을 들 수 있다. 연기를 쬠으로써 더러움을 씻고, 재난을 막는다고 하는 종교적 신앙도 있었다. 신체에 색을 칠함으로써 재해를 막는다는 것도 들 수 있다.

그러나 과학의 진보와 함께 현대에는 이러한 목적은 거의 없어지고 신체를 청결히 하는 것, 인간의 본능적 욕망으로서 메이크업 등에 의해 자기를 아름답고 매력있게 표현해서 마음을 풍요롭게 하는 것, 그리고 자외선이나 건조 등으로부터 피부나 모발을 보호해서 노화방지에 주의하는 것, 아름답게 나이를 먹으면서 쾌적한 생활을 즐기는 것이 현대 화장품의 주된 목적이다.

2 》 화장품의 의의

화장품은 어떻게 정의되고 인식되어 있을까?

약사법에서는 의약품, 의약부외품, 화장품, 의료용구 등 4가지로 분류하고, 화장품이란

『사람의 신체를 청결히 하고, 미화하고, 매력을 증가시키고, 용모를 변화시키고, 또는 피부 혹은 모발을 건강하게 유지하기 위하여 신체에 도포, 산포, 기타 이들에 유사한 방법으로 사용되는 것을 목적으로 인체에 대한 작용이 완화된 것을 말한다』라고 정의하고 있다.

의약부외품은 약용 치약, 방취 화장품, 염모제와 같이 인체에 대한 작용이 있더라도 『작용이 완화하고, 질병의 치료 또는 예방에 사용하지 않고, 신체의 구조, 기능에 영향을 미치는 것과 같은 사용목적을 겸하지 않는 것일 것』으로 되어 있다. 이 책에서는 약사법에서 말하는 「화장품」과 「의약부외품」의 양자에 대하여 기술하고, 특히 양자의 구별을 필요로 하지 않을 때는 편의상 「화장품」으로 부르기로 하였다. 또 향장품이라는 명칭도 자주 사용되지만, 향장품이란 화장품과 방향 화장품 (향수 등)의 총칭이며, 화장품과 동의어로 사용되고 있다.

어쨌든 현재 약사법에서 분명히 하고 있는 것은 화장품도 의약부외품도 의약품과 다르고, 건강한 사람을 대상으로 하여 인체를 청결히 유지한다는 위생적인 면과 아름답게 하는 것이 목적이고, 의약품과 같이 치료, 진단, 예방이라는 신체의 구조, 기능에 영향을 미치는 목적이 아니며, 따라서 생리 작용이 완화된 것으로 되어 있다.

실제 화장품은 일상 생활에서 매일 또는 장기간에 걸쳐 사용되기 때문에 모든 조건을 고려하여 사용상 안전해야 하며, 부작용은 허용되지 않는다. 이에 비하여 의사가 사용하는 의약품은 질병시에만 사용하는 것이므로 병의 치료가 제일 목적이고, 치료시 효능이 우선되며, 이에 따르는 약간의 부작용이 불가피한 경우도 있다.

그 외에 성분 표시, 기한 표시, 신청 조건도 달라서 화장품이 지정 성분 표시인 것에 반하여, 의약품은 유효 성분 표시로 되어 있다. 이상이 화장품, 의약부외품과 의약품의 차이이다.

3 》 화장품의 분류

화장품(의약부외품 포함)은 사용 부위, 사용 목적 또는 제품의 구성 성분 및 형상 등에 의해 여러 가지로 분류되고, 여기서는 일상적으로 자주 사용되는 스킨 케어 화장품, 메이크업 화장품, 바디 케어 화장품, 헤어 케어 화장품, 구강용 화장품, 방향 화장품을 표 1과 같이 분류하였다.

스킨 케어 화장품은 기초 화장품, 훼이셜 화장품, 피부용 화장품이라고도 하며 얼굴에 사용되는 화장품이 주이고, 그 사용 목적에 따라 세정, 정돈, 보호로 구분된다. 메이크업 화장품은 마무리 화장품이라고도 하고, 사용목적에 따라 베이스 메이크업, 포인트 메이크업으로 나뉘어진다.

표 1. 화장품의 분류

분 류			사용목적	주요제품
피부용	스킨 케어 화장품 (기초 화장품)		세정	세안 크림・폼
			정돈	화장수, 팩, 마사지크림
			보호	유액, 모이스쳐크림
	메이크업 화장품		베이스 메이크업	파운데이션, 백분
			포인트 메이크업	입술연지, 볼연지, 아이섀도우, 아이라이너, 네일 에나멜
	바디 케어 화장품		목욕용	비누, 액체세정료, 입욕제
			자외선 방어	일광 그을림 방지(선스크린) 크림, 선오일
			제한, 방취	데오드란트 스프레이
			탈색, 제모	탈색, 제모크림
			방충	방충 로션・스프레이
모발・두발・두피용	헤어 케어 화장품	두발용	세정	샴푸
			트리트먼트	린스, 헤어 트리트먼트
			정발	헤어 무쓰, 헤어 리퀴드, 포마드
			퍼머넌트 웨이브	퍼머넌트 웨이브 로션 1제, 2제
			염모, 탈색	헤어 칼라, 헤어 블릿치, 칼라 린스
		두피용	육모, 양모	육모제, 헤어토닉
			트리트먼트	스캘프 트리트먼트
구강용	구강용 화장품		치마제	치약
			구강청량제	마우스 워셔
	방향 화장품		방향	향수, 오데코롱

바디 케어 화장품은 주로 얼굴 이외의 피부, 즉 몸(바디)에 사용하는 화장품을 말한다. 일광 그을림 방지 화장품, 선탠 화장품, 땀을 제거하거나 방취하는 화장품, 불필요한 털을 탈색하거나 제거하는 제품, 비누, 핸드 케어, 목욕용 화장품이 있다. 별도의 방충 화장품(기피제)도 이에 속한다.

헤어 케어 화장품은 두발의 세정, 트리트먼트, 정발을 위한 화장품과 모발을 화학적으로 처리하여 웨이브를 만드는 퍼머넌트 웨이브제 및 염모제, 그 외에 두피용 화장품인 육모제나 두피용 트리트먼트가 있다.

구강용 화장품은 치약이 중심 제품이고, 이 외에 구강 청량제가 포함된다.

방향 화장품은 주로 바디에 사용되는데, 때로는 두발이나 귀 부분에 사용되기도 한다. 방향 화장품의 대표는 향수로서, 부향률(향료의 사용률)의 차이에 의한 오데코롱 등이 있다.

이상이 화장품의 분류이다. 이러한 많은 화장품이 일상 생활에서 사용되는데, 일본의 화장품 출하 금액은 미국에 이어 세계 제 2위에 이른다. 또한 품종별 출하 금액도 피부용 화장품, 두발 화장품, 마무리용 화장품 순으로서, 향수, 오데코롱 등의 향수 화장품은 유럽에 비하면 적다. 이는 생활 습관이나 체질의 차이에 의한 것으로 생각된다.

4 》 화장품의 품질 특성과 품질 보증

4-1. 화장품의 품질 특성

품질(Quality)이란, 일반적으로 그 제품을 사용하는 사람(소비자)의 만족도에 의해 결정되는 것이다.

기업의 입장에서 품질은, 기획 설계의 품질, 제조상의 품질, 판매상의 품질로 나눌 수 있는데, 어떠한 경우에도 품질 특성을 만족시키는 것이 필요조건으로서, 그 외에 경제성이나 시장에서의 타이밍도 중요한 요소가 된다.

화장품에서 품질 특성이란 화장품을 만들어 판매하는 경우 기본적으로 소홀히 해서는 안 될 중요한 특성으로, 안전성, 안정성, 유용성, 사용성(사용감, 사용하기 편리함)을 들 수 있다. 사용성 중에는 사용자의 기호에 따라 선택되는 향기, 색, 디자인 등의 기호성(감각성)도 포함된다.

품질 특성에 대해 정리하면 표 2와 같다.

표 2. 화장품의 품질 특성

안전성	피부 자극성, 감작성, 경구독성, 이물혼입, 파손 등이 없을 것
안정성	변질, 변색, 변취, 미생물 오염 등이 없을 것
사용성	1. 사용감(피부 친화성, 촉촉함, 부드러움 등) 2. 사용 편리성(형상, 크기, 중량, 기구, 기능성, 휴대성 등) 3. 기호성(향, 색, 디자인 등)
유용성	보습효과, 자외선 방어 효과, 세정 효과, 색채 효과 등

4-2. 화장품의 품질 보증

품질 보증이란 일본 과기연의 품질보증 가이드 북[1]에 의하면, 『소비자가 안심하고 만족하여 구입할 수 있고, 그것을 사용하여 안심감, 만족감을 갖고 오랫동안 사용할 수 있는 품질을 보증하는 것』이라고 정의되어 있다.

이 내용을 보더라도 품질 보증이야말로 품질 관리(구매자의 요구에 맞는 품질을 경제적으로 만들어 내기 위한 수단의 체계, 일본 공업 규격 JIS 8101)의 진수라 할 수 있다. 또 품질 보증의 정의로부터 기업은 제품 책임에 대해서 충분한 대책을 갖고 소비자의 안전을 도모하는 것이 필요하다.

화장품의 품질 보증은 연구, 제조, 판매의 각 부문에서 각각의 보증 업무가 이루어지고 있다. 여기서는 설계, 연구 개발 부문에서 이루어지는 품질 보증 개요를 표 3과 같이 나타낸다.

표 3. 화장품의 품질보증

- 내용물 보증
  - 안전성 보증
    - 각종 안전성시험 · 첩포시험
    - 중금속시험(Pb, As 등)
  - 안정성 보증
    - 색조 안정성시험 (시간경과에 따른 색의 안정성)
    - 내광성 (광에 대한 안정성)
    - 향취의 안정성시험 (시간경과에 따른 향취의 안정성)
    - 내온도, 내습도 안정성시험 (순환시험 포함)
    - 방부시험, 곰팡이 방지시험
    - 약제 안정성시험 (효능 보증)
    - 물리화학 안정성시험
  - 사용성 보증
    - 사용시험 (관능시험)
    - 물리화학시험 (레올러지 측정 등)
  - 유용성 보증
    - 제품별 각종 효과시험
- 용기 · 외장 보증
  - 내용물 보증
    - 내광성 시험
    - 투과성 시험
    - 냄새 시험(변취 검토)
  - 재료적합성 보증
    - 내약품성 시험
    - 내부식성 시험
    - 내광성 시험
  - 소재의 안정성 보증
    - 소재중 주의가 필요한 물질(포르말린 등)
    - 안전성 기준 (후생성 고시 등)
    - 안정성 확인 시험
  - 기능성 보증
    - 인간공학적 기능성시험
    - 물리적 기능성시험
  - 사용상의 안전성
    - 사용환경시험
    - 사용방법
  - 폐기성 보증
    - 처리의 용이성 (유효이용 등)
    - 안전성 (소각상의 안전성)

5 화장품의 개발 프로세스

화장품의 기초 연구로부터 상품 기획에 의거한 제품화 연구, 제조 및 일련의 제품 개발 흐름(개발 프로세스)은 그림 1과 같다. 화장품을 개발하는 경우, 우선 그 씨앗이 되는 기초, 응용연구의 성과를 필요로 한다. 그 중에는 피부과학으로부터의 단서나 신원료, 신제제의 개발이 포함되고, 최근에는 생명 과학을 기반으로 한 생물 기술(biotechnology)에 의한 신원료, 정밀화학에 의한 신소재, 신제제의 연구가 활발하다.

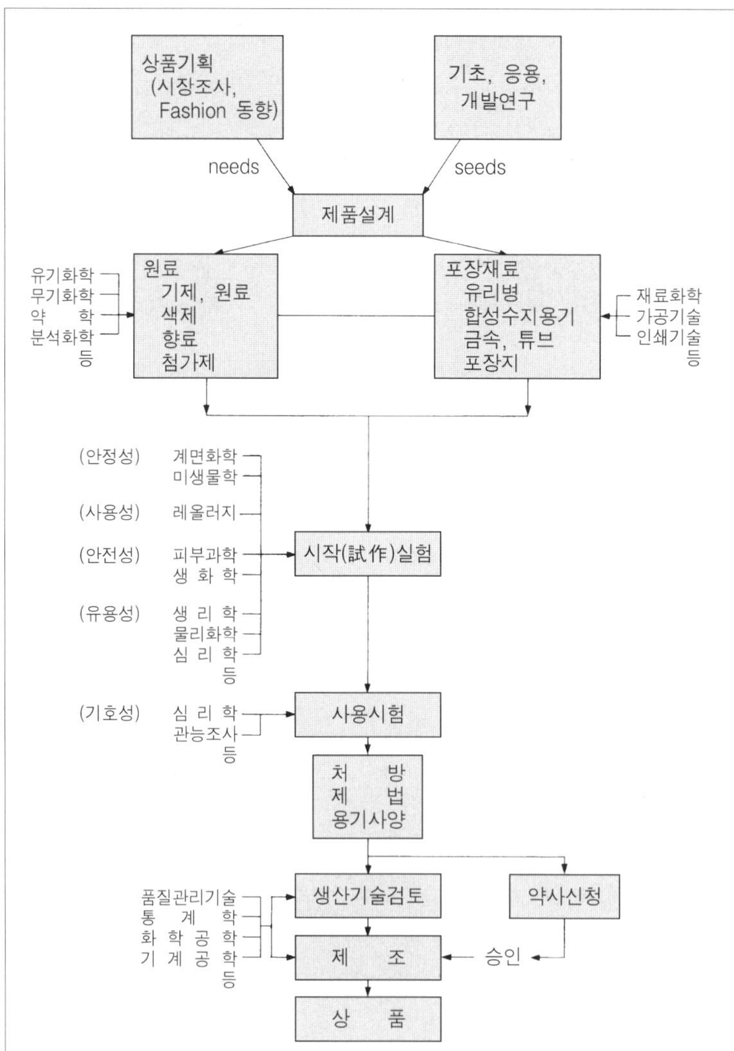

그림 1. 화장품의 개발 프로세스와 관련 과학, 기술

생물 기술의 신원료는 발효 기술, 식물의 조직 배양 기술 등으로부터 많은 유용 물질을 생성시키고 있다.

이 중에는, 바이오시코닝, 바이오히아론산, 발효대사성분, γ-리놀렌산 함유 유지 등이 있다(화장품과 약제 6-4-5항 참조).

정밀화학의 신소재로는 분, 파운데이션 등 메이컵 화장품의 원료로서 진주 광택 안료, 합성 불소금운모(합성 마이카), 포토크로믹 안료, 복합화 미립자 분체 등을 들 수 있다(화장품과 색채, 색재 3-2-5, 3-2-7항 참조).

그리고 화장품의 신제제로는 리포좀, 마이크로 에멀젼, 마이크로 캡슐 등이 있다.

이러한 소재를 기반으로, 소비자의 욕구, 욕망을 고려한 상품 기획에 의한 제품화 연구가 진행되고 있다.

이 제품화 연구는 내용물의 연구(처방 작성)와 용기 등의 외장 연구로 나뉘어진다. 4-1에서 기술한 4가지 품질 특성(안전성, 안정성, 유용성, 사용성)을 충분히 검토한 후 처방, 제법, 용기의 사양이 완성되며 약사법에 따라 신청한다. 이와 병행하여 공장 기술자와 더불어 실험실 규모의 스케일에서 생산 규모로의 스케일(scale up) 연구(생산기술 검토)가 이루어진다. 허가를 얻은 다음 생산이 이루어지고 상품이 완성된다.

설계 개시로부터 상품 완성까지의 기간은 제품의 내용에 따라 다르지만, 통상 1년이 걸리고, 신규 약제의 개발을 포함한 신제품 개발은 7~8년 걸리는 것도 있다.

6 》 화장품을 지탱하는 과학, 기술과 미래

화장품을 개발하는 프로세스에 대하여 5항에 기술했는데 각각의 과정에는 많은 과학, 기술이 관련되어 있고, 이를 충분히 활용하여 개발이 이루어지고 있음을 알 수 있다(그림 1 참조).

1970년 경 까지는 연구의 주류가 「물건」 만들기에 관계되는 것이 많았다.

제품의 안전성, 사용성, 제조 기술, 품질 관리 등이 중시되고, 콜로이드 과학, 레올러지, 통계학 등이 중심이 되었다.

그러나 제 1차 오일 파동을 계기로 저성장 시대로 접어들면서, 「사람」과 「물건」과의 조화의 시대가 되어 화장품 안전성의 문제가 중시되기에 이르렀다. 1980년대에 들어서면 이러한 경향이 더욱 심화되어 안전성을 중시함과 동시에 「물건」이 「사람」에게 어떻게 이롭게 할 것인가, 즉 유용성이 클로즈업되었다.

이와 같이 안전성, 유용성을 추구하기 위해서는 「물건」과 「사람」과의 접점이 보다 중요하고, 「물건」을 중심으로 한 과학과 함께 연구 대상도 인간 그 자체에 관련된 피부과학, 생리학, 생물학, 생화학, 약리학 등의 분야로 넓어진다. 또한 마음의 평안함이나 화장의 마무리 효과라고 하는 심리학적 효과를 추구하는 심리학이나 정신 신경 면역학 등의 과학도 필요하게 되었다. 그 외에 용기를 포함한 외장 제작에는 재료, 가공 기술, 인쇄 기술 등이, 또 제품의 생산에는 화학공학, 기계공학, 품질생산 관리기술 등이 응용되고 있다.

이와 같이 화장품 개발은, 화장품이라는 하드(hard)한 면과 그것을 사용하는 인간의 소프트(soft)한 면을 어떻게 융합시키는가 하는 종합적인 인간 과학(human science)에 까지 이르고 있다.

앞으로 화장품은, 하드한 면에서는 모든 첨단적인 기술을 잘 수용하고, 점차 기능적으로도 우수한 제품이 되어 갈 것임에 틀림없다. 기능적 측면에서 말하자면, 주름살의 방지, 미백, 탈모 방지, 발모 등 범위에 제한 없이 생리학적으로 유용한 것, 또 빛의 강도에 의해 따라 피부색이 다르게 보이게 하여, "백부현상"을 방지하는 안료라든가, 분말의 표면 활성을 이용한 기상반응으로 실리콘 화합물질을 표면처리하여, 피지나 땀에 의한 화장 장애를 방지하는 등 생리화학적으로 고기능화된 안료의 개발 등이 적극적으로 추진되고 있다.

또한 이러한 하드한 면의 고기능화와 더불어 최근 사회의 고령화, 스트레스의 팽배에 수반되는, 화장품의 새로운 역할로서, 사람의 마음에 작용하는 화장품으로서의 소프트한 면이 주목되고 있다.

다시 말해 21세기를 향한 글로벌화 된 시각에서 보면, 특히 근대 국가에서는 고령화가 진행되고, 고도 정보화는 스트레스 사회를 양산하고 있음이 사실이다. 이러한 2가지 요인은 복잡하게 얽혀서 현대사회에 많은 문제를 일으키고 있다.

나이가 드는 것은 「병」은 아니지만, 틀림없이 「죽음」으로 향하는 건강한 상태의 프로세스이고, 심신에 있어서의 개인차도 크다. 또한 현대사회에서는 건강한 사람도 항시 스트레스에 노출되어 있고, 건강과 병 사이를 오가고 있다. 나이를 먹는 것이나 약간의 심신의 이상에는 열도 통증도 없으나, 병적 상태에 놓이면 발열 등 생명 현상에 이상 신호가 나타난다. 이러한 경우에는 의약품에 의존하지 않으면 안 되는데, 최근의 연구 결과에 의하면, 화장하는 행동에 의해 노인이 자아를 회복하여 배회하는 등의 이상 행동이 없어졌다든가, 어떤 종류의 향이나 메이크업 행위가 지병 치료에 도움이 된다는 것이 알려지고 있다. 이로써, 새로운 시대로 향한 「항상성」을 유지하는 뇌·신경·면역학적 역할을 담당할 화장품의 개발이 충분히 실현될 것이라고 사려된다.

즉, 향기나 메이크업이라는 일련의 화장 행동이 단순히 사람들을 쾌적한 감정으로 이끌 뿐만 아니라, 혈중 내추럴 킬러 세포(NK cell)의 항상성 유지에 기여한다는 것이다.

그랜스타인·細正(MGH/Harvard Cutaneaus Biology Research Center)등이 발견한 신

경세포가 면역세포(랑게르한스 세포)와 피부 내에서 접촉하고 있다는 사실을 밝힌 발견(화장품과 피부 1-8-2. 스트레스와 피부 참조)은 매우 충격적이고, 복잡한 사회를 형성하는 신세기를 향한 새로운 발상의 화장품의 창출로 이어졌다고 할 수 있는 것이다.

다시 말해, 화장품 그 자체가 갖는 기능인 피부 보습 등의 고도의 생리 기능과 더불어, 향기나 메이크업, 마사지 효과 등의 화장 행동에 의한 5감을 통한 통신은, 뇌·신경·내분비계를 통한 전신 및 그 효과 효능은 단순한 피부 생리 기능의 개선에 멈추지 않는 것이라고 사려된다.

이와 같이 새로운 시대의 새로운 화장품의 역할은 피부를 넘어 전신에 미치는 심신의 항상성의 유지를 통해 궁극적으로는 사회 전체의 항상성에 공헌할 것으로 기대된다.

참고문헌

1) 朝香鉄一, 石川　馨 編：品質保証ガイドブック, 日科技連出版社, 1974.
2) 尾沢達也：来るべき時代の香粧品科学の新しい展開―ある提言―, フレグランスジャーナル, 17(7), 29-32, (1989)
3) 尾沢達也：90 年代の香粧品科学の再構築と未知への挑戦, フレグランスジャーナル, 18(1), 15-20, (1990)
4) 光井武夫：現代の化粧品技術の動向と将来, 日本化粧品技術者会誌, 24(2), 75-90, (1990)
5) 尾澤達也編：エイジングの化粧学, 早稲田大学出版部 (1998)
6) 尾澤達也：化粧品の科学, 裳華房 (1998)
7) 尾澤達也：美の科学, フレグランスジャーナル (1998)
8) 光井武夫：化粧品技術の課題とその発展―「人」と「もの」, 「ハードウェアー」と「ソフトウェアー」―, 日本化粧品技術者会誌, 30, No. 1, 3-23 (1996)
9) Tatsuya Ozawa : 'New Role of Cosmetic Science in the 21st century" Proceedings of 3rd Scientific Conference of the Asian Societies of Cosmetic Scientists. (1997), 17-59
10) Tatsuya Ozawa : 'Prologue for the 21 st Century" Skin : Interface of Living System. H. Tagami, J. A. Parrish and T. Ozawa, editors 1998 Elsevier Science B. V
11) Hosoi, J. Murphy GF, Egan CL, Lerner EA, Gabbe S, Asahina A, Granstein RD : 'Regulation of langerhans function by nerves containing calcitonin gene-related peptide. Nature 1993, 363, 159-163.
12) Fischbach GD, Hirokawa N, Hyman SE, Ozawa T. : Molecular Neurobiology New York : Wiley-Liss, 1994 ; Xiii-XiX.

총　론

1 화장품과 피부
2 화장품과 모발, 손톱
3 화장품과 색채, 색재
4 화장품과 향료
5 화장품의 원료
6 화장품과 약제
7 화장품의 물리화학
8 화장품의 안정성
9 화장품의 방부와 곰팡이 방지
10 화장품의 안전성
11 화장품의 유용성
12 화장품의 용기
13 화장품과 에어로졸 기술
14 화장품과 분석
15 화장품의 제조장치
16 화장품과 법규
17 화장품과 정보

1 화장품과 피부

1-1 》 피부의 구조와 기능

피부는 전신을 피복하여 외부로부터의 여러 가지 자극이나 장해, 혹은 건조로부터 생체를 보호하는 역할을 하고 있고, 성인의 전신 면적은 약 1.6m^{2}이다. 피부 두께는 연령, 성별, 부위에 따라 차이가 있고, 일반적으로 남성 피부는 여성보다 두껍다. 그러나 지방층은 여성쪽이 두껍다고 한다. 또한 일반적으로 눈꺼풀이 가장 얇고 손바닥·발바닥이 가장 두껍다. 피부는 표면으로부터 순서대로 표피, 진피, 피하조직의 세 개 층으로 크게 구분된다. 여기에 털, 손톱, 피부선(한선, 피지선) 등 부속기관이 존재한다(그림 1-1).

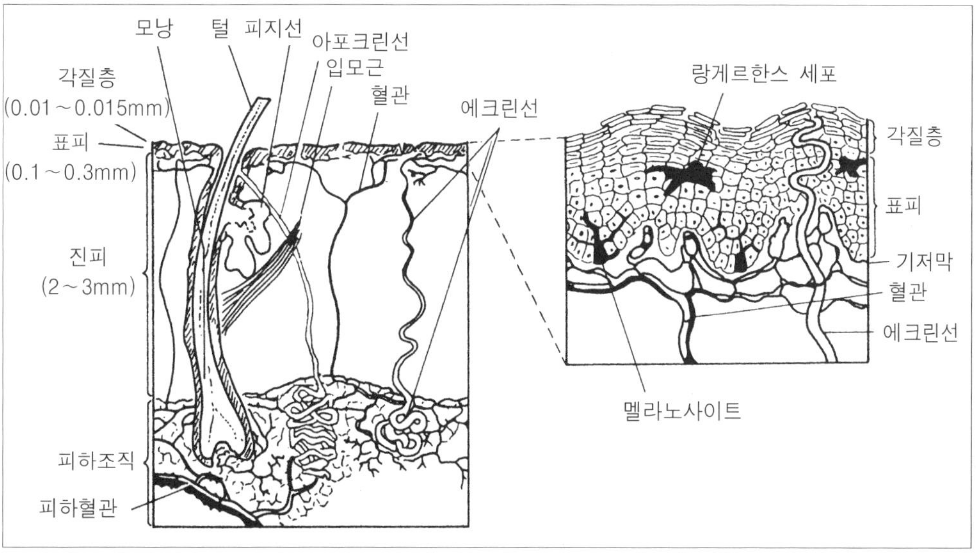

그림 1-1. 피부의 기본 구조

1-1-1. 표피 ; Epidermis

표피는 손바닥·발바닥과 같이 특수한 부위를 제외하고 두께가 약 0.1~0.3mm로 세포가 촘촘히 겹쳐 쌓인 층이다. 아래로부터 기저층, 유극층, 과립층, 각질층으로 나뉜다. 세포 성분의 대부분은 케라티노사이트(각화 세포)라고 하는데, 최종적으로 각질층을 구성하는 각질 세포를 만드는 세포이다. 그 외에 멜라닌 색소를 합성하는 멜라노사이트(색소 세포)가 기저층에 존재한다. 수지상(樹枝狀; 나뭇가지 모양)의 돌기를 가진 세포로, 기저 세포 10개에 1개 정도의 비율로 존재한다. 그리고 멜라노사이트와 같은 수지상 돌기를 갖는 랑게르한스 세포가 유극층에 존재한다. 표피 전 세포의 2~5%를 구성하고, 수지상 돌기가 피부 전체에 넓게 흩어져 있어서 외부의 이물(항원)이나 종기·상처를 인식하고 그것을 배제하는 면역 담당 세포로서 기능한다.

1) 케라티노사이트와 각화 ; Keratinocytes and Keratinization

기저층을 구성하는 기저 세포는 끊임없이 분열을 반복하여 생긴 한쪽의 세포가 표층을 향해서 이동하여 유극세포가 된다. 유극세포에는 많은 데스모좀(desmosome)이라는 세포간 접착구조가 있는데, 이것에 의해 세포 표면에 가시가 있는 것처럼 보여서 이렇게 불리운다. 이들 세포는 각각 좁은 간격으로 갈라져 있고, 그 사이를 림프액이 흘러 영양물을 자유롭게 확산시킬 수 있다. 유극층은 몇 개의 층으로 되어 있고 표피 내에서는 가장 두꺼운 층이다. 그 위에는 2~3개 층의 과립층이 있다. 편평한 세포(과립세포)로 되어 있고 각질세포로의 이행층(移行層)을 이루고 있다. 이 세포는 세포 내에 케라토히아린(keratohyalin)이라 불리는 과립의 존재 때문에 그렇게 명명된 것이다. 이어지는 각질층에서는 세포의 양상이 아주 달라진다. 핵을 시작으로 여러 가지 세포내 소기관이 소실되고, 케라틴(keratin)이라는 섬유성 단백이 세포 내의 대부분을 채운다. 또 세포막도 세포 안쪽에 단백이 견고한 가교 구조로 결합되어 강인한 각질 비후막(cornified envelope)을 이룬다. 이와 같이 표피에서는 분열한 기저 세포가 순차적으로 밀고 올라와 상기와 같은 형태로 변화되어 가면서, 합성과 분해의 복잡한 과정을 거쳐 물리적, 화학적 저항성이 있는 각질층을 끊임없이 만들어 내고 있는 것이다. 이 케라티노사이트의 분화 과정을 각화라고 한다(그림 1-2 참조). 기저 세포의 분열로 시작되는 각화 과정을 거쳐 만들어진 각질 세포는, 그 후 가장 바깥 층으로부터 점차 때로 떨어져 나가므로 일정한 두께를 유지한다. 이와 같이 항상 새로운 세포층으로 대체되는 것을 턴오버(turn over)라고 하고, 부위나 연령에 따라 다르지만, 정상적인 피부에서 표피의 턴오버는 약 6주간이라고 한다.

이물의 침입이나 각층의 파괴 등이 일어나면 민감하게 반응하고, 기저 세포의 분열이 활발해져서 턴오버의 속도도 빨라져 이물의 배제나 수복이 이루어진다. 그리고 화학적 자극이나 물리적 자극이 반복되어 피부에 가해지면 각질층이 두꺼워진다. 이러한 반응은 외부로부터의 자극에 대한 피부의 방어 반응이라고 볼 수 있다.

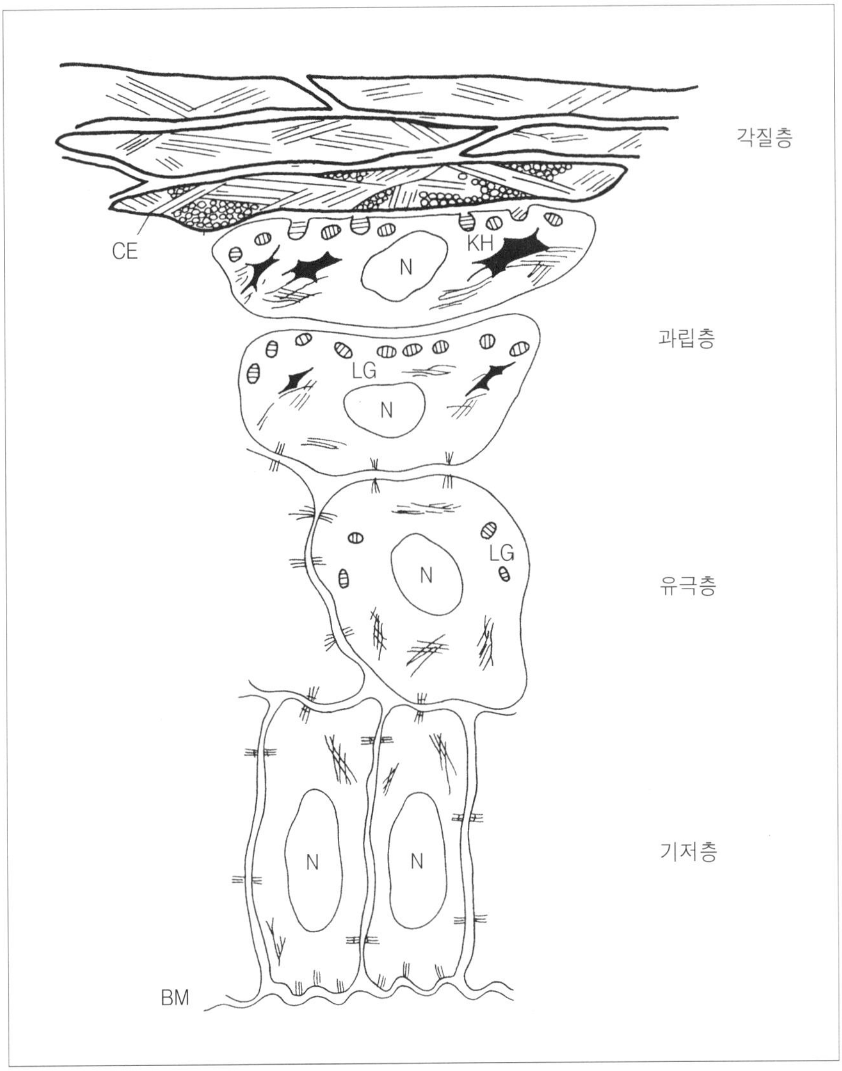

그림 1-2. 피부의 모식도

N : 핵(Nucleus), LG : 층판과립(Lamellar granule), BM : 기저막(Basement membrane), KH : 케라토히아린(Keratohyalin), CE : 각질 비후막(Cornified envelope)

2) 멜라노사이트와 멜라닌 합성 ; Melanocyte and Melanin synthesis

멜라노사이트는 멜라닌을 합성하여, 나뭇가지 모양으로 뻗은 돌기를 통해, 주변의 케라티노사이트에 멜라닌을 공급하는 세포이다. 하나의 멜라노사이트가 멜라닌을 공급하는 상대는 약 36개의 케라티노사이트라고 알려져 있고, 이 단위는 표피 멜라닌유니트(epidermal melanin unit)라고 한다. 멜라닌 합성은 멜라노사이트 내에서 생기는 멜라노솜이라고 불리우는 단위막으로 둘러싸인 소과립 안에서 합성된다. 그림 1-3에 나타낸 것처럼, 아미노산의 일종인 티로신을 출발 물질로서 티로시나아제라고 하는 효소에 의해 도파, 다시 도파키논으로 산화되는 반응에 의해 합성이 개시된다. 멜라닌 합성에 관여하는 효소로는 또 다른 두 종류의 티로시나아제 관련 단백질(TRP-1와 TRP-2)이 알려져 있다. 이 경로에서 합성되는 멜라닌은 다갈색 내지 검은색의 유멜라닌이라고 불리우고, 사람에 따라서는 피부, 점막 ,모발의 멜라노사이트에서 합성된다. 멜라닌에는 이 외에 황적색의 페오멜라닌이라는 멜라닌이 있는데, 어떤 사람에게는 모발에서만 생성되기도 한다. 페오멜라닌의 합성에 대한 자세한 구조는 아직 잘 알려져 있지 않다.

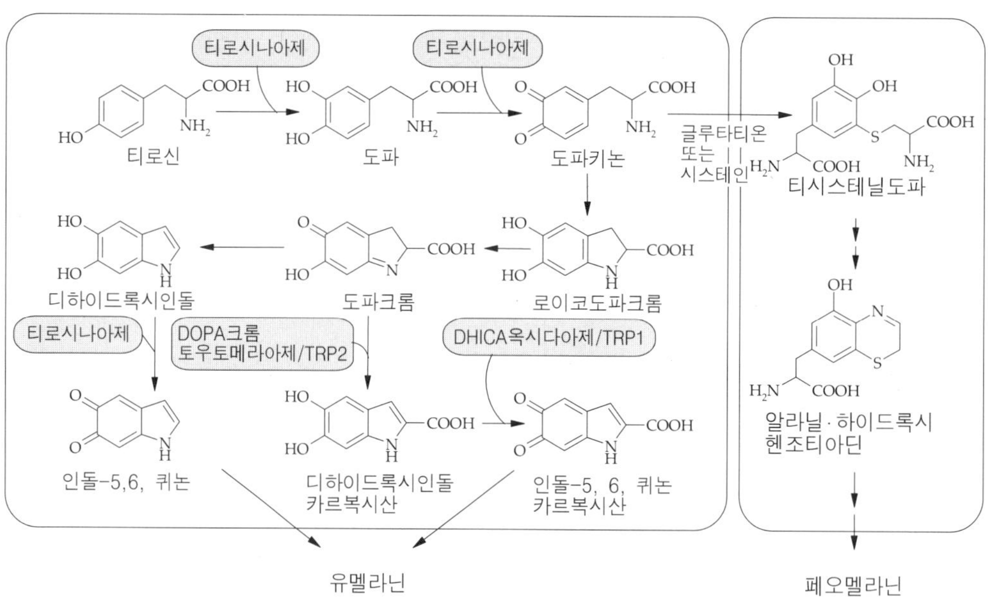

그림 1-3. 멜라닌 합성 경로도

1-1-2. 진피 ; Dermis

표피는 기저막을 사이에 두고 진피와 접해 있다. 기저막은 0.1μm 정도의 매우 얇은 막으로, 표피와 진피를 단단히 얽히게 하는 역할을 한다. 이 구조가 없으면 표피는 진피로부터 간단히 벗겨져 버릴 것이다. 또 이 막은 표피 세포의 기반이고, 표피 세포의 정상적인 증식이나 각화를 유지하는 데에도 중요한 역할을 한다. 그리고 표피의 세포나 진피의 세포가 만들어내는 여러 가지 생리 활성 물질의 투과를 컨트롤하여, 각각의 기능을 조절한다.

진피와 표피의 경계는 요철 구조로 이루어져 있다. 표피가 진피로 들어간 부분을 표피돌기라고 한다. 일반적으로 발 안쪽과 같이 힘이 실리는 부위나 케라티노사이트의 증식이 왕성한 부위에서는 표피 돌기가 깊게 들어가 있고 그 간격도 좁다. 나이가 들어감에 따라 이 요철 구조가 점점 평탄해진다고 알려져 있는데, 케라티노사이트의 증식이 저하되는 것과 관계가 있다고 한다. 표피 돌기와 표기 돌기에 접한 진피의 상층부분은 유두층, 그 보다 심부의 진피 대부분을 망상층이라고 한다. 진피와 비교하여 세포 성분은 조밀하지 않고 대부분은 세포외 매트릭스가 점하고 있는데, 세포외 매트릭스를 구성하는, 섬유상 단백질이나 다당류 등의 조성과 구조는, 유두층과 망상층에서 조금 다르다. 섬유상 단백질의 주성분은 콜라겐(주로 Ⅰ형과 Ⅲ형, 피부에는 다른 수 종의 형이 존재한다)으로, 조직의 형상을 보호하는 역할을 한다. 그 외에 양은 적지만, 엘라스틴 섬유가 콜라겐 섬유의 사이를 누비듯이 얽혀 있어, 조직에 탄성을 준다. 유두층내의 이들 섬유는 가늘고, 비교적 성글고 수직 방향으로 주행하는 섬유가 많은 데 비하여, 망상층에서는 조밀하고 두껍고, 주로 수평 방향으로 주행하는 차이가 있다. 또 유두층에서는 모세 혈관과 신경 말단이 조밀하게 분포되어 있다. 다당류의 성분은 주로 산성 뮤코 다당(글리코스아미노글리칸)으로, 히아루론산과 더마탄류산이 그 주성분이다. 통상, 이것들은 단백과 결합하여 프로테오글리칸의 형태로 존재하는데 대량의 물을 보유하여 겔 상태로 섬유 사이에 채워져 있다. 겔 내의 물이 영양분, 대사 산물, 호르몬 등을 혈관으로부터 조직내의 세포로 확산시키는 역할을 함과 동시에 조직을 부드럽게 해 준다. 이러한 세포외 매트릭스의 구조에 의해 피부는 유연성과 팽팽함을 갖게 된다.

진피에는 이러한 세포외 매트릭스를 합성, 분비하는 섬유 아세포와 알레르기 반응을 일으키는 히스타민과 세로토닌을 만드는 마스트 세포(비만세포) 등이 존재한다.

1-1-3. 피하조직 ; Subcutaneous tissue

진피 아래에 있는 피하조직은, 결합 조직 간막이 벽에 따라 구분된 공간과 그 공간을 채운 지방 세포로 되어 있다. 지방 세포는 자신이 합성한 다량의 지방을 원형질 내에 축적한다. 피하조직에 축적된 지방은 체온 유지에 중요한 역할을 하며, 일반적으로 남성보다는 여성이, 성인보다는 소아에 잘 발달되어 있다.

1-1-4. 피지선 및 피지 ; Sebaceous gland and Sebum

피지선은 1~수 개의 가닥으로 된 피지의 합성, 분비 기관으로, 보통 모포(모근을 싸고 있는 상피조직)의 개구부 부근(모누두 기부)에 부속되어 있다. 피지선은 손바닥, 발바닥을 제외한 거의 전신의 피부에 존재한다. 신체의 각 부위에 따라 그 크기, 형태, 분포밀도가 다르다. 안면, 머리부위의 피지선은 평균 800개/cm^2이나, 팔이나 다리에는 50개/cm^2로 적다. 안면에서도 그 분포에 큰 차이가 있어서 안면 중앙부 즉 이마, 미간, 콧방울, 입 주변에 이르는 이른바 T존이라고 하는 부분에 잘 발달되어 있다. 콧방울은 다른 곳과 달리, 모포에 부속되어 있지 않은 피지선(독립 피지선)이 많다. 그 외 피지선이 많은 부위는 앞가슴 등의 중앙부와 겨드랑이, 사타구니 등이다. 피지선의 크기와 분비량의 사이에는 상관관계가 있다. 피지선을 구성하는 피지선 세포는 미분화된 기저세포로부터 지질을 생성하는 세포로 분화되며, 최종적으로는 사멸해서 피지를 분비한다. 결국 피지선 세포는 붕괴와 증식을 반복하면서 피지를 생산한다. 이렇게 하여 피지선 내에서 생성된 지질은 독립 피지선의 경우 피지선 도관, 모누두부(毛漏斗部)를 통하여 피부표면으로 배출된다.

피부 표면에는 이와 같이 피지선으로부터 배출된 피지가 항상 0.4~0.05mg/cm^2 존재하고 있다. 사람의 피부 지질은 표 1-1과 같은 물질에 의해 구성된다.

표 1-1. 사람 피부지질의 구성[1)]

지 질	평균치 (wt %)	범위 (wt %)
트리글리세라이드	41.0	19.5~49.4
디글리세라이드	2.2	2.3~ 4.3
지방산	16.4	7.9~39.0
스쿠알렌	12.0	10.1~13.9
왁스 에스테르	25.0	22.6~29.5
콜레스테롤	1.4	1.2~ 2.3
콜레스테롤 에스테르	2.1	1.5~ 2.6

(大城戸宗男, 安部 隆 : 皮脂腺의 皮脂代謝, 現代皮膚科学体系 3 B, 83-95, 中山書店.)
(Downing, D.T., Strauss, J.S. & Pochi, P.E. : Variability in the chemical composition of human skin surface lipids. J. Invest. Dermatol.53 : 332, 1969.)

피부 지질의 기능에는 수분의 증발을 조절하여 각질층에 습도, 유연성을 부여하고 외부로부터 유해물질이나 세균의 침입을 막으며, 체내로부터 수분 등의 물질이 방출되는 것을 막아주는 기능 등이 있다.

피부 지질의 양은 부위에 따른 차이 이외에 연령, 성, 계절, 피부의 온도에 따라서도 다르고, 또 하루사이에도 변동이 있다. 피지선의 크기는 여성보다 남성쪽이 크고, 피지량도 많다. 또 태아 및 신생아의 피지선은 모체로부터 성호르몬의 영향으로 기능은 항진하지만, 그 후에는 축소되어 기능이 저하되면서 소아기를 지낸다. 사춘기가 되면 다시 성호르몬의 영향으로 기능이 항진한다. 노년이 되면 기능은 다시 저하한다. 사춘기 초기에는 여성이 피지분비가 많지만, 그 후에는 남성이 많다. 중년 이후 여성은 폐경 후에 현저하게 감소 하지만 남성은 비교적 높은 값을 나타낸다(그림 1-4).

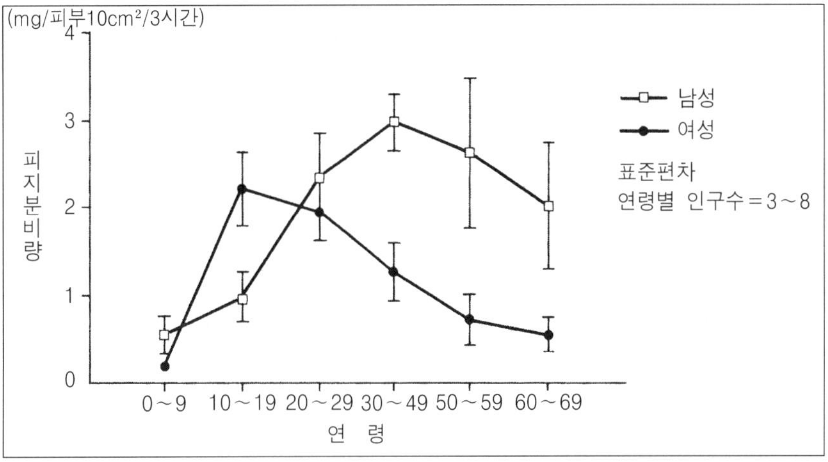

그림 1-4. 연령별 피지량의 비교[2)]

(Yamamoto, A. et al. : J. Invest. Dermatol., 89, 507, 1987.)

피지선의 활동에는 호르몬의 영향이 크다. 특히 남성 호르몬은 피지선을 비대시켜 지질합성을 증가시킨다. 사람 피지선의 신경지배에 관해서는 현재 부정적인 견해가 강하다. 입모근은 모근에 부착된 평활근에서 자율신경에 의해 지배되고 있다. 입모근의 수축에 의해 모간을 직립시킴과 동시에 피지선을 압박하여 피지의 배출을 촉진하는 작용이 있다.

1-1-5. 한선 및 땀 ; Sweat glands and Perspiration

한선은 땀을 분비하는 샘으로 에크린선과 아포크린선의 두 종류가 있다. 땀의 주요한 역할은 기화열을 빼앗아 체온을 저하시키고, 고온환경 혹은 격렬한 운동에 의한 체온의 상승을 억제시키는 것에 있다. 이것이 온열성 발한으로 이에 대해 정신적 긴장에 의해서 일어나는 발한을 정신성 발한이라고 한다. 또 신 맛, 매운 맛 등의 강한 미각 자극에 의한 미각성 발한이 있다.

일본인의 에크린선은 약 230만개이며 한 시간에 1리터 이상 하루에 10리터에 이르는 땀을 분비하는 능력을 가지고 있다. 에크린선은 전신에 걸쳐서 분포하고 있지만, 특히 머리, 겨드랑이 앞부분, 손바닥, 발바닥 등에 많다. 에크린선은 실타래 모양의 선체를 진피 하층 혹은 피하조직 내에 갖고 진피와 표피를 통과하는 도관을 통하여 몸의 표면으로 열려져 있다. 그의 분비물은 약산성으로 세균의 번식을 억제한다. 에크린 땀의 고형성분 양은 0.3~1.5%이고, 그중에 주요 성분은 NaCl이며, 그 외에 요소, 유산, 황화물, 암모니아, 요산, 크레아틴, 아미노산 등을 함유한다(표 1-2).

표 1-2. 땀의 성분[3]

물질	함량	물질	함량
식 염	0.648~0.987	암모니아	0.010 ~0.018
요 소	0.086~0.173	요 산	0.0006~0.0015
유 산	0.034~0.107	크레아틴	0.0005~0.002
황화물	0.006~0.025	아미노산	0.013 ~0.020

(久野 寧汗, 養德社, 1946.)

아포크린선은 털이 있는 부위(겨드랑이, 치구, 음낭, 대음순, 항문주위) 및 유륜(젖꼭지 주변)에 한정되어 존재한다. 아포크린선은 피지선과 함께 모포와 일체를 이루고 있고, 체 표면으로 열려져 있지 않고 모포 상부로 열려 있다. 아포크린선은 남성보다 여성에 많고 백인보다 흑인에게 많으나 일본인은 백인보다 적다. 아포크린선의 분비 양식은 땀속으로 세포의 일부가 박리되어 혼입되는 양식이기 때문에 아포크린 땀은 복잡한 성분이고, 에크린 땀과 다르게 끈끈하고 냄새가 나는 물질도 포함한다. 또 피부에 부착된 균이 땀속의 유기성 성분을 냄새가 나는 물질로 변화시킨다. 아포크린 땀은 약 알칼리성으로 세균 감염이 일어나기 쉽다. 아포크린 땀의 분비는 사춘기에 시작된다. 사람의 아포크린선의 땀 성분이나 생리적 역할은 확실하지 않은 것이 많다.

에크린선은 자율신경의 지배를 받는다. 한편, 아포크린선은 호르몬의 영향을 강하게 받고 자율신경에 의한 지배는 부정적이다. 에크린선은 나이가 들어감에 따라 구조가 흐트러지고 분비세포의 위축, 땀 분비의 감소가 나타나지만 아포크린선은 나이에 따른 영향이 적다.

1-1-6. 혈관 ; Blood vessel

피부의 혈관은 보통, 표피내에는 없고 진피 및 피하 조직내에 분포되어 있다. 이 피부의 혈관계는 대부분 세동맥, 모세 혈관 및 세정맥으로 되어 있고 심장, 동정맥계의 광역 순환에 대하여, 미소 순환(말초의 가느다란 혈관망에서의 혈액 순환)이라고 한다. 이 피부의 미소 순환은, 피부의 물질 대사에 필요하다고 생각되는 혈액량의 100배에 이르는 혈액을 운반할 수 있는데, 이것은 피부 혈액이 체온 조절의 역할을 하기 위한 것이다. 또한 피부에 있는 모포, 한선, 지선의 주변에는 모세 혈관이 수없이 존재하고, 이러한 조직이 충분히 기능할 수 있도록 산소, 영양분을 공급한다. 모세 혈관의 혈류는, 주로 세동맥의 평활근이 수축·이완되는 것으로 조절된다. 평활근이 수축되어 긴장도가 높아지면 혈류가 감소하고, 긴장도가 낮아지면 증대한다. 이 평활근의 긴장도는 화학적 자극, 물리적 자극, 신경성 인자의 영향을 받아 변화한다. 화학적 자극에는, 생체내의 호르몬, 신경 전달 물질이나 체외로부터의 약물이 있는데, 대표적인 생체 내 물질로는 일산화질소(NO), 엔도세린, 안지오텐싱 Ⅱ, 노르아드레날린, 아세틸콜린, 히스타민, 세로토닌, 바소프레싱 등이 있다. 쉽게 찾아볼 수 있는 미소순환계의 변조로 모세혈관이 지속적으로 확장되어 있는 「붉은 얼굴」이나, 눈 주변 등 피부가 얇은 부위에서 혈액이 체류(울혈)하는 곳에 생기는 「눈가가 거무스름해진 것」 등이 있다.

1-2 》 피부의 생리작용

피부는 생체의 표면에 있고, 직접 외부와 접촉하고 있기 때문에 끊임없이 여러 가지 자극을 받고 있다. 피부는 이와 같은 자극으로부터 생체를 보호하고 신체의 움직임을 주위의 변화에 순응시키는 작용을 하고 있다. 성인피부는 1.6m^2의 넓이이며 몸의 개구부에서의 피부는 점막에 연결되어 있다. 피부는 다양한 역할을 하는 기관이다.

1-2-1. 물리 화학적 방어작용

물리적인 자극이나 화학적인 자극으로부터 생체를 지키는 작용을 담당하는 것은, 먼저 최외층의 각질층에 있다. 표피의 각화 과정에서 만들어진 케라틴 섬유 다발과 그것을 싸고 있는 각질 비후막은, 기계적 자극에 대하여 강하면 동시에 화학물질에 대하여도 강한 저항성을 갖는다. 만성적인 기계적 자극을 받는 부위 즉, 발꿈치나 팔꿈치, 무릎과 같은 부위는 각질층이 두껍고, 보다 강하게 변화한다. 그리고 진피의 구성 성분으로 피부에 탄력성을 주는 탄력 섬유나 강도를 부여하는 교원섬유, 그리고 진피 아래의 피하지방 조직이 외부로부터의 힘이 직접 내부에 미치지 않도록 쿠션 역할을 한다. 화학물질 중에도 알칼리는 각질층에 존재하는 유산이나 지방산에 의해 중화되어 항상 약산성(pH 5 전후)을 유지한다. 이 산성의 벽은 미생물의 번식을 막는 기능도 한다.

1-2-2. 보습 작용

피부, 특히 각질층은 생체의 최외층에 위치하기 때문에, 생체 내부에 비하여 매우 건조한 외부 환경에 노출되어 있다. 그런 환경에서 각질층은 적당한(10~15%) 수분을 보유하고 (수분 보유 기능), 또 생체 내부의 수분이 빠져나오지 않도록 하는 기능(수분 배리어 기능)을 갖추고 있다.

1) 수분 보유능 ; Water retention capacity

각질층의 수분 보유에 중요한 역할을 하는 것은, 각질등 내에 존재하는 수용성 성분인데, 이것을 천연보습인자(Natural Moisturizing Factor : NMF)라고 한다. NMF의 구성을 표 1-3에 나타내고 있다. 그 주요 성분은 아미노산과 피롤리돈카르복시산 등의 아미노산 대사물이다. 이 함유량은 부위에 따라 다른데, 많은 곳은 각질층의 건조 중량의 30%에 가깝게 달한다. 각질층 내의 아미노산은 과립층에서 합성된 케라토히아린 과립을 구성하는 필라그린이라는 단백질이 각질층으로 이행하면서 완전히 분해됨에 따라 생긴 것이다[4](그림 1-2 참조). 따라서 각질층의 수분 보유 기능이 유지되기 위해서는 각화가 정상적으로 이루어지는 것이 필수이고, 피부가 거칠거나 하는 약간의 변화에도 아미노산 함량, 나아가서 수분 보유능의 저하가 쉽게 나타난다. 일반적으로 각질층 내의 아미노산의 양이 적을수록 피부 건조도가 크다. 수분 함유량이 10% 이하가 되면 각질층은 유연성을 잃고 딱딱하거나 약해지고 갈라지거나 부스러기가 생긴다고 한다. 손바닥・발바닥에는 아미노산이 매우 적어서 습도가 저하되는 겨울철에 갈라지는데 그 원인의 하나가 여기에 있는 것이다.

표 1-3. NMF(천연보습인자)의 조성[5]

성 분	조 성(%)
아미노산	40
피롤리돈카르복시산(PCA)	12
젖산염	12
요소	7
암모니아	1.5
무기염 Na^+, K^+, Ca^{2+}, Mg^{2+} Cl^-, 인산염 등	18.5
당류, 기타	9

2) 배리어 기능 ; Barrier Function

각질층의 수분 배리어 기능도 각화 과정에서 교묘하게 준비된다. 유극층으로부터 만들어지기 시작하는 층판 과립(lamellar granule ; 그림 1-2 참조)은 층상 구조를 한 지질로 채워진 소체인데 각질층으로 이행되기 직전에 이 내포된 지질을 세포 사이로 방출하고 층상 구조를 유지하면서 상호 융합하여 시트상으로 퍼져서 세포간 지질을 형성한다. 이것은 수분의 증산이나 NMF 성분의 아미노산의 방출을 막을 뿐만 아니라 매우 중요한 역할을 한다. 이 세포간 지질은 대부분 세라마이드, 콜레스테롤과 그 에스테르, 지방산으로 구성되어 있고(표 1-4), 충분한 배리어 기능을 다하려면 양뿐만 아니라 각 성분의 조성, 구성비가 중요하다고 한다[6]. 배리어 기능에는 이러한 층판 과립으로부터 유래한 각질 세포간 지질과 피지선에 유래하는 피지가 관여하고 있다.

표 1-4. 사람 각질층의 세포간 지질의 구성[7]

지 질	평균치 wt%
세라마이드	41.1
세라마이드에스테르	3.8
콜레스테롤	26.9
콜레스테롤에스테르	10.9
지방산	9.1
황산콜레스테롤	1.9
기타	6.4

1-2-3. 자외선 방어 작용

자외선도 생체에 큰 위협이 된다. 피부에 조사된 자외선은 우선 표면이 조밀한 요철에서 그 일부가 흩어진다. 피부내에 투과된 자외선의 방어에는 멜라노사이트가 만드는 멜라닌이 가장 중요한 역할을 한다. 자외선을 받은 피부는 멜라노사이트의 수를 증가시킴과 동시에 각각의 멜라노사이트의 멜라닌 합성 능력을 높여, 자외선의 방어 능력을 더욱 높인다(1-3-2 참조). 그리고 각질층 내 NMF 성분의 하나인 우로카닌산(아미노산의 일종인 히스티딘의 대사물, NMF의 기원인 필라그린은 특이하게 히스티딘 함량이 많은 단백질이다)은 천연 자외선 흡수제로서 자외선 방어에 기여한다고 알려져 있다. 자외선의 상해성은 DNA와 단백질에의 직접적인 자극에 의한 것과, 다음에 기술할 활성 산소·프리라디컬의 발생에 따른 산화 상해에 의한 것이 있다. 따라서 피부의 항산화 작용은 자외선 방어 작용의 하나로 볼 수 있다.

1-2-4. 항산화 작용

피부는 직접 외부와 접하는 경계 영역에 위치하기 때문에, 끊임없이 산화의 영향을 받는다. 항상 접하고 있는 산소와 자외선, 배기 가스, 화학물질(오존, 질소 산화물, 분진중의 금속 등) 등이 원인으로 활성 산소・프리라디컬에 직접 노출되어 있다. 이들 요인으로 생기는 피부 변화로 지질 과산화 반응이 있다. 피지 성분의 하나인 스쿠알렌이 최초의 산화 대상이 되는데, 그것은 스쿠알렌이 활성 산소의 일종인 일중항산소와 매우 용이하게 반응하기 때문이다[8]. 이 일중항산소는 건강한 사람의 피부에도 일상 생활 환경하에서 발생한다. 생성된 스쿠알렌 과산화물은, 피부의 산화를 촉진하여 피부 내부에 악영향을 주는 것으로 보인다. 자외선은 피지의 산화뿐만 아니라 피부 내부에도 활성산소・프리라디컬을 생성시킨다. 그리고 염증 반응 등에서도 활성산소・프리라디컬이 발생한다. 피부에는 이러한 활성산소・프리라디컬을 제거하기 위한 효소성, 비효소성의 항산화 분자가 존재하여 종합적인 항산화 시스템을 구축하고 있다(표 1-5). 이러한 항산화 시스템에 의해서 외적 내적 요인으로부터의 산화에 대처하는데, 과도한 산화가 더해지거나, 혹은 미약해도 반복해서 받게 되면 피부에 산화 상해가 축적되어, 노화를 비롯하여 여러 가지 피부 변화를 초래하는 것으로 보인다.

표 1-5. 피부에 있어서의 항산화 시스템

예방적 항산화분자(활성 산소 · 프리라디컬 생성억제)
〈하이드로퍼옥사이드, 과산화수소의 비라디컬적 분해〉 카타라제, 글루타티온퍼옥시다아제
〈활성 산소의 소거, 불균화〉 수퍼옥시드디슴타아제, 카로디노이드
라디컬 보족형(補足型) 항산화분자
비타민C, 글루타티온, 메타로티오네인, 요산, 비타민E

1-2-5. 면역 작용

피부는 인체의 최외층에 위치하고 외부 환경으로부터 이물이 침입하는 것을 방지하는 역할을 한다. 최근 연구에서 피부는 고도로 발달한 면역 기관이라는 사실이 밝혀지고 있다. 이물의 침입은 보통 각질층에서부터 저지당하는데 세균 등의 병원 미생물이 상처 난 부위로부터 침입하는 경우에 피부는 면역학적 반응에 의해 비자기의 이물을 배제하는 기능을 가지고 있다. 단, 이러한 비자기의 물질에 대한 면역학적 응답은, 유해한 병원 미생물에 한정되지 않고 이종 단백(항원)이나 그런 자신 항원성은 없으나 자기의 단백과 결합하여 항원성을 나타내는 화학물질(하프텐)에 대해서도 마찬가지로 작용하고, 신체 주위의 물질에 대한 필요 이상의 과도한 면역 반응, 즉 알레르기 반응을 일으키기도 한다. 결국 염증이라는 피부 반응을 일으킴으로써 이물이 배제된다. 면역 응답 반응의 제 1단계는 항원성이 있는 이물을 인식하는 것으로부터 시작되는데, 그 역할을 담당하는 것이 표피에 존재하고 항원 제시 기능을 갖는 랑게르한스 세포다. 항원이 진피에 도달한 경우에는 마이크로 파지가 항원 제시의 역할을 맡는다. 랑게르한스 세포는 표피에 수지상의 돌기를 안테나처럼 펼쳐, 외부로부터 침입한 이물(항원)을 인식한 후 표피로부터 림프절로 이동하고 그 항원을 특이하게 인식하는 T림프구를 증식시킨다. 또 다시 이 항원이 표피로 침입하면 아주 적은 양이라도 랑게르한스 세포로부터 T림프구에 정보가 전해지고 염증성 사이토카인을 방출시켜서 혈관 확장, 세포 침윤, 유종 등의 염증 반응을 유발시킨다. 이와 같은 T림프구가 주체로서 일어나는 접촉 알레르기 반응에 의한 습진이나 피부염의 염증 반응은 알레르기 물질이 침입하고 난 후 1~3일이 반응의 절정으로 인식되기 때문에 지연형 알레르기 반응이라고 한다. 항원의 종류나 양 등에 따라서는 B림프구에 IgE 항체가 생겨서 마스트 세포의 세포 표면에 결합된다. 다시 침입한 항원은 이 마스트 세포상의 IgE와 즉각 반응하고, 혈관 확장 작용을 가진 히스타민 등의 염증성 물질을 방출시켜서 즉시형 알레르기 반응을 일으킨다. 이런 류의 대표적인 염증 반응이 접촉성 두드러기이다. 아토피성 피부염 환자는 IgE 항체를 만들기 쉬운 소인을 가지고 있는데, 아토피성 피부염의 습진형 반응은 T림프구에 의한 지연형 알레르기 반응에도 관여하고 있다. 그리고 진피의 대부분을 차지하는 케라티노사이트도, IL-1, IL-6 및 IL-8을 시작으로 하는 염증 반응의 발현에 관여하는 각종 사이토카인을 생산하여, 피부 면역에 관여하고 있다.

1-2-6. 체온 조절 작용

피부는 피부 모세 혈관의 확장, 수축에 의한 피부 혈류량의 변화와 발한에 의한 기화열에 의해 체온 조절에 도움을 준다. 피부 혈관, 에크린선과 함께 자율신경에 의해 지배를 받고 있다. 체온 조절 중추는 시상하부에 있고 저온시에는 피부의 혈관 수축성 신경의 활동이 증가하여 피부혈관을 수축시켜 체온의 저하를 막고, 고온시에는 신경활동이 줄어 혈관이 확장되어 방열이 증가한다. 발한 기능의 중추는 시상하부에 있다. 또 각질층, 피하조직 등도 그들 자체가 신체의 열 발산을 막기도 하고 외계 온도의 변화를 신체내부에 전달하지 않도록 하고 있다. 입모근은 수축하여 피부에 공기층을 형성하고 체내로부터의 열 발산을 감소시키며 체온조절에 도움이 되고 있다(새의 피부). 입모근도 자율신경에 의해 지배되고 있다.

1-2-7. 지각작용

피부는 외부 환경의 변화를 수용하고 피부감각을 나타낸다. 피부감각에는 일반적으로 압각, 촉각, 온도감각, 통각이 있다. 피부내에는 여러 종류의 수용기가 존재하며 마이스나 소체, 멕켈 반, 골지-맛쇼니 소체는 촉각에, 팟치니 소체는 압각에 관계된다고 하며, 클라우제 소체는 냉각, 루피니 소체는 온각, 자율 신경 종말은 통각에 관계 있다. 피부 외부의 정보는 이러한 지각 신경 종말을 자극하여 척수, 뇌간, 시상을 경유하여 대뇌 피질에 전달되어 감지된다.

1-2-8. 흡수작용

피부에서 여러 물질들이 생체내로 흡수된다. 그 경로에는, 표피의 흡수와 모낭 피지선의 흡수 두 가지가 있다. 여성 호르몬, 남성 호르몬, 부신 피질 호르몬 등의 스테로이드나 비타민 A, D, E, K 등의 지용성 물질은 경피 흡수가 잘 되지만 수용성 물질은 경피 흡수되기 어려운데 이것은 각층 자체가 소수성이어서 물이나 수용성 물질의 장벽으로서 작용하기 때문이다. 경피흡수성에는 물질의 지용성 정도, 연령, 피부 국소 혈류량, 피부 온도, 각층의 수화성, 각질층의 손상도, 환경 온도, 환경 습도, 기제 등의 요인이 영향을 준다. 이와 같이 피부로부터의 흡수작용을 이용해서 약물을 최적의 시간 경과로 전신 투여하는 방법이 개발되고 있다(피부로부터의 약물전달 시스템, drug delivery system).

1-2-9. 기타작용

피부는 홍조, 창백, 털의 역립 등 감정의 움직임에 따라 그 성상이 영향을 받는다. 이와 같이 피부는 감정 전달 기관이기도 하다.

피부에서는 또 비타민 D의 생합성이 이루어진다. 피부 중 특히 표피 안에 존재하는 비타민 D의 전구체에 자외선이 조사됨으로써 합성된다.

1-3 》 피부의 색

1-3-1. 피부의 색

피부색은 성별, 개인차, 연령, 지역, 계절 및 부위에 따라 또는 건강상태나 스트레스 등의 감정에 의해서도 변화한다. 또 일반적으로 여성보다 남성이, 젊은 사람보다는 고령자에게 색소가 많이 존재한다. 부위별로는 손바닥 및 발바닥은 색소가 적고, 음낭, 음순, 항문주위, 유두 등에는 많다. 이러한 외관상의 피부색에는 피부표면의 색, 멜라닌, 멜라노이드, 카로틴, 산화 헤모글로빈, 환원 헤모글로빈과 같은 것들의 색소가 반영된다. 더욱이 피부색에는 각질층의 두께나 수화상태, 혈액의 양이나 혈액 중 산소의 양, 세포간의 접착상태 등의 여러 가지 요인이 관여하고 그 분광 반사율 곡선은 그림 1-5와 같다. 소위 백색이라고 할 수 있는 피부는 548nm와 578nm 근방에 옥시 헤모글로빈에 대응하는 흡수가 있으며 멜라닌이 적은 표피층의 투명도가 높아 혈액의 영향이 강하게 나타나서 일반적으로 핑크색으로 느껴진다. 역으로 흑색의 피부는 멜라닌이 많고 혈액의 헤모글로빈에 의한 흡수는 적다.

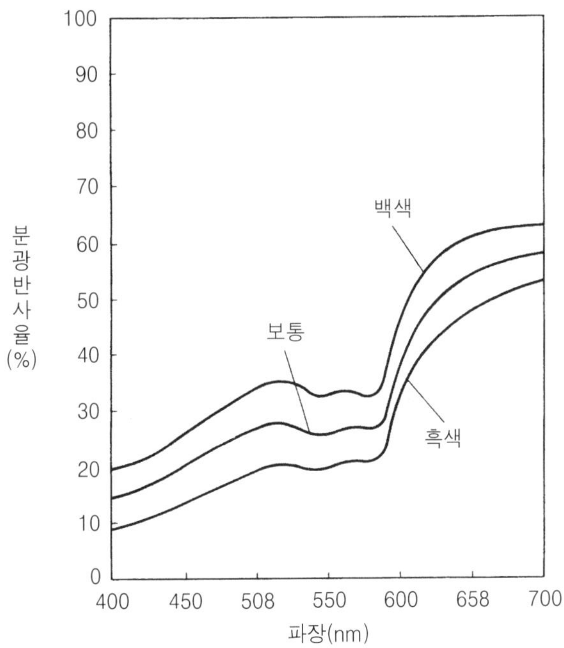

그림 1-5. 피부의 분광 반사율 곡선(뺨부위)[9]

동양인은 백인에 비해서 멜라닌의 흡수가 강한 황색 피부로 일반적으로 황색인종이라 할 수 있고, 그렇더라도 피부색의 영역은 아래의 만셀 좌표로 표시하면 그림 1-6과 같이 넓은 분포를 나타내고 부위에 따라 다소 차이가 있으나 계절에 따라 「八」자형으로 분포한다[10]. 일반적으로 피부색은 나이가 들어감에 따라 변화하고 색상은 적색에서 황색의 방향으로 변하며 명도는 저하한다. 또 인종차는 색상에서 현저하며 동양인의 피부색은 서양인과 비교해서 황색에 가깝다(그림 1-7)[11].

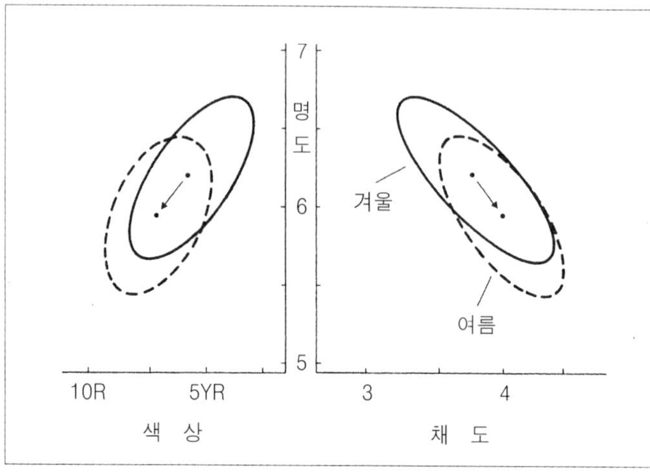

그림 1-6. 계절에 따른 피부색(뺨)의 차이[10)]
동일인(n=56)의 7월과 12월
(中野幹淸, 棟方明博 : 58, 356, 1985.)

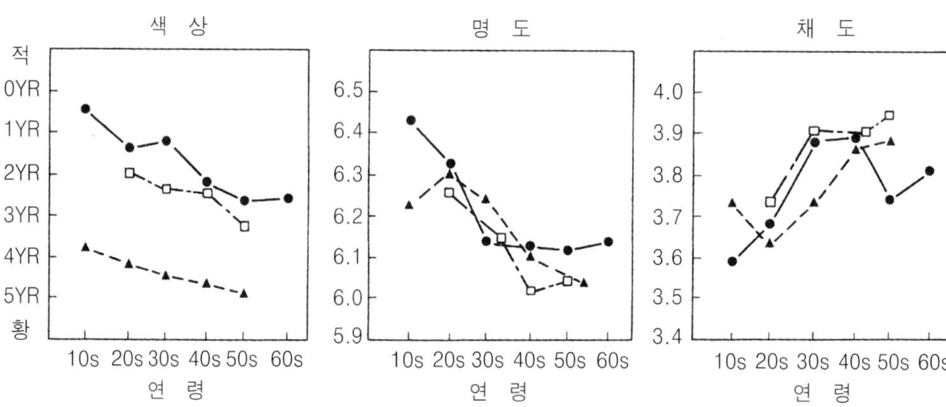

그림 1-7. 피부색의 연령별 변화[11)]
● : 영국인, □ : 프랑스인, ▲ : 동양인

1-3-2. 피부의 색소

1) 멜라닌 ; melanin

사람의 피부색을 결정하는 가장 큰 인자는 멜라닌 색소이다. 이 색소는 멜라노사이트 내의 소기관인 멜라노솜에서 합성되며, 멜라노사이트의 수지상 돌기를 통하여 주위의 케라티노사이트로 이행한다(1-1-1 참조). 멜라노사이트의 수는 개인차가 있는데, 동일인에 있어서도 부위에 따라 다르다. 대개 피복부는 적고 노출부에는 많다. 자외선의 조사를 받으면, 티로시나아제 활성의 증가를 일으키는 멜라닌 합성 활성이 높아짐과 동시에 멜라노사이트의 수도 증가한다. 자외선 조사 후의 멜라노사이트의 증식이나 멜라닌 합성의 활성화에는 인접하는 케라티노사이트가 만들어내는 αMSH(멜라노사이트 자극 호르몬)이나 엔도세린를 비롯한 여러 가지 인자가 관여하는 것으로 보인다. 자외선의 영향이 사라지면 보통 멜라노사이트의 밀도나 활성이 원래의 수준으로 돌아간다.

피부색이 다른 흑인, 황색인종, 백인의 동일부위의 피부를 비교해보면 멜라노사이트의 밀도에는 변화가 없다. 인종에 따른 피부색의 차이는, 각각의 멜라노사이트에 있어서의 멜라닌 합성능(멜라노솜 생성능), 케라티노사이트로 이행된 멜라노솜의 수, 그 성숙도, 존재 양식에 의해 생긴다. 케라티노사이트에 들어간 멜라노솜은 라이소솜이라고 하는 소체로 들어가서 멜라노솜컴플렉스의 형태로 존재한다. 흑인은 각각의 대형 멜라노솜이 하나의 멜라노솜컴플렉스를 만드는 데에 대하여, 백인은 소형 멜라노솜 수 개에 하나의 멜라노솜컴플렉스가 만들어진다. 멜라노솜은 라이소솜의 효소에 의해 천천히 분해되는데, 소형 멜라노사이트 일수록 분해가 쉽다. 따라서 피부 상층의 케라티노사이트내에서 백인의 멜라노사이트는 가늘게 단절화되어 있는데에 비해, 흑인의 멜라노솜은 각질층까지 그대로 형태가 남아있어서 피부색에 큰 차이로 나타나는 것이다. 황색인종은 그 중간으로 백인에 가까운 형태를 나타낸다.

2) 카로틴 ; Carotene

카로틴은 카로티노이드 색소의 일종이며, α, β, γ의 3종의 이성체가 알려져 있다. 카로틴의 수산화 유도체인 크산토필도 카로티노이드 색소에 포함된다. 이들을 경구 섭취하면 주로 장점막에서 비타민 A가 생성되지만, 비타민 A로 변화하지 않고 장기관에서 흡수된 카로티노이드는 혈중으로 이동하여 β-리포 단백질과 결합한다. 혈중 카로티노이드는 각질층에 침착하기 쉬워서 각질층의 두꺼운 부위나 피하조직이 특유의 황색을 보이지만 점막에는 통상 침착하지 않는다. 피부의 황색은 주로 카로틴에서 유래하며 여성보다 남성에 많다.

3) 헤모글로빈 ; Hemoglobin

헴 4분자와 글로빈 단백질로 된 호흡 단백질로 적혈구에만 존재한다. 헴은 글로빈 분자의 히스티딘 측쇄의 이미다졸과 결합하고 있다. 산소 분자와는 가역적으로 결합하고 산소를 폐로부터 조직으로 운반한다. 정맥혈중의 환원형 훼로 헤모글로빈은 푸른 홍색을 나타내고 여기에 4분자의 산소가 결합한 동맥혈중의 산화형 헤모글로빈에서는 선홍색을 띠고 있다. 표피 근처에 모세혈관이 분포하고 있는 안면, 목부위 등에서는 헤모글로빈의 홍색이 안색에 크게 영향을 끼친다.

1-3-3. 색소 침착

피부상에는 국소적인 멜라닌 침착에 따라 생기는 여러 가지 타입의 색소반이 있다. 여기서는 일반적으로 볼 수 있는 대표적인 몇 가지 색소반을 다룬다. 색소반은 모두 자외선이 직접적인 원인이거나 증세를 악화시키는 인자가 되기 때문에 미백제와 함께 자외선 방어가 유효한 스킨 케어가 된다.

1) 간반 ; Liver spots

보통, 기미라고 하는 색소반을 말한다. 30대 이후 여성의 안면과 주로 뺨, 앞과 옆 이마 등에 좌우대칭으로 생기는 경계 명료한 담갈색의 색소반으로, 임신중의 난포 호르몬이나 MSH의 증가 등이 요인이라고 본다. 발생의 메커니즘은 아직 알려져 있지 않다. 일광(자외선) 노출이나 경구 피임약(황체 호르몬)의 복용으로 악화된다.

2) 주근깨 ; Freckles

전문적으로는 작란반이라고 한다. 5~6세부터 안면과 기타 일광 노출부에 생기는 소형의 갈색 색소반을 말한다. 사춘기에 더욱 눈에 띄고, 그 후 점점 없어진다. 유전 인자가 깊이 관계하고 있고 하일반이라는 별명에서 알 수 있듯이 일광 조사와 깊은 관계가 있다.

3) 노인성 색소반 ; Senile spots

주로 안면, 손등, 팔뚝 등 일광 노출부에 생기는 크고 작은 여러 가지 경계 명료한 갈색 색소반이다. 중년 이후에, 흔히 볼 수 있다. 오랜 시간에 걸친 자외선의 영향으로 국부적으로 멜라노사이트가 자극되고 그것이 지속되어 생기는 것으로 보이는데 발생 원인은 잘 알려져 있지 않다. 나이가 들어감에 따라 자주 나타나는 노인성 우췌(사마귀의 일종)와 지루성 각화증(표피의 양성 종양)과 섞여서 나타나는 경우도 많다(1-7-4 참조).

4) 기타

어떤 원인으로 염증이 나타난 후에 색소 침착(때로는 탈색)이 생기는 것을 종종 볼 수 있다(염증후 색소침착). 만성 알레르기 피부염은 평상시에는 존재하지 않는 진피로의 멜라닌 유출에 따른 여자안면흑피증(혹은 릴흑피증)이라는 색소 이상증의 원인이 된다.

1-4 》 피부 타입의 분류 방법

기질이라는 용어는, 피부의 상태를 가리키는 미용 용어이다. 피부과 영역에서 말하는 피부의 정상, 이상이라고 하는 차원에서는 아니지만 건강한 사람(정상)의 범위라도 여러 가지 피부의 상태는 존재한다. 그것을 정확하게 파악하는 것은 보다 건강한 피부를 유지하기 위한 적절한 스킨 케어를 하기 위하여 중요하다. 여기서는 피부 상태의 평가법, 특히 정상인에 대하여도 적용 가능한, 기본적으로는 피부의 외측으로부터 피부를 손상시키지 않고 평가할 수 있는 몇 가지 방법과 그것을 기초로 한 기질의 분류에 대하여 기술한다.

a

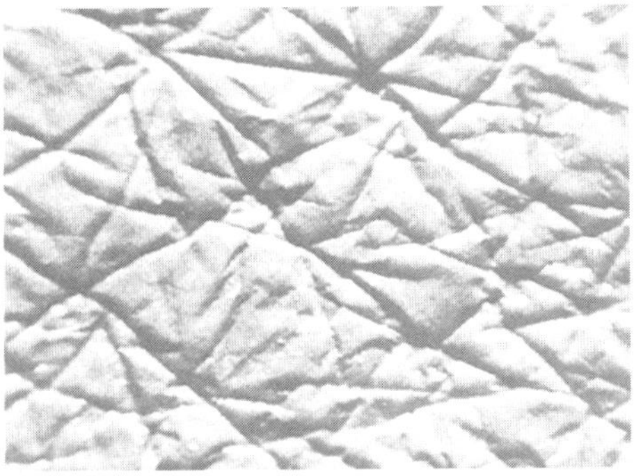

d

b

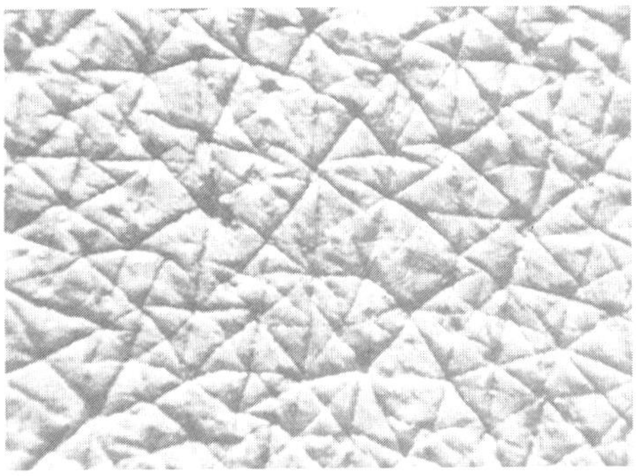

e

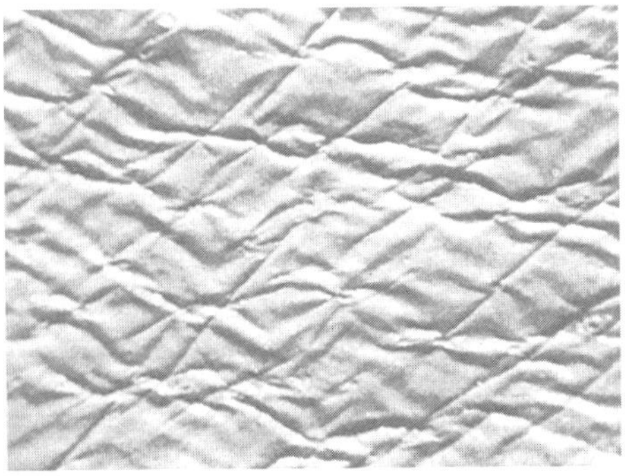

c

a	皮溝, 皮丘의 소실 광범위한 각층 박리	거칠어진 피부
b	皮溝, 皮丘의 불명료 부분적인 각질층 박리	
c	皮溝는 인지되나 평탄하여 皮丘 형태는 불명료	중간 피부
d	皮溝, 皮丘가 명료	아름다운 피부
e	皮溝, 皮丘가 선명하게 정돈됨	

그림 1-8. 피부 표면 형태의 분류

1-4-1. 피부 상태의 평가법[12)]

1) 피부 표면 형태 ; Types of skin surface

피부 표면에는 가느다란 홈이 종횡으로 뻗어 있다. 그 홈을 피구(皮溝), 피구로 둘러싸인 평평한 부분은 피구(皮丘), 이들로 만들어진 문양을 피문(皮紋)이라고 한다. 피부 표면의 형상은, 일반적으로 실리콘수지를 이용하여 피부 표면의 주형(鑄型, negative replica)을 떠서, 적당하게 확대하면 자세히 관찰할 수 있다. 그림 1-8에 피문의 규칙성, 형상의 선명도가 다른 대표적인 뺨 부위의 복제(Replica)를 나타내었다. 외관적으로 피부의 결이 곱고 젊고 건강한 피부는 피문이 명료하고 고우며 규칙적이다. 반대로 각질이 일어나고 거칠거칠한 소위 거친 피부는 피문이 불분명하고 극도의 경우에는 아예 완전히 없어져 버린 경우도 있다. 이러한 방법으로 피부 표면을 확대 관찰하면 외관의 관찰만으로는 알 수 없는 피부의 변화를 간단하게 알 수 있다. 피부 표면 형태에 나타나는 변화는 피부 내부의 변화를, 특히 각화의 변화나 노화정도를 반영하는 것임이 밝혀지고 있다. 최근, 이 형상의 특징을 컴퓨터 화상 해상을 통해 수치화 할 수 있게 되면서 복제(Replica)의 화상 해석은 피부의 형상을 객관적으로 파악할 수 있는 유력한 수단이 되고 있다[13)].

2) 각질층 수분량 ; Water content of horny layer

각질층이 정상적인 기능을 하고 건강한 상태를 유지하는 데는 10~20%의 수분을 함유하는 것이 필요하다. 각질층의 수분량이 감소하면 유연성이 소실되어 굳어지며 잔주름이나 낙설(落屑)의 발생 요인이 된다. 앞에서도 기술했듯이 각층 수분량의 주요한 결정 인자는 각층 내의 NMF 특히 아미노산류이며 이 생성은 각화의 상태와 밀접한 관련이 있다. 그래서 각층의 수분 측정 방법에는 몇 가지의 방법이 알려져 있지만, 그 중에서도 피부의 고주파 전기전도도(conductance)를 측정하여 매우 간편하게 측정할 수 있다[14)]. 수분량의 절대량은 구할 수 없지만 발한하지 않는 조건하에서 측정된 전기전도도는 각질층 수분량과 좋은 상관관계를 나타낸다. 전항의 피부표면 형상의 양호·불량에 근거하여 3그룹으로 분류된 볼 부위의 각질층 수분량을 그림 1-9(a)에 나타내었다. 피문의 소실 혹은 불선명한 거친 피부에서는 각층 수분량이 현저하게 저하한다[12)].

3) TEWL ; Trans epidermal water loss

각질층 배리어 기능의 지표로서 피부 내부로부터 피부를 통하여 휘산하는 수분량이 잘 이용되고 있다. 경피 수분 손실(trans epidermal water loss, TEWL)은 한선에서 분비된 땀과는 구별된다. 측정은 피부 표면상의 습도 기울기로부터 산정하는 장치가 일반적으로 이용되고 있다. 각질층의 배리어 기능은 케라틴 패턴이 보여주듯이 각질세포 내의 빽빽이 응집한 구조와 각층의 비후한 세포막, 더욱 중요한 인자로서 층판과립 유래의 세포간 지질 등에 의해 유지된다고 생각되고 있다. 그림 1-9(b)에 나타낸 바와 같이 피부가 거칠어지면 TEWL의 증가가 관찰되어 각질층의 배리어 기능저하를 나타낸다[12].

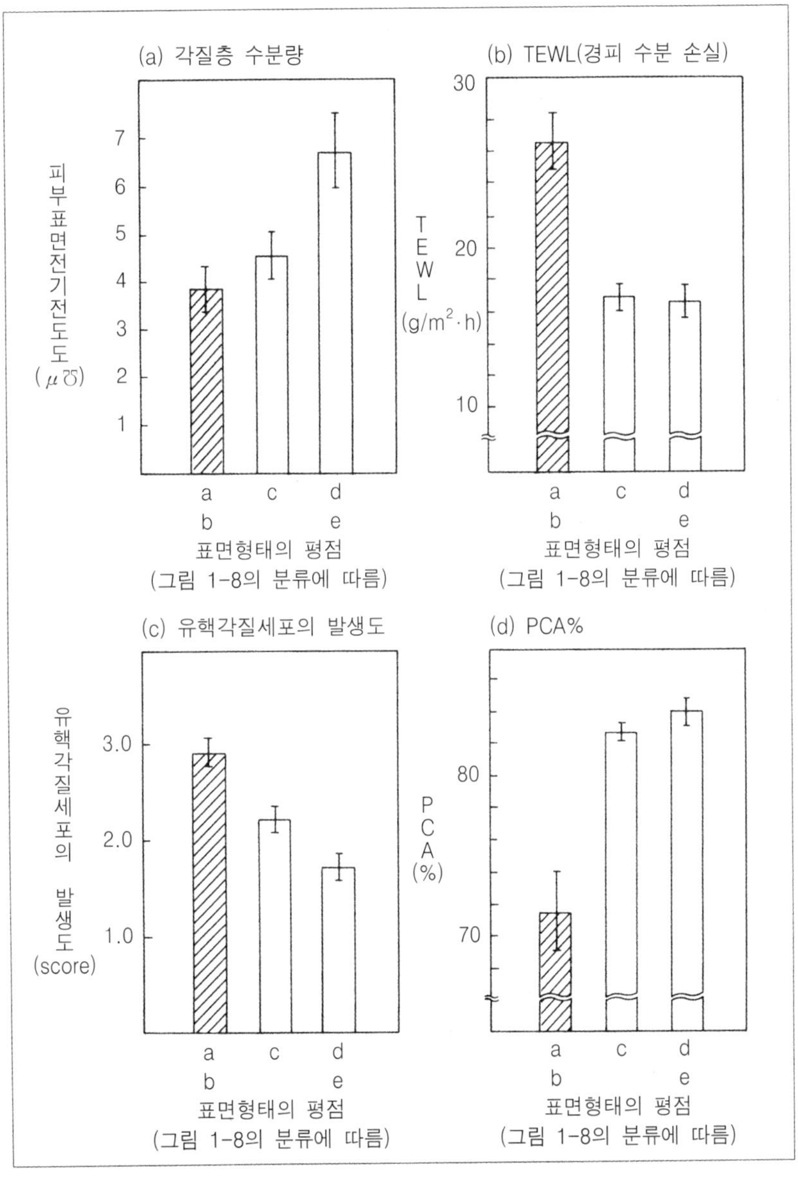

그림 1-9. 표면 형태와 피부 생리 지표와의 관계

4) 불완전 각화도 ; Incomplete keratinization

정상적인 각화과정을 통하여 생성된 각질세포에는 핵이 존재하지 않는다. 그러나 염증 등의 원인으로 표피의 증식이 현저하게 높고, 각화의 속도도 비정상적으로 빨라져서 핵이 남은 상태로 불완전한 각질세포가 만들어지는 경우가 있다. 이것을 불완전 각화 또는 착각화(錯角化)라고 하며, 건강한 사람의 피부에서도 안면과 두피에는 종종 유핵세포의 집괴가 반점상으로 나타난다. 전자는 그림 1-9(c)에 나타낸 바와 같이 피부의 거친 정도에 대응하고 또 후자는 비듬증의 정도에 대응해서 출현 빈도가 높아진다. 접착 테이프로 표층의 각층을 제거(skin surface biopsy, SSB)해서 조직 염색을 통한 현미경 관찰에 의해 그 유무를 조사할 수 있다.

이상과 같이 피부표면 각화의 상태를 반영한 여러 가지 정보가 있으며, 이 외에도 표피의 턴 오버 속도와 밀접하게 관련있다고 여겨지는 각질세포의 면적[11], 각층내의 아미노산의 대사[15](예를 들면 글루타민으로부터 피롤리돈 카르본산의 대사 등)의 정도 등도 각화에 관련된 피부상태의 지표가 된다(그림 1-9(d)).

1-4-2. 피부 타입의 분류

전항에서 나타냈듯이 각화의 상태는 피부 타입을 아는 중요한 요소이고, 피지량도 또 하나의 특성이 될 수 있다. 이전에는 피부의 타입을 건성피부, 보통피부, 지성피부 크게 3가지로 분류하는 것이 일반적이었다. 즉 피부의 꺼칠꺼칠한 상태와 유분 상태가 동일 축상에서 서로 반대의 성질이라고 여겨지던 시기가 있었다. 그러나 최근에는 전술한 바와 같이 보다 과학적, 객관적인 방법으로 여러 가지 피부 생리 기능이 평가될 수 있게 되어 촉촉한 것은 유분기가 있는 것과 독립된 요소라는 것이 밝혀졌다. 즉, 전자는 정상적인 각화에 의해서 나타나는 건강한 각층의 상태이며, 후자는 피지선의 활성으로 결정되는 상태로서, 양자는 기본적으로 다른 성질이라는 것이 밝혀졌다. 따라서 최근에는 이들 피지량과 수분량(각화의 상태를 말하는 것도 가능하다)을 조합시킬 수 있는 4가지의 분류를 기본으로 한다. 즉 그림 1-10에 나타낸 바와 같이 피지량은 보통보다 적고 수분이 많은 보통 피부, 수분이 적고 거칠게 보이는 건성 피부, 피지량이 많고 수분도 많은 지성피부로 종래부터 이용되고 있는 피부 타입(단, 약간 정의는 다르다)에 더하여, 새롭게 피지량이 많고 건조한(피부가 거칠다) 건조형 지성 피부가 정의되고 있다. 피부타입을 정확하게 파악하는 것은 올바른 스킨 케어를 하는 것 이상으로 대단히 중요하다.

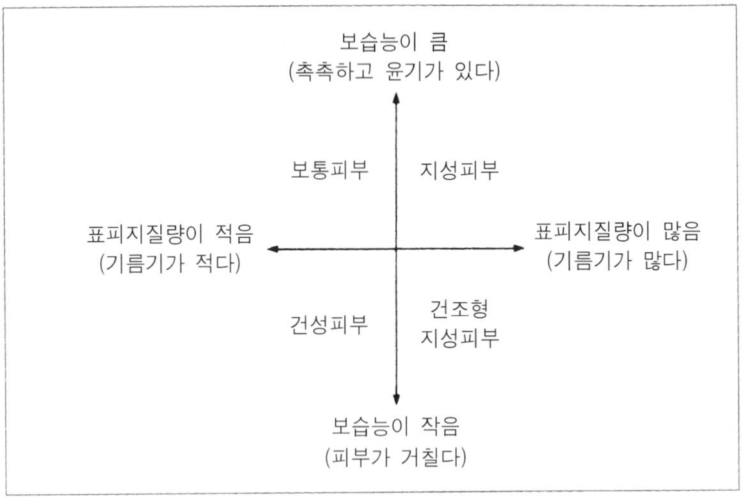

그림 1-10. 피부 타입 분류의 기본적 개념

1-5 》 여드름 ; Acne

여드름은 정식으로는 심상성 좌창이라고 한다. 환자의 70~80%는 11~25세의 연령층에 집중되어 있고, 가벼운 여드름은 피부병이라기보다 청년기의 피부특징의 하나라고 할 수 있다. 그러나 중증의 여드름은 보기에도 나쁘고 치유 후에도 흔적을 남기는 경우가 많으며, 또 사람에 따라서는 여드름이 생긴 것만으로 정신적으로 우울해지고 일상생활과 사회생활까지 영향을 미치는 경우도 적지 않다. 따라서 미용적인 견지에서도 빨리 적절한 처치를 하여 정상적인 깨끗한 피부로 회복시킬 필요가 있다.

1-5-1. 여드름의 원인

여드름에 적절한 처치를 하기 위해서는 그 원인을 알 필요가 있다. 여드름의 원인은 사람에 따라 각각 다르고, 또 몇 가지 요인이 상호 관련되어 있다. 주된 요인으로서 다음의 세 가지가 중요하다.

1) 피지선의 비대(피지 분비 과잉)

피지선은 끊임없이 피지를 생산하고 있고 피지선 배출관에서 모루두(毛漏斗)를 통하여 피부 표면에 피지를 분비한다. 테스토스테론은 피지선에 촉진적인 영향을 미치며 지질의 생합성, 분비를 활성화하기 때문에 피지선은 제2차 성장의 시기(10~16세)에 급속히 발달한다.

특히 안면, 등, 가슴 등의 부위에서 피지선이 크게 발달하며 분비 기능이 왕성하기 때문에 피지의 생산량과 피지의 분비능력의 밸런스가 유지되지 않는 경우가 있다. 이와 같은 시기에 분비가 원활하지 않게 되고 모낭 내에 피지가 고여 발진의 원인이 된다. 또 성인 남성은 통상 정소(精巢)로부터 분비된 테스토스테론의 작용으로 피지의 분비가 일정하게 되지만, 여성의 경우는 배란 후 일시적으로 황체 호르몬 증가가 피지선을 자극하고 피지의 분비를 증가시키기 때문에 생리 전에 여드름이 악화되는 경우가 있다.

2) 모낭공의 각화 항진

모낭의 모루두에서는 각화항진이 일어나기 쉬우며 두꺼워진 각층이 모낭 내에 박리되어 모루두의 패쇄가 일어나고 이것이 면포의 형성에 이른다. 모낭공이나 피지선의 개구부가 각질에서 막히거나 좁아지게 되면 정상적인 피지의 배출이 억제되고 모루두에 피지가 정체하게 된다. 그 결과로서 여드름 간균이 증가하고, 그 생산물질이 모루두의 상피세포를 자극하여 더욱 각화가 항진된다. 피지선이나 모낭에 피지가 막혀서 발진을 일으키기 쉽게 된다. 각질층은 물리적 자극이나 자외선에 의해서도 각화가 촉진되어 두꺼워지기 때문에 바다나 산에서 강한 빛을 받은 후에 여드름이 급속히 악화하는 경우도 있다. 또 세안을 게을리 하거나 피부를 불결하게 하여도 마찬가지로 각질이 모낭공을 막아서 발진을 유발하는 경우도 있다.

3) 세균의 영향

피지선의 비대증식이나 모낭공의 각화항진 등이 원인이 되어서 피지가 남게 되면 모낭의 모루두에 존재하는 피부 상재균인 여드름 간균과 피부 포도상 구균이 증가하고, 이들 균의 리파아제가 피지를 구성하고 있는 지질성분 중의 트리글리세라이드를 분해해서 유리 지방산으로 변화시킨다. 실제로 여드름이 나 있는 피부와 정상 피부의 피부 지질 성분을 비교하면 그림 1-11에서 보는 바와 같이 여드름이 생길 수 있는 피부는 유리 지방산이 많고 트리글리세라이드가 적은 경우이다. 유리지방산은 모낭상피에 작용하고, 각종의 효소를 생산하여 모낭벽을 파괴하고 모낭주위의 결합조직에 염증을 일으킨다. 따라서 세균류는 여드름의 직접적인 원인이 되지는 않지만, 작은 여드름을 악화시켜 염증을 동반한 여드름을 일으키는 작용이 있다고 한다.

이상 3가지가 여드름을 나게 하는 커다란 요인이고, 피지선의 비대증식, 모낭공의 각화항진, 세균의 영향이 복잡하게 영향을 주어 여드름을 악화시키며 각각 단독으로 여드름을 만드는 것은 드물다. 그 외에 여드름이 생기기 쉬운 체질의 유전적 요인, 음식물에 의한 영향, 피로와 스트레스 등도 여드름에 관계한다.

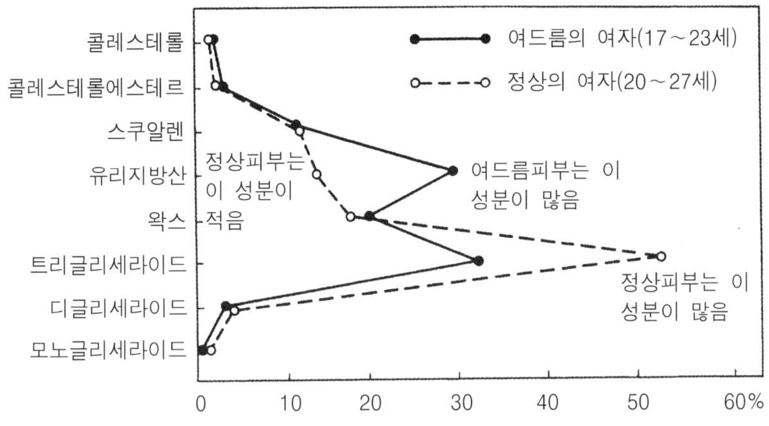

그림 1-11. 피부 표면 지질(피질)의 성분

1-5-2. 여드름의 형성 과정

여드름의 원인 항에서 기술했듯이, 피지선의 활성화와 각화항진이 겹쳐서 모낭공이 좁아지고 피지의 배출이 방해받아 피지가 모낭공에 막히는 상태가 된다. 이것이 면포(comedo)라고 불리우는 여드름의 초기발진이 된다(그림 1-12 b, c). 그 후, 면포의 벽조직이 파괴되면 내용물이 주위의 조직에 작용하여 피지선 개구부 주변에 염증을 일으킨다(그림 1-12 d). 이 상태를 홍색구진(紅色丘疹)이라고 한다. 또 이 상태가 계속되면 모낭 내에 채워진 각화물질과 피지가 모낭벽으로부터 진피 내로 침투되어 농포를 만든다(그림 1-12 e). 세균이 진피 내로 침입하면 백혈구가 집결되는데, 그 때 생긴 사체가 고름이다. 이와 같이 진피 내에 고름이 고여서 크게 종기가 생긴 상태가 농종(膿腫)이고 만지면 통증을 수반한다(그림 1-12 f). 그 후 방치하면 육아종(肉芽腫)이 형성되고 흔적이 남게 된다.

1-5-3. 여드름의 스킨 케어

여드름의 증상이 심한 경우에는 항 염증제 등에 의한 치료가 필요한 경우도 있지만, 이상과 같은 여드름의 원인 및 형성의 경과를 고려하여, 여드름의 예방과 회복을 위해 다음과 같은 스킨 케어와 일상 생활에 있어서의 주의가 요구된다.

1) 항상 피부를 청결히 한다.

1-1) 살균제가 함유된 세안료로 공들여서 세안을 한다.

1-2) 두발이 이마나 얼굴에 직접 접촉되지 않는 헤어스타일을 한다.

1-3) 베개 커버 등 얼굴과 머리에 많이 닿는 물건을 청결히 한다.

1-4) 환부를 손으로 만지지 않는다.

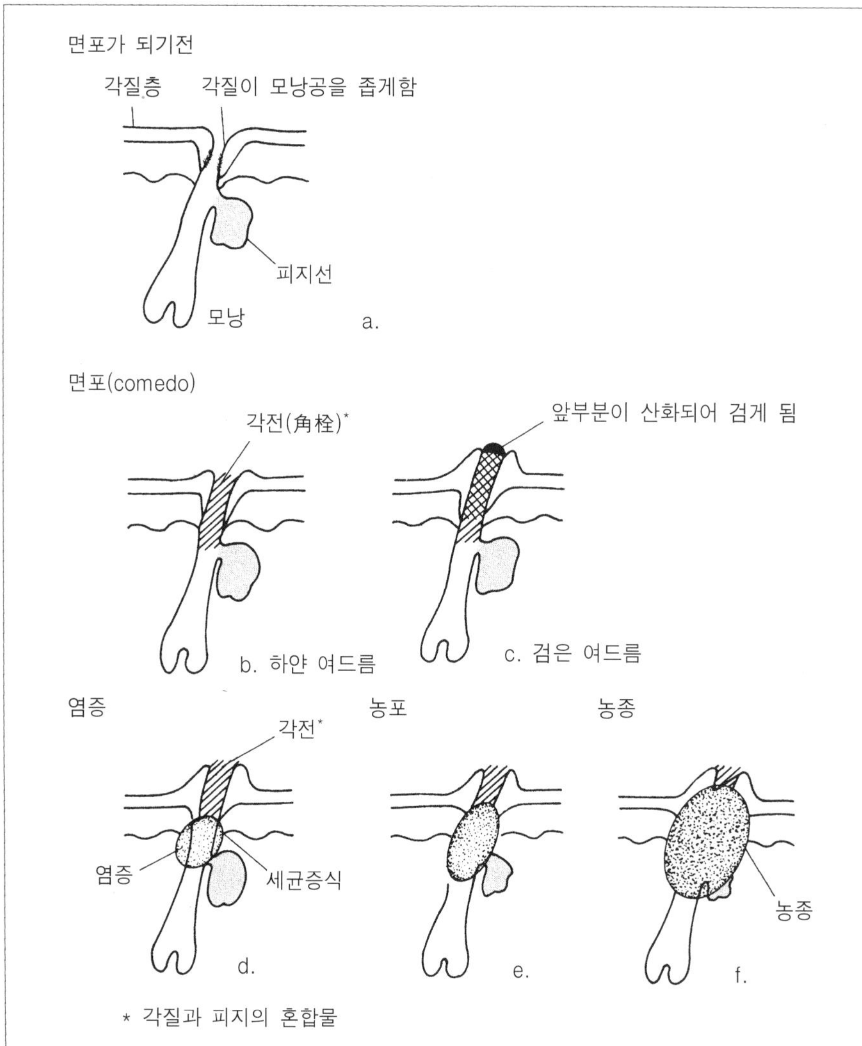

그림 1-12. 여드름의 종류

2) 화장할 때의 배려

2-1) 과도하게 유성이 강한 화장품은 줄이고, 여드름 발생에 관련된 여러 가지 요인에 대처하여 피지 억제, 각질 제거, 살균, 항염증약의 작용을 가진 여드름용 화장품을 구입한다(여드름용 약제에 대하여는 6-1-4항을 참조).

2-2) 유성 파운데이션 등을 두껍게 도포하면 미세분말이 모낭공에 들어가 모낭공이 막히는 경우가 있으므로 화장법을 고려한다.

3) 지방성분이 많은 음식물이나 당분, 전분질의 과식을 피한다.

3-1) 지방분이 많은 고기, 견과류, 초콜릿, 커피, 코코아 등을 지나치게 섭취하지 않는다.

4) 기타

스트레스의 축적이 없도록 하는 것과 과도한 운동, 과로를 피하는 것이 필요하다.

1-6 》 자외선과 피부

1-6-1. 자외선 ; Ultraviolet light

자외선은 가시광선의 보라색보다도 더욱 짧은 파장영역의 광선으로, 크게 UVC(200~280 nm), UVB(280~320nm), UVA(320~400nm)로 나뉜다(그림 1-13). 태양으로부터 지구에 내리쬐는 자외선 중의 단파장은 대기권 상층에 있는 오존층에서 흡수되어 흩어지고 지상까지

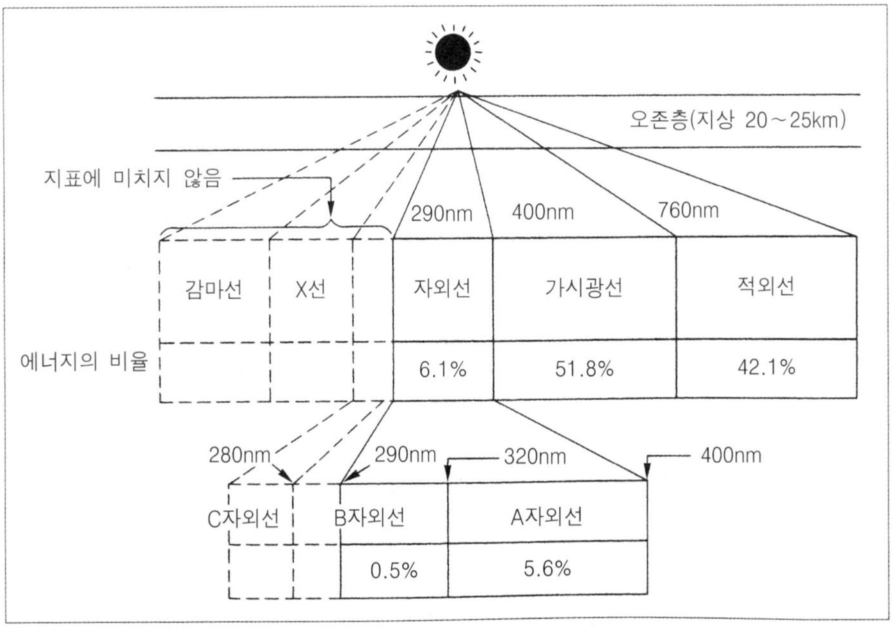

그림 1-13. 태양광선의 스펙트럼

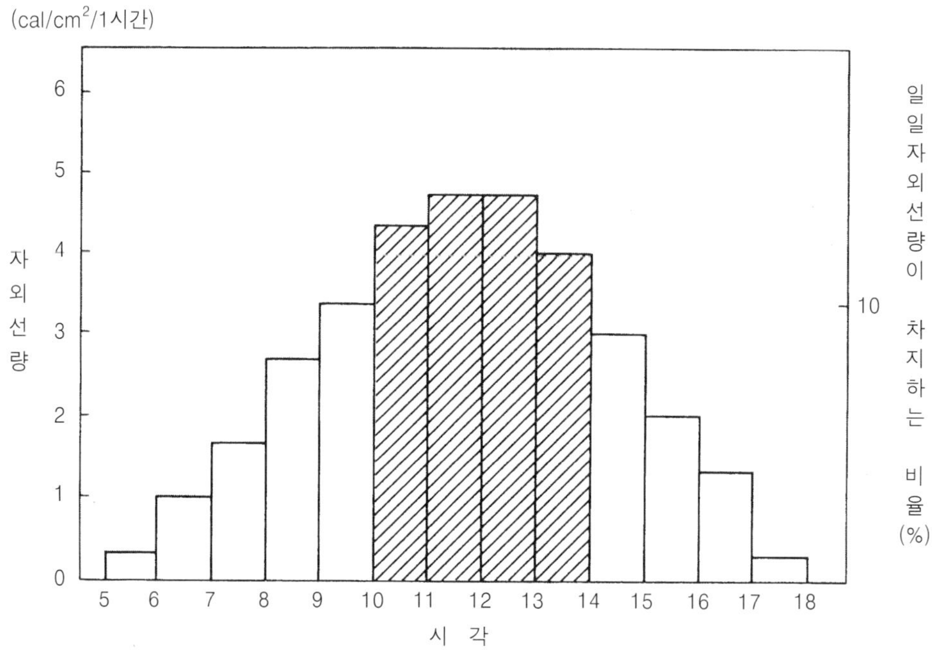

그림 1-14. 1시간마다의 자외선량의 변동
(資料 : 資生堂硏究所 (1987년 6월 맑은 날 평균 : YOKOHAMA))[16]

도달하지 않는다. 피부가 받는 자외선 중 가장 짧은 것은 290~300nm이고, UVB의 에너지는 UVA의 평균 약 1/15이다. 그러나 프레온 등에 의하여 오존층의 파괴가 진행되면, 필터 효과도 감소되어 단파장의 자외선이 보다 많이 도달하게 되고 피부암이 다량 발생하는 것으로 보인다. 오존이 1% 감소하면 자외선이 약 2% 증가하고 피부암 환자는 약 3% 증가한다는 통계도 있다.

자외선의 강도와 양은 지역, 계절, 그리고 시간대에 따라 크게 달라진다. 즉, 지구와 태양의 위치관계, 또 그 지역의 기후 등에 의하여 크게 좌우된다. 그림 1-14는 자외선량의 시간변동(맑은 날)을, 표 1-6은 계절변동을 나타낸다[16]. 일본은 12시경이 가장 높은 산모양으로 분포된다. 10시부터 14시 사이에 거의 1일량의 반을 받고 있다. 더욱이 계절변동은 각 지역 특유의 기후상태에 의해 좌우되지만, 월 자외선량은 장마시기에 따라 다르며 5월~7월에 가장 높고 12월~2월에 낮은 값을 나타낸다. 표고에 의해서도 크게 영향을 받아 고도가 높을수록 자외선의 양이 많으며, UVB가 점하는 비율도 커지게 된다(표 1-7 참조).

또 사람의 피부가 받는 자외선 양은 반사광 등도 크게 영향을 미치고 신체의 요철에 의해 받는 양이 크게 다르다. 일반적으로 코나 뺨, 아랫입술이 받는 양이 많다.

표 1-6. 태양광선중 UVB 및 UVA의 양 (1981년 요코하마)

월	UVB ($cal/cm^2 \cdot day$)	UVA ($cal/cm^2 \cdot day$)
1	0.55	10.93
2	0.58	11.45
3	1.10	17.21
4	1.69	23.13
5	1.61	21.65
6	1.09	16.27
7	1.64	22.87
8	1.46	21.50
9	1.19	14.96
10	1.01	13.22
11	0.39	6.97
12	0.40	7.43
평균	1.05	15.63

적산조도계 PH-11M-2AT로 측정.

표 1-7. 태양광선의 월별, 도시별의 자외선량 (300~400nm)

도시	아사히카와	아키타	마쓰모토	요코하마	오사카	미야자키	나하	평균
위도(°N) 고도(m)	43.5 112	39.4 9	36.2 610	35.3 39	34.4 23	31.6 7	26.1 35	
1월	133.1	141.7	408.4	308.9	342.0	474.7	410.6	317.1
2월	268.5	254.9	511.8	368.1	449.4	496.0	420.8	355.6
3월	587.7	595.9	729.8	516.4	644.5	647.4	615.5	619.6
4월	636.8	814.1	862.2	691.1	804.2	799.7	691.3	754.2
5월	748.7	913.0	1114.2	839.5	1009.2	951.5	881.2	922.5
6월	818.0	951.4	988.2	598.8	912.8	871.3	872.8	859.0
7월	816.9	863.7	877.1	661.3	848.3	975.9	994.7	882.6
8월	698.0	937.0	896.4	713.1	887.5	953.0	963.3	884.0
9월	520.0	675.2	602.6	449.9	564.6	646.9	741.2	600.1
10월	354.4	507.2	561.0	431.3	539.2	594.1	642.1	518.5
11월	173.0	275.3	401.6	274.8	369.5	433.2	477.3	343.5
12월	130.5	175.3	366.7	255.6	311.2	441.5	385.4	255.2
연간	5,886 96%	7,105 116%	8,339 137%	6,109 100%	7,236 118%	8,285 136%	8,076 132%	

cal/cm^2/월 또는 년

이와 같은 자외선에 대해, 피부는 자연 방어기구를 준비하고 있다. 자외선은 피부의 구조와 그 구성물질에 의해 흩어져 흡수되고, 피부의 깊은 곳일수록 감소한다. 피부 구성 물질 중 기저층의 멜라노사이트에서 생성되는 멜라닌은 큰 방어효과를 나타낸다. 멜라닌 양이 적은 백인이 일본인 등에 비하여 피부암이 많이 발생하는 것도 멜라닌 방어능의 역할이 큼을 나타내고 있다. 이들 요소에 의해서 피부내부에 도달하는 자외선량은 파장에 따라 다르고, 장파장일수록 진피 깊숙이 도달한다고 하며 모식적으로 나타내면 그림과 같다(그림 1-15).

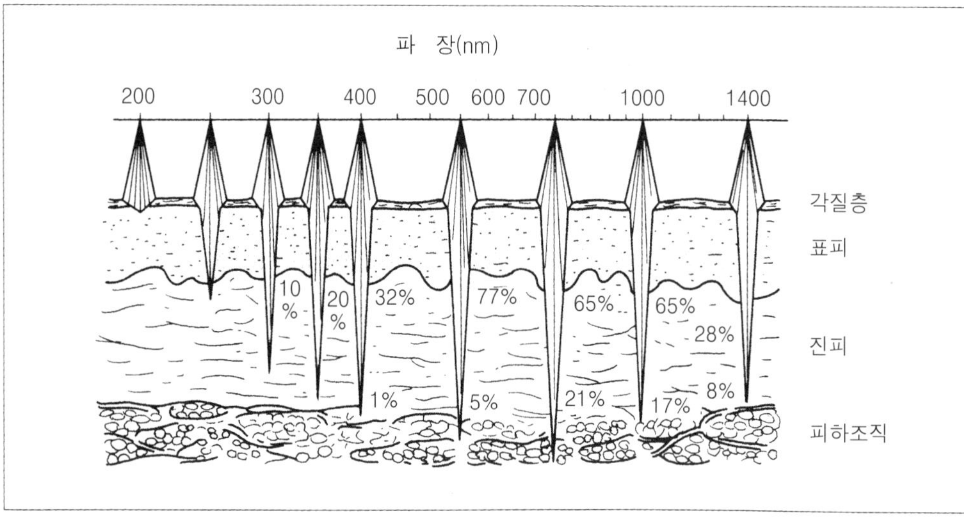

그림 1-15. 피부에 있어서의 광선 투과와 파장 의존성(Herrmann)[17]
(F. Herrmann et al. : Biochemie der Hauts 149, Georg Thieme Verlag stuttgart, 1973.)

1-6-2. 자외선에 의한 급성 반응

자외선을 받은 피부의 급성변화를 그림 1-16에 나타내었다. 자외선을 쬔 직후에는 피부가 검게 보이는 1차 흑화(黑化)가 일어난다. 이것은 기존의 담색 멜라닌이 일시적으로 산화되어 검게 보이는 것인데 수시간 후에는 원래 상태로 되돌아온다. 이것은 UVA와 가시광선에 의해서 발생한다.

자외선에 노출된 후 수시간 사이에 피부가 빨개진다. 이 붉은 정도는 8시간 후 최고조에 달하고 그 후 서서히 약해지면서도 지속된다. 이것을 선 번(sun burn)이라고 한다. 다량의 자외선을 받은 경우는 더욱 진전되어 물집(浮腫)이 생기는 화상 상태가 된다. 이 선 번을 일으키는 파장영역은 그림 1-17에 나타낸 바와 같이 UVB의 단파장측이 최대치를 갖고, 290~300nm의 자외선은 320nm의 약 100배의 효과를 갖고 있는 것을 알 수 있다. 그러나 태양광선 중의 파장분포를 고려하면, 실제로 태양광선에 의한 선 번에 기여하는 파장영역(홍반생성곡선)은 300~310nm에서 가장 높아진다.

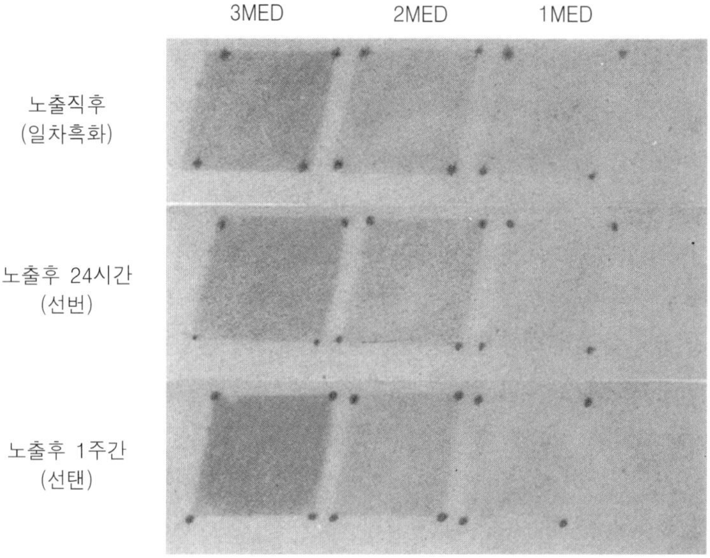

그림 1-16. 태양광에 탄 피부의 시간 경과별 변화

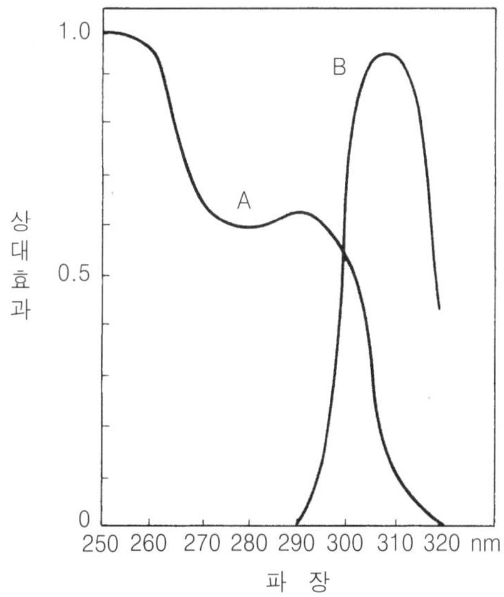

그림 1-17. 홍반 곡선

A : 각 파장의 단위 에너지당 홍반야기능

B : 지상에 있어서 태양광의 분광분포를 고려할 때의 홍반야기에 대한 각 파장의 기여도

선 번은 상해를 받은 세포에서 생산된 염증 매개체가 관여하여 혈관을 확장시키는 것으로 보이는데, 그 상세한 과정은 밝혀져 있지 않다. 그러나 아스피린과 인도메타신이 자외선 노출 후 수시간 지나서 생겨난 붉은 정도를 억제하는 것을 볼 때 아라키돈산의 대사계가 관여하고 있다고 생각된다.

붉게 탄 후 3일째 무렵부터 피부는 서서히 검어진다(그림 1-16). 이것을 2차 흑화 또는 선탠이라 부르고, 이 2차 흑화는 멜라노사이트의 기능을 항진시켜서 멜라닌을 많이 생산하고, 그 멜라닌이 표피세포 중에 많아져서 일어난다. 이것은 UVB에 의해 붉게 된 후에도 일어나지만, 다량의 UVA에 의해서도 일어난다. 이렇게 일단 검어진 피부는 원래의 피부색으로 되돌아가기까지 수개월이 필요하다.

이 흑화와 동시에, 상해를 받은 피부의 아래에 새로운 피부가 재생되고, 자외선 노출 후 10일부터 14일경에는 필요없게 된 피부는 박리되어 떨어져 나간다.

이 급성반응의 감수성은 사람에 따라 다르다. 이 자외선 감수성을 나타내는 하나의 지표로서 MED(minimum-erythemal dose, 최소홍반량)이 이용된다. 이것은 자외선을 쬐어 약간 붉어지는 자외선량을 가리키고 있다. 즉, 감수성이 높은 사람일수록 적은 자외선량으로 붉어지기 때문에 MED가 작아진다. 이 홍반과 흑화의 표시방법도 사람에 따라 달라 이것을 피부타입 Ⅰ~Ⅵ으로 분류하고 있다(표 1-8). 봄부터 여름에 걸쳐 처음에 아무것도 바르지 않고 30~45분 정도 일광욕을 할 때, 홍반은 발생하지만 결코 흑화되지 않는 사람을 피부 타입 Ⅰ, 홍반은 일으키지만 거의 흑화되지 않은 사람을 피부 타입 Ⅱ, 홍반을 일으키고 서서히 흑화되는 사람을 피부 타입 Ⅲ, 약간의 홍반을 일으키고 곧 흑화되는 사람을 피부타입 Ⅳ, 거의 홍반을 일으키지 않지만 반드시 흑화되는 사람을 피부타입 Ⅴ, 홍반을 일으키지 않고 매우 흑화되는 사람을 피부타입 Ⅵ로 보고 있다. 일본인은 거의 피부타입 Ⅱ~Ⅳ에 해당한다고 하지만 정설은 아니다.

표 1-8. 피부 타입

피부 타입	자외선에 의한 피부변화
Ⅰ	바로 붉어지나 검어지지 않음
Ⅱ	바로 붉어지고, 약간 검어짐
Ⅲ	붉어진 후 검게 됨
Ⅳ	약간 붉어지거나 바로 검어짐
Ⅴ	좀처럼 붉어지지 않고, 반드시 검어짐
Ⅵ	결코 붉어지지 않고, 매우 검어짐

봄부터 여름에 걸쳐, 처음에 아무것도 걸치지 않고 30~45분 정도 일광욕을 한 후 피부의 상태에 의거한 분류

(原典 Federal Register, 43(166), 38265, 1978.)

지금까지 기술한 것은 건강한 사람의 반응이지만, UVB에 보다 과민하다든지 건강한 사람에게는 급성의 격렬한 반응을 일으키지 않는 UVA와 가시광선에 과민반응을 보이는 사람이 있다. 이 반응을 광과민성 반응이라고 하며, 그 원인에 따라 광독성 반응, 광알레르기 반응, 광과민증 등으로 분류할 수 있다. 앞의 2가지는 외래 물질과 자외선에 의한 반응이며, 후자는 각종 내적요인이 고려되고 있지만 원인불명인 것도 많다.

광독성 반응은 어떤 종류의 외래물질이 피부에 있고 여기에 빛이 닿으면 누구에게나 생기는 반응이다. 반면에 광알레르기 반응은 외래물질과 빛에 면역계가 관여하는 것으로 감작 상태의 사람에게만 일어나는 반응이다. 광과민증에는 색소성 건피증, 일광 두드러기, 포르피린증(porphyria), 종두양수포증 등이 있다.

1-6-3. 자외선에 의한 만성 반응

만성적인 자외선의 영향을 상징적으로 나타내는 것으로 어부 피부(fisherman's skin) 또는 농부피부(farmer's skin) 등이 있다. 외관적으로는 색이 검고 뻣뻣한 감촉이며 깊은 주름이 생기고 자외선을 받기 쉬운 목덜미 부분에 특징적인 마름모꼴의 주름을 나타낸다. 이 상태가 더욱더 심해지면 피부암을 일으킨다. 이와 같은 변화를 자연적인 가령(加齡, 노화)과 구별하기 위하여 광가령 혹은 광노화(photoaging or dermatoheliosis)라고 한다. 이 영향이 크게 나타나는 곳은 연중 매일 햇빛을 받는 안면이다.

이 광가령을 일으키는 파장영역에 대해서는 명확히 알 수 없지만, UVB뿐만 아니라 진피 깊숙이 도달하는 UVA도 관여하고 있다고 한다. UVA는 다량으로 쬐이지 않는 한 급성의 심각한 반응을 일으키지 않기 때문에 이제까지 위험시하지 않았지만, 최근에 그 위험성을 무시할 수 없다는 것이 알려지고 있다.

광가령은 백인에게 최초로 정의되었지만 유색인종에게도 일어나고 있고 자외선을 많이 받는 고지주민에게서도 분명하게 확인되고 있다(그림 1-18). 고지 주민은 이미 20대에 주름이 확인되고 세월이 감에 따라 그 정도가 명백히 상승하고 있다. 고지주민의 20대의 주름 정도는 일상 생활을 하고 있는 일본인의 40대에 해당한다고 하는 보고도 있다.

이 광가령의 변화를 피부 조직학적으로 보면, 표피가 두텁게 되고 멜라노사이트의 이상항진이 있다. 진피의 주된 구성성분은 교원섬유이며 그 안에 망목상으로 탄성섬유가 뻗어져 있다. 광가령 피부에 이 탄성섬유가 변칙적으로 증식되고, 또 진피 중의 모세혈관의 확장이 확인된다. 이들 변화는, 본래 나이에 따른 변화와는 반대방향을 나타내고 있다.

최근에는 면역계에 대한 만성적인 자외선 노출의 영향이 밝혀져, 피부뿐만 아니라 전신에 걸친 자외선의 영향에 대해서도 앞으로 명확해질 것이다.

최근에 이들 광가령된 피부에 비타민 A산을 바르면 주름 등이 없어지고 젊은 피부로 돌아간다는 보고도 있다[18].

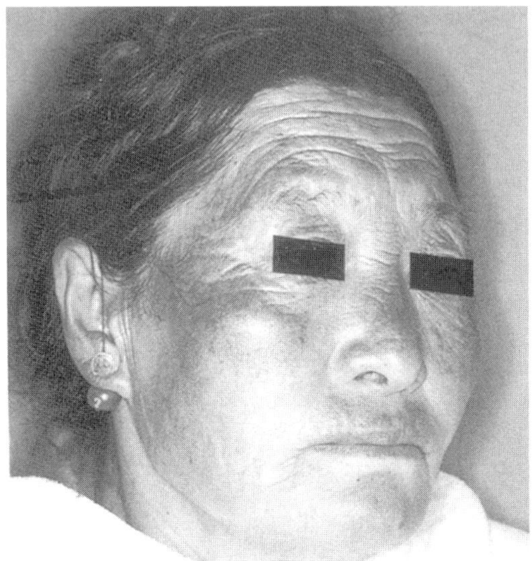

그림 1-18. 고지 주민의 주름 상황

1-6-4. 자외선 방어

현재 일본에서는, 자외선에 노출되는 것은 해는 있어도 이익은 거의 없다는 것이 통설이다. 그러므로 급성, 만성적인 자외선에 의한 상해작용을 막기 위하여 광방어가 중요하다.

이제까지 레저 등을 즐길 때는 과도하게 햇볕에 타지 않도록 자외선 차단 화장품 등을 도포하는 것이 일반적이었다. 그러나 만성적인 자외선 노출에 의해 기미나 주름이 생기거나 촉진된다는 것이 판명된 현재, 일상적으로도 자외선을 방어하는 것이 중요해졌다. 의류나 모자 등으로 차단함과 동시에 태양광 아래에 노출될 때에는 자외선 차단제 등을 도포하여 가능한 한 자외선이 피부에 투과하지 못하도록 하는 것이 피부를 건강하고 아름답게 유지하기 위해 필요하다.

1-7 》 피부의 노화

1-7-1. 노화 ; Symptoms of aging

인간의 피부는 눈이나 이와 마찬가지로 나이가 연령 증가에 따라 변화가 나타나기 쉬운 기관이다. 그 변화의 정도는 개인차 크고 부위에 따라서도 다르다. 이들 변화 중에는 표 1-9에 나타낸 바와 같이 연령 증가에 따라 일어나기 쉬운 피부질환이 있다. 그러나 이러한 병적인 피부 변화 이외에, 표 1-10에 나타낸 바와 같은 미용상 좋지 않은 여러 가지 변화가 일어난다. 이들은 질병과 구별하여 특히 노화의 징후라고 한다[19].

표 1-9. 고령자에게 잘 나타나는 피부 질환

- 노인성 색소반
- 노인성 백반
- 노인성 우췌(疣贅)
- 노인성 혈관종
- 유경종(有莖腫 : 아크로콜든)
- 노인성 신경 섬유종(C형 모반)
- 노인성 면포
- 노인성 지선 증식증
- 암전구증(일광각화증, 피각, Bowen병, 악성흑자)
- 피부암(유극세포암, 기저세포암)

표 1-10. 피부의 노화 징후

- 피부의 주름이 증가한다.
- 피부가 이완한다.
- 피부의 광택, 윤기, 매끄러움이 저하한다.
- 피부의 탄력이 저하한다.
- 피부의 살결이 거칠어지고, 피구(皮溝)가 흐트러진다.
- 색소침착반점이 증가하고 사람에 따라 부분적인 탈색반점이 생긴다.
  (전자는 노인성 색소반이라 하며, 후자는 노인성 백반이라 한다.)
- 피부가 황색을 띤다.
- 두발이 감소하고, 탄력이 없어진다.
- 두발이 벗겨진다.
- 백발이 증가한다.
- 눈썹이나 귀털이 길어진다.
- 손톱이 거칠어지고, 백탁이 되며, 만곡이 강해진다.

1-7-2. 자연노화와 광노화 ; Instrinsic aging and Photoaging

일광에 노출이 많은 안면이나 목덜미, 손등 등에는 피부가 딱딱하고 뻣뻣하며 깊은 주름이 보이는데, 장기간에 걸쳐서 강한 태양광선을 받은 피부에는 이들의 변화가 특히 현저하게 된다. 주로 자외선이 원인이 되어 일어나는 변화는 앞에서 서술한 바와 같이 광노화라고 한다. 복부나 등부위 등의 일광에 거의 노출되지 않은 피복부위에 나타나는 나이 변화(자연노화라고도 한다)와 비교하면, 피부의 성상이나 내부의 조직이 상당히 다르다. 나이 변화는 일반적으로 기능저하와 위축성 변화인데, 피부에 있어서 이것이 적용되면 세포수의 감소와 두께의 저하가 나타나는 자연노화 피부를 보인다. 이것에 비해 광노화 피부는 두껍고, 특히 변성된 탄성섬유의 집괴가 축적되는 소위 탄성섬유증의 증상을 여러 가지 양상으로 나타낸다. 표 1-11은 양자의 주요한 특징을 나타내는 것이다[20]. 얼굴피부는, 유전적인 인자나 내분비 등 자

표 1-11. 자연노화와 광노화 피부의 특징[20]

		자연노화	광(光)노화
외관		매끄러움 탄력성(당김)의 저하	뻣뻣함(닳은 피상) 기미, 주름(대부분 깊은 주름)
살결(皮紋)		皮溝는 얕고, 皮丘는 편평하고 넓으나 대체로 정상	변형이 현저하고, 거의 소실
표피	두께	비박화(菲薄化)	초기과정에서는 비후(肥厚), 그후는 위축
	케라티노사이트	약간 부정형, 규칙적인 배열유지 멜라노솜은 균일하게 분산	현저히 불균일, 배열은 흐트러져 있음 다수의 이상각화상 멜라노솜을 갖지 않는 세포가 있다.
	각질층	정상적인 두께 basket-weave 상단면	불균일한 두께 basket-weave상과 밀착상의 혼합
	멜라노사이트	감소, 형태는 거의 균일 멜라닌생산은 불완전	증가, 형태는 불균일 멜라닌생산 진행
	랑게르한스 세포	약간 감소	현저히 감소
표피 · 진피접합부(기저막)		표피돌기의 소실 · 평탄화 약간 기저막구조의 중층화	표피돌기의 소실 · 평탄화 약간 기저막의 중층화
진피	콜라겐	섬유다발의 굵기나 배향성이 조금 변화	섬유다발의 굵기가 변화
	콜라겐 수복층	눈에 띄지 않는다.	진피 유두층에 명료하게 보인다.
	엘라스틴	증가, 후에 벌레 먹은 형태로 분해	현저히 증가후 덩어리 형태로 변한다. 탄성섬유상에 리조팀의 침착이 증가
	글리코사미노글리칸	약간 감소	현저히 증가
모세혈관		구조는 정상	기저막양물질의 이상적인 침착
염증세포		염증상은 볼 수 없다.	세정맥 주위에 염증세포의 침윤

(文獻 20) R. M. Lavker : Photodamage, p.123, Blackwell Sci., 1995. 및 A. M. Kligman : 연령증가와 피부, p.33, 淸至書院, 1986년에 개정

연노화에 공통되는 요인과 더불어 광노화의 양상이 개인의 생활환경(자외선의 강도나 노출된 시간, 화장품 등에 의한 일상의 스킨 케어) 등의 차이에 의해 크게 좌우되기 때문에, 피복부위 이상으로 개인차가 크다.

1-7-3. 여성 호르몬과 피부 노화

여성의 몸은 초경을 시작으로, 사춘기를 지나 임신, 출산, 폐경에 이르는 일생을 통해 여성 호르몬과 깊이 관련되어 있다. 여성 호르몬에는 에스트로겐(난포 호르몬)과 프로게스테론(황체 호르몬)이 있는데, 이중 에스트로겐의 변화는 여성의 신체·정신면에 큰 영향을 끼친다고 한다. 피부도 예외는 아니어서, 월경에 따른 에스트로겐의 변동이나 폐경에 따른 에스트로겐의 급격한 감소는 피부 생리에도 커다란 영향을 미친다. 에스트로겐은 주로 난소로부터 분비되는데, 난소 기능은 대략 25세에서 최고조에 달하고, 그 후 서서히 저하되어 40대에 들어서면 한층 저하되고, 50세 전후에 폐경(난포의 소실에 따른 영구적인 월경의 정지)을 맞이한 후에 에스트로겐의 분비는 없어진다. 그 이후에 약간의 남성 호르몬(안드로스텐디온)으로부터 약간의 에스트로겐이 만들어 질 뿐이어서, 혈중 농도는 최고조 때의 1/10~1/20에 까지 저하된다. 폐경을 사이에 두고 전후 5년, 대개 45~55세의 기간을 갱년기(난소 기능 저하의 개시로부터 완전한 소실까지의 기간)라고 한다. 개인차가 있으나 일반적으로 상기(上氣), 발한, 화끈거림, 현기증 등의 자율 신경 실조 증상과 불안, 우울, 불면 등의 정신 신경 증상 등, 소위 갱년기 장애가 나타난다. 피부에도 여러 가지 변화가 나타난다. 일반적으로 연령에 따른 진피의 콜라겐 감소는 잘 알려져 있는데, 폐경을 경계로 평균 1년에 20%씩 감소하는데 비하여, 호르몬 보충요법(HRT)을 받으면 그 변화를 억제[21]할 수 있다는 사실은, 콜라겐의 연령 변화에 여성 호르몬이 밀접하게 관계하고 있다는 것을 나타내고 있다. 그리고 HRT를 받으면 피부, 특히 진피의 두께가 두꺼워지고, 탄력성이 개선되어, 주름의 경감과 피부 보습성의 개선, 진피 유두층의 탄력 섬유가 증가하는 등의 변화가 확인되고 있다. 이로부터 매트릭스 성분의 합성·분해의 제어에 여성 호르몬이 깊이 관계하고 있다는 것, 갱년기 이후의 에스트로겐의 감소가 생기나 탄력성의 저하를 가져오는 원인의 한 가지라는 것을 알 수 있다.

1-7-4. 외관에 나타나는 노화 현상

1) 살결(표면 형태)의 변화

앞서 살펴보았듯이 피부 표면에는 皮丘와 皮溝로 이루어진 미세한 피문(皮紋)이 있다(1-4-1 참조). 이 피문은 젊은이에게 있어서 매우 미세하고, 또 皮丘·皮溝의 요철이 명료하며 皮丘의 형상이 정돈되어 있어서 피부에 치밀한 질감을 준다. 나이가 들어감에 따라 피문은 성글어짐과 동시에 皮丘·皮溝의 요철은 얕고 불선명해진다. 皮溝의 균질성을 잃고 모공이 커지는 경향이 있으며 전체적으로 살결의 결이 거칠거칠한 질감으로 변화한다(그림 1-19)[22]. 피문이 어떻게 만들어지는가는 아직 밝혀지지 않았으므로, 피문 소실이 왜 일어나는가는 알 수 없으나, 나이가 들어감에 따라 피문 돌기가 없어지고 표피·진피의 접합부가 평탄해지는 것과 밀접한 관계가 있다고 보인다.

2) 주름 ; Wrinkles

피문보다 마크로한 피부의 형태 변화로서 나타나는 주름은, 피부 노화가 외관으로 나타나는 가장 현저한 변화의 하나이다. 25세 경부터, 눈 주위(눈 꼬리에 생기는 주름은 흔히 「까마귀의 발자국」이라고도 표현한다), 이마, 입 주위 등의 안면과 목, 기타 신체 부위에 나타나서 40대 이후 급격하게 증가하고 깊어진다(그림 1-20). 한 마디로 주름이라고 해도 형상은 다양해서 다음과 같이 3가지로 분류하는 방법이 있다[23].

① 선상 주름(눈 꼬리의 소위 「까마귀 발자국, crow's feet」나 이마에 생기는 직선형 주름)

② 도형 주름(볼이나 목덜미에 나타나는 교차된 선에 의해 삼각형이나 사각형을 형성하는 주름)

③ 축면 주름(고령자의 피복부위에 나타나는 미세한 주름)

이 중 ①②의 주름은 그것이 생기는 부위의 특징으로부터 알 수 있듯이, 근육의 움직임에 따라 반복되고 피부에 변형이 추가되어 서서히 주름으로 고정되는 것이다. 그 과정은 충분히 밝혀지지는 않았으나, 연령이 더해감에 따라 일어나는 피부의 구조·기능·물성의 변화가 깊이 관계하고 있는 것으로 보인다. 그 중 일광, 특히 자외선의 영향은 매우 크다. 만성적인 일광 노출이 가져오는 광노화 피부는 피부의 여러 부위에서 자연노화와는 다른 변화를 일으킨다(표 1-11). 광노화 피부는 현저한 각층의 비후·건조, 또는 진피의 교원섬유의 감소와 변성된 탄성 섬유의 축적 그리고 기저층과 그 주변의 손상 등에 의해 피부의 탄력성을 잃고, 반복되는 피부의 변화에 대한 복원력이 저하되기 때문에 결국 주름으로서 정착된다는 것이다. ③의 축면 주름이 나타나는 피부는 연령 증가에 따른 피부에 공통되는 진피 표피 경계부의 평탄화나 결합력의 저하에 피부의 위축 등이 추가되어 피부가 이완되고 그 결과 미세한 주름이 생긴다고 본다[23].

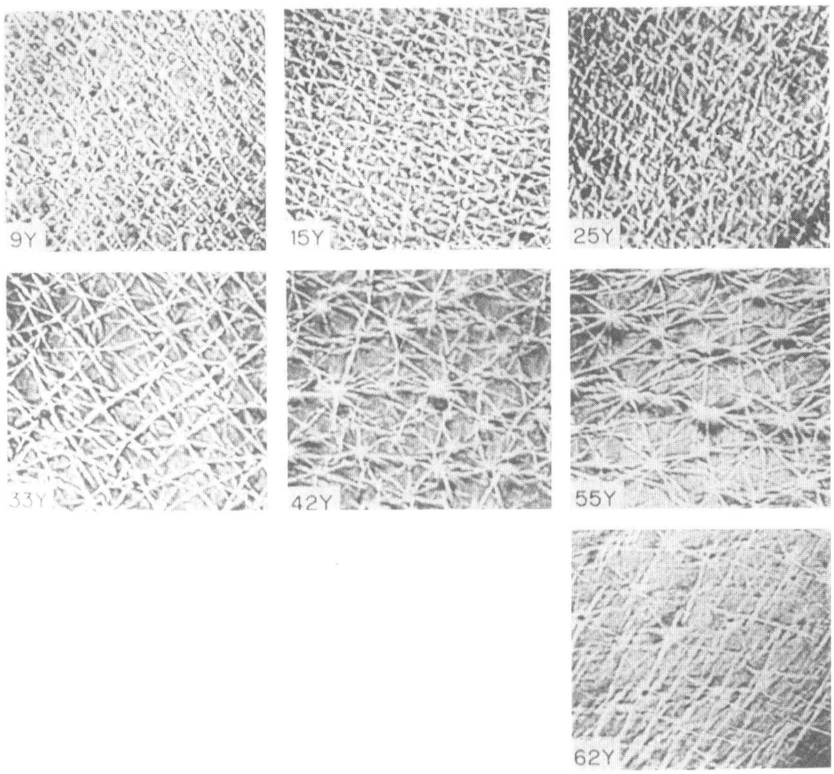

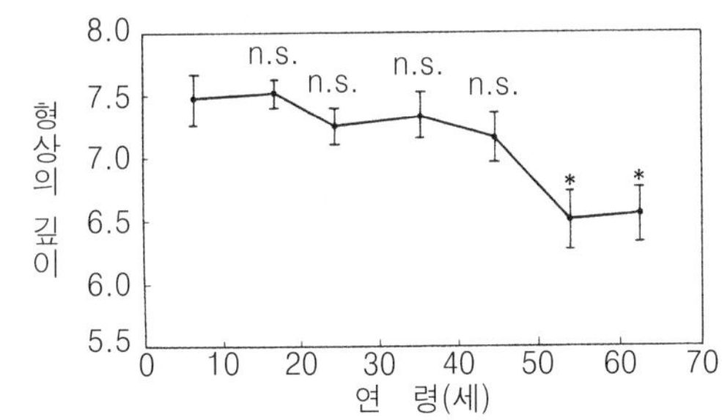

a. 형상의 깊이(KSD)

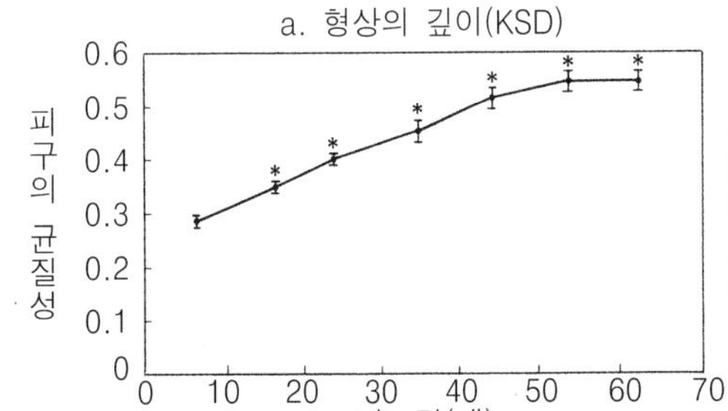

b. 피구의 균질성(VC)

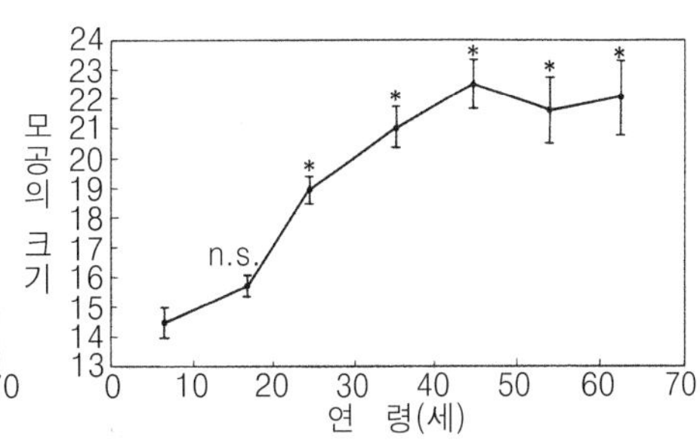

c. 모공의 크기

그림 1-19. 복제 화상 해석에 따른 뺨 부위 피부 표면 형태의 연령 증가 변화[22]

＊ : $p < 0.01$(3~9세와 비교), n.s. : 유의차 없음, 평균치±S.E.

(現代皮膚科學大系, 年刊版, '90-B, 皮表畵像解析, 高橋元次, p.17, 中山書店, 1990.)

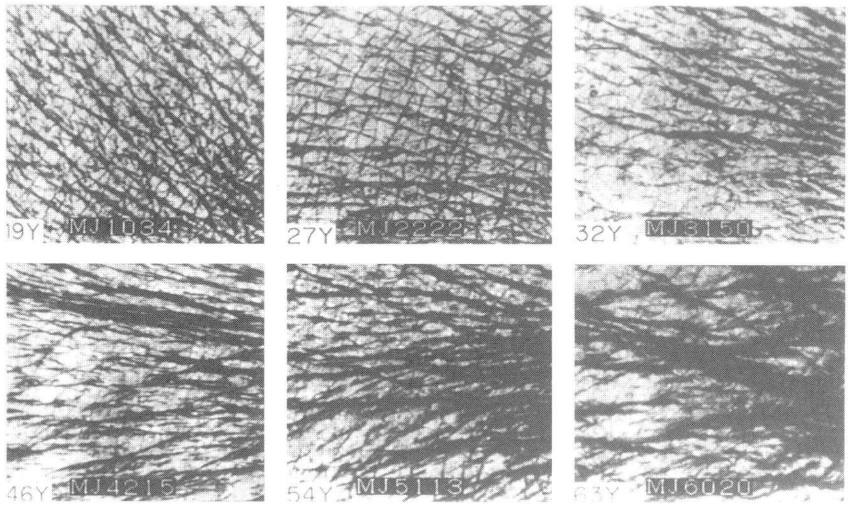

a. 피부분석기(Direct skin analyzer)에 의한 눈주위 피부 표면 형태의 나이에 따른 변화

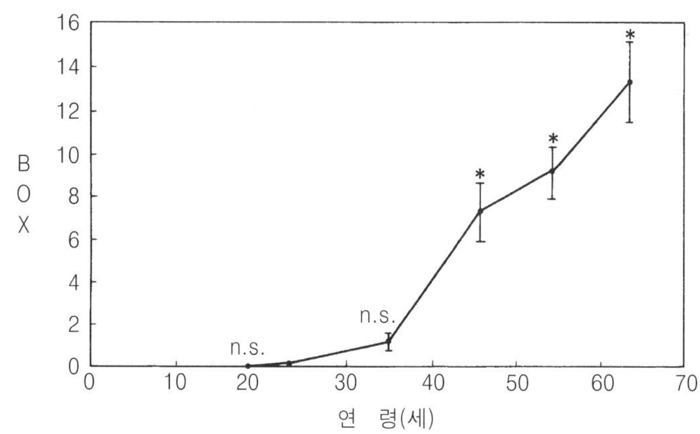

Box는 2개 화면전체를 9×9칸으로 나누어, 화면상 검은색 비율이 60% 이상으로 된 칸의 수를 나타낸다. 변수로 눈꼬리 주름의 보이는 느낌과 대응하고 있다.

b. 눈꼬리의 피부 표면 형태(주름)의 나이에 따른 변화

그림 1-20.

* : $p<0.01$(18~19세와 비교), n.s. : 유의차 없음, 평균치±S.E.

(現代皮膚科學大系, 年刊版, '90-B, 皮表畵像解析, 高橋, p.22, 中山書店, 1990.)

3) 피부의 처짐 ; Sagging

피부의 처짐은 40세 전후부터 특히 턱, 눈꺼풀, 볼, 옆구리 등에 나타난다. 발생요인은 주름과 마찬가지로 진피의 탄력성 저하나 피하 지방 조직의 지지력의 저하, 그리고 피부를 지지하는 근력의 저하 등을 들 수 있다[23].

4) 검버섯(노인성 색소반) ; Spots(Senile spots)

검버섯이라고 하는 것 중에는 이미 기술한 간반이나 雀卵斑(주근깨) 등이 있는데, 나이가 들어감에 따라 증가하는 검버섯은 노인성 색소반이라고 한다. 30대에 20%, 40대에 62%, 50세 이상은 92%의 사람에게 그 발생이 확인되고 있다는 보고가 있다[24]. 또 안면 피부에 생기는 검버섯의 점유 면적의 측정 결과는, 연령 증가에 따라 증가함과 동시에 개인차도 매우 크게 나타나고 있다(그림 1-21)[25]. 일광 노출부위에 다발하기 때문에 자외선의 장기적인 영향이 최대의 원인으로 보이는데, 증상 발생의 메커니즘은 상세하게 알려져 있지 않다. 장기간에 걸쳐 자외선의 영향을 받음으로서 일부 표피 케라티노사이트의 성질에 변화가 초래되고, 자외선의 조사를 받지 않아도 멜라노사이트를 자극하는 인자를 계속 내보내게 되는데, 그것이 원인의 하나로 보인다.

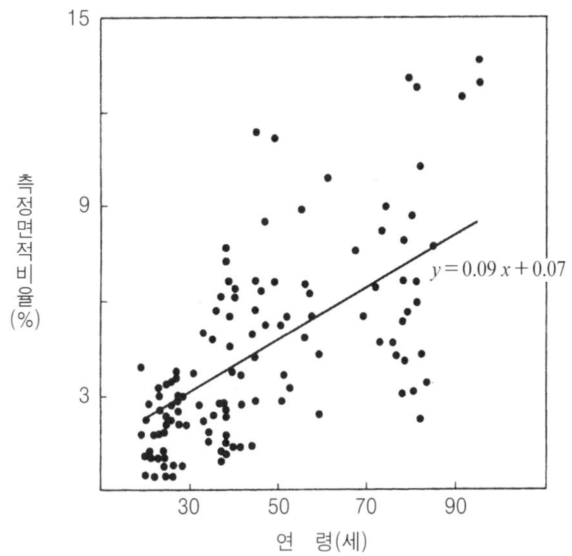

그림 1-21. 색소 침착량의 연령 증가 변화[25]
(新井清一 : 化粧品技術者會誌 23(1), 31, 1989.)

1-7-5. 피부 생리 기능의 연령 변화

1) 각질층

각질층 기능의 중요한 지표의 하나인 수분량은 일반적으로 나이가 들수록 저하된다고 알려져 있는데, 적어도 안면에서는 그러한 경향이 보이지 않는다. 또 각질층의 배리어 기능의 지표가 되는 TWL도 나이에 따른 변화가 확인되지 않고 있다. 감각적으로 노인의 피부가 건조한 인상을 주는 것은 피지나 발한의 저하가 관계하는지도 모른다[26),27)].

2) 표 피

표피에 발생하는 가장 현저한 연령 변화는 표피세포의 증식활성의 저하이다. 따라서 표피의 턴-오버 즉 신진대사가 저하한다. 증식능이나 턴-오버에 상관하는 지표로서 피부 표면의 각질세포의 크기를 측정하는 것이 있는데, 피부에 아무런 영향을 주지 않고 관련 정보를 얻을 수 있다. 그림 1-22에 나타낸 바와 같이 볼과 팔에도 나이와 함께 세포면적이 증대한다. 즉 표피의 증식능이 저하되는 것을 알 수 있다[11)].

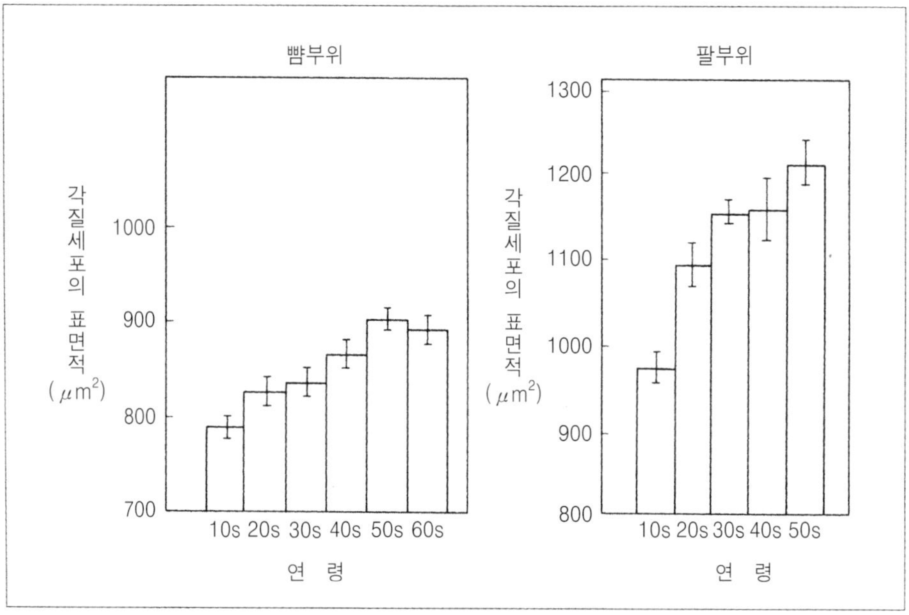

그림 1-22. 일본인 여성의 뺨부위 및 팔부위 피부의 각질층 세포 면적의 연령 변화[11)]

3) 진 피

표피와 마찬가지로 진피에 있어서도 그 주요한 세포인 섬유 아세포의 증식활성이 저하된다. 또 섬유아세포는 콜라겐과 엘라스틴 또는 글리코스아미노글리칸 등의 합성·분해의 기능을 담당하고 있는데, 나이가 들어감에 따라 이러한 대사기능이 저하한다. 콜라겐 등의 구조는 본래 턴-오버가 매우 길어서 가교의 형성 등의 여러 가지 수식, 변성을 받아 탄력성의 저하 등 주름의 발생에 연관된 변화를 일으킨다고 보인다.

4) 피하 지방 조직

나이가 들면서 피하지방은 감소하고 콜레스테롤의 증가에 의해 황색조가 증가한다고 알려져 있다. 피하 지방 조직의 감소는 피부의 물리적 자극에 대한 저항력을 저하시키고 주름이나 처짐의 원인의 하나로 생각된다.

5) 피지량

일반적으로 나이와 함께 피지량은 저하한다. 특히 남성에 비해 여성에게 현저히 나타난다는 것은 이미 기술하였고, 그 변화의 정도는 안면 부위에 따라서도 다르다(그림 1-23)[26].

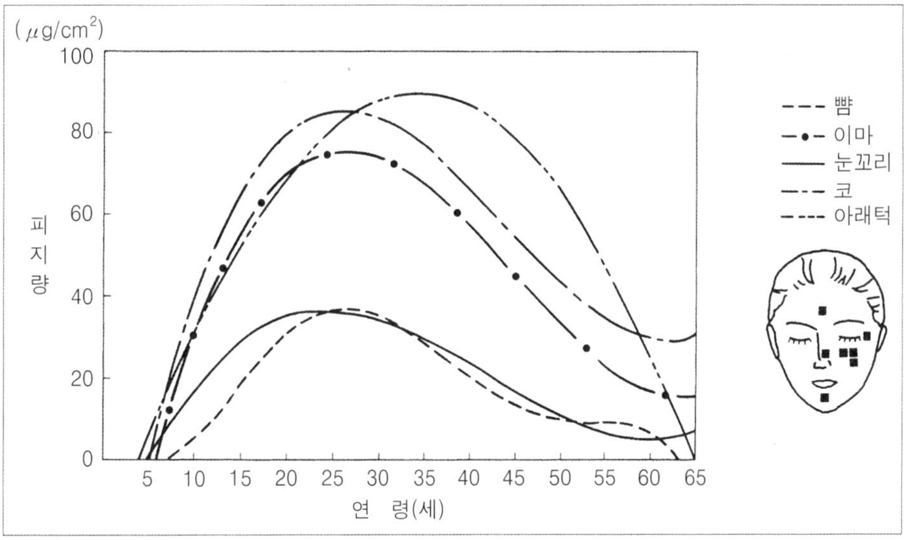

그림 1-23. 피지량의 연령 변화와 부위의 차이[26]

6) 피부 혈류량

부위에 따라 차이는 있지만, 일반적으로 나이가 들면 혈류량은 저하한다. 피부의 색조가 연령 증가와 함께 붉은 빛이 줄고 누런 빛이 증가하는 방향으로 변화하는 것과 관계가 있다(그림 1-7 참조). 그리고, 냉자극이나 자외선 조사 등에 대한 반응성도 저하된다고 한다[27].

1-7-6. 피부 노화의 방지와 대책

피부노화는 장기간에 걸쳐 일어나는 미세한 변화의 축적이기 때문에, 일상적으로 피부가 받고 있는 여러 가지 장해를 막기 위하여 평상시의 손질과 주의가 필요하다. 예를 들면 노화를 촉진하는 커다란 요인으로서 들 수 있는 과도한 자외선이나 피부의 건조로부터 피부를 보호하는 것, 연령 증가에 따라 감소되는 피부의 유용한 성분을 보충하는 것, 나이에 따라 증가 또는 노화를 촉진하는 피부에 좋지 않은 성분의 발생을 방지하는 것, 마사지나 냉온자극 등으로 혈행을 촉진하여 피부에 영양 보급을 좋게 하는 것, 안면의 표정 근육을 적절한 방법으로 움직여 근육의 처짐을 방지하는 것, 스트레스가 적은 규칙적인 생활을 하고 젊은 마음을 유지하는 것 등을 들 수 있다. 이러한 것은 모두 화장품으로 보완되는 경우가 많으며 화장품이 해야할 사명이라고도 할 수 있다.

1-8 》 전신계와 피부

1-8-1. 전신계와 피부와 화장품의 관련을 생각하는 현대적 의의

21세기는, 「뇌의 세기」 혹은 「마음의 세기」라고 하는데 뇌에 관한 연구가 매우 활발하게 전개되고 있다. 화장품 과학 분야에 있어서도, 「화장품의 뇌(마음), 전신계에 대한 작용」 「화장품의 뇌(마음), 전신계를 경유한 피부 기능으로의 작용」의 해명에 주목하고 있다[29,30]. 실제 화장의 심리학적 작용을 응용한 화장 요법이라고 하는 분야가 확립되고 있다(화장품 개론 6. 11-3-3 참조). 그리고 화장품은 전신 조절계인 신경계, 내분비계, 면역계에 작용하고, 그 변화를 통해 피부 기능에 생리학적 작용을 미친다는 것이 확인되고 있다. 본 항에서는 이 점에 대하여 취급하고자 한다. 화장품의 설계에 릴렉세이션 효과, 항스트레스 효과를 첨가하는 것이 가능하다고 밝혀지고 있는데, 높은 스트레스 사회가 진행하는 현대에 있어서 화장품의 의의가 더욱 중요해지고 있다.

1-8-2. 스트레스와 피부[31]

「스트레스는 미용의 대적」, 「피부는 마음의 거울」이라고 한다. 마음의 상태와 피부는 밀접하게 관련되어 있다고 알려져 왔다. 각종 생리적 혹은 심리적 스트레스는 자율 신경계, 내분비계, 면역계에 영향을 주고 그 결과로서 여러 가지 장기의 기능에 스트레스의 영향이 나타난다. 피부에 기능에 대해서도 피부가 자율 신경계, 내분비계, 면역계로부터 조절된다고 밝혀졌는데 스트레스가 피부 기능에 미치는 영향에 대해 과학적으로 증명된 것은 최근의 일이다.

표피에 존재하고 피부 면역 반응에 중요한 역할을 하고 있는 랑게르한스 세포와 calcitonin gene-related peptide(CGRP)라는 신경 펩타이드를 포함한 신경이 접촉하고 있다는 것이 발견되었는데(그림 1-24)[32], 이는 피부 면역 기능의 조절에 신경계가 직접 관여하고 있음을 시사한다. 그리고 피부의 감각을 자극하면 피부내 CGRP의 양이 변화하므로 피부 감각 기능이 CGRP-랑게르한스 세포 조절계를 수식할 가능성이 있다고 생각된다.

최근, 스트레스에 의한 신경 내분비계의 영향이 피부기능에까지 미친다는 것이 밝혀지고 있다. 예를 들어, 스트레스는 피지선의 지질 합성능에 영향을 주고 표피 케라티노사이트의 증식 활성의 저하와 표피층이 얇아진다는 것, 배리어 기능의 회복을 지연시킨다는 것, 랑게르한스 세포의 형질을 변화시켜서 접촉 과민 반응을 저하시킨다는 것 등이 밝혀지고 있다. 그리고 멜라닌 합성에 대한 영향도 보고되고 있다.

이렇게 신경계, 내분비계, 면역계와 피부의 연결고리에 대하여, MGH/하버드 대학 피부과학 연구소(CBRC)와 자생당의 연구자 그룹이 NICE(Neuro-Immuno-Cutaneous-Endocrine) network로서 체계화하고 있다[33].

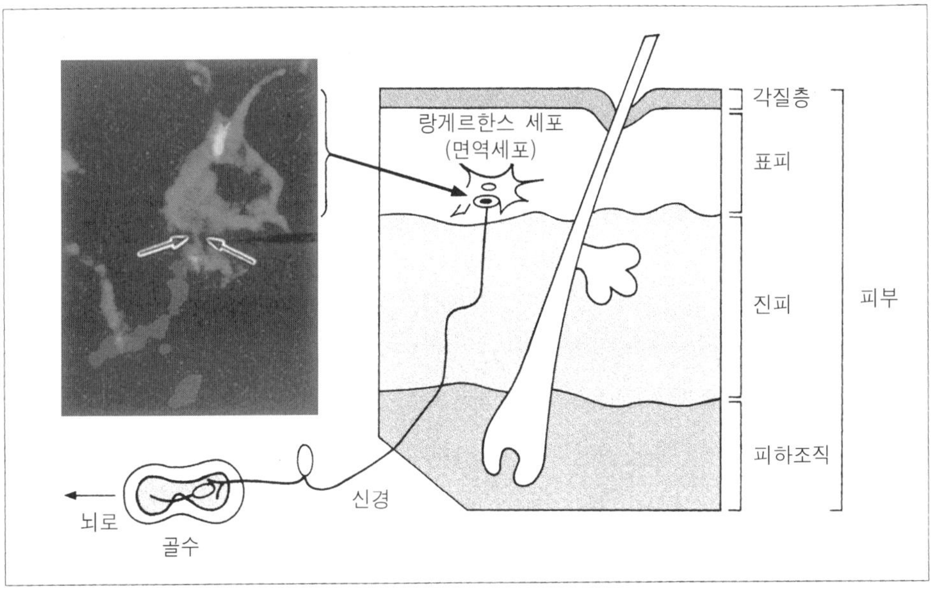

그림 1-24. 랑게르한스 세포에 접촉하고 있는 신경세포
(出典 : Nature, No.363, 159-163, 1993)

1-8-3. 감각 입력과 전신계 : 스킨 케어에의 응용

이제까지 화장품의 주된 역할은, 신체를 청결히 하고 미화하며 용모를 변하게 하는 것이라고 생각되었다. 그러나 상술한 바와 같이 피부와 전신계의 연결고리가 해명됨에 따라서 화장품 혹은 화장 행위가 전신의 조절계에도 작용하고 또 그와 함께 피부 기능에도 작용한다는 새로운 역할이 주목되고 있다. 사실 화장에 관련이 깊은 피부 감각이나 후각이라고 하는 생

리학적 감각 자극이 자율 신경계, 내분비계, 면역계를 기능 조절하는 것이 실험적으로 확인되었다. 예를 들어, 마사지가 릴렉세이션 효과를 가지고 있다는 것[34,35]이나 스트레스에 의해 일어나는 배리어 기능의 저하가 어떤 종류의 향기를 맡으면 방어 가능하다는 것[36] 등이 밝혀지고 있다. 이렇게 생체에 마련된 생리학적 메커니즘을 일상 생활 속에 손쉽게 활성화시키기 위한 수단이 화장이라고 할 수 있겠다.

참고문헌

1) D. T. Downing et al. : J. Invest. Dermatol., 53, 232, (1969)
2) Yamamoto, A. et al. : J. Invest. Dermatol., 89, 507 (1987)
3) 久野　寧：汗，養徳社，1946.
4) 堀井和泉：日本香粧品科学会誌，15，245，(1991)
5) H. W. Spier, G. Pascher : Hautarzt, 7, 2, (1956)
6) M. Q. Man, K. R. Feingold, P. M. Elias : Arch. Dermatol., 129, 728, (1993)
7) P. W. Wertz, D. C. Swartzendruber, K. C. Madison, et al. : J. Invest. Dermatol., 89, 419, (1987)
8) 河野善行，高橋元次：油化学，44，248，(1995)
9) 斎藤　力他：フレグランスジャーナル，13，10，(1985)
10) 中野幹清，棟方明博：色材，58，356，(1985)
11) 高橋元次他：日本化粧品技術者会誌，23，22，(1989)
12) 熊谷広子他：日本化粧品技術者会誌，19，9，(1985)
13) Y. Nakayama et al. : Cosmet. Dermatol., 1, 197, (1986)
14) H. Tagami et al. : J. Invest. Dermatol., 75, 500, (1980)
15) J. Koyama et al. : J. Soc. Cosmet. Chem., 35, 183, (1984)
16) 福田　實他：加齢と皮膚，p. 33，清至書院，1986.
17) F. Herrmann et al. : Biochemie der Haut, p. 149, Georg Thieme Verlag, Stuttgardt, 1973.
18) J. S. Weiss et al. : J. Am. Med. Assoc., 259, 527, (1988)
19) 伊崎正勝：現代皮膚科学大系，2 B，p. 217，中山書店，1981.
20) R. M. Lavker : Photodamage, p. 123, Blackwell Sci., 1995.
21) M. Blincat et al. : Br. J. Obstet. Gymaecol., 92, 256, 1985
22) 高橋元次：現代皮膚科学大系，90-B，p. 13，中山書店，1990.
23) A. M. Kligman：加齢と皮膚，p. 221，清至書院，1986.
24) 上野賢一：皮膚科の臨床，22，特 20，813，(1980)
25) 新井清一：日本化粧品技術者者会誌，23，31，(1989)
26) 熊谷広子他：日本化粧品技術者会誌，23，9，(1989)
27) 田上八朗：加齢と皮膚，p. 103，清至書院，1986.
28) 石原　勝：加齢と皮膚．p 73，清至書院，1986.
29) Tatsuya Ozawa : "Prologue for the 21 st Century" Skin : Interface of Living System. H. Tagami, J. A. Parrish and T. Ozawa, editors 1998 Elsevier Science B. V
30) Fischbach GD, Hirokawa N, Hyman SE, Ozawa T. : Molecular Neurobiology New York : Wiley-Liss, 1994 ; Xiii-XiX.
31) 土屋　徹他：フレグランスジャーナル，11，26，(1996)
32) Hosoi, J. Murphy GF, Egan CL, Lerner EA, Gabbe S, Asahina A, Granstein RD : Regulation of langerhans function by nerves containing calcitonin gene-related peptide. Nature, 363, 159-163, (1993)
33) R. L. O'Sullivan et al. : Arch. Dermatol., 134, 1431, (1998)
34) 阿部恒之：フレグランスジャーナル臨時増刊，10，19，(1990)
35) Tiffany M. Field, Saul Schanberg et al. : The Journal of Applied Gerontology vol. 17 NO. 7, June, 1998, 229-239.
36) M. Denda et al. : 自律神経，in press

2 화장품과 모발, 손톱

모발이나 손톱은 표피세포가 변화한 것으로 한선, 피지선과 함께 피부 부속 기관(skin appendages)이라고 한다. 또 척추동물의 체모, 뿔, 깃털, 발굽 등도 마찬가지로 몸의 보호를 목적으로 존재하고 피부 각질층의 주성분과 같은 케라틴(keratin)으로 구성되어 있다[1]. 각질층에서 유래한 케라틴은 연성 케라틴, 모발과 손톱에서 유래한 케라틴은 경성 케라틴으로 구별하는 경우가 있는데 이는 시스테인 함유량의 차이를 반영한 것이다. 경성 케라틴은 시스테인 함량이 높고 연성 케라틴은 낮다[1]. 이 때문에 경성 케라틴은 외부로부터의 자극이나 화학물질의 침투에 대한 저항력이 강하다.

케라틴이라는 물질의 본질은 아직 자세히 밝혀지지 않았지만, 생화학적 정의로는 「척추동물의 표피세포에 의해 만들어져 그 세포내에 축적된 단백질이다. 다수의 S-S 결합이 펩타이드사슬간에 가교를 만들고, 이 때문에 불용성인 것이 많다」로 되어 있다[1]. 그래서 형태학적으로는 케라틴섬유 + 섬유간물질 + 각질포막(간)물질의 3가지를 포함한 것을 의미한다[2].

2-1 》 모발의 발생

모발은 유선(乳腺)과 함께 포유류의 특징으로 포유동물은 전신이 털로 덮여져 있다. 동물의 털은 크게 보호·보온으로서의 기능과 감각기로서의 기능의 두 가지로 나눌 수 있다[3]. 사람도 태고의 원시인에게는 이 제반기능을 갖춘 체모가 빽빽하게 자라나 있었다고 하는데, 많은 포유동물중에서 사람만이 진화와 함께 체모가 퇴화되어 현대인에게는 머리부분과 그외에 일정부위에만 경모가 나있고 전신에는 연모만이 나있다.

그러나 퇴화했다고 하나 사람에 남아있는 털은 「털」본래의 기능을 지니고 있다. 두발은 뇌와 두 개골을 보호하며, 눈썹은 땀이나 먼지에 의한 눈의 장해를 막는다. 속눈썹은 일광으로부터 눈을 보호하고, 콧털은 점액이 윗입술에 필요이상으로 흘러내리지 않게 하고 먼지 입자나 곤충의 침입을 막는 역할을 담당하고 있다. 모든 털에 있어서 중요한 것은 모포에 풍부한 지각신경의 수용기관을 갖고 있어서 촉각에 대해 가장 적합하다는 것이다[4].

2-1-1. 모발의 발생과 종류

사람의 모기관(毛器官)은 태아의 9주~4개월에 발생한다[5]. 사람 태아의 모든 모기관은 머리 부위로부터 꼬리 부위의 순으로 형성된다. 머리 부위 중 처음에는 눈썹, 윗입술, 아래턱 부위가 발생하고 이어서 두 개골, 안면, 후두부 및 기타의 부위가 발생한다. 새로운 모기관은 태생 후기까지 형성이 계속되며, 초기에는 등간격으로 발생하지만 신체의 발육과 함께 피부가 신장해서 각 부위에 따라 밀도차가 생기게 된다. 이 모발은 생모(生毛, lanugo)로 대단히 짧고 가늘다. 출생 후에는 모기관이 새로 생기지 않는다. 생모는 태아기 8개월째에 전부 빠지고 그 후 약 2cm까지의 다소 굵은 연모(vellus hair)로 바뀌고 사람은 연모를 지니는 상태에서 출생하게 된다. 또한 성장과 함께 부위에 따라 길고 굵은 경모(terminal hair)로 바뀐다. 경모의 출현은 성장시기, 부위, 성별에 의해 차이가 있다[6].

모발은 손바닥, 발바닥, 입술, 젖꼭지, 음부 등의 점막을 제외한 몸 전체에 생기는데, 그 발생 부위에 따라 길이나 굵기가 다르다. 이들 모발은 경모, 연모의 2종류로 분류되고, 경모는 장모, 단모로 세분된다. 연모는 청년기가 되면 부위에 따라 경모로 변하는 것이 있다[3]. 모발의 종류를 그림 2-1에 나타낸다.

- 모발
  - 연모
    - 체모
    - 청년기 이후, 경모로 변화하는 털
  - 경모
    - 단모(눈썹, 귓털, 콧털 등)
    - 장모(두발, 수염, 겨드랑이털, 음모 등)

그림 2-1. 모발의 종류

사람 모발의 수는 앞에서 기술한 바와 같이 출생 후 그 수가 증가하는 것은 아니다. Pinkus, F.에 의하면 여성의 경우 모발의 수는 아래와 같다[7].

금 발(blond)	140,000개
갈색머리(brunet)	109,000개
검은머리(black)	102,000개
붉은머리(red)	88,000개

많은 보고 사례를 볼 때, 일반적으로 모발 수가 약 10만개 정도인 점이 일치하고 있다.

모발의 신장속도는 부위에 따라 다르지만, 사이토(齋藤) 등에 의하면 일본인 남자 정수리 부분의 털은 0.44mm/day, 옆머리털은 0.39mm/day로 보고되고 있다[8]. 한편 Farber 등에 의하면 Caucasian 성인에 있어서 정수리부위 털은 하루 0.35mm, 턱수염 0.38mm, 겨드랑이털 0.3 mm, 눈썹 0.16mm가 자란다고 한다[9].

2-1-2. 모발과 모구의 구조

피부의 단면에서 본 모발의 구조를 그림 2-2에 나타낸다. 표피는 진피쪽으로 움푹패인 관강을 형성하는데, 이것을 모포(hair follicle)라고 한다. 모포의 윗쪽에는 피지선이 붙어 있다. 이 곳에서 피지를 분비하고, 두피나 모발에 촉촉함을 부여하며 보호하고 있다.

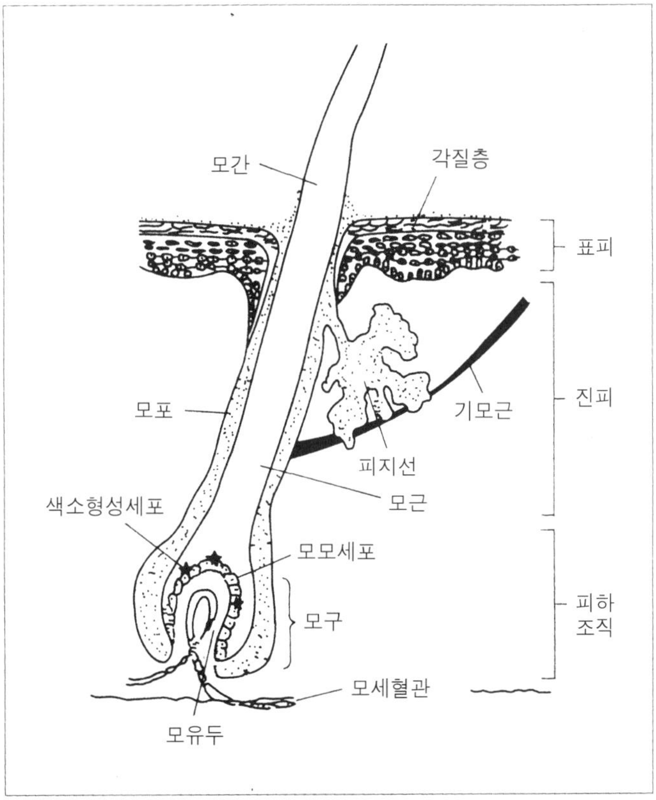

그림 2-2. 모발의 해부(모식도)

모포의 중간에는 일종의 근육이 접해 있고 표피 근처까지 위쪽으로 비스듬히 뻗어 있다.

이것을 기모근(입모근, arrector pili muscle)이라 하며, 평활근의 일종으로 스스로의 의사로는 움직일 수 없지만 차가움을 느끼면 자율적으로 수축해서 소름을 일으키기 때문에 이러한 이름이 붙었다.

모발은 피부 표면으로 나와있는 부분인 모간(hair shaft)과 피부 내부로 들어가 있는 부분인 모근(hair root)으로 나누어진다. 모근의 아래에 팽창된 부분을 모구(hair bulb)라 하고, 모구의 중앙부위에 구상으로 들어간 부분을 모유두(dermal papilla)라 한다. 모유두에는 모세혈관과 신경이 들어 있고 혈관으로부터 영양이나 산소를 공급받아 모발의 발생과 성장을 도와준다. 모유두에 접한 부분에 모기질(hair matrix)이 있고 모발은 여기에서 만들어진다. 즉, 모모세포는 모유두에 들어있는 모세혈관으로부터 영양과 산소를 섭취하여 분열을 반복함으로써 모발을 형성한다. 이부분에는 모발에 색을 부여하는 수지상의 색소 형성 세포(melanocyte)도 있다.

모발의 형성에 대해서 모구의 확대 모형도인 그림 2-3을 이용하여 기술한다. 모구의 최대경을 가로로 자른선을 Auber 임계선(critical level)이라 하고[10], 이 선을 경계로 하여 모구하반부와 모구상반부로 나누어진다. 하반부에는 모모(기저)세포라 하는 급속히 분열한 미분화 세포에 의해 구성된다. 모구중의 거의 모든 세포분열은 이 부분에서 이루어지고, 상반부에서는 조금 밖에 이루어지지 않는다.

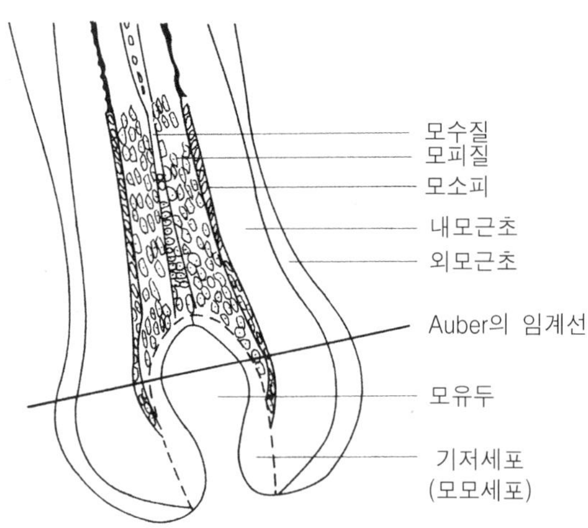

그림 2-3. 모구부의 확대 모형도

모구의 임계선에서 윗방향으로 이동하는 모모세포는 모간의 모든 세포, 즉 모수질(medulla),

모피질(cortex), 모소피(cuticle) 및 내모근초(inner root sheath)로 각각 분리되어 성장분화하고 모발 케라틴을 형성한다. 이 과정은 표피 케라티노사이트가 표피 기저층에서 분열하여 윗방향으로 향하면서 분화, 즉 각화하여 각질층을 형성하는 과정과 유사하다. 표피 케라티노사이트는 정상적인 각화에 한하여, 최종적으로는 전부 같은 균질의 각질세포로 분화된다. 그렇지만 모발에서는 분화(케라틴화)의 과정이 균일하지 않고 모수질, 모피질, 모소피, 내모근초는 형태적으로 각각 특징이 있는 분화를 하며 또 특징이 있는 케라틴을 형성한다[11].

모피질 세포는 윗방향으로 이동함에 다라 점차적으로 방추상으로 가늘고 길게 신장되며 각화 된다. 그리고 섬유가 집결하여 섬유속(纖維束)이 된다. 각화한 모피질세포의 세포핵은 세포핵 잔사로서 남는다.

모소피 세포는 모모로부터 모구상부로 단층을 이루면서 윗방향으로 이동한다. 모구 윗방향의 중간에서 모소피 세포는 장방형을 나타낸다. 모구상부로부터 윗방향으로 그 장방형의 세포는 그 장축을 모포축에 대해서 직각방향으로 기울기 시작한다. 모포의 약 1/3의 구간에 모소피 세포의 바깥은 수평으로부터 수직방향으로의 경사로 변하며, 대단히 얇은 세포가 비늘 모양으로 겹쳐서 배열된다. 모소피 세포의 재구축과 편평화는 모포의 중간부분에서 완성된다. 모소피 세포는 여기서 핵을 소실하고, 모피질로 접착 된다[4].

내모근초는 모모세포의 주변 및 외측부분에서 형성된다. 내모근초는 모포협부의 상부, 즉 피지선 개구부 부근에서 붕괴한다. 주된 기능은 모포내 모근의 형태 또는 윤곽을 만드는 것으로 알려져 있다.

외모근초(outer root sheath)를 구성하는 세포는 표피의 기저세포나 유극세포와 유사하지만 엄밀히 다른 것이고 또 모모세포로부터 생긴 것도 아니다.

2-1-3. 헤어 사이클 ; hair cycle

모발은 손톱과 달리 일생 신장을 계속하는 것은 아니다. 하나하나의 모발은 독립된 수명이 있고 성장, 탈모, 신생을 반복하고 있다. 이것을 헤어 사이클(모주기)이라 한다(그림 2-4). 즉 성장기(anagen), 퇴행기(catagen), 휴지기(telogen)의 3기로 나누어지고, 모발은 성장기에만 생겨난다. 이 시기의 모유두는 크고 모모세포가 활발히 움직여서 모발이 신장된다. 또 모구는 피하조직까지 뻗어 있다. 성장이 일단 정지될 때, 모포는 퇴행기를 맞는다. 퇴행기의 최초 징후는 모구에서 멜라닌의 생산이 정지된다. 그 후 곧 모모에서 세포증식은 감소되고 결국은 정지된다. 그 후 모포 이외 대부분의 세포는 주변의 마크로파지(macrophage)에 탐식되어 수축되며[12], 기모근이 시작되는 부위 아래까지 모근은 단축(성장기 모포의 1/2~1/3의 길이)되며 휴지기에 들어간다.

휴지기 모포에서는 장래 털의 재생을 위한 종자인 모아(毛芽, hair germ)가 모유두와 상호

작용, 활발하게 분열 증식하여 모모세포로 분화하고 그 다음의 새로운 모발이 탄생한다[4,13]. 이 새로운 모가 자라서 자연히 탈락하는 것이 빠진 머리털인데, 그 수는 경모의 경우 하루에 70~120개 정도라고 한다.

모발 성장기의 기간은 5~6년, 퇴행기는 2~3주간, 휴지기는 2~3개월이다[14].

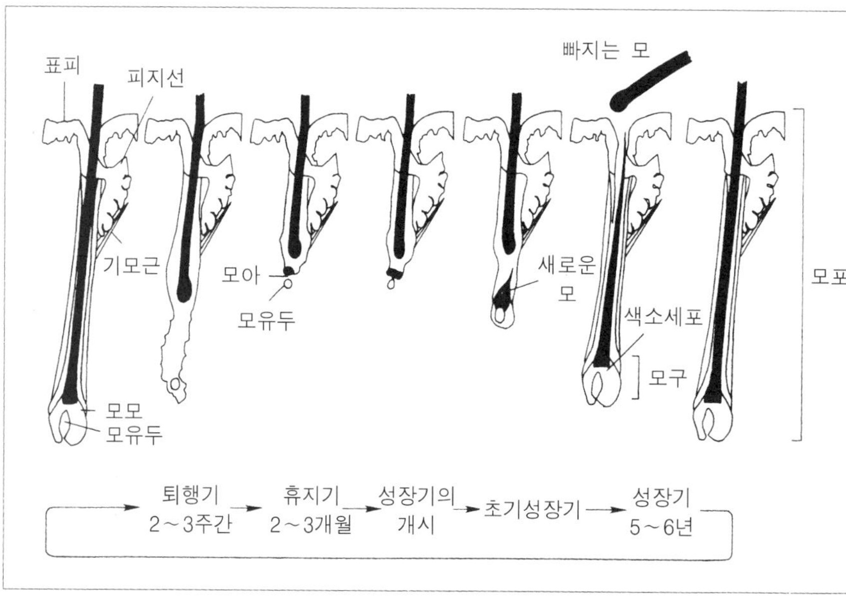

그림 2-4. 두발의 헤어 사이클(모주기)

2-2 》 모간의 형상과 구조

2-2-1. 모발의 형상

사람의 모발 형상은 인종에 따라 여러 가지로 다르다. Pinkus, F.[7]에 의하면 그림 2-5에 나타낸 바와 같이 직모(straight hair), 파상모(wavy hair), 축모(curly hair)의 3종류로 분류된다. 그러나 그들 사이에 명확한 구별은 없다. 또 머리카락은 직모라도 음모·액모는 파상모 내지는 축모인 것처럼 털의 발생 부위에 의해서도 형상의 차이가 확인된다.

모발의 굵기는 인종, 연령, 성별에 따라 다르고, 일본인은 보통 0.08~0.15mm의 범위이다. 가는 털은 0.05~0.07mm, 굵은 털은 0.10~0.15mm이다. 일반적으로 굵은 털은 단단하고, 가는 털은 부드러운 경향이 있다.

모발 단면의 형태는 원에 가까운 것, 타원, 그리고 평평한 것이 있다. 이 단면의 단경(최소직경)을 장경(최대직경)으로 나눈 수치를 모경지수라 한다[15]. 이 지수가 1이면 완전한 원이고, 작을수록 타원에서 편평한 모양이 된다.

$$\text{모경지수} = \frac{\text{모발의 단경}}{\text{모발의 장경}}$$

일본인의 경우는 0.75~0.85로 원에 가깝고, 흑인은 0.50~0.60으로 편평하다. 인종적인 특징을 표 2-1에 나타낸다[15].

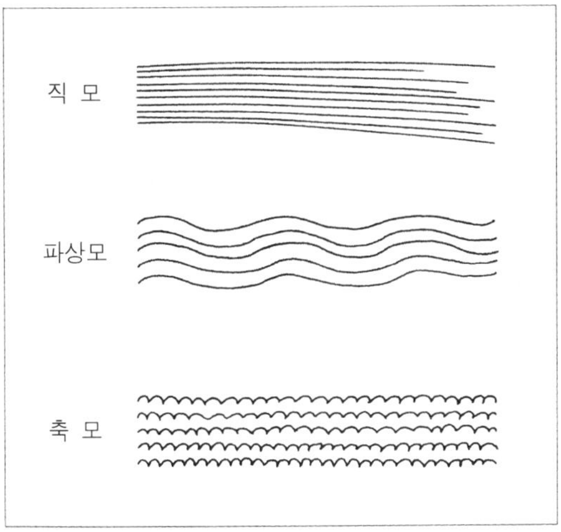

그림 2-5. 모발의 형상

표 2-1. 인종에 따른 모경지수

인 종	모경지수
흑 인	0.5~0.6
에스키모	0.77
티 벳	0.88
서양인	0.62~0.72
일본인	0.75~0.85

2-2-2. 모발의 색

모발이 갖는 자연적인 색은 인종에 따라 흑색, 갈색, 금색, 적색 등 여러 가지이다. 그러나 각각의 색소가 있는 것은 아니고 2종류의 멜라닌 색소, 즉 흑갈색계의 진(眞)멜라닌인 유멜라닌(eumelanin)과 황적색의 아(亞)멜라닌인 훼멜라닌(phaeomelanin)의 수나 크기의 밸런스에 의해 모발의 색조가 결정된다[16].

멜라닌 색소는 모구의 모모상부에 존재하는 수지상의 멜라노사이트(색소형성세포)중에서 아미노산의 일종인 티로신(tyrosine)을 출발물질로 하여 산화·중합을 거쳐 형성된다[17].

형성된 멜라닌 과립(melanin granule)은 방종형(장경 0.8~1.8μm, 단경 0.3~0.4μm)으로 모발의 피질세포중으로 넘어와서 모발의 성장과 함께 윗방향으로 이행한다[18]. 모발의 색과 멜라닌 색소의 조합은 표 2-2에 나타낸다.

표 2-2. 모발의 색과 멜라닌 색소의 조합

모발의 색	진 멜라닌(eumelanin)	아 멜라닌(phaemelanin)
흑갈색모	수가 많고, 형태도 크다	미 량
밤 색 모	수가 다소 많고, 형태도 다소 크다	적 다
금색(블론드)	수가 적고, 형태도 작다	다소 많다
적 모	미 량	많 다
백 발	미 량	미 량

백발은 특히 흑갈색계의 모발을 갖는 인종에서 명료하게 나타나며, 멜라노사이트에서 멜라닌의 생성이 정지하기 때문에 일어나는 현상으로 일종의 노화 현상으로 생각된다. 모발의 백발화는 대부분 머리측면에서 시작되고 정수리부위로 진행하며 머리 뒷부분은 맨 마지막으로 백발화하는 경향이 있다.

2-2-3. 모간의 구조

모간의 종단면 및 횡단면을 그림 2-6에 나타낸다. 모간은 외측에서 중심으로 향하여 모소피(cuticle), 모피질(cortex), 모수질(medulla)의 3층으로 나뉘어진다.

1) 모소피 ; Cuticle

모발의 외측부분으로 뿌리에서 모끝으로 향하고, 비늘모양으로 겹쳐 있으며(문리(紋理)라 부른다), 내측의 모피질을 감싸서 보호하고 있다. 색소가 없는 투명한 세포로 구성되어 있다. 1개의 세포는 두께가 약 0.5~1.0μm, 길이가 약 45μm[19]이고 보통 건강한 모발은 6~8개가 밀착하여 겹쳐져 있다. 모소피의 모발이 점유하는 비율은 10~15%이다[19]. 모소피는 경질의 케라틴 단백질로 만들어져 딱딱한 반면, 부서지기 쉽고 마찰에 약하기 때문에 무리한 브러싱이나 거친 샴푸에 의해 손상되거나 박리되기 쉽다.

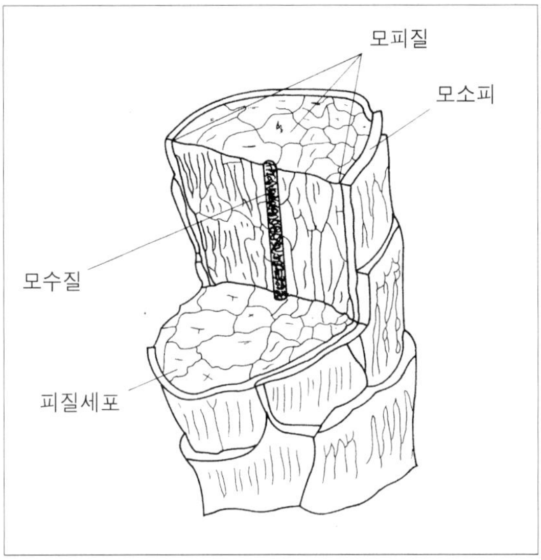

그림 2-6. 모간의 구조

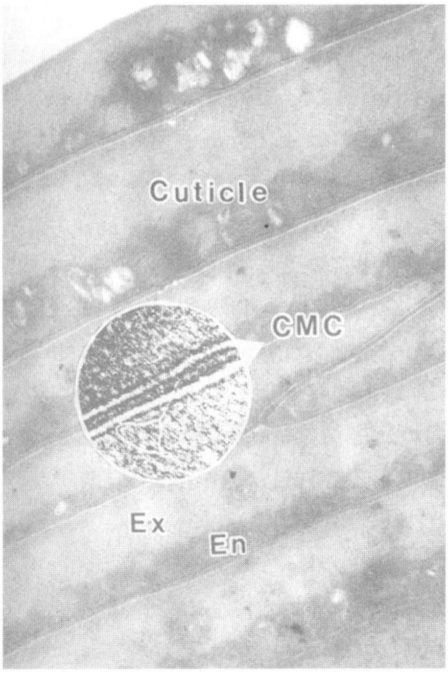

그림 2-7(a). 모소피의 내부구조
(투과형 전자현미경사진×23000)
CMC : 세포막복합체　Ex : Exocuticle
En : Endocuticle

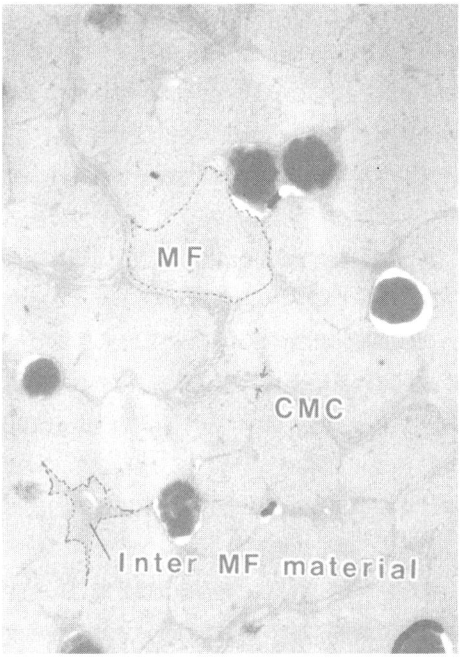

그림 2-7(b). 모피질의 내부구조
(투과형 전자현미경사진×25000)
MF : Macro Fibril의 약어
(円山朋子, 神戸哲也, 鳥居健二 : 第31回SCCJ硏究討論會口頭發表, 1991.)

모소피를 투과형 전자현미경으로 확대하여서 마이크로 레벨의 구조로 관찰하면 그림 2-7과 같다[20]. 그림 2-7(a)을 보면 모소피 1장씩 겹쳐 있는 것을 알 수 있다. 또 모소피는 크게 3층으로 나누어진다. 가장 외측부터 순서대로 에피큐티클(epicuticle), 엑소큐티클(exocuticle, 외소피), 엔도큐티클(endocuticle, 내소피)의 3층이다[21](그림 2-8 참조).

1-1) 에피큐티클

모발 표면에 존재하고 두께는 약 10nm, 지질과 시스틴을 함유하는 단백질로 구성된다. 각질용해성 또는 단백용해성의 약품에 대한 저항이 가장 강한 층이다. 그러나 딱딱하고 부서지기 쉽기 때문에 물리적인 작용에 약하다(그림 2-8 참조).

1-2) 엑소큐티클

두께는 약 100~300nm이고 시스틴 함량이 많으며(총 아미노산의 약 20%) 비정질의 케라틴층이다. 엑소큐티클은 시스틴 함량의 차이에 따라 다시 2층으로 나뉘는데, 상부(외측)는 엑소큐티클 전체보다 시스틴 함량이 많아 α-층이라고 하고, 그 하부(내측)만을 엑소큐티클이라고 부르는 경우도 있다(그림 2-7(a), 그림 2-8 참조). α-층은 비교적 일정 두께로 균일하게 엑소큐티클내에 존재한다. 한편, 엑소큐티클의 하부(내측)에서는 불균일한 형상으로 엔도큐티클에 접해 있다. 이 층 전체로는 단백 용해성의 약품에 대한 저항성이 강하지만, 시스틴 결합을 절단하는 약품에는 약하다.

1-3) 엔도큐티클

두께는 약 50~300nm으로 변화가 있는 층이다. 엔도큐티클은 상부(외측)에서 엑소큐티클과 불규칙한 형상으로 접하고 있으나, 하부(내측)에서는 세포막 복합체(cell membrane complex, CMC)와 비교적 균일한 형상으로 접해 있다. 이 층은, 엑소큐티클과는 대조적으로 시스틴 함량은 적고 산성이나 염기성의 아미노산을 다른 큐티클보다 많이 함유하고 있기 때문에, 물에 의한 팽윤성이 있다. 케라틴 침식성의 약품에는 강하지만 단백 침식성의 약품에는 약하다.

그림 2-7(a)의 중앙 부분을 확대한 사진을 보면, 인접한 모소피는 중앙의 검은 부분과 그 양측이 흰선으로 구성된 부분이 있는데, 여기를 세포막 복합체(cell membrane complex, CMC)[22]라고 한다. 세포막 복합체는 인접한 모소피 뿐만 아니라 그림 2-7(b)에 나타난 모피질의 내부구조에서 확인할 수 있듯이, 세포간의 2개의 단위세포막이 융합해서 생긴 것이다. 그 구조는 3층으로 되어 있고[23] 중앙의 검은 부분을 δ-층이라고 하는데, 전자밀도가 높은 단백질층으로 형성되었으며 약 10nm의 두께를 갖는 부분이다. 그 양측의 하얀 2개의 선은 β-층이며 지질로 이루진 층이다. 그림 2-8은 모소피·모피질의 내부 구조의 모식도이다.

최근 이 부분의 중요성이 주목되고 있다. 그 역할은, 큐티클과 큐티클 사이 및 cortex내 세포간의 접착에 기여하고, 모피질내의 수분과 단백질이 용출되거나 역으로 외부로부터의 수분 및 파마제나 헤어칼라제 등의 약물이 모발내부의 모피질에 침투하는 작용을 위한 통로의 역할을 하는 것으로 보인다[20].

2) 모피질 ; Cortex

모소피의 내측에 있다. 케라틴질의 피질세포(cortical cell)가 모발의 길이 방향으로 비교적 규칙적인 배열을 하고 있는 세포 집단이며 모발의 85~90%를 점하고 있다[19]. 피질세포는 길이가 약 100 μm, 직경이 약 1~6 μm로, 그림 2-8에 나타난 CMC로 둘러싸인 부분인데 중앙에 핵의 잔해가 남아 있다. 그리고 모발의 색을 결정하는 과립상의 멜라닌 색소를 포함하며, 그림 2-7(b) 및 그림 2-8에서 흑색의 타원 또는 원형의 형태가 그것이다. 또 모발의 유연함, 탄력성 및 강도 등 물리적, 화학적 혹은 역학적인 성질을 좌우하는 중요한 부분이다.

피질 세포는 직경이 0.1~0.4 μm인 방종형의 매크로 피브릴(macro fibril, MF)이라고 하는 섬유상 단백질 성분이 다수 모여서 구성된다[19].

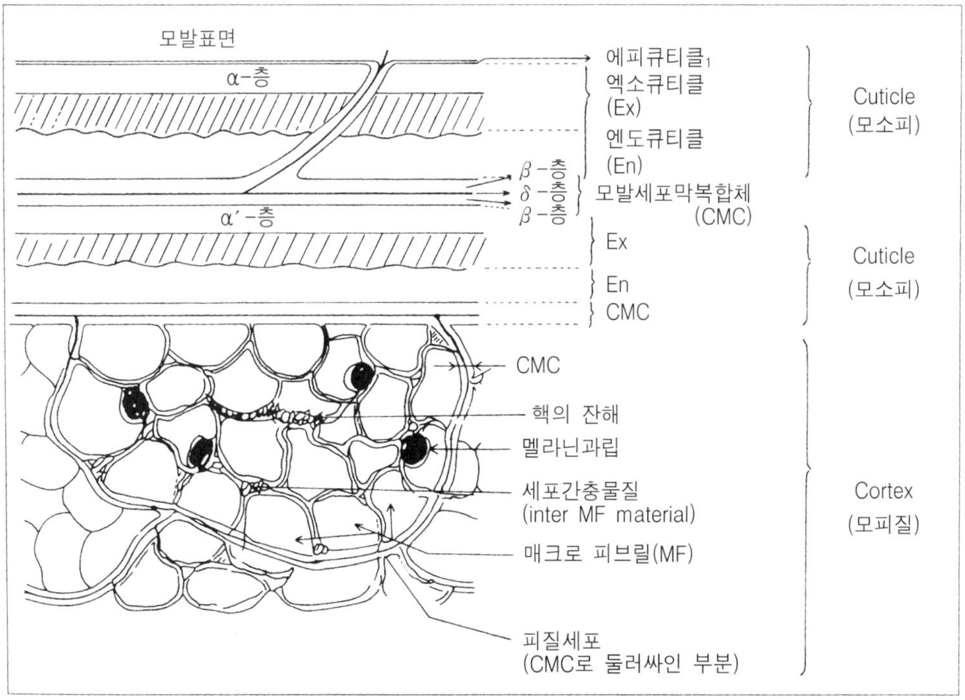

그림 2-8. 모소체 · 모피질의 내부구조 모식도

그림 2-7(b)는 투과형 전자현미경으로 관찰한 모피질의 미세한 구조를 나타낸 것이다[20]. 그림 2-7(b)에서 매크로 피브릴 및 그것들이 모인 피질세포, 그리고 피질세포끼리를 연결하고 있는 세포막 복합체 등을 관찰할 수 있다. 또 매크로 피브릴과 매크로 피브릴간의 간격을 메우고 있는 물질인 세포간충물질(inter macrofibrillar material)도 확인할 수 있다[19].(그림 2-8 참조).

3) 모수질 ; Medulla

모발의 중심부에 있고 공간으로 이루어진 벌집모양의 세포로서, 축방향으로 늘어서 있으며 멜라닌 색소를 함유하고 있다. 모발에 따라서는 연필의 심과 같이 완전히 연결된 것, 여기 저기 끊어져 있는 것, 혹은 완전히 없는 것 등이 있다. 굵은 모발일수록 수질이 있는 것이 많고 생모나 유아의 모발에는 없다.

2-3 》 모발의 화학구조

2-3-1. 모발의 화학적 조성

모발의 대부분은 단백질이고, 나머지는 멜라닌 색소, 지질, 미량원소, 수분 등으로 구성된다.

1) 모발의 아미노산 조성

모발의 주성분인 단백질은 시스틴을 많이 함유하고 있는 케라틴 단백질이다. 케라틴은 약 18종의 아미노산으로 이루어져 있다. 그 조성에 대하여 양모 케라틴과 사람의 표피를 비교하여 나타낸 것이 표 2-3이다[24]. 표 2-3에서 알 수 있듯이 모발 케라틴의 아미노산 조성의 특징은, 시스틴 함유량이 많다는 것인데, 사람 표피는 물론이고 양모 케라틴과 비교해서도 약 40~50% 많다. 다음으로 염기성 아미노산인 히스티딘, 라이신, 아르기닌의 비율이 1 : 3 : 10인데, 이 비율은 모발 케라틴 특유의 것이다[1]. 사람 모발 그 자체에 대해서 여러 가지 요인으로 인해 그 구성비에 차가 나타난다. Robbins에 의하면[25], 시스틴은 남성에게 많고 식사에 의해서도 아르기닌, 메티오닌과 함께 차이가 나타난다고 한다.

표 2-3. 주요한 케라틴의 아미노산 조성(%)

아미노산	인모케라틴	양모케라틴	사람의 표피
글리신	4.1~ 4.2	5.2~ 6.5	6.0
알라닌	2.8	3.4~ 4.4	—
바린	5.5	5.0~ 5.9	4.2
루이신	6.4	7.6~ 8.1	(8.3)
이소루이신	4.8	3.1~ 4.5	(6.8)
페닐알라닌	2.4~ 3.6	3.4~ 4.0	2.8
프롤린	4.3	5.3~ 8.1	3.2
세린	7.4~10.6	7.2~ 9.5	16.5
트레오닌	7.0~ 8.5	6.6~ 6.7	3.4
티로신	2.2~ 3.0	4.0~ 6.4	3.4~ 5.7
아스파라긴산	3.9~ 7.7	6.4~ 7.3	(6.4~ 8.1)
글루타민산	13.6~14.2	13.1~16.0	(9.1~15.4)
아르기닌	8.9~10.8	9.2~10.6	5.9~11.7
라이신	1.9~ 3.1	2.8~ 3.3	3.1~ 6.9
히스티딘	0.6~ 1.2	0.7~ 1.1	0.6~ 1.8
트립토판	0.4~ 1.3	1.8~ 2.1	0.5~ 1.8
시스틴	16.6~18.0	11.0~13.7	2.3~ 3.8
메티오닌	0.7~ 1.0	0.5~ 0.7	1.0~ 2.5

(H. P. Lundgren, W. H. Ward : Ultrastructure of Protein fibre, Academic Press N. Y., p.39, 1963.)

2) 멜라닌 색소 ; Melanin pigments

모발에 함유된 멜라닌 색소는 3% 이하라고 알려져 있다[26].

3) 미량 원소

모발중에 함유된 금속으로 동, 아연, 철, 망간, 칼슘, 마그네슘 등이 함유되어 있다[27]. 또 미량원소로서는 이들 금속 외에 인, 규소 등의 무기성분이 보고되어 있다[28].

이들 미량원소의 양은 모발의 회분으로서 0.55~0.94%이다[29].

4) 지 질 ; Lipids of hair

모발중 지질은 개인차는 있으나 대략 1~9%라고 알려져 있다[30]. 모발에서 얻는 지질은 피부와 마찬가지로 피지선에서 비롯된 모발표면(외부) 지질과 모발 내부에 존재하는 지질을 구별하여 검토하고 있다. Koch 등의 실험결과에 의하면[31] 모발의 외부와 내부에서 비롯되었다는 것에서는 조성적 차이는 없으나, 유리 지방산이 주성분이고 중성지질(왁스, 글리세라이느, 콜레스테롤, 스쿠알렌)이 대표적인 것으로 보고된 바 있다. 그러나 Zahn 등[32]에 의하면 내부지질의 주성분은 극성지질이라고 하였다. 표 2-4는 양쪽의 주장을 대비하여 나타낸 것이다. 앞으로 관심이 모아질 분야이다.

표 2-4. 모발의 외부 및 내부지질에 대하여

지질성분	Koch[31]		Zahn[32]
	외부지질(%)	내부지질(%)	내부지질(%)
스쿠알렌	9.3	11.2	—
콜레스테롤에스테르와 왁스에스테르	19.9	6.4	1.3
모노 글리세라이드	3.9	7.7	—
디 글리세라이드	1.8	5.6	0.3
트리 글리세라이드	18.1	13.3	0.3
유리 지방산	45.2	50.2	20.7
콜레스테롤	1.8	5.6	0.8
극성 지질	—	—	76.6

(J. Koch, K. Aitzetmuller et al. : J. Soc. Cosmet. Chem., 33, 317, 1982.)
(H. Zahn, S. Hilterhaus-bong : Int. J. Cos Sci., 11, 167, 1989.)

5) 수 분

모발은 물을 흡수하는 성질이 있고 주변의 환경습도에 따라 수분량이 변화한다. 그러나 25℃, 65% 정도의 상대습도에서는 통상 12~13%의 수분을 함유하고 있다.

2-3-2. 모발내에 존재하는 결합

모발은 화학적으로 케라틴 단백질로 구성되고 각각의 단백질 분자사이에는 분자간의 힘내지는 결합이 존재한다. 모발은 이들 결합에 의해 그 성상·형태를 유지하고 있다고 생각된다. 따라서 모발내에 존재하는 활성기와 여러 가지 화학결합에 대해 기술한다[33](그림 2-9).

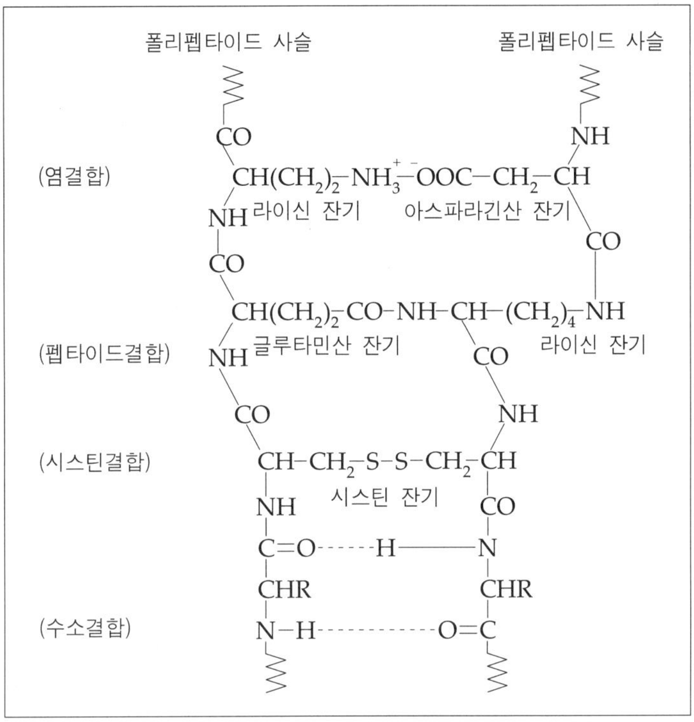

그림 2-9. 모발내에 존재하는 결합
(S. D. Gershon et al. : Cosmetics-Science and Technology, p.178, Wiley-Interscience, 1972.)

1) 염결합($-NH_3^+ \cdot\cdot {}^-OOC-$)

라이신 또는 아르기닌 잔기의 (+)로 하전된 암모늄 이온과 아스파라긴산 잔기의 (−)로 하전된 카르복실이온 간의 정전기적인 결합이다.

pH 4.5~5.5의 범위 모발의 등전점일 때 결합력은 최대가 된다. Speakman은 역학적 측정결과 이 결합은 케라틴 섬유 강도에 약 35% 정도 기여하며 산·알칼리에서 쉽게 파괴된다고 하였다.

2) 펩타이드 결합(−CO−NH−)

글루타민산 잔기의 −COOH와 라이신 잔기의 $-NH_2$에서 H_2O가 제거되어 −CO−NH−가 연결된 결합으로 상당히 강한 결합이다.

3) 시스틴 결합($-CH_2S-SCH_2-$), disulfide 결합

이 결합은 유황(S)을 함유한 단백질 특유의 것으로, 다른 섬유에서는 볼 수 없는 측쇄결합으로 케라틴을 특징지우고 있는 결합이다.

현재 일반적으로 모발 웨이브를 형성시키는 기본적인 개념은, 모발 케라틴중의 시스틴 결합을 환원제로 절단하고, 모발을 원하는 형태로 변형시킨 후, 그 형태를 유지하기 위하여 산화제로 절단된 결합을 본래대로 돌리는 것이다(각론 3-4. 모발 화장품 참조).

4) 수소 결합(C=O···HN)

아미드기와 그것에 인접한 카르복실기 사이의 결합이다. 케라틴 섬유가 건조상태에 비해 물에 젖었을 경우에 쉽게 늘어나는 것에 대한 설명으로, 수소 결합이 관여하고 있다고 본다. 한편 모발을 물에 적셔서 웨이브를 준 후, 그대로 건조시키면 원래대로 돌아가지 않는 것은 잘 알려진 현상이다. 이 현상을 "워터 웨이브"라 부르는데 수소 결합이 관여하고 있는 것이다.

2-4 》 모발의 물리적 성질

2-4-1. 모발의 인장 특성

모발을 큰 하중을 걸어 서서히 잡아당기면 늘어남과 동시에 굵기도 가늘어져 결국은 끊어져 버린다. 모발의 늘어난 비율은 신장률(%), 절단시의 하중은 인장강도(g)로 표시한다.

모발의 인장 특성을 측정하는 방법은 미리 모발의 길이를 잰 후 모발을 일정속도로 수중 또는 일정 습도 조건하에서 늘렸을 때의 하중을 측정하는 것이다.

모발의 인장 특성은 표면특성일 뿐만 아니라 모발 섬유전체의 특성이며, 모소피에는 없는 모피질의 특성이라고 생각된다. 즉, 모발섬유를 구성하고 있는 케라틴의 폴리펩타이드 주사슬은 보통 상태에서 나선상의 α-헤릭스의 구성으로 되어 있는데, 잡아당기면 지그 재그상의 β-케라틴이 되며 길이는 두배로 늘어난다. 또 잡아당기는 것을 멈추면 다시 원래의 길이인 알파형으로 돌아온다[34](그림 2-10). 이것이 모발을 늘렸을 때 일어나는 현상이다.

2-4-2. 모발의 흡습성

모발을 공기중에 방치하면 수분을 흡수 또는 방출하여 그 수증기와 평형을 유지하는 상태에 달한다. 이 평형은 습도에 영향을 받는다.

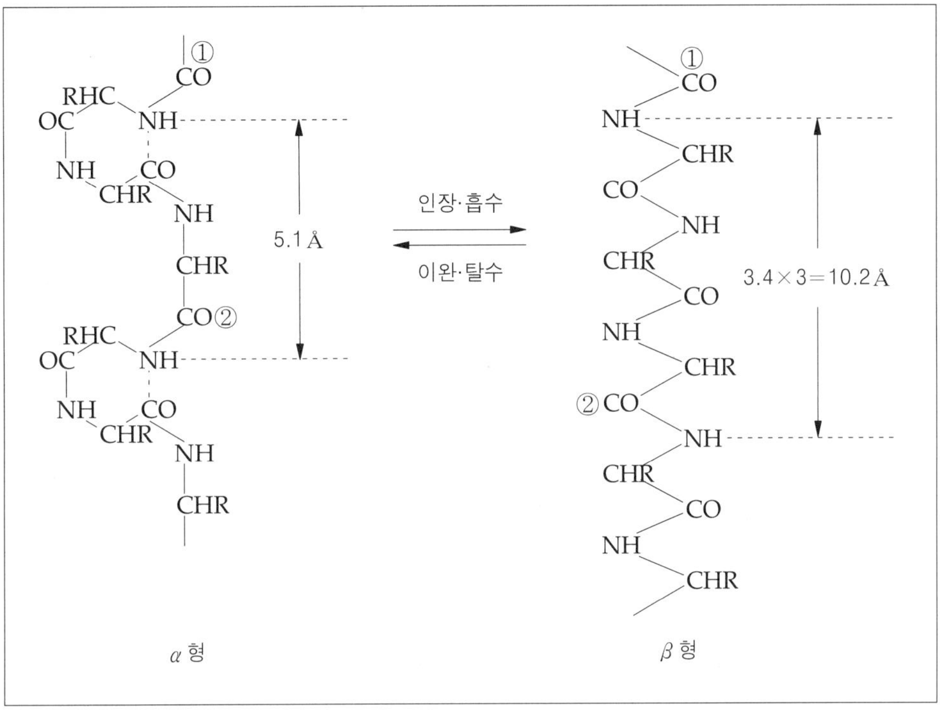

그림 2-10. 모발 케라틴의 α형과 β형의 상호 전이
(A. Elliot : Textile Res. J., 22, 783, 1952.)

표 2-5는 각각의 상대습도에서 모발의 수분 함량을 나타낸 것이다[35]. 상대습도가 높아짐에 따라 수분 함량이 증가한다. 비오는 날에 헤어스타일이 흐트러지는 것은, 모발이 일정 이상의 수분을 흡수하면 모발중의 수소결합이 절단되어 원래의 헤어스타일로 되돌아가기 때문이다. 또 겨울에 빗질을 할 때 정전기가 발생하여 브러쉬에 모발이 달라붙는 것은 건조하기 때문에 모발중의 수분이 없어지는 경향이 있기 때문이다.

이와 같이 모발은 습도변화에 민감하고 수분량이 너무 많으면 모발의 기력이 나빠지고 너무 적으면 푸석푸석하게 된다.

표 2-5. 각종 상대 습도에 따른 모발의 수분 함량

상대습도(%)	29.2	40.3	50.0	65.0	70.3
수분 함량(%)	6.0	7.6	9.8	12.8	13.6

온도는 74°F (J. B. Speakman : Nature, 132, 930, 1933.)

Stam[36] 등은 현미경으로 모발의 길이 및 직경의 변화와 상대습도의 관계에 대해서 측정했다. 그 결과로부터 모발의 단면적 및 체적을 계산했다(표 2-6). 이 결과는 상대습도가 높아짐에 따라서 길이의 증가는 작지만 직경의 증가는 상당히 큰 것을 보여주고 있다.

표 2-6. 각종 상대 습도(RH)에 따른 모발의 직경 및 길이의 변화

RH(%)	흡 수			
	직경의 증가율(%)	길이의 증가율(%)	단면적의 증가율(%)	체적의 증가율(%)
0	0	0	0	0
10	2.3	0.56	4.7	5.7
40	5.1	1.29	10.5	12.2
60	6.9	1.53	14.3	16.3
90	10.6	1.72	22.3	24.6
100	13.9	1.86	29.7	32.1

(R. Stam et al. : Textile Res. J., 22, 448, 1952.)

2-5 》 모발의 손상 ; Hair damage

2-5-1. 모발 손상의 실태

모발에서 두피보다 바깥으로 나와 있는 부분을 모간이라고 한다. 이 부분은 모발의 수명이나 길이에 따라서 빠지고 새로 나기도 하고, 또 커트할 때까지 샴푸, 드라이어의 열, 브러싱, 파마, 헤어칼라 등의 미용적 처리나 건조, 자외선, 해수, 수영장의 석회 등의 환경적 스트레스에 끊임없이 노출되어 있다. 특히 모간부의 외측을 둘러싸고 있는 모소피(cuticle)는 이들 스트레스의 영향을 직접적으로 받음으로서 복합적으로 누적된 손상을 받게 된다.

그림 2-11은 모발의 손상정도를 4장의 사진으로 나타낸 것이다. 건강한 모발은 큐티클의 끝부분이 매끄럽고 무늬가 규칙적이다. 이에 비해 다소 손상된 모발은 큐티클 끝부분의 일부가 박리 혹은 탈락이 관찰된다.

손상된 모발은 큐티클의 끝부분이 상하거나 부분적인 박리 혹은 탈락이 한층 진전되어 있다. 이와 같은 모발은 빛이 난반사하기 때문에 광택을 잃고 부드러움도 없어진다.

손상이 진행되어 상당히 손상된 모발에는 큐티클의 대부분이 탈락되고 내부의 모피질(cortex)이 노출되기에 이른다. 이와 같은 모발은 갈라지거나 끊어지기 쉽다.

<큐티클의 상태>

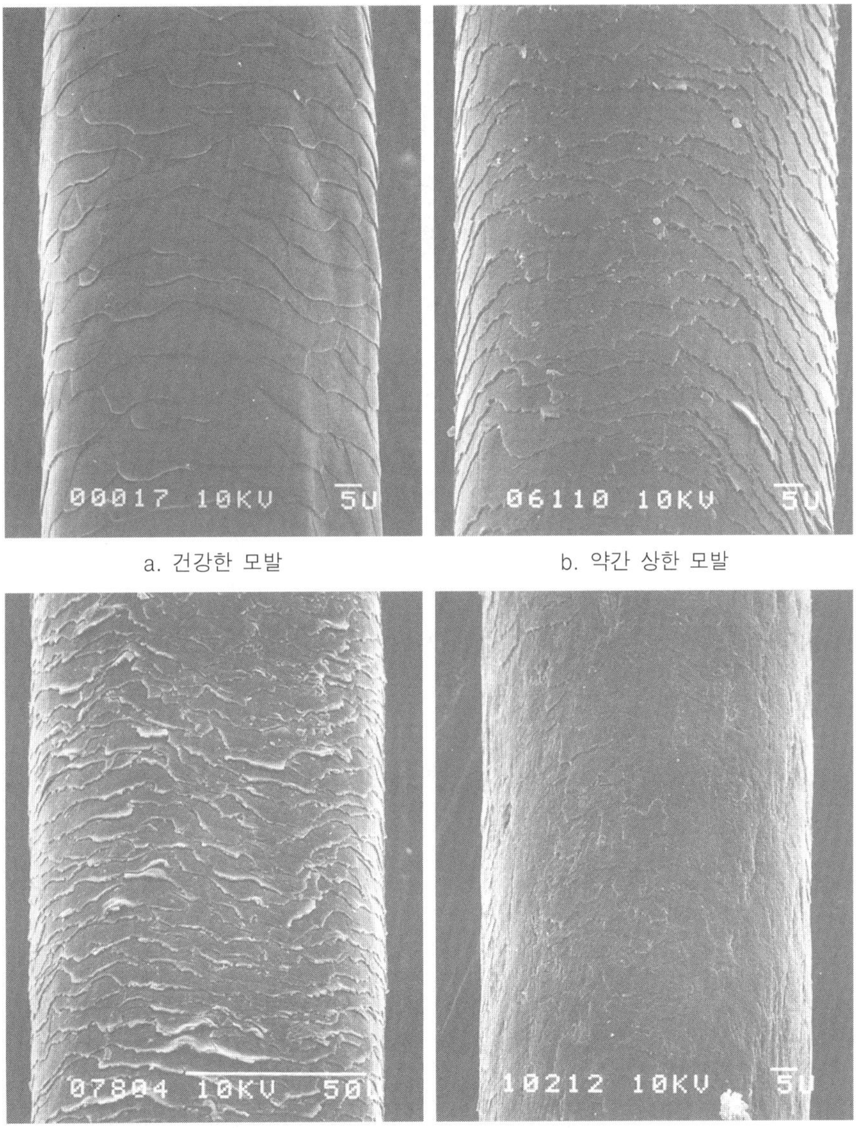

a. 건강한 모발 b. 약간 상한 모발

c. 상한 모발 d. 상당히 상한 모발

그림 2-11. 모발의 손상정도

그림 2-12에서 알 수 있듯이 갈라지고 끊어진 모발 형태가 모간부에 누적된 손상의 최종 형태이다.

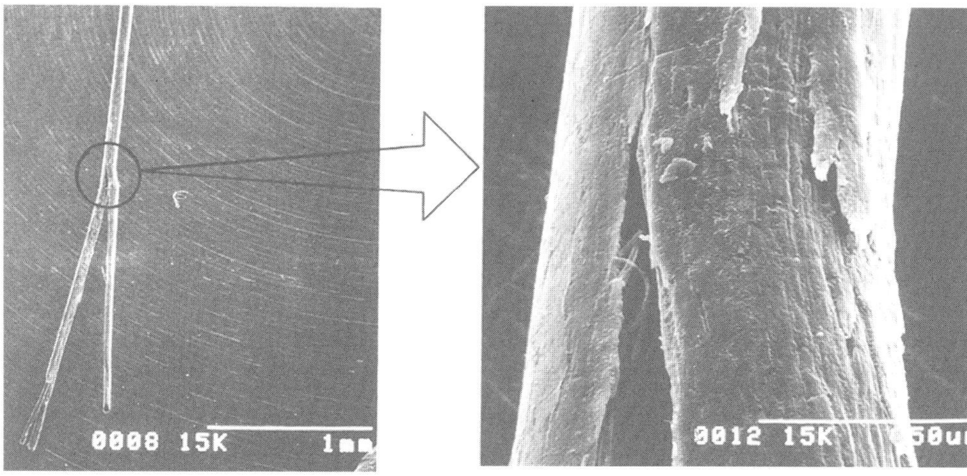

갈라진 모(×150)　　　　갈라진 모의 확대(×800)

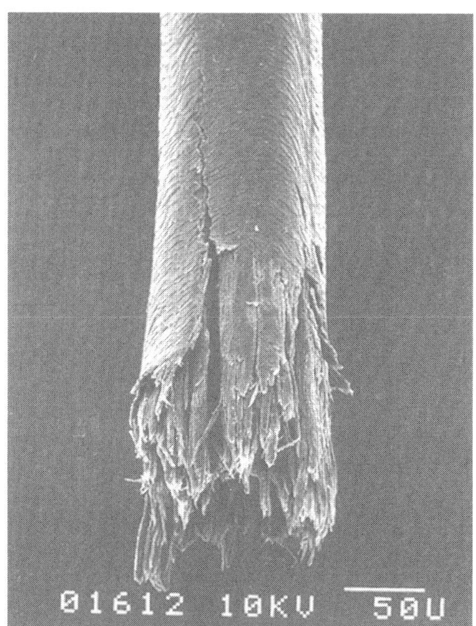

끊어진 모(×800)

그림 2-12. 갈라지고 끊어진 모발

2-5-2. 모발의 손상과 그 요인

모발이 손상되면 눈에 보이게 푸석푸석해지고 팽팽함, 힘, 광택이 없으며 헤어스타일이 정돈되지 않고 헤어스타일이 유지되지 않으며 붉어지는 등의 변색, 그리고 갈라지고 끊어지는 모발이 발생하는 등의 현상이 일어나고 모발 본래의 아름다움을 손상시키는 여러 가지 문제를 일으키게 된다. 이와 같은 손상을 일으키는 요인에 대해서 정리하면 표 2-7과 같다.

표 2-7. 모발의 손상 요인

○ 화학적인 요인 : 파마, 헤어칼라 등 ○ 환경적인 요인 : 자외선, 건조, 드라이어 등의 열 ○ 물리적인 요인 : 거친 샴푸, 젖은 상태에서의 블로우

즉, 화학적인 요인으로 파마나 헤어칼라 등의 미용시술이 있다. 이러한 약물은 큐티클과 큐티클간의 세포막복합체(cell membrane complex, CMC)를 통과하고, 모피질(cortex)내의 CMC를 통하여 모발내부에 영향을 미쳐, CMC 자체가 녹아[20,32] 나오거나 모발내부의 단백질이 녹아[37-39] 나온다고 알려져 있다. 모피질(cortex)에는 모발의 수분을 유지하는 역할이 있는데, CMC나 내부 단백질이 녹아 나오면 그 기능이 손상된다. 그 때문에 주위 습도변화의 영향을 받기 쉽게 되고, 푸석푸석해지거나 헤어스타일의 유지가 나빠지는 문제가 생긴다.

또 환경적 요인으로서 자외선이나 드라이어의 열 등이 있다. 자외선은 수분과 공존하면서 모발중의 디설파이드결합을 파괴시키고 시스테인산을 생성시킴으로서 모발의 인장강도를 저하시키고 손상을 일으킨다[40-42]. 또 동시에 모발의 적색화도 일어난다. 이것은 모발중의 유멜라닌이 자외선에 의해 산화분해하여 생기는 것으로 추정된다[42-43]. 실제로 해변이나 수영장에서 일어나는 모발의 트러블로서 붉어지는 등의 변색이나 손상이 있는데, 이와 같은 모발 손상에 자외선이 크게 관여하며 해수나 물의 조건하에서 가속된다.

모발은 대부분이 단백질로 되어 있기 때문에 열에 약하고, 드라이어의 사용방법을 잘못하면 모발을 손상시키게 된다. 모발은 보통 10~15%의 수분을 함유하고 있는데, 가열함에 따라서 수분이 증발하여 푸석푸석해져서 손으로 만지는 것으로도 손상된다. 더욱이 80℃ 이상의 열을 일상적으로 머리카락에 쪼이면 모발내 단백질이 파괴되고 브러싱 등을 할 때 큐티클이 벗겨지기 쉽다고 한다[44]. 드라이어를 사용할 때는 헤어트리트먼트 등을 사용하고 모발에 장시간 가깝게 사용하지 않는 등의 주의가 필요하다.

마지막으로 물리적인 요인으로서 거친 샴푸질이나 젖은 상태에서의 블로우가 있고, 이들은 모두 큐티클의 탈락을 촉진한다. 샴푸는 일상생활에 필수이다. 그러나 모발과 모발을 너무 문지르며 샴푸를 하면 마찰에 약한 큐티클이 차례로 벗겨져 나간다. 또 모발이 젖은 채로 블로우(드라이어로 건조시키면서 브러싱하는 조작)을 하면, 모피질이 물에 팽윤하기 쉬운데 반하여 큐티클은 팽윤하기 어렵기 때문에 큐티클에 무리한 힘이 가해져 벗겨지기 쉬워진다. 이 때문에 블로우를 할 때는 모발을 타월로 충분히 말려서 적당히 건조시킨 후에 행하는 것이 중요하다.

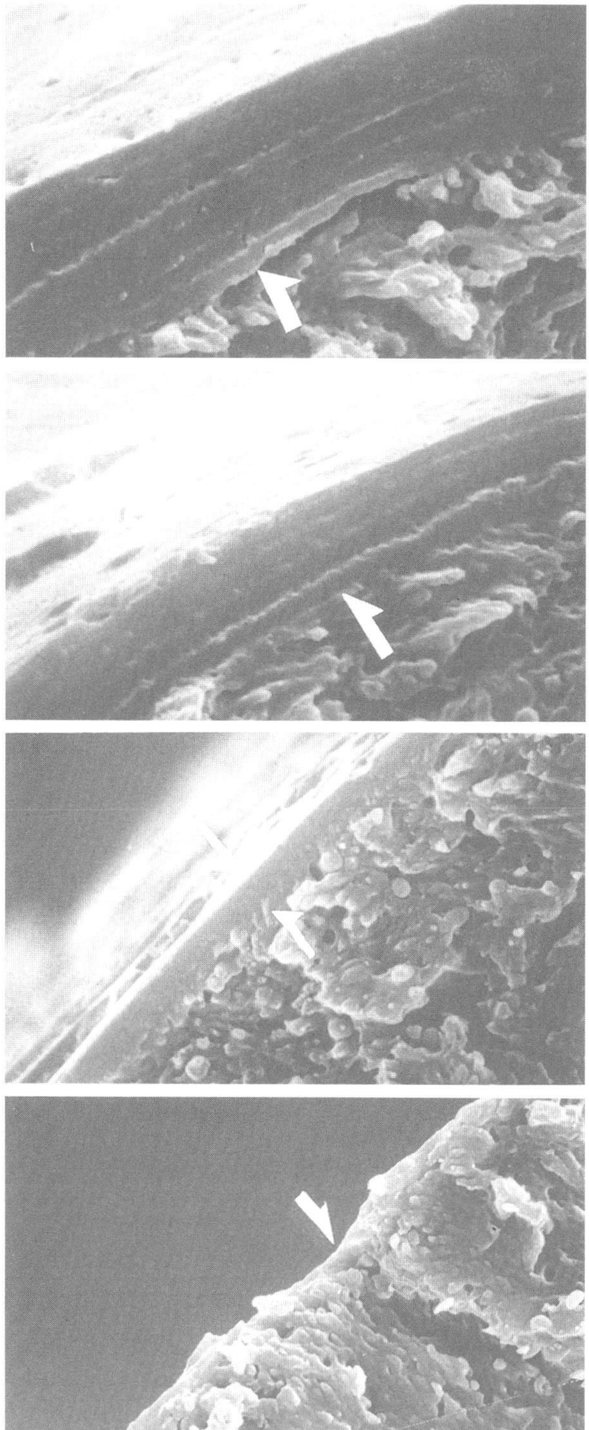

그림 2-13. 갈라진 모발의 뿌리 부분에서 모발의 끝 부분(큐티클의 수의 변화)

모발의 큐티클이 벗겨지기 쉬운 것에 대해 알아보기 위하여 초음파 처리를 이용한 가속법이 이용되고 있다[44]. 파마한 모발, 열처리 모발, 자외선 조사 모발에 대하여 초음파로 처리하지 않은 모발과 처리한 모발을 비교 검토하면, 처리하지 않은 모발에 비교해서 각각의 처리 모발은 모발 큐티클층의 박리가 증대된다고 한다. 이 결과는 표 2-7의 모발손상 요인에 의해 큐티클이 벗겨지기 쉬운 상태로 되고 모발 손상이 진행되는 것을 시사한다.

따라서 파마·헤어칼라를 한 후나 해수욕 후에는 마일드한 샴푸, 린스를 사용하고 헤어 트리트먼트를 충분히 하는 것이 필요하다.

2-5-3. 갈라진 모발 ; Split hair

모간부에 누적된 손상의 최종형태로서 갈라진 모가 발생하게 되는데, 그림 2-12에서 확인할 수 있듯이 이 때의 모발은 모소피(큐티클)가 거의 없어진 상태이다. 그래서 실제로 여성의 모발에서 갈라진 모를 채취하여 길이 30cm에 대해 관찰하였다. 그림 2-13은, 모발의 뿌리 부분에서 모발 끝 부분까지 10cm 간격으로 나누어서, 큐티클 수를 주사형 전자현미경으로 관찰한 결과이다.

그림 2-13에 나타낸 바와 같이 갈라진 모발에서도 뿌리 부분의 큐티클 수는 7개로 건강한 모발과 다르지 않다. 그러나 10cm 간격으로 모발 끝으로 가면서 큐티클의 수가 감소하여 모발 끝 부분에서 0개가 된다. 30cm 모발을 예로, 1개월에 약 1cm 자란다고 하면(2-1-1. 참조), 약 2년 반에서 3년 사이에 여러 가지 물리적, 환경적 그리고 화학적 요인에 의해 큐티클의 수가 감소한다는 것이다.

이와 같이 갈라진 모는 큐티클의 수가 감소하는데, 큐티클 수가 2개 이하인 상태에서 샴푸나 브러싱 등의 물리적 자극을 가하면 모발이 갈라지는 것으로 생각된다.

2-6 》 손톱과 발톱의 기능과 구조

2-6-1. 손톱과 발톱의 기능과 생리

손톱과 발톱은 수족(手足)의 등부위의 표피에서 생겨난 각질층의 얇은 판으로 피부의 부속기관의 하나이다. 손톱의 기능으로, ① 손가락의 끝을 보호하고 ② 작은 물건을 잡는데 유용하며 ③ 손가락 끝부분의 감촉을 예민하게 하고[45] 힘을 가할 수 있는 것 등을 들 수 있다. 또 내장의 질병과 손톱의 변화에 대한 관련성도 지적되고 있다[46].

손톱은 정상적이고 건강한 사람인 경우 하루에 0.1~0.15mm 정도 자란다[45]. 이 속도는 개인차가 있으며 유아기부터 청년기에는 빠르고 노년기에는 성장이 느려진다[45]. 손과 발톱의 끝도 자라는 속도가 각각 다른데 손톱이 발톱보다 비교적 빠르다[45]. 또 계절에 따라서도 다르다. 여름에 가장 빠르고 겨울에 느리다[45].

2-6-2. 손톱과 발톱의 구조와 조성

그림 2-14는 손톱의 구조를 나타낸 것이다[45]. 일반적으로 손톱이라고 하는 것은 조갑(nail plate)을 가리킨다. 조갑은 피부의 각질층에 해당하고 살아있는 세포에는 없으며, 딱딱한 케라틴으로 얇은 판 모양의 각화세포가 밀착되어 이루어진다. 그림 2-15, 16은 조갑표면과 횡단면의 전자현미경 사진으로 층상구조를 갖고 있음을 알 수 있다[47].

피부의 각층과 비교하여 조갑은 지질이 0.15~0.75%로 적다[48]. 한편 유황 함유량은 3% 이상으로 피부각층과 비교해서 많다[45].

손톱은 모발과는 형태적으로는 다르지만 동일한 케라틴 단백질이기 때문에, 손톱의 아미노산 조성을 피부의 각질층에 비교하면 모발에 가깝다고 보고 된 바 있다[49].

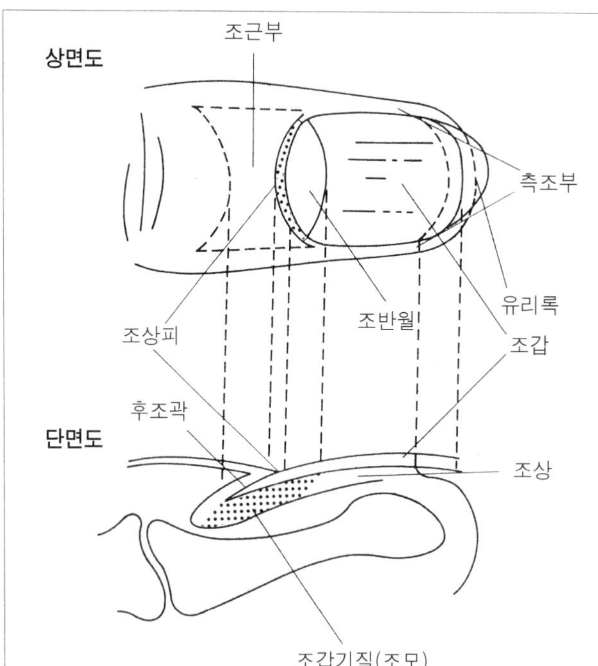

그림 2-14. 손톱의 구조
(東 禹彦 : 爪, 日本書籍, 1980.)

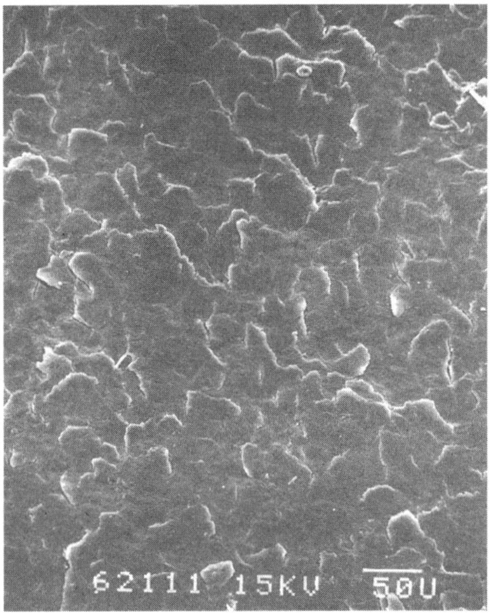

그림 2-15. 조갑 표면의 전자 현미경 사진

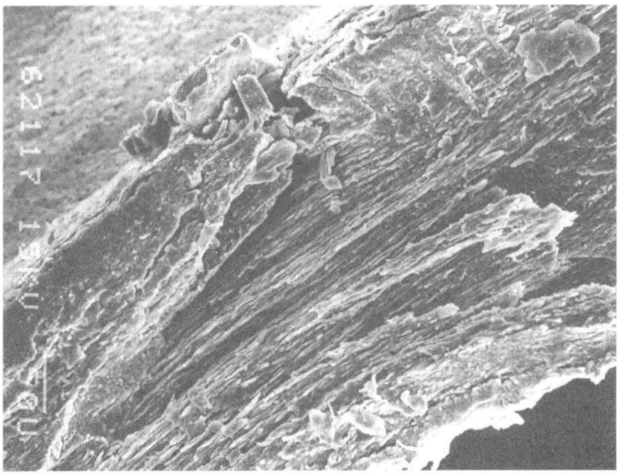

그림 2-16. 조갑 횡단면의 전자 현미경 사진

또 조갑은 조기질(nail matrix)에서 만들어지며, 조상부(爪床部, nail bed)의 위를 조상(爪床)의 방향으로 조갑과 조상이 하나가 되어 손끝을 향해 진행된다. 이것이 손톱이 자라는 현상이다.

조상부는 조갑에 수분을 보급하기도 하고 뒤에 설명할 조곽부(爪廓部)와 함께 조갑이 일정한 방향으로 자라도록 형태를 준비하는데 도움을 준다. 조갑이 자라서 조상부로부터 분리된 부분을 유리록(游離錄, free margin of nail)이라 하는데, 이 부분은 조갑으로부터의 수분보급이 어렵기 때문에 수분 함유량이 감소하여 약하고 부서지기 쉬워진다고 한다[45,50].

손톱뿌리 부분에 반달형의 유백색 부분이 있다. 이것을 조반월(爪半月, lunula)이라고 한다. 이 부분에서의 조갑의 형성은 불완전하고 충분히 각질화되어 있지 않다. 조반월은 조갑의 다른 부분에 비하면 약간 부드럽고, 하부와의 접착도 불충분하다.

조갑을 둘러싼 피부의 부분을 조곽(爪廓, nail wall)이라고 한다. 조갑의 뿌리 쪽을 후조곽, 양 옆 부분을 측조곽이라고 한다.

조갑의 위를 덮은 피부를 조상피(爪上皮, eponychium)라고 한다. 이것은 미완성의 조갑을 보호하는 역할을 한다. 조상피가 없으면 조갑을 다치게 하는 수가 많고 새로이 생긴 조갑의 형태에 이상이 생긴다. 조갑기질에는 멜라닌 색소를 생산하는 멜라노사이트가 존재하기 때문에 조갑중에도 미량의 멜라닌 색소가 존재한다[46].

2-6-3. 손톱의 물리적 성질[47]

손톱의 수분량은 외계의 환경요인에 의해 5~24% 정도까지 변동한다고 한다. 또 흡습, 건조성은 모발과 유사해서, 흡습하기 쉬우며 건조도 쉽다. 흡습에 의한 체적(방향)변화는 종, 횡방향보다도 두께 방향으로의 변화가 크다. 이것은 그림 2-16에서 나타낸 바와 같이 층상구조에 기인한다고 생각된다.

손톱의 흡습, 건조에 따른 딱딱함의 변화는 모발과 같고, 흡습에 의해 유연해지고, 건조에 의해 딱딱해진다. 우리들의 일상 생활중에서 목욕을 한 후에 손톱을 깎기 쉽다고 느끼는 것도 이 흡습에 따른 손톱의 유연화에 의한 것이다.

2-6-4. 손톱의 손상 ; Nail damage

일상 생활에서 잘 나타나는 손톱의 손상으로서 조갑층상 분열증(onychoschsis), 소위 두겹 손톱이라는 것이 있다. 이것은 조갑선단의 유리록 부분이 마치 운모를 벗기듯이 층상으로 박리되는 현상이다.

그 원인은 조갑끝의 유리록에서 조상부로부터 수분 보급을 받기 어렵기 때문에 수분량이 감소하는 것이 하나의 원인이라고 한다. 조갑층상 분열증의 외적요인으로, 네일 에나멜이나 리무버의 빈번한 사용에 의한 탈수, 탈지작용 그리고 비누, 세제에 의한 탈지도 고려된다. 따라서 네일 에나멜과 리무버를 사용할 때에는 손톱의 탈지나 탈수에 대하여 배려가 된 것을 선정하고 평소 네일 트리트먼트로 손톱을 보호하는 것이 중요하다.

참고문헌

1) 野田春彦：タンパク質化学 4—構造と機能，(1)，p. 763, 共立出版，1981.
2) 小川秀興：西日皮膚，42(3)，455，(1980)
3) 小堀辰治監修：毛の医学，p. 107, 文光堂，1987.
4) 小堀辰治監修：毛の医学，p. 15, 文光堂，1987.
5) H. Pinkus : The Biology of Hair Growth, p. 15, Academic Press, New York, 1959.
6) M. L. Price, W. A. D. Griffiths : Clin. Exp. Dermatol., 10, 87, (1985)
7) F. Pinkus : Jadassohns Handbuch der Haut Geschl. krht, 1/1, p. 239, Springer Verlg, Berlin, 1927.
8) M. Saitoh, M. Uzuka, M. Sakamoto, T. Kobori : Advance in Biology of skin, Vol. IX, p. 183, Pergamon Press, Oxford, 1969.
9) E. Farber, W. Lobitz : Annu. Rev. Physiol, 14, 519, (1952)
10) L. Auber : Trans. R. Soc. Edinburgh, 62, 191, (1952)
11) 橋本　謙：臨皮，27(1)，15，(1973)
12) P. Parakkal : J. Ultrastruct Res., 29, 210, (1969)
13) M. Ito, K. Hashimoto : J. Invest. Dermatol, 79, 392, (1982)
14) Otto Braun-Falco : Seminars in Dermatology, Vol. 4 (1), p. 40, 1985.
15) 須藤武雄：毛髪の診断とその処置，p. 11, 全日本美容業環境衛生同業組合連合会，1970.
16) A. Rock, R. Dauber : Diseases of the Hair and Scalp, 2nd ed. Blackwell scientific Publications 1991.
17) G. Prota, R. H. Thompson : Endeavour, 35, 32, (1976)
18) W. Montagna, P. Parakkal : The Structure and Function of Skin, 3rd ed., Academic Press, N. Y., 1974.
19) E. H. Mercer : Keratin & Keratinization, Pergamon Press, p. 266, 1961.
20) 円山朋子，神戸哲也，鳥居健二：第 31 回 SCCJ 研究討論会口頭発表，(1991)
21) N. H. Leon : J. Soc. Cosm. Chemists, 23, 427, (1972)
22) J. A. Swift, B. Bews : J. Soc. Cosmet. Chemists, 25, 355, (1974)
23) J. A. Swift, A. W. Holmes : Textile Res. J., 35, 1014, (1965)
24) H. P. Lundgren, W. H. Ward : Ultrastructure of Protein fibre, p. 39, Academic Press N. Y., 1963.
25) C. R. Robbins : Text. Research J., 891, (1970)
26) J. Menkart, L. J. Wolfram, I. Mao : J. Soc. Cosmetic Chemists, 17, 769, (1966)
27) L. C. Bate et al. : New Zealand J. Sci., 9 (3), 559, (1966)
28) R. Goldbulm, S. Derby : J. Invest. Dermatol., 20, 13, (1953)
29) T. F. Dutcher, S. Rothman : J. Invest. Dermatol., 17, 65, (1951)
30) N. Nicolaides, R. C. Foster : J. Amer. Oil Chem. Soc., 33, 404, (1956)
31) J. Koch, K. Aitzetmuller et al. : J. Soc. Cosmet. Chemists, 33, 317, (1982)
32) H. Zahn, S. Hilterhaus-bong : Int. J. Cos Sci., 11, 167, (1989)
33) S. D. Gershon et al. : Cosmetics-Science and Technology, p. 178, Wiley-Interscience, 1972.
34) A. Elliot : Textile Res. J., 22, 783, (1952)
35) J. B. Speakman : Nature, 132, 930, (1933)
36) R. Stam et al. : Textile Res. J., 22, 448, (1952)
37) N. Baba, Y. Nakayama, F. Nozaki, T. Tamura : J. Hygienic Chem., 19, 47, (1973)
38) 奥　昌子，西村　博，兼久秀典：日本化粧品技術者会誌，21(3)，204，(1987)
39) 金高節子，宮田勝保，中村良治：日本化粧品技術者会誌，24(1)，5，(1990)
40) R. Beyak et al. : J. Soc. Cosmet. Chemists, 22, 667, (1971)
41) C. Robbins, C. Kelly : Textile Res. J., 40, 891, (1970)
42) 竜田真伸，植村雅明，鳥居健二，松岡昌弘：日本化粧品技術者会誌，21(1)，43，(1987)
43) M. R. Chedekel, P. W. Post, R. M. Deibei, M. Kalus : Photochem. Photobiol., 26, 651, (1977)
44) 神戸哲也，福地羊子，植村雅明，鳥居健二：JCSS 第 14 回学術大会口頭発表，(1989)

45) 東　禹彦：爪，日本書籍，1980.
46) 東　禹彦：フレグランスジャーナル，79，8，(1986)
47) 山崎一徳，田中宗男：日本化粧品技術者会誌，25(1)，33，(1991)
48) 安田利顕：フレグランスジャーナル，79，12，(1986)
49) H. P. Baden：Biochim. Biophys. Acta, 322, 269, (1973)
50) 西山茂夫：フレグランスジャーナル，79，4，(1986)

3 화장품과 색채, 색재

화장품과 색채는 밀접한 관계가 있다. 미를 추구하는 마음은 사람의 본성이고 메이크업 화장품은 사람에게 색채를 부여하여 피부색을 정돈시키는 등 용모를 미화한다. 또 일반 화장품에 있어서도 색이 갖는 이미지를 이용, 제품을 채색하여 내용물의 효과를 보다 강조시키고 있다. 더욱이 색의 과학인 색채학이나 색을 측정하는 측색기의 급속한 진보에 따라 색의 과학적 관리가 용이해졌고, 화장품의 설계를 위시해서 생산이나 판매에도 활용하게 되었다.

한편 화장품에서 색채를 부여하는 색재는 안전성 중시라는 관점에서 매년 규제가 강화되고, 화장품에 사용할 수 있는 유기색소는 법률에 의해 그 품목, 품질 및 사용구분이 규정되어 있다. 또 색소의 희석이나 메이크업 제품에 이용할 수 있는 무기안료나 체질안료 등의 분체류도 화장품 원료 기준 규격에 부합되는 것, 또는 약사신청을 하여 허가받은 원료만을 사용할 수 있다. 이와 같이 화장품은 취급하는 사람에게 있어서, 색채학에 대한 지식과 화장품용 색소에 관한 정확한 정보는 필수 불가결한 것이다. 또 색소에 관한 규제는 나라마다 다르므로 화장품을 수출할 경우에는 주의를 요한다.

3-1 》 색채 ; Color

3-1-1. 빛과 색

빛은 눈을 뜨고 있는 동안 전혀 빛이 없는 경우를 제외하고는 인간의 눈에 들어오고 있다.

육안으로 감지되는 파장이 가시광선이고 가시광선 보다 긴 파장이 적외선, 짧은 파장이 자외선이다. 가시광선의 파장은 대략 400~700nm이다. 태양광선에는 가시광선의 각종 파장의 빛이 거의 같은 양으로 모여 있어서 무색으로 감지된다. 그러나 태양광선을 프리즘에 통과시키면 그 중에 함유된 파장의 빛이 분광되어 빨간색, 주황색, 노란색, 초록색, 파란색, 남색, 보라색으로 나누어져 보인다.

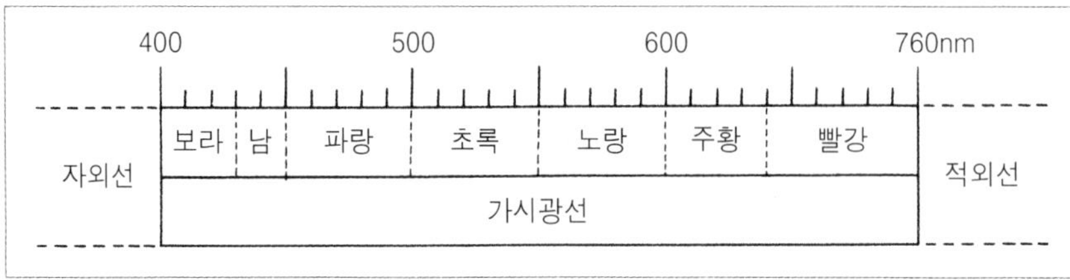

그림 3-1. 파장과 색

색은 파동에너지인 빛 중에 존재하지만 빛 그 자체는 아니다. 이와 같은 파장의 빛이 시세포에 포착되고 각각의 파장의 자극을 일으켜서 비로서 색으로서 확인된다. 즉, 색은 감각치(感角植)라고 말할 수 있다.

3-1-2. 색의 지각

색의 지각은 동물의 종류에 따라 크게 다르다. 여기에서는 색이 인간에게 어떻게 지각되는가를 간단히 기술한다. 사람의 안구 구조는 카메라와 매우 비슷하다. 수정체가 렌즈의 기능을 하여, 원근을 조절하고 초점을 맞추어 망막상에 상이 맺히게 한다.

수정체의 앞에 있는 홍체가 조리개의 역할을 한다. 망막에는 간상체와 추상체 두 종류의 시세포가 있다. 간상세포(rod)는 어두운 조건에서 작용하여 주로 밝기를 지각하고, 이에 대해 추상세포(cone)는 밝은 상태에서 작용하여 색채를 지각한다. 간상세포는 그림 3-2의 점선과 같은 감도를 갖고 511nm(황색에 가까운 녹색에 상당하는 파장)에서 가장 감도가 높다. 이에 비해 추상세포는 그림 3-2의 실선으로 나타낸 바와 같이 554nm(녹색에 가까운 황색에 상당하는 파장)에서 가장 감도가 높다[1]. 또 추상세포에는 청색, 녹색, 적색 3종의 수용세포가 있다.

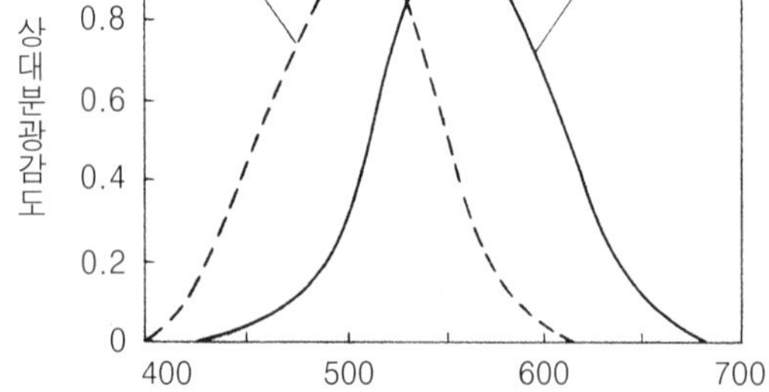

그림 3-2. 어두운 곳(점선) 및 밝은 곳(실선)에서의 상대 분광 감도 곡선

광수용기인 간상세포 및 추상세포에 흡수된 빛은 전기 신호로 변환되어 수평세포나 신경절 세포, 시신경 등을 통해 대뇌 시각령으로 보내지고 거기에서 색과 밝기가 처음으로 인지된다.

3-1-3. 색재의 색

물체의 색은, 구성 물질과 여기에 쪼여지는 빛의 종류에 따라 각각의 색으로 보인다. 광원인 태양, 형광등, 백열등에서는 같은 물체라도 다른 색으로 보인다. 물체에 빛을 쪼이면 빛은 ① 물체 표면에서 반사되는 부분 ② 물체 속으로 들어가 내부에서 반사되어 외부로 나오는 부분 ③ 물체에 흡수되는 부분 ④ 물체를 투과하는 부분으로 나누어진다. 착색된 물체에 백색광을 쪼이면 그 색을 나타내는 파장의 빛이 반사되어 다른 부분은 흡수된다. 표준(백색)의 물체와 비교해서, 각 파장의 빛을 어느 정도 반사하고 있는가를 나타낸 것이 분광 반사율 곡선(spectral reflection curve)이다(그림 3-3). 이 곡선의 형태로 그 물체의 색이 어떻게 보이는지 예상할 수가 있다. 또 빛을 투과하는 물체에 백색광을 쪼일 때, 각 파장의 빛을 어느 정도 투과시키는가를 나타내는 것이 분광 투과율 곡선(spectral transmission curve)이다.

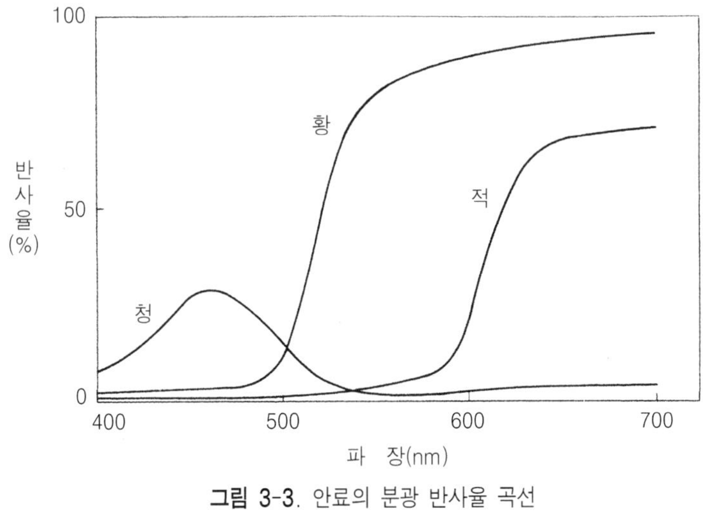

그림 3-3. 안료의 분광 반사율 곡선
적 : 레이크 레드 CBA(적색 204호)
황 : 한자 옐로우(황색 401호)
청 : 프탈로시아닌 블루(청색 404호)

색재는 특정 파장을 흡수 또는 투과하는 화학물질이다. 적색의 안료는 적색의 빛을 반사하고 적색 이외의 빛을 흡수한다. 또 적색의 염료는 적색 이외의 빛을 흡수하고 적색광을 투과시킨다.

3-1-4. 색의 세가지 속성

색에는 유채색과 무채색이 있다. 무채색(achromatic color)은 색상을 띠지 않는 색, 즉 빛을 분광시키지 않고 흡수 또는 반사에 의해 생기는 백색-회색-흑색을 말한다. 이에 대하여 유채색(chromatic color)은 색상을 지닌 색, 즉 조사된 빛을 분광하여 일부를 흡수하고 가시광 영역으로 반사 또는 투과하여 색채를 나타내는 것을 말한다.

색에는 색상, 명도, 채도의 3가지 요소가 있으며, 이것을 색의 3속성(three attributes of color)이라 부른다.

① 색상(hue) : 적, 황, 녹, 청, 보라와 같이 색의 계통을 나타내는 것으로 파장에 의해 결정된다.

② 명도(value) : 물체 표면의 반사율의 많고 적음을 판정하는 척도로서 밝기의 정도를 나타낸다. 명도가 높은 색은 밝으며 명도가 낮은 색은 어둡다.

③ 채도(chroma) : 색의 선명함의 정도를 나타낸다. 선명한 색은 채도가 높은 것을 의미하며, 선명하지 않은 색은 채도가 낮다.

색상, 명도, 채도를 세 개의 축으로 하여 색을 공간적으로 배열한 것을 색입체(color solid)라 부른다(그림 3-4). 색은 이와 같은 색입체 안에 점으로 나타낸다.

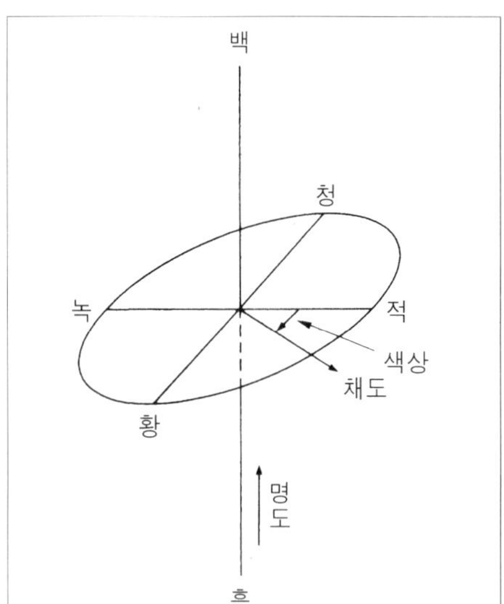

그림 3-4. 색감각의 세가지 속성을 세 개의 축으로 나타낸 색입체

3-1-5. 색을 나타내는 방법

인간의 눈은 색상, 명도, 채도의 차이에 따라 수 백만 종의 색을 식별할 수 있다고 한다. 색에 대해서 말을 할 경우, 혹은 색을 기록하는 경우, 그 색을 정확히 표현할 필요가 있다. 실물 견본을 제시하는 것이 가장 정확하지만 이 경우에도 시간 경과에 의한 색의 변화가 문제가 된다. 색 견본에 의하지 않고 어떠한 제품 형태에서도 동일 색채·동일 배색을 얻어야 할 필요성이 높아져서, 색의 수치에 의한 기록이나 색의 계통적 분류법이 중요하게 되었다.

1) 색명법

1-1) 관용 색명

색채학이 발달된 오늘날에도 설먼핑크(salmon-pink), 에메랄드 그린(emerald green), 라벤다색(lavender) 등의 이름으로 색을 나타내는 습관이 있다. 이것을 관용 색명이라고 한다. 가장 색감에 가까우며 친숙하다는 특징이 있지만, 납호색(納戶色, 4.0B4.0/6.0), 리휴(利休)쥐색(3.0G5.0/1.0) 등에 이르면 전문가가 아니고는 좀처럼 색의 이미지를 파악하는 것이 어렵다. 또 관용 색명은 사람에 따라 다른 느낌을 주기도 한다.

1-2) 일반 색명

기본 색명인 적, 황적, 황, 황록, 녹, 청록, 청, 청자, 자, 적자에, 명도 및 채도에 관한 수식어인 연한, 산뜻한, 선명한, 희미한, 짙은, 어두운 등과 같은 말을 붙이면 좀더 상세하게 색을 표현할 수가 있다. 이것은 물체 색의 색명으로서 일본 공업 규격 JIS에 수록되어 있다[2).]

2) 표색계

2-1) 만셀 표색계 ; Munsell color system

대표적인 색의 표시법으로서 색상, 명도, 채도를 인간의 감각에 일치시킨 표색 체계이며 만셀에 의해 고안되었다. 현재는 보다 감각에 근접한 수정 만셀 표색계가 이용되고 있다. 일본은 만셀 표색계를 JIS[3)]에 도입하여 JIS 표준색표로서 일본 색채 과학 연구소에서 간행하고 있다.

그림 3-5의 그림과 같이 색상은 적(R), 황(Y), 녹(G), 청(B), 자(P)의 5가지 주요 색상으로 고리를 만들고, 각각의 중간색으로서 황적(YR), 황록(GR), 청록(BG), 청자(PB), 적자(PR)를 추가한다. 이들 10가지 색상을 감각적으로 10등분하여, 5에 해당되는 곳에 색상의 대표가 되는 것을 배치한다. 이와 같이 색상을 고리 형태로 나타낸 것을 색상환(hue circle)이라고 한다.

명도는 무채색의 흑색을 $V=0$, 백색을 $V=10$으로 하여 감각적으로 똑같이 10등분한다.

채도는 무채색을 0으로 해서 감각적으로 등분하여 순차로 1, 2, 3, …으로 한다.

이와 같이 만셀 표색계는 HV/C로 색을 표시한다. 예를 들면 5R4/14는 가장 선명한 적색을 나타낸다.

2-2) CIE(표준) 표색계 ; CIE standard colorimetric system

1931년에 국제 조명 위원회(Commission Internationale del'Eclariage)에서 국제적인 표색법으로서 채용되었고 X, Y, Z의 3자극치로 색을 표현한다. 일본에서도 JIS에 2도 시야 XYZ계에 의한 색의 표시 방법으로서 수록되어 있다[4).

CIE 色度図(CIE chromaticity diagram)는 횡축을 x, 종축을 y로 교차하는 좌표를 그리고 이 위에 각 파장마다의 스펙트럼을 플롯하고 이것을 연결하여 스펙트럼 궤적을 만든 것이다(그림 3-6). 색도 좌표는 다음 식으로 나타낸다.

$$x = X/(X+Y+Z), \quad y = Y/(X+Y+Z), \quad z = Z/(X+Y+Z)$$

$x+y+z=1$이 되기 때문에 x와 y만으로 색의 성질을 표시할 수가 있다. 색도도(그림 3-6)에서 무채색 점(W)과 색도 점(S_1)을 연결한 선이 스펙트럼 궤적과 교차하는 점(S_2)이 그 색의 주파장(λd)이고, W점과의 거리가 순도(純度, 채도와 거의 같은 의미)이다. 또 Y는 명도에 상당하기 때문에 Y, x, y로 색을 표시한다.

2-3) Lab 표색계 ; Hunter Lab system

1948년에 R. S. Hunter에 의해 제안된, 지각적으로 등색차성을 갖는 표색계이다. L, a, b는 세가지 자극치 X, Y, Z로부터 다음 식을 이용하여 변환할 수 있다.

$$a = 17.5(1.02X - Y)/\sqrt{Y}, \qquad b = 7.0(Y - 0.84Z)/\sqrt{Y}$$

$$L = 10\sqrt{Y}, \quad 0 < Y < 100$$

또 2가지의 색(L_1, a_1, b_1), (L_2, a_2, b_2)와의 색차 ΔE는 다음 식으로부터 구할 수 있다.

$$\Delta E = \sqrt{(L_2 - L_1)^2 + (a_2 - a_1)^2 + (b_2 - b_1)^2}$$

2-4) L*a*b* 표색계 ; L*a*b* System

정식 명칭은 CIE 1976(L*a*b*) 표색계이다. 이것은 시료의 3자극치 X, Y, Z에 대하여 사용하는 표준 광원의 3자극치 X_0, Y_0, Z_0를 고려한 것이다. Lab표색계 대신에 사용하게 되었다.

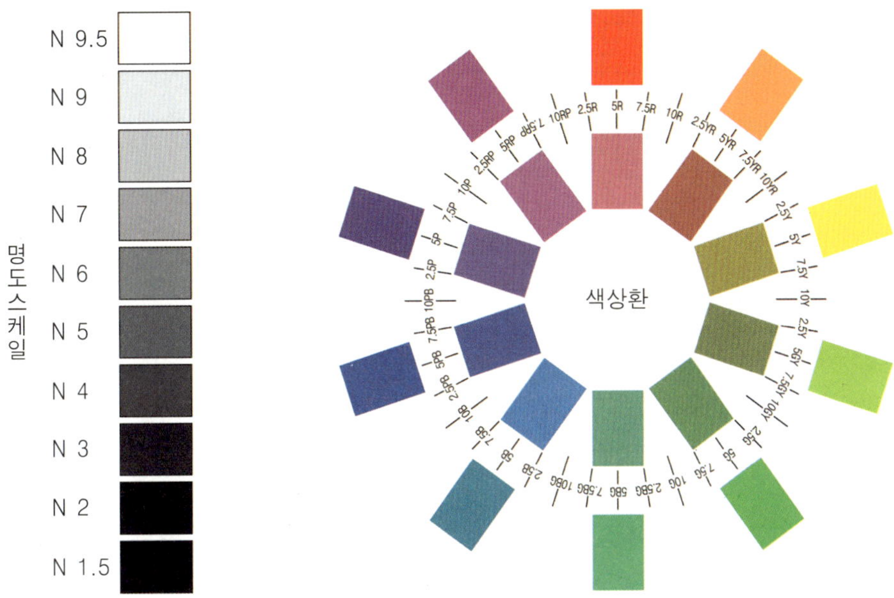

a

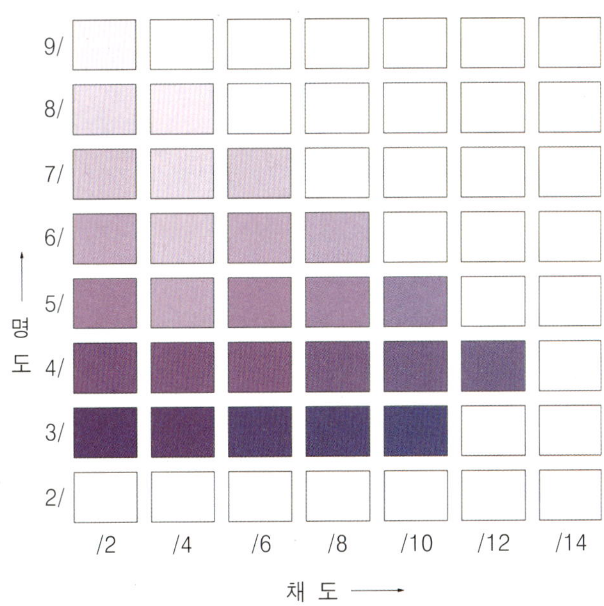

b

그림 3-5. 만셀 색표

(일본규격협회, JIS 색표 위원회 감수 : JIS Z 8721-1977 準據標準色票(증보판 휴대용), (재)일본규격협회발행, (재)일본색채연구소제작)

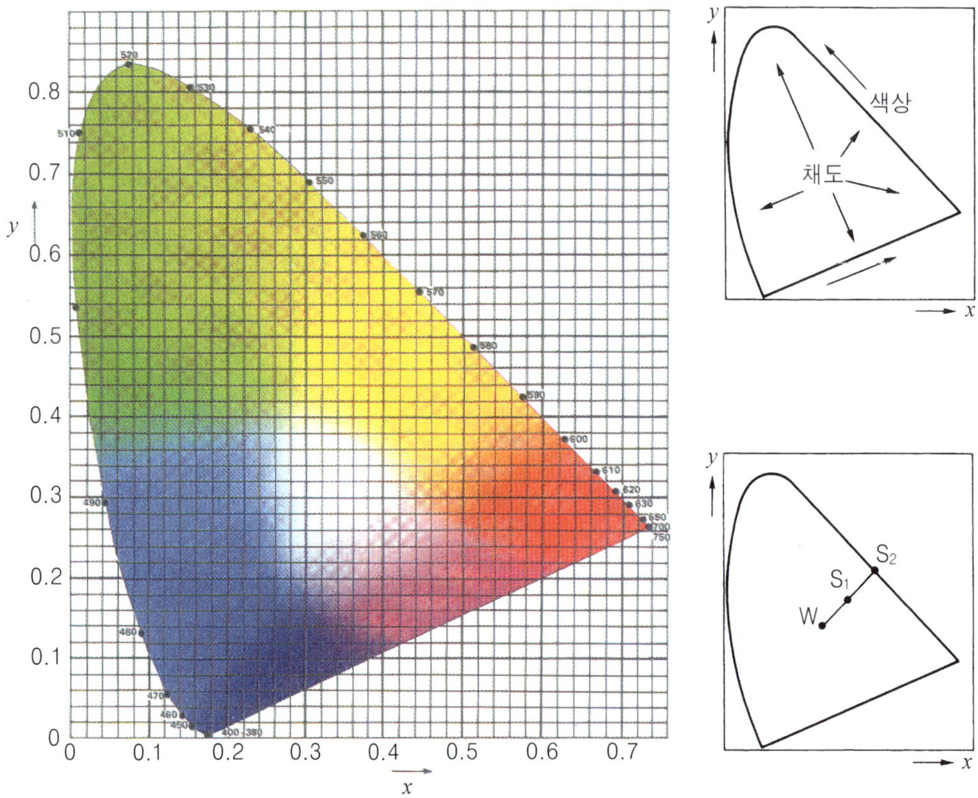

그림 3-6. CIE 색도도-CIE(국제 조명 위원회) 1931 XYZ 표색계
(미놀타카메라 주식회사「色を読む」)

표 3-1. 색상을 주로 한 배색의 예

배 색			이미지
동일 색상의 배색		동일 색상 중에 명도와 채도가 다른 색들의 조합	침착함, 품위, 고상함, 온순함, 수수함, 산뜻함
유사 색상의 배색		색환상에서 가까운 색들의 조합	무난함, 침착함, 친숙하기 쉬움
반대 색상의 배색 (보색·반대색)		색환상에서 반대측의 색들의 조합 ※ 이 중에는 보색들의 조합도 포함	명쾌, 분명함, 화려함, 활동적
무채색과 유채색의 배색		백, 회, 흑색 등과 적, 청 등의 색과의 조합	개성적, 산뜻함

3-1-6. 색의 이미지와 배색 감정

색에는 각각의 감정이 있으며 보는 사람에게 심리적인 여러 가지 느낌을 부여한다. 그 느낌은 사람 각자에 따라 다르다. 그러나 많은 사람이 느끼는 색의 이미지는 공통된 것이고, 이것을 아는 것은 메이크업 제품을 설계하거나 실제로 메이크업을 효과적으로 하는데 있어서 중요한 사안이다.

1) 난색계와 한색계

난색(暖色, warm color)계는 따뜻한 느낌을 주는 색으로 적자, 적, 등, 황색 등 색상환 중에서 적색에 가까운 쪽의 색이다. 태양의 색이나 불타는 불꽃의 색을 이미지로 하여 따뜻함, 정열, 흥분 등의 느낌을 준다.

한색(寒色, cool color)계는 청량감을 주는 색으로 청록, 청, 청자색 등 색상환 중에서 청색에 가까운 쪽의 색을 말한다. 흐르는 물이나 맑은 호수 등의 이미지를 주고 시원함, 차가움, 지성 등을 느끼게 한다.

2) 색과 감정

색과 감정에 있어서 개개의 색은 각각의 다른 감정과 연결되어 있다. 감정에는 표정 등을 동반한 강한 감정과 비교적 약한 감정 상태인 기분 등이 있다. 감정을 표현하자면 기쁨, 슬픔, 분노, 편안함, 관대함, 외로움 등 다채롭다.

구체적으로 어떤 색이 무슨 감정을 갖고 있는가의 예를 표 3-2에 나타낸다[6).]

3) 배색감정

색은 단색 각각에 감정을 갖고 있다고 기술했지만, 2색 이상을 배색하면 그 조합에 의해 여러 가지의 감정을 나타내거나 그것을 강하게 하기도 한다. 이것은 실제 메이크업의 코디네이션을 고려할 때에 중요한 것이다.

배색 효과는 색의 3요소를 조합시킴에 의해 변화의 아름다움을 찾는 것이고, 이것은 색의 대비와 조화의 밸런스를 감안해서 성립된다. 밸런스를 유지하려면 색상, 명도, 채도 중 어느 것을 동일하게 하거나, 스펙트럼에 나타나는 색상의 순서를 고려할 필요가 있다.

3요소 중 명도의 대비 및 색상의 대비가 비중이 높고 채도의 대비는 이에 비하여 낮다. 표 3-1에 2색의 색상을 주로 한 배색의 예를 나타낸다.

표 3-2. 색과 감정의 관계[6)]

속성	종별	감정의 성질	색의 예	감정의 예
색상	난색	따뜻함	적	격정, 분노, 환희, 활력적, 흥분
		적극적	황적	기쁨, 소란, 활발, 원기
		활동적	황	쾌활, 명랑, 유쾌, 활동적, 원기
	중성색	중용 평정	녹	편안함, 관대함, 평정, 젊음
		평범	자	엄숙, 순함, 신비, 불안, 상냥함
	한색	차가움	청녹	안식, 시원함, 우울함
		소극적	청	침착, 외로움, 비애, 심원, 침정
		침정적	청자	신비, 숭고, 고독
명도	명	양기, 명랑	백	순수, 순결
	중	침착	회	침착, 억울함
	암	음기, 중후	흑	음울, 불안, 엄숙함
채도	고	신선, 발랄함	주	열렬, 격함, 정열
	중	관대함, 온화	핑크	귀여움, 상냥함
	저	수수함, 침착함	갈색	침착함

(일본색채학편 : 신편색채과학 ハンドブック, 동대출판회, 1980.)

3-1-7. 메이크업의 색

메이크업은 주로 얼굴이라는 캔버스에 목적에 대응하는 각종 색채를 부여하여 하나의 예술품으로 만들어내는 기술이라고 할 수 있다. 일반적으로 메이크업 대부분의 목적은 아름다워지고 싶어하는 여성의 바램과 연관되어 있다. 맨 얼굴 위에 맨 얼굴과는 다른, 그 사람 나름대로의 이상적인 미를 다른 부분과 조화시켜 표현하는 도구가 메이크업 화장품이다. 따라서 메이크업 화장품에는 목적에 대응해서 여러 가지의 색조가 구비되어 있다.

1) 파운데이션의 색과 화장 피부색[7)]

본래 피부의 색은 항상 일정한 색이 아니라 개인에 따라 다르고, 또 계절이나 건강 상태에 의해서도 변화한다. 피부색은 피부중의 멜라닌, 헤모글로빈 등에 의한 빛의 흡수와 표피층의 빛의 투과 이것들의 상승작용에 의해 결정된다고 생각된다. 상세한 것은 총론 1-3 피부의 색을 참조하기 바란다. 또 얼굴은 실제 캔버스와는 다르며 부위에 따라 색조의 차가 있다. 상대적으로 이마는 명도가 낮고, 뺨은 명도가 높으며, 또한 눈 아래는 붉은기를 띤다.

이와 같이 광범위한 피부색에 대해서 시판되고 있는 파운데이션의 색조는, 그림 3-7에 나타낸 바와 같이 피부색 영역에 비하여 넓은 영역으로 배치되어 있다. 여름과 겨울에 피부색이 변화하므로 동일한 사람이라도 여름용으로는 다소 명도가 낮은 색을 사용하는 것이 바람직하다. 또 자신의 피부색보다 조금 명도가 높은 것과 다소 명도가 낮은 것을 조합시켜 사용하면, 입체감이 있는 자연스러운 마무리를 할 수 있다.

파운데이션을 도포한 화장 피부색은 본래의 피부와 파운데이션의 혼합색이고, 파운데이션의 외관색과는 다르므로 주의가 필요하다. 도포색과 외관색이 다른 커다란 원인은 파운데이션이 가지고 있는 커버 효과와 도포의 방식이나 도포량에 의한 것이 크다. 그림 3-8은 유성 파운데이션의 도포상태(얇게 도포 하거나, 두껍게 도포함)에 따라 동일한 피부에서도 여러 가지 도포색이 되며, 게다가 외관색과 피부색의 단순한 가법혼색으로는 표현되지 않아서, 그림 3-8과 같이 복잡한 궤적을 그리며 외관색에 접근하는 것을 알 수 있다.

파운데이션의 색을 선택할 때에는 외관색 뿐만 아니라 실제로 자신의 피부에 도포해 보고 선택하는 것이 중요하다.

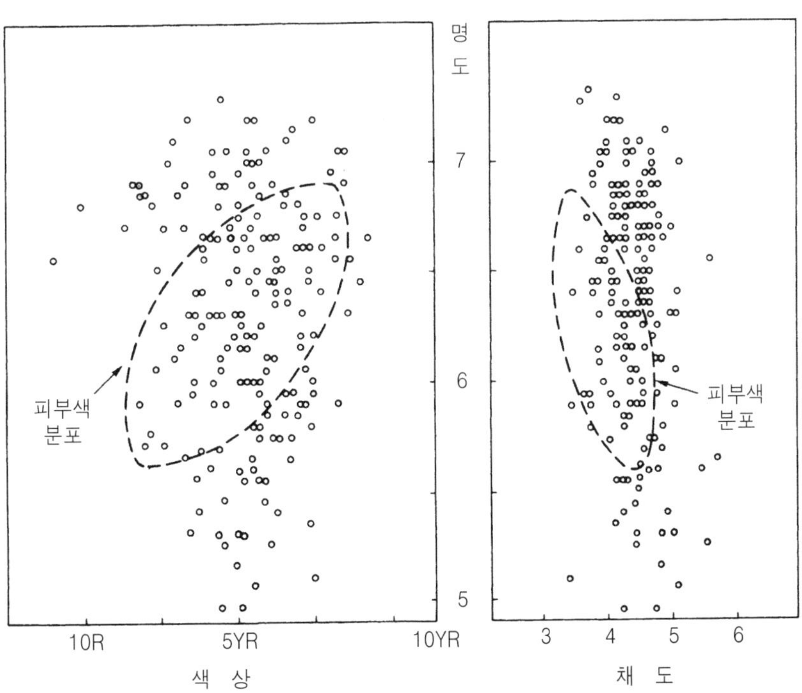

그림 3-7. 시판 파운데이션의 색조 분포도

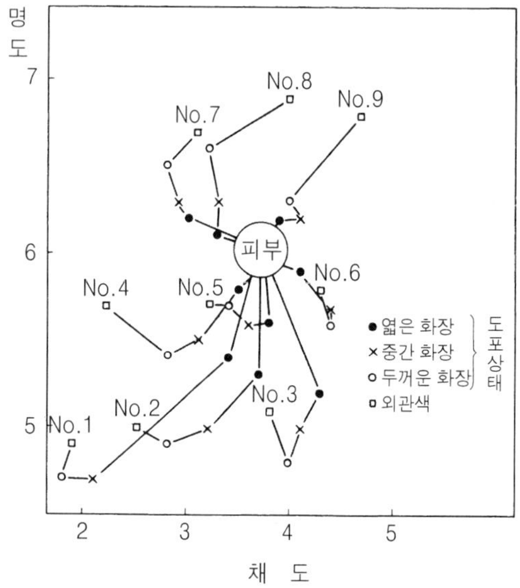

그림 3-8. 피부색 · 도포색 · 외관색의 관계, 시료 9색 No.1~9

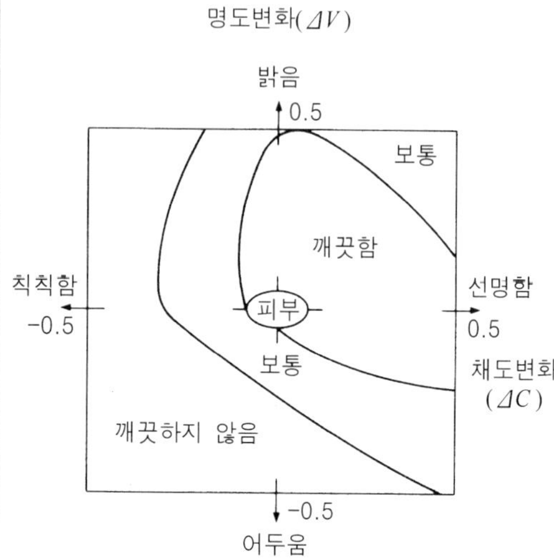

그림 3-9. 화장에 의한 피부색 변화와 시각적 감각 평가

2) 아름다운 화장 피부색과 안색 보정[7)]

파운데이션을 도포하는 목적은 자기 나름의 아름다움과, 동시에 타인이 보더라도 아름답게 느껴지는 화장한 피부를 창출하는 것이다. 파운데이션을 도포한 화장 피부색은, 맨 얼굴의 색과 어떤 관계가 있을 때 아름답게 보일 것인가. 600명의 패널을 이용하여 그 화장 피부색의 아름다움을 시각적 감각으로 판정하고, 동시에 본래의 피부, 화장한 피부를 측정해서 상호 관계를 정리했더니 다음과 같은 결과를 나타내었다(그림 3-9). 즉, 아름답게 보이는 화장 피부색은 본래의 피부색보다 밝고 채도가 높은 색의 영역이고, 색상적으로는 피부색 분포의 중심에 근접한 방향이었다. 피부색 보정용 파운데이션으로서, 붉은 얼굴의 사람에게는 붉은 느낌을 억제할 목적에서 그린 콘트롤 칼라가 가장 널리 이용되고 있다. 이것이 혼색의 원리인데 채도를 낮추고 명도를 높여서 자연스럽고 투명감 있는 마무리 효과를 줄 수 있다. 또 그린안료의 흡수특성은, 광원의 차이에 의해 색이 그다지 변해 보이지 않는다는(nonmeta) 효과도 기대할 수 있다. 그린과 거의 같은 목적으로 블루도 이용된다.

또 피부색은 연령이 증가하면 황색에서 명도가 낮아지는 경향이 있지만, 이것을 보정하는 데에는 핑크를 이용하는 것이 유효하다. 즉, 누르스름해진 피부색에 붉은 빛이 도는 색을 가하면 명도를 높이고 채도를 낮추는 작용을 한다. 파운데이션의 색조 자체를 보아도, 30세를 넘기면서 핑크나 아몬드계의 색을 선호하는 층이 증가하는 것은 동일한 이유에 의한 것으로 생각된다.

그외 오렌지, 노랑, 자주 등도 콘트롤 칼라로서 이용된다.

3) 입술과 입술 연지의 색[8)]

입술 연지는 볼연지와 함께 건강한 얼굴색을 만드는 주역이다. 입술 연지의 색은 다채롭지만, 그것에 도포되는 입술 그 자체의 색도 개인에 따라 다르다. 입술은 보통의 피부보다도 각화가 불완전해서 비교적 얇고 멜라닌 색소가 없기 때문에 모세혈관이 비쳐서 적색을 나타내고 있다. 입술의 분광 반사율 곡선을 그림 3-10에 나타낸다. 패널 A, B에서는 548nm와 578 nm에 있어서의 흡수가 피부의 분광 반사율 곡선에 비해서 보다 명확하게 보인다. 그러나 입술의 색이 나쁜 패널 C, D에서는 이 흡수가 근소해서 분광 패턴도 정상 패널 A, B와 크게 달라진다. 패널 C는 입술 연지를 발라도 입술 연지 본래의 색이 나타나기 어렵고, 또 패널 D는 혈기가 적은 채도가 낮은 입술이다. 이와 같은 사람들을 위하여 피복력이 있는 베이스 코트가 준비되어 있고 입술 연지를 바르기 전에 밑바탕을 수정하고, 그 위에 자신이 좋아하는 입술연지를 도포하면 원하는 색을 선명하게 얻을 수 있다.

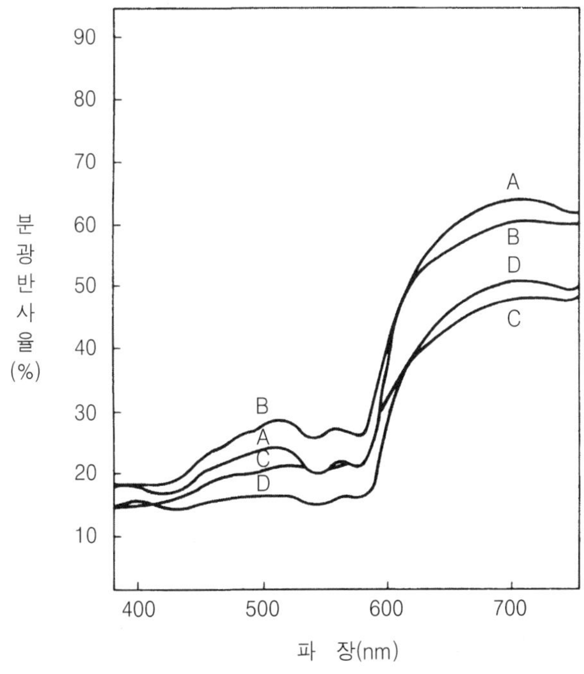

그림 3-10. 입술색의 분광 반사율(패널 A~D)

시판 입술 연지의 색조는 일반적으로 색상 10PR~5YR, 명도 2~6, 채도 3.5~17의 범위이다. 또 기본 색상은 2.5R~5.0R의 범위인데, 계절마다 나타나는 색과 색상의 변화는 명도, 채도로의 작은 움직임을 보여주는 것이 특징이다.

입술 연지는 화장품 중에서도 가장 유행색을 내포하는 제품으로 1962년 샤베트톤의 캠페인에 의해 핑크가 크게 유행함으로써 각 제조사가 계절마다 신색상을 발표하는 선전 행사를 벌이고 있다.

4) 포인트 메이크업의 색

일본에서 구미 문화의 영향을 받아 네일 에나멜이나 아이 섀도우가 젊은 여성들 사이에 널리 알려진 것은 1960년경이다. 이와 함께 포인트 메이크업은 단순히 일부분을 채색하는 것으로부터 전체의 색채 조화를 고려한 토탈 코디네이터(total coordinator)로 변화해 왔다. 아이 섀도우의 색조도 종래 한색계가 중심으로 그 명칭이 나타내듯이 주로 음영을 만드는 것이었다. 그러나 칼라 텔레비젼의 보급 이후 일본인의 패션 감각에 변화가 일어나서 고채도의 자주계나 그린계의 수요도 생겨나게 되었다. 현재는 아이 섀도우라는 명칭보다 오히려 아이 칼라라는 명칭이 널리 이용되고 있고 모든 색상의 제품이 시장에도 출하되고 있다.

3-2 》 색재 ; Color materials

색재는 화장품에 배합해서 채색하기도 하고, 피복력을 갖게 하기도 하고, 자외선을 방어하기도 한다. 주로 메이크업 화장품에 다량으로 배합된다. 메이크업에 배합되는 주된 목적은 피부를 적당히 피복하고 채색하여 아름답게 보이게 하는 것이다. 즉 피부의 기미나 주근깨 등을 은폐하고 원하는 색채를 부여하여 건강하고 매혹적인 용모를 만드는 것이다.

3-2-1. 색재의 분류

화장품에 배합되는 색재는 크게 유기 합성 색소, 천연색소, 무기안료로 나뉜다. 또 합성기술의 진보에 의해 진주 광택 안료나 고분자 분체가 화장품에 널리 이용되기에 이르렀다. 더욱이 새로운 각종 기능을 지닌 분체가 개발되어 화장품에 이용되고 있지만 화장품에 사용할 수 있는 색재는 안전성이 충분히 보증된 것에 한정되어 있다.

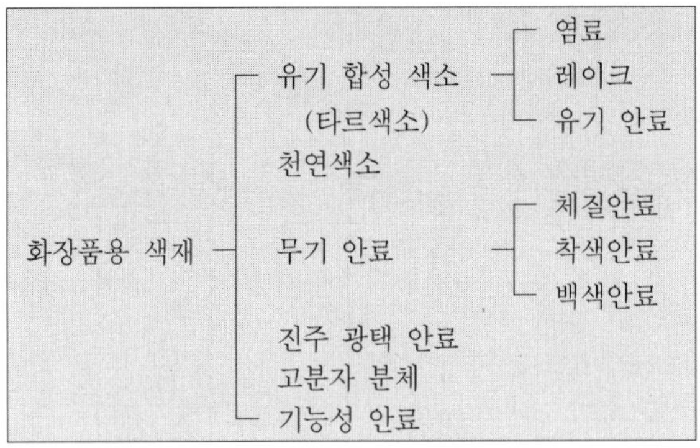

그림 3-11. 화장품용 색재의 분류

3-2-2. 유기 합성 색소 ; Organic synthetic coloring agents

일본 법령에서는 의약품, 화장품에 사용할 수 있는 유기 합성 색소(타르색소)를 다음 3가지의 구분으로 분류하여 사용을 허가하고 있다[9), 10)]. 이 색소를 법정색소라고 한다.

I 그룹 : 모든 의약품, 의약부외품, 화장품에 사용할 수 있는 것(11종)

II 그룹 : 외용의약, 외용 의약부외품 및 화장품에 사용할 수 있는 것(47종)

III 그룹 : 점막 이외에 사용하는 외용의약품, 외용 의약부외품 및 화장품에 사용할 수 있는 것(25종) (I, II, III 합계 83종)

표 3-3(1)~(4)에 법정색소(일본)와 미국, EC의 대조표를 나타내었다[9)~12)]. 또한 의약부외품 또는 화장품에 속한 염모제 및 세발용품에 대해서는 이 표에 기재되어 있지 않은 타르색소라도 인체에 대한 작용이 경미한 것에 대해서는 사용이 허가되어 있다.

미국에서는 FDA(Food & Drug Administration)에서 식품, 의약품, 화장품에 사용을 허가한 것만 사용할 수 있다. 그리고 허가 색소의 번호 앞에 붙어 있는 기호에 따라 사용 구분이 다음과 같이 표시된다.

FD & C : 식품, 의약품, 화장품에 사용가능

D & C : 의약품, 화장품에 사용가능

Ext. D & C : 외용 의약품, 외용 화장품에 사용가능

그러나 미국은 색소 전체를 다시 평가하고 각종 검토 과정을 거쳐서 1990년 1월을 기준으로 잠정 리스트를 폐지하고, 35종의 색소를 아래에 나타낸 3가지의 카테고리로 분류하여 허가하고 있다[12)].

① 내용·외용에 사용할 수 있는 색소

② 내용에만 사용할 수 있는 색소(화장품은 불가)

③ 외용에만 사용할 수 있는 색소

표 3-3(1). 의약품, 의약부외품 및 화장품용 타르색소(일본)와 미국, EC의 대조표[9)~12)]

그룹 Ⅰ 의약품, 의약부외품 및 화장품용

색소번호 (표시명칭)	품 명	레이크	색	미국 내용	미국 외용	미국 No.	EU 입술연지	EU 외용제품	EU 세정제품	EU 아이제품	EU 허가의 종류	EU INCI 코드 (CI No.)
적색 2호	아마란스	Al	황홍색	×	×		○	○	○	○	영구허가	CI 16185
적색 3호	에리스로신	Al	황홍색	×	×		○	○	○	○	영구	CI 45430
적색 102호	뉴콕신	Al	경적색	×	×		○	○	○	○	영구	CI 16255
적색104호 (1)	플록신 B	Al, Ba	미청적색	○	○	D & C R No.28	○	○	○	○	영구	CI 45410
적색105호 (1)	로즈벤갈	Al	미청적색	×	×		×	×	×	×		CI 45440
적색 106호	에시드레드	Al	미청적색	×	×		×	×	○	×	영구	CI 45100
황색 4호	타트라진	Al, Ba, Zr	황 색	○	○	FD & C Y No.5	○	○	○	○	영구	CI 19140
황색 5호	선셀예로우 FCF	Al, Ba, Zr	등황색	○	○	FD & C Y No.6	○	○	○	○	영구	CI 15985
녹색 3호	파스트그린 FCF	Al	청록색	○	○	FD & C G No.3	○	○	○	○	영구	CI 42053
청색 1호	브릴리안트블루 FCF	Al, Ba, Zr	청 색	○	○	FD & C B No.1	○	○	○	○	영구	CI 42090
청색 2호	인디고 카민	Al	청 색	(○)*	×	FD & C B No.2	○	○	○	○	영구	CI 73015

* 화장품에는 사용불가

그룹 Ⅱ 외용의약품, 외용의약부외품 및 화장품용

색소번호 (표시명칭)	품 명	레이크	색	미국 내용	미국 외용	미국 No.	EU 입술연지	EU 외용제품	EU 세정제품	EU 아이제품	EU 허가의 종류	EU INCI 코드 (CI No.)
적색 201호	리솔루빈 B		미황적색	○	○	D & C R No.6	○	○	○	○	영구	CI 15850
적색 202호	리솔루빈 BCA		심홍색	○	○	D & C R No.7	○	○	○	○	영구	CI 15850

주1. 「레이크」란에 Al, Ba, Zr이라는 것은 알루미늄, 바륨, 지르코늄 레이크가 인정된 색소.
주2. 「FD & C No.」란은 미국에 있어서의 허가 번호를 나타냄.
주3. EC에서는 이것 이외에도 더 많이 색소가 허가되어 있지만 여기서는 생략한다.

(후생성령 第30호, "의약품에 사용할 수 있는 타르색소를 정한 성령" (1961년 8월 31일))
(후생성령 第55호, "의약품에 사용할 수 있는 타르계 색소를 정한 성령의 일부개정" (1972년 12월 13일))
(화장품원료기준 제2판 주해 약사일보사, 1984.)
(일본화장품연합회편 : 법정색소핸드북, 약사일보사, 1988.)

표 3-3(2)

그룹 Ⅱ　외용의약품, 외용의약부외품 및 화장품용

색소번호 (표시명칭)	품 명	레이크	색	미국 내용	미국 외용	미국 No.	EU 입술 연지	EU 외용 제품	EU 세정 제품	EU 아이 제품	EU 허가의 종류	INCI 코드 (CI No.)
적색 203호	레이크레드 C		등 색	×	×	—	×	×	×	×		CI 15585
적색 204호	레이크레드 CBA		미황적색	×	×	—	×	×	×	×		CI 15585
적색 205호	리솔레드		등 색	×	×	—	○<3.0%	○<3.0%	○<3.0%	○<3.0%	영구허가	CI 15630
적색 206호	리솔레드 CA		심적색	×	×	—	○<3.0%	○<3.0%	○<3.0%	○<3.0%	영구허가	CI 15630
적색 207호	리솔레드 BA		미황적색	×	×	—	○<3.0%	○<3.0%	○<3.0%	○<3.0%	영구	CI 15630
적색 208호	리솔레드 SR		적 색	×	×	—	○<3.0%	○<3.0%	○<3.0%	○<3.0%	영구	CI 15630
적색 213호*	로다민 B		미청적색	×	×	—	×	×	×	×		CI 45170
적색 214호	로다민 B 아세테이트		미청적색	×	×		×	×	×	×		CI 45170
적색 215호	로다민 B 스테아레이트		미청적색	×	×	—	×	×	×	×		CI 45170
적색 218호	테트라클로로테트라브로모플루오레세인		미청적색	○	○	D & C R No.27	○	○	○	○	영구	CI 45410
적색 219호**	브릴리안트레이크레드 R		홍 색	×	○	D & C R No.31	×	○	○	×	영구	CI 15800
적색 220호	디프마론		노다색	×	○	D & C R No.34	○	○	○	○	영구	CI 15800
적색 221호	톨루이딘레드		비적색	×	×		×	×	○	×	영구	CI 12120
적색 223호	테트라브로모플루오레세인		등 색	○	○	D & C R No.21	○	○	○	○	영구	CI 45380
적색 225호	수단Ⅲ		등적색	×	○	D & C R No.17	×	○	○	×	영구	CI 26100
적색 226호	헬리돈핑크 CN		적 색	○	○	D & C R No.30	○	○	○	○	영구	CI 73360
적색 227호	파스트에시드마겐타	Al	미청적색	○***	○	D & C R No.33	○	○	○	○	영구	CI 17200
적색 228호	파마톤레드		적 색	○***	○	D & C R No.36	○<3.0%	○<3.0%	○<3.0%	○<3.0%	영구	CI 12085
적색230호 (1)	에오신 YS	Al	미청적색	○	○	D & C R No.22	○	○	○	○	영구	CI 45380
적색230호 (2)	에오신 YSK	Al	미청적색	×	×		○	○	○	○	영구	CI 45380
적색 231호	프록신 BK	Al	미청적색	×	×		○	○	○	○	영구	CI 45410
적색 232호	로즈벤갈 K	Al	미청적색	×	×		×	×	×	×		CI 45440
등색 201호	디브로모플루오레세인		등 색	○	○	D & C R No.5	○	○	○	○	영구	CI 45370

* 후생성 지도로 입술연지에는 규제되고 있음.　　** 손톱용 및 두발용 화장품에만 사용가능.　　*** 입술연지는 3%까지 배합가능.

표 3-3(3)

그룹 Ⅱ　외용의약품, 외용의약부외품 및 화장품용

색소번호 (표시명칭)	품 명	레이크	색	미국 내용	미국 외용	미국 No.	EU 입술 연지	EU 외용 제품	EU 세정 제품	EU 아이 제품	EU 허가의 종류	INCI 코드 (CI No.)
등색 203호	퍼마넨트오렌지		등 색	×	×	—	×	×	×	×		CI 12075
등색 204호	벤티딘오렌지 G		등 색	×	×		×	×	×	×		CI 21110
등색 205호	오렌지Ⅱ	Al, Ba, Zr	등 색	×	○	D & C O No.4	○	○	○	×	영구	CI 15510
등색 206호	디요오드 플루오레세인		등 색	×	○	D & C O No.10	○	○	○	○	영구	CI 45425
등색 207호	에리스로신황 NA	Al	등 색	×	○	D & C O No.11	○	○	○	○	영구	CI 45425
황색 201호	플루오레세인		황 색	×	○	D & C Y No.7	○<6.0%	○<6.0%	○<6.0%	○<6.0%	영구	CI 45350
황색202호 (1)	우라닌	Al	황 색	×	○	D & C Y No.8	○<6.0%	○<6.0%	○<6.0%	○<6.0%	영구	CI 45350
황색202호 (2)	우라닌 K	Al	황 색	×	×		○<6.0%	○<6.0%	○<6.0%	○<6.0%	영구	CI 45350
황색 203호	퀴놀린옐로우 WS	Al, Ba, Zr	선황색	○	○	D & C Y No.10	○	○	○	○	영구	CI 47005
황색 204호**	퀴놀린옐로우 SS		선황색	×	○	D & C Y No.11	×	○	○	×	영구	CI 47000
황색 205호	벤티딘옐로우 G		황 색	×	×		×	×	×	×		CI 21090
녹색 201호	알리자린시아닌그린 F	Al	청록색	○	○	D & C G No.5	○	○	○	○	영구	CI 61570
녹색 202호	퀴니자린그린 SS		청록색	×	○	D & C G No.6	○	○	○	○	영구	CI 61565
녹색 204호	피라닌 콘크	Al	청록색	×	○	D & C G No.8	×	○	○	×	영구	CI 59040
녹색 205호	라이트그린 SF 황	Al, Zr	녹 색	×	×		×	×	×	×		CI 42095
청색 201호	인디고		남 색	×	×	—	○	○	○	○	영구	CI 73000
청색 202호	파텐트 블루 NA	Ba	청 색	×	×		×	×	×	×		CI 42052
청색 203호	파텐트 블루 CA		청 색	×	×		×	×	×	×		CI 42052
청색 204호	카르반스렌블루		청 색	×	×	—	○	○	○	○	영구	CI 69825
청색 205호	알파주린 FG	Al	청 색	×	○	D & C B No.4	○	○	○	○	영구	CI 42090
갈색 201호	레조르신브라운	Al	갈 색	×	○	D & C Br	×	○	○	×	영구	CI 20170
자색 201호	알라주린퍼플 SS		자 색	×	○	D & C V No.2	○	○	○	○	영구	CI 60725

이외에 그룹 I 의 적색 104호의 (1), 황색 4호, 황색 5호, 청색 1호의 Ba

표 3-3(4)

그룹 Ⅲ 점막이외에 사용하는 외용약품, 외용의약품 및 화장품

색소번호 (표시명칭)	품 명	레이크	색	미국			EU					
				내용	외용	No.	입술 연지	외용 제품	세정 제품	아이 제품	허가의 종류	INCI 코드 (CI No.)
적색 401호	비오라민 R	Al	적자색	×	×		×	×	○	×	영구	CI 45190
적색 404호[**]	브릴리안트파스트스카레드		적 색	×	×		×	×	×	×		CI 12315
적색 405호[**]	퍼마넨트레드 F5R		적 색	×	×		○	○	○	○	영구	CI 15865
적색 501호	스카레트레드 NF		비적색	×	×	FD & C R No.4	×	×	×	×		CI 26105
적색 502호	폰소 3R	Al	미황적색	×	×		×	×	×	×		CI 16155
적색 503호	폰소 R	Al	미황적색	×	×		×	×	×	×		CI 16150
적색 504호	폰소 SX	Al	미황적색	×	○		○	○	○	○	영구	CI 14700
적색 505호	오일레드 XO		비적색	×	×		×	×	×	×		CI 12140
적색 506호	오일레드 S	Al	적 색	×	×		×	×	○	×	영구	CI 15620
등색 401호	한자오렌지		등 색	×	×		×	×	○	×	영구	CI 11725
등색 402호	오렌지 I	Al, Ba	등 색	×	×		×	×	×	×		CI 14600
등색 403호	오렌지 SS		등 색	×	×		×	×	×	×		CI 12100
황색 401호	한자옐로우		황 색	×	×		×	○	○	×	영구	CI 11680
황색 402호	포라옐로우 5G	Al	황 색	×	×		×	×	×	×		CI 18950
황색403호 (1)	나프톨옐로우 S	Al	황 색	×	○	Ext. D&C Y No.7	○	○	○	×	영구	CI 10316
황색 404호	옐로우 AB		황 색	×	×		×	×	×	×		CI 11380
황색 405호	옐로우 OB		황 색	×	×		×	×	×	×		CI 11390
황색 406호	메타닐옐로우	Al	등황색	×	×		×	×	×	×		CI 13065
황색 407호	파스트라이트옐로우 3G	Al	황 색				×	×	○	×	영구	CI 18820
녹색 401호	나프톨그린 B		녹 색	×	×		×	○	○	×	영구	CI 10020
녹색 402호	규네마그린 B	Al, Ba	청록색	×	×		×	×	×	×		CI 42085
청색 403호	수단블루 B		청 색	×	×		×	×	×	×		CI 61520
청색 404호	프탈로시아닌 블루		청 색	×	×		○	○	○	○	영구	CI 74160
자색 401호	알리주롤 퍼플	Al	자 색	×	○	Ext. D&C V No.2	×	○	○	×	영구	CI 60730
흑색 401호	나프톨블루 블랙	Al	흑 색	×	×		×	×	○	×	영구	CI 20470

미국에서는 눈 주위에는 유기 합성 색소의 사용을 인정하지 않고 있다. 이 점은 일본이나 EU와 크게 다른 것이다. 더욱이 미국에서 판매되는 제품에는 FDA에서 허가를 받은 색소(certified color)를 이용해야 한다는 규제가 있다.

EU는 일본이나 미국에 비해서 허가 색소의 수가 훨씬 많다. 사용제한에 있어서 아래의 4가지 카테고리로 분류하고 있다[12].

① 모든 화장품에 배합해도 좋은 색소
② 눈주위에 사용되는 화장품을 제외한 모든 화장품에 배합해도 좋은 색소
③ 점막에 접촉하지 않는 화장품에만 사용해도 좋은 색소
④ 피부에 단시간 밖에 접촉하지 않는 화장품(세정제품)에만 배합해도 좋은 색소

유기 합성 색소는 염료, 레이크, 안료의 3가지 종류가 있으며 아래에 그 대표적인 구조에 대해서 기술한다.

1) 염료 ; Dye

염료는 물 또는 기름, 알코올 등의 용매에 용해되고 화장품 기제중에 용해 상태로 존재하여 색을 부여할 수 있는 물질이다. 물에 가용성인 것을 수용성 염료, 기름이나 알코올 등에 가용성인 것을 유용성 염료라고 부른다. 수용성 염료는 분자중에 설폰산염과 같은 친수기를 갖고 있다.

1-1) 아조계 염료 ; Azo dyes

허가 염료는 대부분 이 계열에 속한다. 발색단(發色團)으로서 아조기(− N = N −)를 지닌 것이 특징이고 (1)과 같은 설폰산나트륨염을 가진 수용성 염료와 이것이 없는 유용성이 있다(2).

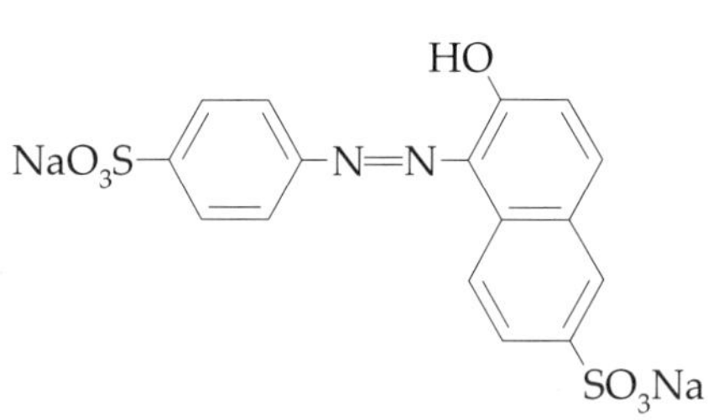

(1) 황색 5호
(썬셀 옐로우 FCF)

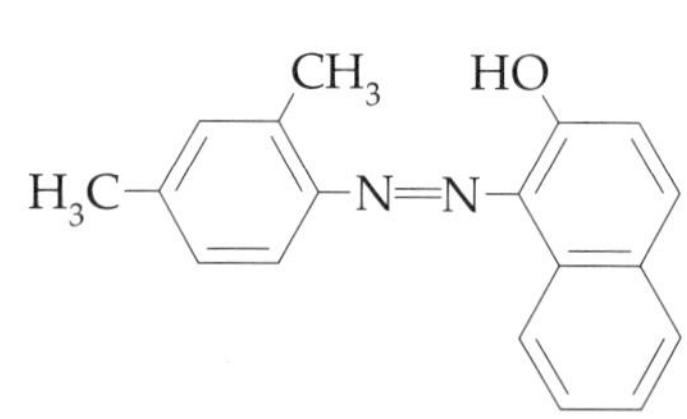

(2) 적색 505호
(오일레드 XO)

수용성 염료는 화장수, 유액, 샴푸 등의 착색에, 또 유용성 염료는 헤어오일 등의 유성 화장품 착색에 이용되고 있다.

1-2) 크산틴계 염료 ; Xanthene dyes

크산틴계 염료는 산성, 염기성으로 분류된다. 산성은 산-알칼리에 의해 변하는 이성체 (3), (4)가 존재한다.

퀴노이드형은 물에 용해되어 선명한 색조를 나타내지만, 후에 기술할 레이크화에 염료로서 사용하는 경우가 많다. 이 타입에는 적색 104호의 (1) (프록신 B) 등이 있다.

락톤형은 유용성이고 피부에 염착하는 성질을 갖고 있기 때문에 입술 연지의 염료로 이용된다. 이 타입에는 진한 적색인 적색 218호(테트라 클로로 테트라 브로모 플루오레세인), 푸르스름한 적색 223호, 오렌지계의 등색 201호 등이 있다.

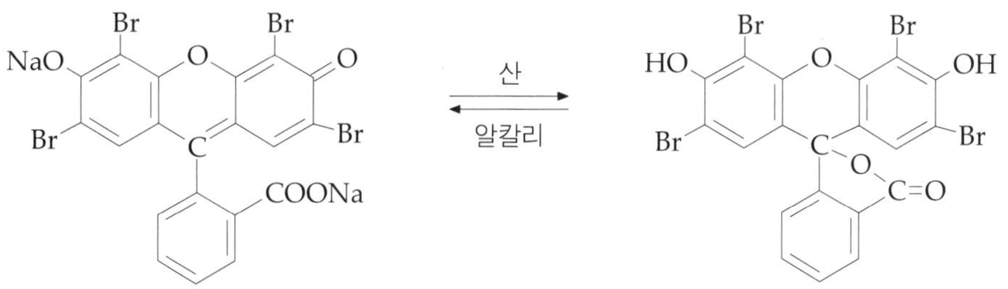

(3) 퀴노이드형
적색 230호
(에오신 YS)

(4) 락톤형
적색 223호
(테트라 브로모 플루오레세인)

염기성 염료로는 적색 213호가 있다. 고채도이며 우수한 착색력과 내광성을 지녀서 화장수, 샴푸 등에 이용된다.

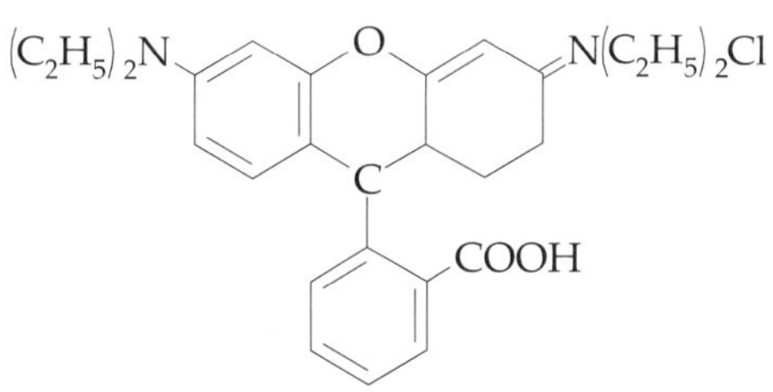

(5) 적색 213호
(로다민 B)

1-3) 퀴놀린계 염료 ; Quinoline dyes

이 계에 속하는 것은 허가 색소중에서 유용성 황색 204호와 수용성 설폰산 나트륨염의 황색 203호 뿐이다.

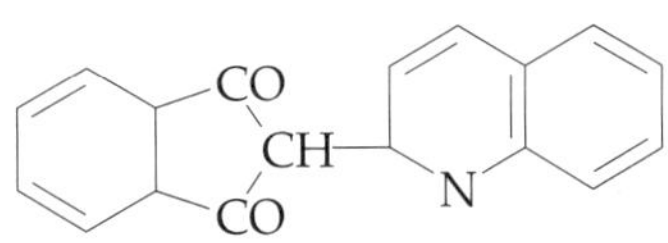

(6) 황색 204호
(퀴놀린 옐로우 SS)

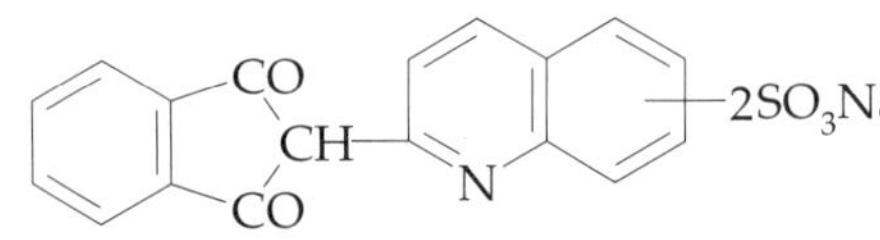

(7) 황색 203호
(퀴놀린 옐로우 WS)

1-4) 트리 페닐 메탄계 염료 ; Triphenylmethane dyes

트리 페닐 메탄기를 가진 (8)과 같은 염료는 2개 이상의 설폰산 나트륨염을 가진 것이 많으며 수용성으로 우수하다. 색상은 녹, 청, 자색을 나타내는 것이 많고 화장수, 샴푸 등의 착색에 이용된다. 내광성이 떨어지는 것이 많기 때문에 안정성을 충분히 확인하고 사용하는 것이 필요하다.

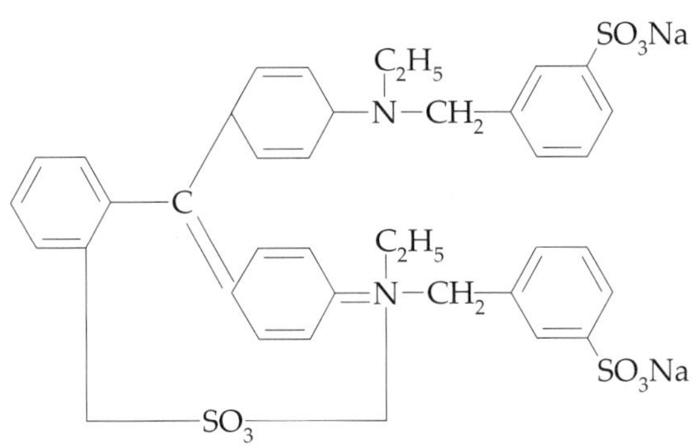

(8) 청색 1호
(브릴란트 블루 FCF)

1-5) 안트라퀴논계 염료 ; Anthraquinone dyes

수용성 염료로서 설폰산 나트륨염을, 안트라퀴논을 모핵으로 한 화합물에 도입한 녹색 201호(9), 유용성 염료로서 설폰산염이 없는 녹색 202호(10), 자색 201호 등이 있다. 이 타입은 어느 것이나 내광성이 우수해서, 수용성 염료는 화장수, 샴푸에, 유용성 염료는 두발제품 등에 이용된다.

1-6) 기타 염료

그 외 염료의 구조로 인디고(indigo)계인 청색 2호, 니트로(nitro)계의 황색 403호, 피렌(pyrene)계의 녹색 204호, 니트로소(nitroso)계의 녹색 401호 등이 있다.

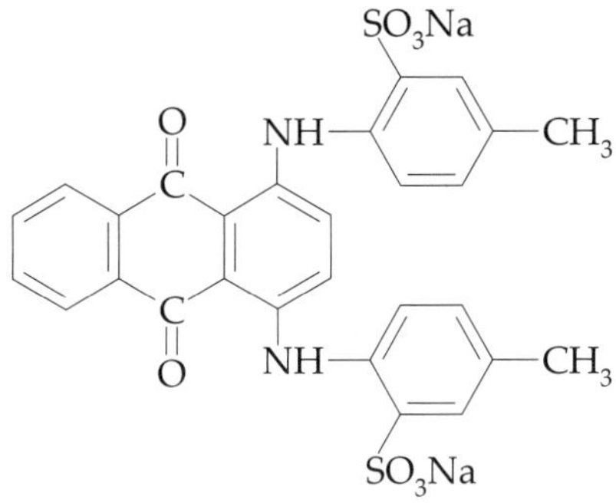

(9) 녹색 201호
(아리자닌 시아닌 그린)

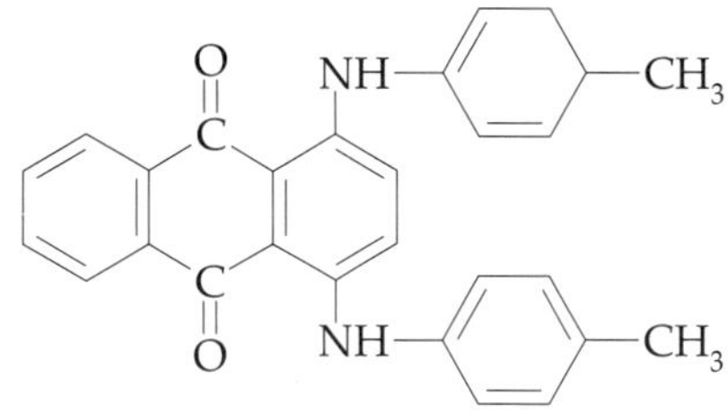

(10) 녹색 202호
(퀴니자닌 그린 SS)

2) 레이크 ; Lake

레이크에는 2가지 종류가 있다. 하나는 적색 201호 같은 물에 녹기 쉬운 염료를, 칼슘 등의 염으로서 물에 불용화 시킨 것인데 이것을 레이크 안료라 부른다. 이외에도 적색 204호, 206호, 207호, 208호, 220호 등이 있다.

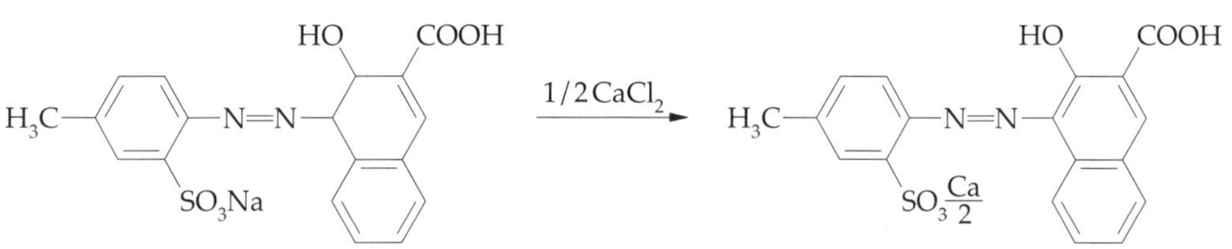

(11) 적색 201호
(리솔루빈 B)

(12) 적색 202호
(리솔루빈 BCA)

다른 하나는 황색 5호(1), 적색 230호(3)와 같이 녹기 쉬운 염료를 황산 알루미늄, 황산 지르코늄 등으로 물에 녹지 않도록 하여 알루미나에 흡착시킨 것으로 이것을 염료 레이크라 부른다.

레이크 안료와 염료 레이크는 사용상에 엄밀한 구별은 없으며 입술연지, 볼연지, 네일 에나멜 등에 안료와 함께 사용한다. 레이크를 안료와 구별하지 않고 총칭하여 안료라고 불려지기도 한다. 일반적으로 레이크는 안료에 비하여 내산, 내알칼리성이 떨어져 중성에서도 약간씩 물에 용출하는 성질이 있으므로 안정성 시험을 충분히 행할 필요가 있다.

3) 유기 안료 ; Organic pigment

유기안료는 구조내에 가용성기를 갖지 않는 물, 기름이나 용제에 용해되지 않는 유색분말이다. 허가 색소 중에 유기안료를 분류하면 크게 아조계 안료(13), 인디고(티오 인디고)계 안료(14), 프탈로시아닌계 안료(15)로 나뉜다.

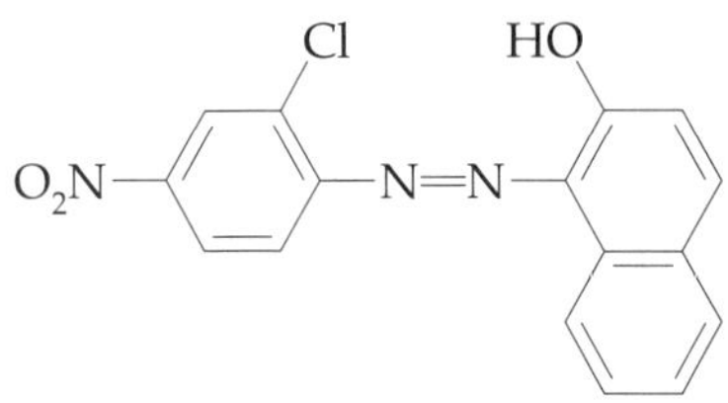

(13) 적색 228호
(퍼머넌트 레드)

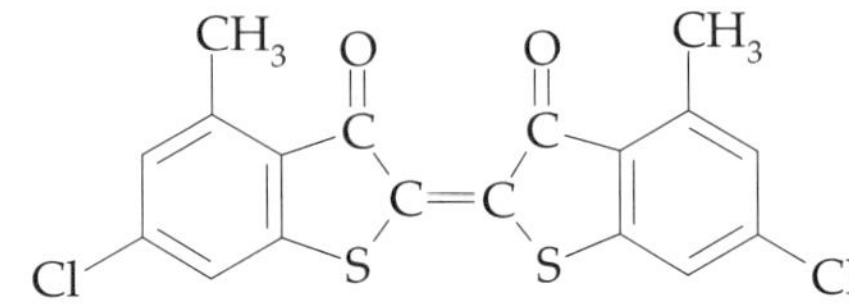

(14) 적색 226호
(헤링돈 핑크 CN)

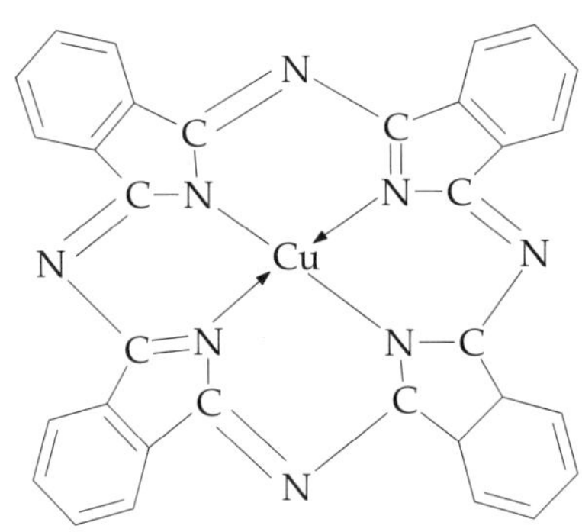

(15) 청색 404호
(프탈로시아닌 블루)

일반적으로 안료는 레이크에 비해서 착색력, 내광성이 우수하며 입술연지, 볼연지, 그 외의 메이크업 제품에 널리 이용되고 있다.

3-2-3. 천연 색소 ; Natural colors

천연색소는 동식물로부터 유래된 것과 미생물로부터 유래된 것이 있다. 합성색소에 비해서 착색력이나 내광성, 내약품성이 떨어지고 원료공급에도 불안정한 면이 있어 그다지 사용량이 많지 않다. 그러나 천연 색소는 옛날부터 식용으로 이용되어 온 것도 많고 안전성과 약리 효과라는 면에서 최근 다시 검토되고 있다.

구조를 보면 당근, 토마토, 홍송어, 새우, 게 등에 주로 존재하는 황-등적색은 카로티노이드계의 색소에 속한다. 또 하이 비스커스(high viscous)색소, 포도껍질, 홍화 등에 존재하는 황-적자색의 색소는 플라보노이드계에 속한다. 연지 벌레로부터 추출한 코키닐 등은 퀴논계에 속한다. 주된 천연색소의 분류를 표 3-4에 나타낸다[5]. 이들 중에서 화장품에 실제로 사용되고 있는 주된 천연색소를 아래에 설명한다.

표 3-4. 천연색소의 분류[5)]

구분	미세구분	색소명	색	존재
카로티노이드계		β-카로틴 β-아포-8-카로티날 카프산틴 리로핀 비키신 크로신 칸타키산틴	황~등 황~등 등~적 등~적 황~등 황 적	당근 및 합성 오렌지 및 합성 퍼푸리카 토마토 잇꽃나무 치자 버섯
플라보노이드계	안토신 아니딘	시소닌 라마닌 니노시아닌	자적 적 자적	시소 순무 포도
	카르콘	카르사민 사프롤옐로우	적 황	잇꽃
	프라보놀	루틴 구엘세틴	황 황	메밀 흑 떡갈나무 껍질
	프라본	카카오색소	갈색	카카오콩
플라빈계		리보플라빈	황	효모, 합성
퀴논계	안트라퀴논	락카인산 카르민산(코키닐) 케르메스산 아리자린	등~적자 청적 등~적자 등	락크 폐각충 연지벌레(사보텐) 연지벌레(케르메스, 졸창나무) 서양꼭두서니
	나프토퀴논	시코린 아르카닌 니키노크롬	자 암적색 황	자근 자근과 식물의 뿌리(아르칸나) 성게
포르피린계		크로로필 혈색소	녹 암적~갈색	녹엽식물 혈액
디케톤계		크르크민(다메릭)	황	우콘
베타시아니딘계		베타닌	적	비이트

(蟆目浩吉 他編 : ハンドブック, 日光ケミカルズ(株), 585, 1977.)

1) 베타-카로틴 ; β-carotene

당근에서 처음으로 추출됨으로써 널리 동식물중에 그 존재가 확인된 황색 색소이며, 식물체로부터의 추출법, 발효법, 베타-이온으로부터의 합성법 등이 있다. 구조상 시스, 트랜스의 이성체가 있지만, 트랜스형이 천연의 것이다. 구조식을 (16)에 나타낸다. 비타민 A효과를 나타내는 특징을 갖는다. 산성측에서는 산화분해를 받기 쉬우며 금속이온의 영향을 받기 쉽다. 유액, 크림 등의 착색이나 식품에서는 버터, 마가린 등의 착색에 이용되어진다.

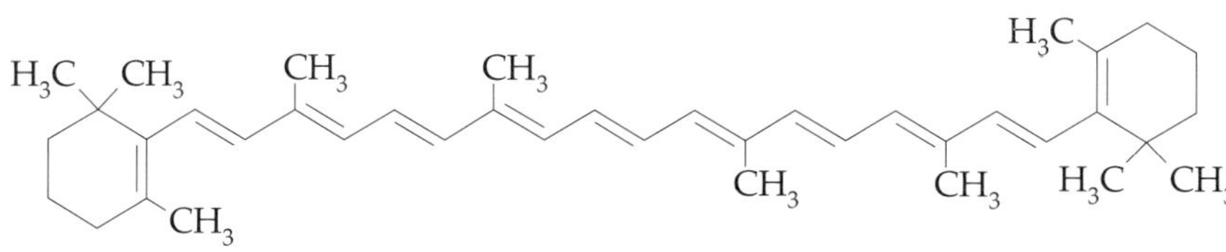

(16)

2) 카르사민 ; Carthamin

홍화의 꽃잎에서 추출된 색소이다. 홍화(Carthamus tinctrius L.)는 국화과의 1년생 풀로서, 산지는 인도, 중국, 일본에서는 야마가타현이 유명하다. 동양홍으로서 옛날부터 연지류에 이용되어 왔다. 카르사민의 구조는 몇 번 발표되었던 것이 계속해서 틀린 것으로 지적되었으나 1982년에 (17)이 타당한 것으로서 발표되었다[13]. 색소는 심홍색으로 입술연지, 볼연지에 이용되어진다.

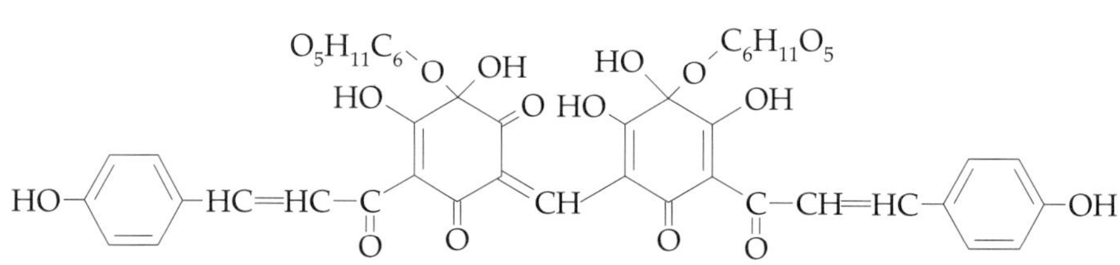

(17)

3) 코키닐 ; Cochineal, Carminic acid

선인장에 기생 하는 연지 벌레(Coccus cacti L.)의 암컷의 건조 분체로부터 얻어지는 적색색소로서 서양에서는 옛날부터 립스틱에 이용되고 있다. 주성분은 (18)의 구조를 지닌 카르민산으로 안트라퀴논계 색소이다. 색조는 pH 5 이하에서 적등색, pH 5~6에서 적~적자색, pH 7 이상에서 적자~자색으로, pH에 의해 가역적으로 변화한다. 적색계통의 펄 안료나 입술연지 등에 이용되고 있다.

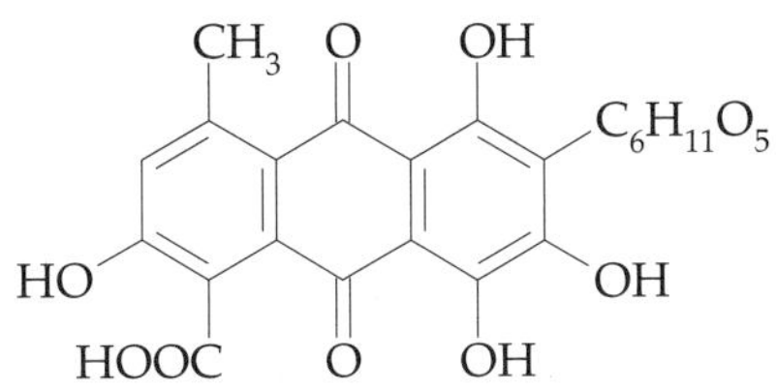

(18)

3-2-4. 무기 안료 ; Inorganic pigments

무기 안료는 광물성 안료라 부른다. 옛날에는 천연에서 생산되는 광물, 예를 들면 산화철을 주성분으로 하는 적토, 황토, 녹토나 천연의 유리(군청) 등을 분쇄하여 안료로서 사용하여 왔다. 그러나 이들은 불순물을 함유하며 색상도 선명하지 못하고 품질도 안정되어 있지 못하기 때문에 현재는 합성에 의한 무기화합물이 주류를 이루고 있다.

무기 안료는 일반적으로 내광, 내열성이 양호하고 유기용매에 용해되지 않는 등 우수한 성질을 가지는 반면, 선명도에서는 유기안료에 비해 떨어진다.

표 3-5. 무기 안료의 분류

사용특성별	안 료
체질 안료	마이카, 탈크, 카올린, 탄산칼슘, 탄산마그네슘, 무수규산, 산화알루미늄, 황산바륨
착색 안료	벤가라, 황산화철, 흑산화철, 산화크롬, 군청, 감청, 카본 블랙
백색 안료	이산화티탄, 산화아연
진주 광택 안료	운모티탄, 어린박, 옥시염화비스머스
특수기능성 안료	질화붕소, 포토크로믹 안료, 합성불소 금운모, 철함유 합성불소 금운모, 미립자 복합분체(하이브리드화인파우더)

무기 안료를 사용특성에 따라 구분한 것이 표 3-5인데, 화장품에 배합하는 경우에는 이들 안료를 조합하여 거기에 화장품용의 유성원료, 수용성원료, 계면활성제, 향료, 약제 등을 첨가, 분산시킨다.

화장품에 있어서 무기안료의 역할은 커서 착색안료는 제품의 색조를 조정하고 백색안료는 색조 이외에 은폐력을 컨트롤한다. 그리고 초미립자로 이루어진 무기안료는 자외선 차단제로도 이용된다. 체질안료는 착색이 목적이 아니라 제품의 제형(劑形)을 갖기 위해 이용되는 것으로 이것에 따라 제품의 사용성(伸展性, 부착성)이나 광택 등이 조정된다. 또 희석제로서 색조의 조정에도 이용된다. 진주 광택 안료는 제품에 광택성을 부여한다. 특수 기능성 안료는 제품에 배합하여 사용성이나 메이크업 효과를 높이기도 하고 자외선 차단효과 등을 높이기도 하기 때문에 최근 개발된 안료이다. 아래에서 사용 특성별로 분류한 대표적인 안료에 대하여 설명한다.

1) 체질안료[14~17] ; Extender pigments

체질안료로는 마이카, 세리사이트, 탈크, 카올린 등의 점토광물의 분쇄품이 대표적이고, 무수 규소산 등의 합성 무기 분체도 사용된다. 점토광물은 층상구조를 취하고 대부분이 규소(Si), 알루미늄(Al)을 주체로서 마그네슘(Mg), 철(Fe), 알칼리 금속(Li, Na, K) 등을 함유한 함수규산염 광물이다. 따라서 점토광물은 광상에 따라 그 조성이 다르기 때문에 대단히 많은 종류가 있다. 마이카(mica)는 칼륨 운모에 속하는 백운모가 대표적이고 그 화학식은 $KAl_2(Al, Si_3)O_{10}(OH)_2$으로 나타낸다. 운모의 결정은 단사정계에 속하고 담황색 또는 녹색의 육각판상을 이루어 생성되며 (001)면에 완전한 벽개(壁開)가 발달하여 벽개편(壁開片)은 용이하게 얇은 층으로 벗겨져서 탄성이 풍부한 것이 특징이다. 주요 산지는 인도, 아메리카, 캐나다, 러시아로서 세계 산물의 대부분을 점하고 있다. 일본에는 운모 벽개판으로서 실용할 수 있도록 공급할 수 있는 것이 전혀 생산되지 않기 때문에 인도나 캐나다로부터 수입하고 있다. 운모는 박판상 입자로서 매우 탄성이 풍부하기 때문에 사용성이 좋고 피부에 대한 부착성도 좋다. 또 탄성 때문에 케이킹을 일으키지 않는 등 많은 우수한 성질이 있기 때문에 고형백분에 중요한 안료로 쓰이고 있다.

세리사이트(견운모)라고 하는 점토 광물도 많이 사용되는데, 이것은 천연산의 미세한 결정상의 함수 규산 알루미늄 칼륨($K_2O \cdot 3Al_2O_3 \cdot 6SiO_2 \cdot 2H_2O$)이다. 주요 산지는 일본으로 건조물의 표면에서 견광택이 나므로 견운모라고 부른다.

탈크(talc)는 함수 규산 마그네슘($Mg_3Si_4O_{10}(OH)_2$)으로 나타내며, 통상 미세한 결정의 치밀괴 또는 엽상 조정(葉狀粗晶)의 집합괴를 이루어 생산된다. 매끄러운 감촉이 풍부하기 때문에 활석이라고도 불린다. 양질의 것은 백색이지만 불순한 것은 회색이나 담록색을 나타낸다. 일본에서는 치밀괴상의 활석을 석필에 사용하여 석필석이라고도 하며, 외국에서는 비누에 혼입하기도 하기 때문에 비누석이라고도 한다.

탈크 광석은 세계 각지에서 널리 산출되는데, 일본산은 철 등의 불순물이 많고 백색도가 떨어진다. 고품질의 탈크 광석은 중국, 한국, 오스트레일리아로부터 수입되고 있다. 입자형상은 일반적으로 박판상이다. 탈크의 신장성이나 매끄러운 감촉 등의 장점이 화장품에 이용된다.

카올린(kaolin)은 미국 죠지아주, 영국의 콘월에서 생산되는 것이 양질의 것으로서 세계적으로 알려져 있다. 이 양질의 카올린을 영국에서는 차이나 클레이라고 부른다. 카올린이라는 명칭은, 고대 중국에서 자기(磁器)원료로서 이용된 순도 높은 백색점토를 채굴했던 고령(高嶺, kauling)이라는 지명에서 유래하고 있다.

카올린의 조성은 함수 규산 알루미늄($Al_2Si_2O_5(OH)_4$)이고, 결정도가 높은 것은 규칙적인 육각판상을 나타내지만, 결정도가 낮은 것은 미세한 부정판상이다. 게다가 판상입자의 두께가 얇으므로 피부에의 부착력이 좋고 흡유성, 흡수성이 좋다는 성질 때문에 화장품에 사용되고 있다.

점토광물을 분쇄하여 얻을 수 있는 체질 안료의 일반적 성질을 표 3-6에 나타낸다.

표 3-6. 점토광물계 체질 안료의 일반적 성질

항목 \ 광물	마이카	탈크	카올린
화학식	$KAl_2(Si_3Al)O_{10}(OH)_2$	$Mg_3Si_4O_{10}(OH)_2$	$Al_2Si_2O_5(OH)_4$
분자량	398.4	379.4	258.2
성상	백색박편상분체	백색박편상분체	백색박편상분체
결정계	단사정	단사정	단사정
비중	2.80	2.72	2.61
경도(모오스)	2.8	1~1.3	2.5
굴절률	1.552~1.588	1.539~1.589	1.561~1.566
pH	7.0~9.0	8.5~10.0	4.5~7.0

2) 착색안료[18,19] ; Coloring pigments

벤가라, 황산화철, 흑산화철은 색조가 다른 철화합물로서 적, 황, 흑의 착색안료이다. 벤가라(red iron oxide)는 인도의 벤갈 지방으로부터 수입되기 때문에 벤가라라는 명칭이 붙여졌다. 벤가라는 삼이산화철(Fe_2O_3)의 적철광(hematite)이다.

황산화철(yellow iron oxide)은 옥시산화철(FeO(OH))의 침철광(goethite)이고, 흑산화철(black iron oxide)은 사삼산화철(Fe_3O_4)의 자철광(magnetite)이다.

이들 산화철 안료는 옛날에는 자연 생성물을 분쇄나 소성시켜 제조하였지만, 불순물이나 색조 안정성 때문에 현재는 황산철이나 염화철을 원료로 하여 습식합성법으로 제조하고 있다. 그림 3-12는 제1철 염수용액을 원료로 하여 반응조건과 생성하는 철화합물에 대하여 나타낸 것이다. 반응조건을 조절하면 3종류의 산화철을 제조할 수 있다. 또 반응조건에 의해 입자의 크기도 제어할 수 있기 때문에 입자 지름이 다른 산화철 안료를 만들 수 있다.

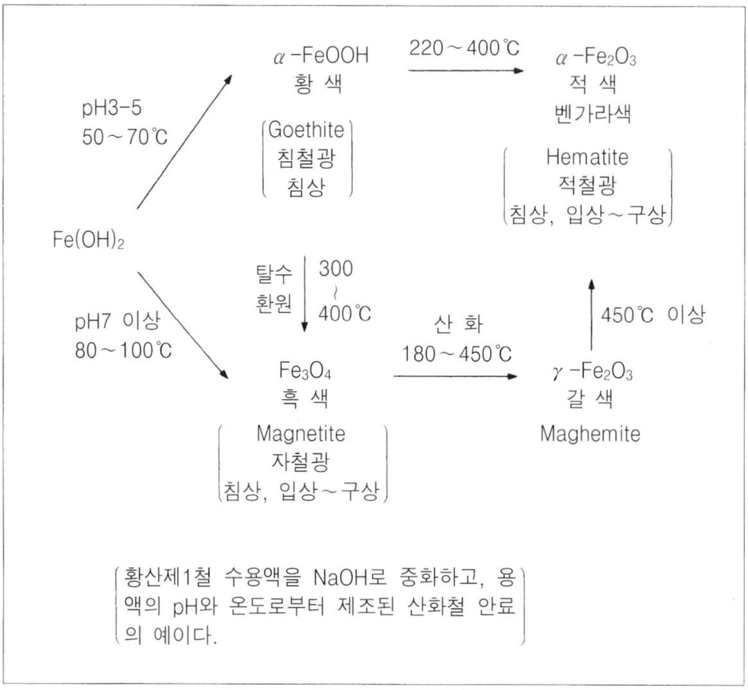

그림 3-12. 산화철(적, 황, 흑)안료의 제법

군청[20] (ultramarine)은 선명한 청색 안료이다. 옛날에는 천연의 유리석(lapis lazuli)을 분쇄하여 정제하였으나 16세기 초에 합성된 청색 안료를 「바다를 건너 유럽에 오다」란 의미로서 azurrum ultra marinum을 약칭하여 울트라마린으로 명명하고 천연품과 구별하였다. 1828년 프랑스의 Guiment 및 독일의 Gmelin이 동시에 인공적으로 제조에 성공하였고, 그 후 각국에서 인공적으로 다량 또는 싼 가격으로 제조가능하게 되었다[20].

군청의 화학 조성은 SiO_2, 37~43% ; Al_2O_3, 21~25% ; Na_2O, 19~25% ; 결합유황(S), 10~13% ; Na_2SO_4, 0.5~1.5%이다. 분자구조는 아직 확실히 알려져 있지는 않지만, 20세기 초에 Hoffmann이 기본화학식으로서 $Na_6Al_6Si_6O_{24}S_x$ (x=4)를 끌어내었고, 최근의 X선에 의한 해석결과에서도 알루미노 실리케이트 골격구조가 타당한 것으로 확인되고 있다. 군청의 발색은 구조내에 산화수가 다른 몇 종의 황(S_x)이 공존하여 그 사이의 공명에 기인하는 것으로 여겨진다.

군청은 카올린, 규조토, 유황, 소다회 및 환원제(석탄, 목탄, 로진) 등을 혼합 소성하고 분쇄, 분급에 따라 제조한다. 혼합비율이나 소성조건 및 분쇄, 분급에 따라 안료의 성질이 달라진다. 색은 밝고 군청특유의 청색이지만, 착색력이 작고 공기중에서는 300℃ 정도까지의 온도에서는 안정하지만 그 이상의 온도에서 퇴색한다. 또 알칼리성에 강하지만 pH 5 이하의 산성이 되면 황화수소를 발생시키면서 퇴색하기 때문에 성질을 충분히 이해하여 사용하는 것이 아주 중요하다.

3) 백색안료[21) ; White pigments

백색안료에는 이산화티탄과 산화아연(아연화)의 2종류가 있다.

이산화티탄(titanium dioxide)은 굴절률이 높고 입자경이 작기 때문에 백색도, 은폐력, 착색력 등의 화학적 성질이 우수하다. 더욱이 빛이나 열, 내약품성에도 우수하기 때문에 이산화티탄은 백색안료로는 최고이다. 또 초미립자 이산화티탄은 자외선 차단제로도 널리 이용되고 있다.

이산화티탄의 공업적 제법으로는 황산법과 염소법 및 산수소염중에서 사염화티탄을 가수분해하여 제조하는 기상법이 있다. 제법에 따라 이산화티탄의 성질도 달라진다. 현재 국내·외에서 판매되고 있는 이산화티탄은 크게 루틸, 아나타제, 초미립자상의 3종으로 나눌 수 있다. 각각의 일반적 성질을 표 3-7에서 나타낸다.

표 3-7. 산화티탄의 일반적 성질

항 목	루틸(rutile)	아나타제(anatase)	초미립자상
화학식	TiO_2	TiO_2	TiO_2
분자량	79.90	79.90	79.90
성상	백색미분체	백색미분체	묽은 백색미분체
결정계 격자정수a(Å) 격자정수b(Å)	정방정 4.58 2.95	정방정 3.78 9.49	정방정 (아나타제 70 루틸 30)
비중	4.2	3.9	4.0
굴절률	2.71	2.52	2.6
경도(모오스)	6.0~7.0	5.5~6.0	—
pH(5% 분산)	6.0~7.5	5.5~7.0	3.0~4.0
105℃ 건조감량(%)	0.2	0.2	1.5
융점(℃)	1825	루틸로 전이	루틸로 전이

초미립자 이산화티탄은 부피밀도가 작고 분산성이 우수하기 때문에 안료용 이산화티탄(rutile, anatase)과는 다른 성질을 나타낸다. 더욱이 입자의 크기가 가시광선 파장의 1/10 정도로 작기(30~50nm)때문에 착색력이나 은폐력이 작다. 따라서 색상에 영향을 적게 주어

서 제품의 특성을 개선할 수 있다. 즉, 초미립자상 이산화티탄을 배합하는 경우, 투명성이 우수하고 피부에 유해한 자외선을 효과적으로 차단하는 자외선 차단 화장품을 만들 수 있다.

이산화티탄은 우수한 성질을 지니고 있기 때문에 화장품에서 빼놓을 수 없는 백색안료이다.

산화아연(zinc oxide)도 백색안료로서 널리 사용되고 있다.

산화아연의 제법에는 건식법과 습식법이 있다. 건식법은 아연 금속을 가열하여 아연증기에 공기를 접촉시키면 백황색의 불꽃이 나타나고 안개연기모양(煙霧狀)의 산화아연이 생성된다. 이것을 냉각 포집한다. 습식법은 가용성 아연용액에 소다회 용액을 가하여 염기성 탄산아연을 침전시키고 물세척, 여과, 건조 후 배소(焙燒)분해하여 미세하고 비표면적이 큰 산화아연을 제조하는 방법이다. 이것을 습식아연화 또는 활성아연화라고 부른다.

산화아연의 결정은 육방정계(울츠광형)에 속하며 입자형상은 침상이 많다. 독성이 없고 물 및 알코올에는 용해되지 않지만 산, 알칼리 및 암모니아수 등에는 용해된다. 가열하면 황색을 띠고 냉각시키면 본래대로 돌아온다. 또 황화수소에 의해 황화아연이 되지만 색상은 변하지 않는다. 자외선의 방어효과도 있고 입자경은 500nm전후, 비중은 5.4~5.6으로 크다. 굴절률은 1.9~2.0정도이고 은폐력은 작다. 내광성, 내후성 및 내열성 모두 높으며 거의 모든 안료와 병용할 수가 있다.

3-2-5. 진주 광택 안료[22) ; Pearlescent(nacreous) pigments

진주 광택 안료는 피착색물에 진주광택, 홍채색, 또는 금속감을 부여하기 위해 사용되는 특수한 광학적 효과를 갖고 있는 안료이다.

진주 광택 안료의 역사가 시작된 지는 오래다. 1656년 프랑스인 Jaczuin에 의해 천연의 펄 에센스(魚鱗箔)가 발견되었는데 이것을 사용하여 공업적인 인조 진주의 제조가 시작되었다고 전해지고 있다. 그러나 천연의 펄 에센스는 고가이기 때문에 합성 진주 광택 안료의 개발이 요망되었고 염화 제일수은, 인산수소납, 비산수소납, 염기성 탄산납이 개발되어 천연의 펄 에센스와 동등한 진주광택이 얻어지게 되었다. 그러나 이들의 안료는 어느 것이나 수은이나 납의 화합물이기 때문에 화장품용으로서 사용할 수 없고, 대신에 옥시염화비스머스가 개발되었지만 이것도 안정성이 떨어진다.

1965년 듀퐁사에 의해 획기적인 이산화티탄 피복운모가 개발되어 현재는 이 안료가 진주 광택 안료의 주류를 이루고 있다.

이산화티탄 피복운모(이하 운모티탄으로 줄여 말함)는 운모를 평활한 박편상 입자로 하고 이것을 핵으로 삼아 그 표면에 이산화티탄(TiO_2)의 균일층을 형성시킨 것이다. 즉 티탄염의 산성용액중에 박편상 운모를 분산시키고 가열하여 가수분해시키고 산화티탄의 수화물을 석출시켜서 그것을 900~1000℃로 소성한다. 이 경우 생성된 산화티탄은 통상 아나타제형인데,

루타일형은 산화티탄을 석출시키기 전에 미리 박편상 운모에 산화주석을 피복, 여기에 산화티탄의 수화물을 석출시키고 소성하여 제조한다.

진주 광택 안료의 발색은 착색안료의 발색원리와는 다르다. 착색안료는 빛의 흡수 및 산란현상을 이용한 것인데 반하여, 진주 광태 안료의 경우는 박편상의 입자가 피착색물에 규칙적인 평행으로 배열하여 빛을 반사시키고 반사광이 간섭을 일으켜서 진주광택을 내는 것이다. 운모티탄의 경우에는 운모와 산화티탄의 경계면에서도 빛이 반사되어 간섭을 일으키고, 산화티탄층의 두께에 대응하여 간섭하는 빛의 파장이 변화됨에 따라 여러 가지의 간섭색이 얻어진다.

진주 광택안료의 성질을 표 3-8에 나타낸다. 또 운모티탄의 산화티탄막 두께와 반사광(간섭색)의 관계를 표 3-9에 나타낸다.

표 3-8. 진주 광택 안료의 성질

	천연물	염기성 탄산납	옥시염화비스머스	비산수소납	운모티탄
굴절률	1.85	2.09	2.15	1.95	TiO_2 : 2.52 운모 : 1.58
비중	1.6	6.8	7.7	5.9	TiO_2 : 3.9 운모 : 2.8
평균 입자경 (μm)	30	8~30	8~20	7	20
입자의 두께 (μm)	0.07	0.05~0.34	0.15	0.07	TiO_2 : 0.06~0.17 운모 : 0.25

표 3-9. 광학적 막 두께와 간섭색

가시광선(nm)	400~450	450~500	500~570	570~610	610~760
광학적 막 두께(nm)	210	265	285	330	385
간섭색	황색	등황색	적색/적자	청색	녹색
보 색	자색	청색	녹색	등황색	적색

산화티탄 대신에 산화철을 피복하거나, 또는 산화티탄의 피복층에 더욱 투명한 안료를 피복하면 다른 색의 안료를 얻을 수도 있다. 예를 들면 간섭이 청색인 운모티탄에 청색 안료인 감청을 피복하면 간섭색도 투과색도 청색인 안료가 얻어지며, 적색 안료(예를 들면 카민)를 피복하면 간섭색은 청색이고 투과색이 적색인 안료를 얻을 수 있다.

최근에는 내후성(耐候性)이 더욱 우수한 운모티탄이 개발[22]되어, 옥외 용도로도 사용할 수 있게 되었다. 예를 들면 자동차에 메탈릭감을 나타내기 위하여 예전부터 사용하고 있는 금속분말안료의 일부 또는 전부를 이 운모티탄 안료로 치환하여 착색을 하기도 한다.

3-2-6. 고분자 분체 ; Polymer powders

고분자 분체는 초기에는 부정형의 입자가 이용되어 왔지만 중합기술의 진보에 따라 구상입자 제조가 가능하게 되어 메이크업 제품에 널리 이용하게 되었다. 또 라미네이트화 기술에 따라 적층시킨 판상입자가 개발되어, 굴절률의 차이로부터 빛의 간섭색이 나타나는 아름다운 분체도 이용하게 되었다. 앞으로도 기술의 진보에 따라 새로운 분체가 출현할 가능성이 있다고 본다. 고분자 분체에서 주의해야 하는 것은 기름이나 용제에 용해하거나 팽윤할지 어떨지, 잔존 모노머량이나 약제 등의 성분 수착 여부 등을 확인할 필요가 있다.

이어서 화장품에 사용되는 주된 고분자 분체에 대하여 설명한다.

1) 폴리에틸렌 파우더 ; Polyethylene powder, PE

에틸렌 중합에 의해 얻어지며 제법에 따라 저밀도, 중밀도, 고밀도의 에틸렌이 있고 융점이나 비중 등의 성질이 다르다. 저밀도 에틸렌은 유동파라핀에 용해하여 중점제로서 사용하고, 분체로 이용되는 것은 중·고밀도의 구상분체이며 미립자는 메이크업 제품에 이용된다. scrub제로서도 사용된다.

구조식 :

$$-\!\!\left[CH_2 - CH_2 \right]_n\!\!-$$

2) 폴리메틸메타아크릴레이트 ; Polymethylmethacrylate

메타크릴산 메틸의 중합체로서 구상은 유화중합에 의해 얻는다. 메이크업 제품용으로는 10 μm 이하가 이용된다.

구조식 :

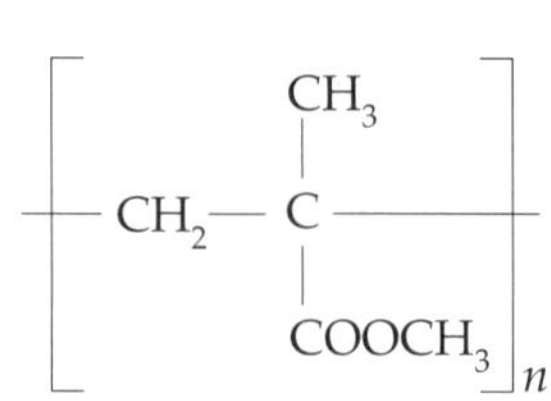

3) 폴리에틸렌테레프탈레이트 · 폴리메틸메타아크릴레이트 라미네이티드 파우더 ; Polyethyleneterephtalate · polymethylmethacrylate laminated powder

폴리에틸렌테레프탈레이트로 된 박막과 폴리에틸렌메타아크릴레이트로 된 박막을 서로 중합시켜 적층하고 압착하여 만든 필름을 미세하게 절단한 것이다. 투명색의 무지개색의 박편으로 메이크업 제품, 비누 등에 이용되고 있다. 내용제성이 나쁘기 때문에 용제를 사용하는 계에는 주의를 요한다.

4) 나일론 파우더 ; Nylon Powder

나일론 12의 원료 ω-라우로락탐을 불활성 촉매에서 급속 개환중합시켜 직접 구상의 나일론 12 파우더를 얻는다. 입도분포는 2~12μm, 평균 입자경 5μm, 내열성, 내용제성이 우수하며 분쇄시의 충격에도 잘 변형되지 않는다. 메이크업 제품 특히 파운데이션류에 배합하여 제품의 퍼짐성을 좋게 한다.

구조식 :

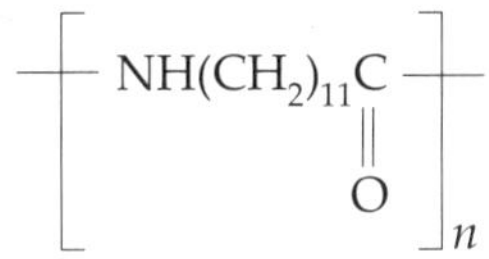

3-2-7. 기능성 안료 ; New functional pigments

화장품, 특히 파운데이션으로 대표되는 메이크업 화장품도 이제까지의 안료를 그대로 배합시켜서는 사용성의 개선은 물론이고 메이크업 화장품의 기능개량이 불가능하다. 그래서 최근 새로운 기능성 안료의 개발이 활발히 이루어지고 있다. 여기 그 몇 가지를 소개한다.

1) 질화붕소 ; Boron nitrite[23)]

사용감촉(신전성)이 좋은 탈크 등의 점토광물은 은폐력이 낮고 반대로 은폐력 높은 이산화티탄 등은 사용감촉이 떨어진다. 또 탈크나 마이카의 입자경은 수 천 nm의 박편상인 것에 비하여 이산화 티탄은 수 백 nm로 입상 입자이기 때문에, 형태나 입자의 크기가 다른 안료를 균일하게 분산시키는 것은 대단히 어려운 일이다. 오히려 한가지 종류의 안료로 사용감촉이 좋고 은폐력도 있으며, 게다가 백색 안료가 얻어 진다면 메이크업 화장품의 특성이 향상됨을 기대할 수 있겠다.

육방 정질화 붕소(hexagonal boron nitrite, 이하 h-BN으로 약칭함)는 매끄러운 성질이 우수하며, 더욱이 고온에서도 화학적으로 안정되어 있기 때문에 고체 윤활제나 소결체(燒結體)로서의 정밀세라믹 재료로서 이용되고 있다. 또 h-BN은 결정구조 및 물성이 「흑연」과 유사하여 「하얀 흑연」이라고 부른다. h-BN은 붕산과 요소를 혼합해서 암모니아 기류중에 반응시켜 생성된 미분체를 한층 더 고온(1600~1900℃)에서 소성시켜 제조한다. 1800℃에서 고온 소성시킨 h-BN은 화장품 원료로서 널리 쓰이고 있는 안료보다도 매끄러운 성질이 우수하며, 은폐력은 탈크나 마이카의 3~4배로 이산화티탄의 약 1/3이다. 이와 같이 h-BN은 매끄러운 성질과 은폐성을 겸비한 지금까지 없었던 화장품 안료이다.

2) 합성 불소 금운모(합성 마이카) ; Synthetic mica

천연광물에는 불순물이 함유되어 있기 때문에 백색도나 투명감이 떨어진다.

천연 점토 광물인 마이카와 물성 및 구조가 유사한 합성 마이카가 개발되었다. 합성마이카는 1938년 野田稻吉가 연구에 착수하여, 기초적인 연구가 이루어졌고, 그 후 大門利信에 의해 상세히 연구되었다.

합성 불소 금운모(synthetic mica)는 천연 금운모 $\{KMg_3(AlSi_3O_{10})(OH)_2\}$의 결정구조중의(OH)를 (F)로 치환한 구조 $\{KMg_3(AlSi_3O_{10})(F)_2\}$이다.

합성 마이카의 제조는 무수규산, 산화알루미늄, 산화마그네슘, 불화 규소칼륨을 혼합하여 1400~1600℃로 용융한다. 그리고 1200~1400℃에서 결정화시킨다. 이것을 식힌 후 잘게 분쇄하고 문질러서 깨고 다시 급을 정해 나누고 세척, 여과, 건조 후 분쇄공정을 거쳐 제조한다.

합성 마이카는 제조조건에 따라 그 물성이 약간 다른데, 특히 잘게 부수고 문질러서 깨고 급을 나누는 공정이 중요하다. 따라서 이 공정을 충분히 관리하면 「윤활성」, 「광택」, 「백색」, 「감촉」, 「투명감」 등에서 특징 있는 화장품 원료, 특히 분말제품의 합성 체질 안료로서 우수한 특성을 얻을 수 있다[24].

3) 포토크로믹 안료 ; Photochromic pigment

실내에 알맞게 잘 화장된 피부는 빛이 강한 실외에서는 얼굴전체가 하얗게 떠서 보인다. 이것을 백부(白浮) 현상이라고 한다.

만일 빛의 세기에 대응하여 메이크업의 색이 조절된다면 하얗게 떠보이는 느낌이 없이 자연스런 마무리를 유지하는 이상적인 메이크업이 된다. 즉, 빛의 강도에 대응하여 명도가 변하는 안료가 개발되면 하얗게 뜬 느낌이 없는 메이크업이 가능하다.

이산화티탄에 소량의 금속 산화물을 복합화하여 빛을 쪼이면 빛의 강도에 따라 명도가 저하되어 핑크색에서 다갈색(小麥色)으로 변화하고, 어두운 장소에 놓으면 원래의 색으로 돌아가는 이산화티탄계 안료가 개발되었다. 이것이 포토크로믹 안료인데, 파운데이션에 배합하면 하얗게 떠보이지 않는 메이크업이 가능하다[25].

4) 복합화 미립자 분체 ; Inorganic pigment coated spherical organic powder, Hybrid fine powder

구상분체를 피부에 도포하면 매우 매끄럽다. 한편 이산화티탄은 입상의 미립자(입자경 약 300nm)분체이지만 피부에 도포하면 은폐력은 높으나 매끄럽지 못하다. 그래서 두 가지의 장점을 복합화시킨 것이 하이드로・화인 파우더(hybrid fine powder, HFP)이다.

이 HFP는 핵이 되는 분체의 표면에 외벽이 되는 분체를 부착시킨 것이다. 부착요인은 특정하진 않지만, 물리적으로 분체끼리의 압착이나 마찰정전기 등에 의한 것으로 보인다.

최근에 화장품용으로 이와 같은 HFP를 응용한 예가 증가하고 있으며 신소재로서 주목받고 있다. 예를 들면 평균 입자경 5~7μm의 구상 나일론 분체에 이산화티탄을 건식 볼 밀로 처리하면, 구상 나일론 분체 표면에 이산화티탄이 균일하게 부착된다. 이 HFP는 매끄럽고, 은폐력도 높은 분체이다.

이와 같은 기술을 응용하여 미립자 분체의 장점을 충분히 발휘할 수가 있다.

지금까지의 화장품은 피부를 미화시키거나, 자외선으로부터 피부를 보호하고 잔주름을 보이지 않게 하는 기능이었다. 앞으로는 이와 더불어 스킨 케어와의 상승효과로, 피부를 보다 젊게 유지하기 위한 방향으로 나아 갈 것으로 생각된다. 새로운 기능성 소재를 개발하기 위해서는 새로운 발상의 전개가 필요하다.

참고문헌

1) 納谷嘉信：産業色彩学，朝倉書店，p. 4，1989.
2) JIS Z 8102(色名).
3) JIS Z 8721(三属性による色の表示方法).
4) JIS Z 8701(2度視野 XYZ 系による色の表示方法).
5) 蟇目浩吉他編：ハンドブック，日光ケミカルズ㈱，557，585，1977.
6) 日本色彩学会編：新編色彩科学ハンドブック，東京大学出版会，1980.
7) 齋藤，無類井，館：フレグランスジャーナル，13(4)，10，(1985)
8) 田中宗男：塗装工学，6(12)，(1981)
9) 厚生省令第 30 号，"医薬品に使用することができるタール系色素を定める省令"(1961 年 8 月 31 日)
10) 厚生省令第 55 号 "医薬品に使用することができるタール系色素を定める省令の一部改正" (1972 年 12 月 13 日)
11) 化粧品原料基準第 2 版注解，薬事日報社，1984.
12) 日本化粧品連合会編：法定色素ハンドブック，薬事日報社，1988.
13) Takahashi, N., Miyasaka, S., Tasaka, I., Miura, et al.：Tetrahedron Lettens, 23 (49), 5163~5166, (1982)
14) 末野悌六，岩生周一：粘土とその利用，朝倉書店，1972.
15) 須藤俊男：粘土鉱物学，岩波書店，1974.

16) 岩生周一，湊　秀雄：粘土ハンドブック，技報堂，1967.
17) 吉本文平：鉱物工学，技報堂，1963.
18) 千谷利三：無機化学，上，中，下，産業図書，1972.
19) 井伊谷鋼一，荒川正文：粉体物性図説，産業技術センター，1987.
20) 第 33 回顔料入門講座テキスト，色材協会，1991.
21) 鈴木福二，田中宗男：色材，55(6)，413-428，(1982)
22) 木村　朝，鈴木福二：粉体粉末冶金，34(9)，497，(1987)
23) 大野，熊谷，鈴木，齋藤：色材研究発表会要旨，p. 170，(1988)
24) 大野，熊谷，齋藤，鈴木，安藤，小杉：色材研究発表会要旨，p. 68, (1986)
25) 大野，熊谷，鈴木，齋藤，辻田：色材研究発表会要旨，p. 202, (1990)

4 화장품과 향료

화장품은 향장품이라고도 하는 것처럼, 화장품과 향료는 밀접한 관계에 있다. 클레오파트라나 양귀비 등 동서고금의 미녀도 향기에 둘러싸여서 생활하였다. 아메리카 대륙 발견의 계기가 된 대항해시대의 목적은 동양의 스파이스류의 독점이었고, 미이라의 보존에 대량의 향료가 사용된 것은 향료가 갖는 방부효과 때문이었다. 이와 같이 향료는 인류의 역사와 함께 사람들 생활의 다방면에서 이용되어 왔다.

현재 우리들은 화장하는 것으로 외관을 아름답게 하는 것이 가능하고, 동시에 화장품에서 나는 기분좋은 향기를 즐기면서 내면적인 아름다움을 단장할 수도 있다. 좋은 향기는 주위 사람들의 기분을 좋게 하고, 동시에 사용하고 있는 사람 자신의 마음을 풍요롭게 해주는 것이다.

냄새는 후각으로 느끼는 것이므로 우선 후각과 그 성질에 대해서 설명한 후, 화장품에 사용되는 향료에 대하여 해설한다.

4-1 》 후각 ; Olfaction

4-1-1. 후각의 역할

후각에는 두 가지의 역할이 있다.

1) 기본적인 역할

동물이 삶을 연장하기 위해서는 적으로부터 몸을 보호하고, 먹을 것을 찾지 않으면 안된다. 우리 인간에게도 가스의 냄새 · 타는 냄새는 위험을 알려주는 신호이고, 음식물이 상했는지 어떤지 냄새를 맡아서 확인하는 것은 후각의 기본적인 역할이다. 또 동물의 세계에서 암컷과 수컷이 서로 유인하는 주체가 되는 것이 후각인데, 이와 같이 동종의 다른 개체에 영향을 주는 물질을 페로몬이라고 한다.

동물의 세계에서 후각은 생명의 유지 보존과 종족의 번영에 없어서는 안될 존재이다.

2) 정신적인 역할

후각은 사람에게 동물 세계와 같이 기본적인 역할은 두드러지지 않게 되었고, 대신에 정신적인 의미가 커졌다. 기분 좋은 냄새를 맡으면 기분이 침착해지고, 정신적으로 풍요롭고 마음의 여유를 가질 수가 있다. 반대로 악취를 맡으면 기분이 나빠져 구토감을 느끼기도 한다. 따라서 늘상 좋은 냄새를 접하여 정신적으로 풍요로운 생활을 보낼 수 있도록 하는 것이 필요하다.

4-1-2. 후각의 성질

후각에는 여러 가지 특성이 있지만 대표적인 것은 다음과 같다.

1) 순응

같은 냄새를 계속 맡으면 점차로 그 냄새를 느낄 수 없게 된다. 이것을 후각의 순응현상이라고 한다. 가스중독 등은 순응현상의 전형적인 것이다. 같은 향수만 사용하면 본인은 그 냄새에 둔감하게 되고, 결국 지나치게 사용하는 경향이 발생한다. 그러나 다른 사람이 보면 너무 강한 냄새를 풍기는 사람으로 여기게 된다.

2) 기 억

어떤 냄새를 맡았을 때, 예전에 그 냄새를 맡았을 때의 정경이 떠오르게 하는 것도 후각 특성의 하나이다.

3) 개인차

같은 냄새를 맡더라도 강하게 느끼는 사람과 약하게 밖에 느끼지 못하는 사람이 있으며 개인차가 매우 크다. 일반적으로는 여성쪽이 감도가 좋고, 나이로 보면 20대 후반에서 30대 전반이 가장 감도가 좋다고 한다.

4) 예민함

인간은 정보의 대부분을 시각으로부터 얻고 있어서 후각에 대해서는 별로 의식하지 않는다. 그러나 후각은 원래 매우 민감해서 여러 가지 냄새로 음식물, 신체, 생활 공간 등으로부터 일상의 중요한 정보를 얻는다.

5) 강도와 질

고급 천연 향료인 쟈스민을 분석하면 인돌이라는 성분이 포함되어 있다. 이 물질은 농도가 높은 상태에서 맡으면 배설물 냄새가 난다. 그러나 희석해 갈수록 꽃향기와 같은 냄새가 나고 향기에 달콤함·강함 등이 넓게 퍼져서 매우 유용한 물질이 된다. 따라서 약과 마찬가지로 향료도 적당한 농도로 사용하는 것이 중요하다.

4-1-3. 후각의 메커니즘

유향물질이 비강의 상부 양측에 있는 취점막을 거쳐 취상피에 이르면, 후각세포에서 화학적 자극이 전기적 자극으로 바뀌고 후신경을 통하여 후구에 모이고 여기서 대뇌로 전달되어 냄새를 느낀다.

4-1-4. 체취와 성

체취는 선천적으로는 유전, 후천적으로는 생활양식, 건강 등에 따라 다르다. 특히 음식물의 영향이 커서 육식은 노린내를 내게 되고, 생선을 먹으면 비린내를 풍기게 된다. 마늘 등 냄새가 강한 음식물을 많이 섭취하면 그 냄새가 호흡이나 체취로 나온다. 자주 목욕을 하고 머리를 감고 몸을 청결이 하면 체취는 그다지 염려하지 않아도 된다.

4-2 》 냄새·향기·향료

좋은 냄새와 나쁜 냄새를 모두 포함해서 냄새는 약 40만 종이라고 한다.

「향(香)」자의 본 뜻이 「수수(黍)」 등의 좋은 냄새를 가리키듯이 「향」자는 좋은 냄새 전반을 의미한다. 쟈스민은 향료의 왕이라고 할 만큼 훌륭한 향기를 낸다. 이것을 고감도의 장치로 분석하면 200종 이상의 성분으로 이루어져 있음을 알 수 있다. 그 중에는 쟈스민 락톤과 같이 향기가 좋은 것에서부터 인돌과 같은 악취성분까지 있는데, 전체적으로는 좋은 향기를 낸다. 우리들 주변의 좋은 향기도 40만 종의 냄새 중에서 조합시켜서 만든 것이다.

4-2-1. 향료의 기원

향료를 영어로 표현한 「Perfume」의 어원은 라틴어의 「Per」(를 통하여)+「fumum」(연기)인 것처럼, 향료의 기원은 향기가 좋은 유향과 같은 수지(樹脂)나 나무, 풀을 태우는 것으로부터 시작되었다. 네안데르탈인의 유적으로부터 향기가 좋은 나무를 태운 흔적이 발견되고 있다.

옛부터 사람은 병이나 상처에 시달려 왔고 주변의 식물이나 동물로부터 약효를 구했다. 그 중에는 좋은 향기를 가진 것이 많아서 그것이 점차로 식물성 향료나 동물성 향료로서 이용되었다. 약과 향료는 기원이 같다.

향기를 가장 순수하게 즐겼던 사람들은 고대 로마인이었으며, 사람들은 목욕 후 장미의 물을 많이 사용하는 것이 습관이었다. 거리에는 향료 상점이 늘어서 있었다.

고대국가의 성립에 즈음해서 제단에는 향초나 향목이 태워지고 성스러운 냄새가 신에게 바쳐진 것은 어느 문명에도 공통적이다. 주변의 꽃이나 과실에서 기분좋은 향기를 뽑아내고 계절에 관계없이 언제, 어디에서도 사용하고 싶은 것이 사람들의 변함없는 소원이었다. 11세기의 이슬람문명에 의한 증류법의 발명과 에틸알코올의 농축·분리가 그 후 향료문화의 발전에 중요한 역할을 했다. 중세는 수도원의 뒷뜰에서 향료식물이 약초로서 조금씩 재배되었던 암흑시대이었지만, 근세의 천연향료 제조기술의 발달과 19세기 중반 이후의 합성 향료의 진보가 20세기의 향료와 향수의 화려한 시대를 창조하게 되었다.

4-2-2. 화장품에 있어서 향료의 역할 · 중요성

옛날부터 사람은 올리브 오일과 같은 식물유나 우지 또는 돈지를 화장료로서 사용하였다. 그 무렵 꽃 등에서 향을 뽑아낸 것이 향유나 포마드이며 현재에도 그 형태가 남아 있다.

화장품에서 향료의 가장 중요한 역할은, 아름다움과 건강을 목적으로 하는 화장품에 풍부한 향기를 갖게 하고 그것을 사용하는 사람의 매력을 이끌어 내는 것에 있다. 이것은 향기에 따라 자기의 매력을 연출하는 것을 본래의 목적으로 하는 향수, 오데코롱 등의 방향 화장품뿐만 아니라, 크림이나 화장수 등의 기초화장품이나, 입술 연지, 파운데이션 등의 메이크업 화장품에, 기본적으로 같은 브랜드에서는 동일한 향을 사용하는데, 이것은 브랜드 전체의 매력적인 이미지를 만들어 내는 데에 있어서 중요한 사항이다.

다음으로 중요한 향료의 역할은 향료가 가진 마스킹(Masking) 효과이다. 화장품의 뚜껑을 처음 열었을 때, 사람들이 무의식적으로 냄새를 맡는 행동이 관찰된다. 그것은 새로운 것, 처음의 것을 접할 때 그것이 안전한 것인지 냄새로 판단하고자 하는 본능적인 동작이다. 화장품 기제 중에는 원료 고유의 냄새를 동반하고 있는 것이 있기 때문에 이것을 마스킹하여 사용감을 좋게 하는 것도 향기의 중요한 역할이다. 향기는 용기의 형태·디자인과 함께 화장품을 구입하는 소비자가 처음으로 대하는 상품 특성이기 때문에, 기호가 높고 매력적인 향을 갖게 하는 것은 화장품에 있어서 향료의 중요한 역할이다. 좋은 향기는 제품 사용감이나 효과에 영향을 주어 종합 평가에 기여한다는 것을 알 수 있다.

최근 향기가 갖는 생리·심리적 작용에 관한 연구가 진행되어 타인이 본 자신의 이미지를 높일 뿐만 아니라 향수를 뿌린 사람 자신의 마음이나 몸에 작용하여 심리적인 면, 생리적인 면으로부터의 화장을 지향하는 연구도 진행되고 있다. 화장품분야에서는 이러한 연구에 대해서 아로마콜로지(aromachology)라는 호칭이 제안되어 점차 사용하게 되었다.

예를 들면 과도한 스트레스가 계속되면, 마음과 몸에 변화를 일으켜서 호르몬의 밸런스도 붕괴되며 신진대사도 줄어들어 피부 거칠음이 일어나기 쉽다. 노화 문제도 포함해서 종합적인 화장을 고려한 경우, 마음가짐이나 생리상태의 조정문제를 제외하고서는 생각할 수 없도록 되어가고 있다.

향기는 사람의 감정이나 정서에 좋은 감각을 부여할 뿐만 아니라, 사람의 자율신경계 · 호르몬계 및 면역계에 영향을 미쳐 항상성 유지기능(Homeostasis)의 유지 향상에 도움이 된다는 것도 점차로 알려지게 되었다. 이로 인해서 향기의 기능은 항상성 균형을 유지하는 것에 의한 "내면으로부터의 화장"의 중요한 역할자로서 기대되고 있다.

이 외에 옛날부터 향료 자채의 항균성이 알려져 있다. 화학 합성 약제가 발달되지 않았던 시대에는 향료식물이 이와 같은 용도에 널리 이용되었다.

현재 화장품 개발에 있어서도 환경보전이 중요한 과제이고 향료의 항균성, 항산화능 등의 유용한 특성에 대해서도 다시 한번 생각해 보아야 할 시기이다.

4-2-3. 향기의 생리 심리 효과

향기의 유용성은 기호성이 높다는 것 외에, 향기를 맡은 사람의 마음이나 몸에 여러 가지 좋은 영향을 준다는 것이다. 방향 요법의 역사는 오래되어서 고대중국, 고대이집트로 거슬러 올라간다. 이 시대부터 동식물에서 채취한 향기 물질을 치료에 이용했다는 기록이 남겨져 있으며, 향료는 약으로서의 역할을 담당하고 있었다. 이와 같은 향기를 이용한 치료법은 20세기 초에 프랑스의 비교병리학자 R. M. Gattefosse에 의해 아로마세라피(aromatherapy)라고 명명되었다. 아로마세라피는 향기의 흡입 효과만이 아니고, 마사지·입욕 등에 의한 도포 혹은 마시는 효과까지 포함해서 향료식물이 가진 다양한 전승 효과 일반을 가리키는 용어로서 사용되어 왔다. 현대 의료에 있어서도 밀라노 대학의 P. Robesti가 정유(精油)의 신경 진정-흥분작용을 임상적으로 확인하였고, 아키타 대학의 하세가와는 향기에 의한 심신증의 치료법을 개발하였다(문향요법, 聞香療法). 이와 같은 배경으로 아로마세라피는 약리 활성 성분을 포함한 천연성분이나 식물추출물 등을 이용하는 민간요법과 혼동하기 쉬운 용어이기도 하다.

최근에 여러 가지 효과의 향료물질이 화장품이나 목욕제에 응용되어 아로마세라피(방향요법)라는 단어가 치료, 약을 연상시키기 때문에 화장품의 용어로서는 적당하지 않다는 견해도 있다. 한편, 향기를 맡았을 때 몸과 마음에 일어나는 생리·심리적 효과에 관한 연구가 왕성하게 이루어져 왔다. 이와 같은 흐름중에서 아로마세라피라는 용어를 대신하여 향기의 생리·심리적 효과를 해명하는 과학 연구의 총칭으로서 아로마콜로지(aromachology)라는 용어를 사용하게 되었다.

후각 자극에 의한 생리, 심리효과의 폭도 넓어서 진정·고양 효과, 스트레스 완화, 수면에의 영향, 쾌적성과 면역 기능에 끼치는 작용 등이 있다. 현재 아로마콜로지 연구는 전승(傳承)만이 아니라 심리적 수단, 뇌파나 심장 박동 등의 신경계의 지표, 생화학적 지표에 의거한 향기의 효과가 점차 실증되고 있다. 특히 최근에는 생화학적 수법에 의한 연구가 주목되고 있는데, 향기가 사람의 항상성 전체를 조정하는 작용의 가능성에도 관심이 집중되어서 부신피질 호르몬이나 면역 지표의 변화를 이용한 연구 성과도 보고되고 있다. 아마구치 등은 소리 자극을 이용한 반응 시간 과제에서, 심장 박동변동에 대한 향기의 영향을 측정하였는데 레몬은 주의력을 증진시키고 의식을 고양시키는 효과가 있으며, 장미에는 진정효과가 있다는 것을 밝혀냈다[2]. 또한 도리이 등은 동종의 반응 과제하에서 향기를 맡게 했을 때 유발뇌파 변화를 측정해서 라벤다의 진정성과, 쟈스민의 흥분성을 관측하였다[2].

다니다(谷田) 등은 향기의 내분비계, 면역계에의 영향을 각각 보고하고 있다.

1) 내분비계에의 영향

대학생 10명(남녀 각 5명)에게, 고도의 암산 과제가 타액중의 콜티졸(cortisol)에 미치는 영향을 조사한 결과, 스트레스를 완화할 목적으로 개발된 시트라스(citrus) 타입의 향기를 작업 공간에 흐르게 한 그룹은 향기가 없이 과제를 실시한 대조 그룹에게서 보이는 콜티졸의 일시적 상승이 억제되었다[3].

M. 프랑켄호이저 등은 정신 작업에 의해 일어나는 정서와 요중 호르몬의 변화를 조사하여, 악성 스트레스가 부신피질 호르몬인 콜티졸과 관련이 있다는 가설을 제안하였다.

2) 면역계에의 영향

谷田 등은 면역계에의 영향을 보고하였다. s-IgA는 국소의 생산 세포로부터 점막중에 분비되는 항체로서, 구강 등의 점막에 세균이나 바이러스 등의 침입을 방어하기 위한 항균성의 막을 만든다고 하는 면역 물질이다.

타액중의 s-IgA분비량은 개인차가 큰데, 고령자가 배우자를 잃었을 경우와 같은 강한 스트레스에 의해 s-IgA량이 저하된다고 알려져 있다.

① 에스테틱 마사지 중에 향기를 이용하면 s-IgA가 증가하였다.

4명의 여성을 대상으로 에스테틱 마사지를 할 때, 너츠메그(nutmeg)를 중심으로 한 스파이스(spice)계의 향기를 흘려 넣었더니, 쾌적감을 유발하는 면역능 s-IgA가 증가하였다[4](그림 4-1). 이것은 통증을 수반하지 않는 비침습 방법으로 타액중의 분비형 면역글로불린 A(s-IgA)를 측정하는 방법을 이용하였다.

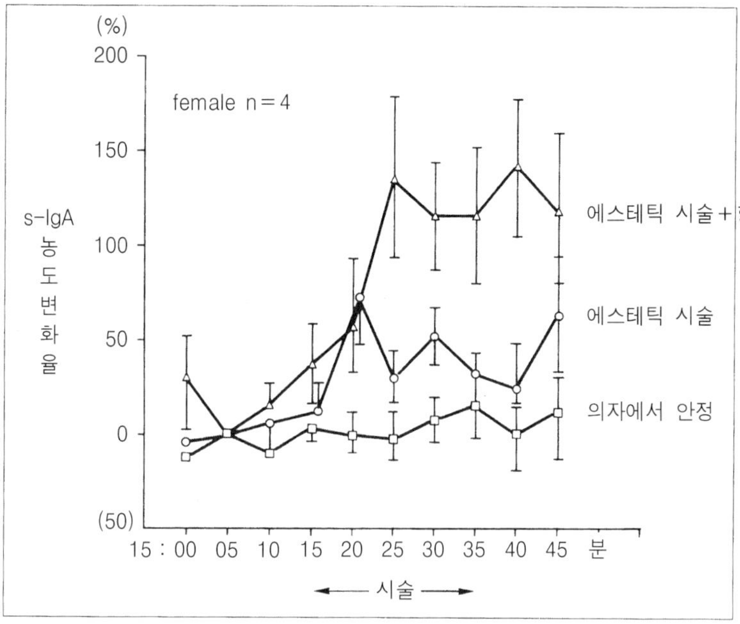

그림 4-1. 에스테틱 시술시의 타액중 면역 지표의 변화와 향기의 영향

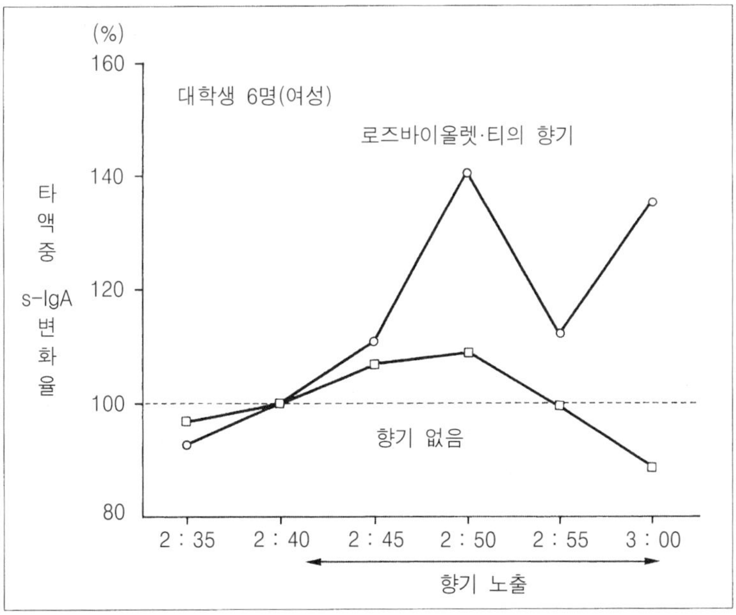

그림 4-2. 향기와 면역 지표의 변화

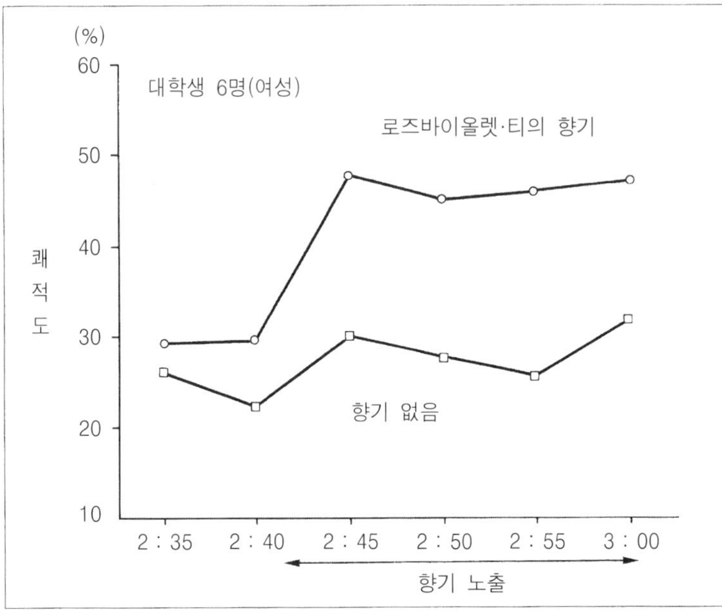

그림 4-3. 향기와 쾌적감의 변화

② 기호가 좋고 쾌적감이 높은 향기에 의해 s-IgA가 증가하였다.

6명의 피험자에게서 매 5분마다 s-IgA를 측정하고, s-IgA의 저하가 안정되는 20분 후에 안정감이 높은 로즈바이올렛・티계의 향기를 예고없이 실험실에 흘려보냈다. 향기를 맡은 그룹은 s-IgA값이 회복 상승하였다(그림 4-2). 쾌적도가 s-IgA의 상승과 동시에 높아지고 변화의 폭도 좁아졌다(그림 4-3). 이 결과로부터 향기를 이용하면 쾌적감을 높일 수 있고, 그것이 면역계에 좋은 영향을 끼침을 알 수 있다.

이와 같은 연구에서 효과가 확실하게 밝혀진 향료가 화장품에 응용되기 시작하였다.

4-2-4. 향료의 분류

향료는 크게 천연향료, 합성향료와 조합향료로 구별된다(그림 4-4). 천연향료는 식물로부터 분리된 식물성 향료와, 동물의 선낭(腺囊) 등에서 채취한 동물성 향료로 나누어진다. 합성향료는 단일 화학구조로 표현되는 향료를 가리키고, 합성 향료에는 천연 향료로부터 분리된 단리향료와 합성반응에 의해 만들어진 순합성 향료가 있다.

천연향료・합성향료를 목적에 따라서 혼합한 것을 조합향료라고 한다.

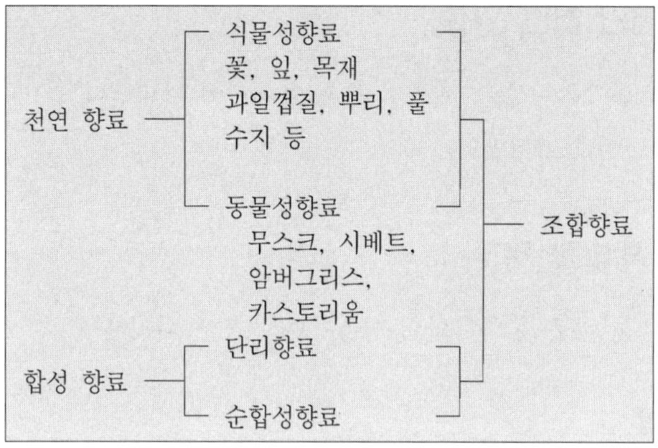

그림 4-4. 향료의 분류

4-3 》 천연 향료 ; Natural perfumes

천연에 존재하는 향기 있는 식물, 동물로부터 증류, 추출, 압착 등의 분리조작에 의해 뽑아 낸 것이 천연향료이다.

천연향료는 식물성, 동물성의 두 가지로 분류할 수 있다. 식물의 꽃, 과실, 종자, 목재, 나뭇잎, 나무 껍질, 뿌리 등에서 추출한 것이 식물성 향료이다. 동물의 분비선 등으로부터 채취한 것이 동물성 향료이며, 여기에는 무스크(麝香, 사향), 시베트(靈描香,영묘향), 카스토리움(海狸香, 해리향), 암버그리스(龍涎香, 용연향)의 4종류가 있다. 그 중에서도 향기로서 중요하고 황금보다 고가였던 무스크는 신비하고 귀중한 향료이다. 중앙아시아의 산악지대에 생식하는 사향노루 수컷의 향낭으로부터 얻어지며, 특히 티벳과 사천 부근의 사향이 최고급품이다. 중국에서는 묘약이나 강심제 등 생약으로서 사용되어 왔다. 또한 클레오파트라가 안토니우스를 유혹하기 위하여 무스크를 몸에 발랐다고 한다. 암버그리스는 무스크와 더불어 중요한 소재이며 향유고래의 장내나 내장에 발생하는 병적 생성물이다. 옛날에는 바다에 떠다니는 큰 덩어리를 하나 발견하면 일생 안락하게 살 수 있다고 할 정도로 고가였다. 시베트는 주로 이디오피아에 생식하는 사향고양이의 선낭에서 분비되는 페이스트상의 점성이 있는 액체를 모은 것으로 무스크와 마찬가지로 희석하면 향기가 변하는 향료이다. 카스토리움은 비버의 생식선 부근의 선낭에서 얻어진다. 옛부터 의약으로서 일부 사용되고 비버를 포획하는 유인제로서 사용되었으며, 19세기 후반부터 향료 소재로서의 가치가 인식되었다. 최근에 무스크와 암버그리스는 멸종위기에 있는 야생 동식물의 종을 보호하기 위하여 국제적 거래를 규제하고 있는 워싱턴 조약에 따라 구입이 곤란하다. 이 때문에 최근에는 각각의 주된 향기 성분이나 같은 향기 특성을 지닌 것을 합성하여 사용하는 경우가 많다.

4-3-1. 대표적인 천연 향료

대표적인 천연향료와 그 주성분, 채유법 등을 표 4-1에 나타낸다[6~8),11)]. 또한 대표적인 천연향료 식물을 그림 4-5에 나타낸다.

4-3-2. 제조 방법과 명칭

천연향료의 채유법과 채유한 향료의 총칭을 그림 4-6에 나타낸다[8),11)].

1) 수증기 증류법

채유한 식물을 그대로 또는 건조한 것에 수증기를 불어넣으면 향료 성분은 수증기와 함께 유출된다. 이렇게 얻어진 것을 에센셜 오일(정유)이라고 한다. 본 방법은 압착법이나 추출법에 비해서 열에 강한 향료의 생산에 적합하며 정유의 채유에 널리 이용되고 있다.

2) 추출법

헥산, 석유 에테르 등의 휘발성 용매를 이용하여 추출한다. 열에 불안정한 향료나 비등점이 높은 성분이 많으며, 수증기 증류로는 향료를 수율 좋게 얻을 수 없는 경우에 이용된다. 식물을 휘발성 용제에 담가서 온도를 약간 올려 추출한다. 얻어진 오일을 콘크리트(concrete)라고 하며 그대로도 사용할 수 있지만, 차가운 에탄올에서 다시 추출하여 앱솔루트 오일(absolute oil)로서 사용하는 경우가 많다. 현재에는 거의 사용되지 않지만, 섀시(chassis)라는 유리판 위에 도포한 유지 위에 꽃을 올려놓고 향기를 흡착시키는 냉침(enfleurage)법이나, 유지를 60~70℃로 가온하여 향기를 흡착시키는 온침(maceration)법도 있다. 향기가 흡착된 유지를 포마드(pomade)라고 하고 그대로 사용하거나 다시 에탄올에 추출하여 사용한다.

3) 압착법

감귤류의 껍질로부터 착즙기로 향료를 채취하는 방법이다. 이렇게 얻은 것을 에센셜 오일 또는 엑스프레스 오일이라고 한다. 감귤류의 향료는 열에 불안정하므로 저온에서 처리한다.

4) 탈 테르펜, 세스키 테르펜유의 제조법

주로 감귤류로부터 얻어진 향료 중의 테르펜계 탄화수소는 알코올에 잘 녹지 않고, 또한 산화·중합하기 쉽기 때문에 유기용제 추출이나 분리로부터 테르펜이나 세스키 테르펜을 제거하여 사용하는 제조법이다.

표 4-1. 대표적인 천연 향료

	명 칭(과)	원 료	주산지	채유법(수유율, %)	주성분(%)
식물성 · 향료	Rose oil (장미과)	Rosa damascena Rosa centifolia의 꽃	불가리아, 토로코 남프랑스, 모로코	수증기증류법(0.01~0.04) 휘발성용제추출법(0.07~0.1)	l-citronellol(30~59), geraniol, l-linalool, damascone, damascenone, β-phenylethylalcohol, farnesol, noryl-aldehyde, roseoxide
	Jasmin oil (목정과)	Jasminum officinale var.의 꽃	남프랑스, 인도, 이집트, 모로코	휘발성용제추출법 (0.14~0.16)	benzylacetate(65), d-linalool(16), jasmon, indol, fidol, sisjasmon, benzylalcohol, jasminlactone, benzylbenzoate
	Neroli oil (귤과)	Citrus aurantium subspamara의 꽃	남프랑스, 이탈리아, 스페인, 포르투갈	수증기증류법(0.08~0.15)	l-linalool(30), linalool acetate(7), d-nerolidol(6), geraniol, terpineol, pinene, nerol, camphene
	Lavender oil (꿀풀과)	Lavandula officinalis 의 꽃	남프랑스	수증기증류법(0.7~0.85) 휘발성용제추출법(0.7~1.3)	linalyl acetate(30~40), limonene, nerol, cineole, linalool과 geraniol과 그의 ester, d-borneol, lavendulol
	Ylang Ylang oil (반려지과)	Cananga odorata forma genuina의 꽃	레유니온섬, 마다가스카르	수증기증류법(0.5~2.2) 휘발성용제추출법(0.7~2.5)	linalool, geraniol, benzyl alcohol, farnesol, sesquiter-pene류
	Tuberose oil (석과)	Polyanthes tuberosa 의 꽃	남프랑스, 모로코, 이집트	휘발성용제추출법 (0.01~0.03)	geraniol, farnesol, benzyl alcohol, methyl benzoate, bexyl benxoate, methyl salicylate, methyl anthra-nilate, nerole
	Clarysage oil (꿀풀과)	Salvia sclarea 의 꽃, 잎	남프랑스, 이탈리아, 스페인	수증기증류법(0.5~1.5) 휘발성용제추출법(0.01~0.1)	linalyl acetate, linalool, nerolidol, scareol
	Clove oil	Eugenia caryophyllata 의 꽃, 잎	마다가스카르, 스리랑카, 잔지바르섬, 인도네시아	수증기증류법(15~17) 휘발성용제추출법(4~6)	eugenol(70~90), acetyleugenol, methyl salicylate, β-caryophyllene, methyl-n-amylketone, methyl heptyl ketone
	Peppermint oil (꿀풀과)	Mentha piperita var. 의 잎, 꽃, 줄기	유럽, 북아메리카	수증기증류법(0.3~1.0)	l-menthol(40~50), menthone(16~25), isomenthone, 1,8-cineole, β-caryophyllene, menthyl acetate, 멘트프란
	Geranium oil (쥐손이풀과)	Pelargonium graveolens의 잎	레유니온섬, 모로코, 마다가스카르, 알제리아	수증기증류법(0.15~0.3) 휘발성용제추출법(0.3~0.4)	l-citronellol(25~50), geraniol(10~15), menthone, linalool, geranyl formate, geranyl tiglate, citronellyl formate, isomentone
	Patchouli oil (꿀풀과)	Pogostemon cablin 의 마른잎	말레이시아 반도, 수마투라섬	수증기증류법(3~6)	patchouli alcohol(35~40), patchoulene, patchoulene, β-caryophylene, α-guaene, β-bulnesene
	Sandalwood oil	Santalum album의 목재	인도네시아	수증기증류법(4.5~6.3)	α-β-santalol(90), santene, santenone, santenol, teresantalol, santalone, α-β-santalene

	명 칭(과)	원 료	주산지	채유법(수유율, %)	주성분(%)
식물성 향료	Cinnamon oil (녹나무과)	Cinnamomum zeylanicum의 나무껍질	세이론, 자바, 마다가스카르	수증기증류법(0.2～1.8)	cinnamic aldehyde(65～76), eugenol(2～5), l-phellandrene, pinene, linalool, 1,8-cineole, casryophyllene
	Coriander oil (미나리과)	Coriandrum sativum의 종자	멕시코, 모로코, 헝가리, 인도	수증기증류법(0.3～1.0)	d-linalool(60～70), α, β-pinene, limonene, terpinene, phellandrene geraniol, l-borneol, n-decyl aldehyde
	Nutmeg oil	Myristica fragrans의 종자	인도서남부, 수마트라, 브라질	수증기증류법(6～16)	sabinene(20～25), β-pinene, camphenem, llmonone, linalool, boruneol, telupineol
	Pepper oil	Piper nigrum의 열매	인도서남부, 수마트라, 브라질	수증기증류법(1.0～2.7)	β-pinene, sabinene, caliofilene, elemole
	Lemon oil (후추과)	Citrus limon의 과일	플로리다, 캘리포니아, 이탈리아를 포함한 지중해연안	압착법(0.2～0.3)	d-limonene(70), γ-terpinene(7), citral, α, β-pinene, camphene, methyl heptenone, β-페란도렌, α-벨가모텐, β-bisabolene
	Orange oil (귤과)	Citrus sinensis의 과일	플로리다, 캘리포니아, 이탈리아를 포함한 지중해연안	압착법(0.2～0.4)	d-limonene(90), n-decyl aldehyde, citral, d-linalool, n-nonyl alcohol, d-terpineol, nutocaton
	Bergamot oil (귤과)	Citrus aurantium bergamia의 껍질	카라부리아반도 코트다쥴	압착법(0.3～0.5)	linalyl acetate(35～40), l-linalool, limonene, citral, p-cymene, decanal
	Opoponax oil (올리브과)	Commiphora erythea var.의 수액	소말리아, 이디오피아	수증기증류법(5～10)	bisaboren, γ, δ-gurjunene, caryophyllene, α-santalene, α-bergamotene
	Vetiver oil (벼과)	Vetiveria zizanioides의 뿌리	인도네시아, 하이티, 레유니온성, 세이시엘제도	수증기증류법(0.6～3.0)	크시몰(13～22), 베티세리네올(10～12), α, β-vetivone, veteverol, vetivene
	Orris oil (붓꽃과)	Lris pallida의 뿌리	이탈리아를 포함한 지중해 연안	수증기증류법(0.2～0.4) 휘발성용제추출법 (0.005～0.006)	α, β, γ-irone, inalool, geraniol, benzyl alcohol, n-decylaldehyde
	Oakmoss oil(소나무겨우살이과)	떡갈나무에 붙은 이끼 Evernia prunastri	유고슬라비아, 프랑스	휘발성용제추출법 (0.01～0.05)	이벨닉크악시드(2～3), α, β-thulone, atlanolin, chloro-atranol, camphor, bomeol, naphthalene
동물성 향료	Musk oil (향)	사향노루 수컷의 생식선의 분비물	티벳, 운남성, 인도, 사천성, 네팔	알코올 침출	3-methyl cyclopentadecaone, musk pyridine
	Civet oil (영묘향)	암수 한쌍의 사향고양이에 있는 분비선의 주머니	이디오피아	알코올 침출	civetone, skatole, indole
	Castoreum oil (해리향)	비버의 생식선 근처의 내분비낭	시베리아, 북미	알코올 침출	castorine, castoramine, isocasstoramine
	Ambergris oil (용연향)	향유고래 내장에 생기는 병적 결석모양의 이물	인도양 주변의 해안, 해상	알코올 침출	ambrein

1. 마다가스카르섬의 Ylang Ylang

2. 대만의 Tuberose

3. 프랑스 남부의 Jasmin

4. 프랑스 남부의 Narcissus(水仙)

5. 프랑스 남부의 Centifolia Rose

6. 터키의 Damascena Rose

7. 프랑스 남부의 Lavender

8. 레유니온의 Geranium

9. 프랑스 남부의 Orange Flower

10. (구)유고슬라비아의 Oakmoss

동양란의 향기 Headspace 포집

그림 4-5. 대표적인 천연 향료 식물

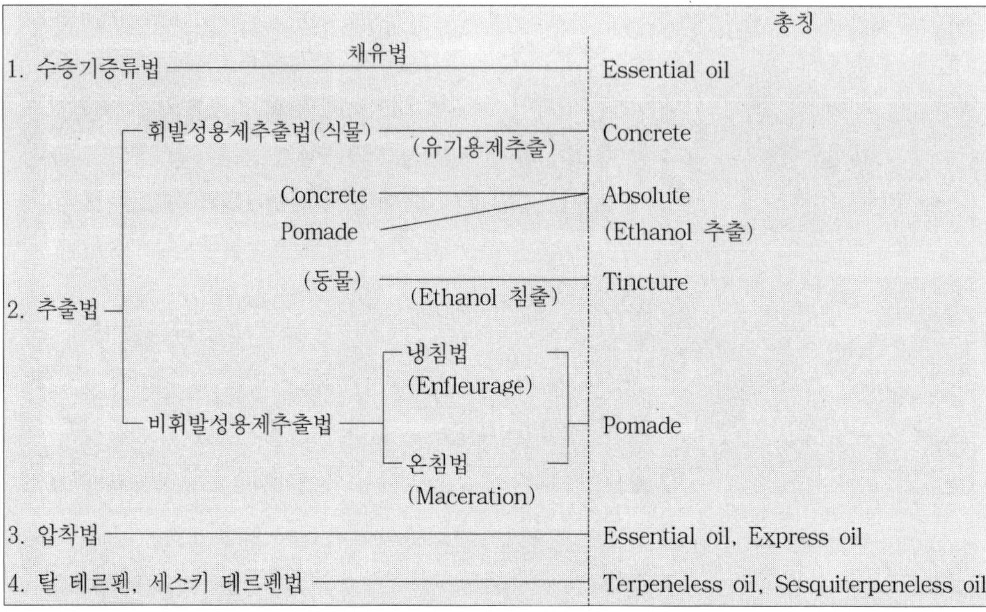

그림 4-6. 천연 향료의 채유법과 채유한 향료의 총칭

4-3-3. 정유의 분석 방법

천연 향료의 품질평가와 성분연구의 분석 방법을 그림 4-7에 나타낸다[9].

천연 향료의 분석으로 옛날부터 물리화학적 항수가 측정되었다. 이들 수치는 물질의 집합 상태에서 각각의 특성을 나타내는 것으로, 천연 향료의 품질의 우열이나 다른 천연 향료나 합성향료로 대체되었는지를 가려내는 중요한 수단이 된다. 물리 항수로서는 비중, 굴절률, 선광도(旋光度)의 측정을 실시한다. 용해도는 에틸 알코올에 대한 용해성을 나타내며 실용적인 의미를 갖고 있다. 화학적 항수로서는 산가, 에스테르가, 아세틸화 후의 에스테르가, 알코올 함량, 알데히드 함량, 케톤 함량 등이 측정된다. 이것들은 천연 향료의 특성을 나타내는 것이기 때문에 그 품질을 평가하는 이상으로 중요한 의미를 가지고 있다.

천연 향료 성분은 복잡하며 수백종류의 화합물로서 이루어져 있다. 일반적으로 복잡한 휘발성 혼합물의 분리는 가스크로마토그래피를 이용한다. 또한 구조 확인에는 질량분석법도 이용되고 있다. 컬럼 고정상 액체에는 극성과, 비극성인 것이 있다. 예를 들면 "동양란의 꽃"의 향료를 극성 컬럼으로 분석하면 주성분인 methyl jasmonate는 단일 피크이지만, 비극성 컬럼으로 분석하면 두 개의 피크로 분리된다. 이 피크는 methyl jasmonate의 이성체인 epi체가 분리된 것이고, "동양란의 꽃"의 조향에 중요한 역할을 하고 있는 성분이다. 이 두종의 컬럼 고정상 액체를 구별하여 사용하는 것이 향기의 중요한 성분을 나타내는데에 도움이 되고 있다.

- 천연 향료
  - 물리적 측정
    - 비중(Specific gravity)
    - 굴절률(Refractive index)
    - 선광도(Optical rotation)
    - 용해도(Solubility in alcohol)
  - 화학적 측정
    - 산가(Acid value)
    - 에스테르가(Ester value)
    - 아세틸화 후의 에스테르가(Ester value after acetylation)
    - 알코올 함량(Alcohol content)
    - 알데히드 함량(Aldehyde content)
    - 케톤 함량(Ketone content) 등
  - 성분분석
    - 가스 크로마토그래피(Gas chromatography)
      - 후각 가스 크로마토그래피(Olfactory gas chromatography)
      - 헤드스페이스 가스 크로마토그래피(Headspace gas chromatography)
    - 질량분석(Mass spectrometry)
    - 자외선 흡수분광법(Ultraviolet absorption spectrometry)
    - 적외선 흡수분광법(Infrared absorption spectrometry)
    - 핵자기공명(Nuclearmagnetic resonance)
    - 고속 액체크로마토그래피(High performance liquid chromatography)
    - 액체크로마토그래피(Liquid chromatography)
    - 박층크로마토그래피(Thin layer chromatography) 등

그림 4-7. 천연 향료의 품질 평가와 성분 연구

물질의 광학 이성체도 향기에 있어서 중요하고 *d*, *l*-체를 특수한 컬럼(광학 활성 고정상)을 사용함으로써 분리할 수 있다. 코리언더(coriander) 등의 천연 향료에 포함되어 있는 *d*-리나롤(*d*-linalool)은 나무향의 꽃향기이고, 베르가모트(bergamot) 등의 천연 향료에 들어있는 *l*-리나롤(*l*-linalool)은 달콤한 꽃향기이다. 이렇게 이성체간에 냄새가 크게 다른 향료가 있다. 천연 향료중의 화합물은 *d*-체, *l*-체가 단독 혹은 어느 한쪽의 비율이 높은 경우가 많으며, 향기에 크게 기여하기 때문에 광학이성의 확인이 필요하다.

다음에 검출기로서는 통상 불꽃이온화 검출기(FID)나 열전도 검출기(TCD)를 사용하는 경우가 많지만, 헤테로 화합물의 확인에는 열이온화 검출기(FTD)나 불꽃광도 검출기(FPD)를 사용한다.

후각 가스크로마토크래피는 천연 향료중에 향기에 크게 기여하는 성분을 찾아내는 방법이다. 컬럼의 출구를 둘로 나누고 하나는 검출기에, 하나는 냄새를 맡을 수 있도록 개방하고 크로마토그래피에 그려진 피크를 보면서 각 천연 향료 성분의 냄새를 확인한다.

향기가 좋은 식물이나 천연 향료로부터의 휘발성분을 직접 분석하기 위한 수단으로서 헤

드 스페이스 가스크로마토그래피가 이용된다. 이것은 통상의 가스크로마토그래피 분석과는 다르고 휘발하는 성분을 직접 분석하는 방법이다. 특히 비등점이 낮은 성분 분석에 유효하다. 또한 향기 성분을 농축포집하기 위하여, 휘발하는 가스를 컬럼관에 충전한 흡착제에 흡착시키고 흡착된 충전제로부터 유기용제나 가열하는 방법으로 탈착시켜 분석하는 방법도 채택된다(그림 4-5 및 그림 4-8). 흡착제에 흡착시키는 방법 이외에 저온에서 휘발성분을 응축시키는 방법도 있다.

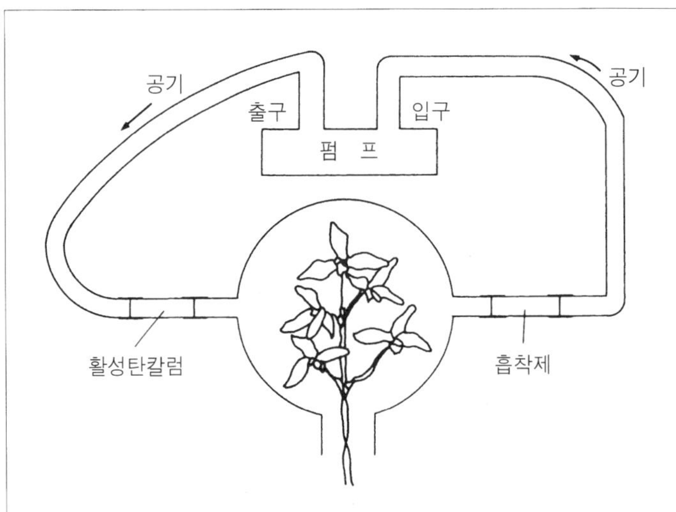

그림 4-8. 포집 장치

이러한 기기분석을 실시하기 전에 중요성분을 분화하는 전처리법도 중요한데, 컬럼 크로마토그래피나 단일 성분의 분리 효율이 높은 박층 크로마토그래피 등을 이용한다. 또한 분자량이 큰 성분이나 고비점 성분의 분석, 열분해하기 쉬운 성분에는 액체 크로마토그래피나 고속 액체 크로마토그래피를 사용한다.

단일성분의 확인에는 자외선 흡수 스펙트럼, 적외선 흡수 스펙트럼 및 ^{1}H, ^{13}C-핵자기 공명 등으로 분석해서 구조를 결정한다.

4-4 》 합성향료 ; Aroma chemicals (Synthetic perfumes)

19세기 후반에 오늘날의 테르펜 화학의 기초가 구축된 이래 많은 합성방법이 개발되었다. 특히 1939년에는 Ruzicka가 「Large Carbon Rings」의 업적으로 노벨화학상을 수상하였다.

20세기에 들어 향료 수요의 증가와 함께, 토지나 인건비의 상승에 따른 천연 향료의 가격 상승과 원료 부족이 심각해지자 천연향료만으로는 수요를 충족할 수 없게 되었다. 그래서 대량으로 싼 가격에 안정 공급이 가능한 합성향료가 점차 등장하였다. 또한 천연에는 없는 특징적인 향기를 가진 화합물도 합성되어 합성향료에 대한 기대가 더욱 커지게 되었다.

합성향료에는 천연향료로부터 그 함유성분을 추출, 정류, 석출이나 간단한 화학처리에 의해 얻어지는 단리향료와 유기 합성 반응에 의해 제조되는 순합성향료가 있다.

4-4-1. 대표적인 합성 향료

합성향료는 그 화학구조 혹은 발향기라는 관점으로부터 일반적으로 탄화수소, 알코올, 알데히드, 케톤, 에스테르, 락톤, 페놀, 산화물 및 아세탈 등의 관능기별로 분류된다. 대표적인 합성향료를 표 4-2에 열거하였다.

그외에 자주 사용되는 합성향료는 다음과 같은 화합물이다.

① 알코올류 : 게라니올, 시트로네롤, 타피네올, 멘톨, 산타롤, 박다놀, 브라마놀

② 알데히드류 : 리랄, 리리알

③ 케톤류 : 다마스콘, 메틸이오논, 이론, 이소이스파, 아세틸세드렌, 무스콘

④ 에스테르류 : 벤질아세테이트, 메틸디하이드로자스모네트, 메틸자스모네트

⑤ 락톤류 : 쟈스민락톤, 시크로펜타데카노리드, 에틸렌브라시레트

⑥ 옥사이드류 : Galaxolide, Ambroxane

4-4-2. 합성 방법의 진보

최근 합성연구의 진보와 함께, 종래 라세미 혼합물로서 취급되어 온 합성향료에 대해서, 광학활성체의 합성연구가 활발히 진행되고 있다. 이 방법은 광학활성적인 촉매나 효소를 이용한 합성법과 크로마토그래피나 결정화에 의한 광학 분해법이 이용된다. 특히 효소나 미생물에 의한 생물 화학적인 물질교환을 합성수단으로 이용하는 것이 중요하게 되었다.

4-5 ›› 조합향료 ; Fragrance compounds

화장품에 향기가 나게 하는 것을 부향이라 하고, 이러한 경우 앞서 기술한 천연향료나 합성향료를 그대로 단독으로 사용하는 일은 거의 없다. 대부분의 경우 이들 소재를 목적에 따라서 조합한 향료, 즉 조합향료의 형태로 이용한다.

표 4-2. 대표적인 합성향료

화학구조분류		향료명	화학구조	분자식 및 분자량	냄새
탄화수소	모노테르펜	limonene	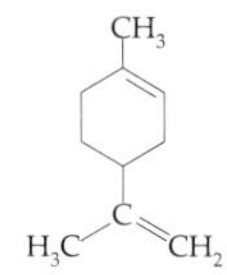	$C_{10}H_{16}$ 136.24	오렌지 향기
	Sesquiterpene	β-caryophyllene	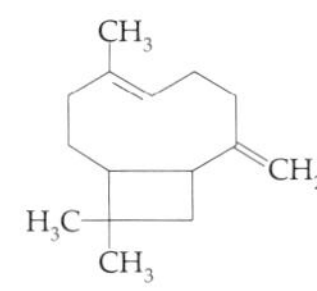	$C_{15}H_{24}$ 204.36	나무 향기
알코올	지방족 alcohol	cis-3-hexenol	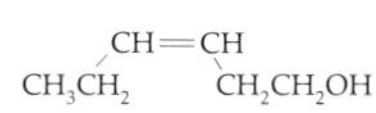	$C_6H_{12}O$ 100.16	신록의 어린잎 향기
	Monoterpene alcohol	linalool	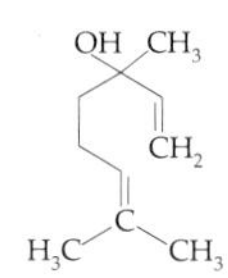	$C_{10}H_{18}O$ 154.25	스즈란의 향기
	Sesquiterpene alcohol	famesol	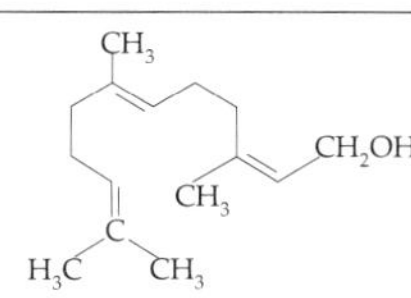	$C_{15}H_{26}O$ 222.37	신선한 녹색톤이 깔린 꽃 향기
	방향족 alcohol	β-phenylethyl alcohol	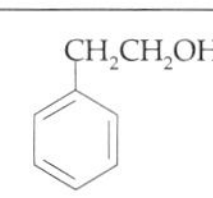	$C_8H_{10}O$ 122.17	장미 향기
알데히드	지방족 aldehyde	2,6-nonadienal	$CH_3CH_2CH{=}CHCH_2CH_2CH{=}CHCHO$	$C_9H_{14}O$ 138.21	제비꽃 향기, 오이 향기
	Terpene aldehyde	citral	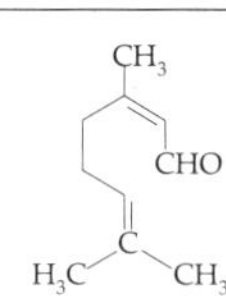	$C_{10}H_{16}O$ 152.24	강한 레몬 향기
	방향족 aldehyde	α-hexyl cinnamic aldehyde	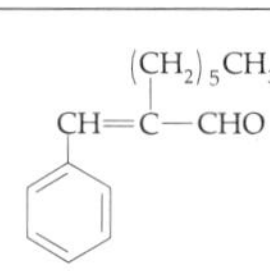	$C_{15}H_{20}O$ 216.33	쟈스민 향기
케톤	지환식 ketone	β-ionone	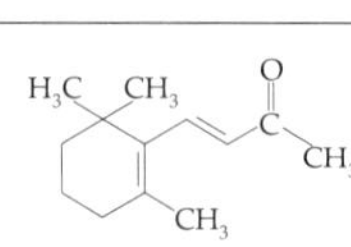	$C_{13}H_{20}O$ 192.30	희석하면 제비꽃 향기

화학구조분류		향료명	화학구조	분자식 및 분자량	냄새
케톤	Terpene ketone	*l*-carvone	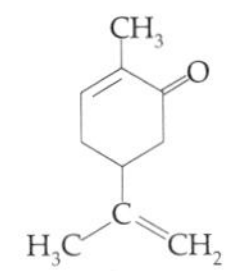	$C_{10}H_{14}O$ 150.22	스페아민트 향기
	대환상 ketone	cyclopentadecanone	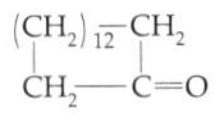	$C_{15}H_{28}O$ 224.39	Musk 향기
에스테르	Terpene계 ester	linalylacetate	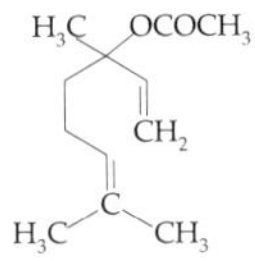	$C_{12}H_{20}O_2$ 196.29	Bergamot, Lavender 향기
	방향족 ester	benzyl benzoate		$C_{14}H_{12}O_2$ 212.25	약한 balsam 향기
락톤		γ-unde	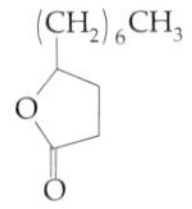	$C_{11}H_{20}O_2$ 184.28	복숭아 향기
페놀		eugenol	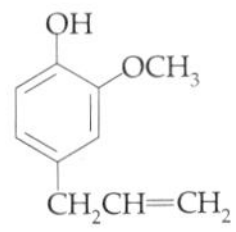	$C_{10}H_{12}O_2$ 164.21	Clove 향기
에테르		rose oxide	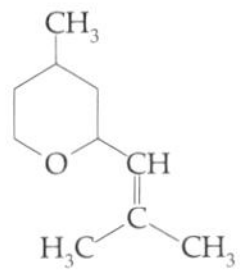	$C_{10}H_{18}O$ 154.25	푸른 꽃향기
질소함유화합물		indole	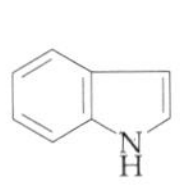	C_8H_7N 117.15	강하고 불쾌한 구린내, 희석하면 자스민의 향기
아세탈		phenylacetaldehyde dimethylacetal	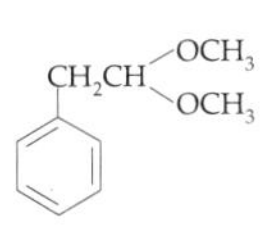	$C_{10}H_{14}O_2$ 166.22	엷은 히아신스향기
시프 염기		aurantiol	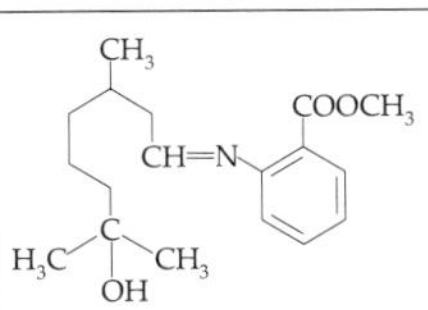	$C_{18}H_{27}NO_3$ 305.43	오렌지 꽃향기

4-5-1. 기본적인 기초 향료

조합향료를 만들 때 주체가 되는 부분의 향기를 가진 소재를 조합 기초향료라고 하고, 이것을 기초로 수식, 변조하는 향기를 가하여 전체를 조정하여 만들어낸다[10).

1) 후로랄 ; Floral

꽃의 향기는 향료의 역사상 항상 그 중심에 있는 중요한 향기 그룹으로 동서고금의 사람들에게 사랑을 받고 있다. 또 베이스 향료중에서도 가장 중요한 소재로 Rose, Jasmin, Muguet, Lilac, Carnation, Tuberose, Hyacinth, Orange flower. Neroli, Violet, Heliotrope, Gardenia, Honeysuckle, Jonquil, Narcissus, Freesia, Ylang Ylang 및 진초게 등이 있다. 이들 후로랄 중에서 3대 꽃향기라고 불리는 Rose, Jasmin, Muguet에대 하여 기술한다.

1-1) 로즈 ; Rose

로즈는 생활 가운데 가장 가까이 있는 꽃의 하나로서 친숙하다. 색이나 형태뿐만 아니라, 향기도 기호성이 높고 어떤 향료와도 잘 조화되어 향기의 완성도를 높인다. 또한 최근 로즈 특징을 가진 합성향료 개발을 배경으로 다양하고 독창성이 있는 향기가 나오고 있다.

【로즈 타입의 처방 예】

Phenyl Ethyl Alcohol	25.0
Geraniol	5.0
Citronellol	48.0
Linalool	12.0
Eugenol	2.0
Nerol	1.0
Aldehyde C 11 undecylenic 10%	1.0
Aldehyde C 12 lauric 10%	2.0
Amyl Phenylacetate	5.0
Rose Oxide	0.5
Geranyl Acetate	2.5
Damascone Alpha 10%	1.0
	100%

1-2) 쟈스민 ; Jasmin

로즈가 꽃의 여왕이라고 한다면 쟈스민은 꽃의 왕이다. 섬세하고 화사하게 퍼지는 쟈스민의 달콤한 향기는 로즈와 함께 가장 중요한 향료이고, 향기 제조자의 파레트에 빼놓을 수 없는 향료이다. 다른 향기와 어떠한 비율로 섞어도 조화되며 향기를 파괴하는 경우는 없다.

【 쟈스민 타입의 처방 예】

Benzyl Acetate	17.0
Hexyl Cinnamic Aldehyde	43.0
Indole 10%	2.0
Hexyl Salicylate	8.0
Methyl Dihydrojasmonate	10.0
Eugenol 10%	4.0
Mayol	4.0
Undecalactone Gamma 10%	8.0
	4.0
	100%

1-3) 뮤우게 ; Muguet

로즈, 쟈스민과 달리 화려하진 않지만 일본인들이 좋아하는 향기라고 할 수 있다. 약간 그린색을 띤 상쾌함과 신선함, 개운한 달콤함이 있는 향기이다. 이 향기는 가격이 싸고 천연과 매우 비슷한 조합 향료가 만들어지기 때문에 향료로서 천연 뮤우게를 사용하지는 않는다.

【Muguet 타입의 처방 예】

Linalool	3.0
Ylang Ylang Oil	1.0
Rhodinol	15.0
Heliotropine	4.0
Cyclamen Aldehyde	0.5
Citronelly Formate	2.0
Lilial	25.0
Lyral	10.0
Mayol	15.0
Dimethyl Benzyl Carbinol	5.0
Bergamot Oil	7.0
Benzyl Acetate	2.5
Phenyl Ethyl Alcohol	10.0
	100%

2) 우디 ; Woody

건조하면서 힘이 강하고, 고상한 베티버계, 중후하고 부드럽고 다소 섹시한 산달우드계, 강하고 이국적인 패츄리계, 기타 세다우드계, 파인계 등의 나무 향기의 특징을 가진 향료이다.

3) 시프레 ; Chypre

1917년 발매된 코티사의 향수 Chypre가 원형이다[6]. 베르가모트, 옥모스, 오렌지, 로즈, 쟈스민, 무스크 및 암버 등으로 조합된 향기의 특징을 갖는, 조향상 중요한 향기의 하나이다.

4) 시트러스 ; Citrus

상쾌한 감귤계의 향료인 베르가모트, 레몬, 오렌지, 라임, 그레이프 후루츠, 만다린을 주체로 한 향기로서, 후레쉬 코롱이나 샤워 코롱 등의 라이트 코롱에 많이 이용되고, 기호성이 좋은 향기이다.

5) 그린 ; Green

잎을 자르거나 비비거나 할 때 느껴지는 향기, 혹은 오이, 토마토, 피망 등에서 느껴지는 풋풋한 향기가 특징이다. 이 향기를 최초로 어필한 향수는, 1945년 발매된 Vent Vert(Balmain)[12]다.

6) 후제아 ; Fougere

1882년 발매된 Fougere Royale(Houbigant)[12]의 향수명이 원형인데 라벤다, 오크모스, 쿠마린 등을 기초로 하고 로즈, 자스민 등의 꽃향기에 산달 우드, 베티버, 패츄리 등의 나무향기를 가하여 암버, 무스크 등으로 보향성을 부여한 중후한 느낌이 있는 향기를 특징으로 하고 있다. 남성용 향기에 널리 응용되고 있다.

7) 오리엔탈 ; Oriental

이 명칭은 유럽에 수입된 동양 향료의 특징 때문에 이름이 붙여진 것이다. 발삼류, 스파이스류, 바닐라, 나무향, 동물향기를 배합하여 파우더리하고 달콤하며 진하게 남는 강한 향기가 특징이다. 또한 최근에 보다 엷은 꽃향기의 향조를 많이 배합한 쎄미 오리엔탈, 혹은 후로리엔탈로 분류되는 향기도 많다.

4-5-2. 기타 기초 향료

앞서 말한 기본적인 기초 향료는 향기의 골격이 되는 것이고, 이 이외에 소량으로 깊이나 폭을 나타내고 변조할 목적으로 배합되는 향료가 있다.

1) 후루티 ; Fruity

감귤계 이외의 과일 향으로 복숭아, 딸기, 사과, 바나나, 멜론, 파인애플 및 나무딸기 등이 있다. 최근에는 열대과일도 사용되어 향기에 특징을 부여하고 있다.

2) 스파이시 ; Spicy

스파이스의 자극적인 향기이다. 클로브, 신나몬, 타임, 후추, 카르다몬, 너츠메그 등에서 유래하는 향기를 특징으로 한다.

3) 알데히드 ; Aldehyde

지방족 알데히드에 속하는 탄소수 7에서 12까지의 강렬하고 예리한 향기에 유래하는 특징을 갖고 있는 것으로 Chanel No.5 향수에 대담하게 사용되며 주목 받고있는 소재이다.

4) 애니멀 ; Animal

무스크, 시베트, 카스토리윰, 암버그리스와 같은 향기이다. 최근에는 무스크, 암버그리스는 구하기 어려워서 대부분이 합성 내지는 조합된 것을 소재로 사용하고 있다.

4-6 》 조향 ; Perfume creation

향기를 창조하는 것을 조향, 창조하는 사람을 퍼퓨머(조향사, Perfumer)라고 한다. 퍼퓨머는 향기의 기본이 되는 향료 원료(천연향료 약 500종, 합성향료 약 1,000종)를 이용하여 이미지에 맞는 향기를 창조한다. 또 일반적으로 이미 조향되어 널리 쓰이는 조합 향료 등을 이용하여 심플한 향은 10~30종, 복잡하고 세련된 향기는 50~100종, 많을 경우에는 200~500종의 향료 원료를 목적에 맞춰 사용한다.

4-6-1. 조향 방법

화장품용 향료를 만드는데는 그림 4-9과 같이, 우선 상품 구상을 중심으로 기술개발이나 시장으로부터 정보를 감안하면서 향기의 이미지를 머리속에 그린다. 이 이미지를 기본으로 소재의 천연 및 합성 향료, 조합 향료를 이용, 안전성 안정성 등의 기술요소를 넣어가면서 향료처방을 작성한다. 구체적인 발상 방법으로서는,

① 사람, 풍경, 정경, 표현용어(이미지 용어, 관능 용어) 등으로 이미지를 만들어서 향기를 만든다.

② 기존의 향기, 혹은 그 이미지로부터 힌트를 얻어 만든다.

③ 향기의 일부를 다른 향기의 일부나 전부로 치환해서 새로운 향기를 만든다.

④ 특징있는 새로운 원료의 특성을 살려서 향기를 만든다.

⑤ 꽃 등의 향기의 분석 데이터를 기초로 그 향기가 갖는 이미지를 표현한다.

등이 있다.

향수에는 향수다운 향기, 크림이나 화장수에는 각각에 상응하는 향기를 지니는 것이 필요하다. 치약 향료에는 산뜻한 청량감이 있는 향취, 비누와 샴푸에는 청결한 느낌을 주는 향기, 이와 같이 제품에 따라 각각의 향기가 다르다. 그러나 향수, 화장품, 비누, 치약 등의 제품향료의 조향 방법에는 공통점이 있다. 탑 노트(top note), 미들 노트(middle note), 라스팅 노트(lasting note, base note or dry out), 즉 조합에 기초가 되는 향료를 휘발도에 맞추고 조화를 이루도록 조합시켜서, 여기에 가지를 붙이는 역할의 향료(modifier)와 보유성을 주기 위한 보유제(fixative)를 추가한다. 이 처방의 조합 방식이 능숙한지 혹은 능숙하지 못한지에 따라서 조합 향료의 향기의 좋고 나쁨이 결정된다.

탑 노트는 향기의 첫번째 인상을 주는 것으로서 중요하다. 시트러스 노트, 후루티 노트나 그린 노트 등이 이용되고, 일반적으로 기호성이 좋고, 신선해서 전체의 향기를 잘 끌어내고 동시에 독창성이 요구된다. 휘발성이 높으며, 향기 종이(smelling strip)에 묻혀서 2시간 이내에 휘산시켜서 그 후에 냄새가 남지 않도록 하는 것이 필요하다.

탑 노트가 지나치면 다음에 중 정도의 휘발성을 지니며 향기에 풍부한 감을 주는 미들 노트가 나타난다. 쟈스민, 로즈 등의 꽃향기나 알데히드, 스파이스노트 등의 향기가 이용되며, 향기의 특징을 나타내는 가장 중요한 부분이다. 향기 종이에 묻혀 2~6시간 향기가 지속된다. 마지막으로 라스팅 노트는 휘발성이 낮고 보유성이 풍부한 오크모스나 우디노트, 애니멀 노트, 암버와 발삼계의 향기가 난다. 향기 종이에 묻혀서 6시간 이상 향기가 지속되는 향기이다. 또 각 노트간의 배합 비율은, 기초 재료와 향료와의 상호작용에 의한 향기의 휘발성이나 향기의 질이 달라지는 것을 고려해서 정하지 않으면 밸런스가 나빠진다. 향의 구성상 시원하거나 후루티한 향기는 탑 노트에 많으며 오리엔탈, 시프레 타입의 향기는 라스팅 노트에 많다.

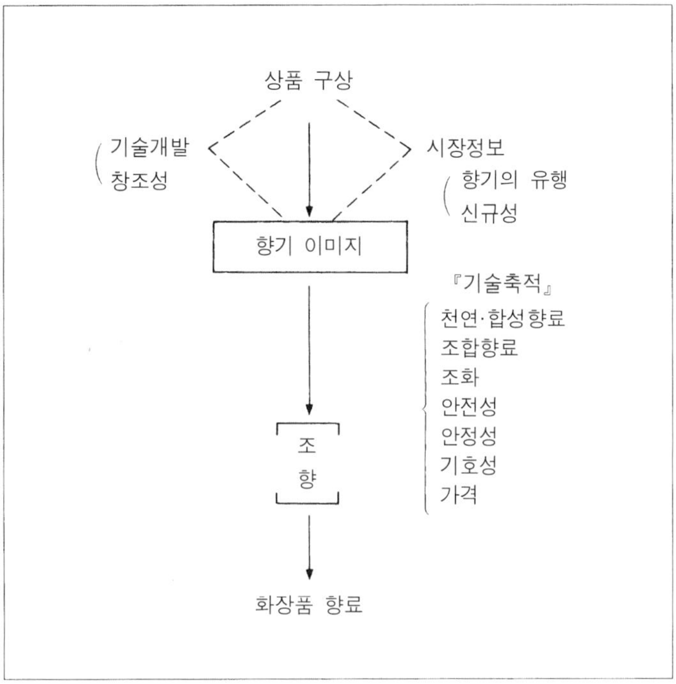

그림 4-9. 화장품 향료의 창작

제조 기술의 습득에는 정해진 것은 없으나, 일반적으로 다음과 같은 순서로 실행된다.

① 향료 원료의 휘발성, 강도, 확산성 등의 특성을 파악하고 냄새를 기억한다.

② 중요한 후로랄 베이스와 우디 베이스 등 냄새의 타입별로 향료를 2~3종 조합시켜 그 조화(accord)를 조사한다

③ 중요한 후로랄 노트를 모방한다.

④ 시판 향수를 참고로 향수의 기본적인 냄새 타입을 만든다.

⑤ 대표적인 향수 타입을 모방하여 향기에 대한 표현력을 키운다.

그 동안 경험이 있는 우수한 조향사와 연구를 함께 하여 조향의 센스, 구성, 생각, 경험 등을 배우는 것이 중요하다.

4-6-2. 향기의 기호성

향기는 성별, 연령, 경험, 인종 등에 따라 기호가 다르다. 일반적으로 일본인은 남성이나 여성 모두 꽃의 향이나 감귤계의 향을 좋아하지만, 연령에 따라 다음과 같은 기호 성향을 띤다. 8~15세까지는 후루터 노트를 좋아하고 15세부터 민트, 시트러스 등의 향기, 20~24세의

젊은 여성은 가벼운 후로랄이나 후로랄 그린향기, 25~30세의 여성은 화려한 후로랄 알데히드, 그린 후로랄 향을 좋아한다. 향기에 대한 경험이 쌓이면 중후한 시프레나 오리엔탈 등의 향기를 좋아하게 된다.

일본인 남성은 서양에 비해 일반적으로 시트러스나 후로랄 향기를 좋아한다. 경험이나 생활 환경의 차이에 따라 그린, 후제아, 시프레 등의 향기를 좋아하게 된다.

한편 미국의 여성용 향수는 확산성, 지속성이 있는 오리엔탈이나 화이트 후로랄등의 향이 잘 받아들여진다. 남성은 오리엔탈, 시프레의 향기를 좋아한다. 그리고 프랑스 여성은 기호가 다양하기 때문에, 기호가 특정한 것으로 편중되지 않는 것이 특징이다.

화장품 별로 보면, 일반적으로 화장수나 크림류에는 로즈, 쟈스민, 뮤우게, 라일락 등의 향기가 사용되고 메이크업 제품에는 파우더리하고 달콤한 향기가 자주 사용되었지만 최근에는 후로랄 계도 많아지고 있다. 전반적으로는 섬세하고 세련된 향기가 사용되는 경향이 있다.

4-6-3. 향기의 강도와 부향률

화장품은 그 향기의 강도에 있어서 여성용은 여성이, 남성용은 남성이 좋아할 수 있도록 강도의 정도가 요구된다. 또 동시에 어느 정도 이성이 좋아하도록 하는 것도 필요하다. 최근에 는 소비자의 욕구 등으로부터 비교적 약한 향기의 상품이 많아지고 있다.

같은 향기도 너무 강하면 혐오감을 주는 경향이 있어서, 적당한 부향률이 바람직하다. 화장품이나 토일레터리의 일반적인 부향률을 표 4-3에 나타낸다.

표 4-3. 화장품의 부향률

제품명	부향률	제품명	부향률
크림	0.05 ~0.2	헤어 스프레이	0.05~0.3
유액	0.03 ~0.2	헤어 무쓰	0.02~0.3
화장수	0.001~0.05	포마드	0.5 ~3.0
파운데이션	0.05 ~0.5	샴푸, 린스	0.2 ~0.6
립스틱	0.03 ~0.3	비누	1.0 ~1.5
훼이스 파우더	0.02 ~0.2	클렌징 폼	0.1 ~0.7
아이 메이크업	0.01 ~0.1	목욕제	0.2 ~3.0
헤어 토닉	0.5 ~1.0	치약	0.7 ~1.2
헤어 리퀴드	0.3 ~1.0	세제	0.1 ~0.3

4-6-4. 향기의 변화·변색

향수·화장품·비누 등에 이용되는 향료는 이미 기술한 바와 같이 각종 관능기를 갖는 향료 소재의 조합에 의한 복합체이다. 조향에 있어서는 향료 소재와 화장품 기본 제제와의 상호 작용에 의한 변취나 변색에 충분히 주의해야 한다. 조합향료는 산소, 빛, 온도, 습도 및 부향된 기본 제제 자체의 물리, 화학적 성질의 영향을 받아, 산화, 중합, 축합, 가수분해 등의 반응을 일으키고, 화장품의 향기가 나빠진다거나, 변색을 일으킨다거나 하는 경우가 있다. 기본 제제는 전반적으로 중성 영역이 많지만, 예를 들면 비누와 같은 알칼리성인 것, 헤어 제품의 일부에는 산화력이나 환원력을 가진 것도 있어서, 사용하는 향료 소재의 선택을 배려하지 않으면 안된다. 또 향료에는 열과 빛에 약한 것이 있고 화학적 반응 이외에 용기나 외장의 포장 형태에도 유의할 필요가 있다.

4-6-5. 안전성

화장품에는 천연 또는 합성인 향료가 다수 사용되는데, 피부 트러블 등이 없이 안전하게 사용할 수 있도록 연구가 진행되고 있다. 국제학술기구인 RIFM(Research Institute for Fragrance Materials, 1966년 설립)에서는 급성 경구 독성, 급성 경피독성, 피부1차 자극성, 안점막 자극성, 알레르기성, 광독성, 광알레르기성, 최기(催奇)형성, 발암성, 신경독성 등 광범위한 항목에 대해서, 향료의 안전성 평가를 하고 있다. 향료 업계의 국제기구인 IFRA (International Fragrance Association)는 그 평가 결과에 근거하여 향료를 안전하게 사용하기 위한 가이드 라인을 정하고 있다. 각국에서도 화장품 향료는 이 자주적 규제(사용금지, 사용량 규제)에 의거하여 만들어지고 있다. 또 한편에서는 광독성, 알레르기성이 있는 천연 향료도 원인물질이 해명되어, 이것을 제거한 안전한 향료가 정력적으로 연구 개발되고 있다.

이와 같이 화장품의 향료에 대한 안전성은 대단히 높아지고 있다.

참고문헌

1) 菊池晶夫, 山口浩他：日本心理学会第 54 回大会発表論文集, 399, (1990)
2) 緒方茂樹, 鳥居鎮夫他：味と匂のシンポジウム論文集, 149, (1986)
3) 谷田正弘, 菊池晶夫：第 26 回味と匂学会シンポジウム論文集. p. 305-308, 「味と匂学会」事務局, 1992.
4) 中村祥二：アロマテラピー；医香同源. Aesthetic Dermatology, 5(3)：59-61, 1995.
5) 谷田正弘：aromatopia, 5(2)：20-23, 1996.
6) 藤巻正生, 服部達彦, 林和夫, 荒井綜一編：香料の事典, 朝倉書店, 1980.
7) 日本香料協会 編：香りの百科, 朝倉書店, 1989.
8) 奥田 治：香料科学総覧, 廣川書店, 1967.
9) 正田芳郎：ガスクロマトグラフィー・マススペクトルによる天然香料の分析, 廣川書店, 1968.
10) 黒沢路可：香りの事典, フレグランスジャーナル社, 1984.
11) 印藤元一：香料の実際知識, 東洋経済新報社, 1975.
12) 竹中利夫：調香へのアプローチ, フレグランスジャーナル社, 1983.

5 화장품의 원료

과학의 발전에 의해 천연물, 합성물, 바이오 생산물 등 여러 부분에 걸쳐 원료 확보가 가능하게 되고, 품질 향상이나 제품의 다양화에 기여하여 왔다. 최근에는 단순히 다른 산업으로부터 공급되는 일반적인 원료에 의존할 뿐만 아니라 새로운 기능을 찾거나 피부의 생리적 메커니즘에 맞추어 화장품용으로서 적극적으로 원료를 설계 개발하는 경향을 볼 수 있다.

화장품을 구성하고 있는 주요 원료는 유지, 왁스류, 에스테르유 등의 유성원료, 유화, 가용화 등의 목적으로 사용되는 계면활성제, 보습제, 점도증가제, 피막형성을 목적으로서 또는 그 자체 분말로서 사용되는 고분자 화합물, 자외선 흡수제, 산화방지제, 금속 이온 봉쇄제, 염료, 안료 등의 색재류 등외에 비타민류, 식물 추출물 등의 약제 그리고 향료를 들 수 있다.

화장품은 피부나 모발에 사용되는 것으로 그 기본을 구성하고 있는 원료의 사용선택에 있어서 고려해야 할 주요 조건으로서는 ① 사용목적에 따른 기능이 우수하다 ② 안전성이 양호하다 ③ 산화안정성 등의 안정성이 우수하다 ④ 냄새가 적은 것 등 품질이 일정해야 하는 것을 들 수 있다.

이상은 화장품 원료로서 고려해야만 하는 주요 조건이다. 그 외에 고려해야 할 조건으로서 법규상의 규제가 있다(화장품과 법규의 항 참조). 현재 화장품 원료는 약사법의 승인 제도가 있기 때문에 신규원료(미승인 원료)는 상기의 조건을 만족시키는 것만을 사용할 수 없으며, 그 원료의 규격을 정해서 안전성 등을 확인한 후에 후생성에 신청하여 승인을 얻어야 한다. 이미 승인된 원료의 대부분은 화장품 원료 기준 및 화장품 종별 배합 성분 규격에 약 2,800 성분이 수록되어 있다. 약사법의 규제 완화에 의하면, 원료를 방부제, 자외선 흡수제, 타르 색소의 특정 성분과 그 외의 일반 성분군으로 나눈다. 특정 성분군은 사용 가능 원료에 대한 배합 가능 성분 리스트(positive list)를 작성, 미등록 특정 성분을 이용하는 경우에는 신청서를 내서 승인을 받도록 하고 있다. 일반 원료는 배합 금지 성분 리스트(negative list)와 배합 제한 성분 리스트(restricted list)를 정하여, 이러한 원료에 대하여 사용 제한을 받는다. 이 외의 일반 원료는 후생성의 승인은 불필요하고 각 제조사 자체 책임을 기준으로 사용하는 것이 가능하다.

아래에 주요 화장품 원료에 대해 설명한다. 그리고 색재류, 향료, 약제, 항균제에 대하여서는 총론의 각 항에서 해설하고 있기 때문에 여기에서는 생략한다.

5-1 》 유성 원료 ; Oily materials

유성 원료는 화장품의 구성 성분으로서 널리 이용되고 있다. 피부로부터 수분의 증발을 억제하고, 사용 감촉을 향상시키는 등의 목적으로 사용된다.

5-1-1. 유지 ; Oils and Fats

유지는 지방산과 글리세린의 트리에스테르(트리글리세리드)가 주성분이며, 동식물계에 널리 분포한다. 유지 중에 상온에서 액상인 것을 지방유, 고체인 것을 지방이라고 한다[1].

화장품 원료로서 유지는 천연에서 얻은 것을 탈색, 탈취 등 정제하여 사용하고, 경우에 따라서는 부분 또는 완전하게 수소 첨가해서 경화유지로 사용하거나, 혹은 냉각해서 고체 유지를 제거한 다음 사용하는 경우도 있다.

유지는 동식물 및 미생물에 의하여 생산되므로 종류는 많지만, 화장품 원료로서는 비교적 그 종류가 제한되어 있다.

1) 올리브유 ; Olive oil

올리브(Olea europaea Linné ; Oleaceae)의 열매를 압착하여 얻은 지방유이다. 주산지는 스페인, 이탈리아 등의 지중해 연안 지방이다. 구성 지방산은 올레인산(65~85%)이 많고, 그외 팔미틴산(7~16%), 리놀산(4~15%) 등이다.

올리브유는 피부 표면으로부터의 수분증발 억제나 사용감촉의 향상 등의 목적으로 사용된다.

2) 동백(椿)유 ; Camellia oil

동백나무(Camellia japonica Linné ; Theaceae)의 종자에서 얻은 지방산이다. 구성 지방산으로서는 올레인산(82~88%)이 많고, 그 외 팔미틴산 등의 포화지방산(8~10%)과 리놀산(1~4%) 등이 포함되어 있다.

올리브유와 성상 등이 유사하며 크림, 유액 등에 사용된다. 또 옛부터 두발용 기름으로 사용되어 왔다.

3) 마카다미아 너트유 ; Macadamia nut oil

오스트레일리아가 원산지인 야마모가시과의 Macadamia ternifolia의 열매를 압착하여 얻어지는 지방유이다. 구성 지방산으로서는, 올레인산(50~65%)이 주성분이고 식물유지로서는 드물게 팔미트레인산(20~27%)이 많이 포함되어 있다. 이 특성이 사용감촉 등을 향상시키기도 해서, 크림, 유액, 입술 연지 등에 사용된다[2,3].

4) 피마자유 ; Castor oil

인도 또는 아프리카 원산지인 피마자(아주까리), Ricinus communis Linné(Euphorbiaceae)의 종자에서 얻어지는 지방유이다. 지방산으로서 하이드록시산인 리시놀산(85~95%)을 많이 함유하기 때문에, 다른 유지에 비해 친수성이 높고 점성이 있으며 에탄올에 용해된다[4].

이러한 특성을 살려서 입술 연지, 포마드 등에 사용되고 그 외에, 염료(적색223호 : 테트라브롬플루오레세인)의 용해제로서 사용된다.

5-1-2. 왁스류 ; Wax esters

왁스류는 화학 구조상, 고급 지방산과 고급 알코올의 에스테르이며 동식물로부터 얻을 수 있다. 동식물에서 얻은 왁스는 전술한 에스테르가 주성분이고, 이 외에 유리 지방산, 고급 알코올, 탄화수소, 수지류 등을 포함하고 있다. 또 왁스류를 구성하는 지방산이나 고급 알코올은 유지의 경우와 달리, C_{20}~C_{30}을 비교적 많이 함유하고 있다.

왁스류는 기초화장품이나 메이크업 화장품 등에 널리 이용되고 있다. 주된 사용 목적은 입술 연지 등을 고형화하거나 광택을 부여하고 사용감촉을 향상시키기도 한다.

1) 카르나우바 왁스 ; Carnauba wax

남미 특히 브라질 북부에 자생 또는 재배되고 있는 높이 약 10m의 카르나우바 야자, Copernicia cerifera Mart(Palmae)의 잎 또는 잎꼭지로부터 채취되는 단단하고 부서지기 쉬운 왁스이다.

C_{20}~C_{32}의 지방산과 C_{28}~C_{34}의 알코올로 이루어진 에스테르이고, 특히 하이드록시산 에스테르가 많다. 융점은 80~86℃로 식물 왁스 중에서는 높은 편이다.

카르나우바 왁스를 사용하는 주목적은, 입술 연지 등 스틱상 제품의 광택 부여와 내온성 향상 등에 있다.

2) 칸데릴라 왁스 ; Candelilla wax

멕시코 북서부, 미국 텍사스주 등 온도차가 심하고 비가 적은 건조한 고원지대에서 생육하고 있는 칸데릴라 식물 Euphorbia cerifera Alcocer, Euphorbia antisyphilitica Zucarrini, Pedilanthus pavonis Boissier(Euphorbiaceae) 등의 줄기로부터 얻은 왁스를 정제한 것이다. C_{16}~C_{34}의 지방산 에스테르가 약 30%, 헨토리아콘탄($C_{31}H_{64}$) 등의 탄화수소가 약 45%, 미리실 알코올 등의 유리 알코올, 수지분(樹緖分) 등이 약 25%이다.

입술 연지 등의 스틱상의 제품에 광택이나 내온성 향상 등의 목적으로 사용된다.

3) 호호바유 ; Jojoba oil

아메리카 남부(아리조나, 캘리포니아 지방), 멕시코 북부의 건조지대에 자생하고 있는 호호바 Simmondsia chinensis 또는 Simmondsia californica Nuttall(Euphorbiaceae)의 종자에서 얻어지는 액체 왁스이다. 그 주성분은 불포화 고급 알코올(11-eicosen-1-ol 및 13-dococen-1-ol)과 불포화 지방산(11-eicosenoic acid 및 oleic acid)의 에스테르이다[5]. 최근에는 인공적으로 재배가 이루어지고 있다.

호호바유는 산화에 대한 안정성이 우수하고, 사용감촉이 양호하며, 피부에 친화력이 있기 때문에 크림, 유액, 입술 연지 등에 사용된다.

4) 밀납 ; Bees wax

동양꿀벌, Apis indica Radoszkowski(Apidae), 유럽꿀벌, Apis mellifera linné 등의 꿀벌 집에서 얻은 왁스를 정제한 것이다.

꿀벌의 집으로부터 벌꿀을 채취한 후, 열탕에 넣어서 왁스를 분리하여 얻는다. 황색 또는 황갈색의 고체이다.

조성은 동양밀납과 서양밀납과는 다소 차이가 있지만, 모두 고급 지방산과 고급 알코올의 에스테르가 주성분이고, 유리 지방산, 탄화수소 등을 함유하고 있다. 동양밀납의 에스테르 주성분은 16-하이드록시 팔미틴산 세릴 〔$C_{15}H_{30}(OH)-COOC_{26}H_{53}$〕과 팔미틴산 세릴 〔$C_{15}H_{31}COOC_{26}H_{53}$〕이고, 유럽밀납은 팔미틴산 미리실 〔$C_{15}H_{31}COOC_{31}H_{63}$〕이 주성분이다[6].

밀납은 크림이나 입술 연지, 볼연지 등의 스틱상의 제품에 주로 사용된다.

5) 라놀린 ; Lanolin

양, Ovis aries Linné(Bovidae)의 털로부터 얻어지는 지방모양의 물질을 정제한 것이며, 담황색의 연고(페이스트상)와 같은 물질이다. 주성분은 고급 지방산과 스테롤류 및 고급 알코올의 에스테르의 혼합물이다. 그 구성성분인 고급 지방산 부분은 복잡해서,

안티이소 지방산

$$\begin{matrix} CH_3CH_2 \diagdown \\ \qquad\qquad CH(CH_2)_nCOOH \\ CH_3 \diagup \end{matrix} \quad (n=4\sim26)$$

이소지방산

$$\begin{matrix} CH_3 \diagdown \\ \qquad\qquad CH(CH_2)_nCOOH \\ CH_3 \diagup \end{matrix} \quad (n=6\sim24)$$

이 대부분을 점유하고, 스테롤류 및 고급알코올부의 조성은 콜레스테롤, 이소콜레스테롤이 대부분이고, 그 이외에 $C_{13}\sim C_{33}$의 고급 알코올이 함유되어 있다.

라놀린은 피부에 대하여 친화성, 부착성이 풍부하고, 또 물성적으로 물을 함유하는 성질이 우수하므로 크림, 입술 연지 등에 사용된다.

5-1-3. 탄화수소 ; Hydrocarbons

화장품 원료로서 사용하는 탄화수소는 보통 C_{15} 이상의 사슬모양의 포화 탄화수소이다. 주로, 석유자원으로부터 채취된 유동 파라핀, 파라핀, 바세린 등, 동물이나 식물에서 얻어지는 스쿠알렌에 수소를 첨가한 스쿠알란 등이 있다.

1) 유동 파라핀 ; Liquid paraffins

석유 원유의 300℃ 이상의 유분에서 고형 파라핀을 제거하여 정제한 것이다. 상온에서 액상이며, $C_{15}\sim C_{30}$의 포화 탄화수소의 혼합물이다. 유동 파라핀은 정제가 용이하므로 무색, 무취를 얻을 수 있고 화학적으로 불활성이므로 변질하는 것이 적으며, 유화하기 쉽다는 점 등의 이유 때문에 유성원료로서 다량으로 사용되고 있다. 화장품에서 특히 많이 사용되는 것은 크림이나 유액 등의 기초 화장품이고, 피부표면에서 수분 증발의 억제나 사용감촉의 향상 등의 목적으로 사용된다.

2) 파라핀 ; Paraffin

석유 원유를 증류하여 최후에 남은 부분을 진공증류, 혹은 용제분별에 의해 얻어지는 무색 또는 백색 투명한 고체(융점 50~70℃)이다. 조성은 주로 직쇄의 탄화수소로 이루어져 있으나, 2~3%의 가지달린 탄화수소를 포함하는 것도 많다. 탄소수는 $C_{16}\sim C_{40}$사이에 분포하고 특히 $C_{20}\sim C_{30}$이 많다.

파라핀은 유동 파라핀과 마찬가지로 무색, 무취, 불활성이고 크림, 입술 연지 등에 사용된다.

3) 바세린 ; Petrolatum

석유 원유의 진공증류 잔유를 용제 탈납할 때에 얻어지는 연고상의 물질을 정제한 것을 바세린이라 한다. 주성분은 C_{24}~C_{34}의 탄화수소이고 비정질이다. 바세린은 유동 파라핀과 파라핀과의 단순한 혼합물은 아니고 고형 파라핀이 외상을, 액체 유동파라핀이 내상을 구성하고 콜로이드 상태로 존재하는 것으로 생각된다.

유동 파라핀과 같이 무취이며, 화학적으로 불활성하고, 접착력이 있기 때문에 크림류 외에 입술 연지 등에 이용된다.

4) 세레신 ; Ceresin

오조케라이트를 정제한 것으로, 주로 C_{29}~C_{35}의 직쇄상의 탄화수소로 이루어지는데 일부 이소파라핀이 포함되어 있다. 파라핀에 비해서 분자량이 크고 비중, 경도, 융점(61~95℃) 등이 높다.

입술 연지, 스틱상 포마드 등의 고화제로서 사용된다.

5) 마이크로크리스탈린 왁스 ; Microcrystalline wax

Petrolatum 등의 탈유에 의해 얻어지는 비결정성 고체이다[7]. C_{31}~C_{70}의 이소파라핀을 주성분으로 하는 복잡한 혼합물이다.

점성이 있고, 늘어나는 성질이 있으며, 낮은 온도에서 취약하지 않고, 미세한 결정으로 융점(60~85℃)이 높다. 다른 왁스에 혼합하면 결정의 성장을 억제한다. 입술연지, 크림 등에 사용된다.

6) 스쿠알란 ; Squalane

스쿠알렌은 일반적으로 심해의 상어류에 다량으로, 또 올리브유 등에 존재한다. 이 스쿠알렌을 수소첨가하여 얻은 것이 스쿠알란(2, 6, 10, 15, 19, 23-헥사메틸테트라코산, $C_{30}H_{62}$)으로 상온에서 액체이다.

스쿠알란은 안전성이 높고, 화학적으로 불활성인 유성원료이며, 크림, 유액 등의 기초 화장품에 많이 사용되고 있다.

5-1-4. 고급 지방산 ; Higher fatty acids

지방산은 일반식 RCOOH(R은 포화 알킬기 또는 불포화 알킬기) 등으로 표시되는 화합물로 천연의 유지, 밀납 등에 에스테르류로서 함유되어 있다. 동식물 유지류에 함유된 지방산은 직쇄 지방산이 많고, 그들 거의 전부의 탄소수는 짝수이다. 한편, 석유화학의 진보에 따라 합성에 의한 측쇄 지방산이나 홀수의 지방산도 개발되었다[8]. 화장품의 유성원료로서 유지, 밀납, 탄화수소 등에 혼합해서 사용하고, 주로 수산화나트륨, 트리에탄올아민(TEA) 등과 병용하여 비누 제조시 유화제로서 사용된다.

1) 라우린산 ; Lauric acid

$$CH_3(CH_2)_{10}COOH$$

야자유, 팜핵유 등을 검화(비누화) 분해해서 얻어지는 혼합지방산을 분류하여 얻는다. 라우린산을 수산화나트륨이나 트리에탄올아민으로 중화하여 얻은 비누는 수용성이 높으며 거품상태가 좋기 때문에 화장비누, 세안류 등에 사용된다.

2) 미리스틴산 ; Myristic acid

$$CH_3(CH_2)_{12}COOH$$

팜핵유 등을 검화 분해하여 얻어지는 혼합지방산을 분류하여 얻는다. 화장품에 직접 이용되는 경우는 드물다. 미리스틴산의 비누는 기포성 등의 거품성질 및 세정력이 우수하기 때문에 세안류 등에 사용된다.

3) 팔미틴산 ; Palmitic acid

$$CH_3(CH_2)_{14}COOH$$

팜유 등을 검화 분해하여 얻는다. 유성원료로서 크림, 유액 등에 사용된다.

4) 스테아린산 ; Stearic acid

$$CH_3(CH_2)_{16}COOH$$

스테아린산의 제조는, 주로 우지를 검화 분해하여 얻은 지방산을 냉각 압축하고, 액체산(주로 올레인산)을 제거해서 만드는 경우와 대두유, 면실유 등을 수소첨가하여 올레인산, 리놀산 등의 불포화 지방산을 포화 지방산으로 한 후, 분해 증류하여 만드는 경우가 있다. 전자는 팔미틴산을 상당량 함유하고 있고, 후자는 스테아린산 순도가 높고 융점이 높다[8].

스테아린산은 크림의 성분으로서 중요하고 크림의 영속성, 경도 등에 영향을 준다. 크림, 로션류, 입술 연지 등에 사용된다.

5) 이소스테아린산 ; Isostearic acid

가지달린 구조를 갖는 탄소수 18의 포화 지방산을 이소스테아린산으로 총칭한다. 이소스테아린산은 올레인산으로부터 다이머산을 합성할 때에 부산물로 생기는 불포화지방산을 수소첨가해서 만드는 경우와[9] 노닐알데히드의 알돌 축합물의 수소첨가 후 산화시켜 만드는 경우, 가베트법(Guerbet법)에 의해 만드는 경우가 있다.

이소스테아린산은 액상으로 스테아린산, 팔미틴산 등의 포화 지방산보다 융점이 낮고, 올레인산 등의 불포화 지방산에 비해서 산화되기 어렵다. 유성 원료이며 트리에탄올아민 등의 염은 유화제로서 사용된다.

5-1-5. 고급 알코올 ; Higher alcohol

탄소수 6이상의 1가 알코올의 총칭이고, 천연유지를 원료로 하는 알코올과 석유화학 제품을 원료로하는 알코올로 구분된다[10].

고급 알코올은 유성원료로서 사용되고 그 외에, 유화제품의 유화 안정보조제로서 사용된다.

1) 세틸 알코올 ; Cetyl alcohol[11]

$$CH_3(CH_2)_{15}OH$$

세탄올이라고도 하며, 경납을 검화(비누화) 분해하여 얻은 알코올을 분류하는 방법, 야자유 또는 우지를 검화하여 얻은 팔미틴산을 환원 후 분류하는 방법, 지글러(Zeigler)법 등에 의해 얻는다. 백색 왁스 상의 고체로 수산기를 갖기 때문에 그 자체 유화력은 없고 크림, 유액등의 유화제품의 유화안정 보조제로 사용된다.

2) 스테아릴 알코올 ; Stearyl alcohol

$$CH_3(CH_2)_{17}OH$$

세틸 알코올과 같은 방법으로 제조된다. 백색 왁스와 같은 고체로 크림, 유액 등의 유화제품의 유화안정 보조제로서 사용하고, 입술 연지 등의 스틱상 제품에도 사용된다.

3) 이소스테아릴 알코올 ; Isostearyl alcohol

가지달린 구조를 갖는 탄소수 18의 포화 알코올의 총칭으로, 가베트(Guerbet) 반응, 알돌 축합 등의 화학합성에 의해 얻어진다. 최근에는 다이머산의 제조시에 부산물로 생기는 불포화 지방산의 수소 첨가물인 이소스테아린산을 환원한 이소스테아릴 알코올도 시판되고 있다.

이소스테아릴 알코올은 액상으로 열안정성, 산화안정성이 우수하여 유성원료로서 사용된다.

4) 2-옥틸도데칸올 ; 2-Octyldodecanol

가베트 반응, 알돌 축합에 의해 합성된다. 무색 투명한 액체로 냄새는 거의 없다. 고급 알코올임에도 불구하고 가지달린 형태이기 때문에 응고점이 낮다. 사용감촉이 양호하기 때문에 유성원료로서 사용된다.

5-1-6. 에스테르류 ; Esters

에스테르는 산과 알코올을 탈수하여 얻는다. 산은 지방산, 다염기산, 하이드록시산 등이며 알코올은 저급 알코올, 고급 알코올, 다가 알코올 등이고, 그 조합에 의한 에스테르는 많지만 화장품에 사용되는 에스테르는 비교적 제한된다.

에스테르류는 구조, 분자량 등에 따라 성상이 다르고, 에몰리엔트제, 색소 등의 용제, 불투명화제로서 사용된다.

1) 미리스틴산 이소프로필 ; Isopropyl myristate

미리스틴산과 이소프로판올을 황산촉매 등의 존재하에서 에스테르화한 후 증류, 탈취 등에 의해 정제한 무색 투명한 액체이다.

유상 및 수상에 사용하는 성분간의 혼화(混和)제, 색소 등의 용해제로서 크림, 유액, 메이크업 제품, 두발제품에 이용된다.

2) 미리스틴산 2-옥틸도데실 ; 2-Octyldodecyl myristate

가베트 반응에 의해 얻은 2-옥틸도데칸올과 미리스틴산의 에스테르이다.

융점이 낮으며, 가수분해에 대하여 안정하다. 피부로부터 수분의 증발을 억제하며, 사용감촉을 향상시키는 등의 목적으로 사용된다.

3) 2-에틸헥산산 세틸 ; Cetyl 2-ethyl hexanoate

세탄올과 2-에틸헥산산의 에스테르이다. 점도가 낮고, 가수분해 및 산화에 대하여 안정하고 사용감촉도 양호하며 크림, 유액 등에 널리 사용된다.

4) 사과산 디이소스테아릴 ; Di-isostearyl malate

이소스테아릴 알코올과 사과산의 디에스테르이고, 분자량에 비해 고점도의 투명 액체이다.

여기서 사용되고 있는 이소스테아릴 알코올은 5,7,7-트리메틸-2-(1,3,3-트리메틸부틸) 옥틸 알코올을 주성분으로 하는 혼합물이다.

사과산 디이소스테아릴은 가수분해, 산화에 대하여 안정되어 있고, 점도가 높은데 비해서 끈적거림이 비교적 적다. 안료의 분산·혼연재, 피마자유와 유동 파라핀과 같은 극성유-비극성유 간의 혼화제로서 우수하다. 이러한 특성을 살려 립스틱 같은 스틱상 제품, 파운데이션, 크림 등에 사용된다.

5-1-7. 실리콘유 ; Silicones

실리콘은 실록산 결합(− Si − O − Si −)을 갖는 유기 규소 화합물의 총칭이며, 대표적인 것은 모든 유기성 기가 메틸기인 디메틸폴리실록산이다. 실리콘은 넓은 범위의 점도성 물질을 얻을 수 있다. 실리콘유의 특징은 발수성이 높고, 탄화수소 유성분과 같은 끈적거림이 없이 가벼운 사용감촉을 갖고 있고, 피부나 모발에 퍼짐성이 우수한 것 등을 들 수 있다. 실리콘유의 대표적인 것은 다음과 같다.

1) 디메틸폴리실록산 ; Dimethylpolysiloxane

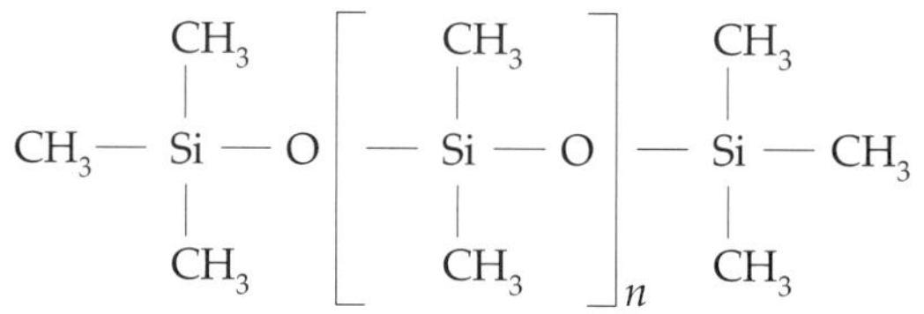

디메틸폴리실록산은 무색 투명한 유성분이다. 분자량에 따라 저점도의 것으로부터 페이스트상까지 있다. 분자량이 크면 다른 원료와의 용해성이 나빠지기 때문에 저점도의 것이 많이 사용된다. 발수성이 높아 화장이 피부에서 물이나 땀에 의해 들뜨지 않게 하며, 유분의 끈적거림을 억제하여 가벼운 사용감을 부여하고, 다른 성분이 피부나 모발상에 퍼지는 것을 돕는 역할을 하기 때문에 유분을 배합하는 모든 제품에 사용된다.

2) 메틸페닐폴리실록산 ; Methylphenyl polysiloxane

메틸폴리실록산의 메틸기의 일부를 페닐기로 치환한 구조를 하고 있다. 메틸폴리실록산이 에탄올에 용해되지 않는 것에 반하여 에탄올에 녹는 특징이 있고, 다른 성분과 상용성도 좋아서 넓은 범위의 제품에 배합된다.

5-1-8. 기 타

기타 유성 원료로서 액체 정발제품에 사용되고 있는 부탄올 등의 저급 알코올인 폴리옥시프로필렌 부가체 등이 있다. 저급 알코올에 수산화나트륨 등의 알칼리를 촉매로 하여 프로필렌옥사이드를 부가 중합시켜 얻을 수 있다. 비교적 분자량이 낮은 것은 에탄올에 용해되고 상온에서 액상이며, 정발력 때문에 액체 정발제품에 사용된다.

5-2 》 계면활성제 ; Surface active agents, Surfactants

용액중에서 용질이 기체-액체, 액체-액체, 또는 액체-고체 계면에 흡착하여 그 계면의 성질을 현저히 변화시키는 성질을 계면활성이라 하고, 계면활성제라는 것은 현저하게 계면활성을 나타내는 물질이다. 이 계면활성 작용에는 유화, 가용화, 침투, 습윤, 분산, 세정 외에, 보습, 살균, 윤활, 대전방지, 유연 및 소포(消泡) 등이 포함된다.

계면활성제의 종류는 대단히 많지만 그 분자구조는 공통으로 하고 있다. 한 분자내에 기름에 친화하기 쉬운 부분(친유기 또는 소수기)과 물에 친화하기 쉬운 부분(친수기)을 갖고 있고, 이들을 적당히 조합시킨 밸런스에 의해 표면 또는 계면의 성질을 여러 가지로 변화시키는 성질을 갖고 있다. 이러한 계면활성제는 화학 구조별, 합성법별, 성능별, 용도별 등 여러 가지 방법에 의해 분류되지만, 일반적으로는 계면활성제를 물에 용해한 경우 이온(음이온성, 양이온성, 양쪽성)으로 해리되는 것과 해리되지 않는 것(비이온)으로 구분된다. 이러한 분류에 따른 각종 계면활성제의 대표적인 예에 대해 설명하고, 그 외에 고분자 계면활성제 혹은 천연 계면활성제에 대해서도 기술한다.

5-2-1. 음이온 계면활성제 ; Anionic surfactants

음이온 계면활성제는 물에 용해될 때 친수기 부분이 음이온(anion)으로 해리되며, 카르본산형, 황산에스테르형, 술폰산형, 인산에스테르형으로 구분할 수 있다. 일반적으로 친수부는 나트륨염, 칼륨염, 트리에탄올아민염과 같은 가용성 염으로서 사용되고 있다. 친유기 부분은 여러 가지를 들 수 있는데 알킬기, 이소알킬기 등이 주된 물질이고, 더 나아가서 구조중에 산아미드결합, 에스테르결합, 에테르결합 등을 포함하는 것도 있다.

대표적인 음이온 계면활성제를 열거한다.

1) 고급 지방산 비누 ; Soap

$$RCOOM$$

$$[R : C_{7\sim21},\ \ M : Na,\ K,\ N\ (CH_2CH_2OH)_3]$$

우지, 야자유, 팜유를 대표로 하는 동식물 유지를 알칼리 수용액과 함께 가열하여 비누화(검화)로 얻을 수 있는 것과, 고급 지방산과 알칼리와의 반응에 의한 소위 중화비누도 존재한다. 화장품에의 응용으로 우수한 세정력, 기포력을 이용하여 세정제로서 세안용비누, 세안용 크림, 면도 크림 등에 이용된다.

2) 알킬황산에스테르염 ; Alkyl sulfate

$$ROSO_3M$$

지방족 알코올을 염화황산, 무수황산, 발연황산 등에 의해 황산화 알칼리로 중화하여 얻는다. 화장품에의 응용은 우수한 세정력, 기포력을 이용하는 샴푸, 치약 등에 이용된다.

3) 폴리옥시에틸렌알킬에테르황산염 ; Polyoxyethylene alkyl ether sulfate

$$RO(CH_2CH_2O)_nSO_3M$$

지방족 알코올에 산화에틸렌을 부가중합한 후, 황산화하여 알칼리로 중화하여 얻는다. 화장품에의 응용은 용해성이 좋고 탁월한 세정력, 기포력이 있기 때문에 샴푸 등에 이용된다. 알킬기는 C_{12}~C_{14}가, 산화에틸렌은 2~3몰의 것이 기포력, 세정력이 우수하다.

4) 아실 N-메틸타우린염 ; Acyl N-methyl taurate

$$\begin{array}{l} RCO\underset{\displaystyle |\atop\displaystyle CH_3}{N}CH_2CH_2SO_3M \end{array}$$

아실클로라이드와 메틸타우린염을 알칼리 존재하에서 탈염산 반응, 지방산과 메틸타우린염과의 탈수반응 등에 의해 얻는다. 화장품에의 응용은 높은 안전성, 내산, 내경수성, 기포력이 있기 때문에 샴푸, 세안 크림 등에 이용된다.

5) 알킬에테르인산염 ; Alkylether phosphate

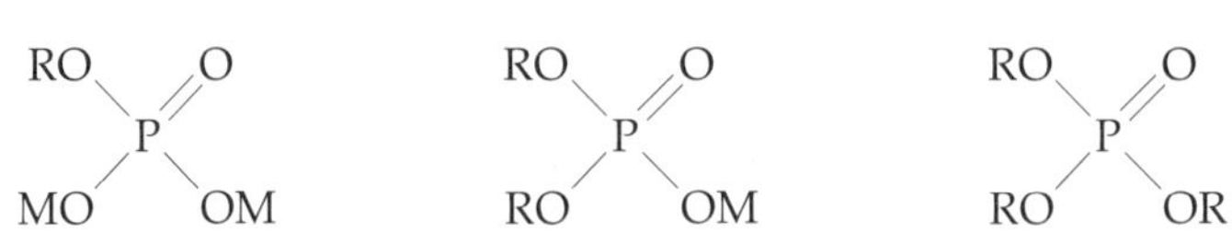

모노에스테르염　　　디에스테르염　　　트리에스테르

지방족 알코올 또는 그 폴리옥시에틸렌 유도체의 말단을 인산에스테르화하고 알칼리로 중화하여 얻는다. 각각에는 모노, 디에스테르염 및 트리에스테르가 있고 실제 시판되고 있는 것은 그 혼합물이다. 모노에스테르염은 물에 가용이지만, 트리에스테르는 물에 조금밖에 용해하지 않아서 사용제품에 따라 선택된다. 화장품에의 응용은 세안 크림, 샴푸 등에 이용된다.

6) N-아실아미노산염 ; N-Acylamino acid salt

아미노산은 분자중에 아미노기와 카르복실기가 있기 때문에 친유성 물질을 도입하여 계면활성제를 얻을 수 있다. 그 대표적인 것은 지방산을 반응시켜 얻을 수 있는 N-아실아미노산염이고, 구체적으로는 N-아실사르코시네이트염, N-아실-N-메틸-β알라닌염, N-아실글루타민산염 등을 들 수 있다.

N-아실사르코시네이트염(N-Acylsarcosinate)

$$RCON(CH_3)CH_2COOM$$

N-아실-N-메틸-β-알라닌염(N-Acyl-N-methyl-β-alaninate)

$$RCON(CH_3)CH_2CH_2COOM$$

N-아실글루타민산염(N-Acylglutamate)

$$RCONHCH(COOM)CH_2CH_2COOM$$

N-아실글루타민산염은 분자내에 카르복실기가 2개이기 때문에 모노염에서 디염에 이르기까지 임의의 비율로 중화할 수 있다. 이들 N-아실아미노산염은 샴푸, 세안료, 치약 등에 이용된다.

5-2-2. 양이온 계면활성제 ; Cationic surfactants

양이온 계면활성제는 물에 용해될 때 친수기 부분이 양이온(cation)으로 해리되는 것이고, 음이온 계면활성제(지방산 비누)와 반대의 이온성 구조를 갖고 있어서 역성 비누라고도 한다. 양이온 계면활성제는 세정, 유화, 가용화 등 통상의 계면활성 효과를 응용함과 동시에 화장품에서는 특히 모발에 흡착하여 유연효과나 대전 방지효과를 나타내기 때문에 헤어린스에 이용된다.

구조로부터 제 4급암모늄염 및 아민유도체로 분류되고, 아민유도체는 그다지 화장품에 이용되지 않으므로 여기서는 생략한다.

1) 염화알킬트리메틸암모늄 ; Alkyltrimethyl ammonium chloride

$$[R\overset{+}{N}(CH_3)_3]Cl^- \qquad [R : C_{16\sim22}]$$

알킬아민과 메틸클로라이드를 알칼리 촉매를 이용하여 가압하에서 반응시켜 얻어지는 알킬디메틸아민을 거쳐 제 4급암모늄염이 얻어진다.

2) 염화디알킬디메틸암모늄 ; Dialkyl dimethyl ammonium chloride

$$[R \cdot R \cdot \overset{+}{N}(CH_3)_2]Cl^- \qquad 〔R : C_{16\sim22}〕$$

염화디알킬디메틸암모늄은 섬유에 대한 유연효과, 대전 방지효과가 있어 헤어린스제에 사용되고 있다. 살균력은 약하고, 독성, 피부 자극성도 약하다.

3) 염화벤잘코늄 ; Benzalkonium chloride

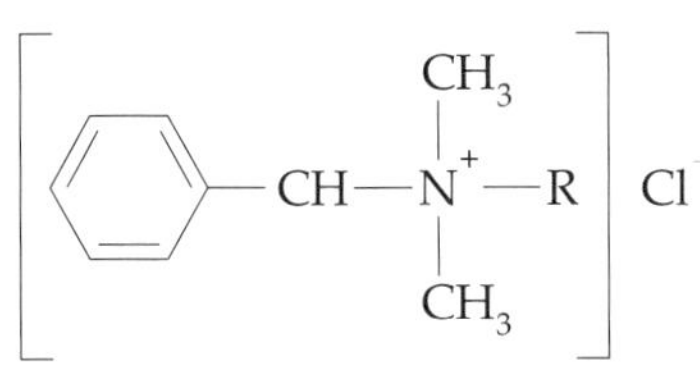

〔R : $C_{12\sim14}$〕

염화벤잘코늄은 역성비누로 알려져 있고, 일반적으로 살균제로 사용되고 있다. 살균제로서 샴푸, 헤어토닉, 헤어린스제에 이용된다.

5-2-3. 양쪽성 계면활성제 ; Amphoteric surfactants

양쪽성 계면활성제는 분자내에 양이온성 관능기와 음이온성 관능기를 1개, 혹은 그 이상을 동시에 갖고 있는 것을 말한다. 일반적으로 알칼리성 하에서 음이온으로, 산성하에서는 양이온의 양쪽 이온으로 해리한다.

이 때문에 이온성 계면활성제의 부족한 점을 보완할 수 있다. 특히 다른 이온성 계면활성제와 비교해 피부 자극성과 독성이 낮은 장점과 함께 양쪽성 계면활성제중에서도 세정력, 살균력, 정균력, 기포력 및 유연효과를 갖고 있는 것이 많아서, 이러한 점들을 이용하여 샴푸, 베이비용 제품, 혹은 거품의 안정화, 기포 촉진 효과를 목적으로 에어로졸 제품에도 이용된다.

1) 알킬디메틸아미노초산베타인 ; Alkyl dimethylaminoacetic acid betaine

$$R\overset{+}{N}(CH_3)_2CH_2COO^- \qquad 〔R : C_{12\sim18}〕$$

위의 구조로부터 알 수 있듯이 제 4급암모늄염형의 양이온부와 카르본산염형의 음이온부와의 조합에 의한 계면활성제이다. 이것은 물에 대해 용해성이 좋고, 폭넓은 pH 영역에서 안정된 특징을 갖고 있다. 화장품의 응용은 모발에 대해 유연효과, 대전 방지효과, 습윤효과를 갖고 있기 때문에 샴푸와 헤어린스에 이용된다.

2) 알킬아미드프로필디메틸아미노초산베타인 ; Alkyl amidopropyl dimethyl aminoacetic acid betaine

$$RCONH(CH_2)_3\overset{+}{N}(CH_3)_2CH_2COO^-$$

알킬아미드프로필디메틸아미노초산베타인도 동일하게 샴푸 등에 이용된다.

3) 2-알킬-N-카르복시메틸-N-하이드록시에틸이미다졸리늄베타인 ; 2-Alkyl-N-carboxymethyl-N-hydroxyethylimidazolnium betaine

$$\underset{\overset{\|}{O}}{RC}NHCH_2CH_2\overset{CH_2CH_2OH}{\overset{|}{N}}CH_2COONa$$

이전에는 이미다졸린 고리 구조로 되어 있었으나, 최근에 실제로는 열린 고리 구조임이 밝혀졌다[12]. 이것은 각종 계면활성제 중에서도 독성, 피부자극성, 눈꺼풀 자극성이 적으며 모발의 윤기를 증가시킴과 동시에 유연효과가 있고, 경수에 대해서도 우수한 성질을 갖고 있기 때문에 주로 두발용 제품, 크림, 유액 등에 이용된다.

5-2-4. 비이온 계면활성제 ; Nonionic surfactants

비이온 계면활성제는 이온성, 양쪽성 계면활성제와 달라서 분자중에 이온으로 해리되지 않는 수산기-OH, 에테르결합-O-, 산아미드-CONH-, 에스테르-COOR 등을 분자중에 갖고 있는 계면활성제이다. 그 구조에 따라 분류하면 일반적으로 친수기인 폴리옥시에틸렌 사슬 혹은 수산기를 갖는 화합물로 구분된다. 즉, 친유기는 이온성 계면활성제와 거의 같지만, 친수기인 폴리옥시에틸렌 사슬의 길이에 따라, 혹은 수산기의 수에 따라 물에 약간 용해되는 것부터 물에 잘 용해되는 것까지 많은 종류가 합성 가능하다. 이런 차이, 즉 비이온 계면활성제의 친유기, 친수기의 밸런스(HLB)의 차이에 따라 용해도, 습윤력, 침투력, 유화력, 가용화력 등의 성질이 달라진다. 여기에서는 비이온 계면활성제를 아래의 3종류로 분류한다.

1) 폴리옥시에틸렌 형 ; Polyoxyethylene type nonionic surfactants

$$RO(CH_2CH_2O)_nH \qquad [R : C_{12\sim24}]$$

$$RCOO(CH_2CH_2O)_nH \qquad [R : C_{12\sim18}]$$

위의 일반식과 같이 친유기에 알칼리 촉매를 이용하여 대기압하 혹은 가압하에서 에틸렌옥시드를 부가중합시킨 것으로, 친유기로서는 고급 지방족 알코올, 고급 지방산, 알킬페놀, 알키롤아미드, 솔비탄 고급 지방산 에스테르 등이 대표적이다. 에틸렌옥시드를 부가 중합시켜서 얻기 때문에 통상 단일 성분이 아니라 중합도 분포를 지닌 것이 얻어진다. 이 계면활성제의 물에 대한 용해성은 구름점을 측정하는 것에 의해 판단할 수 있으며, 친유기가 동일한 경우는 폴리옥시에틸렌 사슬이 길수록 구름점이 높고 보다 친수성이다. 이 형태의 계면활성제는 유화력 가용화가 우수하기 때문에 화장품에서는 크림, 유액 등의 유화제로서, 화장수에서는 향료, 약제 등을 가용화할 목적으로 이용된다.

2) 다가알코올에스테르 형 ; Polyhydric alcohol ester type nonionic surfactants

글리세린을 위시한 각종 다가 알코올의 수산기 일부를 지방산 에스테르로 하고, 잔여 수산기를 친수기로 하는 계면활성제이다. 예를 들면 고급 지방산인 모노글리세라이드는 고급 지방산과 글리세린과의 에스테르화 반응에 의해 얻어지고, 그 외 유지와 글리세린에 의한 에스테르 교환반응에 의해서도 얻어진다. 사용되는 다가 알코올로서는 수산기의 기수 3인 글리세린, 트리메티롤프로판, 기수 4인 펜타에리스리톨, 솔비탄, 기수 6인 솔비톨, 기수 8인 자당, 기수가 그 이상인 폴리글리세린, 라피노스 등이 있고, 상기와 같은 반응에 의해 모노에스테르로부터 수 개의 에스테르 결합을 갖는 화합물까지 합성이 가능하다. 이 중 모노-(및 디-) 글리세라이드, 솔비탄고급지방산 에스테르, 자당고급지방산 에스테르 등이 대표적인 것이고, 이들 형의 대부분은 물에 유화분산될 정도로 친수성인데, 모노글리세라이드는 친수성 계면활성제와 조합하여 화장품으로 사용하기도 한다. 또한 이러한 잔여 수산기에 에틸렌옥사이드를 적당히 부가 중합시킨 HLB를 갖는 각종의 비이온 계면활성제가 있다. 예를 들면, 솔비탄 고급지방산 모노에스테르의 잔여 수산기에 에틸렌옥시드를 적당히 부가중합시킨 계면활성제, 천연 피마자유에 물을 첨가, 경화하여 에틸렌옥시드를 부가시킨 계면활성제가 있는데, 모두 좋은 유화력과 가용화력을 나타내기 때문에 유화계, 가용화계의 화장품에 널리 사용되고 있다.

3) 에틸렌옥사이드·프로필렌옥사이드 블록 공중합체 ; Ethyleneoxide propyleneoxide block polymers

$$HO(CH_2CH_2O)_m(\underset{\displaystyle CH_3}{\overset{|}{C}}HCH_2O)_n(CH_2CH_2O)_mH$$

$$(m+n+m=20\sim80,\ n=15\sim50)$$

친유기가 폴리프로필렌글리콜, 친수기가 폴리에틸렌글리콜인 것으로 상기 구조식에서 m,

n을 자유롭게 변화시키면 각종 HLB를 갖는 계면활성제가 얻어진다. 이것은 다른 계면활성제와 비교하여 분자량이 크며 피부자극도 적다는 특징을 갖고 있다. 이 형태의 계면활성제는 Pluronic이라는 상품명으로 시판되어 널리 사용되고 있다.

5-2-5. 기타 계면활성제

1) 고분자 계면활성제 ; Polymeric surfactants

종래의 계면활성제는 친유기로서 탄소수 10내지 18 정도이고 분자량은 약 300 전후인 것이 많다. 에틸렌옥사이드·프로필렌옥사이드 블록 공중합체는 폴리옥시에틸렌의 부가량을 많게 하면, 1,000~2,000의 분자량을 얻을 수 있지만 통상은 1,000 이하가 많다.

이것에 대해 고분자 계면활성제는 어느 정도 이상 분자량이 크면서 계면활성을 나타내는 것이라고 할 수 있다. 예를 들면 아크릴계 고분자에 소수기를 도입한 아크릴산알킬공중합체가 고분자 유화제로서 이용되고, 적은 배합량으로 유화작용을 나타내는 특징이 있다. 그 외에 폴리비닐알코올, 알킨산나트륨, 전분 유도체, 트라간트고무 등도 유화, 응집, 분산 작용을 갖고, 고분자 계면활성제로서 이용된다.

2) 천연 계면활성제 ; Natural surfactants

천연 계면활성제로서는 인산에스테르의 음이온부와 제 4급암모늄염의 양이온부를 공유하는 레시틴이 유명하다. 레시틴은 대두, 난황 등에서 얻어지며 주성분은 포스파티딜세린, 포스파티딜에탄올아민, 포스파티딜코린이다. 화장품으로의 응용은 유액, 크림류에 배합되어 피부에 산뜻한 사용감과 유연효과를 부여할 수 있다. 최근에는 레시틴이 갖는 특이한 용해성, 2분자막 형성을 이용한 제형(리포좀)으로서의 응용도 시도되고 있다.

그 외, 옛부터 잘 알려져 온 바, 천연 계면활성제 중에는 가공을 하지 않아도 계면활성을 나타내는 것이 있다. 예를 들면 라놀린, 콜레스테롤, 사포닌 등을 들 수 있다.

5-3 》 보습제 ; Humectants

Blank[14]와 Gaul[15]에 의해 젊은 피부를 유지하는데에 수분이 깊이 관계하고 있다는 것이 밝혀지고, 피부의 보습[13]은 화장품의 중요한 기능의 하나로 충분히 인식되었다.

각질층 중에는 NMF(natural moisturizing factor : 천연보습인자)[16~18]라고 하는 친수성 흡습물질이 존재하고, 피부의 보습에 중요한 역할을 담당하고 있다고 한다(표 5-1 참조). 또

NMF 중에 존재하는 피롤리돈카르본산의 나트륨염은 특히 중요하다.

피부 보습에는 NMF 뿐만 아니라 이들과 결합 또는 둘러싸서 그 유출을 방지하기도 하고, 수분의 증발을 적당히 제어하는 세포간 지질이나 피지 등의 유성성분의 존재, 또한, 진피내에서 보습의 역할을 담당하고 있는 무코 다당류도 마찬가지로 중요하다. 화장품은 이러한 자연적인 보습 메커니즘을 모델로 하는 것이 바람직한데, 화장품 중에 흡습성이 높은 수용성물질을 보습제라 하고, 보습제는 화장품의 수상부에 첨가하는 중요한 성분의 하나이다. 화장품에 사용되는 보습제는 글리세린, 프로필렌글리콜, 솔비톨 등의 다가알코올이 가장 많고, NMF의 주성분인 피롤리돈카르본산염이나 젖산염 등이 있다. 최근에는 미생물 생산에 의한 히아루론산나트륨도 이용되고 있다. 보습제는 화장품 성분 중에서 전술한 바와 같이 중요한 기능을 하면서 동시에 화장품 그 자체의 수분 보류제로서 작용하여 계의 안정성 유지에 기여한다. 그 외에 정균(靜菌)작용이나 향료 보류제로 이용되기도 한다.

표 5-1. NMF(천연보습인자)의 조성

성 분	조 성(%)
아미노산	40
피롤리돈카르복시산(PCA)	12
젖산염	12
요소	7
암모니아	1.5
무기염 Na^+, K^+, Ca^{2+}, Mg^{2+} Cl^-, 인산염 등	18.5
당류, 기타	9

보습제로서 바람직한 조건은 아래와 같다.

① 적절한 흡습능력이 있을 것.

② 흡습력이 지속될 것.

③ 흡습력이 환경조건 변화(온도, 습도, 바람 등)의 영향을 쉽게 받지 않을 것.

④ 흡습력이 피부나 제품계의 보습에 기여할 것.

⑤ 가능한한 저휘발성일 것.

⑥ 다른 성분과 공존성이 좋을 것.

⑦ 가능한한 응고점이 낮을 것.

⑧ 점도가 적당하고 사용감촉이 우수하며, 피부와의 친화성(친숙함)이 좋을 것.

⑨ 안전성이 높을 것.

⑩ 가능한한 무색, 무취, 무미일 것.

보습제는, 그 자체가 나타내는 넓은 상대습도 영역에서의 흡습과 보습력, 그리고 첨가된 계에서의 각 농도의 효과를 파악하여 합리적으로 사용하지 않으면, 그 기능을 충분히 발휘하지 않을 뿐 아니라 오히려 역효과를 초래하는 경우도 있어서 주의를 요한다.

1) 글리세린 ; Glycerin, Glycerol

가장 오래 전부터 사용되어온 보습제로서, 현재에도 많이 사용되고 있는 것 중의 하나이다. 동식물 유지에서 비누 또는 지방산을 제조할 때 부산물로서 얻어지고, 이것을 탈수, 탈취 등의 정제를 통해 얻어지는 무색, 무취의 액체이다.

2) 프로필렌글리콜 ; Propylene glycol

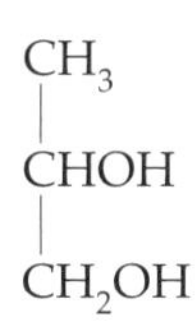

1,2-프로필렌글리콜이 일반적이다. 글리세린과 유사한 외관과 물성을 나타내는 무색, 무취의 액체이고 글리세린에 비하여 점도가 낮아서 사용감촉이 우수하다.

3) 디프로필렌글리콜 ; Dipropylene glycol

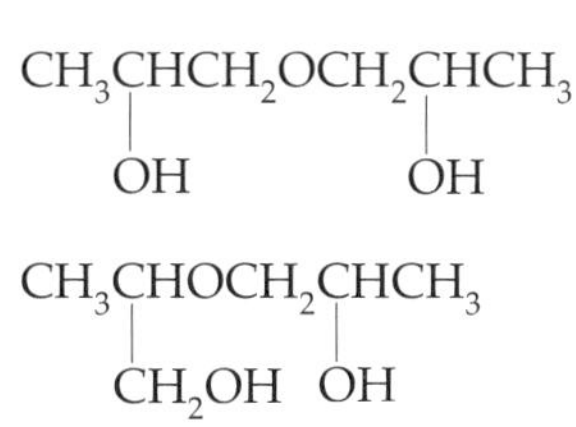

프로필렌글리콜을 탈수 축합한 2량체로서 무색 무취의 액체이다. 끈적임이 적은 보습제로서 크림, 유액 등에 이용된다.

4) 1,3-부틸렌글리콜 ; 1,3-Butylene glycol

$$CH_3CH(OH)CH_2CH_2OH$$

아세트알데히드의 알돌 축합물을 수소첨가하여 얻는 무색, 무취의 액체이다. 안전성이 양호하고 크림, 유액 등에 사용된다.

5) 폴리에틸렌글리콜 ; Polyethylene glycol

$$HO(CH_2CH_2O)_nH$$

알칼리 촉매하에서 물 또는 에틸렌글리콜에 산화 에틸렌을 부가 중합시켜서 얻는 일련의 화합물로, 균일한 간단한 화합물이 아니라 중합도가 다른 분자 혼합물이다.

평균분자량이 200부터 600까지는 상온에서 액체이고, 그 이상이 되면 점차 반고체로 되며 1000, 1500, 4000, 6000으로 분자량이 증대함에 따라 응고점도 상승한다.

전반적으로 무색, 무취이며 흡습력은 분자량의 증대와 함께 감소한다. 크림, 유액 등에 사용된다.

6) 솔비톨 ; Sorbitol

$$\begin{array}{c} CH_2OH \\ | \\ (CHOH)_4 \\ | \\ CH_2OH \end{array}$$

사과, 복숭아, 마가목 등의 과즙에 함유된 당알코올[19]로서 백색, 무취의 고체이다. 포도당을 환원하여 만든다.

흡습작용은 앞에 기술한 것에 비하여 약한 편이지만, 보습성이 저습도에서 발휘되므로 선호하기도 한다. 크림, 유액, 치약 등에 사용된다.

7) 젖산나트륨 ; Sodium lactate

$$CH_3CH(OH)COONa$$

젖산염은 피롤리돈카르본산염과 함께 NMF에 존재하는 중요한 천연계 보습성분으로서, 다가 알코올류에 비교하여 높은 보습력을 나타낸다.

8) 2-피롤리돈-5-카르본산나트륨
; Sodium 2-pyrrolidone-5-carboxylate, PCA-Na

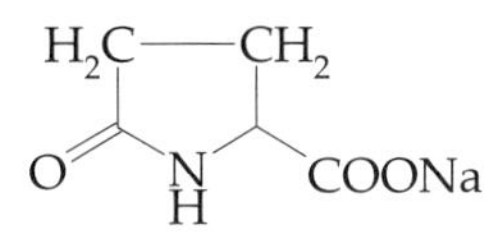

NMF 중에서 중요한 작용을 하는 보습성분이다. 글루타민산의 탈수반응에 의해 만들어지는 2-피롤리돈-5-카르본산의 나트륨염인 무취의 고체이다.

뛰어난 흡습, 보습효과를 나타낸다. 이것은 염의 형태일 때 효과를 발휘할 수 있다(표 5-2).

표 5-2. 2-피롤리돈-5-카르본산나트륨의 흡습력[16)]

물질	31% 습도	58% 습도
PCA	<1	<1
PCA-Na	20	61
Glycerin(비교)	13	35

(K. Ladem, R. Spitzer : J. Soc. Cosmet. chem., 18, 351, 1967.)

9) 히아루론산나트륨 ; Sodium hyaluronate

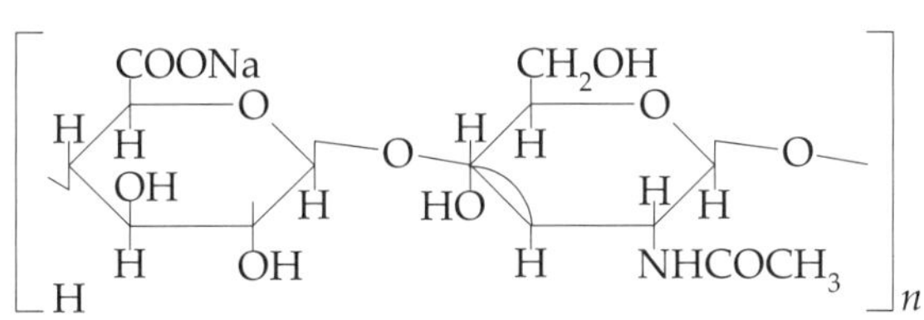

히아루론산은 N-아세틸글루코사민과 글루크론산이 서로 결합한 산성 뮤코다당의 일종이고, 콘드로이틴황산 등과 함께 포유동물의 결합조직에 널리 분포되어 있다. 결합조직 내에서의 기능은 세포간극에 수분을 유지하며, 또 조직내에 젤상의 매트릭스를 형성해서 세포를 유지하고, 피부의 윤활성과 유연성을 갖게 하며, 외력 및 세균감염을 방지하는 것으로 알려져 있다. 피부 각 부위의 산성 뮤코다당의 분포를 조사해보면, 표피와 진피에 히아루론산이 콘드로이틴황산이나 헤파린 보다 많은데, 이 히아루론산의 수분유지가 피부의 촉촉함에 기여하고 있고 연령 증가와 함께 피부에 촉촉함이 없어지고 주름이 생기는 것은 피하의 결합 조직에서 수분을 풍부히 함유한 히아루론산이 적어졌기 때문이라고 여겨지고 있다.

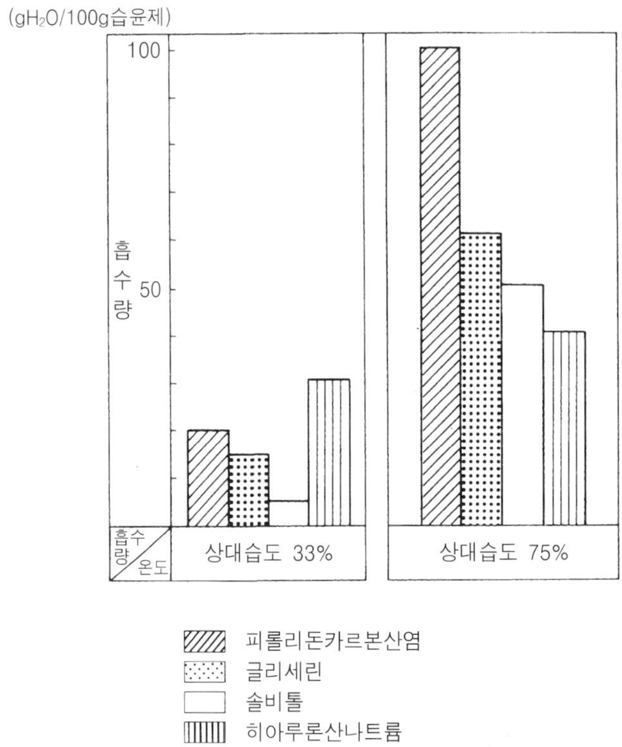

그림 5-1. 각종 보습제의 흡습력 비교

닭의 벼슬 등으로부터 히아루론산을 분리 정제하는 방법은 매우 고가이기 때문에 사용상 제약이 있다. 그러나 최근에 자연계로부터 히아루론산 생산균(*Streptococcus zooepidemicus*)을 분리하여 히아루론산 高生産株의 스크리닝을 실시, 발효법에 의해 안정된 히아루론산을 대량으로 생산할 수 있게 되어서 비교적 저렴한 값에 구입할 수 있게 되었다[18,19].

일반적으로 히아루론산 나트륨으로서 시판되고 있다. 히아루론산 나트륨은 백색의 분말로 물에 가용하고 분자량에 따라 점도, 보습성 등의 성질이 다르다. 분자량이 다른 0.1% 히아루론산 나트륨 수용액의 수분증발 속도 정수를 25℃, 상대습도 50%에서 측정한 결과, 분자량이 커지면 저하하고, 분자량 80만 이상에서는 거의 일정하다[21]. 또 히아루론산 나트륨은 다른 보습제에 비해 주위의 상대습도의 영향을 잘 받지 않는다(그림 5-1 참조).

최근 들어 히아루론산나트륨의 유도체인 아세틸화 히아루론산나트륨이 각질층에 대하여 높은 보습, 유연 효과가 있음이 확인되어 화장수 등에 이용되고 있다[20].

5-4 》 고분자 화합물 ; Polymers

화장품 원료로서 이용되는 고분자 화합물[21~24]을 사용용도에 따라 구분하면, 점도 증가제, 피막제, 수지분말로서 주로 이용되고 있고 보습제 및 계면활성제로서 일부 사용되고 있다. 여기에서는 점도 증가제, 피막제에 대해 서술하고 보습제, 계면활성제 및 수지분말에 대해서는 각각의 항목에서 다루기로 한다.

5-4-1. 점도 증가제 고분자 ; Thickening agents

제품의 점도를 조절하는 목적으로 사용되며, 사용하기 쉬운 점도로 조절하거나 제품의 안정성을 유지할 목적으로 사용된다. 예를 들면 유액이나 리퀴드파운데이션에서는 점도 증가제가 계의 안정성을 유지하기 위해 사용되며, 유화입자나 분말이 분리되는 것을 방지한다. 점

표 5-3. 수용성 고분자의 분류

수용성 고분자	유기물	천연고분자	식물계 (다당류계)	구아검, 로카스트빈검, 퀸스씨드, 카라기난, 갈락탄, 아라비아검, 트라가칸트검, 펙틴, 만난, 전분
			미생물계 (다당류계)	산탄검, 덱스트란, 석시놀글루칸, 카드란, 히아루론산
			동물계 (단백류계)	젤라틴, 카제인, 알부민, 콜라겐
		반합성고분자	셀룰로오스계	메틸셀룰로오스, 에틸셀룰로오스, 하이드록시에틸셀룰로오스, 하이드록시프로필셀룰로오스, 카르복시메틸셀룰로오스, 메틸하이드록시프로필셀룰로오스
			전분계	가용성 전분, 카르복시메틸전분, 메틸전분
			알긴산계	알긴산프로필렌글리콜에스테르, 알긴산염
			그 외 기타 다당류계 유도체	
		합성고분자	비닐계	폴리비닐알코올, 폴리비닐피롤리돈, 폴리비닐메틸에테르, 카르복시비닐폴리머, 폴리아크릴산소다
			기타	폴리에틸렌옥사이드, 에틸렌옥사이드, 프로필렌옥사이드블록공중합체
	무기물			벤트나이트, 라포나이트, 미분산화규소, 콜로이드알루미나

도 증가제로서는 주로 수용성 고분자가 이용된다. 이것을 그 기원에 따라 분류하면 표 5-3에 나타내듯이 천연고분자, 반합성고분자(합성반응에 의해 천연고분자에 관능기를 붙이는 것), 합성 고분자로 나누어진다. 옛날에는 천연 검류를 비롯한 천연 고분자가 주류를 점하고 있었으나, 공급안정성 및 로트에 의한 점도의 변동이나 미생물에 의한 오염 등의 품질 안정성의 문제 때문에 반합성 고분자나 합성 고분자로 바뀌었다. 현재에는 합성고분자가 점하는 비율이 크다. 점도 증가제는 제품 사용시의 감촉에 주는 영향이 커서, 각종의 수용성 고분자가 그 목적에 따라 선택되어 이용되고 있다.

1) 퀸스씨드검 ; Quince seed gum

유럽과 아시아 남부에서 생산되는 멀메로 나무의 종자에서 얻어지는 천연 검으로, 구조는 L-아라비노오스, D-크시로오스, 글루코오스, 갈락토오스, 우론산 등으로 이루어진 산성 다당류이다. 점액을 추출하려면 멀메로 종자를 20배의 물(약 60℃)에 하루밤 담그어 때때로 교반 후 여과한다. 한편에서 종자를 탱크에 넣어 같은 방법을 반복하고, 이 양쪽을 혼합하면 적당한 점도의 점액을 얻을 수 있다. 이 점액질은 독특한 감촉이 있으며, 끈적거리지 않고 산뜻한 감촉을 준다. 사용에 있어서는 미생물에 오염이 되기 쉽기 때문에 살균하든지 방부제를 사용할 필요가 있다.

2) 산탄검 ; Xanthan gum

포도당을 크산토모나스속균(Xanthomonas campestris)을 이용, 발효시켜 얻어지는 미생물 유래의 천연검으로, D-글루코스, D-만노스, D-글루크론산으로 이루어진 산성다당류이다. 온도 의존성이 적으며 넓은 pH 영역에서 안정적이고 다당류 독특의 우수한 사용감을 갖고 있다.

3) 카르복시메틸 셀룰로오스 나트륨 ; Sodium carboxymethyl cellulose

셀룰로오스의 수산기를 부분적으로 OCH_2COONa기로 치환하여 물에 용해하도록 한 반합성고분자이다. 보호 콜로이드성, 유화안정성을 지닌 투명한 점도성 용액이 얻어지므로 크림, 유액, 샴푸 등에 배합된다.

4) 카르복시비닐 폴리머 ; Carboxyvinyl polymer

주로 아크릴산이 중합된 것으로 카르복실기를 갖는 합성 고분자이다. 알칼리 중화(NaOH, KOH, 트리에탄올아민 등)에 의해 수용액의 점도가 현저히 증가한다. 품질의 변동이 적고, 시간 경과 및 온도에 의한 점도 변화가 적으며 천연검보다 미생물에 의해 오염되지 않고, 점도 증가 효과와 사용감촉이 좋아서 점도 증가제로서 현재 가장 많이 사용되고 있다.

5-4-2. 피막제 고분자 ; Film formers

표 5-4에 나타낸 바와 같이 피막형성능력을 지닌 원료의 특성을 살려서 각종 제품에 배합되고 있다. 피막제 고분자는 용해성에 의해 물이나 알코올에 용해되는 것, 수계 에멀젼인 것, 비수용성인 것으로 나눌 수 있다. 팩은 폴리비닐알코올 수용액의 물이 증발할 때의 피막형성능을 이용한 것이고, 헤어스프레이나, 헤어셋트제는 물이나 알코올에 용해되는 고분자를 이용하여, 그 피막으로 모발을 세팅시킨 것이다. 샴푸나 린스에 이용되는 고분자는 그다지 명확한 피막형성능은 갖고 있지 않지만, 양이온성 고분자가 사용감촉을 좋게 할 목적으로 배합된다. 아이라이너나 마스카라에는 수계 고분자 에멀젼이 배합되는 경우도 있는데, 그 형성되는 내수성 피막에 의해 땀이나 눈물에 의해 화장이 지워지는 것을 방지한다. 물에 용해되지 않는 비수용성의 피막제 고분자로서, 네일 에나멜에 니트로셀룰로오스를 초산부틸이나 초산에틸에 용해하여 사용한다. 또한 갈라진 모의 코팅제에 고분자 실리콘을 휘발성 유분에 용해하여 사용하면 모발보호 효과를 나타낸다. 또 선오일이나 리퀴드파운데이션에 효과를 지속시키고 화장 상태를 향상시킬 목적으로 피막형성능이 있는 실리콘 수지가 이용되고 있다.

표 5-4. 피막제 고분자의 용도와 대표적 원료

피막제의 용해성	제품 용도	대표적 원료
물(알코올) 용해성	팩	폴리비닐알코올
	헤어스프레이, 헤어셋트제	폴리비닐피롤리돈, 메톡시에틸렌 무수말레이산공중합체, 양쪽성메타아크릴산에스테르 공중합체
	샴푸, 린스	양이온화 셀룰로오스, 폴리염화디메틸메틸렌 피페리듐
수계 에멀젼	아이라이너, 마스카라	폴리아크릴산에스테르 공중합체, 폴리초산비닐
비수용성	네일 에나멜	니트로셀룰로오스
	갈라진 모의 코팅제	고분자실리콘
	선오일, 리퀴드 파운데이션	실리콘레진

1) 폴리비닐알코올 ; Polyvinyl alcohol(PVA)

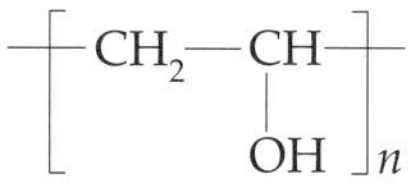

완전 검화물

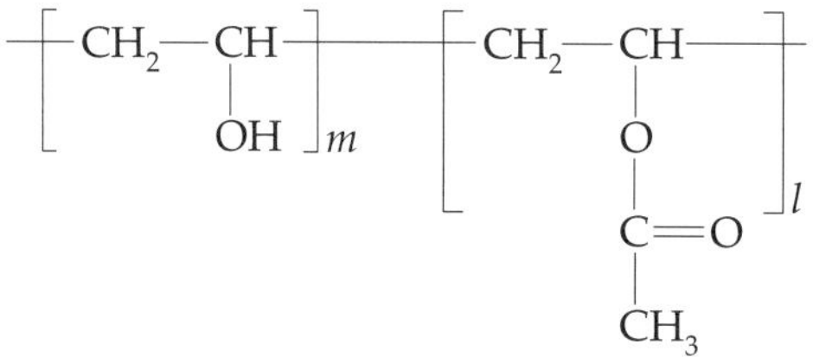

부분 검화물

폴리초산비닐을 검화(비누화)하여 제조하며, 비누화도나 중합도에 의해 점도 거동과 피막 강도가 달라서 용도에 따라 사용이 구분되지만, 용해성과 용액 안정성 면에서 검화도가 약 90%인 부분 검화물이 많이 사용되고 있다. 피막 형성을 이용하여 팩에 사용되고 그 외에, 보호 콜로이드 효과를 이용해서 에멀젼의 안정화에 이용된다.

2) 폴리비닐 피롤리돈 ; Polyvinyl pyrrolidone

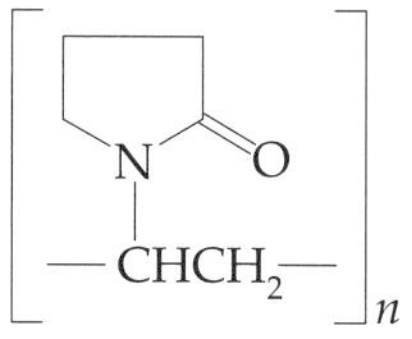

N-비닐 피롤리돈을 과산화수소 촉매로 중합하여 제조한다. 물에 잘 녹고 점성 용액을 형성하며 알코올, 글리세린, 초산에틸 등에 녹는다. 피막형성능 및 모발에의 밀착성을 이용하여 두발제품에 기포 안정화나 모발에 광택부여를 목적으로 샴푸에 배합된다.

3) 니트로셀룰로오스 ; Nitro cellulose

셀룰로오스의 질산에스테르이며 초산에스테르와 케톤 등의 용제에 녹고, 다른 수지와 서로 잘 녹으며, 단단한 피막을 형성하기 때문에 네일 에나멜의 피막제로서 이용된다.

4) 고분자 실리콘 ; Silicone gum

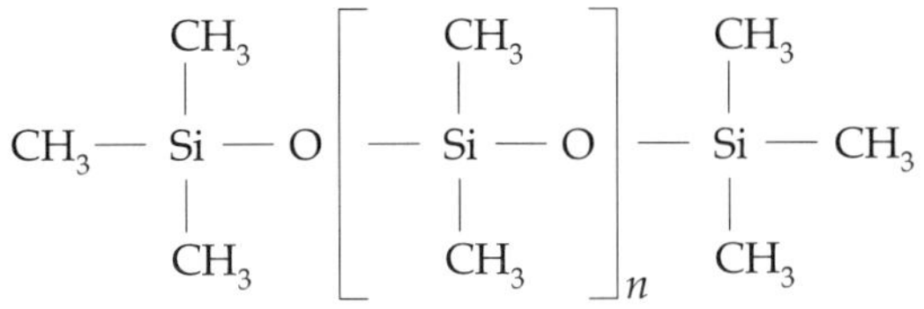

$n≒5,000 \sim 8,000$

분자량이 30만~60만인 고분자량의 직쇄상 디메틸폴리실록산으로, 부드러운 고무상의 성상을 갖고 있다. 이소파라핀이나 저분자량의 실리콘유의 휘발성 유분에 용해되어 갈라진 모의 코팅 등의 두발 제품에 배합된다. 휘발성 유분이 휘발된 후 모발 하나 하나에 고무상의 얇은 피막이 코팅되어 갈라진 모를 회복하기도 하고 방지하는, 모발 보호 효과를 목적으로 사용한다.

5-5 》 자외선 흡수제 ; Ultraviolet absorbents

지표에는 약 290nm~400nm 파장의 폭넓은 자외선이 도달하고 있다. 화장품의 자외선 흡수제는 이 자외선의 유해작용[24), 즉 ① 피부의 홍반, 햇빛에 그을림, 흑화, 조기 노화[25)]등 ② 화장품 내용물, 용기재료의 변화(예를 들면 색소의 변색이나 퇴색, 기자제의 분해, 변질, 용기의 약화 등)를 방어할 목적으로 사용되는 것으로, 290nm~400nm의 자외선 전역을 흡수하는 것이 바람직하다.

화장품에 사용되는 자외선 흡수제의 중요한 조건은 ① 독성이 없고 피부장해를 일으키지 않는 등 안전성이 높을 것 ② 자외선 흡수 능력이 크고, 또 폭 넓게 흡수할 것 ③ 자외선, 열에 의한 분해 등의 변화를 일으키지 않을 것 ④ 화장품 기본재료와 상용성이 좋을 것 등이다.

현재 화장품에 사용되는 주된 자외선 흡수제는 화학구조상 벤조페논유도체, 파라아미노안식향산유도체, 파라메톡시계피산유도체, 살리실산유도체와 기타로 분류할 수 있다. 주요 자외선 흡수제에 대한 구조식과 흡수극대위치(λmax)[21,26)]를 표 5-5에, 또 대표적인 예로서 자외선 흡수 스펙트럼을 그림 5-2에 나타낸다.

표 5-5. 주요 자외선 흡수제

자외선흡수제(화학명)	구 조	λ_{max}(nm)
벤조페논 유도체		
(1) 2-하이드록시-4-메톡시벤조페논		288, 325
(2) 2-하이드록시-4-메톡시벤조페논-5-술폰산	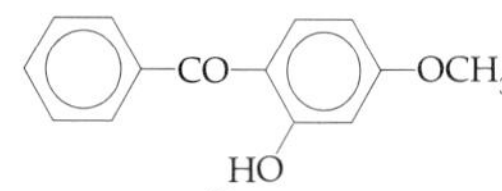 (1)	
(3) 2-하이드록시-4-메톡시벤조페논-5-술폰산나트륨		285, 320
(4) 디하이드록시 디메톡시벤조페논		
(5) 디하이드록시 디메톡시벤조페논-술폰산나트륨	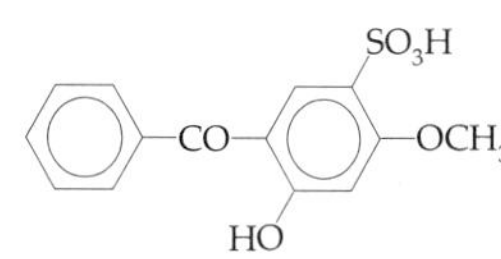 (2)	
(6) 2,4-디하이드록시벤조페논		
(7) 테트라하이드록시벤조페논		
파라아미노안식향산 유도체		
(8) 파라아미노안식향산(PABA)	 (8)	288
(9) 파라아미노안식향산에틸		
(10) 파라아미노안식향산글리세릴		
(11) 파라디메틸아미노안식향산아밀	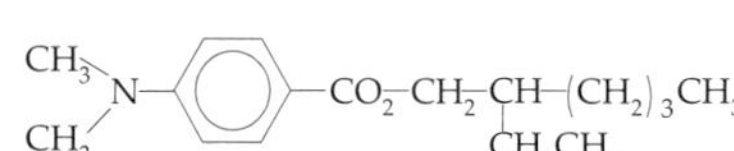 (12)	310
(12) 파라디메틸아미노안식향산옥틸		
메톡시계피산 유도체		
(13) 파라메톡시계피산에틸	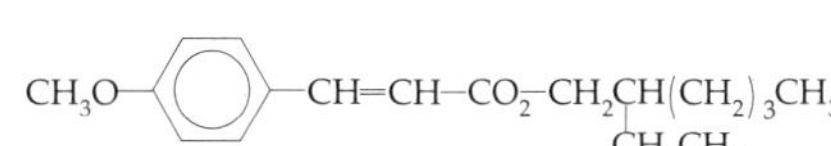 (15)	
(14) 파라메톡시계피산이소프로필		312
(15) 파라메톡시계피산옥틸		
(16) 파라메톡시계피산-2-에톡시에틸		
(17) 파라메톡시계피산나트륨	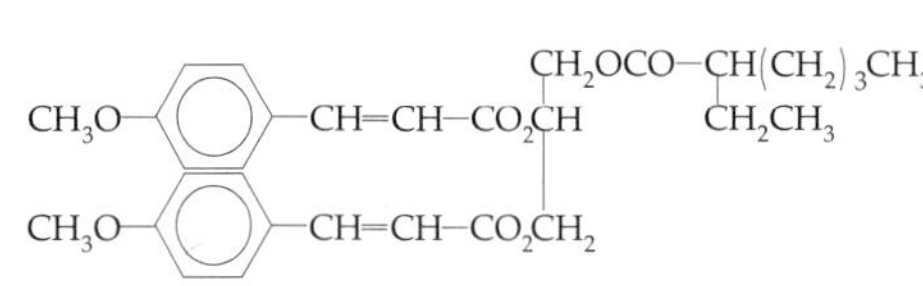 (19)	
(18) 파라메톡시계피산칼륨		
(19) 디파라메톡시계피산모노-2-에틸헥산글리세릴		312
살리실산 유도체		
(20) 살리실산옥틸		
(21) 살리실산페닐		308
(22) 살리실산호모멘틸	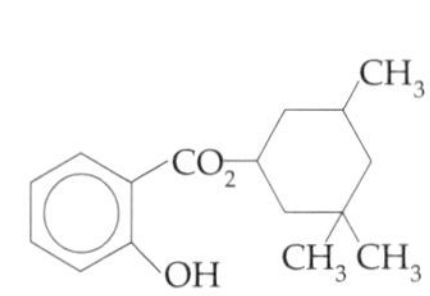 (22)	
(23) 살리실산디프로필렌글리콜		
(24) 살리실산에틸렌글리콜		
(25) 살리실산미리스틸		
(26) 살리실산메틸		

자외선흡수제(화학명)	구　조	λ_{max}(nm)
기타 (27) 우로카닌산 (28) 우로카닌산에틸 (29) 4-tert-부틸-4'-메톡시디벤조일메탄(파루솔-A) (30) 2-(2'-하이드록시-5'-메틸페닐)벤조트리아졸 (31) 안트라닐산메틸	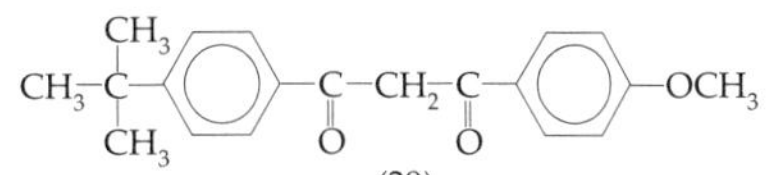 (29) 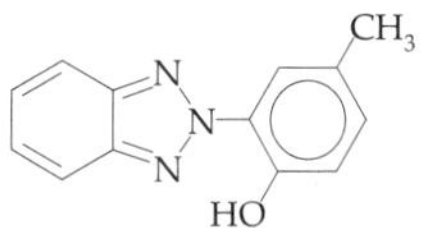 (30)	358 298, 340

(일본공정서협회 편 : 화장품원료규준 제2판주해, 약사일보사, 1984.)
(일본화장품공업연합회 편 : 일본범용화장품원료집 제2판, 약사일보사, 1989.)

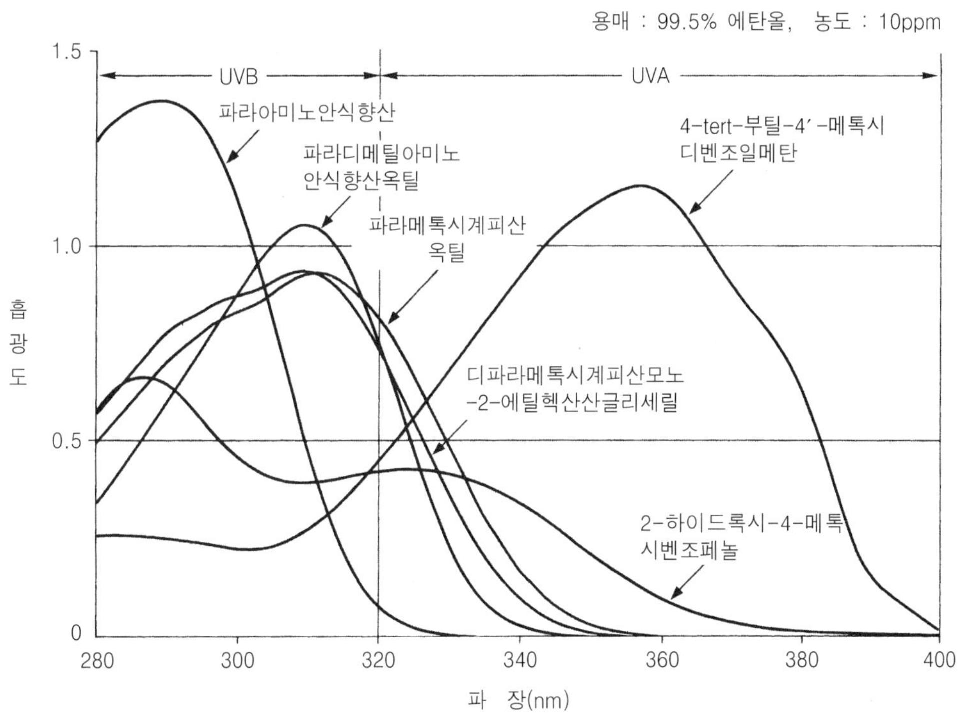

그림 5-2. 자외선 흡수제의 UV흡수 스펙트럼

자외선 흡수효과는 간편법을 이용하여 적당한 용매중 일정농도에 대한 자외선 투과율 또는 흡광도를 측정하여 추정할 수가 있지만, 용매의 종류에 따라 흡수강도 및 흡수위치가 변하기 때문에 그 효과를 정확히 평가하는 것은 곤란하다. 현재 가장 일반적으로 받아들여지고 있는 흡수효과 측정법은 사람을 이용하여 UVB 방어효과를 나타내는 SPF(sun protection factor)와 UVA 방어효과를 나타내는 PFA를 측정하는 방법이다(각론 5. 바디 화장품 참조)[27].

5-6 》 산화 방지제 ; Antioxidants

화장품은 유지와 왁스류를 비롯하여 계면활성제나 향료 등으로 이루어지는데, 이 중에 불포화 결합을 갖고 있는 화합물, 특히 불포화 결합을 2개 이상 갖고 있는 유지류는 산화되기 쉽다.

그리고 화장품의 경우는 반응 생성물인 저급의 산 및 알데히드 등이 산패로 인해 냄새가 나거나, 또 자극 등의 안전성 문제의 원인도 된다. 이와 같이 화장품의 품질을 저해하기 때문에 이 산화반응을 억제하기 위하여 산화방지제를 첨가할 필요가 있다.

최근 피부 구성 성분의 항산화의 중요성이 지적되고 있다. 항산화제는 화장품 소재의 산화 안정성의 보증뿐만이 아니라 자외선 조사나 노화에 따른 피부 성분의 항산화라고 하는 의미에서도 중요하다.

1) 자동 산화의 반응 메커니즘

산화반응의 종류는, 대기중 산소에 의한 라디컬 메커니즘으로 진행되는 자동 산화반응과 오존, 일중항 산소 등의 비라디컬 산화 반응으로 진행되는 것으로 나눌 수 있다. 자동 산화 반응은 대기중 산소가 관여한다는 것, 연쇄 반응 메커니즘으로 진행된다는 것이 특징이며, 유지 등의 화장품 소재의 항산화라는 입장에서 보면 가장 문제가 되는 반응이다. 자동 산화 반응은 열, 빛(자외선), 금속(특히 철, 구리) 등의 인자로 인해 촉진된다. 다음은 자동 산화 반응의 메커니즘을 나타낸 것이다.

연쇄개시반응	$RH \rightarrow R\cdot$	(1)
	$ROOH \rightarrow RO\cdot + \cdot OH$	(2)
	$ROOH + M^{n+} \rightarrow RO\cdot + M^{(n+1)+} + {}^{-}OH$	(3)
연쇄이동반응	$R\cdot + O_2 \rightarrow RO_2\cdot$	(4)
	$RO_2\cdot + RH \rightarrow ROOH + R\cdot$	(5)
	$RO\cdot + RH \rightarrow ROH + R\cdot$	(6)
연쇄정지반응	$R\cdot + R\cdot \rightarrow RR$	(7)
	$R\cdot + RO_2\cdot \rightarrow ROOR$	(8)
	$RO_2\cdot + RO_2\cdot \rightarrow ROOR$	(9)

자동 산화 반응은, 반응의 진행과 함께 연쇄이동 반응에 의해 급격히 과산화 지질이 축적되는 것이 특징이다[28,29].

2) 화장품 소재의 항산화

화장품을 구성하는 화장품 소재의 산화를 방지하기 위해서는 자동산화반응의 방지가 중요하고, 1)항에 나타낸 연쇄개시반응, 연쇄이동반응을 억제할 필요가 있다. (1)식, (2)식 반응을 억제하기 위해서는 냉암소에 보관할 것, 또 자외선 흡수제도 유효하다고 생각된다. 또한 과산화물이 라디컬원이 되기 때문에 그것을 비라디컬적으로 분해하는 것도 유용하다. (3)식의 반응을 억제하려면 킬레이트제를 이용할 수 있다. 산소는 연쇄반응에 관여하므로 이것을 제거하는 것도 유효하다.

라디컬 발생을 억제하면서 동시에 생성된 라디컬을 가능한한 빨리 포착하여 연쇄반응을 막음으로써, (5), (6)식의 진행을 억제한다. 이 범주에 들어 있는 화합물을 협의의 의미로 산화방지제라고도 한다.

예를 들면, 토코페롤(tocopherol)류, BHT(dibutylhydroxytoluene), 몰식자산(gallic acid) 에스테르류 등이 있다.

또 상기의 산화 방지제를 단독으로 사용할 때보다 혼합해서 사용하는 편이 다른 메커니즘에 의한 산화방지 효과도 기대할 수 있고, 결과적으로 효과가 커지는 경우가 있다. 이것을 상승효과(synergism)라고 하고, 이 원리를 응용해서 몇 종류의 산화 방지제와 보조제를 혼합한 제품이 시판되고 있다.

산화 방지 보조제로서는 인산, 구연산, 아스코르빈산, 말레인산, 말론산, 호박산, 프말산, 케파린산, 헥사메타포스페이트, 피틴산 및 EDTA 등이 있다.

이 중에서 화장품에는 자극, 독성, 착색의 문제를 고려하고 또 이따금 물이 존재하는 경우가 있으므로 oil-water계 중에도 첨가 가능하고 효과적일 필요가 있다.

산화 방지제의 효력은 그 자체가 산화되기 쉬운지, 즉 탈수소되기 쉬운가에 따라 산화환원 전위를 이용하여 설명된다.

화장품에 첨가되는 산화방지제의 종류와 양은 적당한 실험을 실시한 후 결정해야 한다. 산화 방지제의 효력 시험법으로서는, AOM(active oxygen method), Schaal oven test, 산소 흡수법, 자외선 조사법, 가열시험 란시매트법 등이 있다. 모두 가속 조건하에서 실시하므로 실제로 사용할 경우, 이것과 병행한 결과가 나타날지를 보기 위하여, 저장 테스트를 실시하여 비교하는 편이 좋다.

산화를 방지해서 화장품의 품질을 유지하고 안정화를 위해서는 적당한 산화방지제의 종류 및 양을 선택하고, 산화를 촉진하는 불순물을 포함하지 않은 고품질의 원료선택, 적절한 취급과 제조법, 금속과 같은 산화촉진제의 혼입을 피하기 위한 주의가 필요하다.

지질과 산화반응은 그 병리학적 의미 또는 암이나 노화와 관련하여 최근에 특히 주목을 받고 있다[30]. 즉, 산화 방지제는 화장품 원료의 산화 안정성의 보증에만 그치지 않고, 자외선 조사나 노화에 수반되는 피부성분의 산화방지라는 의미에서도 효과가 기대된다.

3) 피부의 항산화

피부의 산화 반응에는 일중항산소가 중요한 역할을 하고 있다고 여겨진다. 피부상에 발생한 일중항산소는 지질과 반응하여 과산화지질을 생성한다. 일단 생성된 과산화지질은 1)항에 나타낸 라디컬 연쇄반응에 의해 피부에 과산화지질을 축적시키고 동시에 피부 내부에도 산화의 악영향을 끼치는 것으로 알려져 있다[31]. 피부에는, 그 자체의 항산화 시스템이 존재하나(화장품과 피부 1-2-4 참조), 그 방어 능력을 뛰어넘는 강한 스트레스나 미약해도 반복되는 스트레스에 대응하기 위하여 항산화제를 함유한 화장품의 적용이 유효하다.

피부의 항산화를 고려하여 먼저 일중항산소에의 대응이 일의적일 필요가 있고, 피부 산화의 최초 단계를 방지할 필요가 있다. 일중항산소 소거 반응성이 우수하고 안정성 및 색, 냄새에도 우수한 생체 관련 성분인 티오타우린은 피지 항산화제로서, 화장품 응용에의 유용성 유효성이 보고되고 있다[32]. 그 외에도 종전부터, 토코페롤, 아스코르빈산 및 그의 유도체가 항산화 작용을 기대하여 널리 응용되고 있다.

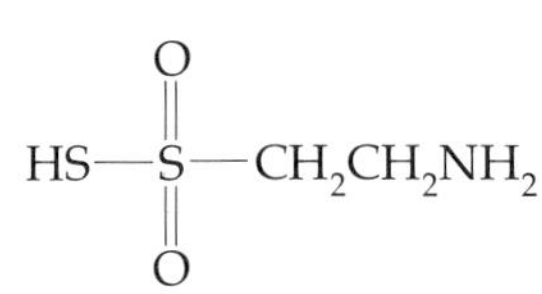

Thiotaurine

5-7 》 금속이온 봉쇄제 ; Sequestering agents, Cheating agents

화장품에 금속이온이 혼입되면 품질이 떨어지는 직접, 간접의 원인이 될 수 있다. 금속이온이 유성원료의 산화를 촉진하여 변취, 변색의 원인이 되고 다른 약제의 작용을 저해하며, 혹은 화장수 등의 투명계에서 침전을 생기게 할 수 있다.

이 금속 이온을 불활성화할 목적으로 사용되는 것이 금속이온 봉쇄제이다.

금속이온 봉쇄제로서는 아래와 같은 것이 있지만, 에틸렌디아민4초산(EDTA)의 나트륨염이 가장 일반적이다.

① 에틸렌디아민4초산(EDTA)의 나트륨염
② 인산
③ 구연산
④ 아스코르빈산
⑤ 호박산
⑥ 글루콘산
⑦ 폴리인산나트륨
⑧ 메타인산나트륨

5-8 》 기타 원료

화장품을 구성하는 성분으로서 앞에 서술한 주성분 이외에 액체 정발료, 헤어토닉 등에 사용되는 에탄올, 네일 에나멜의 수지 용제로서 사용되는 초산에틸 등의 용제, 에어로졸 등에 사용되는 분사제, 안료의 분산을 목적으로 사용되는 금속 비누 등이 있다. 여기에서는 금속비누에 대하여 간단히 기술한다.

금속비누 ; Metallic soaps

넓은 뜻으로는 고급 지방산의 금속염을 총칭해서 비누라 부르는데 나트륨, 칼륨 등 알칼리금속의 고급 지방산염을 일반적으로 비누라 하며, 그 이외의 칼슘, 아연, 마그네슘, 알루미늄 등의 비알칼리 금속의 고급 지방산염을 금속 비누라 한다. 금속비누는 고급 지방산의 알칼리염과 황산아연 등의 금속염과의 복분해법, 또는 고급 지방산과 금속 산화물, 금속 수산화물과의 직접법에 의해 얻을 수 있고, 물에 불용 또는 난용이다.

금속비누는 구성 지방산과 금속의 종류에 따라 성질이 달라진다. 사용 목적은 안료의 분산성의 향상, 겔화능에 의한 유성 원료의 점도 증가, 피부상에서 윤택성, 부착성의 향상 등이다. 스테아린산아연은 가루분, 베이비 파우더에 이용되며, 윤택성 및 사용감촉을 향상시킨다. 스테아린산알루미늄은 유동파라핀 등의 점도 증가제로서 스테아린산마그네슘은 안료의 분산성 향상 등을 목적으로서 사용된다[21).

참고문헌

1) 日本油化学協会編：油脂化学便覧，1，丸善，1958.
2) 伊藤正次：フレグランスジャーナル，17(12)，23，(1989)
3) 尾沢達也，植原計一，中野幹清，小林　進：ファインケミカル，14(18)，67，(1985)
4) 日本公定書協会編：化粧品原料規準第二版注解，862，薬事日報社，1984.
5) 三輪トーマス完二：油化学，27(10)，650，(1978)
6) 日本公定書協会編：化粧品原料規準第二版注解，1108，薬事日報社，1984.
7) 石油学会編：石油用語解説集，227，幸書房，1977.
8) 日光ケミカルズ，日本サーファクタント編：化粧品・製剤原料，38，1977.
9) C. Goebel：J. Am. Oil Chem. Soc., 36, 600, (1959)
10) 日本油化学協会編：油脂用語辞典，63，600，1959.
11) 日本公定書協会編：化粧品原料規準第二版注解，598，薬事日報社，1984.
12) J. Kawase, K. Tsuji：J. Chromatog., 267, 149, (1983)
13) 尾沢達也：フレグランスジャーナル，3 (5)，43，(1975)
14) I. H. Blank：J. Invest. Dermatol., 18, 433, (1952)
15) L. F. Gaul et al.：J. Invest. Dermatol., 19, 9, (1952)
16) K. Laden, R. Spitzer：J. Soc. Cosmet. Chem., 18, 351, (1967)
17) 今堀和友，山川民夫監修：生化学辞典，376，東京化学同人，1984.
18) 赤坂日出道，瀬戸　進，柳　光男，福島正二，光井武夫；日本化粧品技術者会誌，22(1)，35，(1988)
19) 赤坂日出道，山口敏二郎：フレグランスジャーナル，14(3)，42，(1986)
20) Oka. T, et al.：J. Cosmet. Sci., 50, 171-184, (1999)
21) 日本公定書協会編：化粧品原料規準第二版注解，薬事日報社，1984.
22) 高分子学会編：高分子辞典，朝倉書店，1971.
23) 光井武夫，尾沢達也，森川良広：水溶性高分子とその化粧品への応用，化学工業社，1973.
24) 堀尾　武：フレグランスジャーナル，15(3)，11，(1987)
25) 辻　卓夫：フレグランスジャーナル，17(1)，34，(1989)
26) 日本化粧品工業連合会編：日本汎用化粧品原料集第二版，薬事日報社，1989.
27) 福田　実，長沼雅子：フレグランスジャーナル，15(3)，26，(1987)
28) 日本油化学協会編：油脂化学便覧，丸善，1990.
29) K. Mukai, K. Daifuku, K. Okabe, T. Tanigaki, K. Inoue：J. Org. Chem., 56 (13), 4188, (1991)
30) 中野　稔，浅田浩二，大柳善彦編：活性酸素：蛋白質，核酸，酵素(臨時増刊)，33，1988.
31) 河野善行，高橋元次：油化学，44(4)，248，(1995)
32) 河野善行：フレグランスジャーナル，26(12)，9，(1998)

6 화장품과 약제

피부의 항상성 유지라고 하는 화장품의 기본적인 기능을 보다 높이기 위하여, 또는 보다 적극적으로 약리 효과를 기대하기 위하여, 의약부외품이나 화장품에 통상의 성분에 추가하여 각종 약제가 배합된다. 본 장에서는, 주로 화장품에 배합되는 약제를 피부용 약제, 두피·두발용 약제, 구강용 약제, 기타 약제를 사용목적별로 정리하여 다루었다.

6-1 》 피부용 약제

6-1-1. 미백용 약제 ; Whitening agents

멜라닌이 표피내에서 이상 증가하여 생기는 질환인 간반(liver spot)이나 노인성 흑자 등의 색소 이상증의 발증원인에 대해서는 자외선, 여성호르몬, 유전적 요인 등이 관여하고 있다고 지적되고 있지만, 그 메커니즘에 대해서는 거의 해명되어 있지 않다. 그 때문에 치료 방안으로서 멜라닌을 대상으로 한 약제가 미백용 약제로서 사용되고 있다.

미백용 약제의 작용은 피부의 멜라닌 생성 및 대사 메커니즘으로부터, 멜라노사이트내에서의 멜라닌 생성억제, 이미 생성된 멜라닌의 환원, 표피내 멜라닌의 배설촉진, 멜라노사이트에 대한 선택적 독성임을 알 수 있다. 미백 화장품에는 멜라노사이트에 대한 작용을 완화시키기 위해 알부민, 코직산, 비타민 C 및 그 유도체, 프라센타 엑기스 등 멜라닌 생성억제 작용을 하는 약제가 배합되며, 태양광선에 의해 기미, 주근깨 등이 악화하는 것을 방지할 목적으로 「태양광선에 의한 기미·주근깨를 막아준다」라는 효능으로 시판되고 있다.

1) 비타민 C류 ; Vitamin C and its derivatives

비타민 C는 아스코르빈산이라고도 하는데 약용 화장품에 있어서 가장 대표적인 멜라닌 생성 억제제로 오래 전부터 사용되어 왔다. 그 작용은 환원에 의한 것으로, 티로신에서 멜라닌을 생성하는 티로시나아제에 반응하여 멜라닌 중간체인 도파퀴논을 환원하여 멜라닌 생성을 억제하는 작용과, 진한색의 산화형 멜라닌을 환원하여 엷은색의 환원형 멜라닌으로 하는 작용, 두 가지 작용이 있다.

비타민 C는 안전성이 높으나 안정성은 나쁘기 때문에 제제의 안정화를 목적으로 각종 유도체가 합성되어 있다(Ⅰ). 비타민 C 인산에스테르(마그네슘염)는 수용액중의 안정화를 목적으로 개발된 것이다. 비타민 C 인산에스테르(마그네슘염)는 피부 추출액에서 인큐베이트하면 비타민 C가 유리되고, 또 몰모트피부에 연속 도포한 후의 조직표본에서, 도포하지 않은 부위에는 검출되지 않는 비타민 C가 검출되는데, 이것은 비타민 C 인산에스테르(마그네슘염)의 작용이, 생체 대사과정에 생긴 비타민 C에 의한 것으로 보고되었다[1].

*in vivo*에서의 멜라닌 생성억제 실험결과, 비타민 C 인산에스테르(마그네슘염) 함유 제제를 사람의 피부 색소 침착 부위에 장기간 도포하였더니, 피부 명도가 회복되는 효과가 있음을 확인하였다[2].

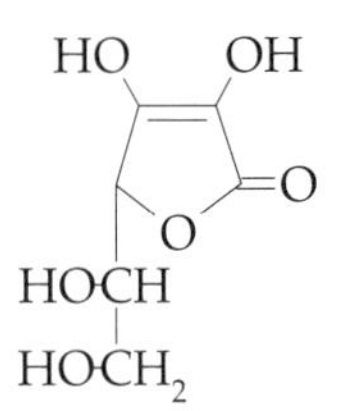

(Ⅰ-1) Vitamin C

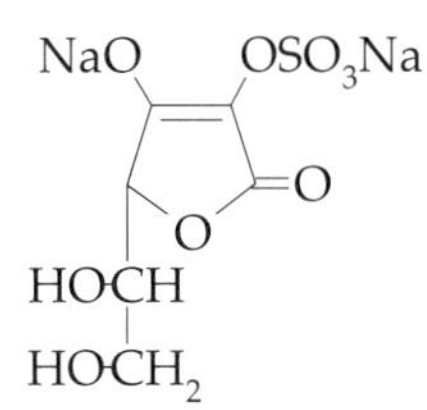

(Ⅰ-2) Vitamin C-2-sulfate

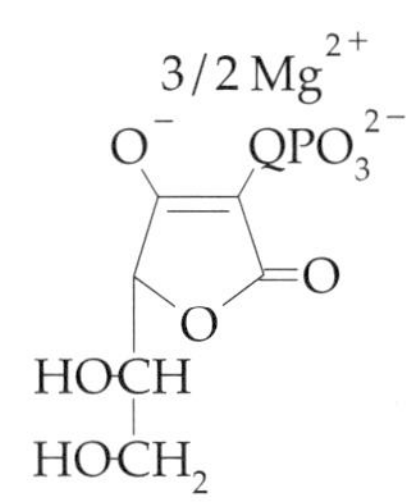

(Ⅰ-3) Vitamin C-2-phosphate

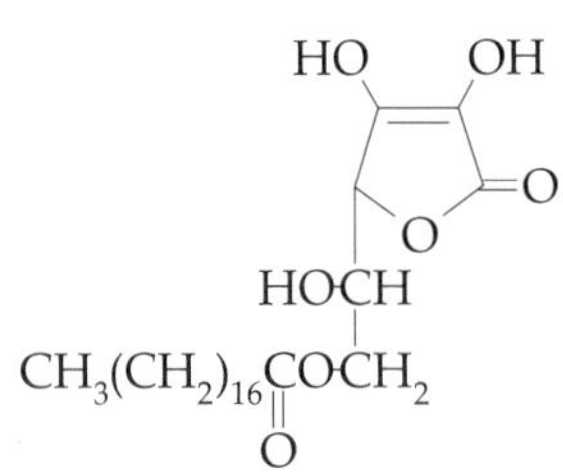

(Ⅰ-4) Vitamin C-stearate

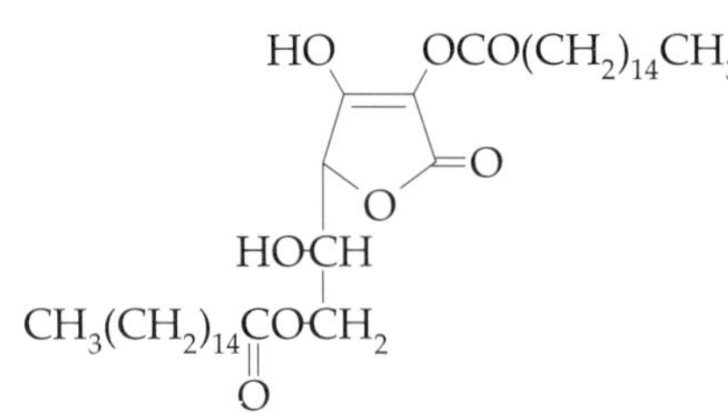

(Ⅰ-5) Vitamin C-2,6-dipalmitate

(Ⅰ) Vitamin C

야마모토(山本) 등은 포유동물의 효소에 의한 비타민 C 배합체에 대한 연구도중, 신규 안정형 비타민 C의 유도체인 비타민 C-2 글루코시드(AA-2G)를 발견해내었다. 화학 구조는 2-O-α-D-글루코피라노실-L-아스코르빈산임을 알아내었다[3]. 수용액 중에서 매우 안정하고, 생체내에서 α-글루코시다제의 작용으로 서서히 가수분해되어 비타민 C를 생성시켜 효력을 발휘하므로 장시간 효과의 유지가 기대되어 지속형 비타민 C라고도 불리운다[4]. AA-2G의 임상 효과는, 사람 피부에 자외선을 쪼일 때 유도된 색소 침착에 대한 억제 효과를 이중차폐법에 따라 조사한 결과, 유효하다고 보고된 바 있다.

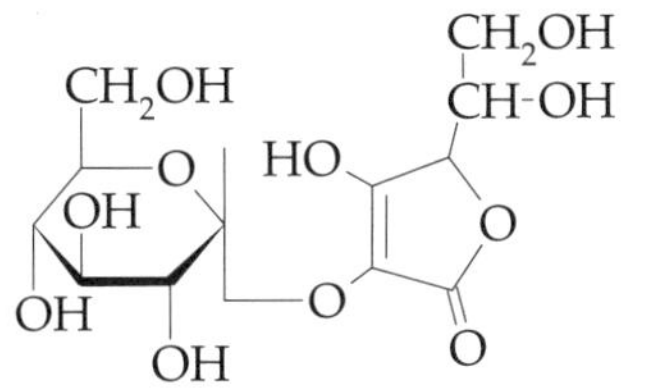

(Ⅰ-6) Vitamin C-2 glucoside

2) 알부틴 ; Arbutin

알부틴은 화학명이 hydroquinone-β-D-glucopyranoside (4-hydroxy phenyl-β-D-glucopyranoside)이며, (Ⅱ)에 나타낸 구조식을 갖는 화합물이다. 고산식물인 고케모모(진달래과의 상록수)의 잎 등에 함유되어 있다. 알부틴의 작용은 멜라닌 생성의 열쇠가 되는 효소인 티로시나제에 대한 경쟁적 저해인 것으로 알려져 있다[6]. 알부틴의 멜라닌 생성 억제 작용은, 멜라노사이트에 대한 세포 독성 작용을 하는 하이드로퀴논 모노벤질에텔이나 하이드로퀴논에 대사되어 효과를 나타내는 것이 아니라는 것이 밝혀지고 있다[7]. 알부틴의 임상 효과에 덧붙여, 사람 피부에 자외선을 쪼일 때 생성되는 색소 침착에 대한 억제 효과를 이중차폐법으로 조사한 결과, 알부틴 배합 유액의 도포가 유효하다고 보고된 바 있다(총론 11. 화장품의 유효성 항 11-3-1. 2) 참조).

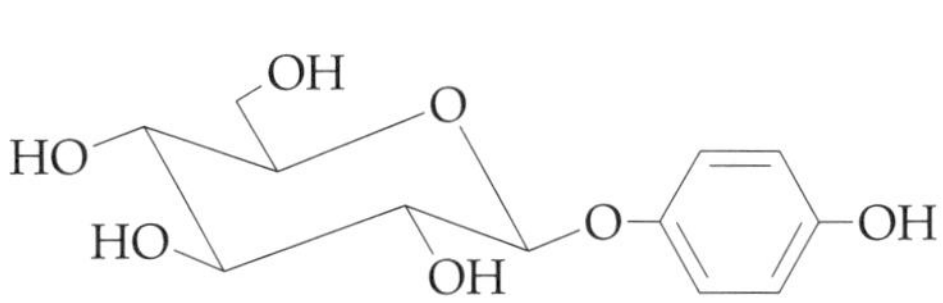

(Ⅱ) Arbutin

3) 코직산 ; Kojic acid

코직산은 (Ⅲ)에 나타난 구조식을 갖는 γ-pyrone 화합물이다. 주로 aspergillus 속이나 penicillium 속 등, 사상균의 발효액 중에서 생산되며 된장, 간장, 술 등의 색이나 맛의 중요한 인자로 알려져 있다. 이 화합물의 멜라닌 생성 억제 작용은, 티로시나아제에 대한 비경쟁적 저해로서, 티로시나아제의 보결 분자인 구리와의 킬레이트 결합에 의한 것이다[8]. 사람 피부의 색소 침착 부위에 코직산 크림을 도포하면 효과가 있다고 보고되고 있다[9].

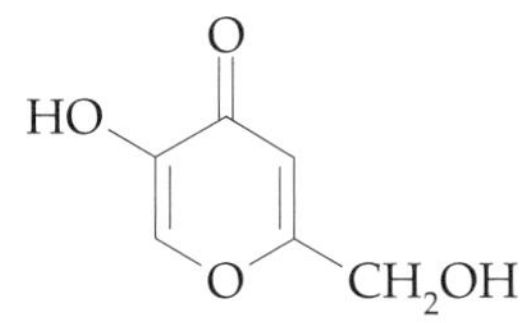

(Ⅲ) Kojic acid

4) 엘라그산 ; Ellagic acid

엘라그산은, 딸기나 사과 등의 식물에 넓게 존재하며 (Ⅳ)에 나타내는 구조식을 갖는, 폴리페놀 구조를 갖는 화합물이다. 코직산과 마찬가지로, 티로시나아제의 보결 분자인 구리와의 킬레이트 결합에 의한 것으로 알려져 있다[10,11].

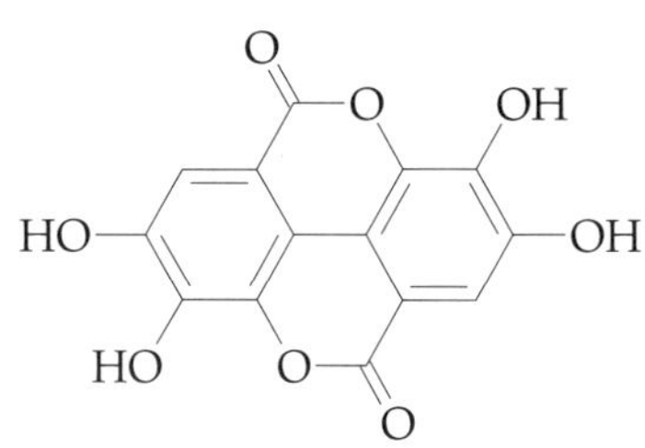

(Ⅳ) Ellagic acid

5) 루시놀 ; Rucinol

루시놀은, 화학명이 4-n-butylresorcinol이고, 전나무에 함유되어 있는 물질을 선도 화합물로 사용하여 화학 합성한 것으로 (Ⅴ)에 나타내는 구조를 갖는 화합물이다. 주로 티로시나아제와의 경쟁적 저해에 의해 억제작용을 한다[12].

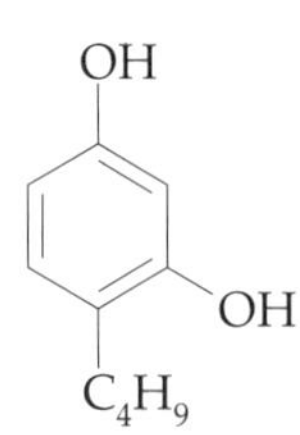

(Ⅴ) Rucinol

6-1-2. 항 주름제 ; Antiwrinkle agents

피부에는 여러 가지 노화 현상이 나타난다. 「노화 방지」는 스킨 케어 화장품의 커다란 목표 중의 하나이다. 그 가운데에서도 미용상의 견지에서 주름은 가장 관심이 높은 피부 노화 현상이다. 주름은 통상 안면에 가장 나타나기 쉽고, 눈 꼬리 이마 등 근육의 움직임에 따라 반복되는 피부의 변형이 서서히 주름으로 고정되고, 일광 노출의 영향이 매우 큰 것으로 알려져 있다(화장품과 피부 1-7-4. 2) 주름 항 참조).

연령 증가에 따라 일어나는 피부의 구조, 기능, 물성의 변화가 깊이 관계하고 있는 것으로 생각되고[13], 표피가 얇아지거나 각질층이 두꺼워지고, 건조화 혹은 진피에 있어서의 콜라겐 섬유의 감소나 변성된 엘라스틴 섬유의 축적, 그리고 기저막이나 그 주변의 손상 등 여러 가지 피부 조직 변화가 피부의 탄력성의 저하를 가져오고, 반복되는 피부의 변형에 대한 복원력을 저하시켜서, 결국 주름으로 정착된다고 생각된다.

따라서 항 주름제로서 유효성을 기대할 수 있는 약제는, 주름 형성으로 이어지는 피부의 구조, 기능의 변화를 복원시킬 수 있는 것, 또 그러한 변화를 일으키는 생체 내외의 인자를 방어할 수 있는 것이어야 한다.

1) 레티노이드(비타민 A류) ; Retinoid(Vitamin A derivatives)

1988년, 이중차폐 시험에서 처음으로 0.1% 레티노인산 크림의 주름 개선 효과가 실증된 이래 많은 시설에서 레티노인산의 유효성 데이터를 축적하여 왔다. 그 작용은 반드시 명확한 것은 아니지만, 레티노인산에 의해 각질층이 얇아지거나 표피내 글리코사미노글리칸의 침착, 그에 따른 각질층 수분량의 증가, 각질층의 유연화 등이 특히 잔주름 개선에 일부 기여하고 있다고 생각된다. 주름 개선 효과에 우수한 레티노인산도 피부 자극과 같은 부작용이 있어서, 화장품용 약제로서의 활용이 어려워 보인다[14].

레티놀(비타민 A)은 화장품으로서의 사용 실적도 있고, 레티노인산과 유사한 효과를 가지면서 부작용의 문제가 없다고 알려져 있다. 초산 레티놀, 팔미틴산 레티놀도 비타민 A류로서 화장품에 사용할 수 있다. 레티놀이 케라티노사이트에 작용하여 히아루론산 합성 촉진 효과를 나타내고, 각질층 수분을 증가시키는 효과를 가지고 있음이 밝혀졌으며, 주름 개선 효과에 완화된 작용을 하리라고 기대된다. 레티놀은 아주 불안정해서 안정화 제제를 만들어야 하는데 이것을 이용하여, 컨트롤 제제와 비교하면서 유의하여 사용한 사람에게서의 주름 개선 효과가 보고된 바 있다[15](그림 6-1). 이 경우 정확하게 정량적으로 주름을 계측하는 방법으로, 피부 표면 레프리카의 레이저 슬리트광을 이용한 광절단법에 의한 삼차원 주름 계측 시스템(SHISEIDO Wrinkle Analyzer 3D Pro)을 개발하고 이 장치를 이용하여 검토가 이루어지고 있다. 이에 따르면 사용 후 6주 이내에 효과가 나타나고, 도포를 중지하면 효과가 떨어지는 가역적 반응이 있다는 것, 피부 자극이 거의 없다는 것도 아울러서 보고된바 있다.

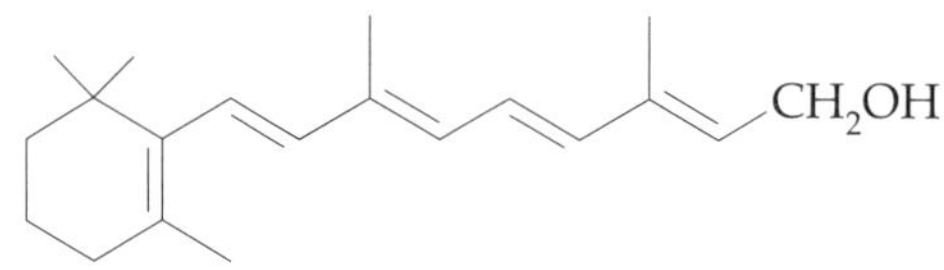

(Ⅵ) Retinol

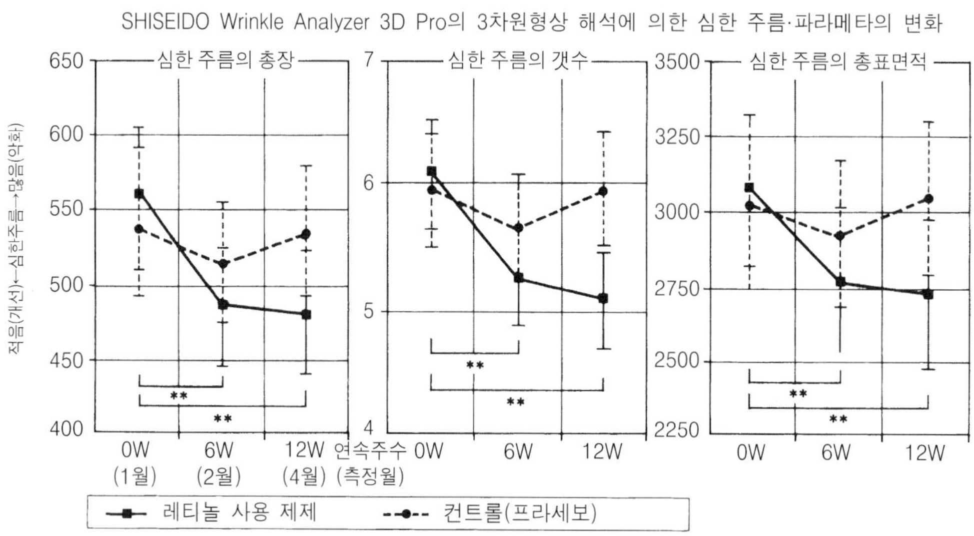

$n = 59$, mean±SE
Paired t-test(+$p<0.1$, *$p<0.05$, **$p<0.01$, ***$p<0.001$)

그림 6-1. 항 주름 화장품에 의한 큰 주름 개선 효과

2) α –하이드록시산 ; α –hydroxy acids, AHA

α-하이드록시산은 어린선(魚鱗癬)이나 드라이 스킨 등의 과각화성, 건조성 피부 질환의 치료에 이용되어 왔는데, 그 과정에서 주름 개선 효과가 발견되어 주목되었다. 대표적인 α-하이드록시산에는 글리콜산과 젖산이 있다. 주름 개선 효과의 메커니즘은, 각질층간의 접착 기구에 작용하여 각질층을 얇게 하는 효과라고 알려져 있다. 그리고 고농도 용액은 필링제(표피를 벗겨내어 그 재생을 촉진시킨다)로서 미용 성형에도 이용된다.

화장품 분야에서도 저농도 제제의 주름 개선의 유효성 검토가 이루어지고 있는데, 주름 개선이라는 관점에서 명확한 결과는 밝혀져 있지 않다. α-하이드록시산은 저농도일지라도 일과성의 스탠딩을 비롯한 피부 자극성이 있는 것도 지적되어 유효성과의 관련이 있는지 검토하고 있다.

3) 기타

오래 전부터 피부 노화와 산화 상해의 관련과, 활성 산소나 프리라디컬 소거제의 예방적 항 주름 효과에 대하여 논의되어 왔다. 그리고 콜라겐이나 엘라스틴 등의 구조 단백질의 당화 수식(糖化修飾)이나 가교 반응이 주름의 원인이고, 그러한 요인의 제거가 중요하다는 논의도 이루어지고 있는데 명확하게 사람에서의 실증에는 이르지 못하고 있다.

주름의 발생에 대한 보다 깊은 해명이 필요하고, 그 예방과 개선에 새로운 길을 여는 것이 중요하다고 여겨진다.

6-1-3. 피부 거칠음 개선제 ; Skin care agents

화장품 및 의약부외품의 대상이 되는 피부 거칠음은, 외관적으로는 피부 표층의 각질층의 건조나 분이 나오는 상태로 나타나는데, 그 원인은 일상의 생활 환경(건조, 한냉, 자외선과 피부에 대한 물리적, 화학적 자극)의 영향을 들 수 있다.

피부 거칠음 방지 혹은 개선을 목적으로 각종 약제가 배합된다.

효능, 효과로서 「피부 거칠음, 거칠어지는 성질」에 대한 유효 성분으로서 항 염증제가 주체가 되는데, 피부 거칠음의 발생 원인에 관한 최근의 연구를 기초로 프로테아제 억제제가 유효 성분으로서 개발되었다. 기타 비타민류 등도 배합된다.

1) 항염증제 ; Anti-inflammatory agents

피부에 대한 외부환경으로부터의 자극이나 면도로 인한 국소의 미약한 염증을 방지하기 위하여, β-글리틸레틴산, 글리틸리틴산유도체(Ⅶ), 알란토인, 아즈렌, 하이드로코르티손(Ⅷ) 등이 사용된다.

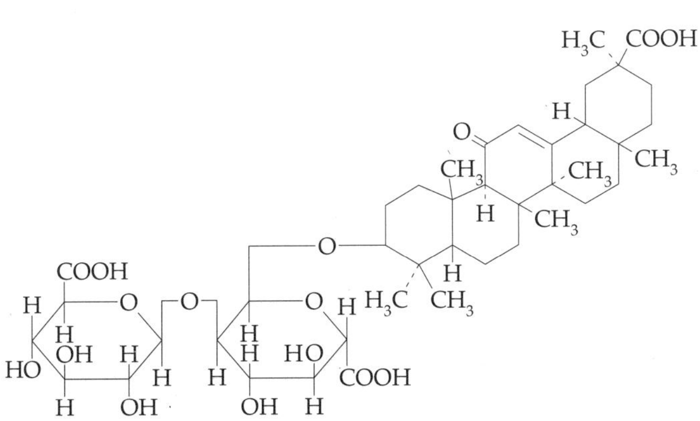

(Ⅶ) 글리틸리틴산디칼륨

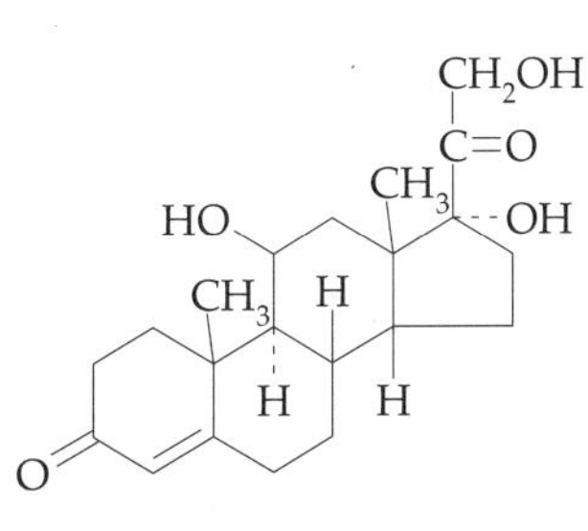

(Ⅷ) 하이드로코르티손(Hydrocortisone)

2) 프로테아제 억제제 ; Protease inhibitors

피부에 대한 자극에 따라 피부가 거칠어지는 것은, 표피내의 프로테아제(단백질 분해 효소)와 프라스민이 관여하고 있음이 최근 밝혀졌다. 즉, 프라스민의 전구체인 프라스미노겐이 프라스미노겐아크치베타에 의해 활성화되어 피부 거칠음 발생의 중요한 원인인 것으로 밝혀졌다(그림 6-2)[16,17].

프라스미노겐 활성화계의 억제가 피부 거칠음 방지에 중요하고, 그 특이적 억제제인 트라네키삼산(Ⅸ)의 유효성이 확인되어 새로운 유효 성분으로서 개발되었다.

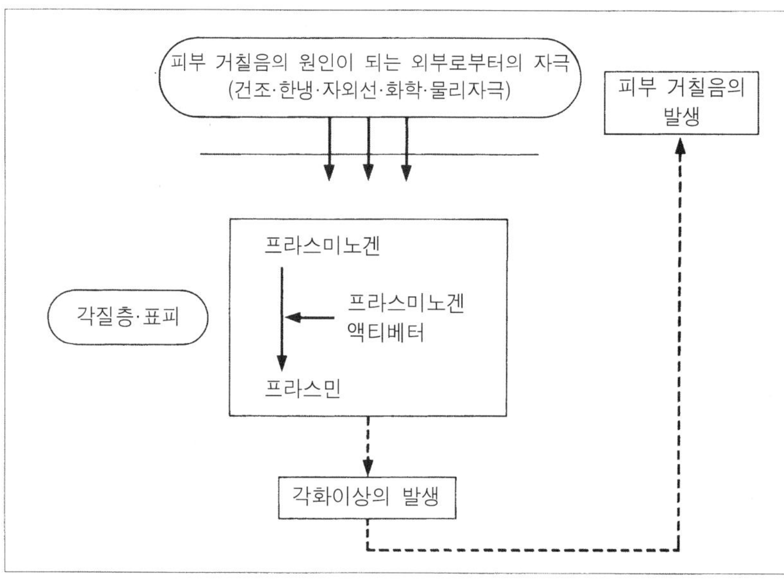

그림 6-2. 피부내의 프라스미노겐 활성화계에 의한 피부 거칠음 발생 원인

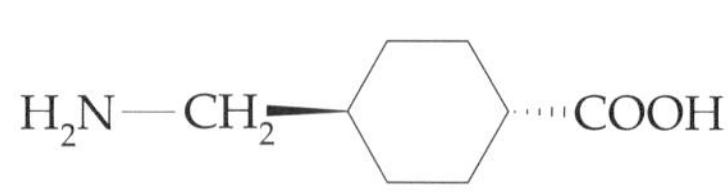

(Ⅸ) 트라네키삼산(Tranexamic acid)

3) 기타

피부 거칠음에 대한 유효 성분으로서, 비타민류(비타민 A 및 그 유도체와 비타민 E 유도체 드), 항히스타민제 등이 배합된다(총론 6-4. 기타 약제 참조).

6-1-4. 여드름용 약제 ; Anti acne agents

여드름은 각종 요인이 연관되어 발생하기 때문에(총론 1. 화장품과 피부 참조), 여드름용 화장품에는 그림 6-3에 나타낸 각 요인에 대응하는 약제가 여러 가지로 조합되어 배합되는 경우가 많다.

피지의 과잉분비에는 피지억제제, 각화항진에 의한 모포의 패쇄에는 각질용해·박리제, 세균의 증식억제에 대해서는 살균제가 이용되고 있다.

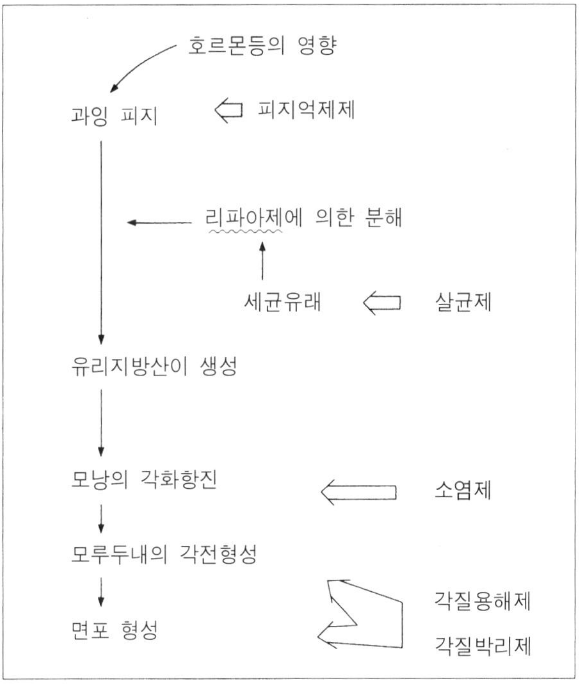

그림 6-3. 여드름의 발생 요인과 약제

1) 피지 억제제 ; Sebum secretion inhibitors

피지분비의 항진은 남성호르몬에 의해 지배되고 있다. 따라서 피부 내부로부터 피지분비의 컨트롤이 필요하다. 남성호르몬에 길항 작용을 갖는 난포호르몬이 피지억제제로서 배합되고 있다. 그러나 작용이 강하므로 화장품에 배합할 수 있는 양은 제한된다.

주요 약제로서, 에스트라디올, 에스트론, 에티닐에스트라디올 등이 있다. 그 외에 항지루 작용을 하는 비타민 B_6도 사용된다.

2) 각질박리 · 용해제 ; Corneocyte desquamating agents

여드름 발생시에는 각화가 항진하고 면포가 생기므로 이 면포 앞부분을 열어서 면포 내용물을 배출하기 위하여 유황, 살리실산(X), 레조르신(XI) 등의 각질 박리제 혹은 각질 용해제가 배합된다.

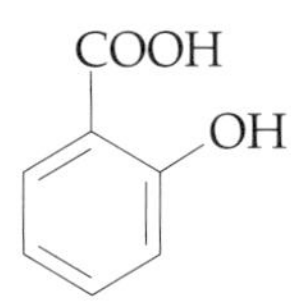

(X) 살리실산

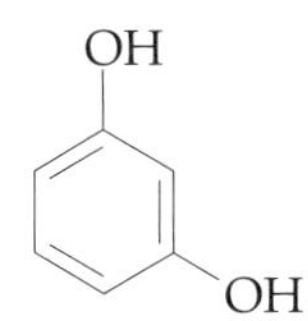

(XI) 레조르신

유황은 옛날부터 여드름의 국소치료약으로서, 1~10%의 농도로 널리 사용되어 왔다. 유황의 작용기전에는 아직 불명확한 점이 많으나, 유황은 생체조직의 시스테인이나 글루타티온과 같은 SH기를 갖는 아미노산과 반응하여 S-S 결합을 형성시키고, 유황 자체는 황화수소(H_2S)로 되며 황화수소가 각질 용해작용, 각질 박리작용을 나타낸다고 한다.

살리실산은 비교적 가벼운 정도의 여드름에 유효한 것으로 알려져 있고, 100년의 역사를 갖고 있다. 0.5%에서 3%는 염증 부위의 치료를 빠르게 하며, 고농도로 사용하면 면포형성을 방지하는 작용이 있다고 한다.

레조르신은 통상 유황과 조합하여 사용하고, 각질 박리작용과 살균작용을 갖는 것으로 알려져 있다.

3) 살균제 ; Antibacterial agents

여드름 간균은 여드름 발생요인 중에서도 가장 중요한 요인으로, 이를 감소시키는 것이 여드름의 개선으로 연결된다고 생각된다.

주요 약제로서, 염화벤잘코늄, 염화벤제토니움, 하로칼반, 2,4,4-트리클로로-2-하이드록시페놀 등이 있다.

4) 기 타

염증을 억제할 목적으로 글리틸리틴산, 글리틸레틴산 등 항염증제가 배합되는 경우가 있다. 또 비타민 A산과 그 유도체(13-cis-retinoic acid 등)나 벤조일퍼옥사이드 등은 여드름 치료 효과가 우수하지만[18], 일본에서는 사용이 허가되어 있지 않다.

6-1-5. 액취방지용 약제 ; Antiperspirants and deodorants

액취 발생은, 다량으로 분비된 땀이 피지와 피지의 산화물과 섞이고 그것이 피부상제균에 의해 분해됨으로써 악취물질을 생산하여 발생한다고 알려져 있다. 그 악취 물질의 대표적인 것이 저급지방산과 불포화 알데히드류이다.

이와 같은 액취발생 메커니즘에 따라 액취방지 화장품에는, 땀이 다량으로 나오는 것을 막는 제한제와 피부상재균을 감소시키는 살균제, 저급 지방산이나 불포화 알데히드류의 산화를 방지하는 산화 방지제가 배합된다.

1) 제한제 ; Antiperspirants

제한제는 피부를 강력히 수렴시켜서 땀의 발생을 억제한다고 알려져 있고, 클로로하이드록시알루미늄, 염화알루미늄, 알란토인클로로하이드록시알루미늄, 황산알루미늄칼륨, 산화아연, 파라페놀설폰산아연 등이 사용되고 있다. 그 중에서 클로로하이드록시알루미늄이 많이 사용되고 있다. 이들 분말은 피부에 접촉하는 것으로서 효과를 나타내기 때문에 접촉면적을 증가시키기 위한 목적으로 미립자화도 이루어지고 있다.

또 지르코늄 화합물은 강한 제한작용이 있어서, 미국에서는 파우다 타입 이외의 제형으로 제한제로서의 사용이 허가되어 있다. 그러나 일본에서는 이들 지르코늄 화합물을 허가하지 않고 있다.

제한제의 평가에 대한 몇 가지 방법이 있는데, 사람의 겨드랑이 땀의 중량을 측정하는 방법이 일반적이다(미국 FDA법)[19]. 이 방법은 제한제 함유의 처방을 한쪽 겨드랑이에 도포하고, 또 다른 한쪽은 컨트롤 부위로 한다. 그 후, 미리 저울로 무게를 잰 면 패드 등을 겨드랑이에 끼우고, 일정시간 고온으로 유지되는 방에 들어가 땀이 패드에 스며들게 한다. 종료후 다시 패드의 중량을 측정하여, 발한량을 측정하고 좌, 우의 땀의 양을 비교해서 제한제의 효과를 측정한다. 또 이 실험은 미리 실험할 사람의 좌우 겨드랑이의 발한량의 비율을 측정해 둘 필요가 있다.

2) 살균제 ; Antibacterial agents

주요 약제로서, 염화벤잘코늄, 염화벤제토니움, 할로카르반, 염산클로로헥시딘 등이 있다.

3) 소취제 ; Deodorants

최근 악취물질 중의 하나가 저급 지방산에 의한 것이라는 보고[20]가 있고, 이 악취를 제거하는 소취효과(消臭效果)가 있는 약제인 산화아연 등의 배합도 이루어지고 있다. 산화아연의 소취 메커니즘에 대하여는 다음과 같이 설명된다. 저급지방산은 유리상태에서는 휘발성이 높아 악취로서 감지되지만, 아연과 염을 만들면 불휘발성으로 되어 악취가 없어진다고 생각된다. 결국, 일단 발생해 버린 악취 물질이라도 산화 아연에 노출시키면 지방산 금속염의 형태로 변하여 악취가 없어진다 즉, 냄새를 제거할 수 있는 것을 나타낸다(총론 11. 화장품의-유효성 참조).

4) 산화 방지제 ; Antioxidants

주로 약제로서 치오타우린, 히포타우린, 토코페롤 등이 있다.

6-1-6. 청량화제(Refrigerants), 수렴제(Astringents)

피부에 청량감을 주는 청량화제로서, 멘톨(XII), 칸풀 등이 사용된다. 그리고 피부를 당겨서 정돈하기 위하여 수렴 효과가 있는 산화아연, 황산아연, 알란토인하이드록시알루미늄, 산화알루미늄, 염화알루미늄, 황산알루미늄, 설퍼석탄산아연, 탄닌산, 구연산, 젖산 등이 사용된다.

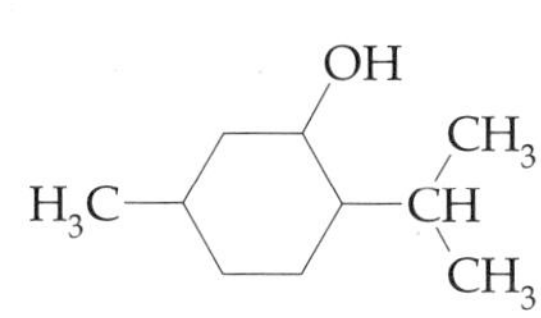

(XII) 멘톨(Menthol)

6-2 》 두피, 두발용 약제

6-2-1. 육모용 약제 ; Hair growth promoters

남성형 탈모증의 원인으로서는, ① 남성 호르몬 관여에 의한 모포기능의 저하 ② 모포, 모구부의 신진대사 기능의 저하 ③ 두피 생리기능의 저하 ④ 두피 긴장(당김)에 의한 국소 혈류 장애 ⑤ 영양 불량 ⑥ 스트레스 ⑦ 약물에 의한 부작용 ⑧ 유전 등을 들 수 있으나(헤어케어 화장품 참조) 탈모증의 원인은 아직 완전히 해명되어 있지 않다.

따라서 육모제의 유효성분으로서는, 이들 원인을 제거하는 작용이 있는 여러 가지 약제가 조합되어 배합되고 있다. 그 중에서도, 모기질 세포의 부활효과나 혈행촉진 효과를 갖는 성분을 중심으로 한 제품이 주류를 이루고 있고, 모성장이 쇠퇴한 모포에 대한 부활작용이나 혈류촉진으로 영양성분의 보급을 행함으로써, 양모・육모작용을 나타내려고 하고 있다.

육모제에 배합되어 있는 유효성분을 각각의 배합목적에 따라 분류하면 다음과 같다.

1) 혈관 확장제 ; Vasodilators

말초혈관의 혈류를 촉진하는 성분 중에, 혈류순환의 개선을 주로 하는 혈행촉진제와 국소자극을 주로 하여 이차적으로 혈류를 촉진시키는 국소자극제가 배합된다.

1-1) 혈행 촉진제 ; Blood flow stimulants

주요 약제로서, 월년초엑기스(Swertinogen), 세파란틴, 비타민E 및 그 유도체, 니코틴산벤질에스텔, 미녹시딜 등이 있다.

월년초엑기스는 인도과 식물 월년초(swertia japonica makino)의 쓴맛 배당체 추출물이고, 피부의 모세혈관을 확장하여 혈행을 촉진하여 모기질세포에 에너지를 공급하는 것으로 알려져 있다. 세파란틴은 방기과의 식물인 stephania cepharantha hayata의 뿌리로부터 추출한 알카로이드로서, 혈관확장 작용이 있는 것으로 알려져 있다.

비타민 E는 직접 투여로 피부혈관계에 작용하고, 모세혈관을 확장하여 혈행을 촉진시키는 작용을 한다.

1-2) 국소자극제 ; Hair follicle stimulants

주요 약제로서 고추틴크, 생강틴크, 칸타리스틴크, 노니루산와니릴아미드 등이 있다.

고추틴크는 고추(capsium annuum linne)의 과실을 에탄올에 침출시켜 얻은 틴크제로, 매운맛 성분인 capsaicin이 모근을 자극하여 발모를 촉진시킨다고 한다.

생강틴크는 생강(zingiber officinale roscoe)의 뿌리와 줄기를 에탄올로 침출하여 얻는 틴크제로, 자극성분인 zingerone, shogaol이 모근을 자극하여 발모를 촉진시킨다고 한다.

2) 영양제 ; Nourishing agents

모유두 및 모포주변의 모세혈관 순환장애 등에 의한 모기질세포 주변의 영양장애에는 비타민류나 아미노산류를 배합한다.

2-1) 비타민류 ; Vitamines

주요 약제로서 비타민 B_1, B_2, E 및 그 유도체, 판토텐산 및 그 유도체, 비오틴 등이 있다.

2-2) 아미노산류 ; Amino acids

주요약제로서 시스틴, 시스테인, 메티오닌, 세린, 로이신, 트립토판, 아미노산 엑기스 등이 있다.

3) 항 남성호르몬 작용제 ; Anti-androgen like agents

남성호르몬이 탈모에 관여하기 때문에, 남성호르몬에 대한 길항 작용을 갖는 여성호르몬이 배합된다.

주요 약제로서 에스트라디올, 에스트론 등이 있다.

4) 모포 부활제 ; Hair follicle activating agents

모발의 성장에 관여하는 각종 효소 활성의 이상 등에 의한, 모기질세포 기능저하의 개선을 위해 배합된다.

주요 약제로서 판토텐산 및 그 유도체, 프라센터엑기스, 알란토인, 감광소 301 등이 있다.

5) 보습제 ; Humectants

두피의 건조를 막기 위해 배합된다.

주요 약제로서는 글리세린, 피롤리돈카르본산 등이 있다.

그 외에 육모제에는 비듬·가려움용 약제가 배합된다.

6-2-2. 비듬, 가려움용 약제 ; Antidandruff and anti iching agents

피부 최외층의 각질 세포는 때가 되어 박리되는데, 두피에서 박리된 이 때를 일반적으로 비듬이라고 한다. 생리적으로 정상적인 두피에서도 비듬은 항시 발생하지만 그 양이 많지 않기 때문에 눈에 띄지 않는다. 그러나 각화가 이상적으로 진행되면 불완전 각화의 상태에서 박리되고, 또 박리된 비듬의 양도 많아져서 비듬이 눈에 띄게 되는 것이다.

각화가 이상적으로 진행되어 피지의 분비가 위축되고 피지 분비가 감소하면, 박리된 각편을 접착하는 힘도 약해져서 건조한 비듬이 된다. 이와 같은 비듬을 건성 비듬이라고 한다. 각화가 이상적으로 진행되고 그 결과 피지 분비도 진행되면 비듬은 끈끈하고 습한 상태가 된다. 이것을 유성 비듬이라고 한다.

두피의 턴오버 속도의 항진이 직접적인 비듬 발생의 원인이라고 알려져 있는데, 턴오버 속도를 항진시키는 요인으로서는 ① 피지 분비의 이상 ② 피지 과산화물의 자극 ③ 두피의 건조 등을 들 수 있다.

과거에는 두피의 세균이나 진균의 이상 증식이 비듬의 발생 요인이라고 알려져 왔으나, 현재는 비듬 중에 이러한 비듬을 좋아하는 미생물이 생육하여 이 미생물이 두피에 대한 자극물질을 생산하여, 비듬을 증가, 악화시킨다는 설이 제기되고 있다.

그림 6-4는 비듬 발생의 월간 변동을 160명의 피험자에게서 측정한 것으로, 겨울의 평균

비듬량은 여름의 평균 비듬 양의 약 2배임을 보여주고 있다. 여름철 특히 장마 때는, 미생물의 번식에 적합한 계절임에도 불구하고 발생량이 역으로 감소한 것을 보면, 두피 상재 미생물이 비듬 발생에 직접적으로 관여하고 있다는 것은 명백히 부정된다.

이 때문에 비듬의 과잉 발생을 막기 위한 약용 삼푸, 약용 린스, 육모제에는 이러한 원인에 대응하는 각질 박리제・용해제, 항지루제, 산화 방지제, 보습제가 배합된다. 또 가려움이나 염증의 악화를 막기 위하여 살균제, 소염제나 진양제(鎭痒制)가 배합된다.

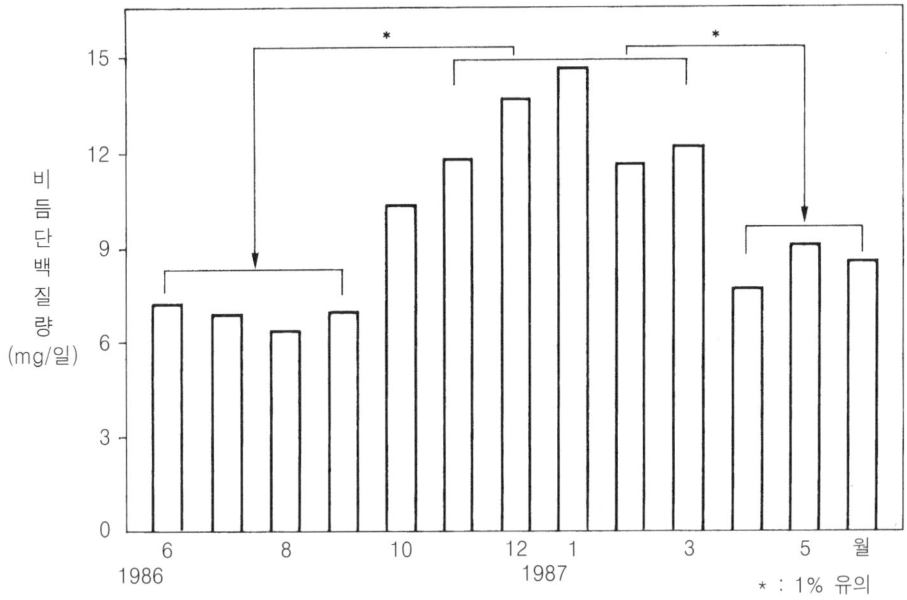

그림 6-4. 비듬 발생의 계절 변동

1) 각질박리 · 용해제 ; Corniocyte desquamating agents

건성 비듬에 대한 약제로는 주로 살리실산, 유황, 레조르신, 황화세린 등이 사용된다.

2) 항지루제 ; Antiseborrheic agents

주로 비타민 B_6(피리독신) 및 그 유도체가 사용된다.

3) 산화 방지제 ; Antioxidants

자극원이 되는 피지의 과산화를 박기 위한 목적으로 토코페롤, 티오타우린, 히포타우린 등이 사용되고 있다.

4) 보습제 ; Humectants

두피의 건조를 막기 위한 목적으로 글리세린, 프로필렌글리콜, 1,3-부틸렌글리콜 등이 배합된다.

5) 살균제 ; Antibacterial agents

비듬의 증가와 악화를 막기 위해 배합된다. 살균제에 의해 두피의 청결이 유지되고, 미생물의 발육이 억제된다. 그 결과 두피 세균류가 생산하는 리파아제에 의한 유리 지방산의 생성이 억제되어 가려움증이나 악취가 방지되고, 그 결과 비듬의 증가와 악화가 방지된다. 주로 트리클로로카르바니리드, 징크피리치온, 염화벤잘코늄, 염화벤제토늄, 클로로헥시딘, 히노키티올, 페놀, 이소프로필메틸페놀 등이 사용된다.

이 중에서 징크피리치온과 피로크톤오라민은 살균 작용 이외에, 비교적 강한 산화 방지 효과를 가지고 있음이 밝혀졌다.

6) 소염제 ; antiinflammatory agents

주로 글리틸리틴산 및 그 유도체, 초산하이드로코티손, 프레드니솔론 등이 사용된다.

7) 진양제 ; Antipruritic agents

주로 염산디펜히드라민, 말레인산클로로페닐아민, 캄파, 멘톨 등이 사용된다.

6-3 》 구강용 약제 ; Oral health care agents

약용 치약류의 제형은 보통의 치약과 유사한 제형의 외용제이고, 치약제의 기본적인 기능을 보다 높여서, 혹은 새로운 기능을 부가하기 위하여 각종 유효성분(약제)을 배합한다.

6-3-1. 충치를 예방하는 약제 ; Anti caries agents

충치의 원인에 대하여는 ① 음식(당) ② 충치원성세균총 ③ 숙주(균)의 감수성이라는 3요인이 겹쳐지는 경우 발생한다는 Keyes[21]의 설이 넓게 받아들여지고 있다. 이중에서 약제로서 충치를 예방하는 효과를 기대할 수 있는 포인트는 ② 및 ③일 것이다

충치는 치아에 부착된 치구(齒垢)내에, 충치의 원인균이라고 알려져 있는 스트렙토코커스 뮤탄스(streptococcus mutans)가 그 균체표층에 국한하여 존재하는 글루코오스 전이효소(glucosyltransferase)에 의해 설탕으로부터 물에 불용성·점착성의 글루칸을 생성하고, 이것을 매개로 치아에 강하게 부착하여 에너지 대사를 한 결과 젖산을 생성하고, 이것이 치아

에나멜질을 탈회(脫灰)하는 것으로 알려져 있다. 이에 따른 충치의 예방법으로서 ① 치아의 내산성을 증강한다 ② 충치 원인균의 살균 ③ 세균이 생산하는 글루칸을 분해하든지 그 생합성을 저해한다고 하는 3가지의 방법을 생각할 수 있다. 따라서 치약제에 배합하는 충치 예방약제도 이들 3종이 있다.

1) 치아의 내산성 증강 및 재석회화의 촉진

치아 내산성 증강의 목적으로 종래부터 배합되고 있는 약제로서, 불화나트륨(NaF), 모노플루오로인산나트륨(Na_2PO_3F), 불화주석(SnF_2)이 있다. 이들의 불소화합물이 치아의 내산성을 증강하는 작용 메커니즘은, 치아의 에나멜질의 주요 구성성분인 하이드록시아파타이트의 구조 일부가 불소이온과 치환하여, 내산성이 높은 플루오로아파타이트로 되기 때문인 것으로 여겨지고 있다. 또 이들 불소 화합물은 부식에 의해 탈회된 부분에 작용하여 칼슘 이온이나 인산 이온을 보급하고, 재석회화를 촉진하는 작용을 한다.

2) 살균제

치약제에는 넓게 항균 스펙트럼을 갖는 글루콘산클로로헥시딘(XIII)이 살균제로서 범용되고 있다. 그 외에 염화세틸피리디늄(XIV), 이소프로필메틸페놀 등이 배합된다.

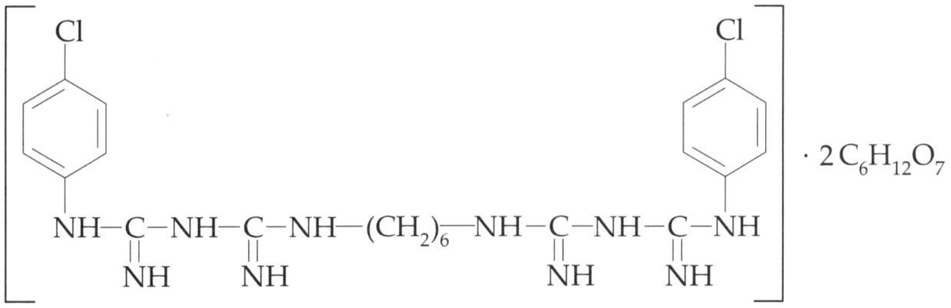

(XIII) 글루콘산클로로헥시딘

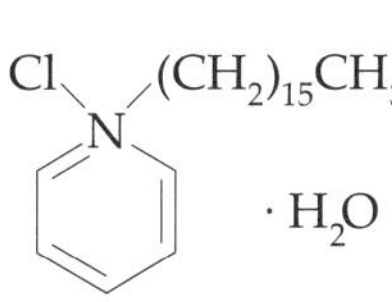

(XIV) 염화세틸피리디늄

3) 글루칸의 분해 및 생합성 저해

충치 원인균이 생산하는 불용성·점착성의 글루칸은 글루코오스가 α-1,6 및 α-1,3 결합 등으로 고분자화한 구조이다. 이중에서 α-1,6 결합을 분해하는 효소가 덱스트라나제이고, α-1,3 결합을 분해하는 효소는 뮤타나아제이다. 덱스트라나제는 이미 치약제에 배합되고 있다.

4) 기타

본래 설탕을 대신하는 비부식 유발성 감미료인 당 알코올류에는 에나멜질의 재석회화 작용이 있다고 알려져 있고, 자일리톨은 불소 화합물과의 공존으로 각각 단독의 경우보다 더욱 재석회화를 촉진하는 것으로 알려져 있다.

6-3-2. 치주질환을 예방하는 약제 ; Anti periodontal disease agents

치아를 둘러싸고 있는 치주조직(齒周組織)에 발생하는 질환을 치주질환이라고 말하며, 단순성 잇몸염증이나 만성 변록성치주 질환(齒糟膿漏)이 포함된다. 양자의 차이는, 잇몸염증은 잇몸의 염증에 국한되는 것에 반해, 치조농루는 치아를 지지하는 뼈(치조골)의 흡수가 일어나며 잇몸의 염증과 함께 치아의 동요가 나타난다. 치조 농루는 많은 경우 잇몸염증이 진행하여 악화되어 일어난다. 즉, 잇몸염의 예방이 치조 농루의 예방에 연결된다고 할 수 있다. 잇몸염의 주원인은 치구이기 때문에, 치약제에는 치구의 억제(프라그 컨트롤)와 잇몸의 염증 예방을 목적으로 한 약제가 배합된다. 즉 치구를 억제하는 살균제, 항염증제, 수렴제, 혈행 촉진제 등이 있다.

1) 살균제(총론 6-3-1, 충치를 예방하는 약제 참조)

2) 항염증제

2-1) 히노키티올(XV)

대만산 히노키유로부터 얻을 수 있는 트로포론 화합물이며, 항염증작용, 지혈작용, 살균작용 등이 있다.

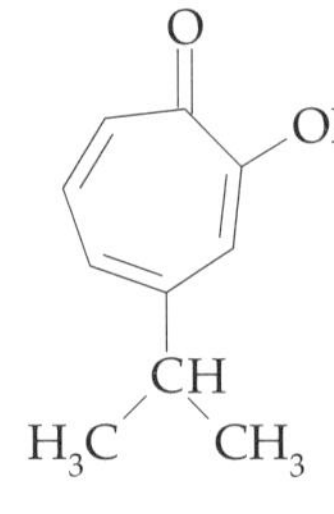

(XV) 히노키티올

2-2) 알란토인

알란토인과 그 유도체에는 항염증작용, 수렴작용 및 세포부활작용 등이 있다.

2-3) 글리틸리틴산과 그 염류(Ⅶ)

항염증, 항알레르기 및 세균 발육저지 등의 작용이 있다.

2-4) 항프라스민제

염증이 일어나고 있는 치육에서는 국소의 선용계(線溶系)가 항진하여 출혈되기 쉬워진다. 항프라스민제의 ε-아미노카프론산이나 트라네키삼산이 배합되어 선용계의 억제에 의한 출혈예방과 소염작용을 나타낸다.

2-5) 기 타

디하이드로콜레스테롤, 아즈렌, 당귀엑기스 등이 있다.

3) 수렴제

잇몸표층을 단단히 수축시킬 목적으로 배합된다. 알루미늄알란토인, 젖산알루미늄 등이 있다.

4) 혈행촉진제

잇몸의 울혈(鬱血)을 예방, 개선할 목적으로 배합된다. 말초순환 개선작용을 갖는 비타민 E와 그 유도체가 있다.

5) 기 타

옛날부터 잇몸의 염증에 효과가 있는 것으로 알려져 있고, 또 잇몸을 수축시킬 목적으로 염화나트륨이 배합된다. 또 비타민인 염산피리독신도 이용된다.

6-3-3. 구취를 방지하는 약제 ; Oral deodorants

구취의 원인은 호흡기나 소화기의 질환에 의한 전신성인 것과 구강의 질환이나 음식물에 의한 것이 있다. 치약제 효과의 대상은 물론 후자이다. 구강내의 세균에 의해 단백질이나 아미노산이나 대사·분해 산물로 발생하는 황화수소나 메틸머캅탄 등의 유황화합물, 유기산이나 질소화합물 등이 구취의 성분으로서 알려져 있다. 구취를 방지하는 약제로서는 구강내의 세균을 억제할 목적으로 살균제가 배합된다(총론6-3-1. 충치를 예방하는 약제 참조).

그 외에 종래부터 구취 방지효과가 있는 동클로로핀나트륨이 배합된다.

6-3-4. 치석의 침착을 방지하는 약제 ; Anti tartar agents

치석은 치아에 부착된 치구등의 유기물에 타액 중의 칼슘이 침착하여 형성된다고 여겨진다. 이것을 방지하는 약제로서 폴리인산나트륨, 제올라이트 등이 배합된다.

6-3-5. 담배진의 제거 ; Tar cleansing agents

치약제의 기본적인 작용으로서 연마제에 의한 치아의 오염제거가 있으며, 그 효과를 높이는 약제로서 폴리에틸렌글리콜이 있다.

6-4 》 기타 약제 ; Other effective ingredients

6-4-1. 비타민류 ; Vitamins

비타민은 전신의 정상적인 생리기능을 유지하는데 필요한 것과 마찬가지로, 피부 생리 기능의 유지에 있어서도 중요하다. 비타민 결핍에 의한 여러 가지 피부증상을 예방하기 위해 배합되는 비타민류를 표 6-1에 나타낸다. 이 중에서 비타민 A 관련 화합물인 레티노인산을 비롯한 레티노이드류는 *in vivo*에서 표피의 증식이나 분화에 영향을 주고, 진피의 콜라겐이나 엘라스틴의 생합성을 촉진하며[22,23] 더욱이 *in vitro*의 피부세포 배양계에서 히아루론산의 생합성 촉진작용을 나타낸다고 하여[23] 금후 연구의 진전이 기대 된다.

표 6-1. 약용 화장품에 배합되는 비타민류와 결핍에 의한 피부 증상

종 류	결핍에 의한 피부증상	배합성분
비타민 A	표피의 건조 각화의 이상	비타민 A 또는 그 지방산 에스테르류(팔미틴산염, 아세트산염)
비타민 B군	지루성 피부염, 습진	염산피리독신(B_6), B_6의 지방산 에스테르류, 니코틴산아미드, γ-오리자놀
비타민 C	색소침착(기미, 주근깨)	아스콜빈산모노스테아릴, 아스콜빈산인산에스테르, 마그네슘염
비타민 D	습진, 피부건조, 손톱, 모발의 이상	
비타민 E	갱년기피부노화, 여드름, 혈행장해	E-아세테이트(항산화제로서도 사용)
판토텐산	백모증, 피부염, 구순염	판토텐산칼슘, 판토텐산에틸에테르
비타민 H	피부염	비오틴

1) 비타민 A

레티놀이나 그 팔미테이트, 아세테이트 등의 지방산 에스테르류가 사용된다. 표피의 건조나 각화의 이상에 효과가 있다고 한다.

2) 비타민 B군

비타민 B_6(염산피리독신 : XVI-1과 그 지방산 에스테르류) 및 니코틴산(XVI-2) 유도체(니코틴산아미드, 벤질에스테르) 등이 사용된다. 지루성피부염, 습진에 효과가 있으며, 또 피부세포 부활작용도 있는 것으로 알려져 있다.

3) 비타민 C

미백용 약제 (6-1-1) 참조.

4) 비타민 D

습진이나 피부건조에 효과를 나타낸다. 에르고스테린에 자외선을 쪼여서 얻어진 것을 식용유에 몇 % 용해한 것을 지용성 비타민 D_2(XVI-3)로서 배합한다.

5) 비타민 E

지방산 에스테르(아세테이트) 등으로 배합된다. 혈행촉진, 항산화작용이 알려져 있다(XVI-4).

6) 판토텐산

피부염, 구순염에 효과를 나타낸다. 판토텐산칼슘, 판토텐산 에틸에테르가 배합된다(XVI-5).

7) 비타민 H

비오틴(XVI-6)이라고도 하며, 피부염에 유효하다고 한다.

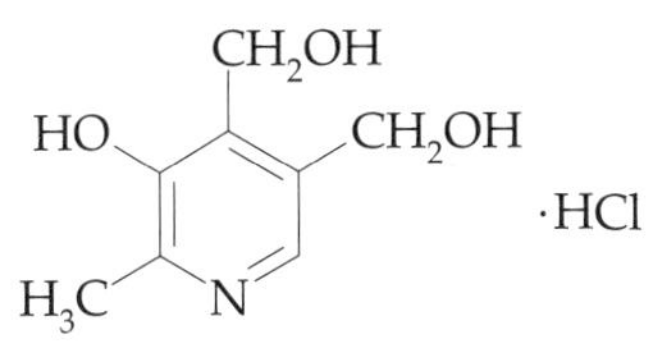

(XVI-1) 피리독신

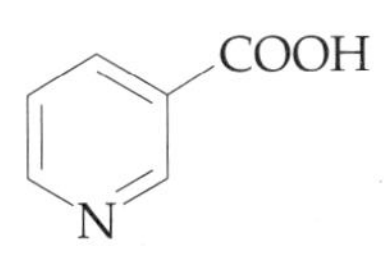

(XVI-2) 니코틴산

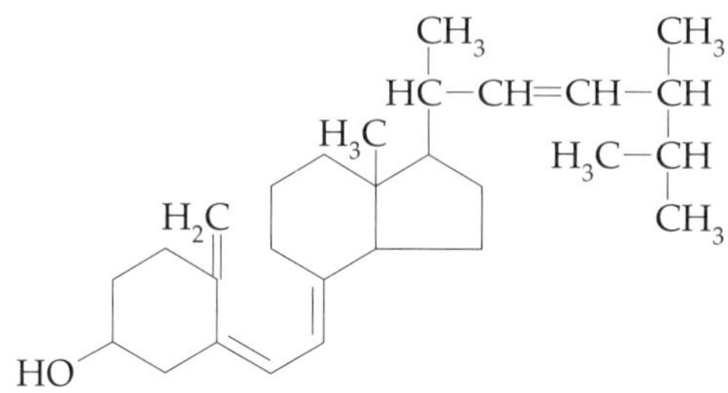

(XVI-3) 비타민 D_2(에르고칼시페롤)

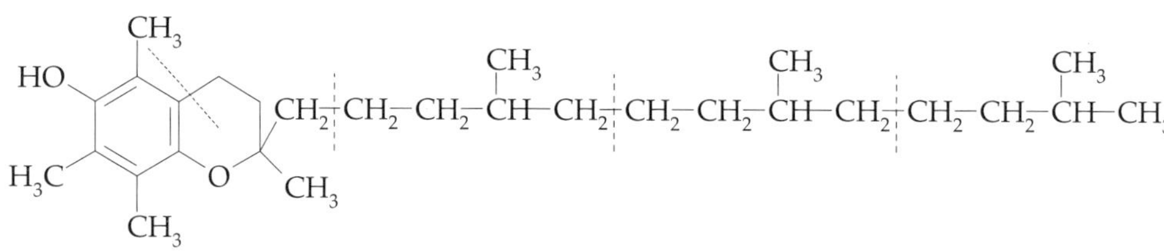

(XVI-4) 비타민 E(α-토코페롤)

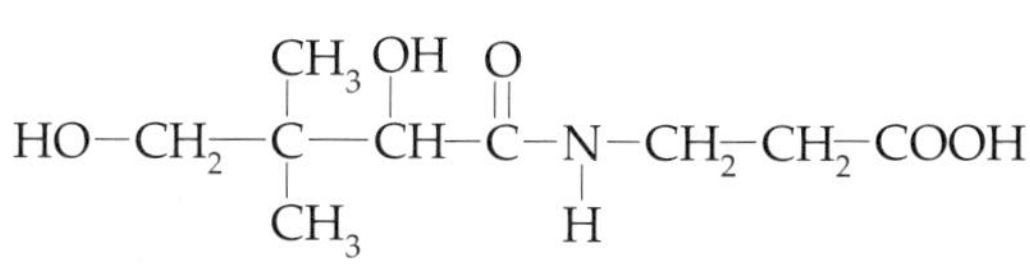

(XVI-5) 판토텐산

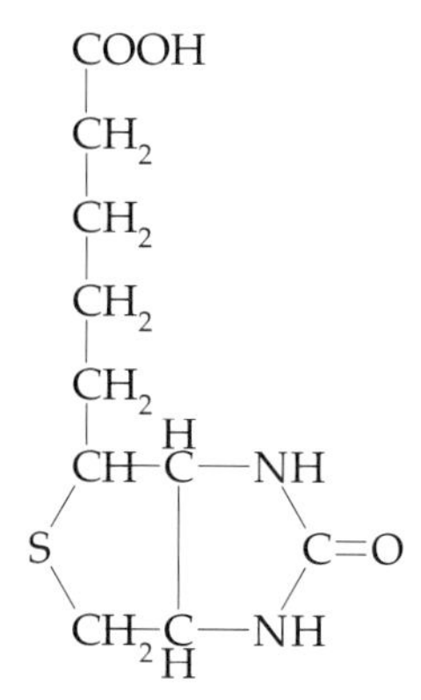

(XVI-6) 비타민 H(비오틴)

6-4-2. 호르몬 ; Hormone

피부의 항상성 유지에 호르몬이 큰 역할을 하고 있다는 것은 잘 알려져 있다. 약용 화장품에 배합되는 호르몬류는 난포호르몬과 부신피질호르몬으로 한정되어 있다. 또 그 종류, 사용량 등에 대해서는 기준이 정해져 있다.

1) 난포호르몬

에스트라디올(XVII) 및 그 에스테르, 에스트론, 에티닐에스트라디올 등이 사용된다.

2) 부신피질호르몬

코르티손 및 그 에스테르, 하이드로코르티손(Ⅷ) 및 그 에스테르, 프레드니손, 프레드니솔론 등이 사용된다.

6-4-3. 항히스타민제 ; Antihistaminics

피부병이나 알레르기와 같이 병적인 상태가 아니더라도, 피부가 거칠어진 상태일 때에는 약간의 자극이라도 피부내에서 히스타민이 생산되어, 그에 따른 가려움이나 피부의 이상이 발생하는 수가 있다. 이 히스타민의 작용을 방지할 목적으로 여러 가지 항히스타민제가 사용된다. 항히스타민제도 법적인 사용기준이 있다.

염산 디펜히드라민(XVIII), 말레인산클로로페닐아민, 글리틸리틴산 유도체 등이 있다.

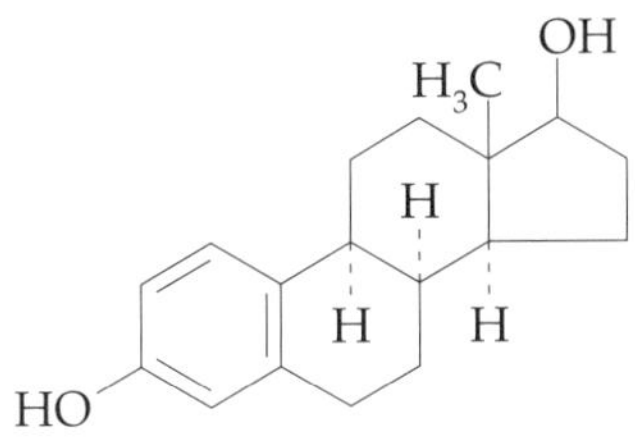

(XVII) 에스트라디올

(XVIII) 염산 디펜히드라민

6-4-4. 아미노산류 ; Amino acids

아미노산류는 건조 또는 경화된 표피에 수화성을 회복시키는 효과가 있고, 필수 아미노산, 염기성 아미노산 및 그 염류가 사용된다.

6-4-5. 천연물 유래의 약제 ; Curde drugs

천연물(동식물)의 추출엑기스, 혹은 그것들로부터 얻어진 성분이 화장품에 배합되는 경우가 있다. 특히 식물성분에 대하여는 오랜 역사속에서 얻어진 많은 사용경험으로부터 적용, 효과, 안전성 등이 확인되어 배합이 인정된 성분이 약제로서 배합된다. 배합되는 천연물 혹은 그 유효 성분의 예를 효과, 효능면에서 분류한 것을 표 6-2에 나타낸다.

천연물로부터의 유용 물질의 추출을 대신하여 바이오 테크놀러지의 기술(세포 대량 배양, 세포 융합, 바이오 리액터 등)에 의해, 고순도, 고효율은 물론 싼 가격으로 천연 추출물의 유효 물질이 생산되기도 한다.

표 6-2. 효능 · 효과로 분 생약류의 예[24]

수렴(항지루)	풍년화, 광대수염, 백화, 대왕 등(탄닌을 함유하는 것)
소염	감초, 황련, 시곤, 서양톱풀, 히리바리초, 알로에 등
살균	카모마일(아즈렌올 함유), 뉴카리초의 정유류 · 히노키티올 등
자외선 방지	알로에, 마로니에, β-카로틴 등(플라보노이드류를 함유하는 것)
피부부활(신진대사촉진, 혈행촉진, 창상치유)	인삼엑기스, 알로에, 시곤, 백합, 수세미오이, 마로니에, 질경이, 잇꽃 등

그 예로서 紫根의 조직 배양에 의한 시코닌[25](항염증, 창상 치료 작용), *Streptococcus zooepidemicus*를 이용한 효소법에 의한 히아론산, 몰티에라 속의 균을 이용한 고밀도 배양법에 의한 γ-리놀렌산 함유 유지[26](유연, 보습, 거친 피부 개선제), 세리과 식물 미시마사이코의 뿌리(생약 사이코)를 순수하게 대량 배양한 사이코사포닌[27,28](보습, 각질층 유연 작용) 등의 바이오 기술에 의한 생산을 들 수 있다.

참고문헌

1) Imai, Y. et al. : Jap. J. Pharmacol., 17, 317, (1967)
2) 田川正人ら : J. Soc. Cosmet. Chem. Jpn, 27(3), 409-414, (1993)
3) Yamamoto I. et al. : Biochim. Biophys. Acta., 1035, 44-50, (1990)
4) 坂本哲夫 : フレグランスジャーナル, 25 (3), 62-70, (1997)
5) 秋山純一ら : フレグランスジャーナル, 25 (3), 55-61, (1997)
6) 富田健一ら : フレグランスジャーナル, 18 (6), 72-77, (1990)
7) 秋保　暁ら : 日皮会誌, 101(6), 609-613, (1991)
8) 大山康明, 三嶋　豊 : フレグランスジャーナル, 18 (6), 53-58, (1990)
9) 三嶋　豊ら : 皮膚, 36(2), 134-150, (1994)
10) 立花新一, 田中良晶 : フレグランスジャーナル, 25 (9), 37-42, (1997)
11) 上出良一ら : 西日本皮膚, 57 (1), 136-142, (1995)
12) 杉山清治 : 皮膚と美容, 30 (3), 2-6, (1998)
13) Kligman, A. M. : 加齢と皮膚, 高瀬, 石原, 戸田, 森川編, 清至書院, (1986)
14) 熊野可丸, 堀井和泉 : ファインケミカル, 28 (10), 20, (1999)
15) 尾澤達也 : 化粧品の科学, 裳華房, 111, (1998)
16) Kitamura, K. et al. : J. Cosmet. Chem. Jpn., 29, 133, (1995)
17) Kitamura, K. et al. : Skin : Interface of a Living System. Tagami, H., Parrish, J. A. and Ozawa, T. editors, Elsevier Science B. V. (1998)
18) 朝田康夫 : にきび (尋常性痤瘡), 金原出版, 1983.
19) Antiperspirant drug products for over-the-counter human use., Federal Register, 43, 46694, 1978.
20) 神田不二宏ら : 日本化粧品技術者会誌, 23, 217, (1989)

21) Keyes, P. H. : Bacteriol. Int. Dent. J., 12, 443, (1962)
22) Kligman, L. et al. : Connect. Tissue Res., 12, 139, (1984)
23) Tammi, R. et al. : J. Invest. Dermatol., 92, 326, (1989)
24) 駒崎久幸ら：フレグランスジャーナル，臨時増刊 No. 6，11，(1986)
25) M. Tabata, et al. : "Frontier of plant Tissue Culture 1978" p. 213 (1979) ed. by T. A. Thorpe Univ. Calgary.
26) 鈴木　修：化学と生物，23，11，(1985)
27) 横山峰幸他：日本生物工学会大会講演要旨集 No. 1123，(1999)
28) 中山泰一，坏　信子，西山敏夫：生化学，71：889，(1999)

7 화장품의 물리화학

본 장에서는 화장품의 물리화학에 대해서 기술한다. 물리화학은 물질의 성질 및 성질의 변화에 관한 학문이다. 화장품은 여러 가지 물질로 이루어진 혼합물로서, 화장품을 설계, 제조하고 안정되게 보존하기 위해서는 물리화학적 지식이 필요하다. 물리화학의 내용에는 여러 분야가 있으나, 여기에서는 화장품에 특히 관련이 깊은 분야인 콜로이드 및 계면과학과 레올러지에 대하여 중점적으로 개설한다.

7-1 》 화장품의 콜로이드 과학과 계면 과학

각론에 서술되어 있는 바와 같이 화장품은 여러 가지 성분으로 이루어져 있고 그 형태도 여러 가지이다. 그리고 화장품이 나타내는 상태는 각각의 물리화학적 의미를 갖는다. 화장품을 한 마디로 말하면 용해된 상태와 용해되지 않는 것이 혼합된 상태가 있다. 이와 같은 상태의 물질 및 그 변화를 연구 대상으로 하는 것이 콜로이드 및 계면 과학이므로, 화장품의 물리화학이 콜로이드 및 계면과학을 의미한다고 해도 과언은 아니다. 여기서 콜로이드의 정의와 분류 및 계면의 정의에 대하여 간단히 서술한 후, 화장품과 관련 깊은 항목에 대하여 기술한다.

7-1-1. 콜로이드와 계면

1) 콜로이드 ; Colloid

전술한 화장품의 상태는 물리화학적으로 표현하면 분산계(disperse system) 또는 분산(dispersion)이다. 콜로이드도 분산계이지만 엄밀히 정의하기는 어렵다.

분산계는 일정한 형태로 연속된 매질중에 입자가 여기저기 분산되어 존재하는 계이다. 매질은 분산매(dispersion medium), 입자는 분산상(dispersion phase)이라고 한다. 분산매는 기상, 액상, 고상의 어느 것이라도 해당되고, 분산 相은 전술한 3가지의 상뿐만 아니라, 독립된 분자나 이온을 가리키기도 한다.

분산계는 분산입자의 크기에 따라 분자분산계(molecular dispersion), 콜로이드 분산계(colloidal dispersion)와 조대분산계(coarse dispersion)로 나눌 수 있다. 분자분산계는 크기가 1nm 정도까지의 고립된 분자 또는 이온이 분산된 계이며, 용액(solution) 또는 고용체(solid solution)와 동의어이다. 분산입자의 크기가 1,000nm(1μm)를 훨씬 넘어서 불균일함이 분명한 계가 粗大분산계이고, 시간이 경과됨에 따라 분리된다. 콜로이드 분산계는 분자분산계와 조대분산계의 중간 형태이며, 1～1000nm정도 크기의 입자가 분산된 계이다. 그러나 입자 크기의 범위는 엄밀한 것은 아니고, 일반적으로 조대 분산계도 콜로이드 과학의 대상으로 본다.

콜로이드 분산계는, 분명하게 균일하며 안정한 상태(분자분산계)와, 불균일하며 불안정한 상태(조대분산계)의 그 중간이다. 그래서 콜로이드 분산계는 분산입자의 성질에 따라 3가지로 분류된다.

1-1) 분자 콜로이드 ; Molecular colloid

고분자 용매에 용해된 상태, 즉 고분자 용액을 의미한다. 계는 순수한 용액이며 열역학적으로 안정되어 있다. 현재는 고분자 용액을 분자 콜로이드라고 하지 않는다. 고분자 화합물은 고분자 화학의 대상이다.

1-2) 회합 콜로이드 ; Association colloid

비교적 작은 분자나 이온이 다수 모여 회합체를 만들며, 콜로이드 크기의 입자로서 용해되어 있다. 이 회합체를 미셀(micelle)이라 한다(미셀 항을 참조). 회합체는 열역학적으로 평형한 상태에 있고 회합콜로이드도 순수하게 안정한 계라고 할 수 있다.

1-3) 분산 또는 입자 콜로이드 ; Disperse colloid

전술한 2가지의 계는 열역학적으로 평형상태에 있고, 순수하게 안정되어 있으며, 가역적인 계이다. 그러므로 혼합시키는 것만으로 자연적으로 생성되는 계이다. 이에 대하여 분산콜로이드는 거시적으로는 균일하게 보여도, 분산매와 분산상이 명확히 다른 상으로 간주되는 다상계이며, 열역학적으로는 불안정한 계이다. 그러므로 분산콜로이드는 단순히 혼합시키더라도 일반적으로 생성되지 않는다. 그러나 분산콜로이드는 분산입자의 조밀함이나 표면 전하 등에 의해, 정도의 차이는 있으나 안정화되어 있다(7-1-4. 에멀젼 참조). 또 분산콜로이드는 그 분산매와 분산상의 관계로부터 표 7-1에 나타낸바와 같이 분류된다.

표 7-1. 분산 콜로이드의 분류

분산매	분산상	명칭	예
기상	기상	—	—
	액상	에어로졸	스프레이 제품, 안개
	고상	에어로졸	파우더 스프레이, 연기
액상	기상	기포	쉐이빙 폼
	액상	에멀젼	유액, 우유
	고상	서스펜젼	네일 에나멜
고상	기상	키세로 겔	스펀지
	액상	겔	포마드, 젤라틴젤리
	고상	고체콜로이드	착색 유리

오늘날 콜로이드 과학의 주 대상은 회합콜로이드와 분산콜로이드인데, 화장품에서 다루는 대상도 동일하다. 예를 들면 화장수는 회합콜로이드, 유액은 에멀젼, 네일 에나멜은 서스펜션이다. 단, 화장품은 단순한 콜로이드계 뿐만 아니라, 유화 파운데이션, 크림, 헤어 폼 등과 같이 복합된 계인 경우가 많다(각론을 참조). 화장품의 과제는 회합콜로이드의 경우, 생성된 것이 안정되어 있기 때문에, 어떻게 필요로 하는 회합콜로이드를 형성시키는가에 있다(단, 물질의 화학적 안정성은 다름). 또 분산 콜로이드의 경우, 첫째는 목적으로 하는 분산 콜로이드를 어떻게 하여 제조하는가이며, 두번째는 순수하게 안정한 계가 없기 때문에, 어떻게 하여 안정성을 향상시키는가에 있다.

2) 계 면 ; Interface

계면이란 2개의 상이 접하고 있는 경계면을 지칭하며, 기상과 액상 또는 고상이 접하고 있는 경우를 보통 표면(surface)이라 한다. 분산 콜로이드(조대 분산계도 포함)는 그 입자가 미세하므로 대단히 큰 계면이 존재하고, 계면이 특히 중요한 의미를 갖게 되는 것이다.

계면에 존재하는 분자는 내측과 외측에서 다른 분자와 접하고, 내부에 있는 분자의 상태와는 다르다. 이 때문에 계면에서는 내부에 비하여 과잉의 자유에너지가 존재한다. 단위면적당 과잉 자유에너지가 계면장력(interfacial tension)이다. 분산콜로이드는 분산매와 분산입자의 사이에 계면이 존재하기 때문에, 완전히 분리된 상태보다도 큰 계면을 갖게 된다. 그러므로 분산 콜로이드는 보다 큰 자유 에너지를 가진 계가 되어, 열역학적으로 불안정하게 된다.

계면에는 흡착이라는 현상이 있는데, 예를 들면 계면활성제의 계면에의 흡착은 유화, 습윤, 기포 등 현상의 본질에 관계하며, 화장품에 있어서도 중요한 현상이다.

7-1-2. 계면활성제의 성질

여기에서는 화장품원료 중에서도 콜로이드 및 계면과학과 가장 관계깊은 원료인 계면활성제에 대하여 설명한다.

계면에 흡착하여 계면장력을 현저히 저하시키는 물질을 계면활성제(surfactant, surface active agent)라 한다. 계면활성제는 용도에 따라서 유화제(emulsifier), 가용화제(solubilizer), 습윤제(wetting agent), 세정제(detergent)라고 불린다. 계면활성제는 종류가 많은데, 공통적인 화학구조, 즉 물에 대하여 친화성을 나타내는 친수기(hydrophilic group)와 물에 대하여 친화성을 나타내지 않는 소수기(hydrophobic group)를 가지고 있다. 소수기는 일반적으로 오일에 대하여 친화성을 나타내므로 친유기(lipophilic group)이라고도 한다. 소수기는 일반적으로 탄화수소기이지만, 플루오로카본기나 실리콘기인 것도 있다. 친수기는 이온성과 비이온성으로 크게 구별되며, 이들은 더욱 세분하여 분류된다(총론 5-2. 화장품의 원료중 계면활성제 참조).

1) HLB ; Hydrophile-lipophile-balance

계면활성제는 친수기와 친유기를 갖고 있기 때문에 그 계면활성제가 친수성(hydrophilic)이 되는가, 친유성(lipophilic)이 되는가는 그 친수기와 친유기의 성질의 상대적 강도에 따라 결정된다. 이와 같은 생각은 옛날부터 있어 왔고[1], 이것을 HLB(hydrophile-lipophile-balance)라고 한다.

Griffin[2] 등은 여러 번의 유화 실험을 거쳐 각종 계면활성제의 HLB를 조사하고, 그것을 수치화하여, 각 계면활성제의 HLB 값(HLB number 또는 value)을 구하였다. 그리고 HLB 값을 계면활성제의 화학구조로부터 계산하는 방법[3]도 제안하였다.

그 후 J.T Davies[4]는 계면활성제 분자를 단위의 화학기로 분류하고, 그 각각에 표 7-2에 나타낸 고유의 값(기수)을 정하고, 이것을 (1)식과 같이 합계하여 구하는 방법을 고안하였다.

$$\text{HLB값} = \sum(\text{친수기의 기수}) + \sum(\text{친유기의 기수}) + 7 \qquad (1)$$

또한 가와우에(川上)[5]는 비이온 계면활성제의 HLB 값을 그 분자 구조로부터 구하는 방법으로서 (2)식을 제안하였다.

$$\text{HLB값} = 7 + 11.7 \log \frac{M_w}{M_o} \qquad (2)$$

여기에서 M_w는 친수기의 분자량, M_o는 친유기의 분자량이다.

표 7-2. 기 수[4)]

기	기수	기	기수
친수기		친유기	
$-SO_3Na$	38.7	$-CH-$	
-COOK	21.1	$-CH_2-$	−0.475
-COONa	19.1	$-CH_3$	
N(4급아민)	9.4	$=CH-$	
에스테르(솔비탄 환)	6.8		
에스테르	2.4	유도기	
-COOH	2.1	$-(CH_2-CH_2-O)-$	+0.33
-OH	1.9	$-(CH_2-CH_2-CH_2-O)-$	−0.15
-O-	1.3		
-OH(솔비탄 환)	0.5		

(J. T. Davies : Proc. 2nd Intern. Congr. Surface Activity, 1 : 426, 1957.)

또한 HLB값은 가성성(加成性)이 성립되어 있으므로, 혼합된 계면활성제의 HLB값도 간단히 계산할 수 있다.

각종 유상을 유화하는데는 각각에 적당한 계면활성제의 HLB값이 있다. 그것을 오일의 소요 HLB(required HLB)라 한다. 표 7-3에 각종 유지류의 소요 HLB를 나타낸다. 혼합 유상의 소요 HLB도 계면활성제의 HLB값과 마찬가지로 가성성이 성립되기 때문에, 예를 들어 밀납(HLB 15로서) 10%, 유동파라핀(경도)53%, 바세린 37%로 된 O/W에멀젼의 유상의 소요 HLB를 계산하면,

$$\frac{15\times10+10\times53\times10.5\times37}{10+53+37}=10.68$$

이다. 이 유상의 유화에는 HLB가 10~11의 유화제를 이용하는 것이 좋다는 것을 알 수 있다.

HLB값은 계면활성제의 대략적인 성질을 아는데 유효하고, 간편하므로 잘 이용되고 있다. 표 7-4에는 HLB값과 계면활성제의 용도와의 관계를 나타내고 있다. 그렇지만 HLB값도 소요 HLB도 어디까지나 경험적으로 구한 것이고, 이론적으로 충분히 증명되지 않았으므로, 하나의 지표로서만 생각하는 것이 좋다.

HLB라고 하면 HLB 값으로서 고려하기 쉬운데, 이것은 구별하여 생각해야만 한다. HLB 개념은 계면활성제의 성질을 가장 잘 나타내며, 본질적으로 그 계의 성질을 결정한다. HLB 값보다도 이론적으로 분명한 것으로서, HLB 온도(HLB temperature) 또는 전상온도(phase inversion temperature)가 시노다[6)]에 의해 제창되었다. HLB온도는 비이온 계면활성제의

HLB가 온도에 따라 변화하는 것(구름점의 항을 참조)을 이용하여 구하는 것으로, 유(油)-수(水)-계면활성계에서 비이온계면활성제의 HLB가 정확히 들어맞는 온도를 의미하며, 이 온도 이하에서는 O/W에멀젼을, 이상에서는 W/O에멀젼을 생성한다(에멀젼의 항을 참조).

HLB는 그 친수기와 친유기 성질의 상대적인 강도만을 고려한 것이지만, 각각의 절대적 강도도 계면활성제의 성질에 큰 영향을 부여한다. 친수기와 친유기의 성질의 상대적인 강도만이 아니고, 그들의 절대적인 강도가 중요하다는 것이, 이제부터 기술하는 계면활성제의 성질이나 기능으로부터 분명하게 된다.

표 7-3. 소요 HLB[2)]

유성원료	W/O에멀젼	O/W에멀젼
탄화수소		
유동파라핀(경질)	4	10
유동파라핀(중질)	4	10.5
바 세 린 (백색)	4	10.5
마이크로크리스탈린왁스	?	9.5*
파라핀(가정용)	4	9
동식물계 오일, 왁스		
면실유	…	7.5
칸데릴라왁스	?	14.5*
카르나우바왁스	?	14.5*
밀납	5	10~16
라놀린(탈수)	8	15
산, 알코올, 기타		
스테아린산	…	17
세틸알코올	?	13
실리콘 오일(G.E)	?	10.5*

*잠정치 (W. C. Griffim : J. Soc. Cosmetics, Chemists, 1 : 311, 1949.)

표 7-4. 활성제의 HLB값과 용도

HLB범위	주요용도
1.5~3	소포제
4~6	W/O유화제
7~9	습윤제
8~18	O/W유화제
13~15	세정제
15~18	가용화제

2) 미셀의 형성과 임계 미셀농도 ; Micelle formation and Critical micelle concentration

계면활성제가 희박한 수용액은 통상의 용액과 동일한 성질을 나타내지만, 농도가 증가하면 계면활성제의 분자 또는 이온 몇몇이 집합, 회합체를 형성하여 용해되며 전술한 회합콜로이드가 된다. 이 회합체를 미셀(micelle)이라 한다. 미셀은 계면활성제의 소수기를 내측으로 하여 집합하고, 소수기와 물과의 접촉을 줄여서 용해하기 유리한 상태로서(소수상호작용)형성된다. 미셀의 모양과 회합수(aggregation number)는 소수기와 친수기의 상대적 강도(HLB)와 그들의 절대적 강도, 쌍방의 성질에 따라 결정된다. 그림 7-1은 미셀의 모양[7]을 추정하여 나타낸 것이다.

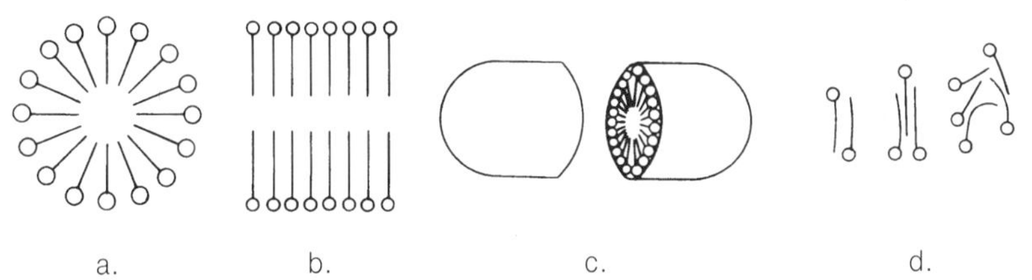

a. 구상 미셀(Hartley) b. 층상 미셀(McBain)
c. 봉상 미셀(Debye) d. 소형 미셀(McBain)

그림 7-1. 미셀의 여러 가지 형태.

미셀이 형성되는 농도를 임계 미셀농도(critical micelle concentration) 또는 cmc라 한다. cmc를 경계로 계면활성제의 용해 상태가 순수한 용액에서 회합콜로이드로 변하기 때문에, 표면장력, 총괄성질(용질분자의 수에 의존하는 성질, 예를 들면 침투압, 응고점 강하) 등 용액의 물리화학적 성질이 현저히 변화한다. 그림 7-2[8]은 이온성 계면활성제 수용액의 각종 물리화학적 성질의 그 농도에 대한 의존성을 조사한 결과[8]를 나타낸 것이다.

그림에 없는 것으로서는 탁도(산란광), 가용화 등의 변화가 있다. 계면활성제의 농도를 변화시켜서 이들의 성질을 측정하고, 그 성질이 현저히 변하는 농도를 구하면 cmc를 결정할 수가 있다. cmc는 계면활성제의 소수기와 친수기의 절대적 강도로 결정된다.

지금까지 계면활성제 수용액계에 대하여 기술하였는데, 유성용액에서도 마찬가지로 계면활성제가 미셀을 형성한다. 이 경우는 역 미셀(reversed mlcelle)이라 하며, 친수기를 내측으로 하여 회합한다.

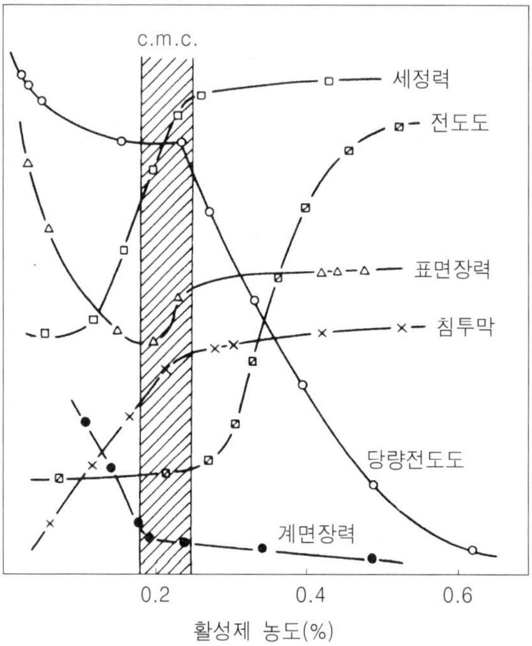

그림 7-2. 물리적 성질의 농도에 따른 변화[8]
(H. Preston : J. Phys., Coll., Chem., 52 : 85, 1948.)

계면활성제는 cmc 이상의 농도에서 계면활성제로서의 기능을 발휘하는 것이 많기 때문에, 실제로 화장품에 이용되는 경우도 cmc 이상의 농도에서 이용된다.

3) 액 정 ; Liquid crystal

결정과 액체의 중간적 상태, 즉 결정과 같이 분자 배열이 규칙적이진 않지만, 액체만큼 불규칙적이지 않은 상태를 액정(liquid crystal) 또는 mesophase라 한다. 액정은 일반적으로 고체와 액체의 중간적 유동성과 광학적 이방성을 나타내므로 용이하게 식별할 수 있다. 단, 광학적으로 등방성인 액정도 존재한다. 액정은 크게 나누어 thermotropic액정과 liotropic액정이 있다. 전자는 결정격자를 부분적으로 열로 파괴한 것이며, 후자는 용매로 파괴한 것이라고 할 수 있다.

계면활성제와 밀접한 관계가 있는 것은 liotropic액정이며, 일반적으로 계면활성제가 물과 농후한 상태로 혼합될 때 만들어질 수 있다. 그림 7-3은 대표적인 액정의 구조를 나타낸 것인데, 액정도 미셀과 같이 계면활성제의 회합체로 형성되어 있다. 단, 액정에서 회합체는 무한히 성장하는 것으로 여겨지며, 친수기를 외측으로 배향시킨 봉상의 회합체가 육방정으로 충전된 것이 육방정상(hexagonal phase) 또는 middle phase, 층상구조의 회합체가 층상으로 층진된 것이 라멜라상(lamellar phase) 혹은 neat phase이고, 계면활성제의 배향이 역으로 된 육방정은 역육방정상(reversed hexagonal phase)이라 한다. 액정의 구조는 계면활성제의 HLB와 그 농도로 결정된다. 위에 서술한 구조도 계면활성제의 HLB가 반영되어, 친수성인 것은 육방정상을, 소수성인 것은 역육방정상을, 그 중간의 성질, 다시 말하면 친수성과 소수성이 밸런스를 이룬 것이 라멜라상을 만든다. 그림 7-4에 hexaethylene glycol monododecyl ether -물계의 상평형도를 나타낸다. 그림 중에서 1L, 2L로 표시한 영역은 각각 1액상, 2액상이며, M은 육방정상, N은 라멜라상을 나타낸다. 동일한 HLB의 계면활성제라면, 물이 많은 쪽에 친수적인 구조의 상이 된다.

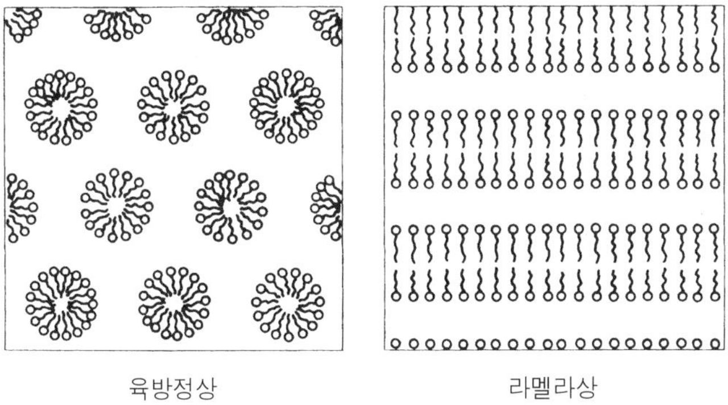

그림 7-3. 대표적인 액정 구조의 모식도

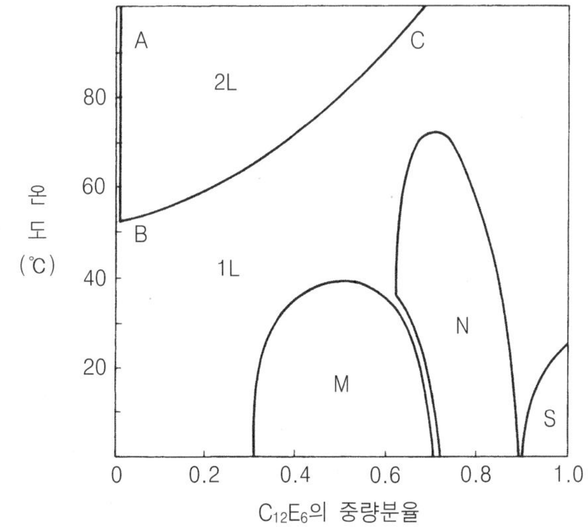

그림 7-4. $C_{12}H_{25}(OC_2H_4)_6OH$와 물과의 평형상도
1L : 1액상, 2L : 2액상, M : 액정상(육방정), N : 액정상(라멜라), S : 결정상

액정은 계면활성제와 물과 오일의 혼합계에서도 이루어지고, 계면활성제의 친수기 쪽에 물이, 친유기 쪽에 오일이 용해한 구조로 된다. 이와 같은 계는 화장품의 분야에서 기제로서 이용되고 있다.

4) 구름 점(하부임계온도) ; Cloud point

비이온 계면활성제의 수용액은, 온도를 올리면 갑자기 탁해지는 점이 있다. 이 온도를 구름 점(cloud point)이라 하며, 하부임계 용해온도라고도 한다. 폴리에틸렌글리콜을 친수기로 하는 비이온 계면활성제는, 폴리에틸렌글리콜의 에테르 산소와 물과의 수소 결합이 온도 상승과 함께 절단되어, 물에 대한 용해성이 저하되며, 물에 용해되기 어렵게 된다. 그리고 구름 점에서는, 계면활성제의 회합수가 무한히 커지게 되고, 계면활성제 농후상과 희박상(거의 물)으로 분리된다. 예를 들면 전술한 hexaethylene glycol monododecyl ether-물계의 구름 점을 상평형도(그림 7-4)상에 나타내면 ABC가 구름 점 곡선이 된다. AB선은 값이 너무 작기 때문에 그림에는 정확히 그려져 있지 않다. 구름 점은 HLB를 정확하게 나타내므로 비이온 계면활성제의 품질관리 지표로서 이용되고 있다.

5) 크라프트 점 ; Krafft point

이온성 계면활성제는 어느 온도 이상에서 물에 대한 용해도가 급격히 커진다. 이 온도를 크라프트 점(Krafft point)이라 한다. 크라프트 점은 간단히 말하면, 물중에서 계면활성제에 대한 수화결정의 응점이며, 그 온도에서 계면활성제의 수화결정이 용해하여, 미셀을 형성하고, 급격히 물에 용해된다. 그러므로 수화결정의 융점이 낮아지는 구조로 된 계면활성제의 크라프트 점은 낮아진다. 표 7-5에 각종 이온성 계면활성제의 크라프트 점을 나타낸다.

표 7-5. 이온성 계면활성제의 크라프트 점

종 류	크라프트 점(℃)
$C_{12}H_{25}SO_4Na$	16
$C_{14}H_{29}SO_4Na$	30
$C_{16}H_{33}SO_4Na$	45
$C_{18}H_{37}SO_4Na$	56
$2MeC_{11}H_{23}SO_4Na$	<0
$2MeC_{13}H_{27}SO_4Na$	11
$2MeC_{15}H_{31}SO_4Na$	25
$C_{16}H_{33}SO_4NH_2(C_2H_4OH)_2$	<0
$C_{16}H_{33}(OCH_2CH_2)_3SO_4Na$	19
$C_{18}H_{37}(OCH_2CH_2)_3SO_4Na$	32

일반적으로 계면활성제는 크라프트 점 이상에서 기능하기 때문에, 계면활성제를 화장품에 이용하는 경우, 크라프트 점을 고려할 필요가 있다.

7-1-3. 가용화와 마이크로 에멀전

1) 가용화 ; Solubilization

계면활성제의 수용액은 물에 난용성인 물질을 투명하게 용해시킬 수 있다. 이 현상을 가용화(solubilization)라 한다. 가용화는 계면활성제의 cmc이하의 농도에서는 볼 수 없다. 오일 등의 난용성 물질은 미셀내에 들어와 용해한다. 또 가용화계는 투명하게 보이지만 틴들 현상을 나타내므로 일반적인 용액과 쉽게 식별할 수 있다. 가용화계는 미셀용액, 즉 회합 콜로이드이며 열역학적으로 안정되어 있다. 가용화된 오일의 양은 활성제의 양에 의존하는 것이 당연하지만, 동일한 활성제의 양에서도 그 HLB에 의해 현저히 변한다. 그림 7-5[9]에 비이온 계면활성제 수용액에 있어서의 기름(hexadecane)의 가용화 량의 온도 의존을 나타낸다.

가용화 영역은 구름 점 곡선과 가용화한계 곡선으로 둘러싸인 범위이다. 비이온 계면활성제의 HLB는 온도의 상승에 따라 친유화 한다(구름 점 참조). 그 HLB의 변화에 수반하여 오일의 가용화량이 현저히 변하고, 최적 계면활성제의 HLB(친유성과 친수성이 균형을 이룬 상태, 즉 HLB온도)에서 최대의 가용화량이 된다[10].

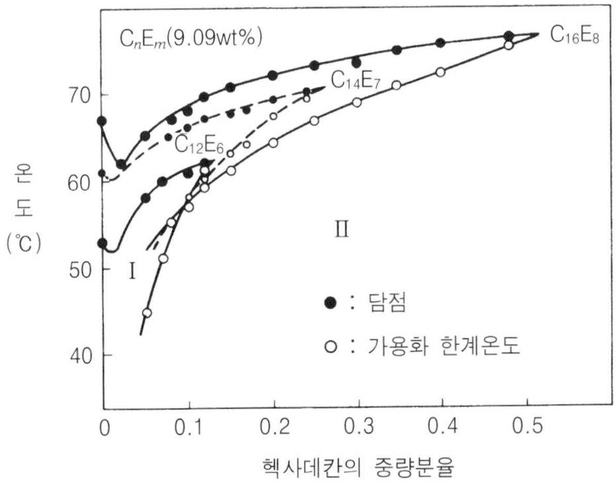

그림 7-5. 비이온 계면활성제-헥사데칸-수계 평형

거의 동일한 HLB의 계면활성제인 haxaethylene glycol monododecyl ether($C_{12}E_6$)와 Octaethylene glycol monohexadecyl ether($C_{16}E_8$)와의 가용화량 비교로부터 친유기와 친수

기의 성질이 강할수록 가용화량이 많아지는 것도 알 수 있다. 또 최적 계면활성제의 HLB는 가용화하는 오일의 구조(성질)에 따라 변하는 것을 알 수 있다. 그래서 소량의 계면활성제로 가능한한 많은 오일을 가용화하려면, 그 오일에 대한 최적 HLB이고, 가능한한 큰 친유기를 지닌 계면활성제를 사용하는 것이 좋다는 것을 알 수 있다.

동일한 현상은 계면활성제의 유상용액에도 있으며, 역 미셀에 수용액이 가용화되는 경우도 있다.

2) 마이크로 에멀젼

Shulman 등[11]은 오일, 물, 이온성 계면활성제, 중간 사슬 길이의 알코올을 혼합시키면 투명한 계가 자연적으로 생성되는 것을 발견하여, 마이크로 에멀젼이라 명명하였다. 최근의 콜로이드 과학 분야에서 마이크로 에멀젼은, 기름-물-양친매성 물질로된 투명 또는 반투명한 액상으로, 열역학적으로 안정되어 있고, 팽윤된 큰 미셀이 분산된 계로 정의[10]하기에 이르렀다. 그러므로 본질적으로는 위에 서술한 가용화계와 동일하며, 가용화되는 오일 또는 물의 양이 많은 계를 가리키는 것이고, 그림 7-5에 나타낸 가용화의 영역은 마이크로 에멀젼임을 알 수 있다.

단, 이와 같은 정의에 따라 마이크로 에멀젼이란 말이 널리 일반적으로 사용되고 있을 뿐 아니라, 가용화계가 아닌, 단지 에멀젼 입자가 작아진 것도 마이크로 에멀젼이라고 부르는 경우가 있다.

7-1-4. 에멀젼 ; Emulsion

물과 오일같이 서로 섞이지 않는 액체끼리의 분산계를 에멀젼 혹은 유탁액이라 하며, 이와 같은 상태로 하는 것을 유화(emulsification)라 한다. 에멀젼은 분산 콜로이드 혹은 조대분산계에 속하고, 모두 열역학적으로 불안정한 계로서, 결국은 분리된다. 에멀젼은 통상 백탁되어 있다. 이것은 분산매와 분산상의 굴절률이 다르고, 입자경도 0.1μm 보다 크기 때문이다. 굴절률을 동일하게 하면 입경이 큰 에멀젼에서도 투명하게 된다. 에멀젼에 있어서 중요한 문제는 어떻게 하여 장기간 안정된 에멀젼을 만드는가에 달려있다.

에멀젼은 화장품을 만드는데 중요한 기술이기 때문에 좀더 자세히 기술한다.

1) 유화형

에멀젼은 어느쪽의 상이 분산매(연속상) 또는 분산상(유화입자)이 되는가에 따라서 수중유형(O/W)에멀젼과 유중수형(W/O)에멀젼으로 나뉘어진다. 일반적으로 친수성의 유화제는 수상이 연속상인 O/W에멀젼, 친유성인 경우는 유상이 연속상인 W/O에멀젼으로 된다. 에멀젼이 O/W형이 되는가 W/O형이 되는가는 어느 형의 에멀젼이 보다 안정되어 있는가에 따라 결정[12)]된다. 그러나 보다 단순히 에멀젼의 형이 결정되고, 계면활성제의 미셀이 수상에서 형성되면 O/W에멀젼, 유상에서 역 미셀이 형성되면 W/O에멀젼이 된다[13)]. 이것은 기름-물계면에 흡착된 계면활성제의 배향이, 안정계인 미셀에 있어서 계면활성제의 배향과 동일하게 되기 쉬우며, 즉 미셀이 수중에서 형성된다면(친수기를 외측에 친유기를 내측으로 하여 배향한다), 에멀젼의 액적에 있어서도 계면활성제는 친수기를 외측에 친유기를 내측으로 하여 배향하기 때문에, O/W형이 안정된다고 여겨진다.

유화형이 O/W형인가 W/O형인가는 연속상의 성질의 차이로 알 수 있으며, 다음과 같은 방법이 있다. ① 전기전도도 : O/W형쪽이 W/O형보다 전도도가 높다. ② 희석법 : 물에 희석해 보아 분산이 용이한지를 보고 판정한다. ③ 염색법 : 수용성 염료 또는 유용성 염료를 용해해 보고 판정한다.

O/W형, W/O형의 단순한 양식의 에멀젼 이외에, 다상에멀젼(multiple emulsion) 또는 복합에멀젼(double emulsion)이 있으며, W/O/W형과 O/W/O형이 있다. 이들을 현미경으로 관찰하면 유화입자속에 또다른 입자가 보인다.

2) 제조법

에멀젼의 제조법에도 콜로이드 조제의 기본적 방법인 응집법과 분산법이 있다. 전자는 균일하게 용해되어 있는 상태에서 몇 가지 방법으로 과포화 상태를 만들어 분산상을 석출시키는 방법이다. 후자는 큰 분산상의 덩어리를 힘으로써 미세하게 하는 것이며, 계면을 넓히기 위하여 에너지를 필요로 한다.

에멀젼은 일반적으로 분산법으로서 제조되고 있다. 그 구체적 방법으로서는 단순히 유화기의 파쇄력을 이용한 방법과, 큰 에너지를 필요로 하지 않는 계면화학적 특성을 이용한 방법이 있다. 유화기에 대해서는 화장품의 제조장치의 항에 있으므로, 여기에서는 계면화학적 특성을 이용한 방법에 대해서 서술하고 응집법으로 제조되는 것(초미세 에멀젼)도 포함시켰다.

계면화학적 특성을 이용한 미세 O/W에멀젼을 얻는 제조방법은, 많은 사례가 보고되어 있는데 HLB 온도 유화법[14,15,16)], 비수 유화법[17)], 전상 유화법[18)], D상 유화법[19)], 액정 유화법[20)] 등이 있다. 여기서는 HLB온도 유화법과 D상 유화법에 대하여 설명한다.

HLB온도 유화법은 7-1-3. 1) 가용화의 항에서 기술한 바와 같이 비이온 계면활성제의 HLB가 온도에 따라 변화하는 것을 이용한 것이다.

유/수/비이온 계면활성제계에 있어서는 앞서 말한 바와 같이, HLB 온도(전상 온도)이상에서는 유상중에서 미셀이 형성되어 W/O에멀젼으로, 이하에서는 수상중에 미셀이 형성되어

O/W에멀젼이 된다. HLB온도에서는, 계면활성제의 HLB(Hydrophile-lipophile balance)가 균형을 이루어 유상과 수상 사이의 계면 장력이 최소가 되어 현저하게 낮아진다. 그러므로 HLB온도로부터 2 내지 3℃ 낮은 O/W 온도 영역에서 휘저어주면 미세한 O/W에멀젼을 얻을 수 있다. 그러나 이 온도에서는 에멀젼 입자가 매우 불안정하고 입자경이 커진다. 그래서 O/W에멀젼이 안정되게 하기 위해, HLB온도에서 20~30℃ 이상 저온도에서 급속히 냉각시키면 시간이 경과하면서 안정되고 미세한 O/W에멀젼을 얻을 수 있다. 이 방법은, 간단한 교반 장치로 미세한 O/W에멀젼을 만들 수 있는 유효한 방법인데, 에멀젼을 장기간 안정되게 보전하기 위해서는, HLB 온도가 보존 온도보다 적어도 20℃ 이상 높은 계를 선택할 필요가 있다.

D상 유화법은 유/수/계면활성제의 다른 제 4의 성분으로서 다가 알코올을 이용하는 것을 특징으로 한다. 여기서 D상이란 농후한 다가 알코올 수용액에 다량의 계면활성제를 넣은 용액을 의미하고, D상과 기름과의 계면 장력이 저하되는 것을 이용한 것이다. 유화의 수순(手順)은, 이 농후 용액중에 기름을 첨가하여 분산시키고, 내상비(內相比)가 커지면서 생기는 투명 또는 반투명한 O/D겔 에멀젼을 물에서 희석하여 미세 O/W에멀젼을 얻는다. HLB 온도 유화법의 경우는, 계면활성제의 HLB가 유화 온도(HLB 온도)로 제약받는다. 그러나 D상 유화법에서는, HLB온도가 100℃를 넘는 친수성 계면활성제도 사용 가능하고, 계면활성제의 HLB의 선택 폭이 넓다는 이점이 있다. D상 유화법은 기본적인 개념에 있어서 전술한 비수 유화법과 같다.

처음에 기술한 대로, 이 외에도 비수 유화법, 전상 유화법(반전유화법), 액정 유화법 등이 있다. 모두 기본적인 생각은, 상기 두가지 법과 같고, 계면 장력이 낮은 상태, 즉 작은 에너지로 유화 입자를 보다 작게 만드는 상태를 계면 화학적 마인드로 만들어 내고, 거기서 유화된 미세 에멀젼을 얻는 것이다. 계면 장력이 낮은 상태에 있어서 에멀젼의 안정성이 나쁜 경우는, 유화된 후에 어떤 수단으로 안정된 계로 변한다는 점도 같고, 예를 들어 HLB 온도 유화법으로 HLB온도보다 20~30℃ 이상 낮은 온도로 보존한다. D상 유화법・비수 유화법은 물에서 희석하여 다가 알코올 농도를 낮추는 수단이다.

이제까지는 입자의 크기가 submicron, 즉 0.1μm 이상의 O/W에멀젼의 제조법이었지만, 0.1μm 이하의 투명 또는 반투명한 에멀젼(초미세 에멀젼)[9,21]도 제조할 수 있게 되었다. 외관은 전술한 마이크로 에멀젼과 동일하다. 그러나 이 에멀젼은 상평형도보다 2액상계인 것으로 밝혀져, 통상의 에멀젼 입자가 단지 극히 작아진 것뿐이다. 제조법은 단순하며(응집법), 전술한 마이크로 에멀젼의 항에서 기술한 바 있는, 비이온 계면활성제-유-물계에 있어서 고온에서 형성되는 마이크로 에멀젼(그림 7-5를 참조)을 냉각시키면 생성될 수 있다. 단, 에멀젼의 입자가 극히 작기 때문에, 통상의 에멀젼보다도, 후술하는 Ostwald ripening에 의한 불안정화의 영향을 받기 쉽다. 그러나 오일을 선택하여 이용한다면 극히 안정된 것을 얻을 수 있다. 이 제조방법에서는 오일과 계면활성제의 중량비와 초미세 에멀젼 입자경과의 관계가 직선이 되기 때문에, 오일과 계면활성제의 중량비를 변화시키는 것에 의해 입자경을 제어할 수 있다는 특징이 있다.

W/O에멀젼에 관한 보고는 O/W에멀젼에 비하여 훨씬 적다. 제조법도 동일하지만, 겔 유화법과 점토광물을 이용한 유화법에 관하여 다루고자 한다. 전자는 분자내에 3가지 이상의 수산기를 지닌 다가 알코올의 지방산 부분 에스테르계의 친유성 계면활성제에, 아미노산 또는 그 염의 수용액이나 솔비톨 또는 말티톨 같은 환원당의 수용액을 섞으면서 첨가하여, 계면활성제 중에 수용액을 함유한 안정된 겔을 만들고, 그 겔에 오일과 물을 가하여, W/O에멀젼을 얻는 방법이다. 아미노산을 이용하는 방법[22]은 상세히 연구되고 있다. 다음으로 수팽윤성 점토광물을 이용한 W/O에멀젼[23]에 대하여 기술한다. 수팽윤성 점토광물에 4급 암모늄 유기양이온에 비이온 계면활성제를 포접하여, 새로운 포접 화합물(包接化合物)을 만든다. 이 복합체는 물에는 전혀 팽윤하지 않으며, 오일중에서 쉽게 팽윤하여 점성이 있는 유성 겔을 생성한다. 이 겔에 물을 가하여 혼합하면, 매우 안정한 W/O에멀젼이 생성된다. 이것은 지금까지의 계면활성제 용액계에서 만들어지는 에멀젼과는 다르며, 점토 광물의 복합체에 의한 마이크로 캡슐 형태의 에멀젼이라고 할 수 있다.

3) 안정성

전술한 바와 같이 에멀젼은 본질적으로 불안정한 것이고, 장기간 방치하면 파괴된다. 그 과정은 그림 7-6에 나타낸 바와 같이, 일반적으로는 ① 크리밍(creaming) ② 응집(coagula-

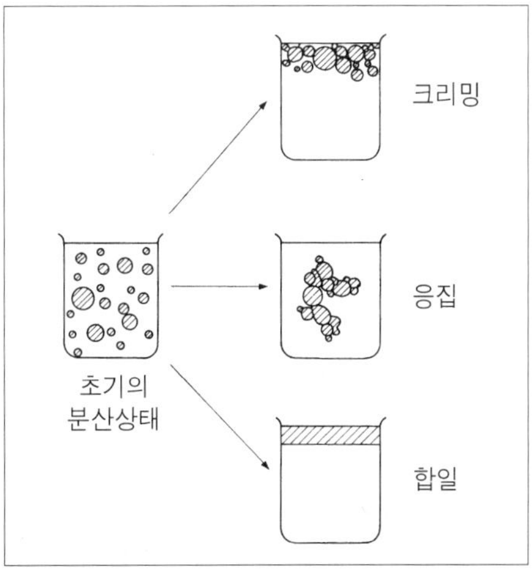

그림 7-6. 에멀젼의 3가지 분리 과정

tion) ③ 합일(coalescence)의 3가지 현상으로 크게 나뉜다. 그리고 Ostwald ripening에 대하여도 언급한다. 이들은 에멀젼 뿐만이 아니라 분산 콜로이드 일반에 적용되는 것이다.

3-1) 크리밍 ; Creaming

O/W에멀젼은 오일이 분산상이므로 입자는 부상(W/O에멀젼에서는 침강)한다. 그 속도는 (3)식에 나타낸 Stoke의 법칙으로 구할 수 있다.

$$V = \frac{2g(\rho_1 - \rho_2)r^2}{9\eta} \tag{3}$$

V는 입자의 이동속도, g는 중력가속도, r은 입자의 반경, ρ_1과 ρ_2은 분산매와 분산상의 밀도, η은 분산매의 점도를 나타낸다. 따라서 크리밍 속도를 늦추기 위해서는, 입자경을 작게 하고, 분산매와 분산상의 밀도차를 작게 하며, 분산매의 점도를 크게 하는 것이 좋다. 이로부터, 얻어진 유화기술의 하나가 유화입자를 작게 하는 것임을 알 수 있다(제조방법을 참조). 또 아래에 기술하는 응집이나 합일을 하면 크리밍을 일으키기 쉽고, 크리밍은 복합된 안정성을 평가하게 되는 경우가 있다.

3-2) 응 집 ; Coagulation

콜로이드 입자간에는 보편적으로 인력이 작용하므로 얼마간의 반발하는 힘이 입자간에 작용하지 않으면 입자가 서로 응집해 버린다. 콜로이드 입자간에 작용하는 반발력은 전기적인 것과, 고분자 흡착상 중첩에 의한 것을 들 수 있다.

전기적 반발계에는 DLVO이론[24]이 적용된다. 입자간에 보편적인 London-Van der Walls 인력 퍼텐셜, V_A가 작용하고 있다. 한편, 계면이 하전하고 있는 입자의 주위에 확산전기 이중층이 형성되어, 입자가 서로 가까워지고, 그들의 전기 이중층에 중합되면 정전기적 반발퍼텐셜, V_R이 생긴다. 이 인력과 반발력은 입자간의 거리의 함수이다. 입자가 가까이 접근하면 입자간에 미치는 힘이 인력으로 되는가, 반발력으로 되는가는 V_A와 V_R을 더한 전체퍼텐셜 에너지 V_T로 결정된다.

$$V_T = V_R + V_A \tag{4}$$

이 관계를 정성적으로 나타낸 것이 그림 7-7이다. 정전기적 반발력이 강하면, V_T는 그림과 같은 곡선으로 되며, 입자가 가까워지면 반발력이 작용하고, 이 에너지 장벽을 넘지 않는 한 응집되지 않는다. 이 산이 열운동에 의한 퍼텐셜 kT보다 충분히 커지면, 응집에 대하여 안정되고, 산의 높이가 낮거나 kT와 동일한 정도면 입자는 천천히 응집한다.

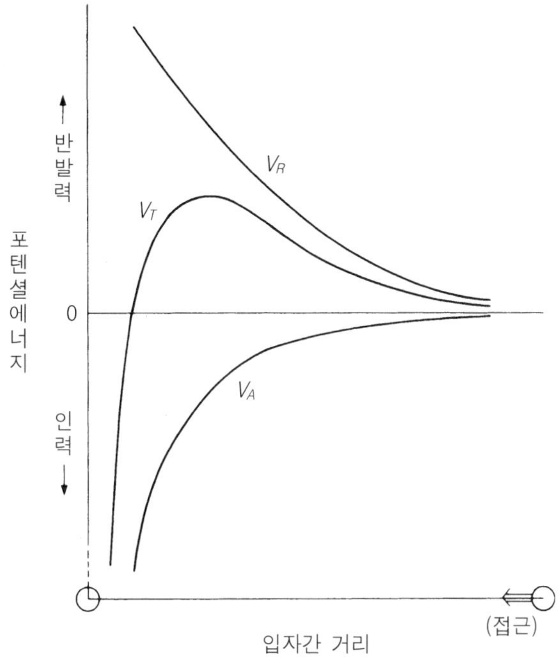

그림 7-7. 입자간 거리와 상호 작용(포텐셜 에너지)

또 이온의 농도를 높이면 응집하기 쉽고, 가해지는 이온가를 크게 하면 현저히 응집하기 쉬워진다는 Schulze-Hardy의 법칙도, 가해지는 이온에 의한 정전기적 반발력의 감소에 기인한 것으로서 DLVO이론으로 설명된다. 에멀젼에 있어서는 특히 이온성 계면활성제로 유화된 계에서 중요한 개념이며, 척력이 충분히 작용하는 계로 한다면 안정화된다.

고분자가 콜로이드 입자의 분산안정성을 높이는 것은 예로부터 알려져 있었다. 이것은 입자의 표면에 흡착한 고분자 층이 겹쳐짐에 따라 반발력이 생기기 때문이라고 생각되고 있다. 이러한 효과를 침투압 효과(osmotic effect) 또는 용적 제한 효과(volume restriction effect)[25]라고 한다.

반발력이 생기는 원인을 알기 쉽게 말하면, 흡착층이 중첩되면 중첩된 부분은 고분자의 농도가 농후하게 되기 때문에 침투압이 작용하여 용매가 침입한 입자를 떼어내려고 하기 때문이다. 또 비이온 계면활성제로 유화된 O/W에멀젼의 안정성에도 이러한 생각이 적용되어[26], 폴리옥시에칠렌의 부가 몰수가 클수록 안정되는 것으로 나타나고 있다. 비이온 계면활성제의 에멀젼에서 안정성을 고려할 경우, 대단히 중요한 문제가 된다.

3-3) 합 일 ; Coalescence

합일(合一)이란 에멀젼 입자끼리 융합되어 합쳐지는 것을 말한다. 합일이 완전히 진행하면 2상으로 분리되거나, 가장 안정된 상태가 되는 것을 의미하고, 크리밍이나 응집과는 의미가 다르다. 응집에 대하여 안정하다면 입자의 합일에 대해서도 안정하다고 여겨지기 때문에, 그 점에서는 응집의 이론이 적용된다. 그러나 합일 과정은 계면흡착막의 제거 혹은 파괴가 수반된다고 여겨지므로 응집했다고 하여서 반드시 합일한다고는 할 수 없다. 그래서 계면흡착막 자체의 안정성이 논의되었는데, 입자의 계면막의 유동성을 저하시키거나, 계면에 액정을 형성시켜서 합일에 대한 안정성을 향상시키려는 시도가 있다. Davies[27]는 액적이 융합하는 과정에서의 계면흡착막의 역할 때문에 합일에 대하여 보다 안정한 계면활성제의 구조를 고려하여, 친유성, 친수성이 모두 강한 것이 좋다고 한다. 그러나 합일에 대한 이론적으로 명확한 설명은 아직 없다.

3-4) 오스트발트 라이페닝 ; Ostwald ripening

이제까지 에멀젼의 입자경이 증대하는 원인으로서, 합일만을 들었지만, 최근 오스트발트 라이페닝(Ostwald ripening)에도 관심이 모아지기에 이르렀다. 오스트발트 라이페닝(Ostwald ripening)이란, 에멀젼의 입자경에 분포가 있는 경우, 작은 입자는 작아지고, 큰 입자는 점점 커져서, 최후에는 작은 입자가 소멸해 버리는 현상이다. 이것은 (5)식에 나타낸 Kelvin 법칙에 기인한 것이다.

$$\ln S_1/S_2 = \frac{2\gamma V}{RT}(1/r_1 - 1/r_2) \tag{5}$$

여기에서 S_1, S_2는 각각의 반경 r_1과 r_2는 입자의 용해도, γ는 계면장력, V는 분산상의 몰 용적, R은 기체정수, T는 절대온도이다. 이 식은 작은 오일방울의 용해도는, 큰 오일방울의 용해도보다 커진다는 것을 나타내고 있다. 그러므로 오일이 수상을 통하여 작은 입자에서 큰 입자로 확산되어 상술한 결과가 된다는 것이다. 통상의 에멀젼계에서 오스트발트 라이페닝(Ostwald ripening)이 일어나는 것이 보고[28,29]된 바 있고, 상세한 고찰[30]도 이루어지고 있다. 입자의 크기가 100nm보다 작으면, 위 식으로부터 오스트발트 라이페닝(Ostwald ripening)이란 현상이 보다 중요한 것이 된다는 것을 알 수 있다. 최근에는 매우 미세한 에멀젼(초미세 에멀젼을 참조)을 조제할 수 있게[9,21] 되어, 오스트발트 라이페닝(Ostwald ripening)의 중요성이 지적되고 있다.

7-1-5. 리포좀(베시클) ; Liposome(Vesicle)

레시틴과 같은 라멜라 액정(액정 항을 참조)을 형성하는 양친매성 지질을 과잉으로 수중에 분산시키면 2분자막이 둥글게 되어 폐쇄형의 소포체가 용이하게 만들어진다. 이것을 리포즘(liposome) 혹은 베시클(Vesicle)이라 한다. 라멜라 액정을 형성하는 지질이라면, 그 소수기가 2쇄인 것에 국한하지 않고, 1쇄[31], 3쇄[32]의 양친매성 지질에서도 베시클을 만드는 것이 있다. 베시클은 미셀과 달라서 열역학적으로 안정된 것이 아니므로, 제조방법에 따라 크기나 구조가 다른 것이 만들어진다. 몇 개의 2분자막으로 된 다중층 베시클(multilamellar vesicle), 1개의 막으로 된 작은 베시클(small unilamella vesicle), 1개의 막으로 된 큰 베시클(large unilamellar vesicle)이 있다. 베시클은 그 구조로부터 캡슐로서의 기능을 갖기 때문에, 의약품이나 화장품 분야에서의 이용이 시도되고 있다. 이것을 기제로서 이용하는 경우, 안정성에 주의하지 않으면 안된다.

7-1-6. 분체의 성질

화장품에 분체를 이용하는 목적은 피부를 채색하거나, 기미, 주근깨 등은 은폐하고, 땀과 피지를 흡수하기 때문이다. 그 외에 방향제품에는 향료의 담체(擔體)로서 이용되며, 치약에는 연마제로서 이용되고 있다. 분체가 이용되는 화장품의 상태는 분체 그 자체, 고체상으로 성형된 것, 고체 형상의 유상에 분산시킨 것, 서스펜젼 등 여러 가지이다. 여기에서는 그들의 상태에 영향을 미치는 분체의 성질에 대하여 기술한다. 서스펜젼의 안정성은 같은 분산콜로이드 혹은 조대분산계인 에멀젼의 항을 참조 바란다.

1) 비표면적

분체입자의 형상은 여러 가지이므로 입자경으로서 정의하기는 곤란하다. 그래서 단위질량 또는 단위체적 분체의 전표면적량을 구한 비표면적(specific surface area)을 분체입자 크기의 척도로 하는 경우가 있다. 비 표면적은 분체의 단위량 당 기체의 단분자 흡착량을 측정하여 구한다[31].

2) 겉보기 밀도

겉보기 밀도(apparent density)는 분체의 질량과 체적으로부터 산출되는 밀도로서, 분체내에 반드시 생기는 공간을 포함한 것이다. 체적밀도(bulk density)라고도 한다. 단위 질량의 분체가 충전되어 점유하는 체적을 비체적(specific volume)이라 한다. 화장품 및 화장품 분말원료의 비체적의 측정방법은 화장품 원료기준[34]에 기재되어 있다.

3) 충전성

분체의 충전성(characteristics of packing)은 상술한 체적밀도, 비체적으로도 나타내지만, 공극률이 가장 잘 이용되고 있다. 공극률은 다음과 같이 나타낸다.

$$\text{공극률} = 1 - \frac{\text{겉보기 밀도}}{\text{분체입자의 진밀도}} \tag{6}$$

동일한 크기의 구라면, 공극률은 그 충전 형식(입자의 배열방법)에 따라 계산할 수 있고, 입자의 크기와는 무관하다. 그러나 실제로는 비표면적이나 입자경과 관계가 있으며, 입자경이 그 입자고유의 크기(임계입자경)보다 작아지면 공극률은 커진다. 이것은 입자경이 작아지면, 입자간의 상호작용(부착, 응집)을 받기 쉽기 때문이다.

4) 유동성

분체는 습기가 없고 말라서 쉽게 흐르는 것부터 축축하여 잘 흐르지 않는 것까지 있다. 이와 같은 유동성(flowability)의 차이는 분체입자의 부착·응집성의 차이에 따른다. 부착·응집성의 원인은 입자와 입자 사이에 미치는 van der walls힘, 정전기력, 입자에 부착된 물의 표면장력에 의한 모세관의 힘 등을 고려할 수 있다. 유동성을 평가하기 위해 안식각(安息角), 마찰계수, 유출속도 등이 측정된다. 여기에서는 안식각의 측정에 관해 기술한다.

평편한 면에 조용히 분말을 떨어뜨려 그림 7-8과 같이 쌓았을 때 산의 경사각을 측정하여 안식각(angle of repose)으로 삼는 것이 보통이다. 그러나 산의 형태가 이상적인 원추형인 경우는 적고, 그림 7-8의 (a′)나 (b′)와 같이, 산의 아래 부분과 정상에서의 경사각이 달라지게

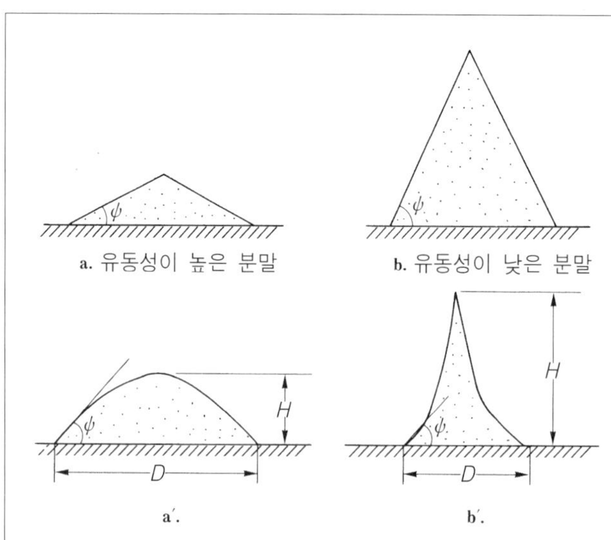

그림 7-8. 분말의 여러 가지 퇴적 방식

된다. 이와 같이 될 때는 H와 D를 측정하여 계산해도 된다. 안식각 측정에는 산이 쌓인 방식이 중요한 것은 말할 것도 없다. 점공급법(点拱給法), 원통인상법(圓筒引上法), 평행판법, 용기경사법, 배출각법, 시프터법, 회전원통법 등이 알려져 있다.

5) 습윤성

큰 고체를 갈아 만든 편평한 면에 물방울을 가만히 놓으면 물방울이 확산되어 그 면을 적시는 경우와, 물방울이 그대로 남아서 면을 적시지 않는 경우가 있다. 물방울 대신에 기름방울을 이용하면 그 기름에 대한 습윤성을 알 수가 있다. 액적(液適)이 생기는 경우의 모양을 그림 7-9에 나타낸다. 액적과 고체의 면이 접하는 점에서의 접선과 고체표면과 이루는 각을 접촉각이라 한다. 접촉각은 고체의 액체에 대한 습윤성(wettability)의 척도이고, 화장품에 있어서는 분체와 액체를 혼합시킬 경우 중요한 지표가 된다. 그러나 실제로는 분체입자의 접촉각을 직접 측정할 수 없으므로 분체를 압축 성형한 면에서 측정을 행한다.

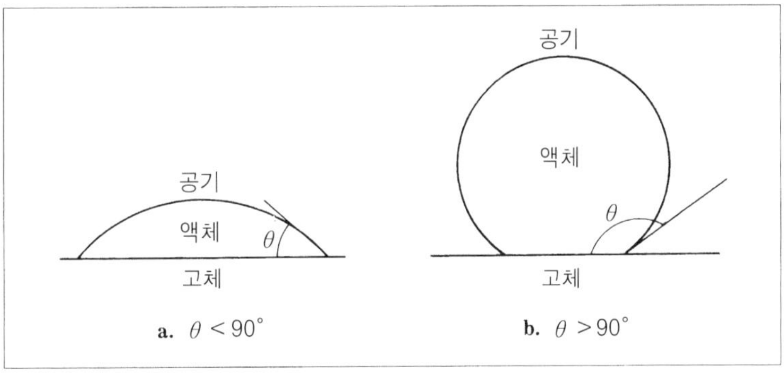

그림 7-9. 액체 -고체간의 접촉각

6) 표면처리

분체입자 표면의 성질을 어떤 방법으로 변화시키는 경우가 있다. 이것을 표면처리라고 한다. 화장품에서 표면처리의 목적은 크게 2가지이다. 입자표면의 촉매작용 등과 같이 화학적 성질을 바꾸기 위한 것과, 분산매에의 습윤성 등의 물리적 성질을 변화시키기 위한 것이다.

종전부터 각종 표면처리 기술이 개발되고 있는데, 최근 실리콘 모노머를 이용하여, 분체표면의 접촉활성을 이용하여 분체표면에 폴리머의 초박막을 형성시켜서, 그 막으로 촉매활성점을 봉쇄하는 방법[35]이 개발되었다. 더욱이 이 처리 분체의 초박막표면에 기능성 분자를 도입하여, 분체표면의 물리적 성질을 변화시킬 뿐만 아니라, 피지나 땀에도 잘 지워지지 않는 화운데이션을 개발하거나, 기름중에서의 분말 분산성을 비약적으로 향상시킴으로서 고체도의 립스틱을 얻을 수 있게 되었다. 이 기술은 화장품이외에도 응용되며, 고속액체 크로마토그래피용 컬럼 충전제 등으로서도 이용되고 있다.

7-2 》 화장품의 레올러지

7-2-1. 화장품에 있어서 레올러지의 의의

레올러지(rheology)란 물체의 변형이나 유동의 문제를 취급하는 하나의 학문체계이다. 레올러지적 성질에서 가장 단순한 것은 점성과 탄성이다. 물이나 유동파라핀과 같은 액체는 점성은 있으나, 탄성은 없다. 이와 같은 것을 뉴턴유체(newtonian fluid)라고 한다. 뉴턴유체는 극히 작은 힘을 가하여도 흐르는데, 힘은 전부 「흐르는 것」에 소비되며, 그것에 따라 에너지가 소비된다. 한편, 고무나 용수철 같은 것은 점성은 지니지 않지만 탄성을 가지고 있다. 한편 고무나 용수철과 같은 것은 점성은 없고 탄성을 갖는다. 이와 같은 것을 후크 고체(Hookian body)라 부르고, 후크고체에 힘을 가하면 그 힘은 고체의 변형에 사용되지만, 에너지를 소비하지 않고 보존한다.

화장품에서는 용액 상태인 것은 뉴턴유체로서 취급하여도 좋지만, 분산계인 것은 점성과 탄성이 얽힌 복잡한 레올러지적 성질을 나타낸다. 이와 같은 물체를 점탄성체(viscoelastic body)라 한다.

물체의 레올러지적 성질은 그 물체의 내부구조에 기인하기 때문에 분산계의 화장품에는 상당히 중요한 성질일 뿐 아니라, 레올러지의 측정은 화장품의 내부구조의 해명에 유력한 수단이 된다. 또 화장품의 레올러지적 성질을 아는 것은 화장품의 제조 기계를 설계하는데에도 중요한 것이다.

화장품의 레올러지는 화장품을 사용하는 입장에서도 중요하다. 포마드나 칙크, 마사지크림과 같은 화장품은 그 점착성이나 윤활성을 살린 것이다. 바디 파우더는 탈크분의 윤택성을 이용한 것이다. 그리고 크림 등의 사용시 "퍼지는 성질"이나 "탄력성", 샴푸할 때나 린스후의 모발의 감촉 등 인간이 감각적으로 판단하는 레올러지적 성질을 물리적인 의미로 부여하려고 하는 시도도 있다. 이 분야는 G.W.Scott Blair[37]에 의해 싸이코레올러지(Psychorheology)로 명명되었다.

또 최근에는 피부도 레올러지의 대상으로 여겨서 연구가 진행되고 있다.

7-2-2. 유동 양식

우선 뉴턴유체의 운동에 대하여 생각하여 본다. 그림 7-10에 나타낸 바와 같이 면적 A

cm^2의 판 2장이 x cm만큼 떨어져 평행으로 마주하고 있고, 이 사이로 뉴턴유체가 흐른다고 보자. 아래의 판은 고정한 채, 위의 판에 F dyne의 힘을 화살표 방향으로 가할 때 u cm/sec의 속도로 움직이는 것으로 한다. 2장의 판에 끼어있는 유체의 각층에 있어서 흐르는 속도는 화살표로 나타낸 것이며, u/x는 일정하다. 이 값은 위의 판에 미치는 단위 면적당의 힘(F/A)에 비례하고, 유체의 점도 η은 (7)식으로 주어진다.

$$\eta = \frac{F/A}{u/x} \tag{7}$$

F/A를 전단응력(shear stress), u/x를 전단속도(shear rate)라 한다. 점도의 단위는 dyne · sec/cm^2으로 이것을 poise라 한다. 실온에서 물의 점도는 약 1 centipoise이다.

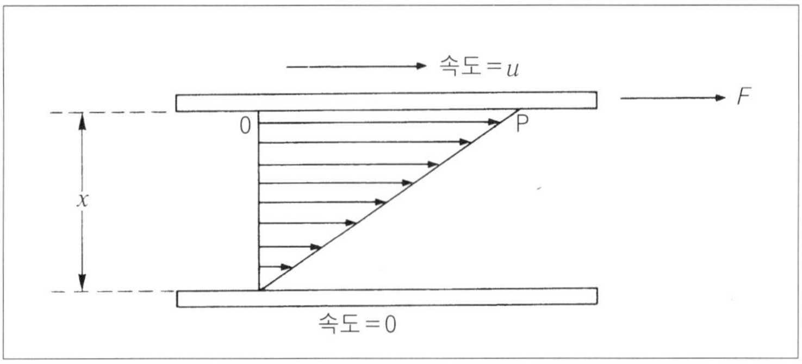

그림 7-10. 뉴턴 유동의 모델

분산계의 유동양식은 뉴턴형인 것은 오히려 드물고, 이제까지 빙엄 유동(Bingham flow), 소성 유동(plastic flow), 의소성 유동(pseudoplastic flow), 다일래이턴트 유동(dilatant flow), 오스트발트 유동(Ostwald flow) 등 여러 가지 유동양식이 밝혀져 있다. 이것을 그림 7-11에 나타낸다. 점도를 측정하는 경우에는 계에 외력이 가해지므로 이 외력이 계의 구조를 변화시킬 수가 있다. 응력(외력)을 일정하게 하여도, 점도가 측정중에 시간과 함께 저하하는 경우를 틱소트로피(thixotropy)라 한다. 외력이 가해지면 견고해지고, 힘을 제거하면 본래대로 돌아오는 경우도 있다. 이 성질을 다일래이턴시(dilatancy)라 한다.

틱소트로피나 다일래이턴시는 가역적 현상인데 대하여 비가역적 현상인 레오펙시(rheopexy)라는 것이 있다. 이것은 외력에 의해 겔화가 촉진되기 때문에 일어난다. 이상과 같은 현상은 분산계의 경우에는 매우 보편적으로 나타나며, 따라서 화장품의 점도는 측정방법에 따라 크게 차이가 나는 값을 얻는다. 이것은 역으로 여러 가지 방법의 레올러지 측정이 화장품의 내부구조의 해명에 유력한 수단이 되는 것을 시사하고 있다.

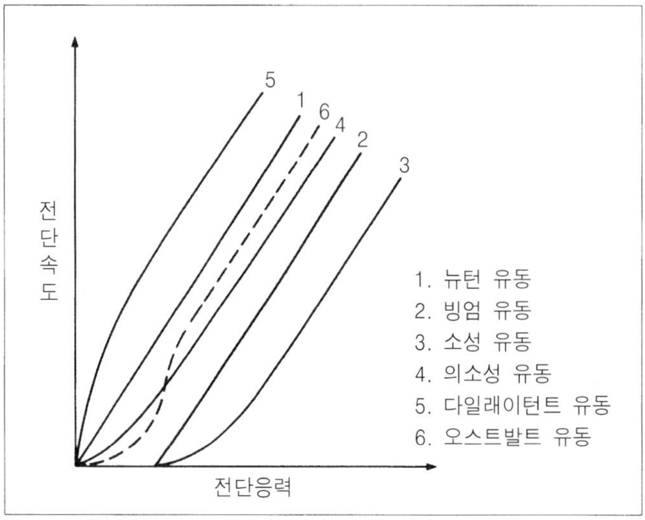

그림 7-11. 여러 가지 유동양식

7-2-3. 레올러지 측정법[38)]

레올러지 측정의 원리를 한마디로 말하면, 물체가 유동하는 속도를 그 유동을 일으키는데 필요한 힘의 함수로서 구하는 것이다. 그러나 물체가 유동하는 속도 이상으로 유동시키는 힘이 작용하면 뉴턴유체에서도 탄성을 나타내게 되기 때문에, 전단속도의 크기가 중요하게 되며, 분산계에서는 큰 변형을 주면 입자의 분산상태의 변화를 수반하는 경우가 많다. 이러한 것을 고려하면, 어떤 한 종의 화장품의 레올러지적 성질을 완전히 규정하는 것은 불가능하다고 할 것이다. 그러므로 측정하고자 하는 목적에 따라, 거기에 적당한 측정방법을 취하는 것이 긴요하다. 실제의 측정에서는 그 측정치의 물리적인 의미에서 문제가 있더라도, 실용적인 관점으로부터 이용되고 있는 측정기도 있다. 아래에 화장품의 연구, 생산 현장에서 잘 이용되고 있는 레올러지 측정기를 소개한다.

1) 모세관 점도계

오스트발트형을 기본으로 하여, Cannon-Fenske, Ubbelohde 등의 개량형이 대표적이다. 그림 7-12에 나타낸 바와 같은 형의 유리관으로, 일정량의 시료가 위의 측정구로부터 아래의 시료쪽으로 중력에 의해 모세관을 흐르는 시간을 측정한다. 화장수나 유동파라핀 등의 액체상의 물질을 측정하는데 적당하다. 다른 점도계를 검정하기 위한 점도 교정액의 점도를 결정하는데 이용된다.

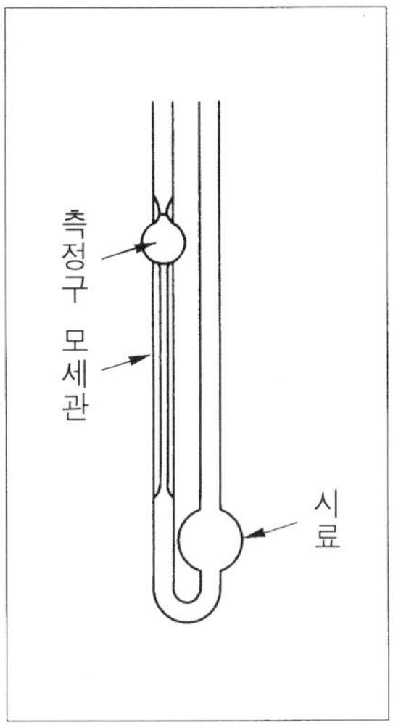

그림 7-12. 모세관 점도계

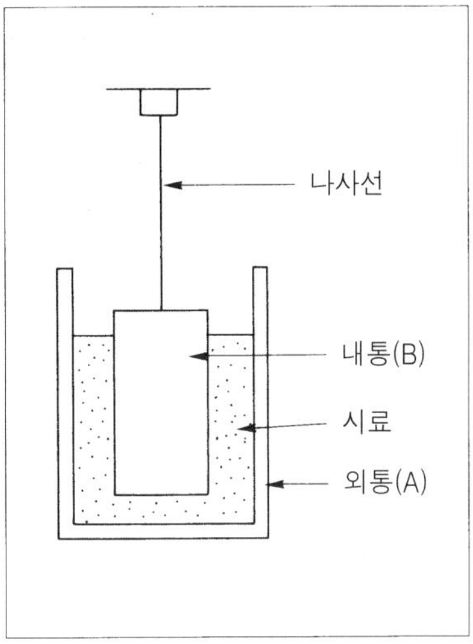

그림 7-13. 회전 원통형 점도계

2) 오리피스 점도계

시료용기 내에 시료가 흐르는 작은 구멍이 있는 실용적 점도 측정기이다. 일정량의 시료가 작은 구멍을 통하여 흐르는 시간을 측정한다. Redwood 점도계, Saybolt 점도계는 유동파라핀 등의 점도를 측정하는 데에 이용된다. 고압을 가하여 압출하는 형식은, 입술 연지나 포마드 등의 측정에 적당하다.

3) 회전 스핀들형 점도계

시료 중에 스핀들을 회전시켜 스핀들에 가해지는 저항을 용수철을 이용해 측정한다. 시판되는 측정기는 회전수를 여러 단계로 나누어 측정하는 것이 가능하고, 스핀들도 봉상(棒狀)인 것(고점도용)에서부터 여기에 원반을 붙인 것(저점도용)까지 여러 개가 있다. 유액, 에나멜 등의 점도를 측정하는데 적당하다.

4) 회전 원통형 점도계

그림 7-13에 나타낸 바와 같이 원통형의 용기(A)와 이것과 공축인 내원통(B)을 나사선으로 매단 구조를 하고 있다. 외통과 내통 사이에 시료를 넣고, 외통을 천천히 회전시키면, 내통도 시료와 함께 외통과 같은 방향으로 회전하게 된다. 이 때 내통은 나사선에 의해 저항을 받으며, 시료에 의한 힘과 나사선에 의한 저항이 균형을 이루는 회전각에서 정지한다. 이 회전각의 크기로부터 점도를 구한다. 외통의 회전속도를 상승시키고, 그 다음 하강시키면서 회

전각도를 구하고, 이것을 회전속도에 대하여 플로트하면 hysteresis를 나타내게 되는 것이다.

그리고, 이와 같은 장치를 이용하여 Creep를 측정할 수 있다. 크리프 측정은, 외통을 고정하고 나사선의 상단에 일정 토오크를 주어 내통의 회전각의 변화를 측정함으로써 이루어진다. 유액이나 크림 정도의 점도를 가진 것은, 낮은 전단(低刷) 속도인 경우에 분산 입자의 상호 작용 때문에 점탄성을 나타낸다. 이와 같은 시료에 일정 토오크를 지속하여 주고 내통 회전각의 시간 변화로 구한 크리프·컴플라이언스(뒤틀림/응력)를 플로트하면, 그림 7-14의 A, B, C, D로 나타나는 곡선을 얻을 수 있다. 또한 D 위치에서 토오크를 제거하면 D, E, F로 나타난 것처럼 회복된다. 이것을 해석하면 순간 탄성(E_0), 지연 탄성(E_R), 점도(η_N)를 구할 수 있다. 많은 화장품이 분산계로서 점성 이외의 탄성을 함께 가지므로, 이와 같은 시료의 성질을 측정하기에 적당하다.

5) 콘 · 플레이트형 점도계

그림 7-15에 나타낸 바와 같이 원추(cone)와 평판(plate) 사이에 시료를 끼워 넣고 평판을 모터로 회전시켜서 원추에 가해지는 저항을 용수철로 측정한다. 원추의 크기, 용수철의 강도를 변화시킴에 따라, 유액정도로부터 크림정도까지의 시료를 측정할 수 있다. 이 형식에, 자동적으로 원추의 회전을 일정한 속도로 상승시키고, 연이어 하강시키면서 측정할 수 있도록 설계된 것이고, 화장품과 같은 복잡한 점성 거동을 나타내는 시료를 측정하는데 적당하다.

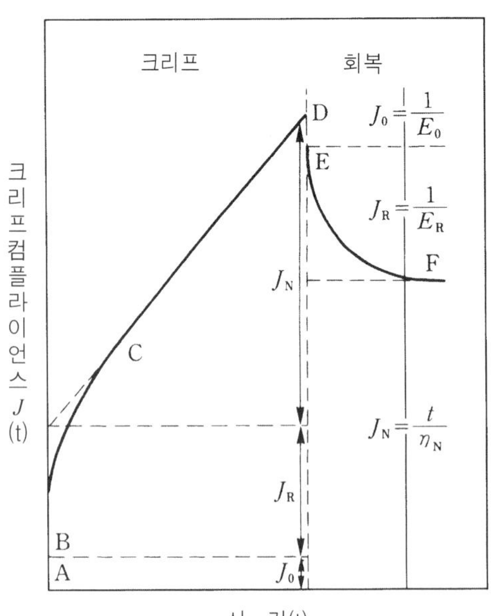

그림 7-14. 크리프 곡선

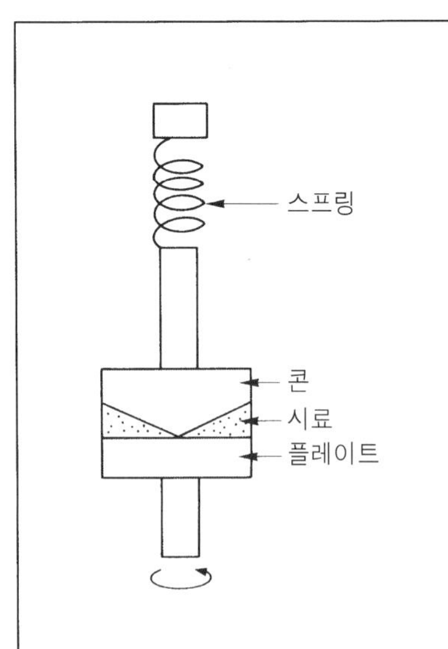

그림 7-15. 콘·플레이트형 점도계

6) 콘 · 플레이트형 진동 점도계

콘(cone)을 한쪽방향으로 회전시키는 것이 아니라, 왕복 진동시켜서 측정한다. 이것을 동적 측정법이라 한다. 매우 작은 변형하에서 측정할 수 있다는 이점이 있다. 또 부속 장치를 이용하면, 탄성을 가진 시료에서 나타나는 하이젠버그효과를 측정하는 것이 가능하다.

7) 평행판 플래스트 메타

이 장치는 앞서 기술한 크리프측정에 이용된다. 2장의 평행한 원판사이에 시료를 넣고, 상판에 하중을 가하여, 그 중량에 의해 시료의 두께가 감소되는 속도를 측정하고, 크리프 곡선을 구하여 해석한다.

8) 침입도형 점도계

점도계라고 하기보다는 경도계라고 해도 틀리지 않는다. 침 또는 원추형의 단자를 시료에 침입시키는데 필요한 힘을 측정한다. 스틱형의 화장품이나 비누 등의 측정에 적당하다.

다음은 화장품 그 자체의 레올러지는 아니고, 피부의 점탄성과 샴푸나 린스의 사용감을 평가하는 측정기를 소개한다.

9) 피부점탄성 측정기(*in vivo*)

피부에 작은 부착물을 부착시키고, 이것을 기계적으로 직선 방향으로 정현진동(正弦振動)시켜 피부에서의 응력을 해석하는 방법이 있다(그림 7-16)[39]. 이 측정에는 센서를 일정한 압력으로 누르고, 센서로 주어지는 주기적인 힘에 대한 피부에서의 응력을 측정하여 점탄성 값을 구한다. 그러나 피부와 같은 물질은 어떠한 압력을 받으면, 압축되어 본래의 역학적 성질이 변화하기 때문에, 점탄성 값도 가해지는 압력의 함수로서 취급할 필요가 있다. 그래서 기기에 압력 센서를 설치하고 항상 피부에 가해지는 압력을 모니터하는 것에 의해, 점탄성을 가해지는 압력의 함수로서 취급함으로써, 보다 정밀한 측정이 가능하다.

10) 수류중(水流中)에서의 모발마찰 측청기[40]

헹굴 때의 손에 의한 모발의 마찰 등을 평가하는 장치이다. 그림 7-17에 나타낸 방법으로 측정한다. 물을 흐르게 할 때 생기는 A점과 B점과의 압력차($\varDelta$P)는 모발끼리의 마찰에 의한 마찰저항과 대응하며, $\varDelta$P가 작을수록, 헹굼시의 모발간의 마찰이 작아 모발이 빠지거나 원활하지 않게 된다.

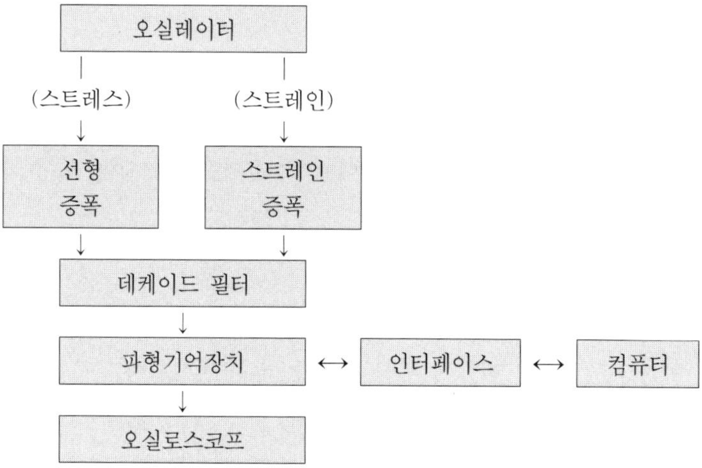

그림 7-16. 피부 점탄성 측정 장치[39]

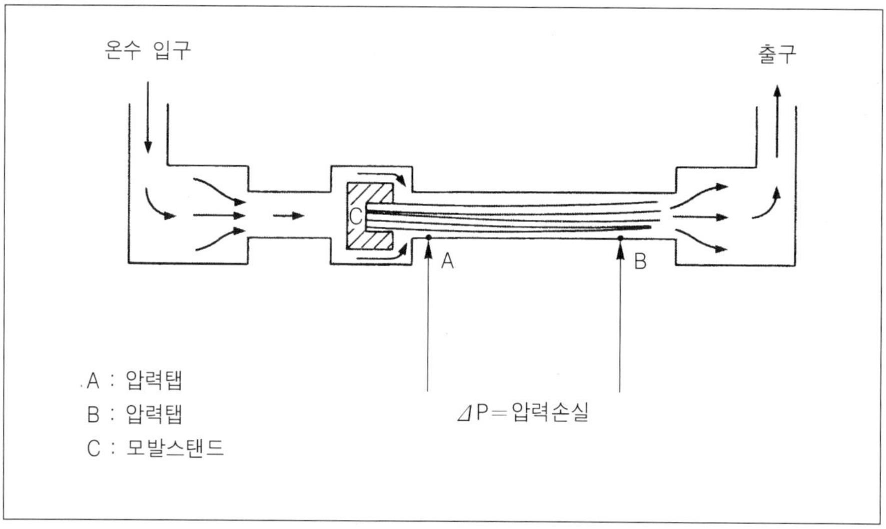

그림 7-17. 수류중에서의 모발 마찰 측정지[40]

11) 모발 마찰 측정기[41]

모발을 만질 때의 촉감이 어느 정도 좋은가를 평가하기 위해서 모발마찰 측정기가 개발되었다. 모발을 둘러싸는 발포체(NBR)를 이용하여, 그림 7-18에 나타낸 방법으로 모발과의 마찰력을 측정하고 관능평가와 대응시켜 보면 잘 일치함을 볼 수 있다.

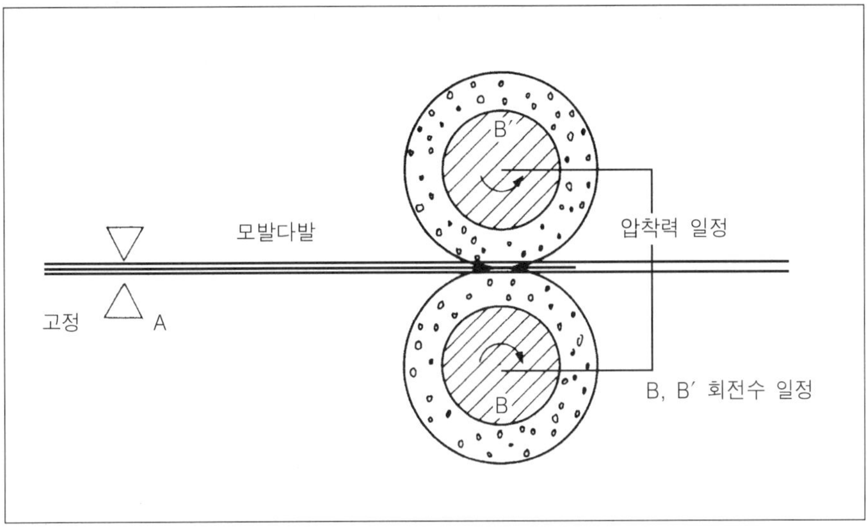

그림 7-18. 모발의 마찰 측정법[41)]

참고문헌

1) W. Clayton : Theory of Emulsions 5 th. ed., p. 178, J. & A. Churchill, London, 1954.
2) W. C. Griffin : J. Soc. Cosmetic. Chemists, 1, 311, (1949)
3) W. C. Griffin : J. Soc. Cosmetic. Chemists, 5, 249, (1954)
4) J. T. Davies : Proc. 2 nd. Int. Congr. Surface Activity, 1, 426, (1957)
5) 川上：科学，23，546，(1953)
6) 篠田：日化誌，89，435，(1968)
7) K. Shinoda, T. Nakagawa, B. Tamamushi and T. Isemura : Colloidal Surfactants, p. 17, Academic Press, New York, 1963.
8) H. Preston : J. Phys., Coll., Chem., 52, 85, (1948)
9) 友政，河内，中島：油化学，37，1012，(1988)
10) 篠田，西條：油化学，35，308，(1986)
11) L. M. Prince : Microemulsions, Preface, Academic Press, New York, 1977.
12) J. T. Davies, E. K. Rideal : Interfacial Phenomena 2 nd. ed., p. 371, Academic Press, New York, 1963.
13) F. Harusawa, T. saitō, H. Nakazima, S. Fukusima : J. Colloid Interface Sci., 74, 435, (1980)
14) K. Shinoda, H. Saito : J. Colloid Interface Sci., 30, 258, (1969)
15) K. Shinoda, S. Freberg : Eulsions & Solubilization, John Wiley and Sons, New York, 1986.
16) T. Mitsui, Y. Machida and F. Harusawa : Am. Perfum. Cosmet., 87, (1972)
17) 鈴木 喬：特許公告，昭和 57-29213.
18) H. Sagitani : J. Am. Oil Chem. Soc., 58, 738, (1981)
19) H. Sagitani : J. Dispersin Sci. Technol., 9, 115, (1988)
20) T. Suzuki, H. Takei, S. Yamazaki : J. Colloid Interface Sci., 129, 491, (1989)
21) 中島，友政，河内：日本化粧品技術者会誌，23，288，(1990)
22) Y. Kumano, S. Nakamura, S. Tahara, S. Ohta : J. Soc. Cosmetic Chemist, 28, 285, (1977)
23) 山口道広：油化学，39，95，(1990)
24) 北原，古沢：分散・乳化系の化学，p. 104，工学図書，1979.

25) 北原，古沢：分散・乳化系の化学，p. 202，工学図書，1979.
26) A. T. Florence, J. T. Rogers：J. Pharm. Pharmacol., 23, 153, (1971)
27) J. T. Davies, E. K. Rideal：Interfacial Phenomena, 2 nd, ed., p. 366, Academic Press, New York, 1963.
28) W. I. Higuchi, J. Misra：J. Pharm. Sci., 51, 459, (1962)
29) S. S. Davis, H. P. Round, T. S. Purewal：J. Colloid Interface Sci., 80, 508, (1981)
30) A. S. Kabal'nov, A. V. Pertzov, E. D. Shchukin：Colloids & Surfaces 24, 19, (1987)
31) T. Imae, B. Trend：J. Colloid Interface Sci., 145, 207, (1991)
32) M. Tanaka, H. Fukuda, T. Horiuchi：J. Am. Oil Chem. Soc. 67, 55, (1990)
33) 久保，神保，水渡，高橋，早川：粉体理論と応用，p. 513，丸善，1979.
34) 化粧品原料基準注解編集委員会編：化粧品原料基準注解，p. 423，薬事日報社，1968.
35) 福井　寛：油化学，40，10，(1991)
36) 那須昭夫他：日本化粧品技術者会誌，27，No 3，338-347，(1993)
37) G. W. Scott Blair：A Survey of General and Applied Rheology, Pitman London, 1949.
38) P. Sherman：Industrial Rheology, Academic Press London, 1970.
39) 梅屋潤一郎：日本バイオレオロジー学会誌，4，34，(1990)
40) 福地，大越，室谷：日本化粧品技術者会誌，22，15，(1988)
41) 福地，田村：日本化粧品技術者会誌，25(3)，185，(1991)

8 화장품의 안정성

모든 화장품의 품질 안정성은 다른 상품의 품질 안정성과 마찬가지로, 사용하는 소비자의 기대나 요구에 합치시키는 것이 중요하고, 제조회사로부터 소비자에 건네기까지의 각종 유통 경로와 실제 사용 기간을 고려한 품질보증이 중요하다. 최근에는 단지 사용감이나 기능성의 실현이라는 보증뿐만 아니라 사용중의 안전성·안정성외에, 사용후의 폐기성이라는 양면까지 생각해야 한다. 이 장의 전반에는 연구 개발 단계·생산 단계의 안정성을 기제 및 의약부외품을 고려한 약제 안정성에 대하여 기술하며, 후반에는 실제 사용 실례를 고려한 품질보증을 기제·용기의 안정성 면으로부터 언급한다. 화장품의 안정성 보증은 연구개발 단계에서 충분히 평가하고, 상품자체의 설계 목표를 설정하는 것이 중요하다.

8-1 》 기제의 안정성과 각종 보증 시험

화장품이 각종 기능을 발현하기 위해서는 우선 내용물의 화학적, 물리적 열화가 일어나지 않도록 하는 것이 제일 중요하다.

【화학적 변화】 변색, 퇴색, 변취, 오염, 결정석출 등

【물리적 변화】 분리, 침전, 응집, 발분, 발한, 겔화, 줄얼룩, 휘발, 고화, 연화, 균열 등

이들 현상은 사용성에 큰 영향을 줄 뿐 아니라, 화장품이 갖는 미적 외관, 이미지의 손실을 가져온다. 일반적으로 화장품의 품질 수명은 소비자가 사용을 마칠 때까지를 보증한다고 각 제조회사가 기준을 설정하고, 수준을 향상시키기 위한 연구개발에 주력하고 있다. 이 제품 수명의 보증은 소비자의 신뢰성 확보에도 관련되어 있다.

8-1-1. 일반적 보존시험

1) 온도 안정성 시험 ; Temperature stability tests

화장품을 일정한 온도조건에 방치하여 시간 경과에 따른 시료의 상태변화에 대하여 관찰하는 등의 방법으로 측정한다.

1-1) 설정온도 : -20℃, -10℃, -5℃, 0℃, 25℃, 실온, 30℃, 37℃, 45℃, 50℃, 60℃ 등
시험 대상 제품의 성상에 따라 적절한 온도를 선택한다.

1-2) 보존기간 : 1일~1개월, 2개월, 6개월, 1~3년 등
시험 대상 제품의 관찰목적에 따라 적절한 기간을 선택한다.

1-3) 관찰항목
외관변화 : (색조의 차, 변퇴색, 얼룩, 이물혼입, 상처, 부유물, 분리, 침전, 발한, 발분, 부유, 균열, 겔화, 투명성, 케이킹, 광택, 함몰, 캡핑, 작은 구멍, 기포 혼입, 곰팡이 등)
냄새변화 : (직접, 용기로 인한 냄새변화, 사용시)

1-4) 측정항목과 대표적 측정기류
pH : 유리전극 pH 측정기
경 도 : 카드텐션측정기, 빅카스경도계, 올젠 경도계, 레오 측정기 등
점 도 : 브룩필드 점도계(B, H, E형), 레드우드형 점도계, 페런티콘·플래이트형 점도계 등(총론 7-2. 화장품의 레올러지 참조)
탁 도 : 적분구식 탁도계, 집중광원법
입 자 경 : 현미경, 쿨터카운터, 표준체, 글라인드측정기
유 화 형 : 테스터
연 화 점 : 욱베로디씨법, 볼링법
수분증발 : 건조감량법, 칼핏셔법, 증류법

1-5) 평 가 : 상기 각 측정 항목의 시간 경과 데이터를 기록하고 시제품의 이상상태를 발견하여, 다음 처방 설계에 피드백할 수 있다. 일반적으로 그 평가는 5점법이나 ○× 등 표준화된 척도에 따라 안정성의 범위를 결정한다. 점도의 시간 경과별 변화나 온도 변화로부터 유화물의 겔화, 입자경 변화로부터 융합이나 크리밍, 응집상태를 추측할 수 있고, 보다 안정된 밸런스 처방으로 결부시키는 것이 가능하다

이들 관찰에서 유의할 점은, 다음의 가혹보존 시험과 마찬가지로, 실제의 시장과 동일 용기 재질로 보존하는 것이 중요하다. 또 두 번째로 유의해야할 점은 사용 시간이 경과함에 따라 내용물 용량이 순차적으로 감량한다는 것을 고려하여, 최후까지 모두 사용했을 경우의 상태를 고려한 안정성 확인이 필요하다. 사용 기간 중에 가능한한 화장품의 기능이나 성능의 변화가 적은 처방과 용기의 연구가 중요하다.

2) 광안정성 시험(내광성) ; Photo-stability tests

판매대에 진열된 화장품은 각종 빛(광선)에 노출되어 있는 경우가 많다. 일광에 직접 노출되는 장소에 진열되기도 하고, 쇼윈도 안에 장기간 놓여 있는 경우도 있다. 각 제품마다 케이스가 있어 내용물이 직접 일광에 노출되지 않은 경우도 있으나, 대부분의 경우 케이스가 없는 상태로 진열되어 있어서 광안정성은 반드시 보증되어야 한다. 현재 화장품의 광안정성 보증에는 다음과 같은 방법이 있다.

2-1) 옥외(일광) 노출시험

정해진 기준은 없지만 한여름 태양아래서의 조건을 고려하여 수일간, 수주간, 수개월간 단위를 설정하여 시제품의 상태변화를 관찰한다. 관찰항목은 주로 색조변화나 냄새변화이고 앞에 기술한 1)-1-3)에 준한다.

2-2) 실내(인공광) 노출시험

옥외에서는 비, 눈, 흐린날이 있고 계절변화도 있어 일정 조건하에서 관찰할 수 없는 경우도 있기 때문에, 태양광의 분광조건에 가까운 조건을 만들어 시험을 실시하는 경우가 많다. 대표적인 방법으로는 카본아크페드 측정기와 제논페드 측정기가 있다. 제논아크등은 현재 인공적으로 만들어진 광원중에서 일광의 분광 특성에 가장 가까운 것으로 알려져 있다. 광원의 구성은 장파장형 제논 방전등과 적외선수 필터로 이루어져 있다. 물순환장치와 본체(광원부 및 샘플 설치부)로 되어 있고, 기내 온도는 공기 온도로 실온 +15~80℃, 블랙 판넬 온도는

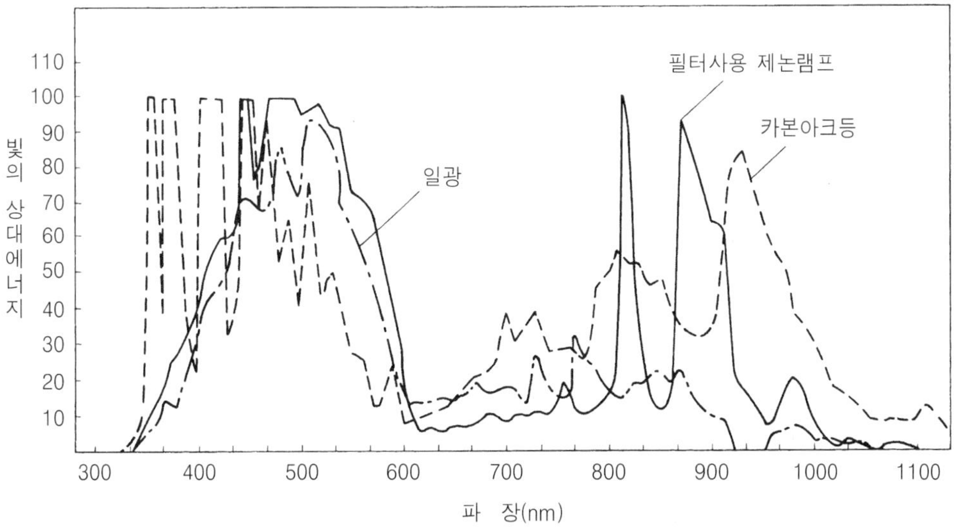

그림 8-1. 일광, 제논, 카본아크의 분광 분포

30~80℃에서 조정할 수 있다. 샘플의 광노출 방법은 시료를 붙인 지지대를 회전판에 장착한다. 회전판은 제논램프 주위를 일정 속도로 회전시키는데, 이는 시료에 대한 조사의 균일성을 위한 것으로, 그 사이 적절히 타이머로 규정한 시간만큼 조사된다. 시료의 광원으로부터의 거리는 25~40cm에서 조절된다. 보통 관찰은 실온~고온에서 일정시간 실시하고, 대조품과의 색조의 변화도(ΔE)로 안정성을 평가한다. 그림 8-1은 일광, 제논램프(필터 장착) 및 카본아크 등 사이의 분광분포(파장)와 광의 상대에너지 관계를 나타낸 것이다.

제논아크램프는 자외, 가시영역에서 태양광과 같은 에너지를 가진 우수한 광원으로, 색조는 백색이다. 표 8-1은 광변화에 큰 영향을 미치는 300~400nm의 자외영역에서 태양광과 각종 촉진광원의 상대유사성을 나타낸 것으로, 300~400nm의 에너지를 1로 할 때의 300~340nm, 300~360nm의 에너지의 비로서 각 광원을 비교한 것이다.

표 8-1. 자외선 영역에서의 태양광과 촉진 광원의 상대 유사성

파장(nm) \ 광원	태양광	카본아크	제논
300~340	0.20	0.18	0.18
300~360	0.44	0.33	0.37
300~400	1.00	1.00	1.00

2-3) 형광등 노출시험

화장품 진열과 진열장 내의 여러 가지 조건을 고려하여 고안한 시험법이다. 1일 광조사 시간을 산정하여 필요 일 수 만큼 방치하고, 색조변화를 관찰한다.

8-1-2. 일반성능 · 효과 확인시험

8-1-1의 1), 2)의 온도 · 광안정성 시험에 의해 화장품 본래의 성능이나 효과가 변화할지 어떤지를 각종 타입별로 시험하여 변화 정도를 확인 평가한다.

스킨 케어 화장품에서는 퍼짐성, 끈적거림 등의 사용성, 광택, 세정력, 기포력 등을 확인하고 메이크업 제품에서는 분말 타입의 화장품의 화장의 지속성, 은폐력, 도포색 변화를, 에나멜이나 립스틱 등의 포인트메이크업에서는 박리(벗겨짐), 광택, 건조속도, 화장의 지속성, 염착성, 내수내유성 등을 평가한다. 또 모발 화장품에서는 셋트력, 웨이브력의 지속성, 모발광택의 영향, 염착력, 탈색력, 탈모력, 모발물성에의 영향 등을 측정하고, 처방의 최적 조합영역이나 기능성분의 최적농도 결정 등에 활용한다.

8-1-3. 에어로졸 제품의 안정성 시험

에어로졸 제품은 내용물 원액과 분사제로 이루어져 있다. 원액의 안정성 시험은 전술한 1)~2)에서 확인하면 되고, 최종품으로서의 안정성은 별도로 확인할 필요가 있다. 액화가스나 압축가스와 원액과의 상용성이나 에어로졸 용기로부터의 분사상태의 변화를 조사할 필요가 있다. 법규상 제한되어 있는 내압변화와 인화성은 물론이고, 에어로졸 용기의 밸브구조나 재질과 원액과의 관계에서 트러블이 가장 많이 관찰되기 때문에, 양자의 관계를 충분히 확인할 필요가 있다. 셋트제가 들어 있는 모발 에어로졸 제품(스프레이 등)의 노즐 막힘, 거품상태로 된 제품의 온도 변화에 의한 포질변화, 휘발성 원료와 노즐부분의 팩킹제와의 내구성, 캔의 부식성, 거꾸로 하거나 옆으로 넘어졌을 때 가스 누출 등 용기와 함께 고려된 안정성 보증이 중요하다. 아래에 부식, 누설, 막힘시험의 개요를 나타낸다.

① 부식시험 : 시료를 바로 또는 거꾸로 한 상태에서 실온, 고온, 단기간~장기간 방치한 후, 용기를 열어 발청 유무를 관찰한다.

② 누설시험 : 미리 중량을 측정한 시료를 바로, 옆으로, 거꾸로한 상태에서 실온, 고온에서 방치한 후, 그 중량 변화를 측정한다.

③ 막힘시험 : 소정기간, 소정온도(저~고온)에 방치한 시료의 밸브를 작동시켜, 내용물의 분사상태를 관찰한다. 분사시간은 수초, 분사 간격은 매일, 격일, 격월마다 적절히 조합한 조건에서 막힘 상태를 확인한다.

8-1-4. 특수 · 가혹보존시험

화장품은 소비자가 사용을 마칠 때까지 안정성이 유지되는 것이 중요하다. 그래서 예를 들면 고온이나 저온에서 기간을 단축시킨 가혹 온도 시험이나 특정한 화장품의 성능 보증을 위한 특수시험을 개발하고, 시간 경과 후의 성상을 예측하는 방법을 적용하고 있다. 단일 시험법에 의한 평가뿐만 아니라 각종 시험을 조합시켜 평가하는 방법이 이용되고 있다. 이 안정성 평가법은 화장품의 기제안정성뿐만 아니라, 뒤에 기술하는 약제의 안정성 평가에도 적합하다. 이 가혹보존시험은 가속시험이라고도 하며, 화장품의 물리적, 화학적 변화를 온도나 진동 등의 에너지 변화를 극히 단시간에 농축시킨 형태로 가하여 일어나는 변화를 관측하는 것이고, 연구 효율면에서도 다기능적인 화장품 기능이나 안정성의 보증면에서도 여러 가지 방법이 창작되어 실시되고 있다. 아래에 대표적인 가혹(가속) 시험법에 대하여 언급한다.

1) 온도 · 습도 복합 시험

각각의 온도와 습도를 조합한 시험.

온도 범위로 37~50℃, 습도 범위는 75~95% 등으로 한다.

2) 사이클 온도시험

일정 온도나 습도하에서 방치하는 것이 아니고, 연간 혹은 일간의 온도변화를 고려한 상태로 만들기 위해, 1일 수회 사이클시켜 시료의 변화를 관찰하는 방법이다. 사이클 조건의 예를 그림 8-2에 나타낸다.

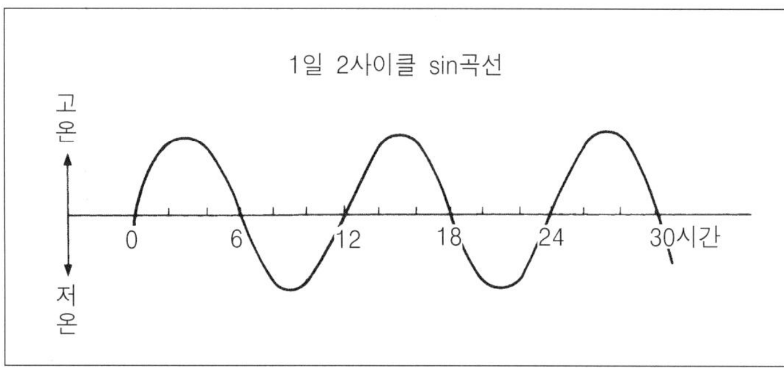

그림 8-2. 사이클 온도 시험의 예

3) 응력 시험

실제 사용시의 총응력이나 기간을 고려하여 시료에 일정이상의 응력을 가하여 생긴 물리적 변화로부터 기제의 안정성 수명을 예측하는 방법이다. 이 방법에 의한 물성변화로 분리정도, 유화입자의 변화(큰 입자화, 융합, 변형)투명도, 점도 이상 등이 관찰되며 샴푸, 린스, 유액, 분말이 섞인 화장수 등의 유화액상 타입과 치약, 팩, 겔상 화장품, 크림, 마스카라 등의 패이스트 타입 화장품의 평가에 적절하다.

3-1) 원심 분리법

일정 회전 이상의 힘을 소정 용기에 넣은 시료에 가하여 분리 정도를 비교한다. 실제 방치하에서의 결과와 대응시키면 처방간의 영향을 추정할 수 있다.

3-2) 진탕법

트럭이나 열차 등으로 운반할 때의 진동에 의한 기제의 영향을 확인하는 방법으로, 힘과 시간을 결정하여 실제의 물류상에서 일어나는 품질변화에 대응시킨다.

3-3) 낙하법

분말 고형 파운데이션이나 아이섀도우, 브러쉬, 백분 등에 적용된다. 미리 일정 용기에 충전한 내용물을 일정 높이로부터 반복하여 낙하시켜 내용물의 내 충격성을 조사하는 방법이다.

파괴될 때까지의 횟수를 측정하여 일정 수준 이상의 것을 합격으로 한다. 소비자가 사용시 잘못하여 떨어뜨리거나, 핸드백에 넣었을 때의 상황을 예측하여 보증한다.

3-4) 하중법

입술 연지나 연필, 스틱 형태 화장품의 절단 강도의 평가에 적합하다. 실제 사용시의 하중을 측정하고, 그 이상의 하중을 가한 경우 시료가 절단되거나 변형하는 횟수를 관찰한다. 용기와의 접합부분의 표준화, 하중을 가한 방향(각도), 힘이 가해지는 점간의 거리에 유의하여 측정 횟수를 반복하여 데이터화한다.

3-5) 마찰법

비누나 네일 에나멜류의 내구성을 평가하는데 적합하다. 비누의 경우는 마찰면의 밑면까지 물을 채운 상태에서 일정 하중의 힘으로 시료를 마찰, 용해시켜 처리 전후의 중량 변화를 측정하여 마찰 용해력을 추정한다. 네일 에나멜의 경우에는 도포하여 건조시킨 필름에 일정 하중으로 마찰을 주어, 필름의 내마모성을 추정한다.

이상 각종 가속시험법의 예를 기술하였는데, 이들은 모두 시간 경과에 따른 기제의 안정성을 단시간에 예측 추정하는 방법이기 때문에 그 정밀도를 올리기 위해서 실제 사용시의 정보를 한편으로 확인하면서 그 일치성을 높여가는 것이 중요하다.

8-2 》 약제의 안정성과 시험법

일본에서 의약부외품은 의약품과 화장품의 중간에 위치하는 것으로 「인체에 대한 작용이 완화된 것으로 기구, 기계가 아닌 것 및 이에 준하는 것으로 후생대신이 지정한 것」으로 정의되어 있다. 약용화장수, 유액, 크림, 일광 그을림 방지제, 액취방지제, 땀띠분, 입욕제, 비누, 육모·양모제, 샴푸 등이 있다. 그 효능은 성분·제형에 따라 그 범위가 엄격히 규제되어 있다. 최근에는 소비자가 효과를 기대하는 욕구에 부합하기 위해, 그 효과를 표시·광고할 수 없는 화장품보다도 효과를 표시하여 소비자의 구매심리를 자극할 수 있는 의약부외품의 발매수가 증가해가고 있는 상황이다. 이들 의약부외품의 설계상 유의점은 먼저 배합약제 기제중의 안정성이다. 배합약제의 종류와 그 효능 효과는 화장품과 약제의 항에 기술했고, 여기서는 배합약제의 안정성에 대한 유의점을 언급하기로 한다.

8-2-1. 배합약제의 품질보증

약제에 따라서는 공기 산화에 의해 변화하기 쉬우며, 화학적으로 불안정한 화합물이 있다. 예를 들면, 비타민 A, B_1, B_2, B_6, C 등이다. 또 같은 약제라도 배합하는 계의 성분과의 배합 금기나 pH의 변화를 받기 쉬운 것이 있다. 현재 의약부외품의 배합약제의 안정성은 의약품에서 규정하고 있는 가속시험에 준하여 설정되어 있는데, 가속시험은 40°(±1℃) 75% RH(±5%)의 보존조건에서 6개월 이상의 조건이다. 이 데이터는 실온에서 3년 이상 보존한 안정성 시험 데이터에 거의 필적하는 것으로 판단된다.

일반적으로 약제의 함량규격 폭은 90~110%이고, 3로트 3회(계 9회)의 시험 데이터가 필요하다. 이와 같은 규제하에서 제제 중 약제의 안정성 보증에는, 첫째로 원료 수준에서 안정화 정보를 확실히 파악할 것, 둘째로는 시간경과에 따른 안정성을 확보할 수 있는 기제의 선택, 셋째로 빛 등의 영향을 최소한으로 할 수 있는 용기의 선택이 중요하다. 기제 중에서 약제의 안정화를 위하여, 동시에 배합하는 성분의 영향을 pH, 온도, 광선, 배합금기라는 면에서 미리 파악해 두는 것이 중요하다.

불안정한 약제의 안정화에는 산소를 차단하는 방법이나, 산화방지제의 배합, pH 조정제, 금속이온 봉쇄제의 배합, 최적 배합량의 수준, 불순물의 제거, 생산 과정에서의 온도 안정성의 연구, 예를 들면 저온 유화, 후첨가 혼합 등이고, 또한 원료 수준에서의 안정된 보관(냉암소 보관) 등이 중요하다. 또 사용하는 용기 재질에 흡착되어 버리는 경우도 있어서 설계시 용기의 선택과 제형 선택에도 신중해야 한다.

8-2-2. 부외품 약제의 안정성 시험

의약부외품은 본질적으로는 의약품에 준하는 것이며, 의약품과 같이 품질확보에는 엄격한 규제가 있다. 따라서, 보다 빨리 배합약제의 시간경과 변화에 따른 안정성을 예측하는 방법으로서, 50℃ 이상의 온도에서 시간경과시의 제품의 안정성을 최초로 측정하여 예측하는 경우도 있다. 또 보증시험에 관한 기록 등은 승인 취득 후, 적어도 5년간은 보존해야 하므로, 기제 담당부분과 분석 담당부분에 의해 관리된 실험 · 보증체제의 확립과 실행이 대전제라고 할 수 있다.

8-3 》 양산화에 의한 화장품의 안정성

연구개발 단계에 있어서 실험실 규모의 스케일에서의 시험제품이나 안정성 평가에는 문제가 없었는데, 공장에서 생산에 적용하면 분리되거나, 소정의 점도나 색조가 나오지 않는다는 등의 보고가 있다.

스케일 업에 있어서의 품질보증은 다음과 같은 것에 유의해야 한다.

① 원재료 로트의 불균일성

② 제조조건(온도, 전단력, 제조시간, 첨가방법・순서)의 차이

③ 충전 조건(과냉각, 재용해, 기계에 의한 전단력, 연속성)의 차이

④ 제조량(예 : 1kg→2ton, 10ton)

이들 제조조건의 차이에 의한 화장품의 품질특성의 차이는 목표 품질 설정에 영향을 주기 때문에 개발단계에서 그 처방 중 가장 영향을 주는 성분이나 제조공정의 영향을 실험계획법 등의 품질관리 수법을 사용하여 충분히 확인해 두는 것이 중요하고, 사고를 사전에 방지한다는 의미에서도 중요하다. 소위 「점」에 의한 안정성 보증이 아니고, 「폭」에 의한 보증이라는 사고방식을 실천하는 것이다. 생산현장에서는 즉시적 대응이 여의치 않은 경우가 많으므로 문제가 공정조건에서 해결할 수 있는 것인지, 처방상 연구가 필요한 것인지 확인해야 한다. 갑자기 대규모 스케일 업으로 이행하는 것이 아니고, 중간 파일럿에 의한 확인을 거쳐서 대규모 스케일 업으로 이행해 가는 단계를 밟을 필요가 있다. 전술의 ①~③의 문제점 파악에 그 해결법이 있다.

8-4 》 사용 실례를 고려한 안정성 보증

본장은 앞에서 기술했듯이 화장품의 안정성은 소비되는 단계에서의 기대나 욕구에 합치하고 있는 것이 전제이므로, 실제로 소비자가 사용하는 경우를 고려하여 품질보증(안정성・안전성)을 하는 것이 필요하다. 예를 들면,

① 비누, 세안료류 : 물혼입이나 물침적에 의한 물러짐, 점도 저하, 사용성 변화, 세정력 저하 등

② 일광 그을림 방지제품류 : 스포츠 의복, 수영복 등에 염착성 및 세탁성, 광변화 촉진성 등

③ 목욕제류 : 목욕제 사용 후 남은 물의 방부성, 배합 생약이나 성분에 의한 목욕탕이나 욕조에의 영향, 타월에의 착색성, 잘못 마시거나 눈에 들어갔을 경우의 안전성, 목욕한 물의 세탁 용수로의 이용 등

④ 에어로졸 제품류 : 휘발성 성분에 의한 가정 용구에의 영향, 잘못 사용하여 내용물이 나오지 않거나 가스누출 등

⑤ 용제성이 높은 성분배합 화장품류 : 안경, 빗, 스펀지, 세면대 등의 재질에의 침식성, 내구성 등

⑥ 헤어칼라 제품류 : 손, 타월, 욕실 기구류에의 염착성 등

이상 몇 가지 예를 들었는데, 화장품의 안정성을 고려할 경우, 물리 화학적 변화의 영역을 넘는 사항에 대해서도 충분히 배려해야 한다.

9 화장품의 방부와 곰팡이 방지

9-1 》 방부제 첨가의 필요성

화장품은 기름이나 물을 주성분으로 하며 거기에 미생물의 탄소원이 되는 글리세린이나 솔비톨 등, 질소원으로는 아미노산 유도체, 단백질 등이 배합된 것이 많으므로 성분이 유사한 식품과 마찬가지로 공장이나 세균 등의 미생물이 침투하기 쉽다. 그러나 식품과 비교하면 그 사용기간은 극히 길어서, 수년간이 되는 것도 있어 미생물에 의한 변화의 위험은 식품에 비할 바가 아니다.

표 9-1. 화장품을 오염시키는 미생물의 일반적인 성질

	곰팡이	효 모	세균(박테리아)
생육온도	20~30℃	25~30℃	25~37℃
좋은 영양소	전분질 식물성 식물	당질 식물성 식품	단백질 · 아미노산 동물성 식품
생육 pH영역	산성측	산성측	약산~약알칼리
공기(산소)의 요구성	호기성	호기성~혐기성	호기성이 보통 혐기성도 있다
주요 생산물	산류	알코올, 산류, 탄산가스	아민 · 암모니아 산류, 탄산가스
대표적인 오염균	푸른곰팡이 Penicillium 맥아곰팡이 Aspergillus Rhizopus	빵효모 Saccharomyces 칸디다증균 Candida albicans	시든풀균 Bacillus subtilis 황색포도구균 Staphylococcus aureus 대장균 Escherichia coli 녹농균 Pseudomonas aeruginosa

그래서 사용중에 손가락 등으로부터 오염되어 미생물이 일으키는 변패·변취 등으로부터 화장품을 장기간 보호하기 위해 방부제를 첨가할 필요가 있다.

우리들 일상 생활가운데 있는 미생물로서 화장품을 오염시키고 번식하는 것은 대부분 세균인데, 곰팡이나 효모도 오염원이 되고 있다. 이들의 일반적인 성질과 대표적인 균은 표 9-1과 같다.

9-2 》 일차오염 · 이차오염과 약사법

일본의 약사법 제56조(판매, 제조 등의 금지)에 「병원미생물에 의해 오염되며, 또는 오염되어 있을 우려가 있는 의약품은 판매, 제조 등을 하면 안된다」라고 규정되어 있다. 화장품도 이와 마찬가지로 병원미생물에 의해 오염되어 있는 화장품을 제조하거나 판매하는 것은 바람직하지 않다. 병원미생물뿐만 아니라, 미생물의 오염은 불결한 상태에서의 제조를 의미하고 시간경과에 따른 품질 변화나 그에 수반되는 피부 자극의 발생 등 사용자에게나 제조자에게도 좋지 않은 문제이다.

이 공장 제조에 유래하는 미생물 오염을 1차오염(primary contamination)이라고 하며, 전술한 소비자에 의한 사용중의 미생물 오염을 2차오염(secondary contamination)으로 구별하고 있다. 1차 오염의 균은 물로부터 유래한 세균(그람음성간균)이 많고, 2차오염의 균은 손가락이나 환경에서 유래한 세균(그람양성구균 : gram positive cocci과 그람양성간균 : gram positive rods)이 많다.

제조와 충전으로 유래하는 1차오염에 대해서는 환기 할 때의 먼지의 필터 여과나 제습 등 작업환경의 정비, 물의 가열 살균이나 자외선 살균, 원료 재료의 에틸렌옥사이드 가스멸균이나 가열살균, 제조기기류의 세정과 가열살균이나 약제살균, 또한 작업자에 대한 청결한 작업에 관한 교육 등을 행하여, 종합적으로 청결한 상태에서의 제조가 필요하다.

1차오염균과 2차오염균을 조사하여 보면 그 종류가 다르기 때문에, 2차 오염대책을 위해서 배합되는 방부제와 곰팡이 방지제에 의존하여 1차오염을 방지하려는 것은 잘못된 것이며, 실제로 방부 곰팡이 방지 효과도 그다지 기대할 수 없다.

종래에는 1차오염에 대한 법적인 규제가 없었지만, 제약업계에는 이미 76년 4월에 약발제 297호에서 「내용액제 및 X선 조영제의 균수 한도 및 시험범에 대하여」라고 제시되었고, 그 후 80년 9월에는 후생성령으로서 의약품 GMP(Good Manufacutring Practices)[1]가 시행되어, 1차오염에 대한 균수, 균종의 지도가 추진되고 있다. 1994년 일본 약국방 12판 제 2추보에 「미생물 한도 시험법」이 추가되었고 1996년 4월에 정식으로 13개정으로서 공포되었다.

화장품업계에서는 72년 6월에 아이라이너의 미생물 기준과 시험법을 일본화장품공업 연합회의 내규[2)]로 하였으며, 최종제품의 일반생균수는 1g당 1,000개 이하로 병원성 세균은 인정하지 않기로 하였다. 81년 1월부터는 아이라이너 이외의 화장품이나 의약부외품도 품질관리의 필요성을 제시하고, 구체적인 관리 방법에 대하여는 81년 4월의 약감 제 19호 「화장품의 제조 및 품질관리에 관한 기술지침」을 시행하고 있다.

미국에서도 업계의 CTFA(Cosmetic, Toiletry and Fragrance Association)에서 베이비용 제품이나 눈주위용 화장품은 일반 생균수가 1g당 500개 미만, 기타의 화장품은 1,000개 미만이며, 병원성 균은 인정하지 않는다는 지침[3)]을 제시하고 있다.

화장품중의 미생물을 확인하는 방법 및 병원성 균에 대한 확인방법은 후생성의 石關技官 등이 집필한 서적[2)] 「의약품・화장품의 미생물 검사법」(1978)에 상세하게 기술되어 있다. 제품에서 검출되어서는 안되는 병원성균으로서는, 제 13개정 일본 약국방에 ① 코아글라제 양성황색 포도구균 ② 대장균 ③ 녹농균 ④ 살모넬라로 정하고 있고, 제조자의 책임 아래 1차 오염균으로서 검출되지 않도록 일상의 GMP관리가 중요하다.

한편, 우리의 생활환경에는 많은 미생물이 존재하고 있다. 공기중에는 $8\sim35\times10^2$ cfu/m^3, 토양에는 $1\times10^8\sim5\times10^{10}$ cfu/g, 사람의 두피에도 1.4×10^7 cfu/cm^{2}의 미생물이 존재[5)]한다. 우리들의 손이나 얼굴에도 다수의 균이 상재하고 있고, 손가락을 넣어 화장품을 덜어내거나, 손바닥에 너무 많이 덜어 도로 넣는다거나, 뚜껑을 열은 채로 놓을 때마다 미생물에 오염된다. 이러한 오염에 대한 방어의 방법으로서 방부제, 곰팡이 방지제가 배합되며 오염된 미생물의 증식을 억제하여 시간경과와 함께 사멸시켜 제품의 변화를 방지하고 있다(cfu : colony forming units).

2차 오염에 대하여, 이전에는 미국 국방 USP 19판[4)]에 기재된 방법을 참고로 각 회사가 독자적으로 실시하고 있었는데, 현재 일본 약국방 13개정에 참고 정보로서 평가 기준이 규정되었다.

방부제, 곰팡이 방지제의 배합은 용량에 따라 제품의 수명과 사용횟수, 용기형태에 의한 오염의 빈도 등도 고려하여 요구되는 최소량를 첨가하도록 해야 한다.

9-3 》 항균제 ; Antimicrobial agents

항균제에는 사용 목적에 따라 크게 2가지로 구분된다.

9-3-1. 방부제, 곰팡이 방지제 ; Preservatives

화장품에 배합되어 외부로부터 화장품을 오염시키는 미생물의 증식을 억제하며 시간경과와 함께 사멸시켜 제품의 변화를 방지하는 목적으로 방부제, 곰팡이 방지제가 사용된다. 이와 같이 미생물의 증식을 억제하는 작용을 정균작용(microbiostasis)이라 하며, 방부제, 곰팡이 방지제는 화장품 속에서 정균작용을 통해 변화를 방지하고 있다. 단독의 방부, 곰팡이 방지 효과는 그다지 강하지 않지만, 화장품의 성분과 융합되기 쉬워서 오염된 각종의 미생물을 시간을 두고 사멸시켜 가는 것이 일반적이다. 대표적인 것은 파라옥시안식향산에스테르인데, 일반적으로 파라벤(paraben)이라고 한다. 파라벤은 안전성이 높아서 식품에도 널리 이용된다.

9-3-2. 살균제 ; Disinfectant, Germicide

화장품에 배합된 살균제는 피부에 도포되어 피부면을 소독하고 청결하게 유지하는 목적으로 사용된다. 살균제는 단기간에 균을 사멸 또는 감소시키는 효과가 요구된다. 실제로 사용되고 있는 살균제는 여드름의 원인으로 생각되는 피부 상재균인 아크네균의 증식을 억제하여 여드름 발생이나 증상의 악화를 완화하고, 액취의 원인으로 생각되는 피부 상재균을 사멸 혹은 감소시키는 효과가 있으며, 항아크네제품과 냄새제거제품 등에 배합되어 있다. 또, 비듬 발생의 원인으로 생각되는 효모(피치로스포람・오발) 억제에도 효과를 보이는 살균제는 비듬억제 제품에도 응용되고 있다. 단지 실제 배합의 경우, 화장품중의 성분과 반응하거나 용해하기 어렵거나 피부상의 단백질 등과 반응하여 효과가 극단적으로 저하되는 등 실용상의 문제가 많다. 대표적인 것은 염화벤잘코늄(benzalkonium chloride), 글루콘산클로로헥시딘(chlorohexidine gluconate), 트리클로로카르바닐리드(trichlorocarbanilide, TCC) 등이 있다.

한편 1차 오염방지의 목적으로 제조공정에서 살균소독의 목적으로 이용되는 것도 있다. 공정오염균의 대부분이 그람음성균이고, 약제에 대한 저항성이 강한 균이 많으므로 수용성의 염화벤잘코늄, 글루콘산클로로헥시딘을 알코올에 용해한 액, 혹은 산이나 알칼리 용액이 이용된다. 약제를 이용한 경우, 제품으로의 약제 혼입을 방지하기 위하여 살균소독 후 약제를 완전히 씻어 내는 것이 GMP상 중요하다.

9-3-3. 항균제의 필요 조건

항균제라고 해도 그 중에는 자체의 특성 때문에 방부제, 곰팡이 방지제로 밖에 배합될 수 없는 것과 살균제로서 이용될 수 있는 것 등이 있으며, 엄밀한 구별이 없이 사용목적에 따라 어느 그룹에도 속할 수 있는 것도 있다.

항균제가 구비해야할 이상적인 조건은 다음과 같은 특성[6]이 있고 이 조건을 보다 많이 만족하는 것을 고려하여 사용한다.

① 많은 종류의 미생물에 대하여 효과를 나타낸다.
② 수용성, 또는 일반적으로 사용되는 화장품 성분에 용이하게 용해한다.
③ 안전성이 높으며, 피부자극이 없다.
④ 중성이며, 제품의 pH에 영향이 없다.
⑤ 제품의 성분에 의한 효과 감퇴가 없다.
⑥ 제품의 외관(변색 등)을 손상시키지 않는다.
⑦ 넓은 온도영역 · pH영역에서 안정적인 효과를 나타낸다.
⑧ 다루기가 용이하며, 안정되어 있다.
⑨ 값이 싸며 경제적이다.

9-4 》 사용할 수 있는 항균제

화장품 품질 기준에 정해져 있는 항균제[7,9]를 표 9-2에 나타낸다. 이 기준은 약사법에 의거해 후생대신 중앙약사심의회의 의견에 따라 제정한 것으로, 안전성의 상한을 나타낸 것이다.

개개의 약제의 용해성, 안정성, 효과 pH영역, 배합금기, 냄새, 색이나 제품내에서의 실제 효과 등을 확인하면서 배합할 필요가 있다. 또 샴푸, 비누와 같은 씻어 내는 제품에 한하여, 사용할 수 있는 것이나 배합량을 늘리는 약제도 있다. 기타 1997년에 종별 허가 기준[10]을 제시하였다.

표 9-2. 화장품 품질 기준의 항균제

종 류	구조식	사용농도 (% 이하)	성 질
안식향산	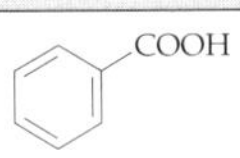	0.2	산성측에서 효과 있다.
안식향산염류	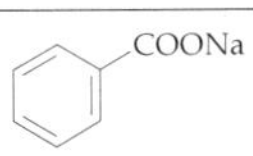	1.0	
살리실산	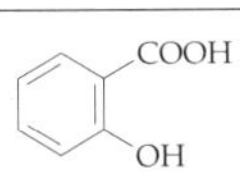	0.2	산성측에서 효과 있다. 종별 규제 있다.
살리실산염류	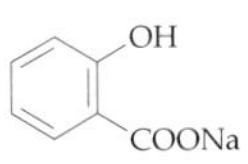	1.0	
페놀	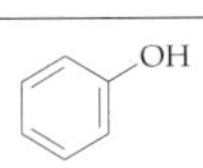	0.1 (0.1)	냄새가 자극적이다. 종별 규제 있다.

종 류	구조식	사용농도 (% 이하)	성 질
솔빈산과 그 염류	$CH_3CH{=}CHCH{=}CHCOOH$	0.5	pH 5 이하에서 효과적
디하이드로초산 및 그 염류	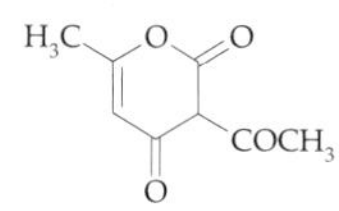	0.5	유기물의 영향을 받기 어렵다.
파라옥시안식향산 에스테르(파라벤)	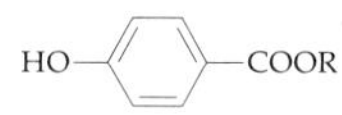	1.0	넓은 pH영역에서 유효, 비이온성 활성제에서 불활성화
클로로크레졸	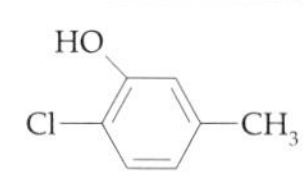	0.15 (0.20)	종별 규제 있다.
헥사클로로펜	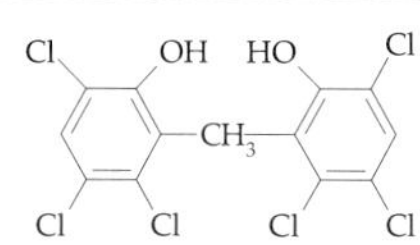	0.1	비이온 활성제에서 불활성화 종별 규제 있다.
레조르신	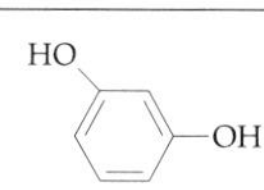	0.1	종별 규제 있다.
이소프로필메틸 페놀	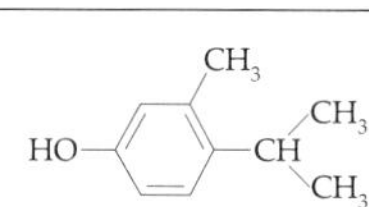	0.1* (1.0)	용해되기 어렵다.
오르소페닐 페놀	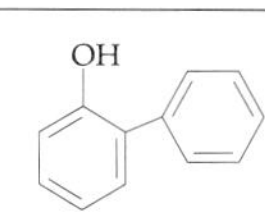	0.10	특이한 냄새 종별 규제 있다.
염화벤잘코늄	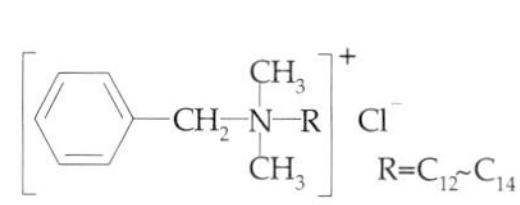	0.05* (3.0)	카티온 배합금기의 원료이고, 효과가 강하다. 아이제품에는 불가
염산클로로헥시딘	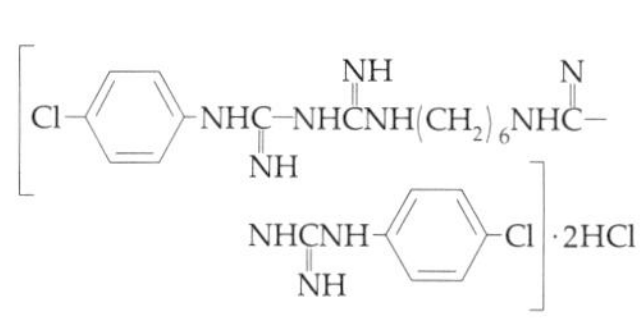	0.05* (0.10)	물에 용해되기 어렵다. 아이제품에 불가
글루콘산클로로헥시딘	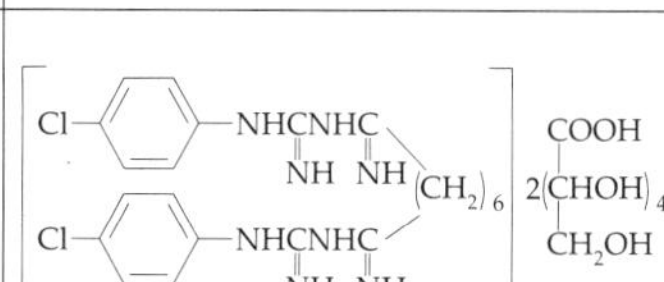	0.05 (0.10)	효과가 강한 수용성 양이온성 (카티온성)

종 류	구조식	사용농도 (% 이하)	성 질
브롬화(臭化)알킬 이소퀴솔리니움	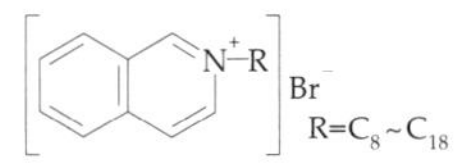	0.05* (0.50)	양이온성 분해가 쉽다. 종별 규제 있다.
트리클로로카르바닐리드		0.3* (0.5)	그람 양성균에 효과적, 난용성, 종별 규제 있다.
할로카르반		0.3* (0.3)	그람 양성균에 효과적, 난용성, 종별 규제 있다
감광소 201호	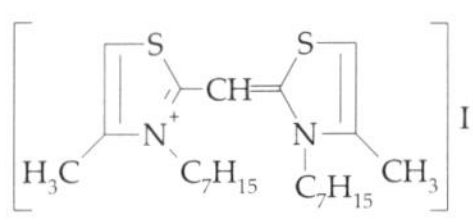	0.0020	글리콜류에 가용, 물에 약간 녹는다. 황색포도상구균, 대장균에 유효
페녹시에탄올	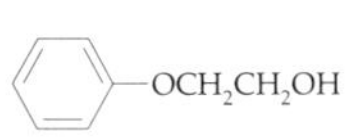	1.0	물, 알코올, 글리세린에 쉽게 녹는다. 파라벤과 병용하여 광범위하게 유효
트리클로로하이드록시디페닐에테르 (트리클로산)	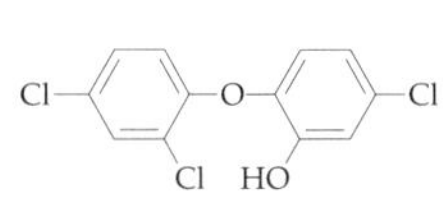	0.10	물에 불용성, 알칼리용액 및 유기용매에 쉽게 녹는다. 곰팡이보다는 일반세균에 활성이 높다. 종별 규제 있다.
메틸클로로이소티아졸리논 · 메틸이소티아졸리논액	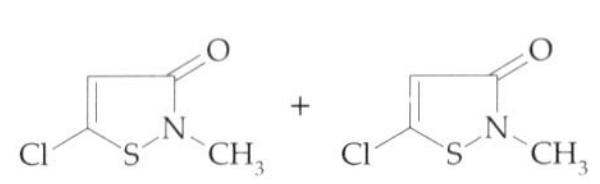	(0.10) 액으로	알칼리성으로 불안정 주) 씻어내는 제품에 한정
비사보롤	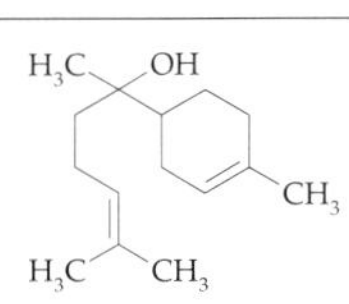	0.30(1.0)	주) 아이라이너 0.10
염산알킬디아미노에틸글리신	$R-NH(CH_2CH_2NH)_2CH_2-COOH$	0.20 순분으로	양쪽성 계면활성제

* 비누, 샴푸 등을 사용한 후 바로 씻어낸 것을 제외한 것. ( )사용 후 바로 씻어낸 것.

(화장품원료기준추보주해, 1984, 제2추보, 1992 : 화장품종별허가기준, 1999.)

그리고 인체 안전성을 위하여 배합에 규제[8]가 정해진 항균제를 표 9-3에 나타낸다.

표 9-3. 항균제의 배합 규제

명 칭	시 기	규제내용	문제점
트리클로로・살리실아닐리드 (TCSA)	35~37	사용전례가 없다(일본)	광접촉 피부염 (영국・미국)
트리브로모・살리실아닐리드 (TBS)	37~	0.05% 이하	광접촉 피부염
수은계 화합물	37. 9. 06	배합금지(부외품) (통지)(백강홍은 제외)	피부장해 감작
포르말린	37. 9. 06	상 동 (통지)	피부장해 감작
백강홍	44. 7. 23	배합금지(의약품* 의약부외품)	피부장해 감작
비치오놀	45. 4. 04	배합금지(의약품 등) (고시)	광선과민증
붕산・붕사주)	46. 3. 12	전화분류・액취방지제계 배합자소(의약부외품 등) (통지)	경피흡수에 의한 독성
디클로로펜	47. 1. 12	배합금지(화장품) (고시)	광선과민증
헥사클로로펜	47. 3. 02	용액제, 전화분, 액취방지제에 배합금지(부외품) (통지)	최대투여에 의한 뇌장해, 경피흡수독성
할로겐화 살리실아닐리드 트리브로모살란(TBS) 디브로모살란(DBS) 메타브로모살란(MBS)	51. 1. 26	배합금지(의약품 등) (통지)	광선과민증

(화장품과학연구회편 : 최신화장품과학, 약사일보, 1980.)

* 의사의 지도감독하에 사용한 것은 제외

주) 현재 붕산은 배합금지, 붕사에 대해서는 사라시밀납. 밀납의 유화목적으로 사용하는 경우에만 0.76% 까지 배합가능. 기타의 경우에는 사용불가(화장품종별허가기준, 1998.)

9-5 》 방부제, 곰팡이 방지제의 효과 평가법

2차오염에 대한 수단으로서 배합되는 방부제, 곰팡이 방지제의 화장품내에서의 효과 확인에 대해서는 기준도 시험법도 법적인 것이 전혀 없다. 미국의 국방 USP에 기재된 방법을 참고로 각 회사가 독자적으로 실시하고 있었는데, 일본약국방 제 13개정에서 「보존효력 시험법」이 참고 정보로서 수록되었다. 이 내용에 대하여는 일본방균방미학회(日本防菌防黴學會)가 편집한 방균방미 핸드북[9]에 상세한 방법이 설명되어 있다.

화장품은 각종 원료의 혼합물로 만들어지기 때문에 배합되어 있는 방부제, 곰팡이 방지제의 작용이 불활성화되는 경우가 많다. 불활성화작용의 요인으로서는 기름 극성의 대소나 총유량[11], 비이온계면활성제[12]의 HLB와 총량, 또 점도 증가제, 피막제나 보습제 등의 고분자 화합물[13,14], 및 용기로 쓰이는 플라스틱[15]이나 고무 등을 들 수 있다. 따라서 화장품의 처방 구성으로부터 배합한 방부제, 곰팡이 방지제의 효과를 이론적으로 예측하고, 처방 성분으로 필요한 방부제, 곰팡이 방지제의 양을 추정하는 것은 상당히 어려우며 품목마다 미생물을 접종하여 사멸하는지의 여부를 확인할 필요가 있다.

방부제, 곰팡이 방지제의 작용에 영향을 미치는 인자를 개별적으로 해석하고, 극성이 작은 기름, HLB가 낮은 계면활성제나 1,3-부틸렌글리콜 등의 불활성 작용이 적은 성분으로 구성하면 방부제, 곰팡이 방지제의 필요량을 감소시키는 것이 가능하며, 반대로 극성이 큰 기름, HLB가 높은 계면활성제나 폴리에틸렌글리콜 등의 불활성화 작용이 큰 성분[16]을 다량으로 배합하면, 필연적으로 방부제의 양을 증가시켜야 한다는 것이 확인되었다.

구체적으로 미생물을 접종하여 사멸 여부를 확인하는 방법을 challenge test, inoculum test라고 하고, USP나 CTFA의 가이드라인[17]에 기본적인 것이 기재되어 있다. 진균(곰팡이, 효모)은 제품 1g당 1×10^5 cfu가 되도록 접종하고, 세균은 제품 1g당 1×10^6 cfu가 되도록 접종하여, 1~28일까지 시간경과 관찰을 한다. 균은 각각 표준균으로 지정된 균주를 사용하지만, 제조회사는 시장에서 클레임 품목 등으로부터 분리된 독자적인 균주도 병용하는 경우가 많다.

이러한 균을 가지고 우리들을 둘러싸고 있는 환경의 미생물 전부를 대표시킬 수는 없지만, 현재 행해지고 있는 방법으로 평가한 제품이 시장에서 미생물 변화를 일으키지 않는다면, 일정 수준의 품질보증이 이루어져 있다고 봐야 한다. 앞으로도 시장에서의 클레임 품목의 발생에 주목하여 품질보증의 향상에 응용하는 것이 중요하다.

9-6 》 GMP와 validation

과거에 품질이 나쁜 의약품의 사용에 의해 발생한 심각한 장해나 사망사고를 재차 일으키지 않기 위하여, 품질이 높은 의약품의 안정공급을 목표로 WHO(세계보건기구)가 "의약품의 제조 및 품질관리에 관한 규범(Good Practices in Manufacture and Quality Control of

Drugs)"을 1969년에 결의하고, 각 가맹국에 그 실시를 권고하였다. 이 규범을 GMP[1)]라고 하는데, 그 관리 항목은 원재료의 수입에서, 보관, 제조환경, 제조의 각 단계를 경유하여 최종 제품을 출하하기까지의 전반에 걸쳐서, 충분히 품질이 보증된 제품을 시장에 공급하는 것을 목적으로 하고 있다. 미생물 오염 방지는 그 중에 중요한 항목으로서 위치하고 있다.

1차오염을 방지하기 위해서는, 청결하게 정비된 제조환경에서 멸균된 원료를 사용하여 청결한 작업에 따라 제조하고, 세정 혹은 멸균된 용기에 담는 것이 좋다.

구체적인 방법으로서 제조환경의 정비는,

① 필터를 이용한 환기의 먼지제거 : 먼지중에는 1g당 1~100만개의 균이 있다. 특히 내열성에 강한 아포균의 포자나 곰팡이의 포자를 많이 포함하고 있기 때문에 제거가 필요.

② 공기중의 습기제거 : 습기에는 대장균등의 그람음성균이 많이 존재하므로 환기로서 습기 제거가 필요

③ 제균 필터에 의한 청결도 높은 환경 정비 : HEPA 필터에 의한 청정도가 높은 환경(무균에 가까운 환경)의 확보

④ 외기가 직접 유입되지 않도록 이중문 설치와 실내압의 양압화 시스템의 도입

등이 필요하다.

원료의 살균·멸균은 구체적으로는,

① 물의 필터(0.22μm)에 의한 제균, 가열에 의한 살균, 자외선 조사에 의한 살균

② 각종 원료의 가열에 의한 살균이나 멸균, 에틸렌옥사이드 가스에 의한 살균

③ 플라스틱 재료(용기)의 에틸렌옥사이드 가스에 의한 멸균

등을 행하고 있다.

청결한 작업방법의 교육내용에는,

① 손가락의 균수와 그 소독 방법

② 살균법(건조, 자외선, 약제, 가열)의 이론 및 실제 살균 방법과 주의점

③ 작업복, 작업신발 등으로부터 묻어 들어오는 먼지나 균을 방지하는 방법

등을 확실히 해야 한다.

더욱이 이 GMP의 실시 정도를 높이는 목적으로 단지 「실시했다」라고 하는 것이 아니고, 「그 실시한 공정이나 방법을 과학적 근거, 타당성을 부여하여 설계하며, 그것이 소기의 목적대로 기능하고 있다는 것을 체계적으로 검증하는 것」인 평가(validation)[18)]라는 새로운 개념이 도입되었다. 물의 살균을 예로 들면 단지 가열하거나 자외선을 쬐이는 것뿐만 아니라, 가열된 물의 온도가 목적한 온도가 되어 필요시간 유지되고 있는지, 혹은 자외선 램프의 출력

이 필요한 양만큼 유지되어, 살균에 요구되는 충분한 시간 동안 조사되고 있는가 등을 항상 검토하고, 물 자체의 살균도 일정한 사이클로 배양 실험하여 확인한다. 또한 그 결과를 기록하여 문제가 발생하면 원인을 규명하고, 필요에 따라 멸균조건을 변경하는 것이 평가이다.

GMP와 그 평가에 대한 마인드는 의약품에 그치지 않고, 화장품의 품질관리의 기본적인 개념으로서 1990년경부터 도입되어[19] 화장품의 품질 향상에 기여하고 있다.

참고문헌

1) 医薬品 GMP 解説：薬事日報社，1987.
2) 倉田　浩，石関忠一，他：医薬品化粧品の微生物検査法，p. 35，講談社，1978.
三瀬勝利，石関忠一，他：GMP 微生物試験法，講談社，1995.
3) CTFA Cosmetic. J., 4(3), 25, (1972)
4) U. S. Pharmacopoeia XIX, USP Convention, Inc. p. 587, 1975.
5) S. M. Henry：TGA Cosmetic J. 1(3), 6, (1969)
6) L. Gershenfeld：Am. Perfum. Cosmet., 78, 55, (1963)
7) 化粧品原料基準注解編集委員会編：化粧品原料基準 第一版 追補注解，薬事日報社，1971，1973. 厚生省薬務局審査第二課監修：化粧品種別許可基準，薬事日報社，1986.
8) 化粧品科学研究会編：最新化粧品科学，薬事日報社，1980.
9) 日本防菌防黴学会編：防菌防黴ハンドブック，p. 843，技報堂，1986.
10) 厚生省薬務局審査課監修：化粧品種別許可基準，(1997)
11) H. S. Bean：J. Soc. Cosmetic Chemists., 23, 703, (1972)
12) M. G. deNavarre：J. Soc. Cosmetic Chemists., 8, 68, (1957)
13) N. K. Patel et al.：J. Pharm. Sci., 53, 94, (1964)
14) H. S. Bean et al.：J. Pharm. Pharmcol., 23, 699, (1971)
15) T. J. MaCarthy et al.：Cosmet. Perfum., 88(5), 43, (1973)
16) M. YAMAGUCHI et al.：J. Soc. Cosmetic Chemists., 33, 297, (1982)
17) CTFA Technical Guideline, 1975.
18) 川村邦夫：GMP テクニカルレポート改訂バリデーション総論，薬業時報社，1990.
19) 浅賀良雄：防菌防黴，19(6)，319，(1991)

10 화장품의 안전성

피부를 청결하고 건강하게 유지하기 위하여 작용이 완화된 외용 제품으로 사용되는 화장품은, 일반적으로 건강한 사람의 피부에 반복하여, 장기간에 걸쳐서 이용되고 있다. 특정 질병을 치료하기 위해서 질병이 치료될 때까지의 한정된 기간에 사용되는 의약품과는 다르다.

의약품은 치료라고 하는 유효성(benefit)과 부작용이라는 위험(risk)의 밸런스로 가치가 논의되지만 화장품은 절대적인 안전성이 확보되어야 한다. 즉 화장품은 불특정 다수의 사람들에게 사용되고, 게다가 그 사용 방법은 기본적으로 사용자에게 맡겨지는 것을 전제로 한다. 이와 같은 관점에서, 모든 가능성을 고려한 안전성의 확보가 바람직하지만, 현실적으로 필요하다고 생각되는 화장품의 안전성 확보는 어떤 것인지, 또 그 확인 방법에 대하여 기술한다.

10-1 》 화장품 안전성의 기본적인 개념

화장품은 여러 가지 성분으로 구성되어 있다. 이용되고 있는 일반적인 성분에 대해서는 책으로 정리되어 있고[1~4], 기술의 향상과 더불어 많은 유용한 원료도 개발되고 있다. 오랜 기간에 걸쳐서 식품에 이용되고 있는 성분은 안전하다는 GRAS(Generally Recognized As Safe)에 대응하여, REAS(Reasonably Estimated As Safe)라 하는 오랫동안 이용되고 있는 화장품 원료는 안전하다는 사고 방식이 있다. 그러나 미국의 CTFA(Cosmetic Toiletry and Fragrance Association : 화장품·토일레터리·향료공업회)가 기획한, 「화장품 원료의 안전성의 재평가」(CIR : Cosmetic Ingredient Review)[5]에서 볼 수 있듯이, 안전성의 문제점이나 건강에 대한 관심은 시대와 함께 변화하고 과학적인 평가가 필요하다고 생각되고 있다[6,7]. 화장품 등에 이용되는 성분 가운데 향료에 대해서는 1966년에 설립된 연구기관 RIFM (Research Institute for Fragrance Materials)이 정력적으로 안전성 평가를 실시하여 전문

잡지 Food & Chemical Toxicology에 수시로 보고하고 있다.

일본은 1987년, 후생성이 「신규원료를 배합한 화장품의 제조, 또는 수입 신청에 첨부해야 할 안전성 자료의 범위에 대하여」라는 제목으로 신규원료의 안전성을 확보하기 위한 시험 항목(지침)을 제시하였다(표 10-1).

표 10-1. 신규 원료를 배합한 화장품의 신청시 첨부해야 할 안전성 자료의 범위

시험항목	원 료	제 품
1. 급성독성	○	△[a)]
2. 피부 1차 자극성	○	—
3. 연속 피부 자극성	○	—
4. 감작성	○	—
5. 광독성	○[b)]	—
6. 광감작성	○[c)]	—
7. 안자극성	○	△[d)]
8. 변이원성	○	—
9. 첩포 시험(사람)	○	○[e)]

주) a) 해당 신규원료의 LD_{50} 값이 2g/kg 이하인 경우에 실시를 검토한다.
단, 배합량 등을 고려하여 안전하다고 추측되는 것에 대해서는, 제품의 실험은 불필요하다.
b), c) 흡광도 측정에 따라 자외부에 흡수가 없을 때는 생략할 수 있다.
d) 당해 신규원료의 각막, 홍채의 자극반응이 발견되지 않는 경우, 또한 눈에 들어갈 가능성이 낮은 제품에서는 생략할 수 있다.
e) 씻어 내는 제품에 대해서는 생략할 수 있다.

또한 배합하는 신규원료가 살균·방부제, 산화방지제, 금속봉쇄제, 자외선 흡수제, 타르계 색소 등과 같이 독성에 대해서 보다 신중하게 취급해야 할 필요가 있는 경우에는, 이에 추가하여 필요에 따라, 아급성독성시험, 만성독성시험, 생식독성시험, 흡수·분포·대사·배설 시험 등의 자료를 첨부한다.

즉 신규원료를 배합하는 화장품에 대해서 충분한 안전성의 확보가 필수라는 것을 나타냄과 동시에, 우선 검토하여야 할 시험항목에 대해서 그 구체적인 내용을 제시하였다. 안전성에 대한 평가가 필요하다는 인식은 화장품을 올바르게 선택하여 사용하면 피부에 유용하지만, 한편으로는 안전성에 대해서도 검토할 필요가 있다는 생각에 입각하고 있다. 따라서 평가에 이용되는 시험항목이나 그 기본적인 개념은 의약품이나 기타 화학물질의 평가[8,9]의 경우와 동일하다.

10-2 》 안전성 시험 항목과 평가방법

상기 가이드 라인의 기본적 생각은 화장품은 피부에 장기간에 걸쳐 사용하는 것이므로, 사용 후 즉시 생기는 자극 및 독성 반응뿐만 아니라, 반복하여 사용했을 때의 자극이나 독성반응 및 알레르기 반응이 일어나지 않는 것을 확인할 필요가 있다는 것이다. 이들 안전성은 사람에게서 확인하는 것이 궁극적으로는 필요하지만, 대부분의 경우에 여러 종류의 동물 모델을 통해 검토된다[10,11].

10-2-1. 피부 자극성 ; Skin irritation

화장품 안전성 중에서 첫째로 유의해야 할 것은 화장품이 피부에 접촉되었을 때 피부염(피부병)이 일어나지 않을 것에 대한 것이다. 피부병의 원인은 물질(화장품)의 안전성에 문제가 있는 경우만으로 제한되지 않는다. 화장품의 안전성이 확인되었더라도 화장품을 사용할 때의 온도, 습도 등의 환경 조건, 잘못된 사용방법, 사용자의 체질과 신체상태가 원인이 되는 것으로 알려져 있다(표 10-2). 그러나 본 장에서는 주로 화장품이 직접적인 원인으로서 일어날 수 있는 피부염 등을 예방하기 위하여 안전성을 확보하기 위한 방법에 대해서 기술한다.

표 10-2. 피부반응에 미치는 인자

1) 물 질				
1. 물리 · 화학적 특성	2. 순도	3. 용매(희석제)	4. 농도	
2) 생 체				
1. 종속 · 계통	2. 성	3. 연령 · 일령	4. 피부상태	5. 개체차
3) 환경조건				
1. 계절	2. 온도 · 습도			
4) 적용법 · 사용법				
1. 빈도	2. 처치조건	3. 적용 · 사용기간		

뒤에 기술하는 면역반응에 근거한 접촉 감작성(알레르기성) 반응과는 달리, 피부 자극성은 시험물질의 피부 세포나 혈관계에 대한 직접적인 독성 반응을 파악하는 것이다. 이와 같은 반응은 강산이나 강알칼리와 같이 많은 사람에게 일어나는 반응이다.

실험 동물로서는 사람에서의 반응과 유사성이 있고, 반응성이 높아서, 토끼 또는 모르모트가 옛날부터 이용되고 있다. 가장 일반적인 방법으로, 토끼를 이용한 드레이즈(Draize)의 피부 1차 자극성 시험법[9,12,13]의 개요는 아래와 같다.

① 6 또는 8마리의 토끼를 이용한다.
② 등부위의 털을 깎고, 고정기에 고정한다.
③ 등부위 두 곳에 시험물질을 적용한다. 한 쪽은 주사침으로 #형의 상처를 만들고(상처있는 피부), 다른 한 쪽은 그대로(상처없는 피부) 한다.
④ 0.5g(또는 0.5mL)의 시험물질을 2.5×2.5cm^{2}의 천을 이용하여 시험 부위에 부착하고, 반창고로 고정한다.
⑤ 시험물질을 24시간 적용한다.
⑥ 24시간 후 물질을 제거하고, 홍반, 부종 등의 피부반응에 대하여 판정한다.
⑦ 72시간 후에 재판정하고, 평균적인 반응 평점을 산출하여 피부 자극성의 정도를 평가한다.

취급이 용이한 실험 동물인 모르모트를 이용하여 피부 자극성을 검토할 때에는, 등부위 또는 복부의 털을 깎고 물질을 1회 또는 반복하여 노출된 상태로 적용한다.

10-2-2. 감작성(알레르기성) ; Sensitization, Allergenicity

반복되는 생체 접촉에 의해 일어날 가능성이 있는 장해로서 알레르기성 반응이 있다. 피부에서 반응이 일어나기 때문에 접촉감작성(접촉알레르기성) 반응이라고 한다. 자극성 반응과는 달리 면역 메커니즘에 기인하는 반응이지만, 천식이나 아나필라키시・쇼크와 같은 혈중 항체가 관여하는 체액성의 면역 반응에 대하여 흉선(thymus) 유래의 임파구(T 임파구)가 직접적으로 관여하기 때문에 세포성 면역반응이라고 한다. 또 반응의 출현 시간이 비교적 늦기 때문에 지연형 반응이라고 한다. 장기간 사용되는 화장품의 안전성에 있어서 중요한 검토 항목의 하나이다.

연구에는 쥐가 이용될 수 있지만, 화장품이나 원료의 평가에는 모르모트를 이용하는 방법이 일반적이다. 검출감도가 높은 방법으로서 확대 시험(maximization test)[14,15]이 널리 이용되고 있다. 방법은 감작유도(induction)와 감작 성립후의 감작유발(challenge)의 2단계로 나뉘어진다. 감작유도는 털을 깎은 동물의 등부위에 ① 유화한 흐름성 면역 보조제(FCA : Freund's complete adjuvant : 결핵사균, 유동 파라핀, 계면활성제의 혼합물) ② 시험물질 ③ 시험물질과 같은 양의 FCA 유화물을 1대씩 피부내로 주사한다. 감작능을 높이기 위해서 1주 후에 라우릴황산나트륨으로 처리한 후, 시험물질을 경피적으로 폐쇄적용한다. 감작유발은 다시 2주 후에 털을 깎은 동물의 등부위~배부위에 시험물질을 도포하고, 24시간 및 48시간에 대해 피부 반응에 기인한 감작성 유・무를 평가한다.

확대시험은 검출의 감도는 높지만, 시험물질을 FCA와 유화해야 하고, 제품에서는 이것이 어려울 가능성이 있고, 물질을 피부내에 주사하는 것은 현실적인 위험성을 예측하기에 부적당하다는 등의 비판이 있다. 검출감도를 유지하면서 시험물질을 경피적으로 적용하여 화장품 등의 제품평가에 유용한 어쥬밴트 · 앤드 · 패치 시험법[16,17], FCA를 이용하지 않는 Buehler 법[18]과 개방에 의한 연속적용법[19,20] 등도 실시한다.

감작성 물질로서는 색소중의 불순물, 방부제, 향료 성분 등이 보고되어 있다. 특수한 효과를 기대하여 개발된 생리 활성을 나타낼 가능성이 있는 성분에 대해서는 충분한 검토가 필요하다.

10-2-3. 광독성 ; Phototoxicity

화학물질중에는 광선이 존재하면 피부 자극성 반응을 일으키는 것이 있다. 이와 같은 물질을 광독성 물질이라 한다. 전형적인 예로써 향료 성분인 벨가모트유(bergamot oil)중의 벨갑텐(methoxy soralene)에 의한 벨모크(bermoque) 피부염이 있다. 이와 같은 성분을 함유하는 향수를 바른 부위가 햇빛에 노출되면, 바로 그 부분에 홍반이 일어나며, 또한 다갈색의 색소 침착이 나타나는 경우가 있다. 이와 같은 물질의 검색에 이용되는 광원으로서는 태양광선이 바람직하지만, 현실적으로 그 에너지와 파장의 분포는 계절과 1일 시간대에 따라 현저히 다르다. 그래서 실험적으로 제논램프나 시판되고 있는 블랙램프 등을 이용한다. 염증 반응을 일으키는 광선의 파장영역은 물질에 따라 다르기 때문에, 광선의 선택이 중요하다. 일반적으로 자외선의 영역에 흡수대를 갖는 물질에 대해서 검토한다. 따라서 장파장의 자외선(UVA), 또는 홍반을 일으키지 않는 정도의 중파장의 자외선(UVB)을 이용하는 것이 일반적이다.

실험 동물로서 몰모트나 토끼가 이용된다[21~23]. 털을 깎은 동물의 등부위의 피부에 시험물질을 도포하고, 광선 조사부위와 비조사부위와의 반응 차이로서 광독성의 유무를 평가한다.

10-2-4. 광감작성(광알레르기성) ; Photosensitization, Photoallergenicity

빛의 존재하에 생기는 알레르기 반응이다. 어떤 종의 자외선 흡수제, 살균제, 향료 등에 광감작성이 있는 것으로 보고된 바 있다. 일상 생활에서 화장품을 사용하고 옥외에서 활동하는 것이 일반적이므로, 화장품이나 그 원료에 광감작성이 없음을 확인하는 것은 중요하다. 특히 강한 자외선하에서 사용되는 일광 그을림 방지제품이나 자외선 흡수제의 평가는 중요하다.

반응메커니즘에 대해서 아직 충분한 해명이 이루어지지 않았으나, 빛에 의한 ① 물질의 활성화 ② 면역 담당 세포 기능의 변화 ③ 물질과 면역 담당 세포의 상호 작용의 변화 등을 고려할 수 있다.

실험 동물로서 쥐 및 몰모트가 이용되고 있다[20~22,24~28]. 어느 경우도 접촉 감작성 시험의 경우와 마찬가지로 ① 물질 적용 후의 광조사에 의한 광감작 유도와 ② 일정 기간 후의 물질 적용과 광조사(광감작 유발)로부터 이루어진다. 광감작 유발에 의한 광조사 부위와 비조사 부위와의 피부 반응을 관찰하여, 그 정도의 차이로부터 광감작성의 유무를 평가한다. 광독성 시험 결과와 더불어 반응이 자극성에 기인하지 않다는 것을 확인한다.

10-2-5. 눈자극성 ; Eye irritation

눈주위 제품을 비롯하여 화장품은 안면, 특히 눈의 주위에 사용되는 제품이나 두발 세정료 등과 같이 사용시에 눈에 들어갈 가능성이 있는 제품도 있다. 따라서 눈에 대한 안전성의 검토가 중요하다. 이를 위한 시험법으로서 토끼를 이용하는 Draize법[9]이 오래 전부터 이용되고 있다. 토끼의 한쪽 눈에 시험물질을 투여하고 각막, 홍채 및 결막의 반응을 시간을 두고 관찰한다. 원저에서는, 물질을 적용하여 2초 후 및 4초 후에 물로 세정했을 때의 반응성에 대해서도 검토하고 있다. 세정력이 풍부한 샴푸와 같이 계면활성제를 많이 함유한 제품, 어떤 종류의 정발제와 같이 유기용제를 다량으로 배합하는 제품, 산화 염모제와 같이 반응성이 높은 제품의 경우에는 고려할 필요가 있다. 그러나 크림, 유액, 파운데이션 등 대부분 화장품의 눈자극성은 적다.

10-2-6. 독성 ; Toxicity

1) 1회 투여 독성 ; Single dose toxicity

시험물질을 1회 투여했을 때의 전신적인 영향을 평가하기 위하여 실시한다. 일반적으로 쥐와 같은 설치류에 시험물질을 투여하고, 치사량과 병리 검사, 일반 증상 관찰을 통해 그 독성의 정도를 판단한다. 종래에는 동물의 50%의 치사량(LD_{50} : Lethal Dose)을 산출했지만, 동물 애호의 문제 등으로, 시험이 필요할 때에 소수의 동물을 이용하여 대략의 치사량을 구하게 되었다.

투여 경로는 경구 및 피하 투여가 중심인데, 이 외에 경피, 복강, 흡입 등의 경로로 평가를 실시한다.

2) 반복 투여 독성 ; Repeated dose toxicity(아급성 · 만성 독성)

장기간에 걸쳐, 연속해서 시험물질을 적용했을 때 일어나는 전신적인 영향을 검토하기 위하여 실시한다. 투여 기간은 4주간~6개월인데 일반적으로 체중, 섭취량의 변화, 일반 상태의 관찰, 혈액 · 생화학적 검사 등을 실시하고, 투여 종료 후에는 해부하여 각 장기에 대한 관찰, 중량 측정, 조직학적인 검사 등을 실시하여 특정한 장기에의 영향을 포함한 생체에의 영향을 판단한다.

10-2-7. 변이원성[29] ; Mutagenicity

시험물질이 세포의 핵이나 유전자에 영향을 끼쳐서 변이를 일으킬 가능성을 평가한다. 이용되는 시험 결과가 발암성 시험 결과에 대응하므로 발암성의 예측에도 이용될 수 있다.

1) 「세균을 이용한 복귀돌연변이시험」으로서 네즈미티푸스균(*Salmonella typhimurium*)이나 대장균(*Escherichia coli*) 등이 이용된다. 본래 생육되지 않는 배양기(培地)에, 물질의 변이원성에 의해 생기는 (복귀변이) 콜로니를 측정하여 평가한다.
2) 「포유류의 배양세포를 이용한 염색체이상시험」에서는 포유류의 초대 배양세포 또는 Chinese hamster의 폐로부터 유래한 섬유아세포와 같은 수립(樹立)세포를 이용한다. 염색체의 형태이상이나 배수체가 출현하는 세포 수에 따라 평가한다.
3) 정상적인 적혈구는 성숙함에 따라 탈핵한다. 「설치류를 이용한 소핵시험」에서는, 시험물질을 투여한 쥐의 골수중의 다염성적혈구 중에 탈핵하지 않은 적혈구 수로 평가한다.

1) 및 2)의 시험에서는 생체의 상황을 고려하여 시험물질이 대사되어 변이원성을 일으킬 가능성도 검토한다.

10-2-8. 생식 · 발생 독성[8] ; Reproductive and developmental toxicity

사용하는 화학물질이 생식에 관계된 독성을 일으켜서, 예를 들면 태아에의 영향과 같은 생식 · 발생의 과정에 대한 화학물질의 위험성을 검토하기 위하여 실시한다. 동물 실험에서는, 임신 전부터 이유기까지 기간을 3구분하여, 각각의 투여 기간에 따라서 ① 「수태능 및 착상까지의 초기 배아 발생에 관한 시험」 ② 「출생 전 및 출생 후의 발생 및 모체 기능에 관한 시험」 및 ③ 「배 · 태아 발생에 관한 시험」을 실시한다. 이러한 각 시험을 조합하여, 단일 시험 혹은 두가지 시험 계획에 따른 시험을 실행하기도 한다.

10-2-9. 흡수, 분포, 대사, 배설[30] ; Absorption, Distribution, Metabolism, Excretion

화장품 혹은 그 원료는 본래 생체에 대한 작용이 완화된 것이라고 규정되어 있다. 그러나 그것들이 경피에 흡수되어서 생체에 작용할 가능성에 대해 아는 것은, 자극성이나 독성의 메커니즘을 이해하고, 안전성을 평가 · 예측하는 데에 귀중한 정보를 주게 된다.

라벨 화합물을 실험 동물에 투여한 후에 각 장기에의 분포를 검토하고, 오줌 및 혈중 농도나 대사물을 분석한다. 경피 흡수를 비교적 간편하게 검토하기 위하여 동물의 피부를 조금 채취하여 확산 셀을 이용하는 방법이 널리 이용되고 있다.

10-2-10. 사람에 의한 시험(첩포시험, 사용시험)[31)]

화장품에 의한 피부염(피부병)으로서 홍반, 부종, 종창, 구진(좁쌀알 같이 생기는 것) 등의 시각적으로 명료한 반응 이외에 가려움, 화끈거림, 따가움 등의 감각적인 자극 반응이 보고된다. 육안으로 명료하게 식별할 수 있는 반응의 대부분은 이제까지 기술한 시험의 결과로부터 어느 정도 예측하는 것이 가능하다고 보이지만, 시장에 출하하기 전에, 사람을 대상으로 한 각종 평가법에 의한 안전성을 확인할 필요가 있다. 특히, 화끈거림이나 가려움 같은 감각적인 자극은 동물시험으로 평가하여 예측하는 것이 어려워서, 화장품이 이용할 수 있는 것이라는 조건하에서 사용시험을 하기도 하고, 감수성이 높은 사람을 대상으로 한 평가가 필요하다. 그러나 이들 시험은 모두 윤리적으로 행하지 않으면 안된다.

1) 첩포시험 ; Patch test

개발된 원료나 제품을 이용할 때에 피부염이 일어나지 않는다는 것을 확인하기 위한 간편한 예비 시험법으로서, 사람의 팔이나 등부위에 첩포시험을 실시한다. 피부과 의사가 피부염의 원인을 확인하기 위해서 실시하는 진단용의 첩포시험과는 그 목적이 다르다. 일반적으로 시판하는 첩포 테스트용의 반창고를 이용하여 폐쇄한 상태로 실시한다. 휘발성이 높은 물질은 개방하여 적용한다. 물질의 적용 시간은 24시간으로 하며, 피부 반응을 육안으로 판정한다.

2) 사용시험 ; Use test

여러 가지 동물시험이나 그 대체시험에서는 실제로 사람이 사용하는 조건을 망라하는 것은 불가능하다. 이 때문에 화장품의 개발에서 상정한 조건을 기초로 사용했을 때의 영향을 평가한다. 일광 그을림 방지제품에는 온도·습도나 자외선 등의 환경 조건의 변화에 의한 영향이나 땀의 영향, 스킨 케어 제품에서는 건조함이나 지질량 등 피부상태와 반응성을 검토한다.

3) 기 타

시험자의 팔이나 등부위에서 접촉 감작성이나 면포형성의 가능성이 검토되는 경우가 있다. 또 감각 자극 테스트 등도 실시한다.

10-3 》 동물 시험 대체법 ; Animal test alternative

현재, 「동물 시험 대체법」의 개념으로 "3R"이 일반적으로 받아들여지고 있다. 즉 Replacement(동물을 이용하지 않는 방법, *in vitro*시험법), Reduction(이용하는 동물 수의 삭감), Refinement(동물이 받는 고통의 경감) 이다.

*in vitro*시험법을 동물 시험 대체법으로 사용하기 위하여, 재현하려고 하는 *in vivo*시험의 메커니즘을 명확히 할 필요가 있다. 또한, 생체 반응을 재구축하기 위하여 복수의 서로 다른 메커니즘을 갖는 시험법을 조합한 배터리 시스템(battery system)이 필요한 경우도 있다. 그리고, 대체법이 안전성 시험의 가이드 라인 등으로 채용되기 위해서는, 시설간의 재현성이나 동물 시험 결과와의 높은 대응성을 실증하는 밸리데이션(validation)이 필요하다. 현재 여러 가지 대체 시험법에 관한 밸리데이션이 국내외에서 활발히 실시되고 있는데, 일부 결과가 공표되고, 그 결과에 기반을 둔 가이드 라인 안도 작성되고 있다.

아래에, 화장품의 안전성 시험에 관련된 동물 시험 대체법에 대한 개요를 소개한다[32,33].

10-3-1. 눈 자극성 시험

눈 자극성 시험의 대체법에 대하여, 여러 가지 밸리데이션 결과가 이미 공표되어 있다[34,35]. 신규 화장품 원료의 눈 자극성 시험 대체법에 관한 후생성 연구반에서는, 배양 세포를 이용한 시험에서 무독성으로 판단된 물질은 *in vivo*에서 눈에 대한 상해성이 적다는 것을 보고하였다[36]. 그러나 배양 세포를 이용한 시험에서는, 난용성의 물질이나 특정 농도의 *in vivo* 눈 자극성의 정확한 예측은 곤란하다. 그 때문에 구미에서는, 3차원 배양계의 각막 모델이나 피부 모델, 나아가서 보다 생체에 가까운 계를 이용하여, 동물의 적출 안구 또는 각막을 이용한 시험법이나 수정란의 장뇨막(漿尿膜: CAM)을 이용한 시험법에 대하여 검토하고 있다[34].

10-3-2. 피부 자극성 시험

피부 자극성 시험의 대체법으로, 표피 각화 세포나 피부 섬유아세포, 여기에 이러한 세포로부터 재구축한 피부 모델을 이용한 세포 독성 시험법이 보고되고 있다[37]. 또한 *in vivo*의 피부 자극성 시험이 국소 염증 반응인 홍반이나 부종 등의 평가에 기초를 두기 때문에, 염증성 사이트 가인의 mRNA 발현·방출이나 아라키돈산 카스케이드의 대사물을 측정하는 방법도 보고되고 있다[37]. 그리고 피부는 장벽 기능으로서의 각질층을 가지고 있으므로, 대체법을 구축하는데 있어서 물질의 피부 투과성도 고려할 필요가 있다.

유럽에서는 *in vitro*시험으로 인해 심각한 상해가 예측되는 피부 부식성이 있는 물질을 미리 제거하고, 사람 시험으로 평가하는 것도 염두에 두고 있다[37].

10-3-3. 광독성 시험

광독성은 적용 국소의 피부에, 자외선 관여하에 화학물질에 의해 생기는 피부 자극 반응이다. 그래서 광독성 시험 대체법으로 위에 소개한 피부 자극성 시험 대체법과 자외선 조사를 조합한 방법이 검토되었다[38]. 그 결과, 화학물질의 안전성 평가와 관계가 있는 OECD 독성 시험 가이드 라인에서는, Balb/c3T3 세포를 이용하여 생긴 뉴트럴레드 산물을 지표로 하는 광세포 독성 시험이 제안되었다. 한편, 난용성의 화장품 원료에 대하여는 효모의 광생육 저해 시험과 적혈구 광용혈 시험과의 조합이 유효하다고 보고된 바 있다.

10-3-4. 접촉 감작성 시험

감작 반응은 면역 응답에 기인하는 전신계 반응인데, 복잡한 발현 메커니즘에 기인한 감작 반응을 정확하게 *in vitro*시험법으로 바꿔 놓는 것은 매우 어려울 것 같다. 그래서 Reduction이나 Refinement로서 쥐를 이용한 Local Lymph Node Assay(LLNA)가 구미에서 승인되었다. 또한 면역학의 진보에 따라 Replacement로서 랑게르한스 세포 등의 항원 제시 세포를 이용한 시험법의 검토가 시작되고 있다[39].

이상에서 기술한 시험법 이외에도, 급성 경구 독성을 세포독성 시험으로 평가하는 방법, 광감작성을 광단백 결합성 등으로 검토하는 방법, 최기형성(催奇形性)을 전배 배양법 등으로 검토하는 방법도 보고된 바 있는데, 이러한 시험법은 아직 연구 단계에 있다.

*in vitro*시험법의 특징은 사람 세포를 이용함으로써 종차의 문제를 극복할 수 있다는 점과 표적 세포나 장기에서의 검토가 가능하다는 점이다. 앞으로 *in vitro*시험법은 단순히 동물 시험의 대체로서 이용될 뿐만 아니라, 사람의 안전성 예측에 보다 광범위하게 활용할 수 있을 것으로 기대된다.

이상 화장품의 안전성에 대하여 기술하였는데, 화장품이나 토일레터리 제품의 안전성을 확보하는 것은 약사법에 근거한 법률적인 규정뿐만 아니라 많은 사람들이 여러 가지 사용법으로 장기간 사용할 가능성이 있다는 면에서도 중요하다. 독성이나 자극성의 평가는 과학적으로 우수한 것이어야 하고, 시험 결과의 평가(safety evaluation)와 함께 실제 사용한다는 상황하에서 안전성의 확인이나 위험성의 예측(risk assessment)이 중요하고, 그 때문에 평가법에 대한 연구가 중요하다.

안전성의 예측으로서 동물을 이용하지 않는 대체법의 연구도 정력적으로 이루어지고 있고, 과학적으로 받아들여지는 수법을 이용한 평가법의 이용이 바람직하다.

참고문헌

1) 厚生省薬務局審査課監修：化粧品原料基準　第二版，薬事日報社，1982.
2) 日本公定書協会編：化粧品原料基準　第二版注解，薬事日報社，1984.
3) 厚生省薬務局審査課監修：化粧品原料基準　第二版追補注解，薬事日報社，1987.
4) CTFA Cosmetic Ingredient Handbook, 1st Edition, Cosmetic, Toiletry and Fragrance Association, 1988.
5) 岡本暉公彦，吉村孝一監訳：CTFA/CIR 香粧品原料の安全性再評価，(1)1985，(2)1985，(3)1987，(4)1989.
6) James, H. Whittam ed. ; Cosmetic Safety, A Primer for Cosmetic Scientists, (Cosmetic Science and Technology Series, Vol. 5,) Marcel Dekker, 1987.
7) 尾澤達也，福島正二監訳：化粧品の安全性，フレグランスジャーナル社，1992. 上記文献6)の日本語版.
8) 医薬品毒性試験法ガイドライン 1994/7/7 付薬審第 470 号
9) Appraisal of the Safety of Chemicals in Foods, Drugs and Cosmetics, Association of Food and Drug Officials of the United States, 1959.
10) 白須泰彦・松岡　理 編：新しい毒性試験と安全性の評価，ソフトサイエンス社，1975.
11) 白須泰彦・吐山豊秋 編：新毒性試験法—方法と評価—，株式会社リアライズ社，1985.
12) Federal Register : Method of Testing Primary Irritant Substances, 38 (187), 1500, 41, September 27, 1973.
13) Federal Register : Primary Dermal Irritation Study, 43 (163), 81-5, August 22,1978.
14) Magnusson, B. and Kligman, A. M. : J. Invest. Dermatol., 52, 268-276, (1969)
15) Magnusson, B. and Kligman, A. M. : Allergic Contact Dermatitis in the Guinea Pig ; Identifications of Contact Allergens, C. C. Thomas, Springfield, Illinois, 1970.
16) Sato, Y., Katsumura, Y., Ichikawa, H., Kobayashi, T., Kozuka, T., et al. : Contact Dermatitis, 7, 225-237, (1981).
17) 佐藤悦久，勝村芳雄，市川秀之，小村敏明：皮膚，23，461-467，(1981)
18) Buehler, E. V. : Arch. Dermatol., 91, 171-175, (1965)
19) Klecak. G., Geleick, H., Frey, J. R. : J. Soc. Cosmet. Chem., 28, 53-64, (1977)
20) Maurer, T. : Contact and Photocontact Allergens ; A Manual of Predictive Test Methods, Marcel Dekker, 1983.
21) 小堀辰治・安田利顕　監修：光と皮膚，金原出版，1973.
22) Fitzpatrick, T. B., et al. ed. : Sunlight and Man, University of Tokyo Press, 529-557, 1974.
23) Stott, C. W., Stasse, J., Bonomo, R. Campbell, A. H. : J. Invest. Dermatol., 55, 335-338, (1970)
24) Vinson, L. J. and Borselli, V. F. : J. Soc. Cosmet. Chemists, 17, 123-130, (1966)
25) Harber, L. C., Targovnik, S. E., Baer, R. L. : Arch. Dermatol., 96, 646-653, (1967)
26) 佐藤悦久，勝村芳雄，市川秀之，小村敏明，中嶋啓介：西日皮膚，42，831-837，(1980)
27) Ichikawa, H., Armstrong, R. B., Harber, L. C. : J. Invest. Dermatol., 76, 498-501, (1981)
28) Jordan, W. P. : Contact Dermatitis, 8, 109-116, (1982)
29) 田島弥太郎・賀田恒夫・近藤宗平・外村　晶 編：環境変異原実験法，講談社，1980.
30) 経皮・経粘膜吸収製剤の開発と新しい試験・実験・評価法の実際—総合技術資料集—，テクノアイ出版部，1986.
31) William C. Waggoner ed. : Clinical Safety and Efficacy Testing of Cosmetics, (Cosmetic Science and Technology Series, Vol. 8.) Marcel Dekker, 1990.
32) 林　俊克，板垣　宏：日本油化学会誌，45，1179-1188，(1996).
33) 日本動物細胞工学会編：動物細胞工学ハンドブック，朝倉書店，134-136 (2001)
34) Brantom, P. G., et al. : Toxicology in Vitro, 11, 141-179, (1997)
35) Ohno, Y., et al. : Toxicology in Vitro, 13, 73-98, (1999)
36) 厚生科学研究班：Alternatives To Animal Testing And Experimentation, 5, 332-334, (1998)
37) 足利太可雄，板垣　宏：フレグランスジャーナル，27(7)，35-40，(1999)
38) 杉山真理子：Alternatives To Animal Testing And Experimentation, 5, 268-277，(1998)
39) 畑尾正人：Alternatives To Animal Testing And Experimentation, 5, 284-290，(1998)

11 화장품의 유용성

11-1 화장품의 유용성에 대하여

화장품을 만드는데 있어서 중요한 4가지의 품질특성(안전성, 안정성, 사용성, 유용성)에 대해서는 화장품 개론에서 기술하였는데 화장품 특성의 변천을 보면, 1980년대에 들어 안전성과 함께 유용성을 중시하는 시대가 되었고, 생명과학을 기반으로 한 바이오테크놀러지에 의한 신원료, 신약제의 개발이나 정밀 화학에 의한 신소재의 개발, 더욱이 이들을 조합하여

표 11-1. 화장품의 유용성

사용부위	유용성	사용하는 화장품
모발(두발)	탈모방지	육모제
	백발염색(젊어짐, 멋, 패션)	염모료(헤어칼라)
	손상방지, 개선	트리트먼트(갈라진 모발 코팅제 등)
	세정(생리, 위생)	샴푸, 린스
	정발	정발료, 퍼머넌트 웨이브제
얼 굴	세정(생리, 위생)	세안료
	피부 거칠음 방지, 개선	크림, 유액 등
	기미의 개선	미백제
	주름살의 개선	트리트먼트
	미화(색채효과, 심리효과)	메이크업 제품
	충치, 구취방지	치약, 구강청량제
	여드름의 개선	아크네 제품
몸	세정(생리, 위생)	비누, 액체 바디세정료
	자외선 방어	UV 케어제품
	체취 방지(액취, 발냄새)	데오드란트제품
	탈색, 제모(불필요한 모의 처리)	탈색제, 제모제
	혈행 개선(생리, 위생)	목욕용제
	손의 거칠음 개선	핸드 케어제품
	손톱의 미화	네일 에나멜 등
전 체	향(심리 효과)	향수, 오데코롱 등 방향제품

만든 신제제의 개발로 유용성이 높은 기능성 화장품의 개발이 이루어지고 있다. 일상 생활에서 보더라도, 토일레터리 제품을 포함하여 화장품을 사용하지 않는 생활은 생각할 수 없을 만큼 화장품은 생활과 밀착되어 있다. 사용부위별 유용성과 사용하는 화장품(표 11-1)을 보더라도, 얼마나 많은 제품이 일상 생활에 도움이 되는지를 알 수 있다. 이를 위해서 화장품을 연구하고, 제조하며, 판매하는데에 있어서 유용성은 어떠한 것인가를 항상 생각해야 한다.

본장에서는 화장품의 유용성 연구내용과 그의 연구예에 대하여 기술하였다.

이들 이외에 제품의 유용성(역할)에 대해서는 각론의 각 화장품의 장을 참고하기 바란다.

11-2 》 화장품의 유용성 연구

화장품의 유용성 연구는 생리학적 유용성, 물리화학적 유용성, 심리학적 유용성의 3가지로 분류되어 연구가 진행되고 있다.

11-2-1. 생리학적 유용성 ; Physiological usefulness

생리학적 유용성의 연구는 피부 거칠음의 개선, 미백, 탈모방지 등의 피부, 모발의 생리학적 연구이고, 피부과학, 생리학, 생화학, 약리학, 분자 생물학, 면역학 등 생명과학을 기반으로 한 연구가 중심이 되고 있다. 고령화 사회로 접어들면서, 이들은 현재 가장 중점을 두고 있는 연구 분야이다.

11-2-2. 물리화학적 유용성 ; Physico-chemical usefulness

물리화학적 유용성의 연구는 자외선 방지제, 산란제에 의한 광선방어, 메이크업에 의한 기미, 주근깨 등의 커버효과, 퍼머넌트 웨이브에 의한 모발의 미적 개선, 레올러지(유동학)를 응용한 크림의 사용성 연구 등을 들 수 있다.

11-2-3. 심리학적 유용성 ; Psychological usefulness

화장품의 유용성에서 심리학적인 면(향기에 의한 아로마콜로지, 메이크업의 색채 심리 등)을 연구하는 분야로, 화장을 하고, 향을 사용하는 것에 의해 마음을 풍요롭게 하고, 자신감을 갖게 하며, 일에 능률을 향상시키는 등의 효용을 들 수 있다.

이 분야에서는, 심리학을 위시하여, 최근에는 정신신경면역학 등의 연구성과가 응용되고 있고, 이상 3분야의 유용성 연구와 그 효과에 대하여 그림 11-1에 나타낸다.

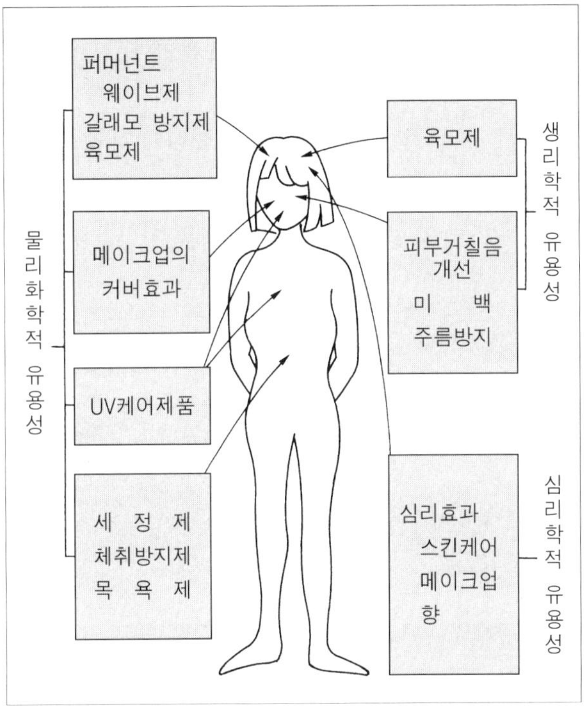

그림 11-1. 화장품의 유용성 연구와 그 효과

11-3 》 유용성의 연구예

11-3-1. 생리학적 유용성의 연구예

1) 거친 피부 개선효과[1,2)]

피부보습에 있어서 물-보습제-오일 및 그의 밸런스는 매우 중요하고, 이 3가지는 상승적으로 기능을 발휘한다.

물-보습제-유분을 적당하게 균형을 맞춘 크림을 사용함으로써 피부 표면 상태의 회복뿐만이 아니라, 내부의 생리적 상태까지 개선시킨다는 것이 연구 결과로 분명해졌다. 이 연구방법과 그 결과를 알아본다.

연구에 사용된 크림 유성성분으로서 스쿠알란을 주로 한 탄화수소계 화합물, 보습제로서 히아루론산 등의 고분자계 보습제에 화장품 등에 통상 사용되는 글리세린, 1,3-부틸렌글리콜 등의 폴리올계 보습제를 배합하고, 적당히 균형을 맞춘 O/W형 크림제제를 I군의 피험자 패널(25~35세 남성)의 뺨에 2월 엄동기에 2주간 도포시켰다.

한편 II군의 패널(25~35세 남성)의 뺨에는 3가지 성분의 균형이 이루어지지 않은 O/W형 같은 형의 유화크림을 I군과 같이 2주간 도포시켜 비교하였다.

이 결과에 대하여 다음에 나타낸다.

그림 11-2는 크림에 의한 피부 표면상태의 회복을 나타낸 것이다. 적절히 처방된 크림의 사용에 의해, 사용전은 皮溝·皮丘가 손상되어 있는 피부도 아름다운 피부로 회복되는 것을 알 수 있다. 그림 11-3은 테스트 패널의 피부표면 상태를 평점화한 것이다.

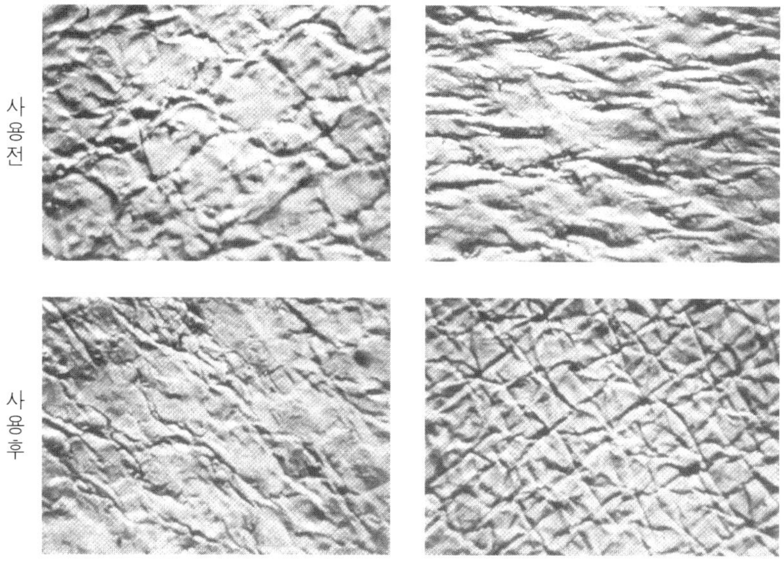

그림 11-2. 크림에 의한 피부 표면 형태의 회복

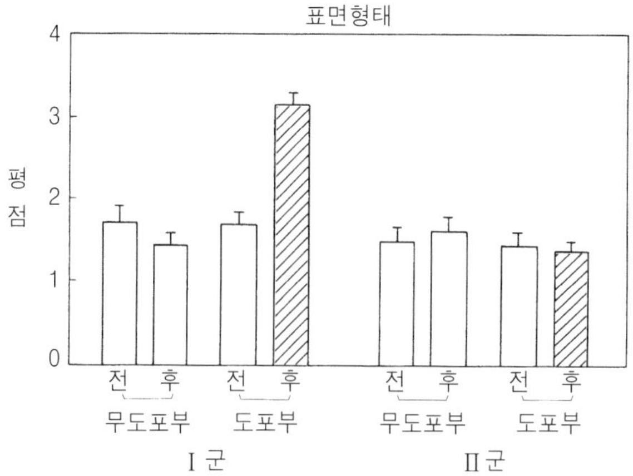

그림 11-3. 크림에 의한 피부표면 형태의 회복

평점이 높을 수록 피부표면 상태가 양호하다는 것을 나타내는데, 적절히 처방된 크림을 사용한 I군의 패널은 유의한 차이로 회복효과를 나타내고 있지만, 적절하지 않은 크림을 사용한 II군에는 회복효과가 확인되지 않는다.

그림 11-4는 TEWL, 각질 수분량의 회복을 나타낸 것이다.

적절히 처방된 크림을 사용한 I군은, 피부의 수분보유 기능을 회복하기 위해 TEWL(trans-epidermal water loss) 즉 표피로부터 증발하는 수분량은 감소하고, 각질 내의 수분량은 증가한다.

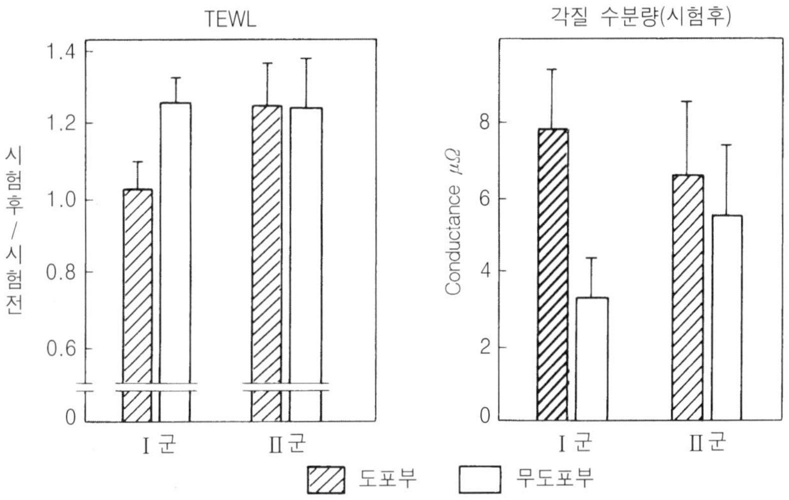

그림 11-4. 크림에 의한 TEWL, 각질 수분량의 회복

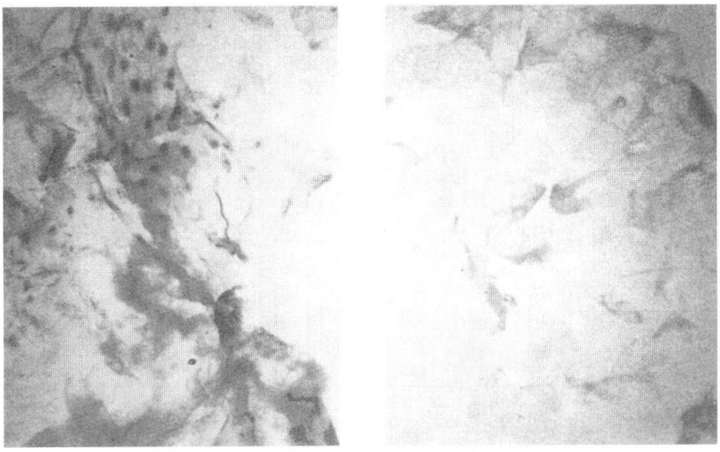

무도포부　　　　도포부(2주간후)

그림 11-5. 크림에 의한 잔존 클러스터 수의 회복

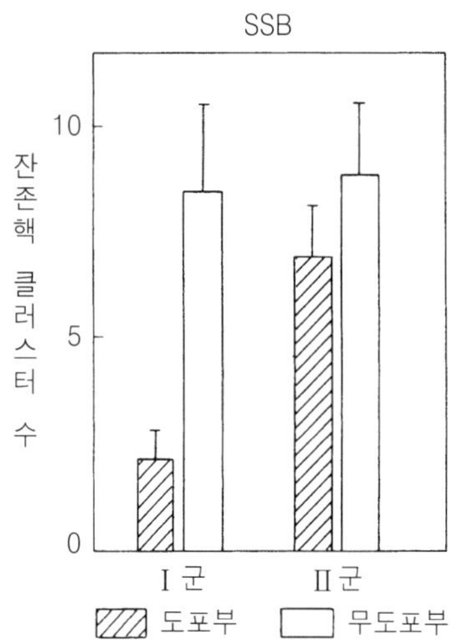

그림 11-6. 크림에 의한 잔존 클러스터 수의 회복

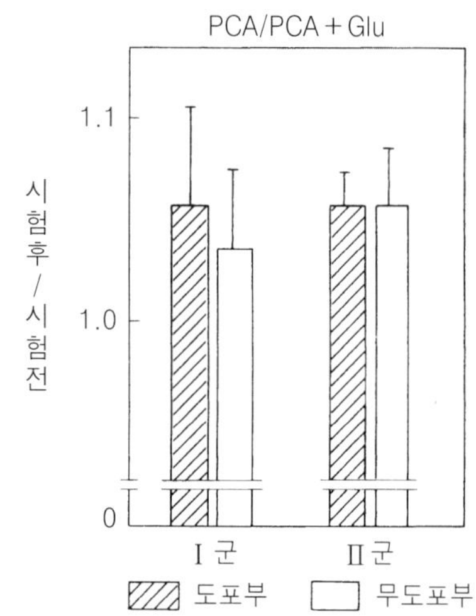

그림 11-8. 크림에 의한 아미노산 지표의 회복

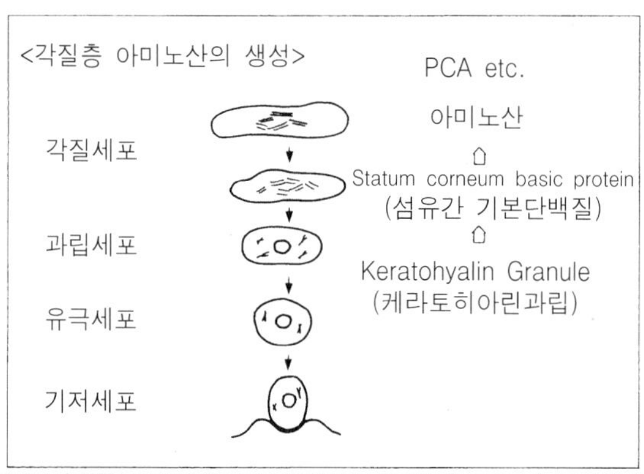

	예상되는 대사경로
PCA [Pyroglutamic Acid]	Glu → γ-Glu-AA → PCA (γ-glutamyl-AA synthetase; γ-glutamyl cyclotransferase)
UCA [Urocanic Acid]	His → UCA (+ NH_3) (histidase)
Orn Cit	Arg → Orn (+ Urea) (arginase); Orn + carbamoyl phosphate → Cit (+ Pi) (ornithine carbamoyltransferase)
Ala	Asp → Ala (+ CO_2) (aspartate 4-decarboxylase)

그림 11-7. 아미노산 지표

그림 11-5는 SSB(skin surface biopsy)에 의한 잔존핵 클러스터의 숫자를 조사한 결과이다. 각화에 의해 생성된 각질세포는 핵이 소실된 세포가 되지만, 피부 거칠음이 일어나면 각화의 과정이 불완전하게 되고, 핵이 완전히 소실하지 않고 남게 된다. 그것이 왼쪽의 흑자색 점이다. 크림에 의해 피부가 개선되면 핵이 소멸하고, 각화의 과정이 정상화되는 것을 알 수 있다.

그림 11-6은 이것을 그래프화한 것이다. 적당히 처방된 크림의 I군에는 잔존핵 클러스터의 수가 유의하게 감소하고 있다.

그림 11-7에 아미노산 지표의 개념을 나타낸다. 기저세포가 각질세포로 변화하는 단계에서, 케라토히아린 과립은 섬유간 기질단백을 거쳐 아미노산과 PCA로 변한다. 예상되는 대사경로는, 글루타민은 PCA로, 히스티딘은 우로카닌산으로, 알기닌은 오르니틴을 거쳐 시트룰린으로, 아스파라긴산은 알라닌으로 변한다. 이 대사가 순조롭게 진행되지 않으면 PCA, 우로카닌산, 시트룰린, 알라닌의 생성 비율이 감소한다.

이들의 생성 비율을 아미노산 지표로서 대사가 순조롭게 진행되고 있는지를 조사하였다.

그림 11-8은 아미노산 지표의 회복을 나타내는 것이다. I군에는 PCA의 비율이 도포 부분에서 상승하고, 대사과정이 회복된 것을 나타내지만, II군에서는 회복을 확인할 수 없다. 이와 같이 적절히 처방된 크림을 이용하면 단순히 피부 표면 상태의 회복뿐 만 아니라, 내부의 생리적인 상태까지 개선시킨다는 것을 알 수 있다.

2) 일광에 의한 기미 · 주근깨를 방지하는 미백 화장품의 효과[3,4]

여성에게 미용상 가장 많은 고민의 한가지는 「기미 · 주근깨」이다. 이들 고민에 대해서는 알부틴을 배합한 미백제의 유용성을 들 수가 있다.

알부틴에 대하여서는 화장품과 약제의 장에서 기술하였으므로, 여기에서는 알부틴을 배합한 미백 화장품의 실제의 사용시험과 그 효과에 대하여 기술한다.

알부틴은 버섯유래 및 B16 마우스 멜라노마 유래의 티로시나아제 활성을 억제하며, 버섯유래의 티로시나아제에 대한 활성저해 형식은 경쟁저해라는 것이 알려져 있다. 또 B16 멜라노마 배양 세포에 대해서 세포증식에 영향이 없는 농도에서 멜라닌 생성억제 작용을 보이고 있다.

이와 같은 작용을 가진 알부틴을 유효성분으로서 배합한 미백 화장품의 *in vivo*에서의 효과에 대하여 검토하였다.

우선 사람 피부에 자외선 조사하여 유발되는 색소침착에 대한 억제효과를 이중 맹검법에 의해 조사하였다. 그림 11-9에 나타낸 바와 같이 알부틴 배합 유액도포 부위와 알부틴 무배합 유액 도포부위에서 흑화도를 비교하여 매우 유의한 차를 확인하였다. 이 결과로부터 알부틴 배합유액은 자외선 조사에 의해 생성된 색소침착을 효과적으로 억제하며, 「일광에 의한 기미 · 주근깨의 방지」에 대단히 유용하다는 것을 알 수 있다.

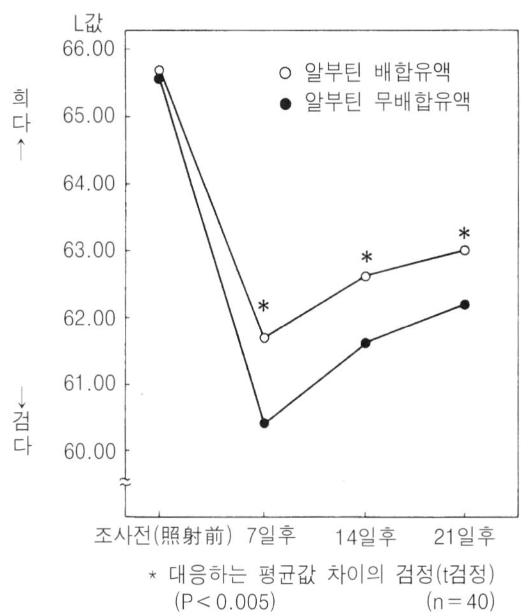

그림 11-9. 알부틴 배합 유액 도포 부위와 알부틴 무배합 유액 도포 부위의 피부색(L 값)의 날짜 경과 변화

	매우 신경씀	다소 신경씀	신경쓰지 않음
거무칙칙함	28.1%	57.2%	14.7%
기 미	22.9%	47.3%	29.8%
주 근 깨	15.3%	35.7%	49.0%

그림 11-10. 대상자의 속성(해석 대상 1,040명)

이어서 전국에 38,500명을 대상으로 알부틴 배합유액의 사용 테스트를 1개월간 실시하여, 실제 사용감에 대한 자기신고 형식의 조사를 실시하였다. 조사결과의 해석은 전국을 13블럭으로 나누어 각 블럭으로부터 80명을 무작위로 추출하여 합계 1,040명을 대상으로 하여 집계하였다. 그 결과 그림 11-10, 그림 11-11에 나타난 바와 같이 어느 정도의 효과를 신고한 사

람은 전체의 82.3%가 넘는다. 또 사용후 평가의 주요항목으로서 그림 11-12에 나타낸 바와 같이 「투명감이 생겼다」「거무칙칙한 빛깔이 신경 쓰이지 않게 되었다」「기미가 엷어졌다」가 많고, 그 결과로서 화장이 잘 받는다고 하는 결과를 얻었다.

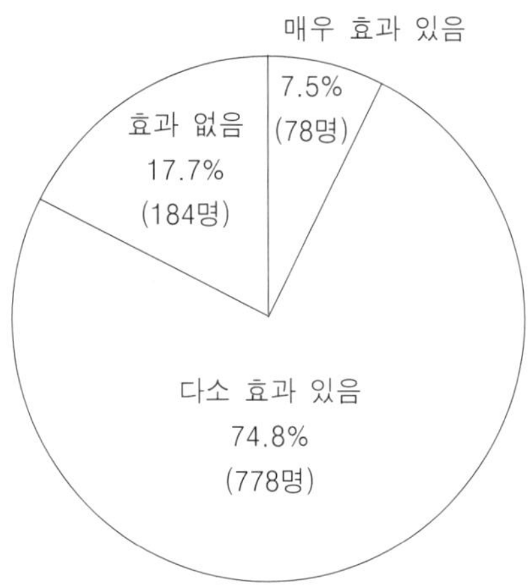

그림 11-11. 사용후의 평가(1,040명)

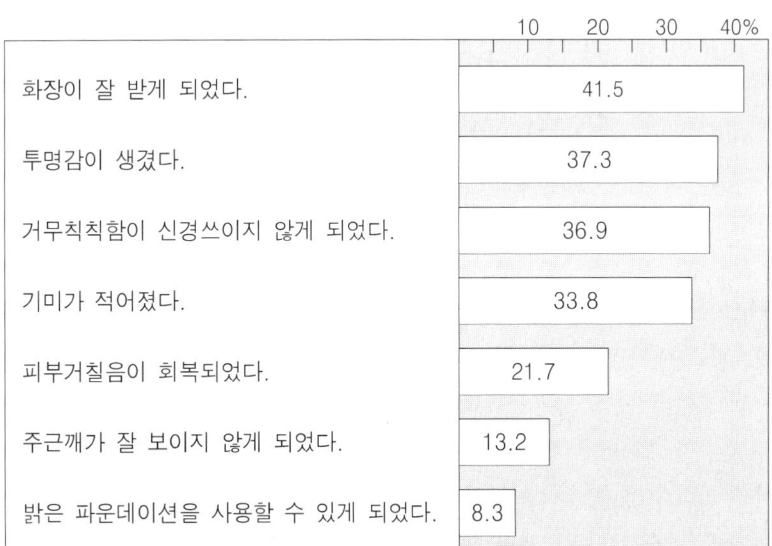

그림 11-12. 사용후 평가의 주요 항목

11-3-2. 물리화학적 유용성의 연구예

1) 체취방지 화장품의 유용성[5)]

체취와 땀과는 밀접한 관계가 있으며, 분비물이 피부상재균 등에 의해 분해되면 불쾌한 냄새가 발생하게 된다. 이것이 땀냄새, 체취라고 하는 것으로 액취(겨드랑이 냄새)와 발냄새도 이와 같은 발생 메커니즘을 갖는다.

발냄새에 대하여 그의 원인물질과 그 방지의 유용성에 대하여 연구한 예를 든다.

양말 추출물의 분석에서, 발냄새 패널의 양말 추출물로부터는, iso C_5, C_6, C_7, C_8, C_9, C_{10}의 저급 지방산이 검출되었고, 그 중에서도 이소길초산은 발냄새 패널의 양말 추출물로부터 특이적으로 검출되며, 사람의 70%가 이 물질을 발냄새로 지니고 있음이 밝혀졌다(그림 11-13).

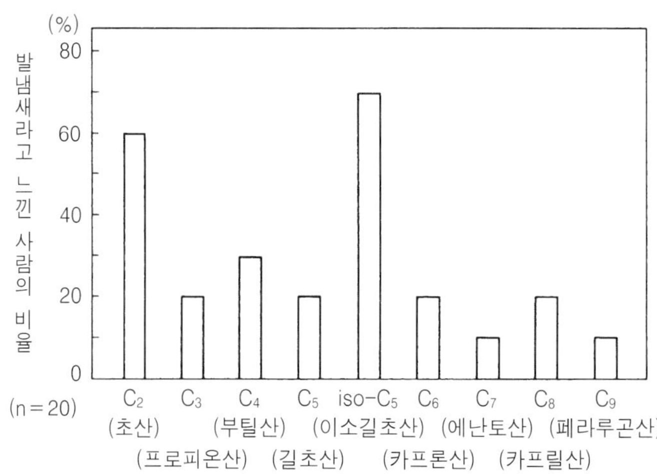

그림 11-13. 저급 지방산 수용액의 관능 평가

다음에 0.5% 이소길초산 수용액 중에 각종 약제를 첨가한 약제 1mg당 이소길초산의 소비량으로 소취효과를 평가하였다. 그 결과 그림 11-14에 나타낸 바와 같이 금속산화물 중에도 아연화가 가장 효과가 있음이 확인되었다. 이 아연화의 소취효과를 확인하기 위하여 발냄새에 아연화를 추가한 후 IR 스펙트럼을 보았더니, 발냄새 원인 물질인 저급 지방산은 아연화와 반응하여 무취의 지방산 금속염이 되는 것으로 확인되었다(그림 11-15).

또한 제품계에서 아연화의 효과를 확인하기 위해 아연화를 배합하여 방취 파우더 스프레이를 시험적으로 만들어서, 이것을 좌우의 발에 적용, 스프레이를 사용한 부위와 사용하지 않은 부위의 발냄새 강도를 31시간 동안 경과 비교하였다. 그 결과, 그림 11-16에 명확하게 나타난 바와 같이 스프레이를 사용하지 않은 대조 부위에 비해 스프레이를 사용한 부위는 악취가 억제되는 것을 확인하여 발냄새 방지의 유용성을 충분히 확인할 수 있었다.

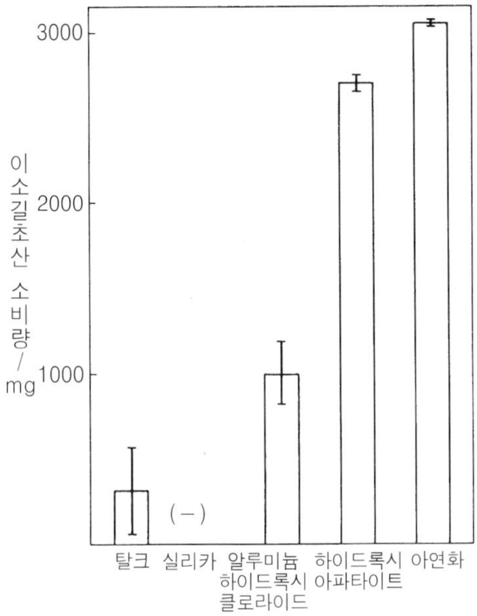

그림 11-14. 여러 가지 분말의 소취(消臭) 효과

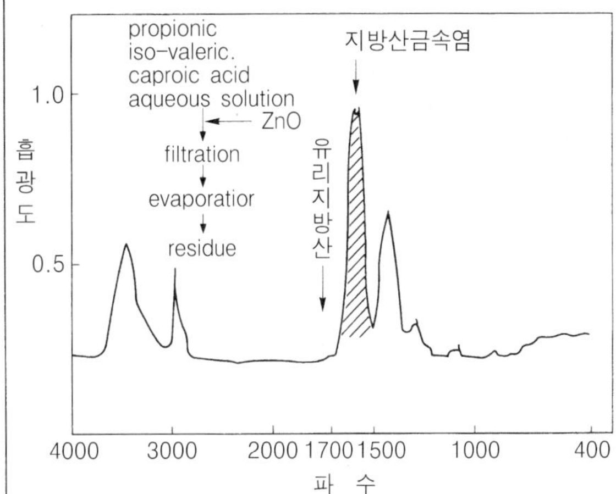

$$2RCOOH + ZnO \longrightarrow (RCOO)_2Zn + H_2O$$

악취물질 아연화 무취 물

그림 11-15. 아연화 처리한 발냄새의 IR 스펙트럼

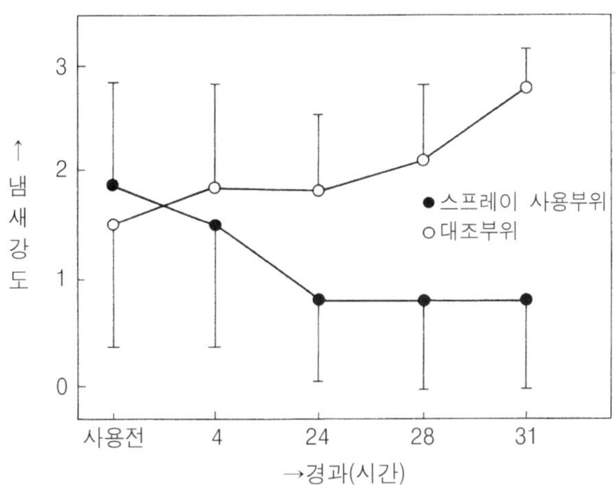

그림 11-16. 아연화 배합 방취 스프레이 사용부위와 대조부위의 발냄새 강도의 변화

이 현상은 겨드랑이 냄새에도 응용 가능하여 비슷한 효과를 확인하였다.

2) 모발의 연구예, 갈라진 모 방지제의 유용성 연구[6,7]

18~24세 여성 모발에 대한 문제점은 갈라진 모와 끊어진 모가 51%로 제1위를 차지하고 있다. 이 갈라진 모의 발생을 조사한 결과, 갈라진 모 발생량이 모발 횡단면 형상과 관계가 있음이 밝혀졌다(그림 11-17, 18).

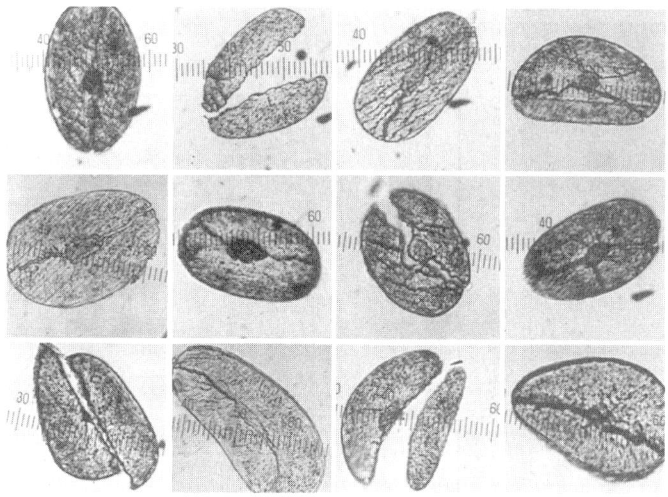

그림 11-17. 갈라진 모 횡단면 절단 사진

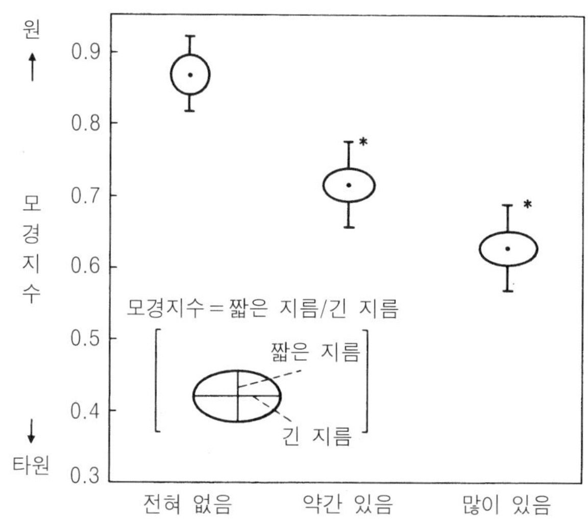

그림 11-18. 모발 횡단면 형상과 갈라진 모의 양
퍼머 2~3회/년
* T검정 : 5% 위험률로 유의차 있음

그림 11-18에 나타낸 바와 같이, 모의 구경지수가 작아짐에 따라(편평하게 됨) 갈라진 모가 많아지고, 긴지름의 끝에서부터 균열이 생기는 것을 알 수 있다.

또 갈라진 모가 많은 사람은 머리끝의 큐티클이 박리되기 쉬운 경향이 있음을 알 수 있고, 특히 장축부의 큐티클은 단축부에 비하여 박리되기 쉬우며, 특이하게 적고, 이것이 모발을 손상시키기 쉽게 하는 원인이 되고 있다(그림 11-19).

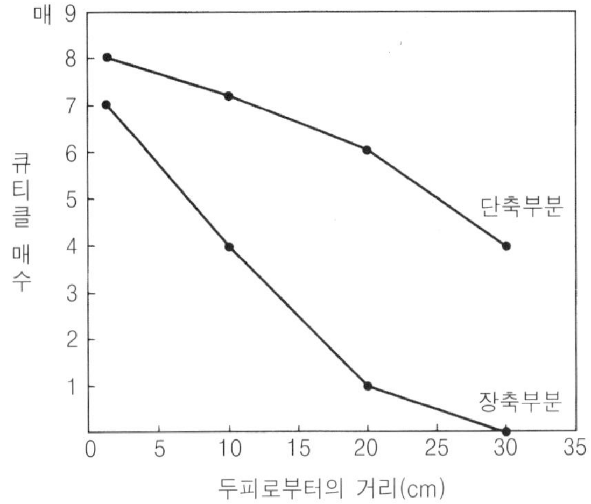

그림 11-19. 편평모에 있어서 큐티클의 매수변화

이와 같은 갈라진 모에 대하여 갈라진 모 방지제(큐티클 코팅제)를 사용하면 그림 11-20과 같이 모발 표면에 실리콘 수지의 얇은 피막이 형성되어, 모발 표면을 매끄럽게 하고, 갈래모의 진행을 막음과 동시에, 갈라진 모에 의한 모발의 푸석함을 없앨 수 있다.

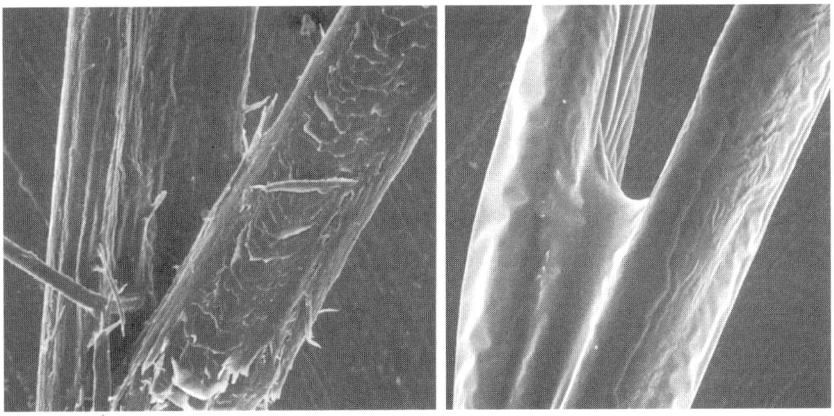

a. 미도포 b. 도포

그림 11-20. 갈라진 모 코팅제의 갈라진 모에의 부착 상태

또 모발의 다발에 브러싱을 약 1만번 실시하고, 그때 발생하는 갈라진 모의 수를 측정하면 그림 11-21에 나타나는 바와 같이, 도포하지 않은 데에 비하여 갈라진 모의 발생이 현저히 억제되는 것을 알 수 있었다.

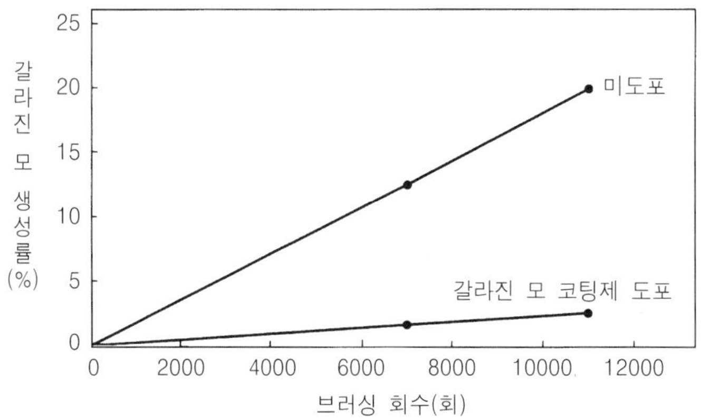

그림 11-21. 모발 다발에 있어서의 갈라진 모 발생 방지효과

11-3-3. 심리학적 유용성의 연구예

화장의 심리효과[8]에 대한 몇 가지의 연구가 있는데, 여기에서는 2가지 예에 대하여 그 내용을 기술한다.

<예 1> 암남수미자(岩男壽美子) 등의 연구

게이오(慶應義塾)대학신문 연구소의 암남수미자 교수를 중심으로한 심리학자 그룹과 자생당은 1981년에 「화장의 심리적 효용」에 대하여, 동경시내의 자생당 미용실의 고객 673명을 대상으로 조사를 실시하였다. 그 결과 화장의 심리적 효과는 3가지로 나눌 수 있는데, 첫째는 업무나 지위를 고려하여 개방된 자리에서 깔끔히 화장하고 있지 않으면 이상하다(93%)고 하는 「사회적 입장을 유지할 수 있는 효용」이다. 둘째는 화장을 하면 기분이 좋아진다(86%)고 생각하는 「육체, 정신의 소생(젊어짐)효용」이다. 셋째는 여성스러운 기분에 젖어든다(74%), 남편이나 연인이 좋아한다(53%)고 하는 「매력을 보여줄 수 있는 효용」이 있다.

또 그림 11-22은 화장을 할 때의 기분과 감정을 질문한 결과를 연령별로 나타낸 것이다. 24세 이하와 25~35세의 두 그룹에서는 「자신에게 자신감이 든다」 「사람을 대할 때 적극적으로 된다」 「살아가는 느낌이 우아해진다」 「마음에 여유가 생긴다」가 베스트 3이었다.

한편 36세 이상에서는, 「화장을 하지 않으면 상대편에 실례라는 느낌이 든다」 「화장을 하고 있는 편이 마음에 여유가 생긴다」 「화장을 하고 않고 아는 사람을 만나는 것이 창피하다」는 순으로 상위를 차지하였다. 35세 이하는 자기자신의 행동이나 마음의 변화를 들고 있는데에 반하여, 36세 이상은 사회를 의식하고, 화장에 의해 자기다움을 찾으려 하는 점이 흥미롭다. 과거에는 남성을 매혹시키든가 다른 여성과 경쟁하기 위한 메이크업이었던 것이, 여성의 사회진출과 함께 사회적인 의미가 농후해졌음을 알 수 있다.

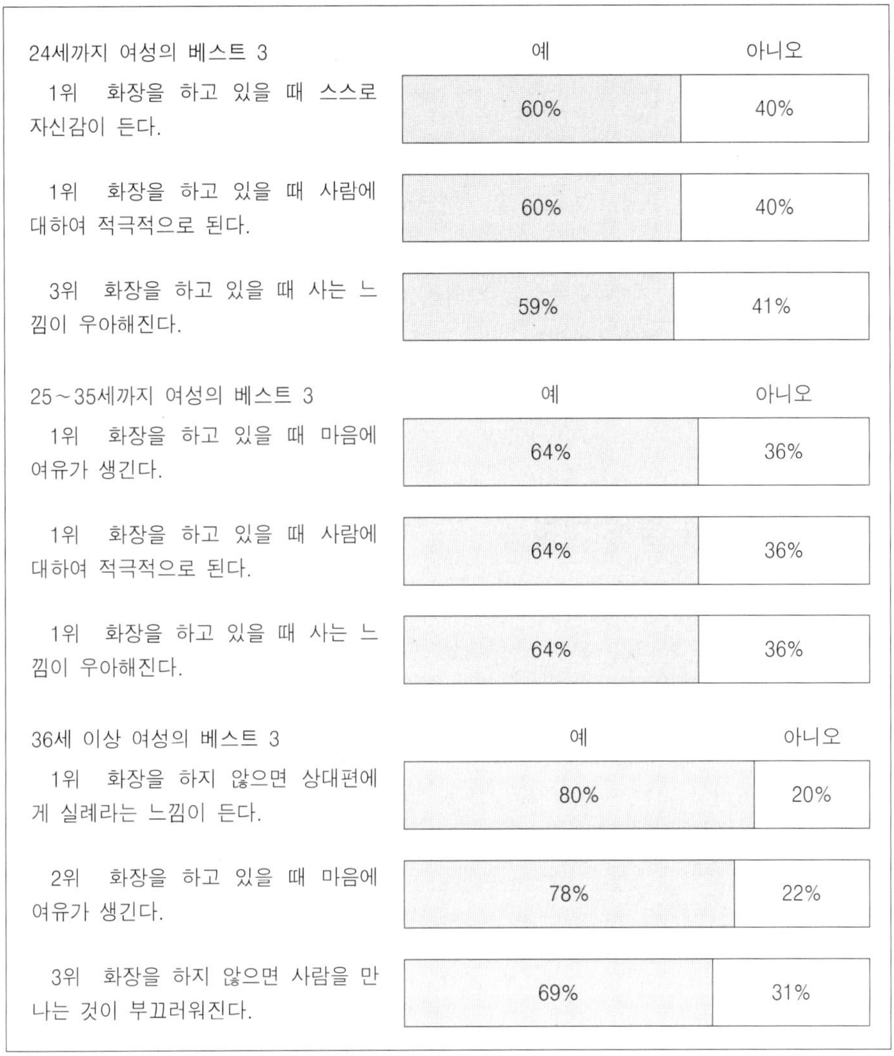

그림 11-22. 화장의 심리적 효용에 관한 조사 결과

<예 2> 진 · 안 · 그라함과 알버트 · M · 클리그만의 연구[9)]

클리그만과 그라함은 젊고 아름답게 나이든 피부를 가진 사람과 그렇지 않은 사람 사이에 어떠한 심리적, 사회적 차이가 있는가에 대해 연구를 진행하였다. 60세부터 90세까지의 여성에 대해 같은 연령대에서 기미, 주름살, 피부의 처짐, 눈밑에 거뭇함의 많고 적음을 비교하고, 노화의 징후가 적은 아름다운 피부의 그룹과 그렇지 않은 그룹으로 나누어 여러 가지 조사를 하였다. 그 결과 아름답게 나이든 그룹은 자신을 육체적으로도 정신적으로도 건강하다고 자각하고 있을 뿐만 아니라, 적극적으로 사회참여를 하고, 밝고 낙관적이며, 주위 적응도

순조롭고, 자기자신의 인생에 만족하고, 사는 보람을 느끼며, 현실을 긍정적으로 받아들이는 삶을 살고 있었다. 역으로 노화의 징후가 두드러진 피부 그룹의 사람들은, 피부가 아름답지 않다고 하는 것으로, 심리적으로도 사회적으로도 불이익을 감수하고 있다는 것을 알았다.

피부는 단순한 피부 과학상의 문제에 그치는 것이 아니라 심리적, 사회적으로도 큰 의미를 갖는다는 것이 다시 한번 판명되었고, 또한 두 연구자는 나이가 들면 왜 피부의 아름답고 추함이 생기는가를 조사하였다. 이 결과 아름다운 피부의 사람과 비교하여 노화의 징후가 뚜렷한 사람은, 일광 그을림 방지 화장품으로 자외선을 방어하거나, 보습제로 피부의 건조를 방지하는 등의 스킨 케어가 불충분하였고, 오랫동안 무방비 일광 노출이 계속되어, 일광 장해를 받고 있다는 것이 명확하게 되었다.

11-4 》 유용성의 향후 방향

고령화 사회가 되고, 또 마음의 풍요를 찾는 시대에 화장품의 유용성도 노화억제(anti-aging)와 화장의 심리효과 추구에 중점을 두고 있다.

노화억제에 대해서는, 오래 전부터 화장의 3가지의 꿈이라고 하는 미백, 피부 젊음의 회복, 육모에 대한 연구가 일층 진행되어 새로운 성과가 나올 것이다. 앞으로는 화장의 심리효과도 뇌신경계의 심리와 면역에 대하여 연구가 진행되고, 이들의 종합적인 성과에 의해 사람들의 생활에 풍요로움을 주게 될 것이다(총론 1. 화장품과 피부 1-8항 참조).

참고문헌

1) 尾沢達也, 西山聖二, 堀井和泉, 川崎　清, 熊野可丸, 中山靖久：皮膚, 27(2), 276-288, (1985)
2) Yasuhisa Nakayama, Izumi Horii, Kiyoshi Kawasaki, Junichi Koyama and others：日本化粧品技術者会誌 20(2),111, (1986)
3) 秋保　暁, 鈴木裕美子, 浅原智久, 藤沼好守, 福田　実：日皮会誌, 101(6), 609-613, (1991)
4) 富田健一, 福田　実, 川崎　清：フレグランスジャーナル, 18(6), 72-77, (1990)
5) 神田不二宏, 八木栄一郎, 福田　実, 中嶋啓介, 太田忠男, 中田興亜, 藤山喜雄：日本化粧品技術者会誌, 23(3), 217-224, (1989)
6) 福地羊子, 鳥居健二：第 38 回日本皮膚科学会中部支部総会(1987. 10)
7) 神戸哲也, 福地羊子, 植村雅明, 鳥居健二：日本香粧品科学会第 14 回学術大会(1989. 6)
8) 福原義春他著：美しく年を重ねるヒント, 179-184, 求竜堂, 1989.
9) Graham, J. A., Kligman, A. M.：J. Soc. Cosmet. Chemists, 35, 133-145, (1984)
10) 尾沢達也：スキンケアハンドブック, 講談社, 1986.
11) 尾沢達也：加齢と化粧品―化粧品の役割―；高瀬吉雄他編：加齢と皮膚, 清至青院, 1986.
12) 尾沢達也：化粧品―皮膚の加齢と皮膚保湿の恒常性維持―, 大阪皮膚科専門医会会報, No. 18, (1991)
13) 尾沢達也：香粧品の有用性と香粧品科学の社会的位置付け, フレグランスジャーナル, 12(1), 15-18, (1984)
14) 尾沢達也：コスメトロジー(化粧品学)の当面する課題と提言, フレグランスジャーナル 20(7), 43-48, (1992)

12 화장품의 용기

최근 화장품 용기는 소비자의 다양화, 개성화, 기술의 진보에 따라 그 형태, 소재의 종류가 매우 다양하다. 그러나 용기의 가장 중요한 기능은 내용물 보호에 있으며, 이것은 옛날이나 지금이나 변화가 없다. 이 기본 기능을 유지 또는 향상시키면서, 고기능, 다기능화를 추구하고, 품질 보증을 해야 하는 것이 용기 설계의 요점이다. 더욱이 기업 활동으로서의 비용의식 및 판매 촉진성, 사회 활동으로서의 환경보전의식을 갖고 설계하는 것도 빼놓을 수 없는 점이다.

12-1 》 화장품 용기에 필요한 특성

12-1-1. 품질 유지성

제품이 공장에서 생산된 뒤, 보관, 수송 등 소위 물적 유통 경로 및 소비자의 사용 환경(온도, 습도, 광, 미생물 등)으로부터 내용물의 품질을 보호하고, 용기 그 자체의 품질을 유지하는 기능이다. 또 이러한 기능들은 내용물과 용기가 서로 악영향을 미치지 않도록 하는 품질 유지성 및 안전성에 관한 특성도 가지고 있다.

1) 내용물 보호 기능

1-1) 광투과성

용기가 투명하거나 반투명한 경우, 가시광선 및 자외선(UV)이 용기를 투과하여 내용물의 변색, 변질, 약제의 분해 등을 일으키는 경우가 있다. 이 때문에 내용물 처방에 자외선 흡수제 및 안정제를 넣어 내용물의 변화를 방지하기도 하고, 또 사용하는 용기 소재에 착색제 및 자외선 흡수제를 혼합하여 방지하는 방법이 있다. 유리병과 같이 자외선 흡수제를 혼합하는 것이 불가능한 경우에는 착색제 및 자외선 흡수제를 넣고 도장함으로써 방지하기도 한다(그림 12-1).

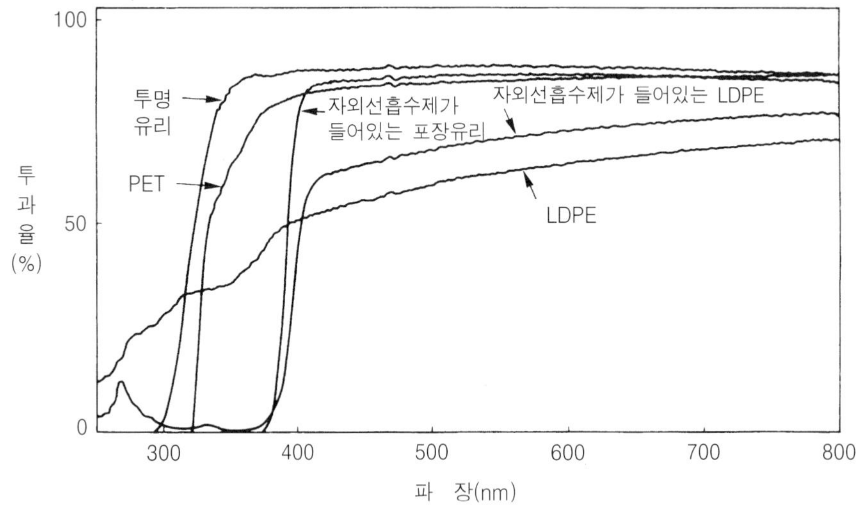

그림 12-1. 소재별 광선 투과율

1-2) 투과성

금속용기 및 유리용기는 기본적으로 용기 벽면을 통한 기체, 고체의 투과는 없지만 플라스틱 용기의 경우는 다소의 투과가 발생한다. 플라스틱 용기에 내용물을 넣고 장기간 방치할 경우 향료의 투과에 의한 변취, 처방중의 일부가 투과하여 생기는 내용물의 변질, 용기의 외부에서 내부로 투과한 산소, 수분에 의한 내용물의 변취, 변질 등 여러 가지 문제가 생기기 쉽다. 투과의 정도는 사용하는 플라스틱의 종류, 두께, 내용물의 종류, 방치된 환경에 따라 크게 다르다. 이 때문에 플라스틱을 화장품 용기로 이용하는 경우는 투과에 대한 충분한 검토가 필요하다.

1-3) 변취, 변질

사용하는 용기가 원인이 되어 내용물의 변취와 변질을 일으킬 수도 있다.

① 알칼리 용출 : 유리는 약품에 대하여 매우 안정되어 있지만 알칼리가 용출되어 내용물을 변색, 침전, 분리 등을 일으키거나, pH를 변화시킬 수도 있으므로 주의를 필요로 한다. 따라서 유리는 가능한 알칼리 용출량이 적은 것을 이용하는 것이 바람직하다.

② 첨가제의 용출 : 플라스틱은 일반적으로 첨가제(염료, 안료, 분산제, 안정제 등)가 배합되어 있어서 이것들이 내용물과 반응하거나, 내용물에 용출되어 변질, 변취의 원인이 되기도 한다.

2) 재료 적성

2-1) 내약품성

용기로 플라스틱을 사용한 경우는 그 종류와 내용물 처방과의 조합에 따라 용기의 팽윤, 변형, 파손, 용해, 변색, 약제의 수착 등의 문제가 생길 수 있다. 어떤 종류의 플라스틱이 화장품 내용물 원료에 대하여 어떻게 또는 어느 정도 내성을 갖는가를 사전에 파악하는 것이 중요하다(표 12-1).

표 12-1. 플라스틱의 원료의 종류에 따른 팽윤(50℃, 1개월 방치 후 중량변화율(%))

플라스틱 / 원료	LDPE	HDPE	PP	PVC	PS	AS	ABS
물	0.04	0.17	0.06	0.32	0.07	0.62	0.75
에탄올 50%	0.10	0.17	0.28	0.46	0.68	1.76	2.39
에탄올 99.5%	0.014	−0.031	0.45	1.19	1.33	13.95	52.44
바세린	11.55	4.04	1.05	0	−0.06	−0.09	−0.05
유동파라핀	10.22	3.71	1.42	−0.09	−0.04	−0.11	−0.10
PEG400	0.10	0.16	0	0.09	0.15	0.15	0.12

LDPE : 저밀도폴리에틸렌　　HDPE : 고밀도폴리에틸렌
PP : 폴리프로필렌　　PVC : 폴리비닐크로라이드
PS : 폴리스티렌　　AS : 아크릴로니트로스틸렌수지
ABS : 아크릴로니트릴부타디엔스틸렌수지

2-2) 내부식성

화장품 용기로 각종의 금속이 사용되고 있는데, 금속은 내용물의 성분, 향료 성분, 또는 외부 환경(온천의 황화수소 가스, 대기중의 아황산가스 등)에 의해 부식, 변색을 일으킬 수도 있다. 부식을 방지하기 위해서는 일반적으로 코팅, 도금, 산화 피막 등을 이용한다.

2-3) 내광성

사용하는 용기 소재도 자연광, 인공광의 영향을 받아 변색과 변질이 생긴다. 상점 및 쇼윈도에서 태양광, 형광등에 의해 용기와 케이스 등이 변색되거나 더러워질 수도 있다. 이것을 방지하기 위해 용기 소재에 광차단 효과가 있는 산화티탄 등의 안료와 자외선 흡수제를 혼입시켜 내광성을 향상시키는 경우가 많다.

3) 소재의 안전성

화장품 용기는 특별히 규제되어 있지 않지만, 기본적으로는 식품위생법에 준한 소재를 사용하는 것이 좋다. 특히 용기가 내용물에 접촉되는 경우에는 후생성 고시 제20호에 적합할 것은 물론, 염비 식품위생협의회와 Polyolefin 위생협의회 등에서 자체규제로 정한 Positive List의 범위내에서 수지의 첨가제, 착색제, 안정제 등을 사용하여 안전성을 높여야 한다.

12-1-2. 기능성

어떤 유행하는 용기나 아름다운 용기도 사용하기 어렵다거나 또는 사용중에 위험이 따르면 안되며, 사용후 폐기하기 쉬워야 한다.

1) 사용상의 기능

1-1) 인간 공학적 기능

용기류는 잡기 쉽고, 열기 쉬울 것과 같이 인간 공학적 기능을 충분히 배려할 필요가 있는데, 소비자의 화장 행동의 실태 조사 등에서도 이를 알 수가 있다.

1-2) 물리적 기능

소비자가 화장품 사용중 또는 사용 완료시 까지, 용기가 의도된 기능 및 성능을 충분히 발휘하는 것이 중요하다.

2) 사용상의 안전성

2-1) 실제 사용에 따른 안전성

소비자가 어떤 경우에 그 제품을 사용하는가, 여러 가지 사용 실례, 환경, 습관 등을 상정하여 용기 설계를 해야 한다. 예를 들면 욕실에서 사용하는 제품은 유리를 이용할 경우 파손된 파편에 의해 상처를 입을 가능성이 있으므로 피해야 한다.

2-2) 사용방법에 있어서의 안전성

소비자가 어떻게 사용하는가를 관찰하고, 잘못 사용하지 않도록 배려해야 한다. 예를 들면, 날카로운 부분을 없애서 손을 다치게 하는 형태나 소재를 선택하거나, 잘못 사용하지 않도록 설명서와 그림 등을 이용하여 소비자에게 알기 쉽게 설명하여 안전하게 사용하도록 해야 한다.

12-1-3. 적정 포장

화장품 용기의 적정 포장이라는 것은 용기 본체(개별 포장), 충전 상자 등의 포장 형태가 품질 보증성, 기능성, 판매 촉진성을 만족시키고, 자원의 유효 이용과 폐기처리 문제를 감안하여 과잉, 과대 포장되지 않게 하는 것이다.

1) 적정 품질 수준

제품의 품질 수준과 비용은 상호관계가 있어서, 품질을 올리려면 비용은 당연히 상승한다. 어느 정도의 품질 수준으로 설정되면 문제(claim)가 생기지 않는가 하는 소비자의 요구 품질을 추정하여 비용과의 균형을 잡는 것이 중요하다.

2) 적정 용량

내용량이 10g 또는 10mL를 초과하는 경우는 내용량을 표시해야 하며, 또 그 표시량과 실제 내용량의 오차 허용범위는 20℃에서 3% 이내로 정해져 있다(후생성 약발 546호).

3) 적정 용적

과대 포장이 되지 않게, 표시 용량이 30g을 초과하는 것은 용기 체적의 40%이상이 내용물로 채워져야 한다고 정해져 있다(공정추진위원회 "화장품의 적정 포장 규칙").

12-1-4. 경제성

종래 기업은 저가격 고품질의 제품을 제조하기 위하여 소품종 대량 생산의 수단을 취하였다. 그러나 최근 소비자가 개성화, 다양화짐에 따라 요구하는 상품도 다품종화 되고, 소량 생산이 불가피해져서 이에 대응한 생산 설비, 판매 방법이 연구되고 있다. 또 이에 따른 소재의 비용, 제조된 제품의 물류 비용 등의 절감도 중요한 과제가 되고 있다.

12-1-5. 판매 촉진성

화장품 용기에 필요한 특성 중 마지막으로 판매 촉진성이 있다. 지금까지 서술한 항목은 소비자가 상품을 구입해서 사용해 보고 알 수 있는 실용상의 특성인데 대하여, 판매 촉진성은 기업의 신뢰성, 이미지를 호소하는 코포레이트 아이덴터티(사명 "로고", 사장, 마크 등)와 상품의 특징을 호소하는 디자인(패션, 내이밍, 컨셉, 형태, 색 등) 등의 시각적, 감각적으로 촉구하는 특성이다.

12-2 화장품 용기의 종류 ; Types of cosmetic containers

화장품 용기는 종류별 분류가 가능하지만, 여기에서는 용기 형태별로 분류한다.

12-2-1. 세구병(세구용기)

일반적으로 병의 입구 외경이 몸체에 비하여 작은 것이다.

주로 화장수, 유액, 헤어토닉, 오데코롱, 네일 에나멜, 샴푸 등의 액상 내용물 제품에 사용된다. 이용되는 재질은 유리나 폴리에틸렌(PE), 폴리에틸렌텔프탈레이트(PET), 폴리프로필렌(PP) 등의 플라스틱이 대부분이다. 내용물의 투과성과 내(耐)내용물성 등을 고려하여 재질을 선정한다. 내용물의 점도에 맞추어 입구에 중간 마개를 붙여 토출구를 짜는 것으로서 적당한 유량을 조절한다. 캡(Cap)은 나사식이 대부분이지만, 원터치식 캡이 사용되기도 한다.

12-2-2. 광구병(광구용기)

일반적으로 용기 입구 외경이 비교적 커서 몸체 외경에 가까운 용기이다. 주로 크림상 또는 겔상의 내용물의 제품에 사용된다. 사용되는 재질로서는 유리나 폴리프로필렌(PP), 아크릴로니트릴스틸렌수지(AS) 폴리스틸렌(PS), PET 등이 일반적이다.

캡은 통상 나사식이 이용된다. 캡의 내면에는 발포 패킹(packing) 등을 접착하여 기밀성을 확보하고 있다. 병 입구에 필름을 올려서 캡 내면의 오염을 방지하는 경우도 있다. 또한 용기 입구에 열 수축 필름을 고정시켜 오염을 방지하고, 이는 내용물의 원상태를 유지하기 위한 것이기도 하다.

12-2-3. 튜브 용기

속이 빈 관모양으로 몸체를 눌러 내용물을 적량 뽑아내는 기능을 가지고 있다. 주로 치약, 헤어 젤, 파운데이션 등의 크림상에서 유액상 내용물까지 사용 범위는 넓다. 재질로서는 알루미늄, 알루미늄라미네이트, 폴리에틸렌 또는 적층 플라스틱이 많다. 용기 재질을 선정할 때는 용기의 두께가 얇아서 생기는 기체의 투과와 내용물 성분의 누출에 주의하여 선정할 필요가 있다. 통상 내용물은 후단부로 충전하고, 그 후 가열, 고주파, 초음파 등으로 실링(sealing)한다. 넓은 의미에서는 블로우(blow)성형으로 만들어진 유사 용기도 튜브류이다.

12-2-4. 원통상 용기

마스카라 용기에 이용되고 있는 종류의 가늘고 긴 용기로서, 아이라이너, 아이섀도우 등에도 사용되고 있다. 용기 소재로서는 플라스틱, 금속 또는 이 두 가지를 혼합한 것이 대부분이다. 구조는 캡에 가늘고 긴 자루가 있고, 그 끝에 나선형 브러쉬와 연필, 팁 등이 달려있다. 캡을 빼면 브러쉬와 연필 등의 도포구에 적당량의 내용물이 묻어 나오도록 와이퍼(wiper)의 구경과 형상을 조정한다. 와이퍼의 재질은 고무나 PE가 일반적이다(그림 12-2).

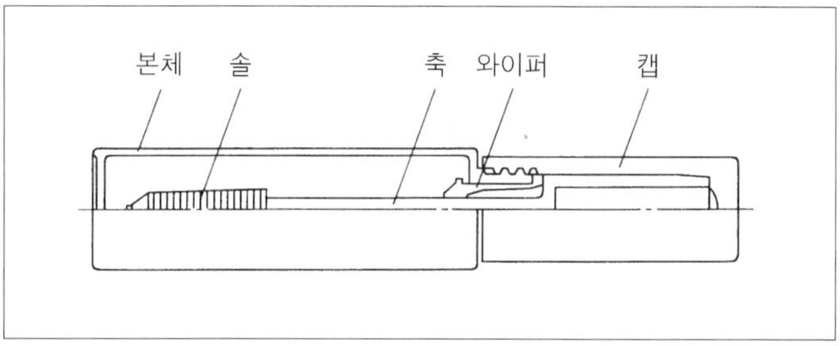

그림 12-2. 마스카라 용기 구조도

12-2-5. 파우더 용기

분말상 내용물 용기에는 분백분, 향료분(fragrance powder), 아기분(baby powder) 등이 있으며, 휴대성 보다 간편성을 고려하여 뚜껑이 나사식 또는 덮는 식이 많다. 내용물은 용기에 직접 넣는 타입과, 종이와 수지제의 드럼에 넣어 용기에 셋팅하는 타입이 있다. 이 용기에는 퍼프와 퍼프에 묻어 나오는 내용물량 조절을 위한 망이 내장된다. 휴대성이 요구되는 경우는 폴리에틸렌제 등의 중간 뚜껑을 입구에 셋팅하는 경우도 있다. 용기의 소재는 PS, AS 등의 플라스틱이 많다. 퍼프는 면, 아크릴, 폴리에스텔, 나일론 등의 섬유로 짜여진 것을 봉제하고 중심에 발포 우레탄 등을 넣는다. 망은 나일론 등의 메쉬(mesh)에 종이나 수지의 테두리를 붙인 것을 이용하고 있다.

12-2-6. 콤팩트 용기

본체와 뚜껑이 경첩으로 연결된 용기이다. 거울이 붙어 있고, 화장용구를 넣을 수 있으며 휴대성, 간편성 면에서 좋기 때문에 메이크업 제품에 많이 이용된다. 내용물은 주로 고형분말, 크림상 제품에 많이 사용되고, 가운데 접시에 내용물을 충전하여 셋트가 된다.

사용되는 재질로서 플라스틱은 AS, Acrylonitrile-Butadiene-Styrene 수지(ABS), PS 등이 많고, 금속은 놋쇠, 구리, 알루미늄, 스테인리스 등이 있다. 금속의 경우 얇게 설계 할 수 있으며 중량감도 있고 각종의 표면 처리도 가능하기 때문에 고급품에 많이 사용된다. 중간 용기는 일반적으로 알루미늄, 스테인리스가 많고 수지제의 중간 용기를 사용하는 것도 있다. 화장 용구로는 퍼프, 스펀지, 솔 팁 등이 첨부되어 있다. 최근에는 신기능을 부가한 용기도 많고, 중간 용기를 간단히 탈착할 수 있는 것이나 용기에 기밀성을 주어 휘발성이 있는 내용물을 수납 가능하도록 한 것도 있다.

12-2-7. 스틱 용기

막대 모양 화장품 용기로서 직접 피부에 내용물을 도포할 수 있는 간편성과 휴대성이 있고, 밀어내는 식의 용기가 많다. 립스틱을 위시해서 파운데이션, 아이섀도우, 헤어스틱, 데오드란트 스틱 등으로 이용되고 있다. 용기 재질은 알루미늄, 놋쇠 등의 금속과 AS, PS, PP 등의 플라스틱이 이용된다. 내용물은 중간 용기에 담겨 있고 나사와 나선에 의해 밀려나온다. 중간 용기의 재질은 내용물의 감량, 내(耐)내용물성 등을 고려하여 선정한다. 많이 사용되는 재질은 PP, AS, Polybutyleneterephthatate(PBT) 등이다. 용기 기구는 대략, 립스틱 용기같이 나선이 내용물 외측에 배치되어 있는 타입, 스틱 파운데이션 등과 같이 내용물 밑에 나사가 있는 타입과 립크림 같이 내용물 중심에 나사봉이 있는 타입으로 나누어진다.

12-2-8. 펜슬용기

연필과 같이 깎아서 사용하는 나무 자루 타입과 샤프 펜슬 같이 밀어내어 사용하는 타입이 있는데, 이용되는 내용물은 주로 아이라이너, 아이브라우, 립펜슬 등이다. 나무자루 타입은 절삭성이 좋은 인센스시다(캐나다에서 자라는 나무일종)가 많으나, 최근에는 수지제의 자루도 있다. 밀어내는 타입에는 카트리지식으로 내용물을 갈아 끼울 수 있는 타입도 있다.

샤프 펜슬 타입은 밀어내는 식과 노크식이 있는데, 화장품의 경우 부드러운 내용물이 대부분이므로 밀어내는 식이 많이 사용된다. 이용되는 재질은 알루미늄, 놋쇠 등의 금속과 플라스틱이 많다. 가느다란 정밀부품이 많기 때문에 엔지니어링 플라스틱인 Polyoxymethylene (POM)도 일부 사용된다. 특히 이 타입은 가느다란 심을 유지하고 있기 때문에 심이 부러지거나 빠지지 않도록 충분히 주의할 필요가 있다.

12-2-9. 도포용기

도포용기는, 엄밀한 정의라고는 할 수 없으나 일반적으로 내용물을 용기 입구로부터 직접 피부 등에 도포 할 수 있는 용기를 말한다. 예를 들면 입구에 스펀지 같은 도포구가 붙은 리퀴드-화운데이션, 데오드란트 로션 등이 있다. 용기 자체는 세구 용기로서 입구에 우레탄 등의 다공질체나 천을 중간 마개로 고정시키고, 이 중간 마개를 통해 적당한 양의 내용물이 입구로부터 공급된다. 또 롤 온 타입(Roll-On Type)은 입구의 수지제 볼을 회전시켜서 액상 내용물을 도포할 수 있는 용기이고, 제한제(制汗劑)와 최근에는 향수 제품에도 사용되고 있다.

12-3 》 화장품 용기로 이용되는 재료

화장품 용기, 용구는 그 사용 목적에 따라 모양, 외관 등이 다양하므로 이용되는 소재의 종류도 많다. 포장 재료에 이용되고 있는 소재는 아래 표와 같다(표 12-2).

표 12-2. 포장 재료로 이용되는 소재의 분류

소 재	주용도
유리, 세라믹, 돌	병, 마개, 장식재
플라스틱, 고무	병, 마개, 용기류, 화장용구, 부품, 보호재
금속	용기류, 마개, 부품, 장식재
종이, 목재, 실, 천	라벨, 낱 케이스, 보호재, 장식재, 부품, 빗, 화장용구
뿔, 상아, 가죽, 모, 해면	장식재, 빗, 화장용구

이와 같이 매우 많은 종류중에서, 본 항에서는 용기에 주로 이용되고 있는 소재(재료)와 성형 가공법에 대하여 기술한다.

12-3-1. 소재의 종류

1) 플라스틱 ; Plastics

가공성이 좋고 투명, 불투명, 착색, 기타 장식하기 용이해서, 여러 가지 외관의 용기를 만드는데 많이 이용되고 있다. 플라스틱은 화학적 성질로부터 열경화성 수지와 열가소성 수지로 크게 나누어진다. 열경화성 수지는 가열하면 화학반응하여 용융상태를 거쳐 경화되고 더 가열하면 분해되는 성질이 있다. 소재는 멜라민, 우레아, 아크릴 등이고, 현재는 특수 용도로 일부 이용되고 있는 정도이다. Nitrile-Butadiene-Rubber(NBR), Isobutylisoprene Rubber (IIR), 실리콘 고무등도 열경화성 수지인데, 마스카라의 와이퍼(wiper)부와 스포이드의 고무, 팩킹재로서 이용되고 있다. 열가소성 수지는 가열하면 유동성을 갖는다. 냉각하면 굳어버리고, 또 재가열하면 유동성을 갖는다. 따라서 성형 가공 공정을 자동화하기 쉬워서, 최근에는 거의 열가소성 수지가 이용되고 있다.

1-1) 저밀도 폴리에틸렌 ; Low density polyethylene(LDPE)

반투명으로 광택이 있다. 유연하므로 특히 스퀴즈(squeeze)성이 필요한 병과 튜브, 마개, 팩킹에 이용되고 있다. 결점은 내부와 외부의 응력이 걸려 있는 상태에서 알코올, 계면활성제 등에 접촉하면 균열(stress-cracking)이 생기는 것이다.

1-2) 고밀도 폴리에틸렌 ; High density polyethylene(HDPE)

유백색으로 광택이 없고 수분 투과가 적다. 화장수, 유액, 샴푸, 린스의 용기 및 튜브 등에 사용된다.

1-3) 폴리프로필렌 ; Polypropylene(PP)

반투명으로 광택이 있고, 내(耐)약품성이 좋고 상온에서는 내충격성이 있다. 특징으로서 반복되는 굽힘에 강하며, 굽혀지는 부위를 얇게 성형하여 일체 경첩으로서 원-터치 캡(one-touch cap) 등에 이용된다. 크림류의 광구병, 각종 캡류에 이용된다.

1-4) 폴리스티렌 ; Polystyrene(PS)

딱딱하고 투명하며 광택이 있다. 성형 가공성이 매우 좋고 치수 안정성도 좋다. 결점으로서 내약품성이 좋지 않다. 내충격성도 나쁜데 이것을 개량한 고충격스티렌(high impact styrene, 일반적으로 투명성은 나빠진다)이 있다. 콤팩트, 스틱용기 등에 이용된다.

1-5) AS 수지 ; Polyacrylonitrile styrene

투명하며 광택이 있고 내충격성도 좋다. 내유성(耐油性)이 있어서 크림 용기와 콤팩트, 스틱류의 용기, 캡 등에 많이 이용되고 있다.

1-6) ABS 수지 ; Polyacrylonitrile butadiene styrene

AS 수지의 내 충격성을 더욱 향상시킨 수지로 콤팩트 등의 특히 내충격성을 필요로 하는 경우에 이용된다. 향료, 알코올에 약한 결점이 있다. 금속감을 주기 위한 화학 도금, 진공 증착 소재로서도 이용된다.

1-7) 폴리염화비닐 ; Polyvinyl chloride(PVC)

투명하며 성형 가공성이 좋고 저렴하여 샴푸와 린스의 병이나 간단한 재충전 용기 등으로 주로 사용되었으나, 소각시 유해한 염화물을 발생시키기 때문에 최근에는 지구 환경 보전의 측면에서 사용을 금지하는 나라도 있고, 일본에서도 사용을 피하고 있는 기업도 있다.

1-8) 폴리에틸렌테레프탈레이트 ; Polyethylene terephthalate(PET)

딱딱하고 유리에 가까운 투명성과 광택이 있다. 내약품성과 외관때문에 폴리에틸렌(PE), 폴리염화비닐(PVC) 보다 고급스러운 이미지의 화장수, 유액, 샴푸, 린스 등의 병으로 이용되고 있다.

1-9) 기타 수지

폴리아미드(PA), 에틸렌비닐알코올공중합체(EVOH), 폴리옥시메틸렌(Polyacetal이라고도 한다)(POM) 등 내약품성, 보향성을 높이기 위한 적층 용기의 일부 또는 강도가 필요한 부품 등에 이용되고 있다.

2) 유 리

2-1) 소다 석회 유리

통상 사용되는 투명 유리병으로서 성분은 산화규소, 산화칼슘, 산화나트륨이 대부분이고 그 외에 소량의 마그네슘, 알루미늄 등의 산화물이 함유되어 있다. 착색은 금속 콜로이드, 금속 산화물이 이용된다. 화장수, 유액용 병 등에 많이 이용되고 있다.

2-2) 칼리납 유리

성분은 주로 산화규소, 산화납, 산화칼륨이고, 산화납을 많이 함유하고 투명도가 높고, 빛의 굴절률이 큰 것을 크리스탈 유리라고 한다. 고급 향수병 등에 이용된다.

2-3) 유백 유리

무색 투명한 유리 속에 무색의 미세한 결정(불화규산소다, 염화나트륨 등)이 분산되어 있어서 빛을 흩어지게 하기 때문에 유백색으로 보인다. 입자가 매우 조밀한 것을 옥병(硭瓶), 입자가 큰 것을 앨러배스터(alabaster)라고 부른다.

3) 금 속 ; Metals

3-1) 알루미늄 ; Aluminum

가볍고 가공성이 좋기 때문에 에어로졸관, 립스틱, 콤팩트, 마스카라, 펜슬 용기 등에 널리 이용되고 있다. 표면장식이나 산화방지를 목적으로 알루마이트(Alumite)를 넣거나 도장하여 사용한다.

3-2) 놋쇠, 황동 ; Brass

동과 아연의 합금이며 소재의 외관은 금에 가깝고 고비중(高比重)이므로 투명코팅을 하거나 도금이나 도장을 하여 콤팩트, 립스틱 용기 등에 이용한다.

3-3) 철(Steel), 스테인리스 스틸(Stainless steel)

철은 녹슬기 쉬우므로 주석 도금과 코팅으로 산화방지 가공을 하여 에어로졸관의 일부로 이용한다.

또 크롬, 니켈의 합금으로 녹슬지 않는 스테인리스로서 이용된다.

12-3-2. 성형, 가공방법

1) 플라스틱의 성형방법 ; Plastic forming methods

플라스틱은 열경화성 또는 열가소성이 있어서, 그 성질에 따라 성형방법이 크게 달라진다.

1-1) 압축 성형 ; Compression molding

열경화성 수지의 대표적 성형방법이다. 입상(粒狀) 또는 분말상의 재료를 가열된 금형내에 넣은 상태로 고온 고압에서 일정 시간 동안 경화시킨다.

1-2) 사출 성형 ; Injection molding

가열 용융시킨 수지를 냉각된 금형내의 공간에 고속으로 밀어 넣는다. 일정 온도까지 냉각시켜 굳힌 다음 금형을 풀어 제품을 꺼낸다. 콤팩트, 캡, 중간 마개 등이 이 방법으로 제조된다.

1-3) 블로우 성형 ; Blow molding

병과 같이 속이 빈 제품을 만드는 방법으로 중공(中空) 성형 또는 흡입 성형이라고도 한다.

① Direct Blow : 연화(軟化)한 수지를 튜브상태로 뽑아내서 금형에 끼워 넣고 공기를 흡입시켜 팽창시킨다. 입구가 작은 병류가 이 방법으로 만들어진다.

② Injection Blow : 사출 성형에 의해 입구부와 두꺼운 몸체를 만들고 이것을 Blow 금형에 넣어 공기를 흡입시켜 성형한다. 입구의 내경보다 몸체의 내경이 큰 병 등이 이 방법으로 만들어진다.

1-4) 압출 성형 ; Extrusion Holding

가열 연화시킨 수지를 원통형 틈 사이로부터 압출한다. 압출 틈을 2중, 3중으로 하면 2층, 3층으로 된 튜브의 몸체가 만들어진다.

1-5) 진공 성형 ; Vacuum forming

시트(sheet)의 사방을 고정시켜 가열 연화하고, 시트와 형틀 사이의 공간을 진공으로 하여 시트를 형에 밀착 시켜 만든다. 콤팩트에 들어가는 제품의 재충전 용기 등에 사용된다.

2) 유리의 성형법 ; Glass forming method

2-1) 블로우 성형 ; Blow-forming

용융 유리를 형틀에 넣고, 공기를 불어넣어서 모양을 만든다. 가는 입구의 병 등을 만들 때 쓰이는 방법이다.

2-2) 프레스와 블로우 성형 ; Press and blow forming

용융 유리를 1차형에서 압축하여 두께를 균일하게 하고, 블로우형으로 옮겨서 공기를 불어넣어 성형한다.

2-3) 프레스 성형 ; Press Forming

용융 유리를 오목형에 부어 넣고 위에서 볼록형으로 눌러서 성형한다. 입구 내경과 몸체 내경이 같거나 몸체 내경이 그 이하의 것에 이용된다.

3) 금속의 성형법 ; Metal forming methods

3-1) 프레스 성형 ; Drawing

판상의 소재로부터 볼록형과 오목형을 조금씩 변화시켜가면서 수 차례 프레스하여 최종 형상을 만드는 방법을 말한다. 립스틱, 마스카라류의 용기에 이용된다.

3-2) 임팩트 성형 ; Impact molding

알루미늄에 고압을 가하면 틈 사이로 흘러나오는 성질을 이용하는 것인데, 1회 압축을 가하여 두꺼운 시트로부터 속이 빈 관모양을 만든다. 에어졸의 알루미늄관과 알루미늄 튜브가 이 방법으로 만들어진다.

3-3) 기타 성형법

전주(電鑄), 다이 캐스팅(die casting) 등이 있다.

12-4 》 화장품 용기의 설계 및 품질 보증

12-4-1. 용기 설계의 추진방법

용기 설계를 원활하게 하기 위해서 우선 상품기획의 개념을 기초로 용기 설계 목표를 명확히 해 둘 필요가 있다.

설계 목표 내용은 다음 사항을 고려하는 것이 바람직하다.

① 용기의 타입, 재충전의 유무

② 내용물 특성, 내용물 보증에 따른 제약 사항

③ 구성 재료에 따른 재질, 형상 등의 사전 확인

④ 내용물 사용량, 사용 실례, 휴대성 등의 사용방법 및 사용성을 고려한 사항

⑤ 관련 법규의 확인

⑥ 판매 대상자층

등의 설계 목표를 기본으로 디자인을 고려하여 실제로 용기를 설계하게 된다. 용기의 의장은 상품의 패션성이라는 중요한 역할 뿐 만이 아니라 용기의 기능성, 사용성과도 밀접한 관계가 있다. 그러므로 통상 시험 제품 또는 모델을 만들어 충분히 각 항목을 검사하고 양산단계로 들어간다.

용기의 사양을 결정할 때까지 확인할 항목은

① 재료 시험법에 근거한 시험 제품의 평가

② 공업 소유권의 확인

③ 비용 확인

④ 양산성 확인

⑤ 환경 보전에 대한 배려

등을 들 수 있다.

또한 양산에 들어가기 전에 실제 공정으로 소규모 생산을 하여, 시험 제품에서 확인할 수 없는 양산에서의 품질 안전성, 작업성 등에 대하여 파악할 필요가 있다.

12-4-2. 재료 시험법 및 규격

설계를 마친 화장품 용기가 당초의 설계 품질을 만족시키고, 시장에서의 생산 품질에 대해서도 문제가 없음을 확인하기 위해, 제품화 각 단계에서 충분한 품질 보증을 실시할 필요가 있다. 용기의 최종 형태, 기구, 소재, 가공 방법, 사용 방법, 사용 장소, 유통 경로 등을 고려함을 물론, 적절한 보증 항목과 그것에 대응한 재료 시험법을 검토해야 한다.

1) 재료 시험법에 대하여

용기의 보증 항목은 일반적으로 다음 항목이 고려된다.

1-1) 내용물 보증 확인

내용물의 안정성, 의약부외품으로서의 약제 안전성, 변취, 변색, 립스틱 등의 스틱류는 부

러지거나 빠지지 않는가 등

1-2) 소재 적성 확인

부식, 변취, 변퇴색, 포화, 용출, 크랙(crack), 안전성 등

1-3) 기능 확인

개폐 용이성, 결합 부분 강도, 표면 장식의 박리, 긁힘, 기밀성, 시간 경과시의 내용물 감량 등

1-4) 기본 사양 확인

용기 외관, 치수, 용량 등

이와 같이 여러 가지 보증 항목에 대응하여 개개의 재료 시험법을 실시한다. 대표적인 시험법으로 온도, 습도, 온수, 열충격, 내(耐)내용물, 내알코올, 내수, 내염수, 땀에 강한 정도, 내세탁성, 스트레스 크랙, 내압, 낙하, 내구성, 마찰, 운송 시험 등 각 시험법이 있다.

이러한 시험법 설정의 유의점을 아래에 나열하였다.

① 종래의 유사 제품을 참고하는 것은 당연하나 특히 새로운 타입의 용기는 사용 방법, 사용 사례 등 있을 수 있는 모든 것을 상정하여 충분히 주의할 필요가 있다.

② 용기만의 보증에 그치지 않고, 예를 들면 립스틱이 부러지기 쉬운가를 확인하는 등의, 내용물과 함께 제품의 보증을 실시한다.

③ 용기의 사용성, 휴대성 등에 대해서 사내 모니터, 또는 일반 모니터를 이용한 사용 테스트를 통 필히 확인한다.

④ 시험 기간의 단축화, 시장에서의 문제 발생 방지를 위해서 종래의 시험법 이외에 적절한 가혹 또는 가속 시험법을 선정하여 검사한다.

2) 재료 규격에 대하여

일련의 재료 시험법의 결과에 근거하여 최종적으로 제품 개개의 재료 규격을 작성하여 양산 품질 관리 보증을 실시할 필요가 있다. 재료 규격을 보면 어떤 시험을 어떤 조건에서 실시하고, 어느 정도의 품질 수준이 되면 제품으로서 문제없는가를 알 수 있다. 특히 품질 수준은 과거의 실적, 문제가 생긴 사례, 숙련자의 경험 등을 근거로 과잉 보증이 되는 일이 없이 적정하게 설정되도록 배려해야 한다.

12-5 》 화장품 용기의 동향

12-5-1. 소재, 가공 방법

과학 기술의 진보와 함께 화장품 용기에 이용되는 소재 및 가공 방법도 변하고 있다. 일례를 들면 유리 용기는 그 내용물 보호성, 투명성의 면에서 지금까지 널리 이용되었다. 그러나 PET병이 개발되어, 투명성, 내용물 보호성, 경량화라는 장점 때문에 화장품 용기에 많이 사용되고 있다.

이와 같이 새로운 소재, 가공방법이 개발됨으로써 화장품 용기, 화장 용구 등에 응용되고 지금까지 불가능했던 새로운 용기 형태, 사용감을 지닌 용기가 나타날 가능성이 나타나고 있다.

또한 최근 수지의 적층 기술이 진보되어, 화장품 용기 등에 자주 이용되는 PE에 다른 종의 소재를 적층함으로써, PE 단층에서는 나올 수 없는 여러 가지 특성을 부가하는 것이 가능해졌다. 예를 들면 내유성이 양호한 수지와 기체 투과, 냄새 투과가 적은 수지를 적층하여 내용물 보호 기능을 향상시킨다. 또 외층에 광택이 있는 수지를 적층하여 내용물 보호 기능을 향상시킨다. 또 외층에 광택 수지를 적층하여 광택감을 부여하는 것도 가능하다.

한편 표면 처리 기술은 자외선 경화 수지의 개발에 의한 표면 경도 상승, 내마모성, 자외선 조사에 의한 순간 경화 등의 장점을 살려서, 화장품 용기에도 응용하고 있다. 예를 들면 이것을 수지 용기에 코팅하여 좀처럼 손상되지 않는 용기를 만들 수 있고, 또 인쇄 잉크 등에도 응용되어 그 특성을 발휘하고 있다. 그 외 수지에 알루미늄 등의 금속을 진공 증착시키는 기술도 진보하여 여러 가지 색조의 금속적 외관이 나오게 되었다.

현저한 기술 진보와 함께 앞으로도 새로운 소재, 가공 방법이 잇따라 개발되어 화장품 용기에 응용되어 나갈 것이다.

12-5-2. 환경 보전에의 대응

1999년 현재 지구의 인구는 60억이 넘을 것으로 추정하고 있다. 백 년 사이에 45억이 증가한 것이다. 이에 따라 지구 환경의 악화는 모든 장소에서 여러 가지 형태로 두드러지게 나타나고 있고, 현재 지구 환경 보전의 문제는 신속한 대응이 시급하다.

예를 들어 신변에서 가까운 문제로서

- 화석 연료의 대량 소비에 따라 대기 중에 탄산 가스량이 증가하여 지구의 온난화가 촉진된다.
- 에어졸이나 냉매를 이용한 프로판 가스로 인하여, 성층권인 오존층이 파괴되고, 따라서 지상에 종전 이상의 자외선이 도달하여 생태계 환경을 변화시키거나, 인체에 과다 노출되어 피부암을 증가시킨다.

- 염화 비닐계 수지 등의 소각시 발생하는 맹독성의 다이옥신이 지구를 오염시키고, 동시에 발생한 염화 수소에 의한 산성비가 지구를 사막화시킨다.
- 환경 호르몬이라는 내분비 교란 물질에 의해 생태계 환경이 변화한다.
- 자원의 고갈.
- 쓰레기 처리장의 부족

등을 들 수 있다.

이를 억제하는 일본의 법률에는 다음과 같은 것이 있다.

- 환경 기본법
- 폐기물 처리법
- 대기 오염 방지법
- 용기 포장 리사이클법

인구가 늘고, 생활이 풍요로워지면서 에너지의 소비량도 증가하고 폐기물이 늘어난다. 일본의 폐기물에서 용기 포장이 차지하는 비율은 6할에 달하고, 이 중 화장품 용기가 차지하는 양도 적지 않다. 이와 같은 상황에서 화장품 제조사로서 용기 포장에 대한 다음의 대응이 과제가 될 것으로 보인다.

① 인체 및 환경에 유해한 물질의 사용 중지

- 염소를 함유한 수지 : 폴리염화비닐, 폴리염화비니리덴, 클로로프렌 라버 등을 사용한 후 소각시에 다이옥신, 염화수소 등을 발생시킨다.
- 내분비 교란 물질 : 환경 호르몬이라고 하는 것으로, 생태계에서 호르몬과 같은 작용을 하는 화학물질. 도료, 플라스틱의 원료, 또는 안정제 등에 사용된다. 비스페놀 A, 노닐페놀 등 약 70종류가 보고되어 있다.
- 인체에 유해한 중금속 : 도료나 플라스틱 착색제, 안정제로 사용되는 비소, 납, 카드뮴, 크롬, 세렌 등

② 감용기화 · 감량화

- 에너지 자원 패키지 : 내용물의 품질 변화를 방지할 수 있는 최소 중량 설계 용기를 말한다. 확장 블로우 용기, 파우치 팩(필름 팩) 등이 있다.
- 리필화 : 디스펜서의 편리용(reuse)이나 사용 간편한 교체 용기로 용구, 용기를 유효하게 이용한다.
- 포장의 간소화 : 상품의 과대 포장에 대하여 업계에서는 「적정 포장 기준」을 정하고 있다. 기타 지방 조례, 공정 경쟁 규약에 의한 법적 규제도 있다.

③ 리사이클화

- 역분해 용기 설계 : 용기를 리사이클화하기 쉽도록 다른 종의 소재의 부품을 분해하기 좋게 설계한다.
- 구성 부품의 동소재화 : 용기를 리사이클하기 쉽도록 가능한한 구성 부품을 동소재(동종 소재)로 설계한다.
- 재생 재료 활용의 확대 : 재생된 재료의 용도를 확대하고 재사용을 권유한다. 재생지, 알루미늄 음료 캔(can to can), 재생 PET시트 등이 있다.
- LCA(Life Cycle Assessment)의 도입 : 제품이 환경에 끼치는 영향을, 원재료의 채취로부터 제품 폐기에 이르기까지 각 단계마다 분석하고 종합 평가하는 시스템을 도입.

또한 환경 보전에의 대응으로서 다음 사항을 검토하는 기업이 늘고 있다.

① 환경 경영의 도입

환경 대책에 드는 비용과 효과를 인식하고 산출하여 경영에 반영해 나아간다.

② ISO 14001 인정 취득

환경 매니지먼트의 국제 규격으로서의, 일정 기준을 준수하면 인증을 취득할 수 있다.

③ 그린 조달

환경 대책에 적극적으로 참여하는 기업과 연계하는 것인데, 그 기준으로서 ISO 14001 인증 취득, 환경 보고서의 발행, 회수 루트의 보증 등이 있다.

13 화장품과 에어로졸 기술

에어로졸(aerosol)은 물리학적으로 「기체 중에 고체 또는 액체의 미립자가 분산되어 있는 콜로이드 상태」를 말한다. 최초로 개발된 살충제, 헤어스프레이가 본래 의미에서의 에어로졸인데, 가스의 압력을 이용하여 내압용기로부터 액체 등을 토출하는 제품까지 총칭하여 에어로졸이라 부른다. 현재 에어로졸 제품은 그 기능의 편리성 때문에 화장품에 널리 이용되고 있으며 토출상태에 따라 용도를 분류하면 다음과 같다.

① 분무 제품 : 헤어 스프레이 등

② 분말상태 제품 : 파우더 스프레이 등

③ 거품상태 제품 : 헤어 스타일링 폼 등

④ 페이스트상태 제품 : 크림 등

화장품 분야에 널리 이용되고 있는 것은 거품상태 제품과 분무 제품이다.

13-1 》 에어로졸의 원리와 구조

13-1-1. 에어로졸의 원리

에어로졸의 원리는 내압 밀폐 용기 내에, 분사시키는 내용물과 분사제(가스)를 넣어 분사제의 압력으로 내용물을 균일하게 분사 또는 토출시키는 것이다. 예를 들어 용해상태의 원액에 액화가스를 40~70% 정도 용해시키면 분무상으로 분사된다. 유화상태의 원액에 액화가스를 5~15% 혼합하면 거품 상태로 토출된다.

13-1-2. 에어로졸의 구조 ; Components of an aerosol

에어로졸 제품의 구성을 나타내면 각각 다음과 같다.

① 분사시키는 내용물(원액) : 액체, 분말 등

② 분사제 : 액화가스, 압축가스

③ 분사장치 : 밸브, 버튼

④ 내압용기 : 금속, 유리, 플라스틱

에어로졸 제품의 작동상태를 나타내면 그림 13-1, 2와 같다.

분사제의 압력으로 용기내부는 가압 상태가 되고 상부의 버튼을 누르면 분사장치가 열려 액층(원액+분사제)이 분사된다. 버튼을 놓으면 분사장치가 닫혀 분사가 중지된다.

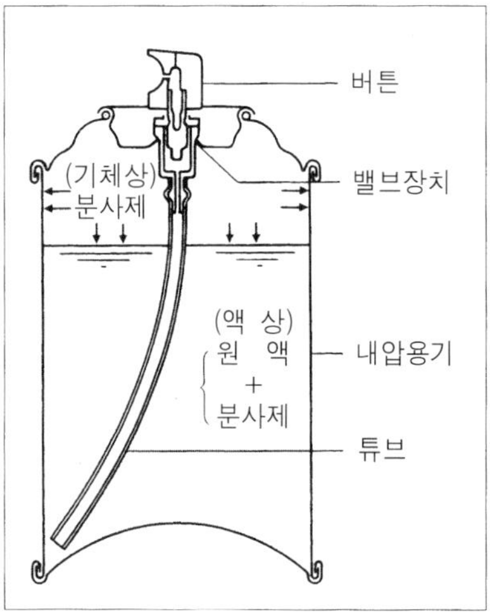

그림 13-1. 에어로졸의 기구도

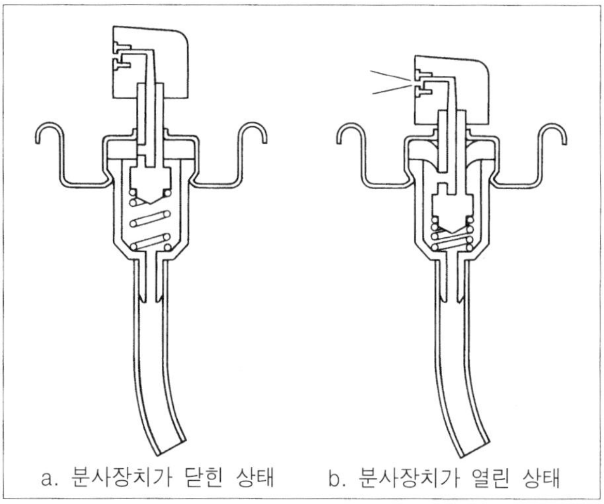

그림 13-2. 밸브의 개폐 구조

13-2 》 에어로졸의 분사제 ; Aerosol Propellants

분사제(propellant)는 액화가스와 압축가스의 2가지로 나뉜다.

13-2-1. 액화가스 ; Liquefied gas

상온에서는 기체로 존재하고 가압함에 따라서 용이하게 액화하는 가스이다. 밀폐된 용기 내에서 액체와 기체가 공존하기 때문에 안정된 압력이 얻어진다.

1) 액화석유가스 ; Liquefied Petroleum gas(LPG)

저급 탄화수소인 프로판, 부탄, 펜탄 등의 배합비율에 따라 압력을 조절하여 이용한다. 가격이 싸고 냄새도 적은 가연성 가스이다. 인화성이 강하므로 원액처방이나 밸브 종류를 잘 선정하여 분사시의 세기나 분사량을 조절하여 안전성을 높일 필요가 있다.

2) 디메틸에테르 ; Dimethyl ether(DME)

DME의 특징은 물에 대한 용해성이 좋고, 헤어스프레이 등에 이용되는 세팅제와의 상용성도 좋다는 것이다. 따라서 스프레이에 LPG를 혼합하거나 단독으로 사용한다. DME도 가연성 가스이기 때문에 인화성에 대하여는 LPG와 같은 주의가 필요하다.

3) 프레온가스 ; Chlorofluorocarbon

프레온은 일반적으로 분자가 염소, 불소, 탄소, 수소로 구성되고 각종 구조의 저비점인 물질을 총칭하는 것이다. 안정성, 불활성, 안전성 때문에 지금까지 에어로졸 제품의 분사제로서 널리 이용되어 왔다. 그러나 특정 프레온가스는 오존층 파괴의 원인이 되는 것으로 판명되어 세계적으로 사용을 금지하는 추세이다. 현재 특정 프레온가스의 대체로서 오존층 파괴 등 환경에 나쁜 영향을 미치지 않는 프레온가스의 대체물질 개발이 진행되고 있다.

13-2-2. 압축가스 ; Compressed gas

질소가스, 탄산가스 등 상온, 저압하에서는 액화하지 않는 가스를 말한다. 용기에 압축된 상태로 충전된 가스는 원액에 용해하지 않고 원액상부의 기상으로부터 압력을 가하는 작용을 한다. 액화가스와 비교하여 상용성, 반응성, 가연성 등의 문제는 없다. 그러나 사용함에 따라서 용기내의 압력이 저하되기 때문에 특수밸브, 버튼의 검토가 필요하다.

13-3 》 에어로졸의 원액(분사물질)

액체, 분말, 크림 상태의 원액이 있다. 토출상태, 사용방법, 내용물의 사용성에 따라 어떤 원액, 가스를 선정할 것인지, 또 원액과 가스의 비율, 가스의 압력을 어떻게 설정할 것인지 충분히 검토할 필요가 있다. 에어로졸의 원액은 특히 다음의 시험으로 문제가 없는지 확인하고 처방해야 한다.

1) 용해도시험

원액조성에 따라서는 함유된 성분이 가스와 혼합되었을 때 석출되거나 분리될 염려가 있으므로 가스에 대한 원액의 용해도를 각 온도 조건에서 확인한다.

2) 내압시험

내용물의 토출성능은 내압에 큰 영향을 받는다. 적당한 토출상태를 확보하기 위해서 또 내압이 법규상 허용된 범위 내에 들어가도록 원액과 가스의 혼합물에 대하여 각 온도조건에서 내압변화를 측정한다.

3) 토출시험

통상 사용하는 온도의 범위 내에서 안정된 사용성을 보증하기 위해 각 온도에서 토출상태 또는 분사상태를 확인한다.

4) 저온시험

내용물 조성에 따라서는 저온에서 원액점도의 급격한 상승, 또는 원액에 포함된 성분이 석출, 분리를 일으키는 수도 있다. 따라서 냉각 충전을 하는 경우 저온(-30~-40℃) 상태에서의 안정성, 점성을 확인할 필요가 있다.

5) 기 타

원액의 pH, 비중, 용기에의 영향, 각 온도에서의 점도, 안정성에 관해서도 확인한다. 분사제와의 상용성이 나쁜 원액, 고점도의 원액 등은 특히 주의할 필요가 있다.

13-4 》 에어로졸의 용기 ; Aerosol containers

13-4-1. 내압용기

에어로졸 내압용기로는 금속, 유리, 합성수지의 용기가 사용된다. 법규상 1.3MPa(메가 파스칼)의 압력에 변형되지 않고 1.5MPa에서 파괴되지 않을 것으로 규정하고 있으므로 각각의 재질에서 내압설계에 대한 기술이 필요하다. 대표적인 내압용기의 특징은 다음과 같다.

1) 알루미늄 캔

알루미늄 캔은 일반적으로 하부와 몸체가 일체로 제작되고 내면 코팅을 한다. 수성 원액에도 내부식성이 좋아 화장품용 에어로졸에 많이 이용되고 있다.

2) 주석 캔

주석 캔은 철에 주석을 도금한 재질로 수성원액에 의한 부식이 발생하기 쉬우므로 주로 비수계의 원액에 이용된다.

3) 유 리

유리 용기는 충격에 약하기 때문에 법규상으로는 내용적이 100mL 이하, 외면에 합성수지 등으로 피복하도록 정하고 있다.

4) 합성수지

현재 사용되는 재질은 폴리에틸렌테레프탈레이트(PET), 폴리아크릴로니트릴(PAN)등이 있으며 원액과 가스와의 내약품성, 투과성 등을 충분히 검토해야 한다. 법규상으로는 유리용기와 같이 취급되고, 현재 소형제품으로 사용되고 있다.

13-4-2. 밸브, 버튼, 스파우트, 캡

에어로졸 제품의 제품특성은 원액, 가스에 의한 부분이 크지만 벨브, 버튼(분무상의 경우 사용), 스파우트(분무상 이외의 토출의 경우 사용)에 의해서도 분사상태가 변화하는 경우가 많다. 그러므로 이들의 검토가 중요하다.

1) 밸 브

그림 13-3이 일반적인 밸브의 구조인데, 에어로졸 내용물의 분사상태 및 분사량을 조절하는 장치이다. 사용목적에 따라서 여러 가지 종류가 있다. 분무 제품에서는 분사입자의 미세함 및 인화성을 억제하기 위해 하우징의 옆에 구멍을 만들어 기체상의 가스를 혼합하는 경우가 많다. 또 거꾸로 들고 사용하는 거품상 제품에는 딥 튜브를 없애고 하우징에 작은 구멍(slit)을 많이 만들어 사용하는 것이 일반적이다. 벨브의 또 한가지 중요한 점은 가스를 밀폐시키는 것이다. 원액처방, 가스의 종류에 맞는 스템레버, 가스켓 등의 밀폐레버 재질의 검토가 필요하다.

2) 버튼, 스파우트

에어로졸의 내용물이 분사 또는 토출되는 출구가 버튼, 스파우트 부분이다.

분무상제품에서는 입자를 미세하게 하기 위해 액의 흐름을 격류시키는 특별한 방식(mechanical break up)이 이용된다. 거품상태 제품은 거품의 단절이 나쁜 경우 선단밀폐 방식을 이용하는 경우도 있다.

3) 캡

에어로졸 밸브, 버튼을 보호하기 위해 법규상으로도 보호 캡이 필요하다고 되어있다. 단, 눌러도 내용물이 나오지 않는 방식인 경우는 이러한 제한을 받지 않는다.

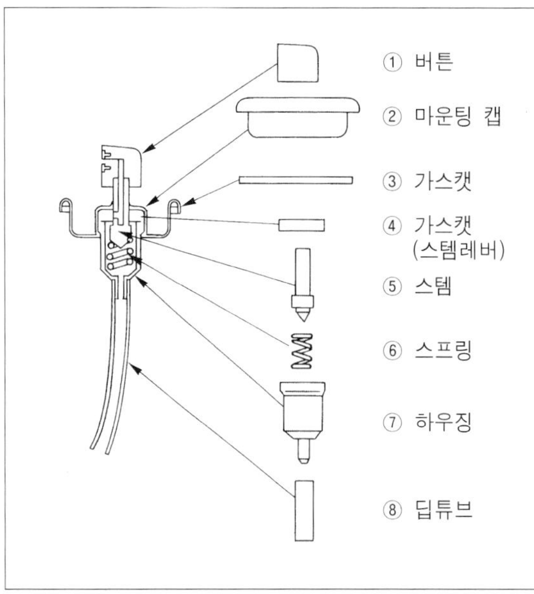

그림 13-3. 밸브의 구조(일반적인 밸브)

13-5 》 에어로졸의 법규

에어로졸 제품은 다른 화장품과 달리 고압가스를 사용하므로 고압가스 취급법의 규제를 받는다. 주요내용은 다음과 같다.

1) 에어로졸 제조에는 독성가스를 사용하지 않을 것
2) 인체에 사용하는 에어로졸(고시로 정하는 것은 제외)의 분사제인 고압가스는 가연성 가스가 아닐 것
3) 용기중의 압력은 35℃에서 0.8MPa 이하일 것
4) 35℃에서 에어로졸의 용량을 용기내 용적의 90% 이하로 할 것

5) 에어로졸의 충전된 용기의 외면에 제조자의 명칭 또는 기호, 제조번호 및 취급시 필요한 주의사항을 명기할 것

주의표시의 예(헤어 스프레이 등)

가연성 화기주의(적색바탕에 백색문자)
고압가스를 사용한 가연성 제품으로 위험하므로 다음의 주의 사항을 지킬 것. 1. 불꽃을 향하여 사용하지 말 것. 2. 스토브나 히터 등의 화기부근에서 사용하지 말 것 3. 화기를 사용하고 있는 실내에서 대량으로 사용하지 말 것 4. 온도가 40℃ 이상 되는 장소에 놓아두지 말 것 5. 불 속에 넣지 말 것 6. 완전히 사용하고 버릴 것

액화 가스 에어로졸의 일례를 나타냈는데, 상세한 것은 고압 가스 보안법 일반 고압 가스 보안 법규 제 6조 3의 7(1997년 4월 1일)을, 또 1MPa 이하의 압축 가스 에어로졸은 고압 가스 보안법의 법규를 받지 않기 때문에 에어로졸 공업계의 자체 기준(1997년 10월)을 참조하기 바란다.

13-6 》 에어로졸의 제조방법

대량생산을 함에 있어서 사전에 다양한 시험을 거쳐 제품의 안정성, 용기의 부식성, 가스 투과성 등 충분한 확인실험을 실시할 필요가 있다.

13-6-1. 제조공정

일반적인 공정은 그림 13-4와 같다.

① 누출 검사는 55℃의 온수 속에 2-3분 정도 경과시켜서, 가스의 누출여부를 완전히 검사한다.

② 분사검사는 필요에 따라서 수초간 분사한다.

③ 내압, 인화성 시험을 법규에 준해서 실시한다.

에어로졸의 대량생산에서는 제조 조건의 불규칙이 제품 클레임이 되는 경우가 있으므로 가능하면 균일화하여 품질을 유지할 필요가 있다.

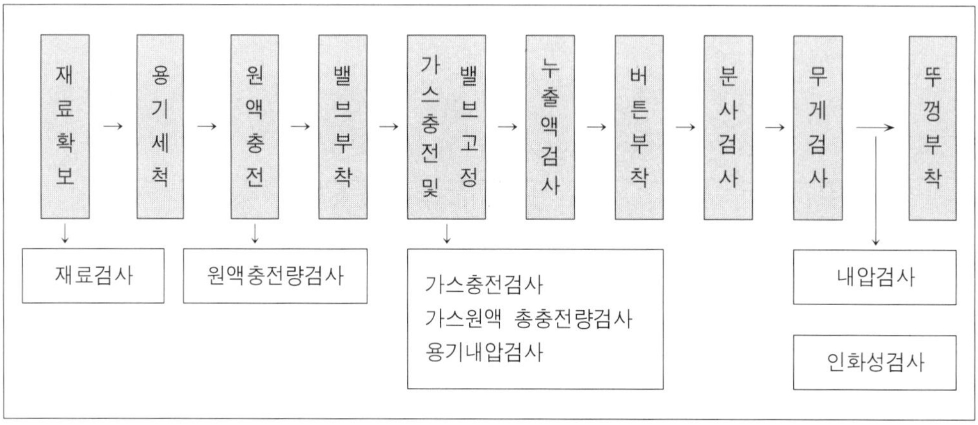

그림 13-4. 제조 공정도

13-6-2. 가스의 충전방법

가스의 충전방법은 냉각충전과 가압충전이 있으며 가압충전에는 언더캡 방식과 스루더 밸브 방식이 있다.

1) 냉각충전

원액과 액화가스를 냉각하고, 가스를 액체로서 용기에 충전하는 방법으로 현재는 거의 사용되지 않는다.

2) 언더 캡 방식 가압충전

원액을 충전하고, 밸브를 넣은 후 벨브와 용기의 틈사이로 공기를 빼면서 가스를 충전하고, 바로 밸브를 용기에 고정하는 방식으로 가스량이 많은 헤어스프레이 등에 사용된다.

3) 스루더 밸브 방식 가압충전

용기 내에 원액을 넣고 공기를 빼고 밸브를 고정시킨 후 내용물 등이 빠져나가는 구멍으로 가스를 가압 충전한다. 충전량을 정확히 할 수 있고 가스량이 적은 거품상 제품 등에 사용된다.

13-7 》 에어로졸 화장품의 사용상의 주의점

에어로졸 화장품을 안전하게 사용하기 위해서는 다음과 같은 점에 주의할 필요가 있다.

1) 압력에 대한 주의

40℃ 이상에서의 사용은 압력상승 때문에 위험하다. 또 저온에서는 내압이 저하되고 원하는 분사상태가 되기 어렵다.

2) 인화성의 주의

가스가 가연성이며 원액도 가연성 물질을 사용하는 경우가 많으므로 화기를 피하여 사용할 것. 또 불속에 던지면 폭발할 위험도 생각해야 하므로 불속에 넣지 말 것.

3) 버리는 방법상의 주의

가스를 완전히 빼서 버릴 것. 이중 용기의 경우는 주의표시에 따라서 가스를 누출시킬 것. 가스가 남아 있으면 청소차 내 등에서 쓰레기와 함께 발화할 수 있다.

4) 사용방법의 주의

표시된 사용방법을 지킬 것. 현재 세워서 사용, 거꾸로 사용, 세우거나 거꾸로 사용하는 제품이 시장에 섞여 있다. 표시 이외의 방법으로 사용하는 경우 가스가 빠져나가 사용할 수 없게 되는 경우가 있다.

13-8 》 에어로졸 화장품의 동향

에어로졸 화장품은 편리성 때문에 최근 증가 추세에 있다. 그 중에서 에어로졸 기술의 동향을 알아본다.

13-8-1. 특수 에어로졸

특수 에어로졸로서는 이중구조 용기를 이용한 에어로졸이 있으며, 이 경우 인너백 방식과 피스톤 방식이 있다.

1) 인너백 방식

이중구조 용기의 내측의 연재질 용기(PE, 연질 알루미늄)에 내용물을 넣고 외측에 가스를 충전하여 가스의 압력이 내측의 용기를 눌러 내용물을 토출시키는 방법이다.

2) 피스톤 방식

용기 내에 피스톤 꼭지를 가진 용기를 이용하여, 피스톤 꼭지의 상부에 내용물을 충전하고 하부에는 가스를 충전하여 이 가스의 압력으로 피스톤 꼭지를 눌러 올려서 내용물을 토출하는 방식이다.

이와 같은 이중구조 에어로졸 방식에 의해 종래의 에어로졸로는 제품화가 될 수 없었던 고점토 원액의 토출이 필요한 경우 또는 원액과 가스가 분리 상태로 충전되므로 원액만을 토출하고 싶은 경우에 유효하다.

13-8-2. 환경보전에의 대응

에어로졸 제품을 설계하는 경우 오존층 파괴, 대기오염, 지구 온난화 등 지구환경 보전에의 대응에 대해서도 고려할 필요가 있다. 그래서 최근에는 가스 사용량을 줄인다든지, 액화가스를 사용하지 않는 압축 가스 에어로졸 개발이 활발하다. 또 가스를 전혀 사용하지 않는 방식의 용기 개발이 적극적으로 추진되고 있다. 이렇게 가스를 전혀 사용하지 않는 방식의 예로서 분무 제품으로서 수동 오토마이저, 전동 스프레이어, 에어압축 방식 등이 있으며, 액상제품으로는 디스펜서를 이용하는 방식과 원액을 거품상으로 하여 토출하는 방식 등이 연구되고 있고, 일부는 이미 제품화 되 어 있다.

용기 포장 리사이클의 관점에서 밸브 재질과 캔 재질의 동 소재화, 캔 제조 제한량의 감량화, 수지 어깨 커버의 탈착화 등의 검토가 이루어지고 있다.

14 화장품과 분석

화장품과 분석화학의 관계를 고려할 때 그들은 종래의 정의대로 크게 화장품 원료의 분석과, 제품인 화장품, 의약부외품의 분석으로 구분되고[1~4], 분석기술의 진보, 화장품 원료 및 화장품과 관련된 공정시험법의 정비와 충실함이 이루어진 현재에는, 본서에서 취급하는 분석 대상도 화장품뿐만 아니라, 화장품이 사용되는 피부, 손톱, 모발의 소위 생체 관련 성분까지 확대되어야 할 것이다.

또 원료, 제품 카테고리마다 분석법을 집대성한 기존 책자들이 있으므로 처방의 다양화도 고려하여 분석기술을 중심으로 정리하면, 보유하고 있는 분석기기에 맞추어 본서를 쉽게 이용할 수 있을 것이다. 분석법의 원리, 상세한 것에 대해서는 기존 책이 있고 이미 기술한 바와 같이 공정시험법화 되어 있는 것도 많으므로 여기서는 주로 응용면을 예시하고자 한다.

14-1 》 화장품의 분석

화장품의 분석 목적은 화장품을 규제하는 약사법에 의해 요구되는 각종의 분석, 즉 「국민의 건강과 위생의 확보」라는 관점에서 화장품에 사용되는 원료의 품질을 확보할 목적으로 실시되는 분석 및 화장품(주로 의약부외품)에 배합되는 성분의 함량 보증을 위한 분석, 그리고 그 연장선상이라 할 수 있는 화장품 제조자로서 고도의 품질보증을 위한 분석으로 크게 구분된다. 분석은 품질보증 측면 이외에 개발이라는 진보적인 측면도 중요한 역할을 담당하고 있고, 따라서 그 기초가 되는 분석기술 개발 노력도 병행해 나가지 않으면 안된다. 기기분석 및 컴퓨터에 의한 데이터 처리기술의 급속한 진보, 또 시판 시약 및 기구의 진보와 확충에 따라 분석도 고감도화, 신속화, 자동화가 촉진되어 왔다. 분석의 기본조작인 분리, 일정성, 정량조작에 고도화된 기술을 어떻게 잘 적용하여 목적을 달성해 가는가가 금후의 화장품의 분석에 주어진 과제이다. 이런 의미에서도 각 단위 분석기술이 화장품 분석에 이용되는 상황을 충분히 이해하는 것이 중요하다.

14-1-1. 일반적 분리조작

화장품뿐만 아니라 화장품 원료 자체도 분석의 관점에서는 다성분의 혼합물인 경우가 많아서 일반적 분리조작은 대단히 중요하다.

표 14-1. 일반적 분리조작과 화장품 분석에의 이용

단위분리조작	기본조작 개요	적용의 예
증류, 증발	수욕상에 방치하고, 잔류물을 분리 증류물, 공비물로 분비	수분, 에탄올, 휘발성 실리콘, 프로필렌글리콜, 그 외 용제의 제거, 수분정량(자일렌증류법), 알코올수, 암모늄시험법, 수용성 모노머
원심분리 (여과)	용매가용물과 불용물의 분리	유기물과 무기물의 분리, 무기물과 나일론 파우더의 분리(메타크레졸), 무기물과 폴리에틸렌의 분리(고온 톨루엔, 자일렌), 무기물과 금속비누의 분리(고온 벤젠), 무기물, 유지, 활성제와 점액질, 수용성고분자 분리(고온 물, 에탄올)
분별침전	용매의 용해도 차이에 의한 침전 분리	수지와 가소제의 분리 나일론 메타크레졸 용액에서 나일론의 분리(아세톤)
액액추출	2종의 비혼합용매에 의한 분리	계면활성제에서 유분의 분리, 이온성 계면활성제의 대 이온의 분리
재(태워서)화	고온에 의한 분해	무기물의 분리

다량의 시료를 취급하고, 정량분석의 기본인 중량분석에 직결된다는 면에서 다음항의 컬럼 크로마토그래피와 함께 일반적 분리조작이 여전히 널리 사용되고 있고, 특히 정밀함을 요구하지 않는 화장품의 모든 분석에 유용한 방법이다.

표 14-1은 일반적 분리조작과 화장품 분석에 이용한 예를 나타낸 것이다. 특히 원심분리를 단위분리 조작으로 하는 용매추출법은 용매의 선택에 따라서 간단하고 정밀도가 높은 분석법으로써 이용되고 있다. 뒤에 기술하는 다른 분석기술을 포함한 파운데이션의 분석 진행표를 그림 14-1에 나타냈는데, 여기에서도 골격이 되는 분리법으로서의 중요성을 알 수 있다. 분리가 곤란한 대표적인 것은 무기분말의 상호분리를 들 수 있는데 이들 파운데이션은 어떠한 고도의 분리법을 적용해도 그 상태를 변화시키지 않고 분리하는 것은 매우 어렵다. 그러나 산, 알칼리를 잘 조합시키면 일부는 상태를 변화시키지 않고 분리하는 것도 가능하다.

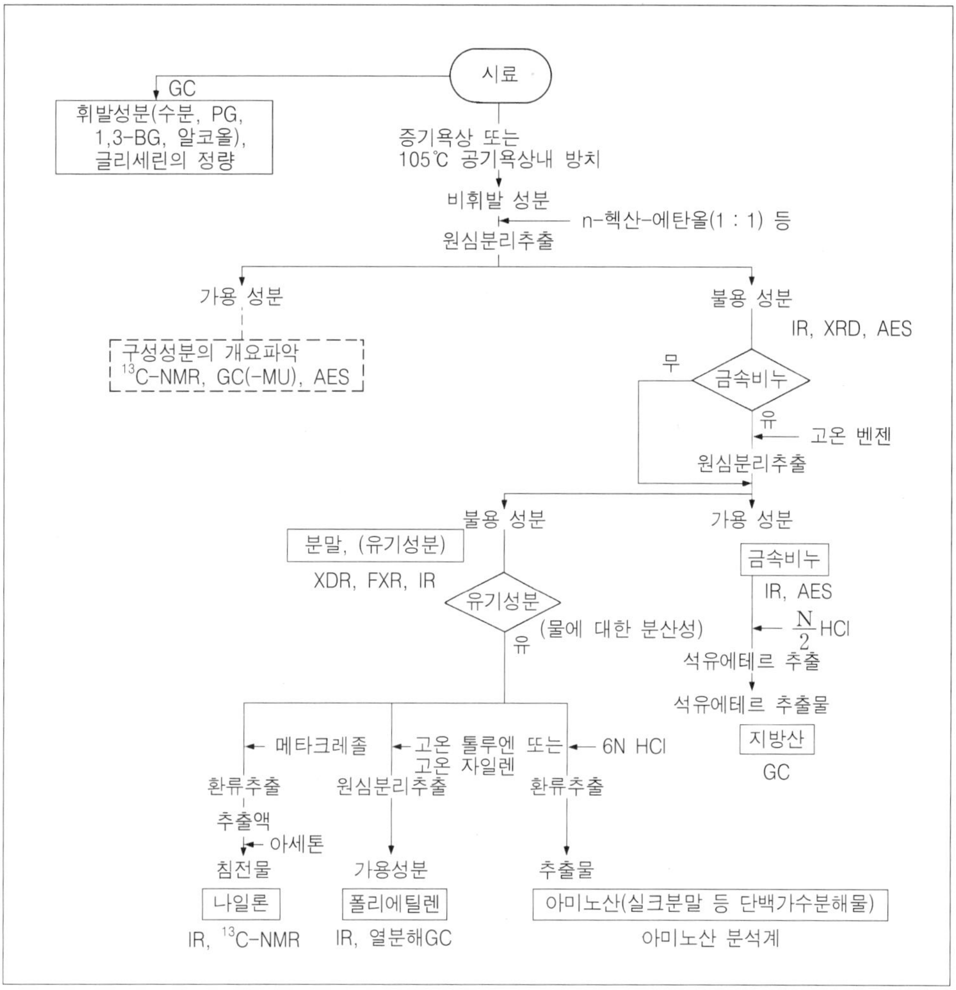

그림 14-1. 파운데이션의 분석 진행표

14-1-2. 컬럼 크로마토그래피 ; Column Chromatography

컬럼 크로마토그래피(CC)는 다량의 시료를 취급할 수 있고 동시에 분리에도 우수한 방법이므로 화장품 분석에는 빼놓을 수 없는 분리법이다. 그 대표적인 것이 실리카겔, 알루미나 등을 이용한 흡착(액-고)크로마토그래피이다. 연속적으로 용출 성분을 모니터하는 장치가 없어서 폭넓게 사용하기 위해서는 계단용출법과 같은 정형적인 이동상계를 설정할 필요가 있다. 또한 분리가 흡착제의 활성도, 용매량 등에 의해 변화하므로 용출물을 다른 방법으로 분석하는 것은 필수이다. 그러나 다성분의 혼합물인 화장품의 분리에는 상당히 유효한 수단이라 할 수 있다.

표 14-2에는 실리카겔 흡착 크로마토그래피, 이온교환 크로마토그래피, 역상분배 크로마토그래피에 대한 이동상계 및 화장품의 대표적인 성분의 용출 움직임을 나타냈다. 이들은 화장품의 분석뿐만 아니고 유지, 라놀린을 함유한 왁스류의 조성 분석에도 적용할 수 있는데, 이 경우에는 비수계 이온교환 크로마토그래피[6,7], 요소부가를 이용하는 크로마토그래피[8]도 이용되고, 또 보온 조건하에서도 분리가 이루어진다.

표 14-2. 각종 컬럼 크로마토그래피와 화장품 분석에의 이용

* 실리카겔 컬럼크로마토그래피

용리용매	용출하는 화장품 성분
n-헥산	• 유동파라핀, 탄화수소왁스
벤젠	• 합성 에스테르 • 왁스 에스테르 • p-메톡시 계피산-2-에틸헥실 • 고급알코올
클로로포름	• 트리글리세라이드 • 고급알코올 • 디글리세라이드 • 지방산
아세톤	• 지방산 • 모노글리세라이드 • 파라하이드록시 안식향산 에스테르 • 에틸렌 옥사이드 부가 비이온계면활성제
메탄올	• 에틸렌 옥사이드 부가 비이온계면활성제 • 폴리에틸렌 글리콜 • 글리세린

(주) • 폴리실록산, 폴리프로필렌글리콜(폴리에틸렌글리콜과의 공중합체를 포함)은 전영역에 걸쳐 용출하는 것이 있기 때문에 요주의
• 실리카겔의 활성도, 용매량에 의해서도 분리가 변한다.

* 이온교환 크로마토그래피

이온교환 컬럼	용출분획	용출하는 화장품 성분
양이온 교환 컬럼	10% 염산 용출분획	식염, 트리에탄올아민, 4급 암모늄염, 아실아미노산
음이온 교환 컬럼	10% 초산 용출분획 10% 염산 용출분획	지방산, 산성에스테르 알킬황산, 알킬에테르황산
비이온성 분획		비이온계면활성제, 유성분

* 역상분배 크로마토그래피

고정상	용출용매	용출하는 화장품 성분
n-헵탄실란 처리 세라이드	50% 에탄올	에틸렌옥사이드 부가 비이온계면활성제, 폴리에틸렌 글리콜
	95% 초산	극성유성분(피마자유), 고급알코올
	클로로포름	탄화수소, 유성분, 합성 에스테르
수포화부탄올실란 처리 세라이드[5)]	부탄올포화수	폴리에틸렌글리콜
	에탄올	에틸렌옥사이드 부가 비이온계면활성제

14-1-3. 가스 크로마토그래피 ; Gas chromatography

가스 크로마토그래피(GC)는 단순히 분리수단일 뿐만 아니라 지속 시간을 지표로 일정한 정보를 얻을 수 있고, 정량적으로도 취급이 용이하며 또 뒤에 나오는 다른 분석수단(질량 스펙트럼, 적외 흡수스펙트럼)과의 결합을 안정되게 할 수 있기 때문에 화장품의 분석에 필요 불가결한 기구 중 하나이다. 또 화장품 원료기준 등의 공정규격에 있어서도 확인시험법에 주로 이용되고 있다. 표 14-3에 그 이용 예를 일람표 형식으로 나타냈다. 화장품 중에 배합되는 광의의 휘발성 성분에 대해서는 정량법, 알킬기 및 중합도 조성분석법 이용이 중심으로 되어 있고 그 외에 유지, 천연 왁스 등에 대해서는 조성 패턴으로부터 산지, 종류도 추적할 수 있다[6~9)]. 분석조건은 특별한 표시가 없으나 특수한 경우를 제외하고 실리콘계의 액상을 이용한 충전컬럼, 용융실리카 케피러리컬럼을 이용하면, 대부분의 탄소사슬 길이가 긴(총탄소수 50~60)화합물에 대해서도 분석이 가능하다. GC분석은 시료의 휘발성 화합물로의 유도체화가 필요한 경우가 많은데, 트리메틸실릴 유도체화가 일반적이며, 또한 각종 용매계로 사용가능한 시판 시약이 갖추어져 있다. 휘발성 화합물이라는 제약조건에 따라 가수분해, 열분해 등의 여러 가지 전처리도 중요하며, GC분석의 분석조건 뿐만 아니라 시료 전처리를 충분히 고려해야 한다.

GC 보급의 배경에는, 고온 안정성이 높은 액상의 개발과 승온 분석의 일반화에 의한 적용범위의 비약적인 확대 및 열전도도검출기(TCD) 또는 수소불꽃이온화검출기(FID)등 대부분 화합물에 대해 충분한 감도를 갖는 검출기가 존재한다. 질소, 인, 황산을 포함한 화합물에 대해 선택적 감도를 갖는 불꽃광검출기(NPD 및 FPD), 전자흡인성물질에 대해 고감도를 갖는 전자포획형 검출기(ECD)등의 검출기를 병행하여 이용하면 극미량 분석도 가능하고, 크린업 조작도 어느 정도 생략할 수 있다. 일정한 정보는 유지시간 뿐이지만, 각종 화합물의 유지시간을 탄화수소의 유지시간으로 표준화한 메틸렌유니트(MU)법이 미지 화합물의 추적에

표 14-3. 가스 크로마토그래피의 화장품 분석에의 이용

대상화합물군	대상성분	분석목적
탄화수소	· 액화석유가스 · 유동파라핀 · 고형파라핀 · 스쿠알란	정성 · 조성분석 조성분석, 조성패턴 분석 조성분석, 조성패턴 분석 정성 · 정량
지방산 (유도체화가 필요)	· 지방산 · 비누 · 지방산아미드 · 글리세라이드 · 합성에스테르 · 천연유지, 왁스[6~8]	정성 · 알킬기 조성분석 가수분해 · 정성 · 알킬기 조성분석 가수분해 · 정성 · 알킬기 조성분석 가수분해 · 정성 · 알킬기 조성분석 가수분해 · 정성 · 알킬기 조성분석 조성 패턴 분석
고급알코올 (유도체화가 필요)	· 고급알코올 · 황산에스테르 · 합성에스테르 · 천연유지, 왁스[6~9]	정성 · 알킬기 조성분석 가수분해 · 정성 · 알킬기 조성분석 가수분해 · 정성 · 알킬기 조성분석 가수분해 · 조성 패턴 분석
에스테르 (수산기가 있는 것은 유도체화가 필요)	· 합성에스테르 · 글리세라이드 · 천연유지, 왁스[10]	정성 · 정량분석 정성 · 알킬기 조성 · 모노디트리조성분석 조성 패턴 분석
지방족 아민	· 4급 암모늄염 · 아민 옥사이드	열분해 · 정성 · 알킬기 조성분석 열분해 · 정성 · 알킬기 조성분석
에틸렌옥사이드부가물 (유도체화가 필요) (10몰 정도)	· 고급알코올 · 알킬페놀	알킬기 · 부가몰수조성분석 요오드화수소산분열, 알킬기조성분석 알킬기 · 부가몰수조성분석 요오드화수소산분열, 알킬기조성분석
다가알코올 (유도체화가 필요)	· 프로필렌글리콜 · 글리세린 · 1,3-부틸렌글리콜 · 디프로필렌글리콜 · 폴리글리세린	정성 · 정량분석 정성 · 정량분석 정성 · 정량분석 정성 · 정량분석 중합도 분포 분석
용제	· 물 · 에탄올 · 초산부틸, 톨루엔 등 네일 에나멜 용제	정성 · 정량분석 정성 · 정량분석 정성 · 정량 · 조성분석
약제등 첨가물	· 멘톨 · 캄파 · 당류 · 프탈산에스테르 · 파라벤 · 자외선흡수제의 일부	정성 · 정량분석 정성 · 정량분석 유도체화 · 정성 · 정량분석 정성 · 정량분석 정성 · 정량분석 정성 · 정량분석
유해물	· 메탄올[11] · 잔류모노머 · 니트로소아민	미량정량분석 미량정량분석 미량정량분석(ECD)

잘 이용되고 있다[12]. 또 열분해성 성분의 크로마토그램을 MU법으로 패턴화하여 고분자 화합물의 일정성에도 이용할 수 있고, 또한 이것에 FPD(NPD)를 조합시켜 질소 함유 고분자 화합물의 특유한 패턴을 잡을 수 있는 방법도 있다.

14-1-4. 고속액체 크로마토그래피 ; High performance liquid chromatography

고속액체 크로마토그래피(HPLC)는 GC와 같이 분석가능한 화합물에 대한 제약이 적고, 이동상 및 고정상의 양측에 변화 가능한 요소가 있으므로 분리수단으로서 그 응용범위가 넓다. 그러나 어느 정도 감도를 갖고, 범용성이 있는 검출기가 없어서, 정성분석법보다 정량분석법으로 주로 이용하는 것은 화장품 원료기준은 물론 위생 시험법, 향장품 시험법 등의 이용상황을 보아도 쉽게 알 수 있다. 또 일본화장품 공업 연합회가 검토 작성한 화장품, 의약부외품에 배합된 약제, 첨가제의 간이 정량시험법에도 HPLC가 많이 이용되고 있다. 이것은 표 14-4에 나타낸 이용상황 일람표에도 나타나 있으며 HPLC의 적용가능 범위가 상당히 넓은 것을 알 수 있다. HPLC에 대한 분리모드의 선택에는 여러 가지 관점이 있는데 컬럼 충전제 개발의 선행, 안정성, 그리고 이동상의 선택 자유도라는 관점에서 역상계 충전제(ODS-Sillca)의 이용이 압도적이다.

HPLC에 가장 많이 이용되는 검출기는 자외부(가시부를 포함)흡광광도 검출기인데, 이것도 HPLC를 정량용 분석기기로서 보급시킨 큰 요인이 되고 있다. 그 이유는 우선 검출기의 감도가 파장에 의한 선택성에 있고, 시료의 크린업 조작을 단순화할 수 있다는 것을 들 수 있고, 실제로 정량을 위한 전처리도 시료를 적당한 용매에 녹이고 불용물을 여과, 제거한다는 단순한 방법이 대부분이다. 또 신속화를 위하여 다성분을 그라디언트 용출법에 따라 동시분석을 시험한 예도 있다.

HPLC에서 얻어지는 일정한 정보는 GC와 마찬가지로 유지시간이 주이지만, GC의 MU값과 같은 방식으로 2염기산, 몰식자산에스테르, 알킬페논으로 표준 동족열군을 만들고 자외부흡광광도 검출기의 특정 2 파장(220nm및 245nm)의 강도비를 추가한 방법도 보고되어 있다. 그림 14-2에는 그 크로마토그램 예를, 표 14-5에는 방부제로서 사용되는 파라벤류의 유지 지표(RI)의 일람표를 나타냈는데 정밀도가 좋아서, 자동 추적 프로그램으로서 이용되고 있다[33~35]. 또 다파장(PDA) 검출기를 이용하면 2파장만이 아니고, 자외, 가시흡수 스펙트럼을 얻는 것도 가능하고, 의약부외품 약제의 확인시험법으로서도 이용할 수 있다[35]. HPLC에는 각종 분리모드가 있고, 여러 분리모드의 움직임에서 일정한 정보를 얻을 수 있는데 그 중에서도 분자 분리메커니즘에 의한 겔침투 크로마토그래피(gel permeation chromatography)에서 분자량정보가 얻어지므로 화장품에 사용되는 수용성 고분자의 분석에 유용하다. GPC와 굴절률(RI) 검출기 및 저각도 광산란(LALLS) 검출기를 병용하면 상대적인 분자량이 아니라 절대적인 분자량 정보를 얻을 수도 있다.

표 14-4. 고속 액체 크로마토그래피의 화장품 분석에의 이용

대상화합물군	대상화합물	분리·검출모드
방부·살균제	·이소프로필렌메틸페놀[13~14]	순상(아미노)·형광
	·헥사클로로펜	역상·형광
	·트리클로로카르바니리드[13,15]	역상·자외 역상·이온대·자외
	·파라페놀술폰산아연[13]	역상·자외
	·피리티온아연[13]	역상·자외
	·파라하이드록시안식향산에스테르, 살리실산, 안식향산, 솔빈산, 디하이드로초산[13,15]	역상·이온대·자외
	·글루콘산클로로헥시딘[15]	역상·이온대·자외
	·염화벤잘코늄, 피리디늄[15]	순상(아미노)·자외 역상·이온대·자외
	·레조르신[14]	역상·자외 순상·자외
	·유황	이온크로마토·황산이온으로 변환
자외선흡수제	·2-하이드록시-4-메톡시벤조페논	역상·자외
	·4-메톡시계피산-2-에톡시에틸	역상·자외
	·11종 자외선흡수제(수/유용성)[17]	역상·이온대·자외
	·7종 자외선흡수제(수/유용성)[15]	역상·이온대·자외
	·4-tert-부틸-4'-메톡시벤조일메탄	역상·자외
약제	·글리틸리틴산염, 글리틸레틴산[14]	역상·이온대·자외(음이온교환처리)
	·글리틸레인산스테아릴, 초산dl-α-토코페롤[13,14]	역상·자외(동시)
	·히노키티올[18]	역상·착체·자외
	·난포호르몬[13,15,19]	순상·형광
	·티오글리콜산, 시스틴, 디티오글리콜산, 시스틴[14,20,21]	역상·이온대·자외
	·니코틴산벤질, 염산피리독신 등 12약제[22~24]	역상·그래디언트·다파장검출(자외)
기제 등	·에틸렌옥사이드부가활성제, 폴리알킬렌글리콜[25]	순상·자외·굴절률 겔침투·굴절률
	·비이온, 음이온, 양성계면활성제[26~28]	역상·굴절률
	·수용성 고분자	겔침투·굴절률
	·키산텐계 색소[29]	역상·자외
	·유기산, 아미노산[30]	역상·자외
유해물	·포름알데히드[31]	역상·포스토칼럼아세틸아세톤반응·가시
	·니트로소디에탄올아민[32]	순상·열에너지검출기(TEA)

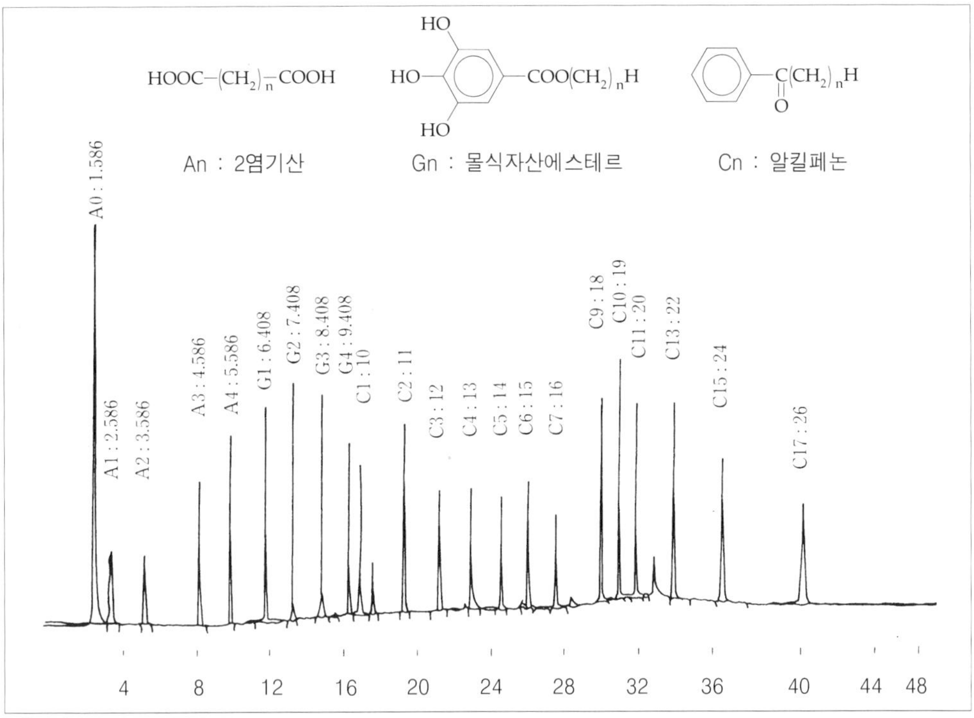

그림 14-2. 유지 지표(RI)의 표준 물질의 구조와 크로마토그램

〈분석조건〉 컬럼 : Capcell Pak C18 SG(자생당) 4.6mmϕ×250mm

용리액 : A액 : 0.1%인산, B액 : 아세트니트릴 B액2%→100%(24.5분)

표 14-5. 파라하이드록시 안식향산 에스테르류의 유보지표 RI와 2파장비 및 정밀도

표준물질	RI	표준편차	2파장비*	표준편차
메틸파라벤	8.510	0.031	1.688	0.0037
에틸파라벤	10.051	0.018	1.710	0.0098
이소프로필파라벤	10.652	0.019	1.832	0.0049
프로필파라벤	10.746	0.018	1.788	0.0087
sec-부틸파라벤	11.292	0.026	1.890	0.0065
부틸파라벤	11.500	0.024	1.887	0.0088
헥실파라벤	13.130	0.028	1.713	0.0066

7회 반복측정 * 220nm 및 254nm

널리 쓰이는 검출기라 할 수 있는 것이 RI 검출기 밖에 없는 반면, 선택적으로 검출기를 이용하면 각종 정량 분석에 쉽게 사용할 수 있다는 것은 전술한대로 이고, 특히 극미량 분석에는 전기화학검출기(ECD), 형광검출기(FLD)가 많이 이용된다.

이동상이 액체이므로 각종 유도체화 반응이 HPLC의 계내에서 이루어지고, 특히 컬럼에서 분리되어 용출되는 성분에 대해, 반응을 일으키는 포스트컬럼 유도체법은 고감도, 선택적 검출 때문에 널리 쓰이는 수단 중 하나이다. 포름알데히드의 정량법에는 아세틸아세톤과의 반응이 이용되는 것[31] 외에 전용분석기기의 아미노산 분석계에도 포스트컬럼 유도체화법이 이용되고 있다. 화합물은 아니지만 각종 이온(양이온, 음이온)의 분석에 이용되고 있는 것이 이온 크로마토그래피이고, 유황의 정량법으로서 사용[16] 되며 그 외에 무기화합물 이온의 대부분을 이 분석법에 적용할 수 있다. 이 방법이 가능하게 된 것은 이온 교환막을 이용한 전기전도도 검출기가 개발되었던 점이 크고, 어떠한 검출방법을 고려하는가가 HPLC에서는 GC이상으로 중요하다.

14-1-5. X선 회절 스펙트럼 ; X-ray diffractiometry

일반적 분리조작 항에서 기술한 바와 같이 화장품에 빈번하게 배합되는 산화티탄, 탈크, 카올린, 산화철 등의 무기화합물을 그 화합물의 상태를 변화시키지 않고 상호 분리하는 것은 매우 어렵다. 따라서 무기화합물의 분석은 비 분리상태에서 실시되는 것이 많고, 각종 무기화합물이 배합된 화장품에 있어서의 특징적인 분석이라 할 수 있다. 이 목적으로 사용되는 대표적인 기기가 X선 회절분석기(XRD)이다. 물질의 결정구조에 근거한 회절피크의 패턴이, 물질마다 특징적이라는 것을 이용한 정성분석이 주로 이용되지만, 필요에 따라 정량분석도 가능하다. XRD는 시료 매트릭스 또는 시료셀에 시료를 충전하는 방법 등에 따라 응답이 변화하는 경우가 많고, 검량선용의 시료를 제조하는 경우에는 가능한한 시료의 매트릭스에 맞추는 것이 필요하다. 그러나 정량의 정밀도에는 기계적으로 한계가 있고 정량 감도에 대해서도 %수준이라 생각하는 것이 무난하다. 정량분석의 예로서는 탈크의 석면크리스타일을 들 수 있다[36]. 그림 14-3에는 대표적인 무기화장품원료의 XRD 패턴을 나타냈다. 규산 또는 인산염 등과 같이 비결정질 또는 전처리에 의해 대부분 결정형으로 변화한 것 등은 XRD로는 일정성을 얻기 어렵고, 다음 항의 적외 흡수 스펙트럼법이 유효하다. 또 구성원소의 정성분석에는 X선을 이용한 분석법의 하나로서 형광 X선 분광기(fluorescein-X-ray spectrometry)가 있다. 화장품에 배합된 무기원료를 구성하는 원료(철, 알루미늄, 마그네슘, 규소, 티탄 등)에는 공통점이 많고, 시료의 상태를 반영하는 분석에 부적당하고 정량분석에도 시료 매트릭스 영향을 쉽게 받는다는 점에서 XRD와 같은 문제를 갖고 있으나, 시료 전처리법이 고안되면 빠른 정량분석법이 될 것이다[37]. 현재 공정시험법에서 XRD는 거론되지 않는 분석기이지만 무기화합물의 상호분리가 매우 어렵고 또 기기분석화가 진행 중이므로 주목될 날도 멀지 않았다고 본다.

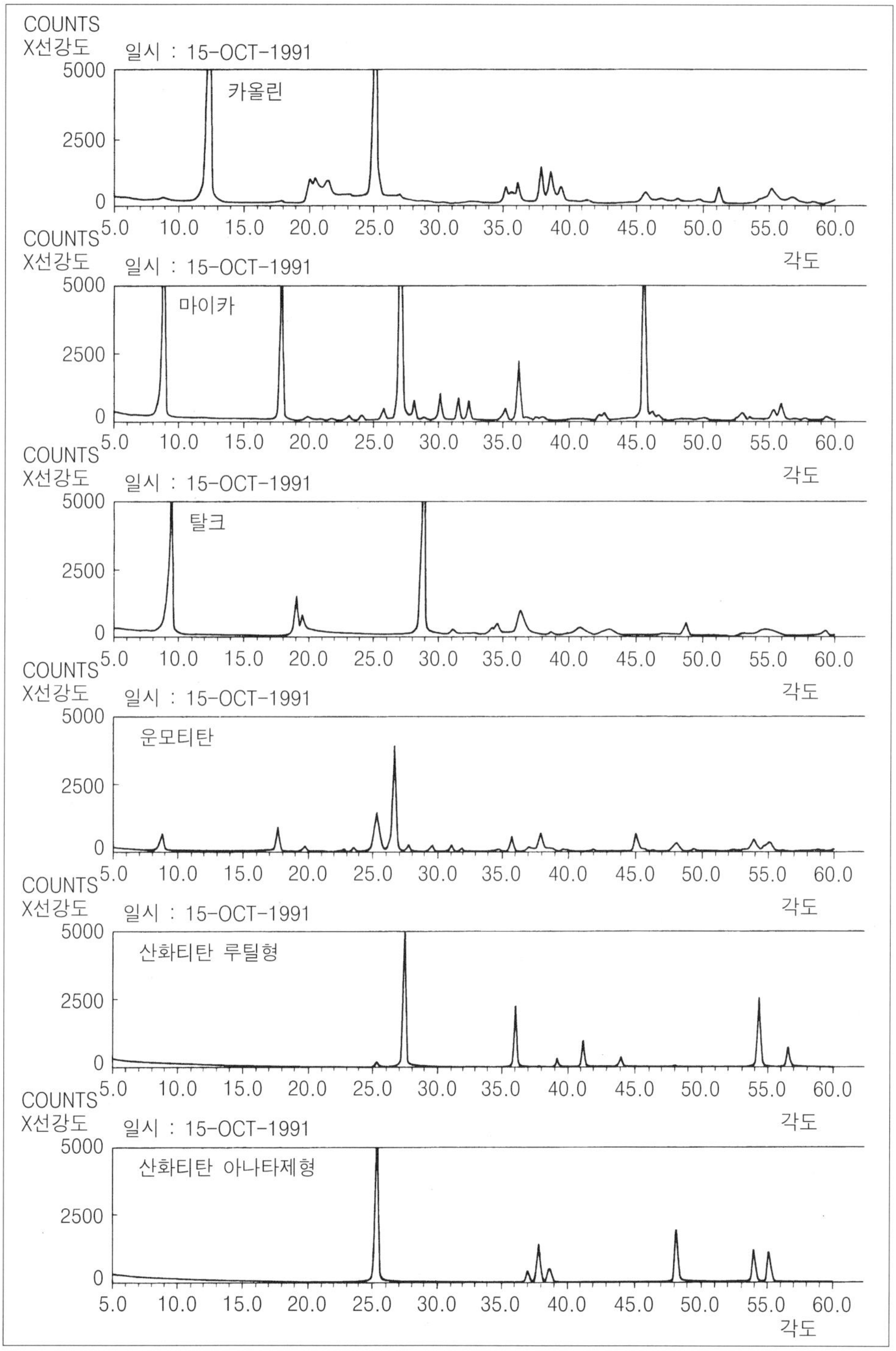

그림 14-3. 대표적인 화장품 용기원료의 X선회절 그림

14-1-6. 적외선 흡수 스펙트럼 ; Infrared spectrophotometry

적외선 흡수 스펙트럼법(IR)은 종래 관능기에 대한 정보를 얻을 수 있어서 분리된 물질의 구조해석, 구조확인 수법으로서 널리 이용되어 왔고, 그 외에 분석에 들어가기 전의 분석전략 결정을 위한 수단으로서도 이용되어 왔다. 또한 장원기 등의 공정원료 규격에 대해서도 이미 확인시험법으로서 도입되어, 규격의 기기분석화 그리고 화학시험 탈피에 의한 규격의 간소화, 합리화에 중요한 역할을 담당해 왔다. 이 같은 물질 추적을 위한 범용적인 사용방법에 대해서는 많은 책자가 있으므로 여기서는 예시를 생략한다. 푸리에(Fourier)변환이라는 컴퓨터에 의한 수치처리법의 개발 및 간섭계를 이용한 물리·화학적인 푸리에 변환소자의 개발에 의한 IR의 감도와 분석시간이 비약적으로 개선되어 새로운 사용방법이 많이 개발되어

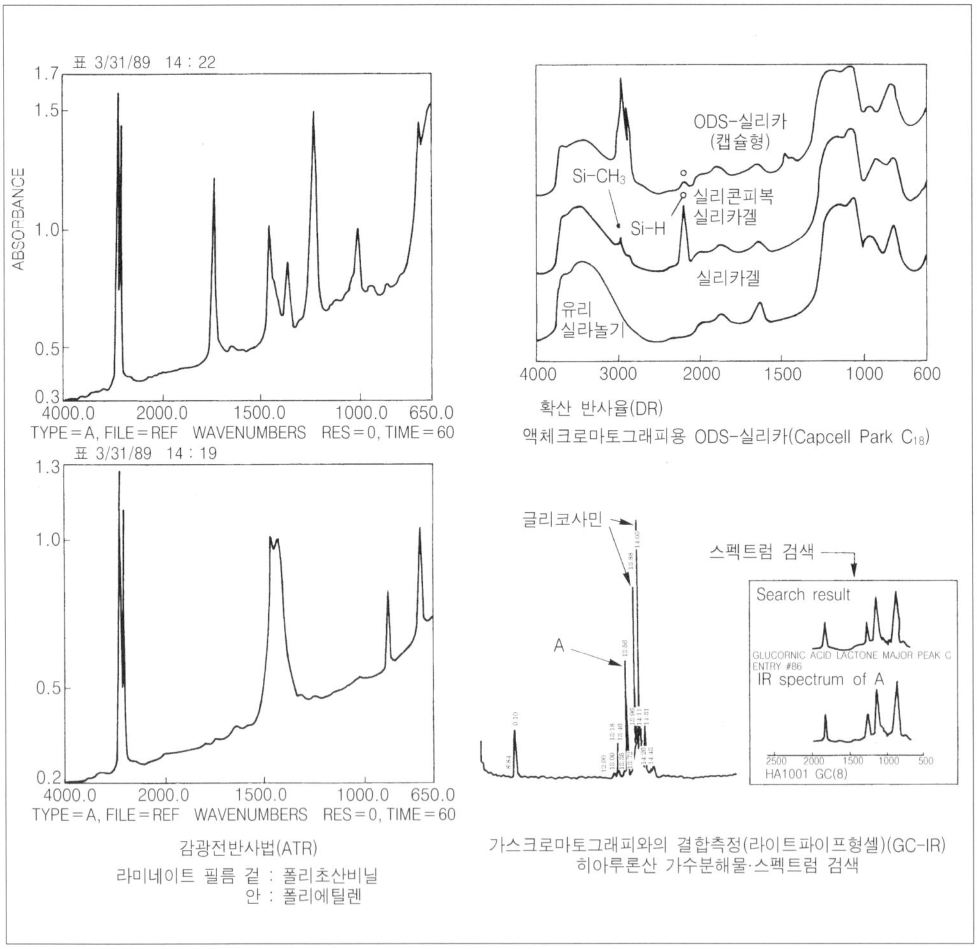

감광전반사법(ATR)
라미네이트 필름 겉 : 폴리초산비닐
안 : 폴리에틸렌

확산 반사율(DR)
액체크로마토그래피용 ODS-실리카(Capcell Park C_{18})

가스크로마토그래피와의 결합측정(라이트파이프형셀)(GC-IR)
히아루론산 가수분해물·스펙트럼 검색

그림 14-4. 특수한 측정법에 의한 적외 흡수 스펙트럼 예

왔다는 것을 짚어 두고 싶다. 즉, 감도의 증가에 의해 표면분석, 상태분석, 미량시료의 분석이 확산반사(DR), 감광전반사(ATR), 적외현미경(MIR) 등의 방법에 의해 가능하게 된 것이다.

또한 고감도화와 분석시간의 단축에 의해 GC와 같은 분리수단과 직접적인 결합도 가능하게 되었고[38], 그 결합 방법도 가스셀(라이트파이프)을 이용하는 방법에서 현재는 시료셀에 GC용출물을 응축, 증착시키는 방법(트레이서)이 개발되었다. IR은 뒤에 기술하는 GC와 질량분석계가 결합된 것이 보급됨과 동시에 IR이 부득이한 분야 또는 IR만으로는 불충분한 분야, 예를 들면 당류 등의 분석 및 열분해 GC에 의한 열분해 생성 피크의 추적에 병용되고 있다[38~40]. 그림 14-4는 그 이용예를 나타낸 것이다. 푸리에 변환처리에 의해 데이터를 컴퓨터에 축적할 수 있게 되었고 분석후의 재해석도 편리해졌다. 예를 들면 차이 스펙트럼을 이용하여 용액 중의 분자상태를 볼 수 있게 되었으며, 확대한 스펙트럼 데이터베이스를 검색하는 것에 의한 추적도 가능하게 되었다.

14-1-7. 핵자기 공명 스펙트럼 ; Nuclear magnetic resonance

핵자기 공명 스펙트럼(NMR)은 물질의 구조 결정을 위한 고도의 분석기기로 알려져 왔는데, 이것도 IR과 마찬가지로 고주파 펄스 푸리에 변환 NMR의 등장으로 ^{13}C-NMR 스펙트럼을 고감도로 비교적 신속하게 얻을 수 있어 화장품의 분석에도 NMR의 이용방법에 대한 검토가 시작되었다. 즉 종래의 IR, GC로 대략 분석하고 그것에 따라 분석전략을 결정하는데 있어서 ^{13}C-NMR를 이용하면 용이하게 되었다. 또한 이것에 컴퓨터에 의한 데이터 해석 프로그램을 붙여서 분석을 자동화하려는 시도가 늘고 있다[12]. 시료 처리도 용이하고 시료를 적당한 용매에 용해하여 불용물을 제거하거나 또 적당한 내부표준 물질을 첨가하여 반정량적인 정보도 얻을 수 있다. 그림 14-5에는 파운데이션의 n-헥산 추출물의 ^{13}C-NMR 스펙트럼 및 그 해석결과를 나타냈는데 분리수단을 사용하지 않아도 상당한 정보를 얻을 수 있다는 것을 알 수 있다. 고감도화, 신속화에 따라, 또한 특수한 수법(크로스 폴라리제이션, 매직 앵글 스피닝)을 추가하여 용액뿐만 아니라 고체상태에서 NMR스펙트럼을 측정할 수 있게 되었다.

또 ^{13}C, ^{1}H 이외에도 ^{29}Si, ^{31}P 등의 핵 종에 대해서도 측정이 가능하게 되어 화장품에 배합되는 무기분체의 표면처리에 이용되는 실리콘 코팅 상태, 또는 시프트 시약과의 조합에 의한 포스파티딜콜린 유화상태(리포좀)의 분석 등에도 이용되고 있다[41].

NMR은 이러한 화장품의 독특한 이용 방법 외에도 본래의 구조분석기기로서 유용성이 아주 높고, 각종 2차원 NMR 스펙트럼 등을 이용한 구조해석 능력은 앞으로 새로운 화장품 원료의 개발에 중요하다.

이러한 움직임은 이미 공정시험법에도 나타나 있고, 일본약국방 제12개정에서 일반시험법에 NMR이 포함되어 있는 것은 특기할 만하다.

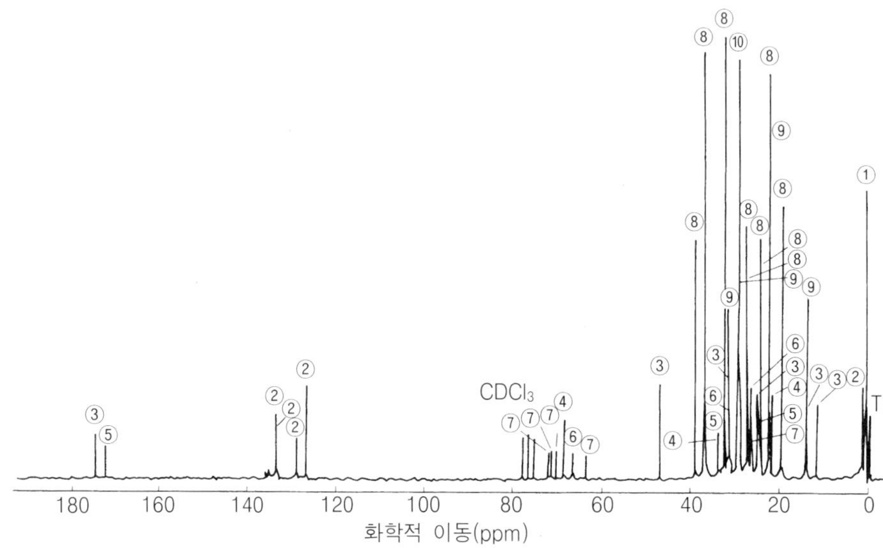

그림 14-5. 파운데이션의 n-헥산 추출물의 ^{13}C-NMR 스펙트럼

14-1-8. 질량 스펙트럼 ; Mass spectroscopy

질량 스펙트럼(MS)도 구조해석에 필요한 분자량 정보를 얻는데 유용한 기기이나, 단독 이용방법보다는 GC/MS로 분리수단과 결합시킨 이용방법이 화장품 분석 방법에서는 일반적이다. GC/MS의 보급에 있어서 인터페이스(제트 세퍼레이터)의 개발과 안정성의 공헌이 크고, GC측의 제약조건 즉 휘발성 물질인 것에 국한되는 면이 많다. 또 이온화법에 대해서도 전자충격형(EI) 또는 화학이온화형(CI)의 이용이 대부분이므로 원하는 정확한 분자량 정보를 얻을 수 없다는 것이 문제점으로 꼽힌다.

이런 의미에서 바람직한 방법은 다른 하나의 유용한 분리수단인 HPLC와의 결합인데, 이것은 HPLC용의 범용 검출기 개발요구에도 대응하는 의미로 중요한 과제라고 생각된다. 특히 화장품은 비휘발성 물질이 상당한 비율을 점하고 있으므로 더욱 중요하다. 비휘발성물질의 MS스펙트럼 측정에는 고속원자충격이온화법(FAB), 대기압이온화법(API) 또는 열 스프레이 이온화법(TSP)법 등이 이용됨과 동시에 HPLC와의 인터페이스로서도 주목되고 있다. FAB-MS를 이용한 방법에 대해서, 화장품에 소량 배합되는 여러 가지 첨가제에 대한 측정조건의 최적화 상황이 보고되어 있다[42~43].

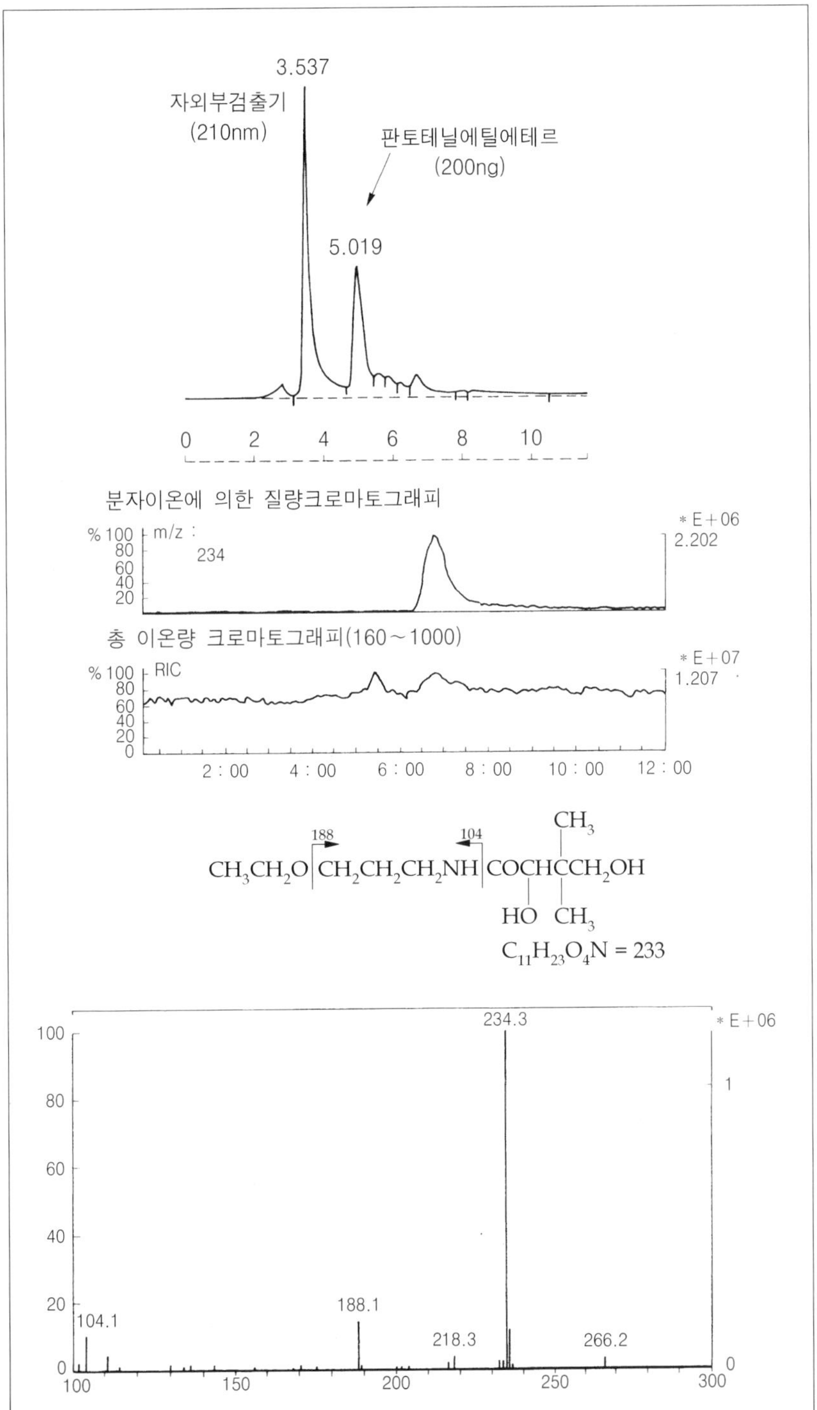

그림 14-6. 육모제 중의 판토테닐에틸에테르의 HPLC/FAB-MS 분석 예

그림 14-6에는 측정 예를 나타냈다. 매스크로마토그램을 이용하면 범용적이면서 선택적인 검출기의 응용도 가능함을 알 수 있다. 그러나 미지의 화합물에 대한 검출기로서 쓰이기에는 백그라운드의 처리 등 아직 검토 과제가 많고, GC/MS의 총이온량검출기(TIC)의 영역에 이르기에는 많은 문제가 남아 있다.

구조 해석 기기로서의 이용은 여기서는 다루지 않았으나 최근에는 2대의 MS를 결합한 MS/MS라는 기기도 있어 앞으로의 이용이 주목된다.

14-1-9. 원자발광 스펙트럼, 원자흡광 스펙트럼 ; Atomic emission spectrophotometry, Atomic absorption spectrophotometry

원자발광 스펙트럼(AES) 및 원자흡광 스펙트럼(AAS)은 모두 미량 정량분석법으로 알려져 있다. 특히 화장품 분야에서는 공정시험법에 규정되어 있는 납, 비소, 중금속의 신속한 정량분석법으로 널리 이용되고 있다. 특히 후자는 정량분석법으로서의 성격이 강하기 때문에 그런 경향이 높은데, 시료 매트릭스의 영향을 받기 쉽고 납의 정량에 대한 여러 가지 전처리법 및 신속화가 보고되어 있다[44~50]. AES는 정량분석은 물론이고, 금속원소의 동시 정성분석법으로서의 이용방법도 있고, 화장품에 배합된 무기화합물의 비분리 분석법으로서 사용되고 있다. 고주파 유도 플라즈마(ICP) AES는 시료를 어떤 방법으로라도 용액화할 필요성이 있고, 감도가 아주 높으며, 필요로하는 정보, 시간을 고려하여 분석법을 선택한다. 그런 의미로 원자의 자극에 아크(arc)를 이용하는 과거의 방법이, 시료의 전처리 없이 탄소봉을 충전하는 것만으로 분석이 가능하기 때문에 아직도 사용하고 있다.

14-1-10. 화장품의 분석 정리

이상과 같이 화장품 및 원료의 분석에 대해 분석기술의 관점에서 각 분석기술마다 그 이용상황을 나타냈는데 원료, 제품의 주성분의 분석 및 배합된 성분량의 확인이라는 면에서는 공정서를 포함하여 상당히 확립된 부분이 많다.

분석기술면에서는 얇은 층 크로마토그래피에 대해서 1개의 항목을 할애해야 했으나, 그것이 일반적인 시험법으로서 정착되어 있고, 특히 색소의 분석[13]에 대한 문헌 등을 게재하는 것으로 그쳤다.

화장품 분석의 진보는 HPLC의 정착, IR의 진보, GC/MS의 정착, NMR의 일반화라는 분석기기 측면에서의 진보와 정착으로 귀결되는 부분이 많다. 그러나 이들을 이용하는 측면에서 의식 개혁이 필요하고, 고감도 분석, 신속한 분석, 데이터의 컴퓨터 처리가 용이하게 된 현재, 분석의 대상도 원료, 제품의 주성분 분석 또는 배합량 체크를 위한 분석에서 탈피하여, 고도의 품질보증 또는 기술개발과 결부된 분석으로 전환할 필요가 있다. 이런 의미로 분석 대상도 점점 미량화되고 있고, 미지 화합물의 구조 결정에 대한 요구도 점차로 증대되고 있다고 생각된다. 이와 함께 분석기술의 개발도 당연히 필요하게 되는데, 새로운 분리 수단의 확보, 예를 들면 초임계 크로마토그래피(super critical fluid chromatography), 초임계 추출(super critical fluid extraction), 모세관전기영동(capillary zone electrophoresis) 또는 HPLC의 분취 레벨의 사용 등과 탈염 등의 일반적 분리조작, 흐름분배 등 분리능이 높고 또 양적으로도 대량의 시료를 취급할 수 있는 분리기술이 분석부문에 요구될 날도 멀지 않은 것으로 생각된다.

이러한 기술이 분석부문을 품질 보증 부문으로부터 개발부문으로 발전시키는 열쇠가 될 것이며, 순수한 분석기술 면에서 보면 고도로 발전한 분석기기를 어떻게 인터페이스로 하는가가 금후의 과제가 될 것이다. 또 분석 대상을 고려하면, 상태, 표면상태, 형태 등도 중요한데, 주사형전자현미경(scanning electron microscope)이나 투과형전자현미경(transmission electron microscope), 시차주사열량분석(differential scanning calorimery), 열천평분석(thermal gravimetric analysis) 등도 자주 이용되고 있다.

14-2 》 피부, 모발의 분석

화장품학의 분석화학 영역이 화장품 분석에만 국한되지 않은 것은 본항에서 반복하여 서술하였는데 그 예로 여기에서는 화장품이 적용되는 피부, 모발의 분석에 대한 기초연구 상황을 정리한다. 본서의 서두에서 피부 및 모발에 대해서 분석의 결과를 포함하여 상세히 서술하였으므로 여기에서는 역시 분석기술이라는 면에서 정리하였다. 피부, 모발에 그치지 않고 모든 생체, 생체관련 분석은 화장품의 분야에서 그 요구가 높아지고, 생화학적인 분석법은 물론이고 기기분석의 중요성도 점점 높아져가고 있다.

14-2-1. 피부의 분석

피부의 분석 특히 사람 피부의 분석은 그 방법에 있어서 비침투 방법이라는 조건이 필요하다. 시료는 그림 14-7에 나타낸 것과 같이 유리제의 컵을 피부에 맞댄 후 분석대상물로부터 선택된 적당한 용매를 채우고, 일정시간이 흐른 후 피부속의 여러 가지 물질 또는 피부에서 분비된 물질을 추출하는 방법이 일반적이다.

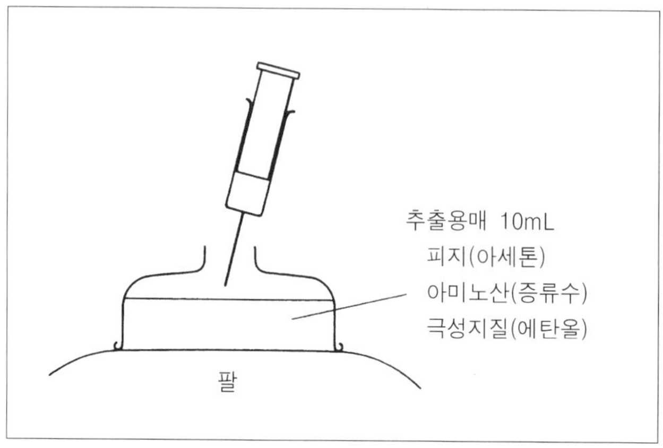

그림 14-7. 피부 중의 성분 추출용 컵

또 하나의 일반적인 방법은 사람 피부에서 자연스럽게 채취되는 것을 시료로 하는 방법이다. 예를 들면 일광에 그을린 후 박리된 피부, 발뒤꿈치의 각질 부분을 절제한 것 등이다. 각질층은 그 자체로 용해되기는 매우 어려운데, 용해된다 해도 존재하는 물질을 파괴하지 않고 용해시키는 것은 어렵다.

따라서 이에 대해서도 적당한 용매로 함유된 물질을 환류추출하는 등의 방법을 택하는 것이 일반적이지만, 계면활성제를 적당히 조합시켜 각질층을 세포 레벨까지 분산시킬 수 있음이 알려져 있으며[53] 용매로는 추출하기 어려운 물질의 분석에 유용한 방법이다.

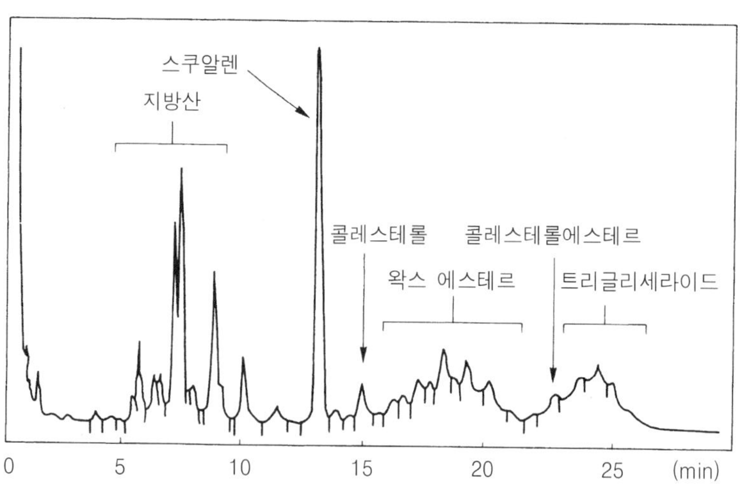

그림 14-8. 피지의 가스크로마토그래피
칼럼 : 다이아솔리드 ZT, 온도 : 100~350℃, 10℃/min 승온추출법, 트리메틸실릴화

피부 분석에서 대표적인 것은 피부표면 지질의 분석이며, 이것에는 GC 또는 GC/MS가 이용되고 있다[54]. 그림 14-8에 지방산, 스쿠알렌, 콜레스테롤, 왁스에스테르, 글리세라이드 라는 중성지질의 분석 예를 나타냈다. 같은 방법으로 세라미드 등의 극성 지질 분석도 할 수 있다.

세라미드에 대해서는 HPLC/MS(TSP)를 이용하여 분자량을 결정할 수 있다[54]. 이외에도 물로 추출되는 아미노산 등의 분석도 할 수 있다[55~56]. 특수한 예로 발냄새의 원인이 되는 특정 물질의 추적을 위해, 분비된 성분을 양말로부터 추출하고 냄새와의 대응을 찾기 위해 헤드 스페이스 GC(GC/HS)를 이용하여 분석을 실시한 보고[57-59]가 있으며, 이에 대한 분석 예를 그림 14-9에 나타냈다.

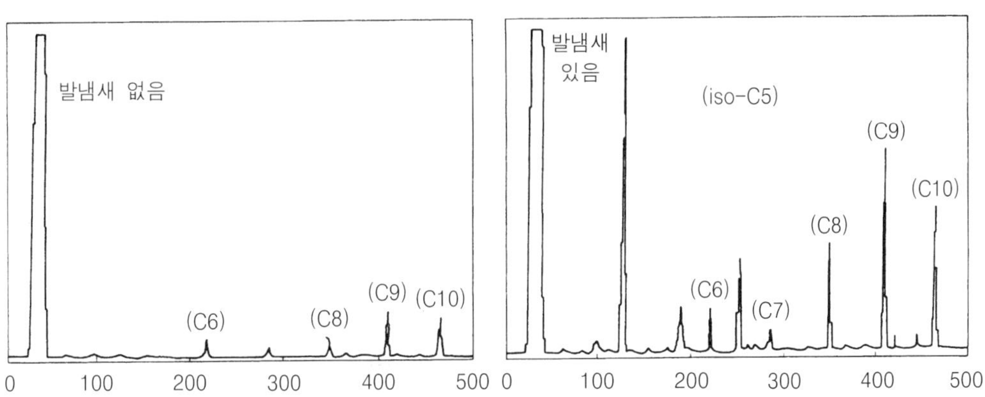

그림 14-9. 발냄새 성분(산성 성분)의 GC/HS 크로마토그램

이 방법은 겨드랑이 냄새의 분석에도 이용가능하며 이 경우에는 양말 대신 탈지면을 겨드랑이에 끼워 분비물을 추출한다. 또 이런 분석법은 제한제 등에 이용되는 산화아연, 알루미늄하이드록시클로라이드 등의 성분에 의해 냄새가 억제되는 메커니즘의 해명, 또는 이들 성분의 유효성의 판정 등[58~59]에도 이용되며, 개발면에서도 중요한 역할을 하고 있다.

또한 특수한 예로 피부 그 자체의 분석이라고 할 수 없으나, 화장품의 경피흡수는 중요한 요소이므로 그 상황을 조사하기 위하여 광음향스펙트럼법(PAS : Photoacoustic Spectroscopy)이 이용되고 있다.

PAS법은 감도가 높고 또 표면 상태를 그대로 분석할 수 있는 방법으로서 자주 이용되고 있는데, 피부표면에 존재하는 물질량의 변화를 연속적으로 측정하므로써 경피흡수를 관찰할 수 있다는 원리를 기초로 한 것이다[60-62]. 그림 14-10에는 그 장치의 개략도와 실제 측정 예를 나타냈으며 피부 물질(인도메타신)의 감량상황과 흡수되는 물질, 즉 투과막 물질의 양이

서로 대응하고 있음을 알 수 있다. 가시 레이저광 및 특정 파장의 자외선 레이저광 밖에 사용할 수 없다는 것이 제약조건인데, 극미량의 표면분석법으로서는 피부와의 관련뿐 만 아니라 일반적인 분석법으로도 주목해야 한다.

잔존 물질을 관찰한다는 관점에서 앞의 컵법을 이용하여 적용된 화장품이 어느 정도 피부 위에 또는 피부 속에 잔존하는가를 분석한 예도 있다. 현재의 과제는 고분자량의 물질 즉 단백, 효소의 영역에 어떻게 기기분석을 도입하는가 하는 것이다.

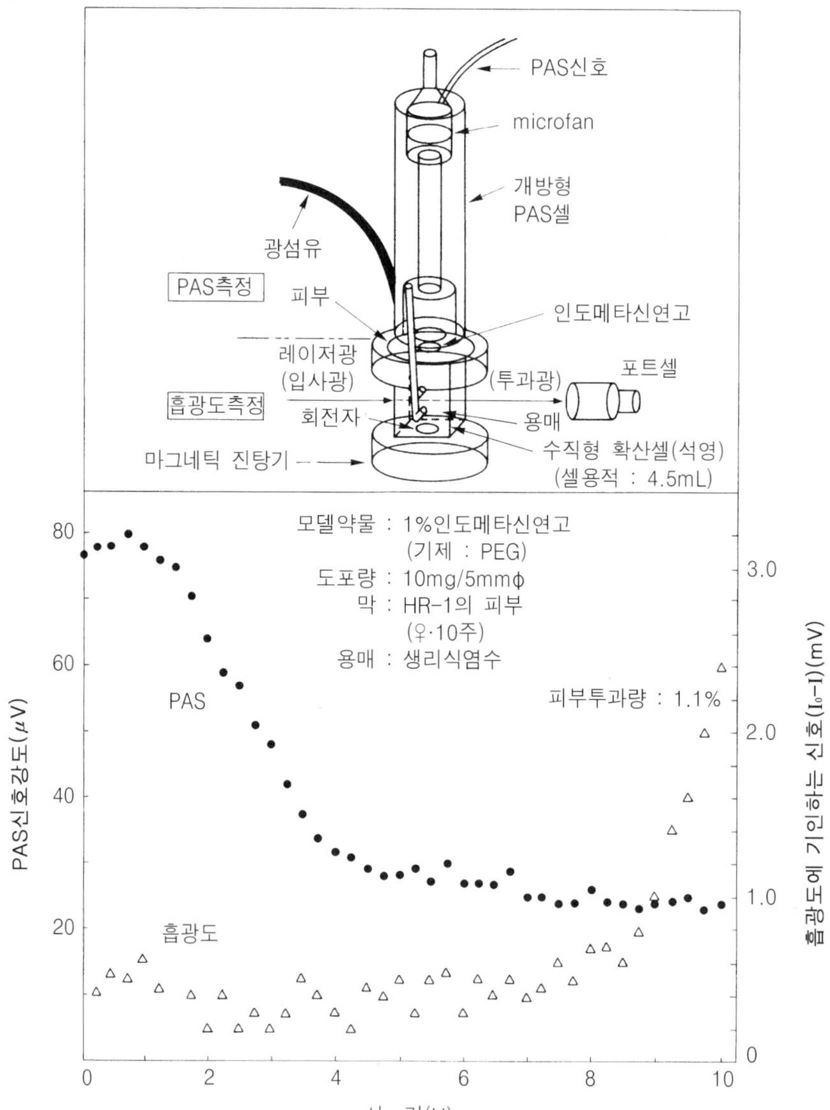

그림 14-10. PAS 경피 흡수 측정 장치의 개요와 *in vitro* 측정 예

HPLC에서 단백질의 용리 움직임, 분리 움직임에 대해서는 충진제와 관련하여 여러 가지 검토가 이루어져 있고[63~64], 새로운 충진제가 개발되고 있으며, 이러한 분리수단과 더불어 이것에 어떻게 추적용 기기를 인터페이스 시키느냐 하는 것도 과제이다.

14-2-2. 모발의 분석

모발은 피부와 비교하여 비침투적으로 용이하게 채취할 수가 있어서 분석의 측면에서 용이한 시료라 부를 수 있다. 그러나 그 물리적인 상태가 중시되는 경우도 있으므로, 화학조성 분석에 대해서는 피부에 비해 보고된 것이 적다. 피부와 마찬가지로 지질 분석을 용매 추출법으로 실시하는데, 모발 구조내의 지질에 대해서는 모발구조를 파괴하기 위해 효소에 의한 분해, 또는 파마제로 이용되는 환원제에 의한 시스틴 결합의 절단분해 등의 방법을 이용하여 구조내 지질 분석을 실시한다. 이러한 방법은 지질뿐 만 아니고 구성 아미노산 조성의 분석, 또는 미량 함유된 금속의 분석등에도 이용한다. 분석 기술적으로는 피부의 경우와 거의 같고, 함유 물질을 어떻게 추출하는가에 포인트가 있다고 생각된다.

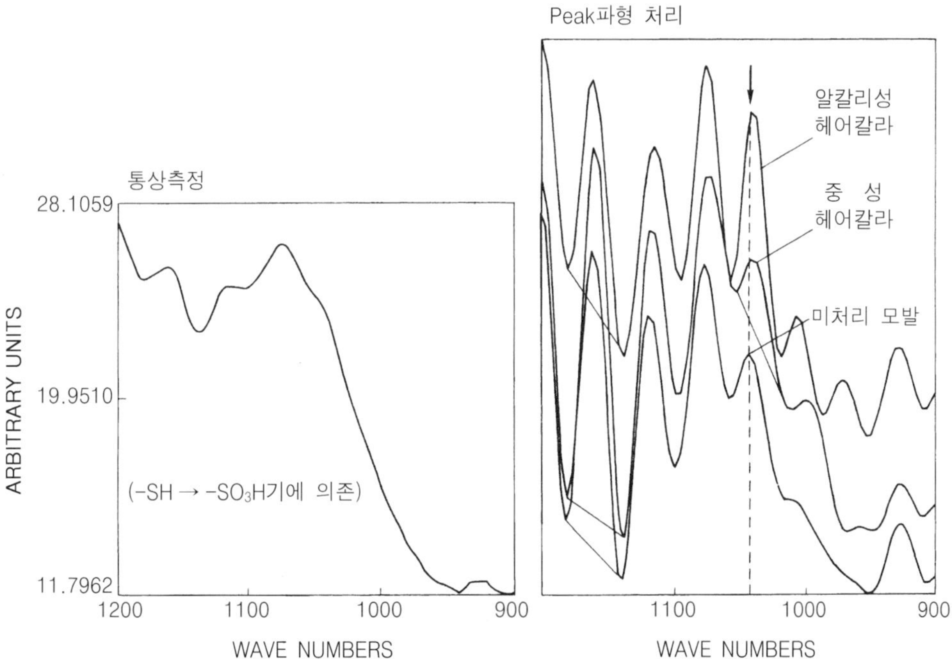

그림 14-11. 모발의 IR 스펙트럼 측정의 예(모발의 산화정도 측정 측정법 : 마이크로 정제법)

모발의 손상에 대해서 물리화학적인 평가 방법이 많이 사용되어 왔는데, 위에 기술한 바와 같이 조성변화를 포착하는 방법에 추가로 고감도화한 IR을 사용하여 평가를 한 예도 있다.

그림 14-11에는 IR 스펙트럼으로 모발중의 머캅토기(mercapto group)가 산화되어 가는 상황을 포착한 예를 나타내었는데, 극미량의 시료로 IR 스펙트럼이 얻어진다는 점, 컴퓨터에 의한 데이터처리로 일종의 파형 해석이 가능하다는 점이 이와 같은 분석을 가능하게 하는 것이다.

14-3 》 분석의 자동화

화장품의 다양화와 함께 품질 관리 측면과 신제품 개발이라는 측면에서, 분석의 빈도와 종류가 더욱 증가하고 있다. 동시에 결과를 요구하는 시간도 짧아져서, 분석의 신속화와 자동화가 중요한 과제가 되었다. 오토 샘플러, 시료 전처리 로봇, 보고서 작성 등 루틴 분석 시험을 위한 무인, 야간 시스템이 일반화되어 있고, 분석법 자체의 신속화, 그리고 데이터 해석의 자동화에 대해서도 각종 검토가 이루어지고 있다. 즉, 화장품의 분석에 불가결한 분리 조작을 가능한한 생략하고, 다성분의 공존 상태에서 성분 추적, 또는 반정량이 스펙트럼 데이터 베이스의 검색에 의해 자동적으로 실행되는 시스템으로서, ^{13}C-NMR을 이용하는 시스템[65], 비휘발성의 극성 화합물의 혼합물에 FAB-MS법을 이용하는 방법[66], 앞서 기술한 HPLC에 의한 보유 지표 등을 이용하여 자동 분석하는 방법[65], 등이 보고되어 있다. 물론 GC, HPLC에 질량 분석계 등의 추적용 기기를 결합한 결합형 분석법 Hyphenated Analysis와 스펙트럼 데이터 베이스 검색에 의한 방법도 이용되고 있는데, 이 방법들은 자동화라는 점뿐만이 아니라 분석법으로서의 가치도 높다. 방법은 물론이고 분석 결과의 데이터 베이스화에 있어서 풍부한 데이터에 대한 다면적인 검토가 필요하고, 또한 데이터에 대한 홍보 전략도 중요한 과제이다.

참고문헌

1) 池田鉄作編：化粧品学，第 13 版，p. 106，南山堂，1978.
2) 石渡勝己：第 7 回色材分析入門講座テキスト，p. 75，1991.
3) 香粧品の分析･試験法と機能効果の測定法：フレグランスジャーナル，臨時増刊，5，(1984)
4) 日本分析化学会編：分析化学便覧，第 4 版，p. 1101, 1988.
5) 中村　淳，松本　勲：油化学，26(8)，464，(1977)
6) 松本　勲，太田忠男，高松　翼，中野幹清：日化，951，(1972)
7) 高松　翼，太田忠男，松本　勲：日化，2378，(1973)
8) 福田陽治，高松　翼，松本　勲：日本化学会，第 32 春季年会講演要旨集III，1779，1975.
9) 松本　勲，高松　翼，太田忠男：日化，635，(1972)
10) 太田忠男，難波隆二郎，松本　勲：日化，1862，(1976)
11) 松本　勲，米山広勝，田中国雄：衛生化学，17，384，(1971)
12) 難波隆二郎，芝本　耿，西谷　宏，森川良広，田原定明，光井武夫：日本化粧品技術者会誌，17(1)，35，(1983)
13) 日本薬学会編：衛生試験法・注解，p. 843，金原出版，1990.
14) 日本化粧品工業連合会編：第 10 回化粧品技術情報交流会議テキスト，p. 167, 1991.

15) 日本化粧品工業連合会編：第 12 回化粧品技術情報交流会議テキスト，p. 179, 1989.
16) 中村　淳，森川良広：分析化学，34(4)，224，(1983)
17) 大庭美保子，中村　淳，松岡昌弘：薬学雑誌，111(9)，542，(1991)
18) 花房文人，中村　淳，栂野清作，太田忠男：分析化学，38(3)，124，(1989)
19) 枝　尚，中村　淳，松本　勲：衛生化学，24，260，(1978)
20) 福田陽治，中村文昭，森川良広：衛生化学，31(3)，209，(1985)
21) 小山純一，松本　俊，大津　裕，中田興亜：分析化学，37(3)，142，(1988)
22) S. Yamamoto, M. Kanda, M. Yokouchi, S. Tahara：J. Chromatogr., 370, 179, (1986)
23) S. Yamamoto, M. Kanda, M. Yokouchi, S. Tahara：ibid, 396, 404, (1987)
24) S. Yamamoto, K. Nakamura, Y. Morikawa：J. Liquid Chromatogr., 7(5), 1033, (1984)
25) 中村　淳，松本　勲：日化，1342，(1975)
26) K. Nakamura, Y. Morikawa, I. Matsumoto：J. Amer. Oil Chem. Soc., 58(1), 72, (1981)
27) K. Nakamura, Y. Morikawa：ibid, 61(6), 1130, (1984)
28) 中村　淳，森川良広，松本　勲：油化学，29(7)，501，(1980)
29) 大津　裕，松本　勲：日化，511，(1979)
30) 中村　淳，森川良広，松本　勲：分析化学，29(5)，314，(1980)
31) 木嶋敬二，渡辺四男也，鈴木助治ほか：日本薬学会第 112 年会講演要旨集，4，p. 326, 1992.
32) Y. Fukuda, Y. Morikawa, I. Matsumoto：Anal. Chem., 53(13), 2001, (1981)
33) 広瀬典子，難波隆二郎，松岡昌弘：日本学術振興会創造機能化学第 116 委員会業績報告，3，1991.
34) 難波隆二郎，石渡勝己，小松一男，松岡昌弘：第 1 回クロマトグラフィー科学会，1990.
35) 山本信也，保坂匡哉，神田正雄，横内未知夫，山田純一，田原定明：分析化学，36，T 108，(1987)
36) 日本化粧品工業連合会編：第 8 回化粧品技術情報交流会議テキスト，p. 84, 1987.
37) 小松一男，石渡勝己，松本　勲：日本化粧品技術者会誌，12(2)，10，(1978)
38) J. R. Ferraro, K. Krishman：Practical Fourier Transform Infrared Spectroscopy, p. 470, Academic Press, 1989.
39) 難波隆二郎，門脇英二，中田興亜：日本学術振興会創造機能化学第 116 委員会業績報告，1985.
40) 門脇英二，難波隆二郎，中田興亜：日本化学会第 50 春季年会講演予稿集 I，p. 609, 1985.
41) D. Lichtenberg, S. Amselem, I. Tamir：Biochem, 18(19), 4169, (1979)
42) S. Yoshida, R. Namba, T. Takamatsu, M. Matsuoka：International Congress on Analytical Chemistry Abstracts, p. 192, Chiba, Japan 1991.
43) S. Yoshida, R. Namba, T. Takamatsu, M. Matsuoka：HPLC '92 Abstracts, p A-70, 1992.
44) 松本　勲，高林稔雄，中村　烈：分析化学，19：771，(1970)
45) 松本　勲，岡本正男，神田正雄：分析化学，20：287，(1971)
46) 松本　勲，神田正雄，石渡勝己：日本薬学会第 92 年会講演要旨集III，p. 216, 1972.
47) 神田正雄，堀　宜喜，松本　勲：分析化学，24：299，(1975)
48) 八木田喜昭，田中国雄，関口利夫，神田正雄，松本　勲：衛生化学，21，225，(1975)
49) M. Okamoto, M. Kanda, I. Matsumoto, Y. Miya：J. Soc. Cosmet. Chemists, 22, 589, (1971)
50) 林　恵子，小山和彦，小林直行，加納蓄積：日本化粧品技術者会誌，9，62，(1975)
51) 松本　勲，高柴和子，本間康子：衛生化学，19(4)，278，(1972)
52) 臺　隆男，中村　烈，久保早苗，松岡昌弘：衛生化学，33(4)，271，(1987)
53) M. Takahashi, M. Aizawa, K. Miyazawa, Y. Machida：J. Soc. Cosmet. Chemists, 38, 21,(1987)
54) M. Denda, J. Hori, J. Koyama, S. Yoshida, R. Namba, M. Takahashi, I. Horii：Archives Dermatol. Res., 286, 41, (1994)
55) 小山純一，森川良広，松本　勲：日本化粧品技術者会誌，15(1)，45，(1981)
56) J. Koyama, I. Horii, K. Kawasaki, Y. Nakayama：J. Soc. Cosmet. Chemists, 35, 185, (1984)
57) F. Kanda, E. Yagi, M. Fukuda, K. Nakajima, T. Ohta, O. Nakata：Brit. J. Dermatol., 122, 771, (1990)

58) F. Kanda, E. Yagi, M. Fukuda, K. Nakajima, T. Ohta, O. Nakata : J. Soc. Cosmet. Chemists, 40, 335, (1989)
59) F. Kanda, E. Yagi, M. Fukuda, K. Nakajima, T. Ohta, O. Nakata : J. Soc. Cosmet. Chemists, 41, 197, (1990)
60) R. Takamoto, S. Yamamoto, R. Namba, T. Takamatsu, M. Matsuoka, T. Sawada : Anal. Chem., 66(14), 2267, (1 1994)
61) R. Takamoto, R. Namba, O. Nakata, T. Sawada : Anal. Chem., 62(7), 674, (1990)
62) R. Takamoto, R. Namba, T. Takamatsu, M. Matsuoka, T. Swada : International Congress on Analytical Chemistry Abstracts, p. 522, Chiba, Japan, 1991.
63) J. Koyama, J. Nomura, Y. Ohtsu, O. Nakata, M. Takahashi : Chem. Letters, 687, (1990)
64) 小山純一, 神田武利, 大津 裕, 中村 淳, 福井 寛, 中田興亜 : 日化誌, 1, 45, (1989)
65) 白石美紀, 神田賢治, 奥村達也, 西谷 宏, 高松 翼 : 日本化粧品技術者会誌, 32(2), 160, (1998)
66) 木村朋子, 吉田誠一, 西谷 宏, 高松 翼 : 日本化粧品技術者会誌, 32(2), 160, (1998)

15 화장품의 제조장치

화장품(의약부외품 포함)에는 여러 가지 형태가 있고, 또 색상과 냄새의 차이에 따라서 그 종류가 수 없이 많다. 이 때문에 우수한 품질의 화장품을 제조하기 위한 화장품 연구에 병행하여, 제조장치와 제조공정 등의 기술개발도 활발히 진행되고 있다. 요즘 화장품 제조는 사용원료의 계량으로부터 최종제품의 포장에 이르기까지 깨끗한 상태로 일관된 컴퓨터 제어 공장에서 이루어지고, 사람이 작업에 참여하지 않는 공장자동화(factory automation)가 적극적으로 도입되고 있다.

화장품제조를 살펴보면, 품질보증을 철저히 하기 위하여 화장품공업연합회의 자체기준으로 제정된 화장품 GMP[1)](Good Manufacturing Practice)에 근거하여 화장품을 제조하는 것은 강조할 필요도 없다.

화장품의 제조장치는 제품의 제조장치와 성형, 충진, 포장 장치로 크게 분류된다. 제조장치는 메이크업 제품을 제조하기 위한 분체 등의 분쇄기, 분산기나 크림, 유액 등의 유화기, 냉각기가 있으며, 성형장치에는 립스틱 등의 스틱상 제품의 자동성형기나 파운데이션, 아이칼라 등의 프레스 성형기 등이 있다(표 15-1).

아래에 주요한 장치에 대하여 설명한다.

표 15-1. 대표적인 화장품의 제조장치

제조장치	유액・크림	화장수	고형분체제품	립스틱
혼합기	○	○	○	○
분쇄기			○	
분산기 유화기	○			○
냉각기	○			○
성형기			○	○
충전기	○	○	○	○

15-1 》 분쇄기 ; Grinders

습식・건식, 연결식・배치식, 분쇄용・미분쇄용 등으로 분류한다. 15-3의 분산기에도 습식 분쇄기로서 이용 가능한 것도 있다. 여기에서는 건식 분쇄기에 대하여 설명한다. 표 15-2는 분쇄기를 분쇄력을 주는 방법에 따라 분류한 것이다.

표 15-2. 분쇄기의 종류[2)]

분쇄력의 형태	분쇄기의 구조	분쇄기의 명칭
a. 압축분쇄형	① 조쇄형 ② 선동형 ③ 회전형	브레이크, 도지, 싱글 터글 분쇄기 쟈일러터리, 콘, 하이드로 콘 분쇄기 로울, 싱글 로울, 디스크 분쇄기
b. 충격압축분쇄형	① 절구형 ② 햄머형 ③ 유체에너지형 ④ 회전원통형	스탬프 밀 헤머 밀, 임펠러 브레커, 임펙트 분쇄기, 레이몬드 수직 밀, 디스 인테그레이터, 디스멤브레이터, 티탄 밀, 노브 로타, 마이크론 밀 제트 밀, 제트 분쇄기, 마이크로나이져, 리덕션나이져, 분사식 분쇄기, 에어 밀 보울, 튜브 밀, 로드 밀, 코니칼, 트리콘 밀, 힐데브란트 밀
c. 전단분쇄형	회전형	컷팅 밀, 로우터리 분쇄기, 전단 로울 밀
d. 마찰분쇄형	① 회전형 ② 선동형 ③ 원심력형 ④ 회전원통형	팬 밀, 아트리션 밀, 에지라나, 샌드 그라인더 스크류 분쇄기, 탑식 분쇄기 원심 로울 밀(한틴톤, 레이몬드, 그리힌 밀), 원심 보울 밀(루울렛, 후라 밀) 링 로울 밀(켄트, 스타테반트 밀), 고속 보울 밀, 저속 보울 밀, 하이 스위 보울 밀

(久保, 水渡 他 : 분체, 이론과 응용, 丸善, 1962.)

화장품용 분체는 이미 작게 분쇄된 것을 이용하는 것이 많기 때문에 분쇄만을 목적으로 사용하는 경우는 적으며, 응집 입자를 쪼개고 혼합을 빠르게 하려는 목적이 크다. 혼합과정에서 발열을 수반하는 것도 있는데, 이 때문에 유기성분의 변질을 초래하는 것도 있다. 또 기계화학적 효과로 인해 입자표면의 성질이 변하며, 심한 경우에는 결정구조 등의 내용물이 변하는 경우도 있다[3)].

15-2 》 분체혼합기 ; Powder mixing equipment

분체의 혼합방법에는 습식법과 건식법이 있다. 여기에서는 건식법에 대하여 소개한다. 또 앞의 항에서 소개한 분쇄기도 혼합기로서 이용되는 경우가 많다. 여기에서는 분체의 혼합만을 목적으로 하는 장치를 기술한다.

혼합기는 회전형과 고정형으로 구분된다. 회전형은 용기 자체가 회전하는 것으로 원통형, 이중원추형, 정입방형, 피라미드형, V형 등 여러 가지 형태가 고안되어 있다. 고정형은 용기는 고정되고 용기 내부에서 스크류형, 리본형 등의 교반장치가 회전한다. 분말화장품의 색조 및 향료의 분사에 이용되고 그 외에 분말의 예비혼합에 이용된다. 그림 15-1에 회전형의 대표적인 예로써 V형 혼합기를, 그림 15-2에 고정형의 대표적인 예로써 원추형 스크류 혼합기의 구조를 나타냈다.

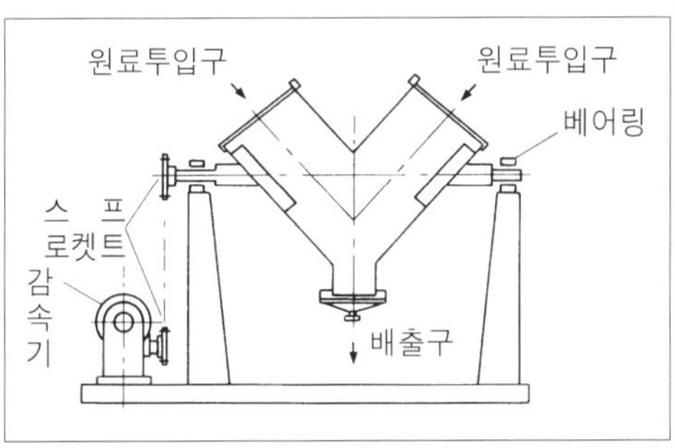

그림 15-1. V형 혼합기

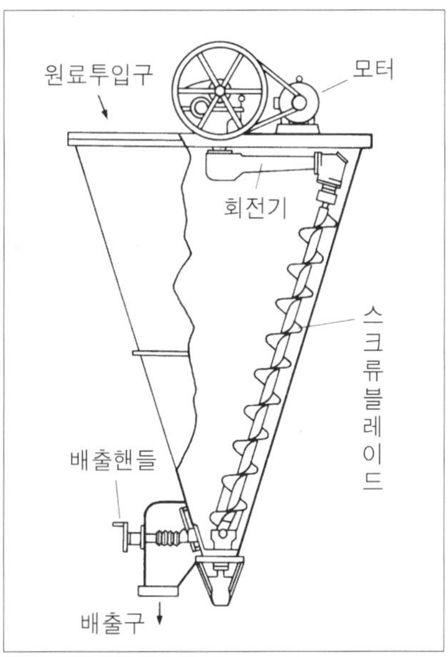

그림 15-2. 원추형 스크류 혼합기

15-3 》 분산기·유화기 ; Dispersion and Emulsification equipment

분산기, 유화기에는 아래와 같은 것이 있다[4].

1) 프로펠러 믹서

프로펠러가 회전봉의 앞끝에 부착된 구조를 이루고 있다. 분산력이 약하므로 예비적인 분산과 유화에 이용된다.

2) 디스퍼 ; Disper

고속으로 회전하는 봉의 끝에 터빈형의 회전날개를 부착시킨 것이며, 분산력은 로펠러 믹서보다 강하다(그림 15-3).

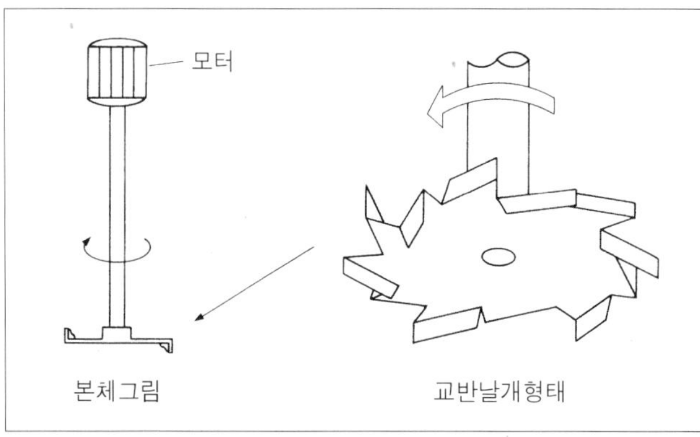

그림 15-3. 디스퍼

3) 호모믹서 ; Homo-mixer

엑팬밤바형의 믹서라고도 한다. 터빈형의 회전날개를 원통으로 둘러싼 구조이며, 통 속에서 대류가 일어나도록 고안되었으므로 균일하고 미세한 유화입자가 만들어진다(그림 15-4).

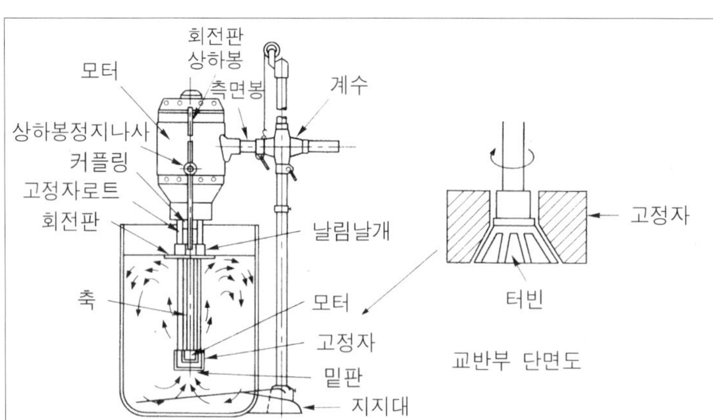

그림 15-4. 호모 믹서 구조도

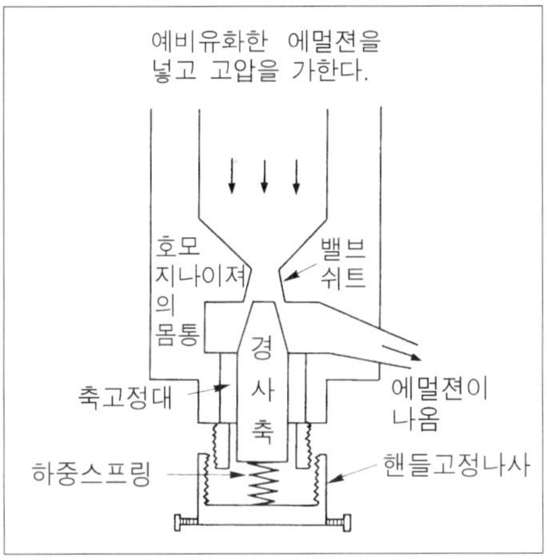

그림 15-5. 호모지나이져의 구조도

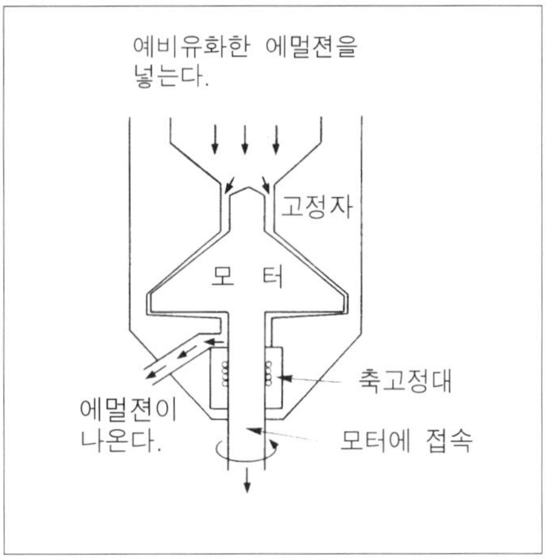

그림 15-6. 콜로이드밀의 구조도

4) 호모지나이져 ; Homogenizer

시료에 고압을 가하여, 작은 구멍으로 분출시킨다. 대단히 강력한 연속식 유화기이다(그림 15-5).

5) 콜로이드분쇄기

한쪽은 고정되고 다른 한쪽은 고속 회전하는 2개의 소결체의 좁은 틈으로 시료를 통과시킨다(그림 15-6).

6) 자갈 분쇄기

혼합용기 내부에 시료와 함께 직경 10mm정도의 딱딱한 자갈을 넣고, 이를 강력한 교반기로 휘젓는다. 자갈의 마찰에 의해 분산이 일어난다. 분체의 분산에 적당하다.

7) 초음파유화기

초음파 발생장치로부터의 초음파를 시료에 조사하는 방법과 진동편이 있는 관 내부로 시료를 흘려 보낼 때 초음파가 발생하도록 하는 것이다.

15-4 》 반죽·혼합기 ; Kneading equipment

반죽·혼합기[5]는 분말이 많이 배합되어 유동성이 적은 화장품 제조에 이용된다.

1) 니이더

강력한 리본형 혼합기이다. 진공흡입(탈기)장치와 연결하는 것이 가능하기 때문에 점도가 높고 거품이 들어가기 쉬운 화장품의 제조에 적당하다.

2) 로울러

예전부터 이용되고 있는 기계이다. 혼합·반죽하는 힘이 강하다. 로울러의 수에 따라 2단 로울러, 3단 로울러가 있다. 립스틱과 에나멜 등 색조가 중요한 화장품에 적당하다.

3) 뇌궤기(擂潰機)

분말의 응집입자를 갈아서 으깸과 동시에 단계적으로 적셔 주기 때문에 얇게 펴주는 공정에 적당하다.

15-5 » 냉각장치 ; Cooling equipment

유액과 크림 등 화장품의 냉각방법과 장치에는 아래와 같은 것이 있다[6].

1) 냉각, 교반법

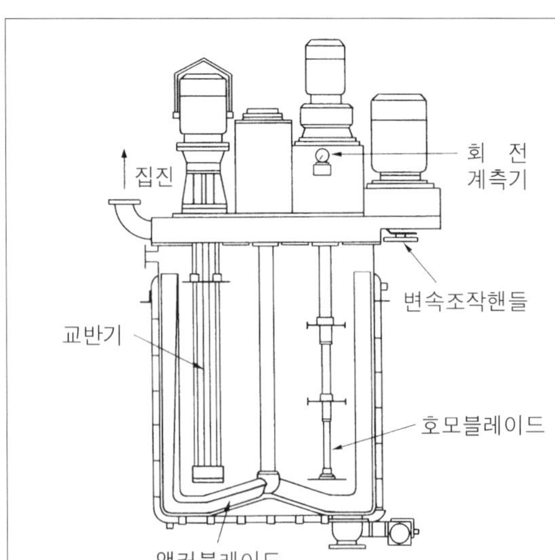

그림 15-7. 유화 장치의 구조도(특수기화 : 콤비 믹스)

용기의 외부로부터 차게 하여 냉각효과의 촉진과 균일화를 보존하기 위해 섞는다. 급격한 온도 하강에 따라 성질이 변화하는 비누 등 유화제를 많이 배합한 계, 냉각하면서 여러 가지의 물질을 첨가, 분산시키는 경우 등에 쓰이는 방법이다. 실제로는 그림 15-7의 표시와 같이 이중 가마에 냉각수를 통과시키면서 가마의 표면을 긁어주는 패들식의 교반으로 냉각시킨다. 일반적으로 이 가마에는 호모믹서와 디스퍼가 쌍으로 부착되어 있으며, 진공으로 기포를 제거하면서 유화제품을 제조하는 장치로서 사용되고 있다.

2) 열교환기 법

고온에서 유화된 유화계를 연속적으로 급냉각시키는 방법으로서 최근 널리 사용되고 있다.

2-1) 플레이트식 열교환기 ; Plate Heat Exchanger

플레이트가 좁은 간격으로 층을 이루어 나란히 배치되어 있는데, 이 내부를 유화계와 냉매가 교대로 흐르면서 냉각된다(그림 15-8).

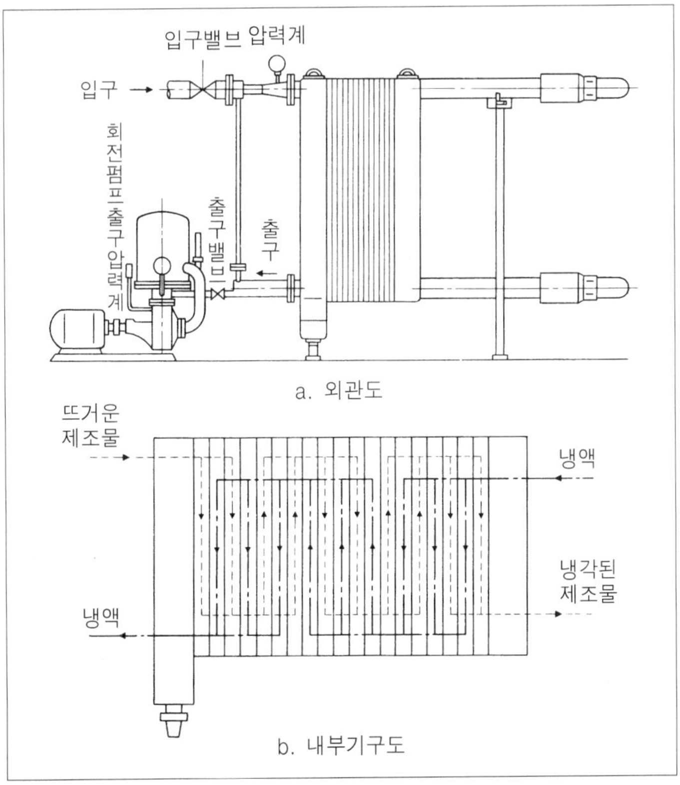

그림 15-8. 플레이트식 열교환기

유화계의 흐름과 냉매의 흐름은 반대방향이고, 고온의 유화계는 흐름에 따라 냉매와 플레이트를 경계로 열교환되면서 냉각된다. 유화계의 유동하는 층의 간격이 협소하므로 점도가 낮은 유액을 급냉하는 것에 적당하며, 점도가 높아지면 냉각작업이 어렵다.

2-2) 보테이터식 열교환기 ; Scarapered surface heat exchanger

원통의 외벽이 냉매에 의해 냉각된다. 이 원통 내부에 유화계가 흐르면서 냉각된 통과 접촉하여 열 교환이 일어나서 냉각되며, 일부 통에 부착하는 것은 떨어져 나간다. 또 내부의 물질을 휘저으면서 밀어 흘러보내는데 결과적으로 급속히 냉각시켜 흘려보낸다(그림 15-9). 점도가 높은 유액 또는 크림에 일반적으로 널리 이용된다.

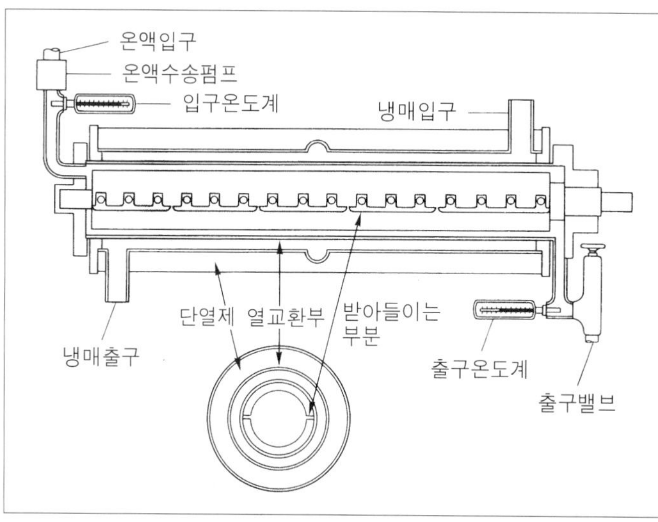

그림 15-9. 보테이터식 열교환기

15-6 》 성형기 ; Molding machines

립스틱, 파운데이션, 아이섀도우와 같은 내용물을 성형하여 최종 용기에 넣으면 제품이 된다. 대표적인 예로써 립스틱과 고형 파운데이션의 성형기에 대하여 기술한다.

1) 립스틱의 성형

립스틱의 성형에는 여러 가지의 방법이 있다. 성형기의 종류에 따라 나누면 예로부터 이용된 금형 성형법과, 최근에 개발된 자동 성형법인 오지브 · 캡슐 성형법이 있다.

1-1) 금형 성형기

금속제의 조립형 금형에 용융한 립스틱을 흘려 부어서 냉각한 후에 성형기를 수직으로 분리하여 성형물을 분리하는 것이다. 금형의 재질로는 열전도도가 우수한 금속이 이용되고, 성형 온도 조건이 쉽게 조절되며, 또 성형시간이 짧도록 고안되어 있다. 금형 내부의 분리제 도포, 과충전분의 제거, 금형의 청소 등 사람의 손에 의한 미세한 작업공정을 필요로 한다. 성형을 마친 성형품은 용기에 넣고, 마무리한다.

1-2) 오지브 · 캡슐 성형기

자동성형법으로 개발된 방식으로, 성형기 재료로서 수지제의 오지브 또는 캡슐로 불리는 거푸집에 내용물을 부어 성형한다. 가장 유명한 성형법은 영국의 에직토레트사가 개발한 「ejector(EJ)법」이다. 이 성형공정을 그림 15-10에 나타냈다.

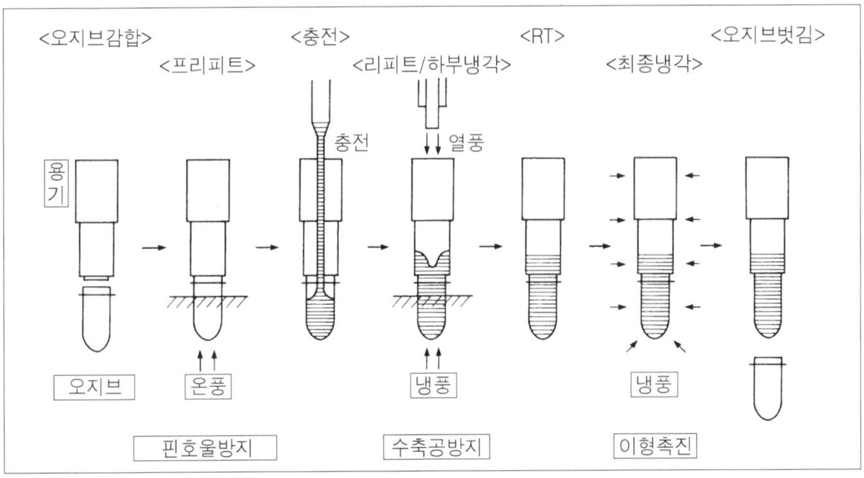

그림 15-10. EJ법의 성형 공정

성형기에는 체인 콘베어 위에 여러 개의 용기가 거꾸로 늘어서 있는 것처럼 홀더가 매달려 있으며, 체인 콘베어는 일정하게 움직여 각 성형기 구간을 통과한다.

이 방법에 의해 립스틱 성형이 자동화되고 대량생산이 가능하게 되었다. 립스틱 내용물의 처방변화에 대응하여 성형 각 프로세스의 온도-시간의 엄밀한 설정이 요구되는데, 실제 이들 설정 조건이 립스틱 성형성의 좋고, 나쁨에 큰 영향을 준다. 그림 15-11이 성형장치 사진이다.

그림 15-11. 립스틱 자동 성형기(吉野工業所製)

2) 파운데이션 성형기

최근의 분말화장품의 성형에는 대부분 자동 프레스기가 사용되고 있다. 이 장치는 턴 테이블식으로 되어 있는데, 우선 회전원반에 달린 프레스의 오목모양에 금속의 용기가 파트피이더로부터 자동적으로 공급된다. 그리고 다음 구간으로 회전하고 그곳에서 호퍼(hopper)내의 내용물 일정량이 접시에 투입된다. 다음 구간에서 이 분말이 일정 유압에 의해 중간 접시를 고정시킨 금형에 의해 프레스되고 성형품이 완성된다. 이 공정을 그림 15-12에 나타냈다. 그 후에 금형은 자동적으로 청소가 되고, 다시 용기가 공급되어 연속작업이 이루어진다.

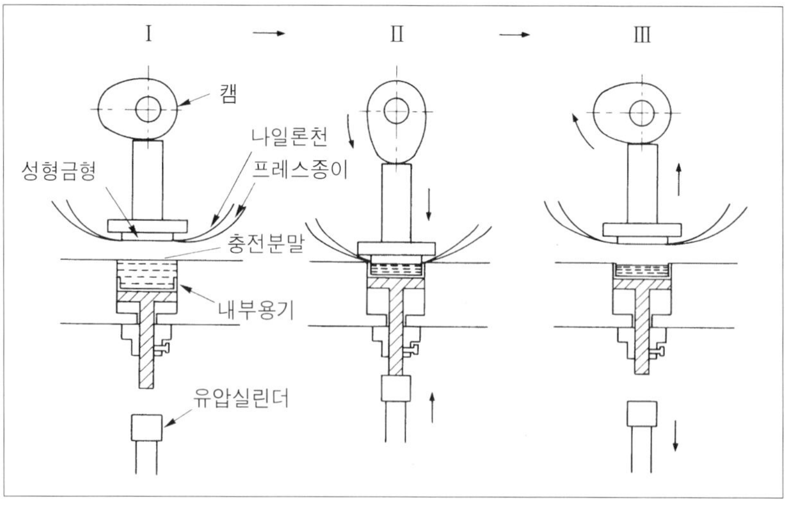

그림 15-12. 분말 제품의 성형 프레스 공정

만들어진 성형품은 크리닝머신에 의해 주변에 부착된 분말이 자동적으로 제거되고, 최종 용기로 완성된다. 그림 15-13에 성형기의 예를 나타냈다.

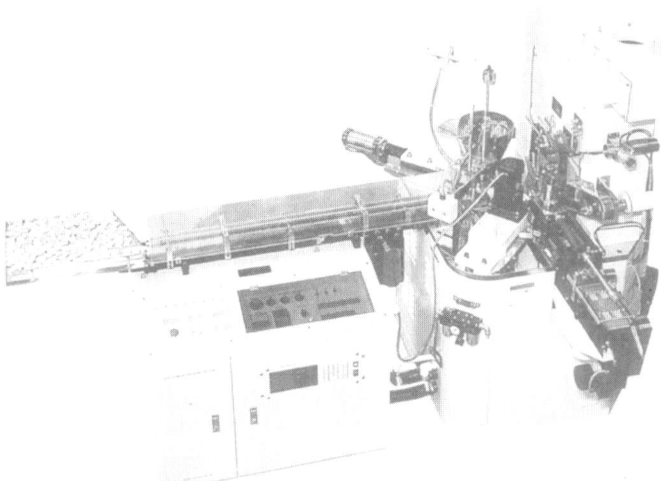

그림 15-13. 분말 자동 성형기

이 성형에서는 프레스시의 조건이 중요한 포인트이다. 분말의 성질에 따라 프레스압, 프레스 횟수를 조정할 필요가 있다. 예를 들어 운모 등의 펄분말이 포함된 것은 공기가 빠져나가기 어려워서 투입하기 어려우므로 다단계로 프레스를 한다든지, 1회 프레스 중에 압력 변화를 주는 등의 조작이 가능하다. 또 용기의 형태에 따라 성형품의 주변부만이 굳어지는 경우가 있어, 프레스하기 전에 분말의 밀도 분포를 조정하거나, 프레스하는 금형의 형상을 변화시키는 등의 방법으로 경도의 균일화를 꾀하고 있다.

15-7 》 충전 · 포장기 ; Filling and Packaging machines

충전기는 충전하는 내용물의 상태와 용기의 종류, 용량에 따라 다양하다. 화장수나 유액에는 병 충전기, 크림상의 내용물에는 입구가 넓은 병 또는 튜브충전기, 분체상의 내용물에는 종이상자나 자루 충전기, 또 에어로졸 제품에는 특수한 장치를 갖춘 충전기가 사용된다. 충전기의 종류가 너무 많으므로 각각에 대한 기계의 설명은 생략하지만, 모두 충전량의 정밀도가 좋은 것, 충전 속도가 빠른 것, 세정성이 용이한 것이 요구된다. 충전은 청결하며 위생상태가 좋은 환경에서 이루어져야 한다. 특히 액상으로 미생물오염에 유의하여야 하는 아이라이너, 마스카라류는 클린 룸(clean room)내에서 작업한다.

포장, 마무리의 공정에서는 라벨 부착기, 발인기(coding machine), 포장기, 중량 검사기(weight checker)가 이용된다. 접착제나 종이의 발전에 따라 라벨 접착기의 성능이 향상되었다. 제조기호 등의 날인에는 잉크제터 방식이 적용되는 것이 많고 케이스 끼우기나 상자 채우기에는 컬트너나 로보트가 이용되어 인원감축이 이루어지고 있다.

참고문헌

1) 厚生省薬務局監視指導課編：化粧品 GMP 解説，薬事日報社，1988.
2) 久保，水渡 他：粉体，理論と応用，p.425, 丸善，1962.
3) 井伊谷，荒川 他 編：粉体の物性と工学(化学増刊 31)，p.55, 化学同人，1967.
4) 清水，大田：新しい撹拌技術の実際，p.301, 技術情報協会，1989.
5) 橋本：混練装置，科学技術総合研究所，1986.
6) 遠藤，鹿又，小林，保坂：増補食品製造工程図集，p.697, 化学工業社，1989.

16 화장품과 법규

화장품은 일상생활과 깊이 관련되어 있어서 화장품에 대한 "기대"와 "사회적 관심"이 높아지고 있으나, 화장품이 여러 가지 법규와 관련되어 있고, 또 엄격한 품질보증의 약속하에 제조되고 판매되고 있다는 사실을 아는 사람은 아직도 적다.

화장품은 항상 반복해서 사용하는 것이므로 그 효용(유효성, 유용성)과 동시에 안전성에 대한 보증에도 최대한의 노력을 기울어야 한다. 각종 법규는 이들 품질을 보증하고 유지하며 소비자에게 제공하기 위한 필요 최소한의 약속이라 할 수 있다.

16-1 ›› 화장품에 관한 법규

화장품 등을 제조하고 판매하기 위해서는 각종 법규와의 관련을 염두에 두어야 하는데, 화장품은 매일 신체에 사용하는 것이므로 그 품질 유효성, 안전성 등에 대해서는 약사법[1](1960년 법률 제 145호)에 의해 지정되어 있다.

이 약사법은 의약품, 의약부외품, 화장품 및 의료용구의 품질 유효성, 안전성 확보와 적절한 사용을 정한 위생법규로서, 국민의 보건 위생의 향상을 목적으로 하고 인간의 생명과 건강을 지키기 위한 매우 중요한 역할을 하는 법률이다.

16-1-1. 약사법에서 정한 화장품과 의약부외품

약사법중에서 이 책의 내용과 관련이 있는 화장품과 의약부외품에 관한 개요를 기술한다.

약사법 (본문)

- 총칙
  - 목적
  - 정의
- 약사심의회
  - 중앙 및 지방약사심의회에 관한 규칙
- 약 국
  - 개설의 허가, 허가의 기준, 관리
  - 관리자의 의무, 정부명령에 위임
- 의약품 등의 제조업 및 수입판매업
  - 제조업의 허가
    - 허가의 기준
    - 일본약국외 의약품등의 제조승인
    - 의약품의 제조에 관한 준수사항
    - 도청도지사의 경유
    - 성령의 위임
    - 수입판매업의 허가
- 의약품 및 의료용구의 판매업
- 의약품 등의 기준 및 검정
  - 일본약국
  - 의약품 등의 기준
- 의약품의 취급
  - 의약부외품의 취급
    - 직접용기 등의 기재사항준용
  - 화장품의 취급
    - 직접용기 등의 기재사항
    - (업자의 성명 또는 명칭, 주소 그 외 성령에서 정하는 것 등)
    - 준용(제51, 53～57조)
    - · 판매제조 등의 금지
    - · 기재 금지 사항
- 의약품 등의 광고
  - 과대광고 금지
  - 승인전의 의약품 등의 광고 금지
- 감독
  - 입회검사 등
  - 폐기 등
  - 개선명령
  - 허가취소
- 잡 칙
- 벌 칙

약사법시행령

약사법 시행규칙
성령으로서 상세히 규정하고 있음

화장품 품질기준

약사법 제 42조 2항에 근거한 후생성 고시
화장품 일반(배합금지, 원료 및 기자재 등)
특수화장품(호르몬, 항히스타민 등)

화장품 원료기준
1991년 합계 592품
1967년 114품목 제정
1970년 91품목 추가
1973년 227품목 추가, 1품 삭제
1982년 107품목 추가, 15품 삭제
1985년 63품목 추가
1991년 22품목 추가, 16품 삭제

의약품 등에 사용할 수가 있다.

타르색소를 정하는 성령 1966년 제30호, 1967년 제3호
1972년 제55호
표 Ⅰ 모든 의약품, 의약부외품, 화장품에 사용가
표 Ⅱ 외용의약품, 외용의약부외품, 화장품에 사용가
표 Ⅲ 점막에 적용하지 않는 외용의약품, 외용의약부외품, 화장품에 사용가
Ⅰ 11품목, Ⅱ 47품목, Ⅲ 25품목, 합계 83품목(레이크 포함)

그림 16-1. 약사법과 그 관련 법규

1) 화장품의 정의 ; Definition of Cosmetics

약사법 제2조에서 「화장품」은 사람의 신체를 청결히 하고, 아름답게 하고, 매력을 증가시키고, 용모를 변화시키며, 또한 피부 또는 모발을 부드럽게 유지하기 위해 신체에 바르거나, 분산시키거나 기타 이들과 유사한 방법으로 사용되는 것이 목적인 물질로서 인체에 대한 작용이 완화된 것이다 라고 되어 있다.

인체에 대한 작용이 완화된 것이란 정상적인 사용방법 일 때는 물론 잘못 사용할 때에도 인체에 강한 작용을 미치지 않는 것이며 안전성이 높은 것을 말한다.

구체적으로는 다음과 같은 것이 있다.

① 사람의 신체를 청결히 하는 것을 목적으로 하는 것.
  비누, 세안료, 샴푸, 클렌징 로션, 팩 등.
② 사람의 신체를 미화하는 것을 목적으로 하는 것.
  립스틱, 파운데이션 등 메이크업 화장품.
③ 사람의 매력을 증가시키는 것을 목적으로 하고 있는 것.
  향수, 오데코롱 등 방향화장품이나 립스틱, 손톱 화장품 등 메이크업 화장품.
④ 용모를 바꾸는 것을 목적으로 하는 것.
  립스틱, 마스카라, 아이섀도우등 메이크업 화장품.
⑤ 피부 또는 모발을 부드럽게 유지함을 목적으로 하는 것
  크림, 유액, 화장수, 헤어린스, 헤어토닉, 헤어스프레이 등.

2) 의약부외품의 정의 ; Definition of quasi-drug products

의약부외품은 의약품과 화장품의 중간에 위치하는 것이며 약사법에서 정하는 범위 내에서 그 효능을 구하는 것을 인정하고 있다.

정의는 아래와 같이 되어 있으나 구체적으로는 각각 개개의 제품원료에 대해서 그 성분 및 분량, 효능 또는 효과, 용법 및 용량, 제형 등으로부터 종합적으로 판단하여 정하고 있다. 약사법 제 2조에서 「의약부외품」의 목적은 아래 각 호에 제시한 바와 같고, 또한 인체에 대한 작용이 완화된 것으로 기구 기계가 아닌 것 및 이들에 준하는 것으로 후생대신이 지정한 것을 말한다. 1998년 3월 12일 후생성 고시 제 31호에 따라, 후생대신이 지정하는 의약부외품으로서 새로이 외피 소독제, 건위(健胃) 청량제, 비타민 함유 보건제 등이 지정되었다.

① 구토증, 기타 불쾌감 또는 입냄새 또는 체취의 방지를 목적으로 하는 제품
  구내 청량제(효능 : 구역질·구토, 멀미, 구취 등)
  액취 방지제(효능 : 액취, 체취, 땀 억제)

② 땀띠, 짓무름 등의 방지를 목적으로 하는 제품

땀띠분류(효능 : 땀띠, 기저귀 발진, 짓무름, 면도로 인한 감염 등)

③ 탈모의 예방, 육모 또는 제모를 목적으로 하는 제품

육모제, 양모제(효능 : 육모, 발모 촉진, 탈모 예방, 비듬, 가려움증 등)

제모제(효능 : 제모)

④ 사람 또는 동물의 보건을 위한 쥐, 파리, 모기, 벼룩 등의 제거 또는 방지를 목적으로 하는 제품

살서제(효능 : 살서(殺鼠), 쥐의 구제(驅除), 살멸(殺滅) 또는 방지)

살충제(효능 : 살충, 파리, 모기, 벼룩 등의 구제 또는 방지)

기피제(효능 : 모기, 각다귀, 벼룩, 집먼지 진드기 등의 기피)

⑤ 이들에 준한 제품으로 후생대신이 지정하는 것.

ⓐ 위생용으로 제공되는 것이 목적인 면류(종이면류 포함)

위생 면류, 생리 처리용품, 청결용 면류

ⓑ 다음에 속하는 것으로 인체에 대한 작용이 완화된 것.

(1) 소프트 콘택 렌즈용 소독제

(2) 마찰에 의한 상처, 베인 상처, 찔린 상처, 긁어서 생긴 상처, 신발에 물린 상처, 창상면 등의 소독 또는 보호를 위해 사용하는 것을 목적으로 하는 제품

외피 소독제, 상처 소독 보호제

(3) 화장품으로의 사용 목적 이외에 여드름, 피부거칠음, 부스럼, 가벼운 동상 등의 예방, 피부 또는 구강의 살균소독에 사용되는 제품을 추가하여 이것을 목적으로 하는 제품

약용 화장품 [약용 비누 포함] (효능 : 여드름 방지, 피부 거칠음과 거칠어지기 쉬운 체질, 동상을 방지, 일광 그을림에 의한 기미 · 주근깨 방지 등

약용 치약류(효능 : 충치 발생 및 진행의 예방, 치조농류의 예방 등)

(4) (살갗이) 갈라짐, (살갗이) 트는 것, 짓무름, 티눈, 못(살에 박히는), 수족 거칠음증, 푸석함 등의 개선을 목적으로 하는 제품

갈라짐 · 살갗 틈용 제품, 땀띠 · 짓무름용 제품, 티눈 · 못용 제품, 푸석함 · 거칠음용 제품

(5) 염모제(모발 탈색제, 탈염제를 포함)

(6) 퍼머넌트 · 웨이브용제

(효능 : 모발에 웨이브를 주고 유지한다. 곱슬머리, 또는 웨이브 모발을 펴서 유지한다)

(7) 목욕용제

(효능 : 땀띠, 거칠어지기 쉬운 체질, 타박상, 어깨 결림, 신경통, 습진, 냉증, 피로 회복 등)

(8) 목의 불쾌감을 개선하는 것이 목적인 제품

목 청량제(효능 : 가래, 쉰 목소리, 목이 부어오름 등)

(9) 위의 불쾌감을 개선하는 것이 목적인 제품

건위(健胃) 청량제(효능 : 과식, 과음에 의한 위장 불쾌감, 구역질 등)

(10) 육체 피로시, 중년기 고령기 등의 비타민 또는 칼슘의 보급이 목적인 제품

비타민 C제, 비타민 E제, 비타민 EC제, 칼슘제

(11) 자양강장, 허약 체질의 개선 및 영양 보급을 목적으로 하는 제품

비타민 함유 보건제

16-1-2. 제조 · 판매 등의 규제

화장품 · 의약부외품은, 그 안전성, 유효성 및 그 품질을 확보하기 위하여 약사법에 의거하여, 제품 그 자체와 그것을 제조하는 또는 수입하는 장소, 제품에의 표시 사항을 규제하고 있다.

제품 그 자체에 대하여 유효성 및 안전성을 확인하는 「승인」제도가 있고, 제조 또는 수입하는 장소에 대하여, 제품을 제조 또는 수입 판매하는데에 따른 적절한 품질 관리 체제가 정비되어 있는가를 확인하여 부여하는 「허가」제도가 있다. 또한 제품에 관한 필요한 정보를 소비자에게 전하기 위한 「표시」에 대하여도 규정하고 있다.

① 승 인

제품 그 자체가 유효하고 안전한지를 인증하는 제도이다. 의약부외품은 제품마다 승인을 얻을 필요가 있다. 화장품은 다수의 제품이 만들어지므로 일정 기준(화장품 종별 허가 기준)을 만들어, 그 종별 기준내의 제품에 대해서는 승인이 불필요하고, 각각의 제품에 대해서 신고하는 제도가 있다. 또 신규 원료를 함유한 화장품은 종별 분류마다 승인을 부여하는 제도가 있다.

승인은 통상, 명칭, 배합 성분의 명칭과 규격과 배합량, 사용 방법, 효능 등에 대해 심사하고, 후생대신이 부여한다. 일정 기준을 만족시킨 제품에 대해서는 승인 권한을 도도부현지사(都道府縣知事)에 위임하는 것이 가능하다. 의약부외품은, 기준이 정해진 생리처리용품, 청결면, 염모제, 퍼머넌트 · 웨이브용제, 약용 치약류에 대하여 후생대신으로부터 도도부현지사에 승인 권한이 위임되어 있다.

② 허 가

제조 또는 수입 장소마다, 제품을 제조 또는 수입 판매할 때마다 충분한 체제가 정비되어 있는가를, 구조 설비 및 품질 보증·관리 등의 관점에서 심사하고 허가를 부여한다.

예를 들어 화장품을 제조하는 경우, 제조소마다 화장품 제조업의 허가가, 또 수입을 하는 경우는 영업소마다 화장품 수입판매업의 허가가 필요하다. 또 허가에는 무엇을 만드는가가 포함되고, 취급 제품을 증가시키는 경우에는 화장품은 종별마다, 의약부외품은 제품마다 추가 허가를 받아야 한다.

허가의 권한은 모두 후생대신으로부터 도도부현지사에 위임되어 있다.

③ 표 시

제조 또는 수입한 제품의 적정한 유통을 위해서는, 제품 또는 수입 판매업자의 명칭과 소재지, 제품의 명칭, 표시해야 하는 성분의 명칭(표시 지정 성분), 사용 방법, 사용상의 주의사항, 제조 기호 등에 대하여 제품에 표시해야 한다. 그리고 제품 명칭, 제조 방법, 안전성, 효능, 효과, 성능에 관한 허위 또는 과대 광고는 금지되어 있다[11].

이상과 같이 제조·판매에 대하여 약사법에 의한 소정의 규제가 실행되고 있는데, 이들은 또한 약사감시제도에 의해 감시되고 있다. 예를 들어 후생성 또는 도도부현의 약사 감시원이 제조(영업)소·점포 출입 검사, 제품의 수거 시험 등을 실시하여 품질, 표시를 확인한다. 또한 불량 화장품, 부정표시 화장품, 과대 광고가 발생하지 않도록 광고 선전 활동도 감시 규제되고 있다.

그런데 약사법은 어디까지나 기본적 법규임을 앞서 밝힌 바 있다.

후생성에서는 약사법에 관계되는 구체적인 사례, 관계가 있는 개개의 사례에 대한 취급, 의문에 대하여 지도하고, 관계 통지 사항으로서 철저히 임한다.

그리고 화장품의 제조 및 품질 관리(화장품 GMP)에 대해서는 일본 화장품 공업 연합회가 자체 기준으로 제정한 「화장품의 제조 및 품질 관리에 관한 기술 지침에 대하여」[7](1988년 약감 제 57호)에서, 적정한 제조·관리를 도모하고 있다.

16-2 》 기타 화장품에 관한 법규

화장품을 제조, 판매하고자 할 경우, 제일 먼저 지켜야 할 법률이 약사법이라 할 수 있으나, 실제로는 목적으로 하는 화장품의 적정한 품질의 유지, 확보를 위해 알아야 하고 또 지켜야 하는 각종 관련 법규가 있다. 그들 중 몇 가지를 표 16-1에 나타냈다.

표 16-1. 화장품에 관한 법률

NO.	법률명칭	법률번호	제정년도
1	약사법	제145호	1960년
2	물품세법	제 48호	1962년
3	고압가스취제법	제204호	1951년
4	소방법	제186호	1948년
5	소비자보건기본법	제 78호	1968년
6	가정용품품질표시법	제104호	1962년
7	독점금지법	제 54호	1947년
8	부정경쟁방지법	제 14호	1934년
9	특허법	제121호	1959년
10	계량법	제207호	1951년
11	의장법	제125호	1959년
12	실용신안법	제123호	1959년
13	상표법	제127호	1959년
14	식품위생법	제233호	1947년
15	독물 및 극물취제법	제303호	1950년
16	공업표준화법	제185호	1949년
17	부당경품류 및 부당 표시방지법	제134호	1962년
18	알코올 전매법	제 32호	1937년
19	공해대책기본법	제132호	1967년
20	화학물질의 심사 및 제조 규제에 관한 법률	제117호	1973년
21	폐기물의 처리 및 청소 관한 법률	제137호	1970년
22	방문판매에 관한 법률	제 51호	1976년
23	제조물 책임법	제 85호	1994년

그런데, 화장품은 유지원료를 비롯하여 계면활성제, 색소, 향료, 보습제, 향료제 등 각각 목적을 지닌 각종 원료로 구성되어 있다. 이들 원료를 유화분산, 가용화 등의 기본기술로 제조하고 용기에 충전한 후 포장, 검사하여 상품으로서 마무리한 후 화장품점, 백화점, 슈퍼 등 유통기구를 통해 소비자의 손에 건네어진다.

따라서 원료, 용기, 제조공장, 제품, 판매활동 등에 관련된 제법률이 화장품에 관련된 법규라 할 수 있다.

16-2-1. 원료에 관한 법규

화장품의 배합 성분에 대하여, 먼저 화장품 품질 기준 중에 널리 이용되는 화장품으로서 지켜야 하는 규격을 정한 「화장품 원료 기준」[12~18]이 정해져 있다. 또한 1986년에 도입된 화장품 종별 허가 제도에 의해 종별 허가 기준에 합치하는 화장품은 신고로서 제조가 가능하게 되었다. 제11차 「화장품 종별 허가 기준」[19]에는 청정용 화장품, 기초화장품(스킨 케어 화장품), 메이크업 화장품 등 열 한가지로 분류되는 화장품 종별마다에 2881가지 성분의 성분명, 규격 및 배합 상한량에 대하여 수록하고 있다. 화장품 원료에 관한 기준·규격으로서 상술한 「화장품 원료 기준」이외에 「화장품 종별 배합 성분 규격」[20~22]이 있고 기타 의약품 기준인 「일본 약국방」「일본 약국방 외 의약품 규격」「의약품 첨가물 규격」과 식품 첨가물 규격 기준에 의한 「식품 첨가물 공정서」 등, 원료의 일부가 공정서에 수록되어 있다. 종별 허가 기준에 합치하지 않는 원료에 대하여 원료의 규격을 정하여, 높은 안전성을 확인하고, 종별마다 배합하는 성분 및 분량을 포괄적으로 승인·허가를 받을 수 있는 종별 승인 제도가 있다.

그 외에 원료에 관한 법규로서 「화학물질의 심사 및 제조 등의 규제에 관한 법률」에 등록된 「기존 화학물질 명부」 또는 「독물 및 극물 취체(取締)법」, 「알코올 전매법」 등이 있다. 또 의약부외품에 배합하는 원료의 기준 및 규격에 대해서는, 「의약부외품 원료 규격」[23]이 있다.

16-2-2. 제품(내용물)에 관한 법규

1) 화장품에 관한 법규

「후생대신은 의약부외품, 화장품, 의료용구의 성상, 품질, 성능 등에 관하여 필요한 기준을 정할 수 있다」(약사법 제42조 제2항)에 의거하여 화장품 품질기준[7](1967년 후생성 고시 제321호)과 통지에 의해 반복 장기 사용하는 화장품에 따른 보건 위생상의 위해를 방지하기 위하여, 화장품에의 배합 금지 성분, 특정 성분을 함유하는 화장품(특수 화장품)의 배합기준을 정하고 있다.

「화장품·의약부외품 제조 신청 가이드 북」[10]에 정리되어 있는 배합 금지 성분, 특수 화장품에는 구체적으로 다음과 같은 것이 있다.

1-1) 배합 금지 성분

① 6-아세톡시-2, 4-디메틸-m-디옥산
② 아미노에테르형의 항히스타민제(디펜히드라민 등)이외의 항히스타민제
③ 에스트라디올, 에스트론, 에티닐 에스트라디올 이외의 호르몬
④ 염화비닐(모노머)
⑤ 옥시염화 비스머스 이외의 비스머스 화합물
⑥ 과산화수소수
⑦ 초산 프레그레노론
⑧ 클로로포름

⑨ 디클로로펜
⑩ 수은 및 그 화합물
⑪ 할로겐화 사리틸아니리드
⑫ 하이드로키논모노벤젤 에테르
⑬ 비치오놀
⑭ 피로칼핀
⑮ 비타민 L_1 및 L_2
⑯ 피로가롤
⑰ 프로카인 등의 극소 마취제
⑱ 프레그넌디올
⑲ 불소 화합물(무기 화합물)
⑳ 붕산, 붕사(단 붕사는, 사라시밀랍, 밀랍의 유화를 목적으로 사용하는 경우에는 일정 기준내에서 배합 가능)
㉑ 과붕산 나트륨
㉒ 포르말린
㉓ 메탄올

1-2) 특수 화장품

(1) 호르몬을 함유하는 화장품은 호르몬(난포호르몬)의 종류와 분량이 정해져 있다.

① 두부(頭部), 점막부 또는 구강내에 사용되는 화장품은 제품 1g중에 함유되는 호르몬의 합계량이 200 국제단위(IU)이하일 것.

② ① 이외의 부위에 사용되는 화장품에서 지방족 저급 1가 알코올류를 함유하는 것은 제품 1g중에 함유하는 호르몬의 합계량이 200 국제단위(IU) 이하 일 것(단, 배합성분의 용해만을 목적으로 하는 지방족 저급 일가 알코올류를 함유하는 것은 제외)

③ ①, ② 이외의 화장품은 제품 1g 중에 함유하는 호르몬의 합계량이 500 국제단위(IU) 이하일 것, 또한 국제단위(IU)/g를 제품 100g 또는 100mL중의 g수로 환산하면 이하와 같다.

성분명	① 및 ②	③
에스트라디올	0.4mg 이하	1.0mg 이하
에스트론	2.0mg 이하	5.0mg 이하
에티닐 에스트라디올	0.2mg 이하	0.5mg 이하

(2) 항히스타민제를 함유한 화장품은 사용부위, 항히스타민제의 종류와 분량이 정해져 있다.

사용부위 : 머리부분에만 사용되는 화장품에 한함.

종　　류 : 아미노에테르형의 항히스타민제일 것

분　　량 : 제품 100g 중 0.01g 이하일 것.

(3) 비타민을 함유하는 화장품은 비타민의 종류가 비타민 L_1, 및 비타민 L_2이외의 것일 것.

(4) 메틸알코올에 대해서는 첨가할 수 없다. 에탄올의 불순물로서 함유되어도 그 함량은 제품 100mL 중 0.2mL 이하일 것.

(5) 안식향산이나 살리실산 등을 함유하는 화장품은 제품 100g 중에 함유되는 양이 표 16-2의 양 이하일 것

(6) 이소프로필 메틸페놀 등을 함유하는 화장품은 제품 100g 중에 함유되는 양이 표 16-3의 양 이하일 것(단 비누, 샴푸 등의 사용 후 바로 씻어내는 것은 제외).

표 16-2. 안식향산, 살리실산 등을 함유한 화장품 100g 중에 배합할 수 있는 각 약제량

성분명	양 (아래의 양이하)	성분명	양 (아래의 양이하)
알란토인클로로 하이드록시알루미늄	1g	솔빈산과 그 염류	0.5g
		디하이드로 초산과 그 염류	0.5g
안식향산	0.2g	파라옥시안식향산에스테르	1g
안식향산염류	1g	페놀	0.1g
클로로크레졸	0.5g	헥사클로로펜	0.1g
살리실산	0.2g	폴리옥시에틸렌라우릴 에테르(8~10E.O.)	2g
살리실산염류	1g		
살리실산페닐	1g	레조르신	0.1g

표 16-3. 이소프로필메틸페놀 등을 함유한 화장품 100g 중에 배합할 수 있는 각 약제량

성분명	양 (아래의 양이하)	성분명	양 (아래의 양이하)
이소프로필메틸페놀	0.1g	파라페놀술폰산아연	2g
염화벤질코늄	0.05g	할로칼반	0.3g
오르소페닐페놀	0.3g	2-(2-하이드록시-5-메틸페닐)벤조트리아졸	7g
글루콘산클로로헥시딘	0.05g		
시노키셔드	5g		
브롬알킬이소키노륨	0.05g	2-하이드록시-4-메톡시벤조페논	5g
트리클로로카르바닐드	0.3g		

(7) 칸타리스틴크, 쇼코틴크 또는 고추틴크를 함유하는 화장품은 그 합계량이 100g 중 1g 이하일 것

(8) 파라아미노안식향산 또는 그 에스테르를 함유하는 화장품은 그 합계량이 제품 100g 중 4g 이하일 것

(9) 티람을 함유하는 화장품은 다음의 양 이하일 것

① 비누, 샴푸 등의 사용후 바로 씻어 내는 것은 제품 100g 중 0.5g 이하일 것

② ①이외의 화장품은 제품 100g 중 0.3g 이하일 것

(10) 라우로일설코신나트륨을 함유하는 화장품은 치약 및 비누, 샴푸 등 사용 후 바로 씻어버리는 것일 것. 치약에 대해서는 제품 100g 중 0.5g 이하일 것.

(11) 운데실렌산모노에탄올아미드를 함유하는 화장품은 비누, 샴푸 등 사용 후 즉시 씻어버리는 것일 것.

이들 기준은 주로 함유 성분을 규정한 것이고, 기타 전반에 관련된 사항으로 다음 각 항이 있다.

(1) 화장품 중에 비소는 아비산으로서 10ppm 이하로 되어 있고(1968년 약사81호 통지)[5], 아연은 규정 양은 없으나 20~30ppm 이하가 바람직하다고 되어 있다.

(2) 에어로졸 화장품에 대해서는 고압가스 취급법 및 1989년 약발행 제742호[7]에서 「특정 프레온을 함유하지 않을 것」 등 사용할 수 있는 가스 종류에 대해 일정기준이 정해져 있다(특정 프레온 : 디클로로디플루오로메탄, 디클로로테트라플루오로에탄, 트리클로로모노플루오로메탄).

2) 의약부외품에 관한 법규

의약부외품 가운데, 약용화장품에 대해서 1952년 약발행 제464호[7]에 의해 배합 기준이 정해져 있다.

표 16-4. 난포 호르몬류의 사용량

성분명	두부, 점막부, 구강내에 사용할 경우	기타의 경우
에스트라디올 및 그 에스테르	0.8mg 이하	2.0mg 이하
에스테론	4.0mg 이하	10.0mg 이하
에티닐 에스트라디올	0.4mg 이하	1.0mg 이하
기타 난포호르몬	에스테론으로서 4.0mg 이하	에스테론으로서 10.0mg 이하

표 16-5. 부신피질 호르몬류의 사용량

성분명	모든 약용화장품
코티존 및 그 에스테르	2.5mg 이하
하이드로코티존 및 그 에스테르	1.6mg 이하
프레드니존	0.61mg 이하
프레드니졸론	0.5mg 이하

2-1) 호르몬류

호르몬류의 배합은 난포 호르몬과 부산피질호르몬에 한하여, 그 종류와 분량(제품 100g 또는 100mL중)의 합계량이 표 16-4, 16-5에 정해져 있다.

2-2) 호모 설파민의 배합은 제품 100g 중 1g 이하일 것.

2-3) 칸타리스틴크의 배합은 제품 100g 중 1mL 이하일 것.

2-4) 다음 성분에 대해서는 배합이 인정되지 않는다.

① 2-1)이외의 호르몬
② 설파닐아미드 및 그 유도체
③ 수은계 화합물 및 포르말린
④ 비타민 L_1 및 비타민 L_2
⑤ 니트로퓨란계화합물(구아노퓨라신, 니트로퓨라존 등)
⑥ 스트론튬화합물, 세렌화합물, 카드뮴화합물
⑦ 항균성 물질(항생물질)

2-5) 약무국장통지 등에 의해 의약부외품 등에 배합이 인정되지 않는 성분으로서 추가된 것.

① 비치오놀(bithionol)
② 염화비닐(monomer)
③ 할로겐화살리실아닐리드계 살균제(트리브롬살란, 디브롬살란, 베타브롬살란 등)
④ 클로로포름
⑤ 차질산 비스머스
⑥ 특정 프레온

또 제품으로서의 품질기준이 규정된 것으로 생리처리용품 품질기준[7](1966년 후생성 고시 제 285호)이 있고, 제품 사용상의 주의사항을 표시해야 하는 것으로 퍼머넌트・웨이브용제,

염모제, 탈색제, 탈염제, 살균제를 함유하는 약용비누 · 샴푸 · 린스 · 면도용 제품이 있다.

16-2-3. 용기 등에 관한 법규

용기 등에 관한 법규로서, 여기서는 용기 등에 기재하는 사항(표시사항)을 포함한 용기전반에 대해서 기술하기로 한다. 화장품 · 의약부외품 등의 표시에 관해서는 오용 등에 의한 위해의 방지를 위해, 약사법 및 공정 경쟁규약에 의해 표시해야 하는 사항이 정해져 있다. 또한 공정경쟁 규약은 부당경품류 및 부당표시방지법(1962년 법률 제134호) 제10조 제1항에 근거한 화장품의 표시에 관한 사항을 정한 것이다.

1) 용기 또는 포장 등에의 기재사항

약사법에서는 용기 또는 포장의 외부에 쉽게 볼 수 있는 장소에 일본어로 다음 내용을 명료히 표시할 것을 규정하고 있다.

1-1) 판매명

1-2) 의약부외품의 경우는 의약부외품의 문자

1-3) 제조업자의 성명 또는 명칭과 주소

1-4) 제조기호 또는 제조번호

1-5) 내용량(중량, 용량 또는 갯수 등)

1-6) 후생대신이 지정하는 성분을 함유할 때는 그 성분의 명칭

1-7) 사용기한(단, 품질이 3년 이상 안정되는 경우는 제외)

또한 성분의 명칭과 내용량에 대해서는 예외적인 규정으로서 다음의 내용이 정해져 있다.

① 후생대신이 지정하는 성분의 명칭이 외부 포장에 표시되어 있을 때는 용기에의 표시는 생략할 수 있다.

② 성분표시는 알레르기 등 피부장해를 일으킬 가능성이 있는 성분을 표시하는 것이며, 소비자가 상품을 구입할 때 참고가 되도록 정해졌다.

③ 화장품만의 규정으로서 10g 또는 10mL 이하의 제품일 때 용기 또는 외부의 포장의 표시면적이 좁을 경우에는 내용량의 표시는 생략할 수 있다.

라고 규정되어 있다. 또 용법 · 용량, 사용상 주의사항, 취급상 주의 사항 등을 첨부 문서 또는 용기 (포장)에 기재하도록 요구하고 있다.

또한 공정경쟁규약에 따라 상기 표시사항 이외에, 용기 또는 포장의 외부에서 잘 보이는 곳에 일본어로 ① 원산국명(수입품에 한함), ② 종류별명칭(화장품의 경우)의 표시가 필요하다고 되어 있다.

내용량의 표시에 대해서는 중량표시를 하는 화장품은 20℃에서 점도 10,000mPa · s 이상

의 것 및 에어로졸 화장품. 용량표시는 점도 10,000mPa·s 미만의 것이라고 되어 있다. 또 내용량의 표시와 내용량의 오차에 대해서도 1968년 12월의 약발 제 546호 통지사항으로서 일정한 기준을 정하고 있다.

2) 기타 법규 및 업계의 자율 기준

표시에 관해서는 약사법 등 외에, 알코올 등 가연성 성분을 함유하는 화장품을 주체로서 「소방법」(1948년 법률 제186호), 에어로졸 화장품을 주체로 고압가스 취급법(1951년 법률 제204호) 등의 법규 및 일본화장품공업연합회가 제정한 「화장품의 사용상 주의 사항의 표시 자율기준에 관하여」[7](1978년 약발행 제2호)가 있으며, 이들에 대해서도 주의를 기울일 필요가 있다. 또한, 표시에 대해서는 소비자 보호기본법(1968년 법률 제78호)의 정신에 입각하며, 소비자가 상품의 구입 또는 사용에 있어서 그 선택을 잘못하지 않도록 하기 위해서도 충분히 유의할 필요가 있다.

3) 용기의 형상 및 재질

용기의 형상 및 재질에 대해서 특별히 정해져 있지는 않으나, 형상에 대해 주의할 사항으로서는 의약품과 오인할 우려가 있는 형상(예 : 주사용 앰플상)을 피해야 한다. 또, 용기의 재질에 대해서는 제품(내용물)과 마찬가지로 보다 안전하며, 보다 적정한 것을 사용할 필요가 있고 내약품성, 내내용물성, 강도, 밀폐성 등 각종 시험을 거쳐 사용하도록 해야 한다.

16-2-4. 판매 활동에 관한 법규

적정한 품질을 갖는 상품을 적정한 방법으로 소비자에 제공하기 위해, 판매 활동(광고 등을 포함)에 대해서도 기준이 정해져 있다. 과대한 표현을 금지할 목적으로, 약사법 제66조(과대광고 등의 금지)를 근거로 후생성 약무국장 통지로서 의약품 등 적정 광고기준[11](1980년 약발행 제1339호)이 제정되었다. 상품의 선전·광고에 있어서 허위·과대한 선전이 되지 않도록 효능·효과, 안전성 등에 대해서 표현의 범위를 정하고 있다. 또, 이외에도 소비자 보호기본법의 정신을 살리는 것으로서 이하의 사항이 있다.

1) 화장품의 懸賞이 붙은 판매에 대하여(1960년 약감 제431호)
2) 부당 경품류 및 부당 표시 방지법(1962년 법률 제134호)
3) 현상에 의한 경품류의 제공에 관한 사항의 제한(1962년 7월 공취고시 제5호)
4) 일본화장품공업연합회 등의 기업광고에 현상 상품 등에 관한 문의(1965년 약감 제 117호)

5) 화장품 · 치약의 광고에 관한 문의(1967년 약감 제53호)

6) 화장품의 표시, 화장비누 및 치약의 표시에 관한 공정경쟁 규약(1971년 공취고시 제75호, 82호 및 1975년 공취고시 제21호)

7) 방문 판매 등에 관한 법률(1976년 법률 제51호)

8) 소비자 선호 시험을 목적으로 하는 화장품의 취급에 관하여(1983년 약감 제23호)

9) 세트 화장품(의약부외품 포함)의 자주기준(1983년 약감 제45호)

이상 화장품 관련 법규에 대하여 개략을 알아보았다. 제조부터 판매에 이르기까지 실로 여러 가지 법규하에서 화장품이 탄생되는 것을 알 수 있다.

실제로는 장의 전문에서도 기술했듯이 이들은 필요 최소한의 약속이므로 보다 우수한, 보다 안전한 상품을 만들기 위해 각각의 기업, 제조업체는 연구개발을 추진하고, 열심히 연구에 진력하고 있다.

또 본서에서는 국내법규에 대해서 간단히 개요의 일부를 기술했는데, 미국 식품 의약품국(FDA로서 알려져 있다) 등의 외국의 법규에 대해서도 정보를 파악하고, 분석 평가해야 한다.

약사법의 목적에 맞는, 보다 안전하고, 보다 유용한 화장품을 소비자에게 제공하기 위해서는, 단순히 법규의 유무로 판단하지 말고 최대한의 노력을 기울여야 한다. 이후에 기술 진보에 맞추어 소비자 보호 입장에서 기술적인 법규가 더욱 제정되어야 할 것이다.

16-3 》 일본의 화장품의 규제 완화[24)]

약사법에 근거한 화장품의 승인 허가 등의 규제에 관하여 2001년 4월 1일부터 약사법 제42조에 의거한 화장품 기준에 따라, 구미와 마찬가지로 배합 금지 · 제한 성분 리스트(네가티브 리스트) 및 특정 성분군의 배합 가능 성분 리스트(포지티브 리스트)에 의한 규제를 이행함으로써, 현행 화장품 원료의 종별 승인 제도 및 제품마다의 신고 제도는 폐지된다. 기본적으로 네가티브 리스트 이외의 성분은, 제조자의 책임하에 자유로이 배합할 수 있는데, 특정 성분군인 방부제, 자외선 흡수제, 타이루 색소에 대한 신규 성분을 배합하는 경우는, 그 성분의 안전성에 관한 자료를 첨부하여 신청하고, 후생성이 안전성 평가를 실시하여 포지티브 리스트로 기재함으로써 비로서 배합이 가능하다.

배합 금지 성분은, 일본 종래의 금지 성분을 기본으로 하고, 미국, 유럽의 금지 성분도 포함하여 제정될 예정이다. 1999년 7월 19일자로 후생성에 의해 제시된 방부제 및 자외선 흡수제에 있어서, 검토중인 포지티브 리스트 기재 성분[25)]에 대하여 표 16-6에 정리하였다.

표 16-6. 방부제 및 자외선 흡수제에 있어서 검토중인 포지티브 리스트 기재 성분[25)]

	자외선 흡수제	방부제
모든 화장품에 배합제한이 있는 성분	· 파라아미노 안식향산 및 그 에스테르	· 안식향산 · 안식향산염류 · 감광소 · 클로로클레졸 · 살리실산 · 살리실산염류 · 소르빈산 및 그 염류 · 디하이드로초산 및 그 염류 · 트리클로로하이드록시디페닐에텔(트리클로산) · 파라옥시안식향산에스테르 · 페놀 · 헥사클로로펜 · 레조르신
비누·샴푸 등 사용 후 바로 씻어내는 것 이외의 제품에 배합제한이 있는 성분	· 시노키사이트 · 2-하이드록시-4-메톡시벤조페논(옥시벤조)	· 이소프로필메틸페놀 · 염화벤잘코늄 · 올트페닐페놀 · 글루콘산클로로헥시딘 · 취화알킬이소키노리늄 · 트리클로로카르바니리드 · 하로카르반
종별기준 수재성분	· 살리실산옥틸 · 살리실산호모멘틸 · 디이소프로필계피산메틸 · 디파라메톡시계피산모노-2-에틸헥산산글리세릴 · 디하이드록시디메톡시벤조페논 · 디하이드록시디메톡시벤조페논디설폰산나트륨 · 디하이드록시벤조페논 · 디메톡시벤디리덴디옥소이미다조리딘프로피온산2-에틸헥실 · 테트라하이드록시벤조페놀 · 파라디메틸아미노안식향산아밀 · 파라디메틸아미노안식향산2-에틸헥실 · 파라메톡시계피산이소프로필디이소프로필계피산에스테르혼합물	· 안식향산판트테닐에틸에테르 · 염산알킬디아미노에틸글리신액 · 염산클로로헥시딘 · 올트페닐페놀나트륨 · 클레졸 · 클로라민T · 클로로키시레놀 · 클로로페네실 · 클로로부타놀 · 클로로헥시딘 · 고농도염산알킬디아미노에틸글리신액 · 티안톨 · 티모루 · 파라클로로페놀 · 피리티온아연 · 피리티온아연수성현탁액

	자외선 흡수제	방부제
종별기준 수재 성분	· 파라메톡시계피산-2-에틸헥실 · 하이드록시메톡시벤조페논설폰산 · 하이드록시메톡시벤조페논설폰산 (삼수염) · 하이드록시메톡시벤조페논설폰산나트륨 · 4-tert-부틸-4-메톡시디벤조일메탄	· 페녹시에탄올 · 메틸클로로이소티아조리논 · 메틸이소티아조리논액 · 요우화파라디메틸아미노스티릴헤프틸메틸티아조륨 · 라우릴디아미노에틸글리신나트륨액

자외선 흡수제 및 방부제의 정의는 이하와 같다.

자외선 흡수제 : 일광 그을림 방지 화장품 등에 배합되는 물질로서, 자외선에 의한 어떤 종류의 유해한 영향으로부터 피부나 모발을 보호하는 것을 목적으로 화장품에 배합되는 성분으로, 어느 일정 자외선을 특이적으로 흡수하는 물질을 말한다.

· 이러한 자외선 흡수제는 다른 목적으로 배합하는 경우에도, 리스트에 기재된 제한내 및 조건하에서 사용해야만 한다.
· 자외선으로부터 제품을 보호하기 위해서 사용하는 자외선 흡수제는 포함되지 않는다.
· 이러한 방부제는 다른 목적으로 배합되는 경우라도 리스트에 기재된 제한내 및 조건하에서 사용해야만 한다.
· 화장품의 처방에 배합되는 성분에는, 항균성을 위해 제품의 방부를 돕기 위한 것으로서, 예를 들면 정유, 알코올 등이 있는데, 이러한 성분은 방부제에 포함되지 않는다.

규제 이행과 더불어 2001년 4월 1일부터 화장품은 배합하는 모든 성분을 표시하도록 되어 있다. 그 성분의 표시 명칭은 소비자에게 이해하기 쉽고, 정확하게 전해지도록 일본어 명칭을 사용한다. 앞으로는, 구주 각 나라들이 성분 명칭으로 채용하고 있는 INCI명(International Nomenclature for Cosmetic Ingredients)에 의한 전 성분 표시 도입도 검토할 것으로 생각된다.

현 단계에서 의약부외품의 규제는 전과 다름없다.

16-4 》 외국의 화장품의 법규

일본은 화장품에 대해서 승인·허가제도를 채용하고 있는데, 다른 외국의 화장품에 관한 제도에 대해서 개요를 기술한다.

화장품에 관한 법규는 허가제, 신고제, 보관제 및 특별한 것 없음으로 구별된다. 미국은 자율 신고제, EU는 보관제, 아시아는 허가제를 채용하고 있는 나라가 많다. 또 각 나라에 따라 화장품의 정의가 다르며, 배합성분과 효능 효과 표현에 따라 약성분 함유 화장품, OTC(Over the counter)에 해당하는 경우도 있으므로 각국의 법규의 내용에 대해서 충분히 조사할 필요가 있다. 또한 화장품에 관한 제도가 달라도 상품에 대한 안전성 등을 포함한 품질보증이 제조자의 책임인 것에는 변함이 없다.

1) 아시아권

1-1) 대만(일부 제품은허가제)

화장품 및 약성분 함유 화장품(의약부외품과 유사)이 있다. 화장품은 면제 신청으로 되어 있는데, 제품의 배합 성분의 명칭 및 배합량, 외장 재질 정보를 통관용으로 보관할 필요가 있다. 약성분 함유 화장품은 제조 판매 증명서와 제품명, 배합성분 명칭·배합량, 유효 성분(약제)의 정량 시험법 및 그 시험 결과 등의 자료를 위생서에 신청하고 허가를 얻는다. 그리고 과거에 배합한 실적이 없는 약제(신규 약제)를 함유한 경우, 그 원료의 개요, 규격, 안전 및 유효성 데이터 등을 위생성에 제출하고, 허가를 취득해야 한다.

1-2) 대한민국(면제 신청)

화장품의 허가 취득이 필요하지 않으나, 제조 판매 증명서와 제품 표준서(제품 규격, 처방)의 보관, 기록이 통상용으로 필요하다. 그리고 신규 원료 배합은 규격 및 안전 심사를 받을 필요가 있다.

1-3) 타이(허가제)

화장품의 제품명, 배합성분 명칭·배합량, 배합 목적 등의 자료와 제조 판매 증명서를 타이 후생성에 신청하고, 허가를 얻는다. 또한 신규성분을 함유하는 경우는 그 성분의 규격 등의 서류가 필요하다.

2) 오세아니아권

2-1) 오스트레일리아(일부 제품은 허가제)

일반 화장품에 대하여 신청은 의무화되어 있지 않으나, 일광 그을림 방지제품과 같은 치료용으로 분류되어 있는 것에 대해서는 제품명, 배합성분명 및 배합량, 제품규격, 유효성의 데이터 등 필요한 서류를 오스트레일리아 후생성에 신청하고 허가를 얻는다.

2-2) 뉴질랜드(일부제품은 허가제)

일반의 화장품에 대해서 신청은 의무화되어 있지 않으나, 의약품에 해당하는 경우에는 제품명, 배합성분명 및 배합량 외에, 해당하는 의약품의 신청에 필요한 서류를 뉴질랜드 후생성에 신청하고 허가를 얻는다.

3) 북아메리카권

3-1) 미국(자율 신고제)

화장품의 제품명, 배합성분명의 서류를 판매후 60일 이내에 FDA에 자발적으로 신고한다. 단, 일광 그을림 방지제품(선스크린) 등 OTC에 해당하는 경우에는 신고가 의무화되어 있는데, 제품명, 배합성분명 및 배합량, 표시내용 등의 서류를 FDA에 제출할 필요가 있다.

3-2) 캐나다(일부 허가제)

일반 화장품에 대해서 신고가 의무화되어 있다. 비처방전 약에 해당하는 경우에는 제품명, 배합성분명칭·배합량, 배합성분의 규격 외에 비처방전 약의 신청에 필요한 서류를 캐나다 후생성에 제출하고 허가를 얻을 필요가 있다.

4) 유럽권

1997년 1월 1일부터 EU내에서는, 제품 정보의 보관과 EU내의 제조·수입 장소의 신고를 의무화하도록 하였다. 제품 정보로서 처방, 원료 규격, 제품 규격, 제조 방법, 제품의 안전성 평가와 클레임 정보, 제품에 표시되어 있는 효과의 증명이 요구되며, 그 정보는 EU내의 한 장소에 보관하고, 담당 관청의 사찰에 응하여 제시해야만 한다.

16-5 》 대한민국 화장품법

16-5-1. 화장품법

일부개정 2002.1.19 법률 제6617호 보건복지부, 시행일 2003.1.20

제1장 총 칙

제1조 (목적) 이 법은 화장품의 제조·수입 및 판매 등에 관한 사항을 규정함으로써 국민보건향상과 화장품 산업의 발전에 기여함을 목적으로 한다.

제2조 (정의) 이 법에서 사용하는 용어의 정의는 다음과 같다.

1. "화장품"이라 함은 인체를 청결·미화하여 매력을 더하고 용모를 밝게 변화시키거나 피부·모발의 건강을 유지 또는 증진하기 위하여 인체에 사용되는 물품으로서 인체에 대한 작용이 경미한 것을 말한다. 다만, 약사법 제2조제4항의 의약품에 해당하는 물품은 제외한다.

2. "기능성화장품"이라 함은 제1호의 화장품중에서 다음 각목의 1에 해당되는 것으로서 보건복지부령이 정하는 화장품을 말한다.

가. 피부의 미백에 도움을 주는 제품

나. 피부의 주름개선에 도움을 주는 제품

다. 피부를 곱게 태워주거나 자외선으로부터 피부를 보호하는데 도움을 주는 제품

제2장 화장품의 제조 및 수입 등

제3조 (제조업의 신고 등) ① 화장품의 제조를 업으로 하고자 하는 자(이하 "제조업자"라 한다)는 식품의약품안전청장에게 신고하여야 한다. 신고한 사항 중 보건복지부령이 정하는 중요한 사항을 변경하고자 할 때에도 또한 같다.

② 다음 각 호의 1에 해당하는 자에 대하여는 화장품 제조업의 신고를 수리하지 아니한다.

1. 정신질환자
2. 금치산자 · 한정치산자 · 파산선고를 받고 복권되지 아니한 자
3. 마약 기타 유독물질의 중독자
4. 이 법 또는 보건범죄단속에 관한 특별 조치법을 위반하여 금고이상의 형의 선고를 받고 그 집행이 종료되지 아니하거나 그 집행을 받지 아니하기로 확정되지 아니한 자
5. 제202조 규정에 의하여 제조시설이 폐쇄된 날부터 1년을 경과하지 아니한 자

③ 제1항의 규정에 의한 신고를 하고자 하는 자 또는 화장품을 수입하고자 하는 자(이하 "수입자"라 한다)는 보건복지부령이 정하는 시설기분에 의하여 적합한 시설을 갖추어야 한다.

④ 제1항의 규정에 의한 신고 및 절차 등에 관하여 필요한 사항은 보건복지부령으로 정한다.

제4조 (안전성 심사 등) ① 기능성화장품을 제조 또는 수입 하고자 하는 자는 품목별로 안전성 및 유효성에 관하여 식품의약품안전청장의 심사를 받아야 한다. 심사 받은 사항을 변경하고자 할 때에도 또한 같다.

② 제1항의 규정에 의한 유효성에 관한 심사는 제2조제2호 각목에 규정된 효능 · 효과에 한하여 실시한다.

③ 식품의약품안전청장이 화장품 원료로 지정 · 고시한 원료가 아닌 것으로서 국내에 최초로 도입되는 원료를 함유하는 화장품을 제조 또는 수입하고자 하는 자는 제조 또는 수입 전에 그 원료의 성분에 대한 규격 및 안전성에 관하여 식품의약품안정청장의

심사를 받아야 한다.

④ 제1항 또는 제3항의 규정에 의한 심사를 받고자 하는 자는 보건복지부령이 정하는 바에 의하여 그 심사에 필요한 자료를 식품의약품안전청장에게 제출하여야 한다.

⑤ 제1항 또는 제3항의 규정에 의한 심사의 대상 및 기준 등에 관하여 필요한 사항은 보건복지부령으로 정한다.

제5조 (제조업자 및 수입자의 의무 등) ① 제조업자나 수입자는 화장품제조 또는 수입에 종사하는 자가 이 법 또는 이 법에 의한 명령에 위반되지 아니하도록 지도·감독하여야 하며, 제품의 제조 또는 수입에 관하여 보건복지부령이 정하는 사항을 준수하여야 한다.

② 제조업자나 수입자는 보건복지부령이 정하는 바에 의하여 제조 또는 수입하는 화장품이 제9조의 규정에 의한 규격기준에 적합한지 여부를 검사하여야 한다.

③ 제조업자나 수입자는 보건복지부령이 정하는 바에 의하여 화장품의 생산실적 또는 수입실적 등을 식품의약품안전청장에게 보고하여야 한다.

제6조 (폐업 등의 신고) 제조업자는 폐업 또는 휴업하거나 휴업 후 그 업을 재개한 때 기타 보건복지부령이 정하는 사항에 변경이 있을 때에는 그 폐업·휴업·재개 또는 변경이 있는 날부터 20일 이내에 이를 식품의약품안전청장에게 신고하여야 한다. 다만, 1월 미만의 휴업 및 그 업의 제게의 경우에는 그러하지 아니한다.

제7조 (멸종위기에 처한 야생 동·식물의 국제무역 등) 멸종위기에 처한 야생동식물종의 국제거래에관한협약에 의한 동·식물 가공품이 함유된 화장품을 제조·수입 또는 국내에 반입하고자 하는 자는 보건복지부령이 정하는 바에 의하여 식품의약품안정청장의 허가를 받아야 한다.

제3장 화장품심의위원회

제8조 (화장품심의위원회) ① 식품의약품안전청장의 자문에 응하게 하기 위하여 식품의약품안정청에 화장품심의위원회를 둔다.

② 화장품심의위원회의 구성 및 운영 등에 관하여 필요한 사항은 대통령령으로 정한다.

제4장 화장품의 취급

제1절 기준

제9조 (화장품의 규격기준들) 식품의약품안전청장은 국민보건상 필요하다고 인정할 때에는 화장품심의위원회의 의견을 들어 화장품의 효능·효과, 품질 등에 관한 규격과 안전성 및 유효성 등에 관한 기준을 정하여 고시할 수 있다.

제2절 표시 · 광고 · 취급

제10조 (용기 등의 기재사항) ① 화장품의 용기 또는 포장 및 첨부문서(첨부문서가 있는 경우에 한한다)에는 다음 각 호의 사항을 기재 · 표시하여야 한다. 다만, 보건복지부령이 정하는 용기 또는 포장에는 명칭 · 상호 및 가격 외의 기재 · 표시를 생략할 수 있다. 〈개정 2002.1.19〉

1. 제품의 명칭
2. 제조업자 또는 수입자의 상호 및 주소
3. 타르 색소 등 보건복지부령이 정하는 성분을 함유하는 경우 그 성분의 명칭
4. 내용물의 용량 또는 중량
5. 제조번호 및 제조연월일(식품의약품안전청장이 지정 · 고시하는 화장품의 경우에는 제조연월일 대신 사용기한)
6. 가격
7. 기능성화장품의 경우 "기능성화장품"이라는 문자
8. 사용상의 주의사항
9. 기타 보건복지부령이 정하는 사항

② 제1항 제6호의 가격은 직접 소비자에게 판매하는 자가 기재 · 표시하여야 한다.

③ 제1항 및 제2항의 규정에 의한 기재 · 표시방법 기타 필요한 사항은 보건복지부령으로 정한다.

제11조 (기재 · 표시상의 주의) 제10조에 규제된 사항의 기재 · 표시는 다른 문자 · 문장 · 도화 또는 도안보다 쉽게 볼 수 있는 곳에 하여야 하며, 보건복지부령이 정하는 바에 따라 읽기 쉽고 이해하기 쉬운 용어로 정확히 기재 · 표시하여야 한다.

제12조 (부당한 표시 · 광고행위 등의 금지) ① 제조업자 · 수입자 · 화장품의 판매자(이하 "판매자"라 한다)는 다음 각 호의 1에 해당하는 표시 또는 광고를 하여서는 아니된다.

1. 용기 · 포장 또는 첨부문서에 의학적 효능 · 효과 등이 있는 것으로 오인될 우려가 있는 표시 또는 광고
2. 기능성화장품의 안전성 · 유효성에 관한 심사를 받은 범위를 초과하거나 심사결과와 다른 내용의 표시 또는 광고
3. 기능성화장품이 아닌 것으로서 기능성화장품으로 오인될 우려가 있는 표시 또는 광고
4. 기타 소비자를 기만하거나 오인시킬 우려가 있는 표시 또는 광고

② 제1항의 규정에 의한 표시 · 광고의 범위 기타 필요한 사항은 보건복지부령으로 정한다.

제3절 제조 · 수입 · 판매등의 금지

제13조 (제조·판매 등의 금지) 다음 각 호의 1에 해당하는 화장품은 이를 판매하거나 판매의 목적으로 제조·수입·보관 또는 진열하여서는 아니된다.

1. 제4조의 규정에 의한 심사를 받지 아니한 것
2. 제9조의 규정에 의한 규격기준이 정하여진 화장품으로서 그 규격기준에 적합하지 아니한 것
3. 전부 또는 일부가 변질되거나 변패한 물질로 된 것
4. 병원미생물에 오염되었거나 오염된 것이라고 인정되는 것
5. 이물이 혼입되었거나 부착된 것
6. 식품의약품안전청장이 정한 배합금지원료가 함유되었거나 배합허용한도를 초과하여 원료를 함유한 것
7. 식품의약품안전청장이 정하는 타르 색소 외의 타르색소가 사용된 것
8. 코뿔소뿔 또는 호랑이뼈 및 그 추출물이 함유된 것
9. 보건위생상 위해의 우려가 있는 비위생적 조건 하에서 제조되었거나, 제3조제3항의 규정에 의한 시설기준에 적합하지 아니한 시설에서 제조된 것
10. 용기나 포장이 불량하여 그 화장품이 보건위생상 위해의 우려가 있는 것

제14조 (판매등의 금지) ① 제3조제1항 전단의 규정에 의한 제조업의 신고를 하지 아니한 자가 제조한 화장품, 제10조 또는 제11조의 규정에 위반되는 화장품은 이를 판매하거나 판매의 목적으로 보관 또는 진열하여서는 아니된다.

② 의학적 효능·효과 등이 있는 것으로 오인될 우려가 있게 기재·표시된 화장품을 판매하거나 판매의 목적으로 보관 또는 진열하여서는 아니된다.

③ 화장품을 제조·수입·판매하는 자는 화장품의 용기에 담은 내용물을 분할하여 판매할 수 없다.

제4절 화장품업 단체

제15조 (설립) 제조업자 또는 수입자는 자주적인 활동과 공동이익을 보장하고 국민보건향상에 기여하기 위하여 단체를 설립할 수 있다.

제5장 감 독

제16조 (보고와 검사등) ① 식품의약품안전청장은 필요하다고 인정할 때에는 제조업자·수입자·판매자 기타 화장품을 업무상 취급하는 자에 대하여 필요한 보고를 명하거나, 관계공무원으로 하여금 화장품 제조장소·영업소·창고·판매장소 기타 화장품을 취급

하는 장소에 출입하여 그 시설 또는 관계장부나 서류 기타 물건의 검사 또는 관계인에 대한 질문을 하게 하거나 제19조의 규정에 해당된다고 의심이 있는 물품 또는 화장품의 품질검사를 위하여 필요한 최소 분량에 한하여 수거하게 할 수 있다.

② 제1항의 경우에 관계공무원은 그 권한을 표시하는 증표를 관계인에게 제시하여야 한다.

③ 제1항 및 제2항의 관계공무원의 자격 기타 필요한 사항은 보건복지부령으로 정한다.

제17조 (검사명령) 식품의약품안전청장은 제조업자 또는 수입자에 대하여 필요하다고 인정할 때에는 그 제조 또는 수입한 화장품에 관하여 식품의약품안전청장이 지정하는 자의 검사를 받을 것을 명할 수 있다.

제18조 (개수명령) 식품의약품안전청장은 제조업자 또는 수입자에 대하여 그 시설이 제3조의 규정에 의한 시설기준에 적합하지 아니하거나 그 시설이 로후 또는 오손되어 당해시설로 화장품을 제조하는 경우에는 그 화장품이 제13조 각 호의 1에 해당하게 될 우려가 있다고 인정할 때에는 그 시설의 개수를 명하거나 그 개수가 끝날 때까지 당해시설의 전부 또는 일부의 사용금지를 명할 수 있다.

제19조 (폐기명령 등) ① 식품의약품안전청장은 제조업자 · 수입자 · 판매자 기타 화장품을 업무상 취급하는 자에 대하여 제13조 및 제14조의 규정에 위반하여 판매 · 보관 · 진렬 · 제조 또는 수입한 화장품이나 그 원료 · 제려 등(이하 "물품"이라 한다)을 폐기 기타의 처치를 할 것을 명할 수 있다.

② 식품의약품안전청장은 제1항의 규정에 의한 명령을 받은 자가 그 명령을 이행하지 아니한 때 또는 국민보건을 위하여 긴급한 조치가 필요한 때에는 관계공무원으로 하여금 당해물품을 폐기하게 하거나 기타 필요한 처분을 하게 할 수 있다.

제20조 (제조시설의 폐쇄 등) ① 제조업자 또는 수입자가 다음 각 호의 1에 해당한 때에는 식품의약품안전청장은 제조시설의 폐쇄, 품목의 제조 · 수입 및 판매의 금지를 명하거나 1년의 범위 내에서 기간을 정하여 그 업무의 전부 또는 일부의 정지를 명할 수 있다. 다만, 제1호에 해당하는 경우에는 제조시설의 폐쇄를 명하여야 한다.

1. 제3조제2항 각 호의 1에 해당한 때
2. 제3조제3항의 규정에 의한 시설을 갖추지 아니한 때
3. 국민보건에 위해를 끼쳤거나 끼칠 우려가 있는 화장품을 제조 · 수입한 때
4. 이 법 또는 이 법에 의한 명령을 위반한 때

② 제1항의 규정에 의한 행정처분의 기준은 보건복지부령으로 정한다.

제21조 (청문) 식품의약품안전청장은 제20조의 규정에 따라 제조시설의 폐쇄, 품목의 제조 · 수입 및 판매의 금지 또는 업무의 전부에 대한 정지를 명하고자 하는 경우에는 청

문을 실시하여야 한다.

제22조 (과징금처분) ① 식품의약품안전청장은 제조업자·수입자가 제20조의 규정에 의하여 업무의 정지처분을 받게 될 때에는 업무정지처분에 갈음하여 5천만원이하의 과징금을 부과할 수 있다.

② 제1항의 규정에 의한 과징금을 부과하는 위반행위의 종별·정도 등에 따른 과징금의 금액 기타 필요한 사항은 대통령령으로 정한다.

③ 식품의약품안전청장은 제1항의 규정에 의한 과징금을 납부하여야 할 자가 납부기한내에 이를 납부하지 아니하는 때에는 국세체납처분의 예에 따라 이를 징수한다.

제6장 보 칙

제23조 (신고필증의 재교부) 제조업자는 신고필증을 잃어버리거나 못쓰게 된 때 또는 신고사항의 변경이 있을 때에는 보건복지부령이 정하는 바에 의하여 그 신고필증을 다시 교부받을 수 있다.

제24조 (수수료) 이 법에 의한 신고나 심사를 받고자 하는 자는 보건복지부령이 정하는 바에 의하여 수수료를 납부하여야 한다. 신고한 사항 또는 심사받은 사항을 변경하고자 하는 경우에도 또한 같다.

제25조 (기술개발의 육성) 보건복지부장관 및 식품의약품안전청장은 화장품 관련기술의 진흥을 위하여 연구개발 활동을 장려하고 이를 육성하기 위한 시책을 강구·시행하며 이에 필요한 비용을 지원할 수 있다.

제26조 (권한의 위임·위탁) ① 이 법에 의한 식품의약품안전청장의 권한은 그 일부를 대통령령이 정하는 바에 의하여 지방식품의약품안전청장이나 특별시장·광역시장 또는 도지사에게 위임할 수 있다.

② 식품의약품안전청장은 이 법에 의한 화장품 관한 업무의 일부를 대통령령이 정하는 바에 의하여 제15조의 규정에 의한 단체에 위탁할 수 있다.

제7장 벌 칙

제27조 (벌칙) ① 제7조의 규정에 위반한 자는 5년 이하의 징역 또는 2천만원이하의 벌금에 처한다.

② 제1항의 징역형과 벌금형은 이를 병과할 수 있다.

제28조 (벌칙) ① 다음 각 호의 1에 해당하는 자는 3년 이하의 징역 또는 1천만원이하의 벌금에 처한다.

1. 제3조제1항 전단의 규정에 위반한 자

2. 제4조제1항 전단 또는 제3항의 규정에 위반한 자

3. 제13조의 규정에 위반한 자

4. 제14조제2항의 규정에 위반한 자

② 제1항의 징역형과 벌금형은 이를 병과할 수 있다.

제29조 (벌칙) ① 제12조 또는 제14조제1항·제3항의 규정에 위반한 자는 1년 이하의 징역 또는 500만원이하의 벌금에 처한다.

② 제1항의 징역형과 벌금형은 이를 병과할 수 있다.

제30조 (벌칙) 다음 각 호의 1에 해당하는 자는 200만원이하의 벌금에 처한다.

1. 제5조제1항·제2항의 규정에 위반한 자

2. 제10조제1항·제2항의 규정에 위반한 자

3. 제16조 내지 제19조의 명령에 위반하거나 관계공무원의 검사·수거 또는 처분을 거부·방해하거나 기피한 자

제31조 (양벌규정) 법인의 대표자나 법인 또는 개인의 대리인·사용인 기타 종업원이 그 법인 또는 개인의 업무에 관하여 제27조 내지 제30조의 규정에 해당하는 행위를 한 때에는 행위자를 벌하는 외에 그 법인 또는 개인에 대하여도 각 해당조의 벌금형을 과한다.

제32조 (과태료) ① 다음 각 호의 1에 해당하는 자는 100만원이하의 과태료에 처한다.

1. 제3조제1항 후단의 규정에 위반하여 변경신고를 하지 아니한 자

2. 제4조제1항 후단의 규정에 위반하여 변경심사를 받지 아니한 자

3. 제5조제3항의 규정에 위반하여 화장품의 생산실적 또는 수입실적 등을 보고하지 아니한 자

4. 제6조의 규정에 위반하여 폐업 등의 신고를 하지 아니한 자

5. 제16조의 규정에 위반하여 보고를 하지 아니한 자

② 제1항의 규정에 의한 과태료는 대통령령이 정하는 바에 의하여 식품의약품안전청장(이하 이 조에서 "처분청"이라 한다)이 부과·징수한다.

③ 제2항의 규정에 의한 과태료처분에 불복이 있는 자는 그 처분의 고지를 받은 날부터 30일이내에 처분청에 이의를 제기할 수 있다.

④ 제2항의 규정에 의한 과태료처분을 받은 자가 제3항의 규정에 의하여 이의를 제기한 때에는 처분청은 지체없이 관할법원에 그 사실을 통보하여야 하며, 그 통보를 받은 관할법원은 비송사건절차법에 의한 과태료의 재판을 한다.

⑤ 제3항의 규정에 의한 기간 내에 이의를 제기하지 아니하고 과태료를 납부하지 아니한 때에는 국세체납처분의 예에 의하여 이를 징수한다.

부 칙 <제6025호, 1999.9.7>

제1조 (시행일) 이 법은 2000년 7월 1일부터 시행한다.

제2조 (허가 등에 관한 경과조치) 이 법 시행당시 약사법에 의하여 화장품 제조업허가를 받은자는 이 법에 의한 신고를 한 자로 본다.

제3조 (고시·처분·명령·지정 및 계속중인 행위에 관한 경과조치) 이 법 시행 전에 약사법에 의하여 행한 고시·처분·명령·지정 기타 행정기관의 행위 또는 각종 신청·신고 기타 행정기관에 대한 행위는 그에 해당하는 이 법에 의한 행정기관의 행위 또는 행정기관에 대한 행위로 본다.

제4조 (법칙 등에 관한 경과조치) 이 법 시행전의 약사법에 위반한 행위에 대한 벌칙 또는 과태료의 적용에 있어서는 약사법에 의한다.

제5조 삭제〈2000.1.12〉

제6조 (다른 법령과의 관계) 이 법 시행당시 다른 법령에서 약사법의 화장품 관련규정을 인용하고 있는 경우, 이 법 중 그에 해당하는 규정이 있는 경우에는 약사법의 규정에 갈음하여 이 법 또는 이 법의 해당 규정을 인용한 것으로 본다.

부 칙(약사법) <제6153호, 2000.1.12>

제1조 (시행일) 이 법은 2000년 7월 1일부터 시행한다.

제2조 내지 제9조 생략

제1조 (다른 법률의 개정) ① 화장품 법 중 다음과 같이 개정한다.

부칙 제5조를 삭제한다.

② 생략

제11조 생략

부 칙 <제6617호, 2002.1.19>

① (시행일) 이 법은 공포 후 1년이 경과한 날부터 시행한다.

② (적용례) 제10조제1항 제5호의 개정규정은 이 법 시행 후 최초로 제조장 또는 보세구역으로부터 반출되는 분부터 적용한다.

16-5-2. 제조업자 및 수입자의 준수사항(제7조관련)

1) 제조업자의 준수사항

가. 작업소에는 위해가 발생할 염려가 있는 물건을 두어서는 아니되며, 작업소에서 국민보

건 및 환경에 유해한 물질이 유출되거나 방출되지 아니하도록 할 것

나. 화장품의 제조에 필요한 시설 및 기구에 대하여 정기적으로 점검하여 작업에 지장이 없도록 관리·유지할 것

다. 보건위생상 위해가 없도록 제조소, 시설 및 기구를 위생적으로 관리하고 오염되지 아니하도록 할 것

라. 제조관리기준서·제품표준서 및 제조관리 기록서를 작성·비치할 것

마. 제조번호별로 품질검사를 철저히 하고 합격된 제품에 한하여 출고할 것

바. 출고된 제품이 안전성·유효성의 문제가 있거나 품질이 불량한 때에는 당해 제품을 스스로 회수하고, 그 회수에 관한 기록을 회수일부터 2년간 보존할 것

사. 제품과 관련하여 국민보건에 직접 영향을 미칠 수 있는 안전성·유효성에 관한 새로운 자료, 정보사항(화장품 사용에 의한 부작용 발생사례를 포함한다) 등을 알게된 때에는 식품의약품안전청장이 고시하는 바에 의하여 보고하고, 필요한 안전대책을 강구할 것

아. 제조 또는 품질검사를 위탁하는 경우 제조 또는 품질검사가 적절하게 이루어지고 있는지 수탁자의 관리·감독에 철저를 기하여야 하며, 제조 및 품질관리에 관한 기록을 제출받아 유지·관리하고, 그 최종 제품의 품질관리에 철저를 기할 것

2) 수입자의 준수사항

가. 제조번호별로 품질검사를 철저히 하고 합격된 제품에 한하여 출고할 것

나. 수입된 제품이 안전성·유효성의 문제가 있거나 품질이 불량한 때에는 당해 제품을 스스로 회수하고, 그 회수에 관한 기록을 회수일부터 2년간 보존할 것

다. 제품과 관련하여 국민보건에 직접 영향을 미칠 수 있는 안전성·유효성에 관한 새로운 자료, 정보사항(화장품 사용에 의한 부작용 발생사례를 포함한다) 등을 알게된 때에는 식품의약품안전청장이 정하는 바에 의하여 보고하고, 필요한 안전대책을 강구할 것

라. 다음 각목의 사항이 기재 또는 첨부된 수입관리 기록서를 작성·비치할 것

(1) 제품명

(2) 원료성분의 규격 및 함량

(3) 제조국의 제조회사명

(4) 기능성화장품 및 국내에 최초로 도입되는 원료를 심사받은 경우에는 그 심사결과 통지서

(5) 제조국의 제조 및 판매증명서

(6) 한글로 작성된 제품설명서 견본

(7) 화장품기준 및 시험방법

(8) 최초수입(통관)연월일

(9) 제조번호별 수입(통관)연월일 및 수입량

(10) 제조번호별 품질검사연월일 및 결과

(11) 판매처, 판매연월일 및 판매량

마. 품질검사를 위탁하는 경우 품질검사가 적절하게 이루어지고 있는지 수탁자의 관리·감독에 철저를 기하여야 하며, 품질관리에 관한 기록을 제출받아 유지·관리하고, 그 최종 제품의 품질관리에 철저를 기할 것

바. 대외무역법에 의한 수출입요령을 준수하여야 하며, 무역업무자동화촉진에관한법률에 의하여 전자문서교환방식으로 표준통관예정보고를 할 것

16-5-3. 화장품의 유형별 사용상의 주의사항(제13조제3항제3호관련)

1) 공통사항

1. 화장품을 사용하여 다음과 같은 이상이 있는 경우에는 사용을 중지하여야 하며, 계속 사용하면 증상을 악화시키므로 피부과 전문의 등에게 상담할 것
   가. 사용 중 붉은 반점, 부어오름, 가려움증, 자극 등의 이상이 있는 경우
   나. 적용부위가 직사광선에 의하여 위와 같은 이상이 있는 경우
2. 상처가 있는 부위, 습진 및 피부염 등의 이상이 있는 부위에는 사용을 하지 말 것
3. 보관 및 취급상의 주의사항
   가. 사용 후에는 반드시 마개를 닫아둘 것
   나. 유·소아의 손이 닿지 아니하는 곳에 보관할 것
   다. 고온 내지 저온의 장소 및 직사광선이 닿는 곳에는 보관하지 말 것

2) 개별사항

1. 피부적용 제품류 : 미세한 입자가 함유되어 있는 스크럽세안제
   가. 사용 시 입자가 눈에 들어가지 아니하도록 할 것
   나. 헹굴 때 눈을 감고 눈에 들어가지 아니하도록 할 것
   다. 입자가 눈에 들어갔을 때에는 비비지 말고 물로 씻어내고, 그대로 남아있는 경우에는 전문의를 찾아 상담할 것
   (피부적용 제품류는 어린이용 로션·크림 및 오일, 메이크업용 제품, 면도용 제품, 기초화장용 제품을 말한다)

2. 팩
   눈 주위를 피하여 사용할 것
3. 메니큐어용 제품류
   손톱 및 그 주위피부에 이상이 있는 경우에는 사용을 금할 것
4. 두발·염모용 및 눈화장용 제품류
   눈에 들어간 때에는 즉시 씻어낼 것
5. 모발용 샴푸
   가. 눈에 들어간 때에는 즉시 씻어낼 것
   나. 사용 후에 충분히 물로 씻어내지 아니하면 탈모 또는 탈색의 원인이 될 수 있으므로 사용 후에 충분히 물로 씻어낼 것
6. 퍼머넌트웨이브용 제품 및 헤어스트레이트너 제품
   가. 피부에 부착되면 장해를 일으킬 수 있으므로 두피·안면·목 등에 약액이 부착되지 아니하도록 유의할 것. 특히 눈에는 절대 들어가지 아니하도록 하여야 하고, 안면 등에 약액이 부착되었을 때에는 즉시 물로 씻어낼 것
   나. 특이체질인 사람 또는 두피·안면·목·손 등에 종기나 상처 등이 있는 사람은 약액이 피부나 상처에 부착하면 심한 장해를 일으킬 수 있으므로 사용하지 말 것. 그 외에 생리일 전·후, 산전·산후 및 병후의 상태에 있는 사람은 가급적 사용을 피할 것
   다. 사용법을 준수하지 아니한 경우 머리카락이 손상될 염려가 있으므로 용법·용량을 엄수할 것이며, 가능한 한 사전에 머리카락의 일부에 시험적으로 사용하여 볼 것. 또한 사용 종료 후에는 완전히 약액을 씻어낼 것
   라. 마개를 닫아 섭씨 15도 이하의 어두운 장소에 보존할 것이며 보존 중에 변색 또는 침전된 경우에는 사용하지 말 것
   마. 개봉한 제품은 7일 이내에 사용할 것. 다만, 에어로졸 제품이나 사용 중 공기유입이 차단되는 용기는 그러하지 아니하다.
   바. 파마액의 경우 1회의 사용으로 끝나지 아니하고 제1단계 및 제2단계로 구별되는 제품으로서 제2단계의 제품이 과산화수소를 주성분으로 하는 경우, 검은 머리카락이 갈색으로 변할 수 있으므로 사용 전에 충분히 고려할 것
7. 에어로졸 제품 : 고압가스를 사용하는 에어로졸 제품(무스의 경우에는 나목 내지 마목의 사항을 제외한다)
   가. 사용 전에 흔들어 줄 것
   나. 동일한 부위에 연속해서 3초 이상 분사하지 말 것

다. 가능한 한 인체에서 20센티미터 이상 떨어져서 사용할 것
라. 눈주위, 점막 등에 분사하지 말 것
마. 분사가스는 직접 흡입하지 아니하도록 주의할 것
바. 보관 및 취급상의 주의사항
(1) 불꽃길이 시험에 의한 화염이 인지되지 아니하는 것으로서 가연성가스를 사용하지 아니하는 제품
(가) 온도가 섭씨 40도 이상의 장소에 보관하지 말 것
(나) 불 속에 버리지 말 것
(다) 사용 후 남은 가스가 없도록 하여 버릴 것
(라) 밀폐된 장소에 보관하지 말 것
(2) 가연성 가스를 사용하는 제품
(가) 불꽃을 향하여 사용하지 말 것
(나) 난로, 풍로 등 화기부근에서 사용하지 말 것
(다) 화기를 사용하고 있는 실내에서 사용하지 말 것
(라) 온도가 섭씨 40도 이상의 장소에 보관하지 말 것
(마) 밀폐된 실내에서 사용한 후에는 반드시 환기를 실시할 것
(바) 불 속에 버리지 말 것
(사) 사용 후 남은 가스가 없도록 하여 버릴 것
(아) 밀폐된 장소에 보관하지 말 것

16-5-4. 화장품 표시 · 광고의 범위 및 준수사항(제15조관련)

1) 화장품 광고의 매체 또는 수단

가. 신문 · 방송 또는 잡지
나. 전단 · 팜플렛 · 견본 또는 입장권
다. 인터넷 또는 컴퓨터통신
라. 포스터 · 간판 · 네온사인 · 에드벌룬 또는 전광판
마. 비디오물 · 음반 · 서적 · 간행물 · 영화 또는 연극
바. 방문광고 또는 실연에 의한 광고
사. 자기의 화장품의 용기나 포장 또는 다른 상품의 용기나 포장
아. 기타 가목 내지 사목과 유사한 매체 또는 수단

2) 화장품 표시 · 광고시 준수사항

가. 의약품으로 오인하게 할 우려가 있는 표시 · 광고를 하지 말 것

나. 기능성화장품이 아닌 것으로서 제품의 명칭, 제조방법, 효능 · 효과 등에 관하여 기능성화장품으로 오인시킬 우려가 있거나 부표의 화장품의 유형별 효능 · 효과의 범위를 벗어나는 표시 · 광고를 하지 말 것

다. 의사 · 치과의사 · 한의사 · 약사 또는 기타의 자가 이를 지정 · 공인 · 추천 · 지도 또는 사용하고 있다는 내용 등의 표시 · 광고를 하지 말 것

라. 외국제품을 국내제품으로 또는 국내제품을 외국제품으로 오인하게 할 우려가 있는 표시 · 광고를 하지 말 것

마. 불법적으로 외국 상표 · 상호를 사용하는 광고나 외국과의 기술제휴를 하지 아니하고 외국과의 기술제휴 등을 표현하는 표시 · 광고를 하지 말 것

바. 경쟁상품에 관한 비교표시는 화장품 성분에 한하여 사실대로 하여야 하며, 배타성을 띤 "최고" 또는 "최상" 등의 절대적 표현의 표시 · 광고를 하지 말 것

사. 사실과 다르거나 부분적으로 사실이라고 하더라도 전체적으로 보아 소비자가 오인할 우려가 있는 표시 · 광고 또는 소비자를 속이거나 소비자가 속을 우려가 있는 표시 · 광고를 하지 말 것

아. 품질 · 효능 등에 관하여 객관적으로 확인될 수 없거나 확인되지 아니하였음에도 불구하고 이를 광고하거나 효능 · 효과의 범위를 초과하는 표시 · 광고를 하지 말 것

자. 저속하거나 혐오감을 주는 표현을 한 표시 · 광고를 하지 말 것

차. 야생 동 · 식물의 가공품이 함유된 화장품을 표현 또는 암시하는 표시 · 광고를 하지 말 것

카. 사실유무와 관계없이 다른 제품을 비방하거나 비방한다고 의심이 되는 광고를 하지 말 것

16-5-5. 사용기한표시대상화장품지정

제1조 (목적) 이 규정은 화장품법 제10조제1항제5호규정에 의하여 소비자가 화장품을 사용함에 있어 올바른 정보를 전달하기 위해 화장품의 사용 기한 표시대상품목, 시험방법 및 표시절차 등에 관한 사항을 규정함을 목적으로 한다.

제2조 (정의) 이 고시에서 "사용기한"이라 함은 소비자가 화장품이 제조된 날부터 적절한 보관조건에서 성상 · 품질의 변화없이 최적의 품질로 이를 사용할 수 있는 최소한의 기한을 말한다.

제3조 (표시대상) 사용기한 표시대상 화장품은 다음과 같다. 다만, 다음 각 호의 1에 해당하는 성분을 0.5%이하 함유하는 품목으로서 제품명칭의 일부에 해당 성분명을 사용하지 않은 경우는 제외한다.

1. 아스코르빈산·비타민C 및 그 유도체를 함유하는 품목
2. 과산화화합물을 함유하는 품목
3. 효소를 함유하는 품목
4. 토코페롤(dℓ-α-토코페롤)·비타민E를 함유하는 품목
5. 레티놀·비타민A 및 그 유도체를 함유하는 품목

제4조 (시험방법 등 표시절차) ① 화장품 제조업자 또는 수입자는 사용기한을 입증할 수 있는 과학적·합리적으로 타당성이 인정되는 안정성 시험을 품목별로 자체적으로 실시하고 그 결과를 근거로 사용기한을 설정하여 표시한다.

② 외국에서 시험한 자료는 제1항의 규정에 적합한 경우 해당 시험자료로 인정할 수 있다.

③ 사용기한의 표시는 연월이나 연월일로 표시하되 제조연월일 표기와 명확히 구분하여 소비자가 식별할 수 있도록 하여야 하며, 이해하기 쉬워야 한다(예, 사용기한 : 02/11, 02 Nov. 등).

제5조 (자료의 보존 등) 화장품 제조업자 또는 수입자는 제4조의 시험자료를 해당 품목의 최종 제조된 제품의 사용기한으로부터 최소 1년 이상, 필요한 기간만큼 자체 보존하여야 하며, 식품의약품안전청장으로부터 직접 열람 또는 제출요구가 있을 경우 이에 응하여야 한다.

부 칙

① (시행일) 이 고시는 2003년 1월 20일부터 시행한다

② (적용례) 이 고시는 이 고시 시행 후 제조업자가 최초로 제조한 화장품 및 수입자가 최초로 수입통관한 화장품부터 적용한다.

16-5-6. 화장품원료지정과기준및시험방법등에관한규정

식품의약품안전청 고시 제2000 - 27 호(2000. 7. 1)

제1조 (목적) 이 고시는 화장품법 제4조제3항, 제9조 및 제13조제6호의 규정에 의하여 화장품에 사용되는 원료와 배합허용한도 및 배합금지원료, 화장품의 기준 및 시험방법 등에 관련된 사항을 정함으로써 화장품의 제조(수입)관리에 적정을 기함을 목적으로

한다.

제2조 (화장품의 원료지정) ① 화장품법 제4조제3항 및 제13조제6호의 규정에 의하여 화장품 원료로 사용할 수 있는 것은 다음 각호의 1과 같다.

1. 별표1의 화장품원료기준(이하 "장원기"라 한다)에 수재되어 있는 원료
2. 대한민국화장품원료집(이하 "KCID"라 한다), 국제화장품원료집(International Cosmetic Ingredient Dictionary, 이하 "ICID"라 한다), 일본화장품원료기준(이하 "일본장원기"라 한다), 일본화장품종별배합성분규격(이하 "일본장배규"라 한다), EU 화장품원료집, 식품공전, 식품첨가물공전(천연첨가물에 한한다.) 또는 식품의약품안전청장이 인정한 공정서(이하 "공정서"라 한다)에 등재되어 있는 규격기준의 원료
3. 화장품 제조(수입)에 사용 가능한 별표2의 원료
4. 별표3의 배합허용한도 내의 원료

② 화장품법 제13조제6호의 규정에 의하여 화장품에 사용할 수 없는 배합금지원료는 별표4와 같다.

제3조 (제품의 기준 및 시험방법) 화장품법 제9조에 의한 화장품의 기준 및 시험방법은 별표5와 같다.

부 칙

① (시행일) 이 고시는 2000. 7. 1부터 시행한다.

② (경과조치) 이 고시 시행전에 식품의약품안전청장으로부터 화장품 품목허가를 득하여 제조(수입)되었거나 제조(수입)중인 화장품의 원료는 이 고시에 의하여 사용할 수 있는 원료로 본다.

③ (다른 고시의 폐지) 이 고시 시행과 동시에 "화장품제조업 및 제조(수입)품목허가 등 처리지침(식품의약품안전청고시)"을 폐지한다.

참고문헌

1) 厚生省薬務局編：逐条解説　薬事法《改訂版》, ㈱ぎょうせい, 1995.
2) 厚生省医薬安全局薬事行政研究会監修：薬事法·薬剤師法関係法令集, 平成 11 年版, 薬務公報社, 1999.
3) 厚生省薬務局監修：薬事法・薬剤師法関係通知集, 改訂版, 薬務公報社, 1990.
4) 厚生省医薬安全局薬事行政研究会監修：毒物及び劇物取締法令集, 平成 11 年版, 薬務公報社, 1999.
5) 厚生省薬務局監視指導課監修：薬事監視指導関係通知集, 薬業時報社, 1996.
6) 厚生省医薬安全局薬事審査研究会監修：製薬関係通知集, 1999 年版, 薬業時報社, 1999.
7) 薬事審査研究会監修：化粧品・医薬部外品関係通知集 1999, 薬事日報社, 1999.
8) 厚生省薬事審査研究会監修：医薬品製造指針, 1998 年版, 薬業時報社, 1998.
9) 厚生省薬務局審査二課化粧品審査室監修：化粧品製造申請の手引, 第四版, フレグランスジャーナル社, 1988.
10) 薬事審査研究会監修：化粧品·医薬部外品製造申請ガイドブック, 第三版改訂増補 2, 薬事日報社, 1999.
11) 厚生省薬務局監視指導課·東京都衛生局薬務部監修：医薬品·化粧品等広告の実際 '94, 薬業時報社, 1994.
12) 化粧品原料基準委員会編：化粧品原料基準注解, 第一報, 薬事日報社, 1968.
13) 化粧品原料基準編集委員会編：化粧品原料基準, 第一版追補注解, 薬事日報社, 1971.
14) 化粧品原料基準編集委員会編：化粧品原料基準, 第一版追補II注解, 薬事日報社, 1973.
15) 日本公定書協会編：化粧品原料基準, 第二版注解, 薬事日報社, 1984.
16) 日本公定書協会編：化粧品原料基準, 第二版追補注解, 薬事日報社, 1987.
17) 厚生省薬務局審査課監修：化粧品原料基準, 第二版追補II注解, 薬事日報社, 1991.
18) 薬事審査研究会監修：化粧品原料基準　新訂版, 薬事日報社, 1999.
19) 薬事審査研究会監修：化粧品種別許可基準 '99, 薬事日報社, 1999.
20) 厚生省薬務局審査課監修：化粧品種別配合成分規格, 薬事日報社, 1997.
21) 厚生省医薬安全局薬事審査研究会監修：化粧品種別配合規格成分追補 I, 薬事日報社, 1998.
22) 薬事審査研究会監修：化粧品種別配合成分規格　追補II, 薬事日報社, 1999.
23) 厚生省薬務局審査課監修・日本公定書協会編：医薬部外品原料規格, 薬事日報社, 1991.
24) 植村展生：フレグランスジャーナル, 26(9), 79-85, 1988.
25) 厚生省医薬安全局審査管理課長：医薬審　第 1110 号, 1999. 7. 19.

17 화장품과 정보

화장품 개론의 항에서 기술한 바와 같이, 화장품은 다수의 학문영역 및 주변분야와 밀접하게 관련되어 있고, 거기에서 얻어질 수 있는 무수한 정보와 연구성과를 적절히 활용해서 완성해 가는 상품이라고도 할 수 있다. 다시 말하면 화장품을 상품기획하는 단계에서 연구, 생산 혹은 판매에 이르기까지 독자적인 노하우를 가미해서 실로 많은 정보가 활용된다. 여기에서는 화장품의 연구개발이라는 측면에서 정보의 중요성과, 화장품을 보다 깊게 이해하기 위하여, 화장품 관련의 참고도서 · 잡지를 소개하고 동시에 컴퓨터의 보급에 따른 데이터베이스의 활용 등에 대해서 설명한다.

17-1 》 연구개발에 있어서 정보의 중요성

한마디로 화장품의 연구라고 해도, 독자적으로 기술축적과 노하우를 구사하여 상품기획에서 바로 제품화로 이행할 수 있는 것에서부터, 기초적인 연구에서 출발해 응용연구, 나아가 제품화 연구로 단계를 밟아야 비로서 상품이 완성되는 것까지 여러 가지 레벨이 있다.

여기서는 기초연구→응용연구→제품화연구로 이행하는 연구개발을 예로 하고, 각각의 과정에서 필요로 하는 정보와의 관련을 그림 17-1에 예시한다.

17-1-1. 다큐멘테이션 활동

여기서 다큐멘테이션(documentation) 활동이란, 필요로 하는 정보의 수집에서 정보의 가공, 조사, 분석 · 평가, 제공이라는 일련의 정보처리를 조직적으로 실시하는 기술정보 활동을 말한다. 옛날에는 연구자가 연구 틈틈이 개인 차원에서 정보를 수집해 그것을 가공(예를 들면 잡지에서 선택한 논문을 카드화하는 등)하는 것으로 충분했다. 그런데 정보화 시대라고 하는 오늘날에는, 개인 수준의 정보수집에는 한계가 있고, 귀중한 정보가 누락되기도 하고,

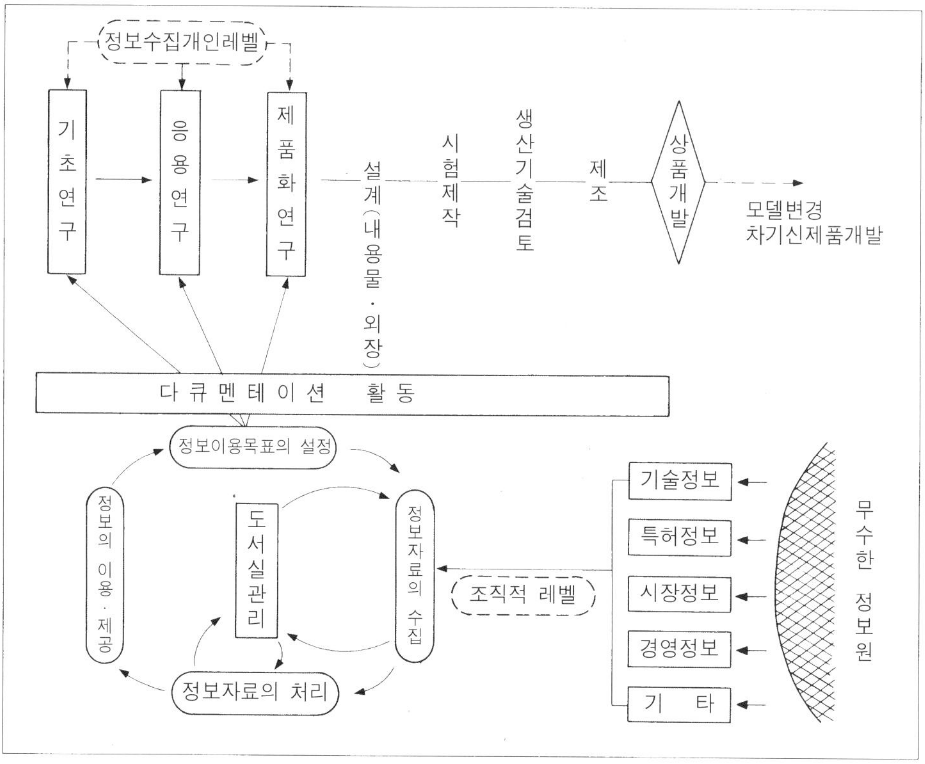

그림 17-1. 연구 개발과 정보

방대한 축적 정보에서 필요한 정보를 찾아내는 것이 매우 어렵다. 이 때문에 연구를 효율적으로 추진해 가기 위해서는 조직적인 대응이 불가결하게 되었다. 이 배경에는 ① 정보의 폭발적인 증가와 ② 정보의 확산 현상이라는 두 가지의 큰 요인을 고려할 수 있다. 전자에 대한 예로 화학분야에서 세계 최대 규모인 초록지 화학요약집(Chemical Abstracts)에는 매년 50만건 이상의 기술논문 및 특허가 수록되는데, 그 양이 매년 증가하는 경향을 보인다. 후자는 연구성과의 발표로서 중요한 학술잡지에 반영된다. 즉 특정 분야의 전문잡지에만 정보가 집중되지 않고 다양한 학문분야로 정보가 확산되는 현상을 알 수 있고, 과학기술분야의 잡지가 일 만 종을 넘어서는 것으로도 이해할 수 있다. 더욱이 화장품의 연구대상이 학술적이고, 관련 학문영역이 다방면에 걸쳐 있으므로 정보의 확산현상은, 정보수집 하나를 보더라도 대단히 어려운 과제가 되었다.

화장품 메이커의 연구기관은 규모 차이는 있지만, 자료실이나 도서실을 갖추고 있다. 이것들이 다큐멘테이션 활동의 핵으로 조직적으로 운영되어 연구활동을 지원하고 있다. 「정보」라는 자원을 어떻게 전략적으로 연구활동으로 연결시키고, 효율적인 연구성과를 생산해 내며,

신제품 개발에 연결시켜 가는가가 다큐멘테이션 활동의 사명이라고 할 수 있다.

17-1-2. 정보원에 대해서

화장품 연구에 요구되는 정보는 크게 나눠서 기술정보와 특허정보가 있다(특허정보도 기술정보의 일부라고 할 수 있지만, 여기서는 두 가지로 나눠서 기술한다).

기술정보는 연구보고서와 시험보고서 등의 기업내부정보와 잡지 논문을 비롯해 각종의 레포트류 등의 외부정보로 나눌 수 있다(표 17-1).

표 17-1. 기술정보의 분류

	분 류	발표형태
외부정보	기술문헌(논문)	잡지 또는 도서
	정부·민간기업·대학 등의 레포트류	잡지 또는 도서
	특허·실용신안	공개공보, 공고공보
	학회·협회관계	잡지
	법적 규제 정보	잡지, 신문, 정부 간행물
	원재료 메이커 등의 정보	카타로그
내부정보	연구보고서(기초·응용·제품화 연구)	
	시험보고서(분석, 안전성, 방부·곰팡이 방지, 재료, 안정성 등)	
	처방(제품공정 포함) 등	

특허정보는 공업소유권법에 근거해 특허권 및 실용신안권 등으로 대표되는 권리정보를 말하는데, 구체적으로는 국내외 공개·공고특허(실용신안) 공보가 대상이 된다. 화장품의 연구에서 가장 중시되는 것이 이 특허정보인 것은 말할 필요도 없다. 이미 타인이 권리화한 특허를 모른 채 제품을 판매한 경우(특허침해), 권리를 지닌 상대방의 클레임에 걸려서 제품의 회수와 거액의 배상금을 지불하는 등 큰 타격을 입게 된다. 더욱이 이와 같은 특허 침해는 국제적으로도 점점 중요한 문제가 되고「지적소유권에 대해서는 정당한 대가를 지불한다」는 것이 정착되어 있는 만큼 특허정보에 대해서는 매우 신중한 대응이 필요하다. 다음으로 중요한 것은 기술문헌이다. 특히 잡지논문이 중시된다. 끊임없이 최신의 기술동향을 파악해야 할 뿐만 아니라 과거의 연구업적을 조사·분석해서 연구의 이중투자를 방지하고, 연구의 방향을 확인한다는 면에서 불가결한 존재이다. 또한 화장품(의약부외품을 포함)은 제조에서 판매에

이르기까지 각종 법적 규제를 받으므로, 국내는 물론이고 해외의 법적규제 정보를 신속히 수집하고 끊임없이 up-to-date해야 한다.

17-2 》 화장품관계 도서 · 잡지

여기서는 화장품에 직접 관계가 있는 도서, 잡지에 초점을 맞춰 화장품의 기초지식, 원료, 제법, 처방 등 화장품의 연구를 추진하는 데에 참고가 되는 주요한 도서 및 잡지를 소개한다.

17-2-1. 도 서(단행본)

화장품을 해설한 도서는 다른 주제분야에 비해서 많지 않다. 전반적으로 발행 연도도 오래되고 최근들어 증보, 개정판이 약간 발행되는 정도로 신간이 적은 것이 현실이다. 표 17-2에 주요한 화장품 관련도서를 정리했다(단, 향료 전문도서는 제외).

표 17-2. 주요한 화장품 관련 도서

	도서명	저자명	출판사명	발행년
1	화장품학, 제13판	池田鉄作編	南山堂	1978
2	최신향장품화학, 증보판	奥田 治他編	広川書店	1978
3	현대향장품학	岸 春雄編	講談社	1979
4	화장품과학가이드북	日本化粧品技術者会編	薬事日報社	1979
5	최신화장품과학	化粧品科学研究会編	薬事日報社	1980
6	화장품과 미용의 총지식	아메리카医学会編, 早川律子監修	週刊粧業	1980
7	최신향장품시험법	井上哲男編	広川書店	1980
8	화장품제조지침핸드북	茂利文夫編	프레그란스저널사	1981
9	향료와 화장품의 과학	奥田 治他編	広川書店	1982
10	피부와 화장품과학	高瀬吉雄監修	南山堂	1982
11	향장품제제학	野呂俊一, 小石真純著	프레그란스저널사	1983
12	최신향장품과학	杉浦 衛, 上田 宏編	広川書店	1984
13	스킨케어핸드북	尾沢達也著	講談社	1986
14	노화와 피부	高瀬吉雄, 石原 勝他編	清至書院	1986
15	화장품의 실제지식(제2판)	垣原高志著	東洋経済新報社	1987
16	아름답게 늙기 위한 힌트	福原義春他著	求龍堂	1989
17	아름답게 늙기 위한 힌트II	山内志津子他著	求龍堂	1990
18	화장품기술자와 의학자를 위한 피부과학	戸田 浄著	文光堂	1990
19	향장품과학	佐藤孝俊, 石田達也編	朝倉書店	1997
20	미의 과학~ 아름답게 살기 위한 힌트 51장~	尾澤達也著	프레그란스저널사	1998

	도서명	저자명	출판사명	발행년
21	에이징(aging)의 화장학	尾沢達也編	早稲田出版	1998
22	화장품의 과학	尾沢達也著	裳華房	1998
23	히트화장품~ 미를 창조하는 기술을 밝힌다	日本農芸化学会編	学会出版센터	1998
24	미용피부과 프라크테이스	日本美容皮膚科学会監修	南山堂	1999
25	향장품과학 - 이론과 실제 - 제3판	田村健夫, 広田 博著	프레그란스저널사	1999
26	Handbook of Cosmetic Materials	L. A. Greenberg, O. Lester	Interscience Publishers	1954
27	Chemistry and Manufacture of Cosmetics. 2nd. ed. vol. 1~4	M. G. deNavarre ed.	vol. 1~2, D. Van Nostrand vol. 3~4, Continental Press	1962 1975
28	Handbook of Cosmetic Science	H. W. Hibbott	Pergamon Press.	1963
29	Formulation and Function of Cosmetics(Kosmetologie(1959) - translated from the Germany by G. L. Fenton)	J. S. Jellinek	Wiley-Interscience	1970
30	Harry's Cosmetology	R. G. Harry	Leonard Hill Books	1973
31	Cosmetics : Science and Technology 2nd. ed. vol. 1~3	E. Sagarin, M. S. Balsam	Wiley-Interscience	1972 1974
32	Perfumes, Cosmetics & Soaps 8th. ed. vol. 1~3	W. A. Poucher, G. M. Howard	Halsted Press, John Wiley & Son	1974
33	Kosmetologie	J. S. Jellinek	Hüthig	1976
34	AMA Book of Skin and Hair Care	American Medical Association	Lippincott	1976
35	Professional Skin Care Manual	S. Tremblay	Prentice Hall International	1978
36	Biokosmetik	R. A. Eekstein	Verlag Fritz Majer & Son	1979
37	Cosmetic Science vol. 1~2	M. M. Breuer	Academic Press	1980
38	New Cosmetic Science	T. Mitsui ed.	Elsevier Science	1997

한편, 화장품연구의 권위 있는 국제회의로서 국제화장품기술자회연맹(International Federation of Societies of Cosmetic Chemists, 약칭 IFSCC)의 학술대회가 있다. 1959년 이래 2년마다 개최되어 각국의 화장품 연구의 발표가 활발하게 이루어지는데 이 회보(proceedings)도 중요한 정보원이다.

17-2-2. 잡 지

화장품 관련 전문잡지로서 주로 기술논문(오리지널 문헌)과 총설을 게재하는 잡지를 표 17-3에 정리했다. 과거의 잡지논문의 검색은 후술하는 컴퓨터에 의한 온라인 정보검색이 일반적이나 일상의 정보수집으로서 이들 전문잡지를 보는 것은 최신의 기술동향을 파악하는데 대단히 유효하다. 또한 2차자료(초록지와 색인지)의 활용도 좋다. 대표적인 것으로 화학요약집(CA)의 Section-62~Essential Oils and Cosmetics(격주발행)이 있다. CA는 테마별로 컴퓨터로 편집해서 별책으로 발행되는 CA-Selects 이용도 계속적으로 정보를 수집하는 데에 도움이 된다.

표 17-3. 주요한 화장품 전문 잡지

잡지명	발행빈도	발행국
1) 일본화장품기술자회지	4회/년	일본
2) 일본향장품과학회지	4회/년	일본
3) 프레그란스저널	월간	일본
4) C&T(화장품, 생활용품전문지)	월간	일본
5) CIR(향장품기술문헌정보지)(2차 자료)	월간	일본
6) creabeaux(크레아보)	4회/년	일본
7) Cosmetics and Toiletries	월간	미국
8) Global Cosmetic Industry(Formerly : Drug and Cosmetic Industry)	월간	미국
9) Household Personal Products Industry(HAPPI)	월간	미국
10) IFSCC Magazine	4회/년	독일
11) International Journal of Cosmetic Science	6회/년	영국
12) Journal of Applied Cosmetology	4회/년	이탈리아
13) Journal of Cosmetic Science(Formerly : Journal of Society of Cosmetic Chemists)	6회/년	미국
14) Kosmetik International	월간	독일
15) Prefums Cosmetiques Actualites	6회/년	프랑스
16) Parfum & Flavorist	6회/년	미국
17) Parfum und Kosmetik	월간	독일
18) Soap and Cosmetics(Formerly : Soap Cosmetic Chemical Specialities)	월간	미국
19) Soap Perfumery and Cosmetics	월간	영국
20) SÖFW-Journal Seifen Öle Fette Wachse	월간	독일

17-3 》 데이터 베이스의 활용 ; Databases

필요한 정보를 필요할 때 바로 검색할 수 있는 데이터 베이스 이용이 급속히 확산되고 있다. 일본에서는 1970년대 후반부터 실용화된 온라인 정보검색 서비스가 오늘날에는 산업계, 학술연구 기관 등에서 일상적으로 이용되고 있다. 또한 인터넷 보급에 의해 개인도 자유로이 이용가능한 시대가 되었는데, 여기서는 연구에 활용되는 주요한 데이터 베이스를 소개한다.

17-3-1. 데이터 베이스

데이터 베이스는 견해와 입장에 의해 여러 가지 정의를 내릴 수 있는데, 일반적으로는「데이터를 정리종합해서, 컴퓨터 처리가 가능한 형태로 만든 정보화일 또는 집합체」를 말한다. 데이터 베이스를 단순히 화일로 부르는 경우도 있고, 양자를 엄밀한 구분 없이 사용하는 경우가 많다.

데이터 베이스의 특징은 정보수집의 ① 신속성 ② 간편성 ③ 정확성으로 요약된다. 데이터 베이스의 활용으로 끊임없이 자신의 연구분야와 주변분야의 정보를 획득하여 연구의 중복과 누락을 막음과 동시에 방대한 과거의 축적 데이터로부터 새로운 기술을 발견하여 연구에 도움을 줄 수 있다.

17-3-2. 온라인 정보검색 시스템

통신회선을 통해서 데이터 베이스를 실시간으로 검색하는 것을 온라인 정보검색(On line information retrieval)이라고 하며, 이것을 상업베이스로 대규모로 전개하는 것이 JOIS와 DIALOG등으로 대표되는 온라인 정보검색 시스템이다. 이들 시스템을 이용하면 다수의 데이터 베이스에 접속할 수 있다. 최근에는 Web 등의 인터넷을 경유하는 접속도 가능해졌다.

화장품 연구에 잘 활용되는 데이터 베이스 및 검색시스템을 표 17-4에 정리했다. 마지막에 화장품 과학전문 데이터 베이스「KOSMET」에 대해서 요약한다.

「KOSMET」는 앞에 기술한 IFSCC가 작성한 것으로, DIALOG사가 제공하는 온라인 정보검색시스템「data-star」로 이용할 수 있다. 내용은 화장품 과학과 그 주변의 기술정보(특허는 제외)로서 각국의 주요화장품 기술잡지, 학술강연집, 회의록 등이 수록되어 매월 데이터가 갱신된다. 검색가능한 기간은 1985년 이후지만, IFSCC 학술대회에서 발표된 논문에 한해 1968년까지 소급하여 검색이 가능하다. 앞으로 데이터 축적이 증가됨에 따라 KOSMET는 화장품과학에 중점을 둔 데이터베이스로서 중시될 것이다. 1998년부터는 일미독의 온라인 네트워크 시스템「STN International」으로부터 제공되기에 이르렀다.

표 17-4. 화장품 연구에 잘 활용되는 데이터 베이스

	온라인정보 검색시스템	데이터베이스	내 용	수록기간	제공기간 또는 총대리점
기술정보	JOIS	JICST화일	국내외의 잡지 약 12,000종을 중심으로, 그 외 기술리포트, 회의자료 등에 기재된 과학기술문헌	1975년~	일본과학기술정보센터(JICST)
		JMEDICINE 화일	의학 및 의학관련분야(생명과학, 약학)의 주요한 국내잡지에 기재된 문헌	1981년~	
	DIALOG	CA SEARCH	전세계의 화학분야 및 주변분야에 걸친 잡지, 단행본, 특허, 회의록 등을 수록한, 세계최대의 초록지 Chemical Abstracts에 해당	1967년~	DIALOG Co., (영국/미국) (주)디·서치
		MEDLINE	70개국 이상에서 출판된 약 3600개의 의학·생물관련잡지에 기재된 문헌 미국국립도서관(NLM)이 작성	1966년~	
	DATA-STAR	KOSMET	화장품 및 방향품에 관한 과학기술문헌. 잡지논문이 주이나 학술대회의 회의록도 수록. IFSCC가 작성	1985년~	
특허정보	PATOLIS	특허(P) 실용신안(U)	일본의 특허, 실용신안, 의장, 상표 및 세계56기관의 특허를 뽑은 INPADOC (International Patent Documentation Center) 등의 데이터가 망라되어 있음.	특허 공개 1971년~ 공고 1955년~ 실용 공개 1971년~ 공고 1960년~	일본특허정보기구(JAPIO)
	DIALOG	WPI (World Patent Index)	세계 각 국의 화학, 전기, 기계를 비롯한 전산업분야의 특허를 망라하고 있다. 특허 특허패밀리를 조사할 경우 유용하다. Derwent Publication사가 작성	1963년~	DIALOG Co., (영국/미국) (주)디·서치 일본기술무역(주) 등

(주) 1992년부터 INPADOG의 특허정보는 DIALOG에서도 검색가능하게 됨.

각 론

1 스킨 케어 화장품

2 메이크업 화장품

3 모발 화장품

4 방향 화장품

5 바디 케어 화장품

6 구강용 화장품

1 스킨 케어 화장품

신체를 구성하고 있는 기관의 하나가 피부이다. 피부는 일상 생활 속에서 눈에 보이는 가까운 존재이므로, 일반적으로 그다지 중요한 기관이라고 여겨지지 않는다. 그러나 피부는 생물 진화의 역사를 봐도 분명히 알 수 있듯이, 세포 또는 생물의 매우 중요한 수분을 유지시켜서 건조로부터 방어해 주는 기능을 갖고 있다. 그 외 자외선을 멜라닌으로 방어하고, 체온을 조절해 주고, 중화에 의해 외적 자극을 완화시키는 등 다양한 기능을 갖고 있다. 피부는 생명체(신체)와 비생명체(외부환경)의 사이에 존재하는 경계막이며 다양한 변화에 대응해서 신체를 보호하는 중요한 기관이다.

이 중요한 기관인 피부도 환경의 변화와 연령 증가에 따라서 그 작용이나 구조에 불균형을 일으킨다. 이 작용과 구조를 잘 조절시키는 것이 스킨 케어 화장품의 사명이다. 피부에 유해한 건조, 자외선, 산화로부터 피부를 보호하고 피부가 본래 가지고 있는 항상성 유지 기능을 도와서 피부를 늘 아름답고 건강하게 유지시키는 것이 이상적인 스킨 케어 화장품이다[1~3].

1-1 》 스킨 케어 화장품의 목적 · 기능 · 역할

1-1-1. 스킨 케어 화장품의 목적

현대 사회의 인간은 자연과 문명으로부터 다양한 은혜를 입고 있지만, 한편으로는 악영향을 받고 있다고 할 수 있다. 예를 들면 에어컨은 온도를 조절하여 쾌적한 환경을 만들어 주지만, 역으로 지나치게 추워진다든가 건조해지는 경우도 있다. 또 자외선이 피부에 여러 가지 영향을 미친다는 것은 이미 잘 알려진 사실이다.

이와 같은 복잡한 환경 조건하에서 생활하는 인간에게 필요한 스킨 케어 화장품의 목적은 아래와 같다.

(1) 피부를 청결히 한다.

(2) 피부의 모이스쳐 밸런스를 유지시킨다.

(3) 피부의 신진대사를 촉진시킨다.

(4) 유해한 자외선으로부터 피부를 보호한다.

종래는 (1)~(3)까지만 스킨 케어 장품의 목적이라고 생각했지만, 최근 연구에 의해 자외선에 의한 광가령(光加齡, Photoaging)[4]이란 개념이 정착하여, (4)도 스킨 케어 화장품의 목적에 포함시키는 것을 일반적인 것으로 생각하게 되었다.

따라서 위의 (1)~(4)의 목적을 위해, 주로 안면에 사용하는 화장품을 스킨 케어 화장품이라고 한다. 당연한 것이나, 스킨 케어 화장품의 설계에 있어서 피부 생리기능을 충분히 연구, 이해하고 안전성, 안정성, 사용성, 유용성이 우수한 화장품을 설계해야한다.

1-1-2. 스킨 케어 화장품의 기능

스킨 케어 화장품은 피부 본래가 갖는 기능을 정상으로 작용시킨다. 즉 항상성 유지 기능(Homeostasis)을 정상으로 기능하도록 사용하는 것이며, 결과적으로 건강하고, 아름다운 피부를 유지·회복시키는 것이다. 이를 위해서 스킨 케어 화장품은 많은 기능을 갖고 있다. 기본 기능으로서 세정, 청결, 항건조, 항자외선, 항산화, 부활 등이 있고, 이 외에 피부의 트러블, 또는 연령 증가에 따른 피부 트러블에 대응한 형태인 미백(일광 그을림에 의한 기미, 주근깨의 방지), 주름과 처짐의 개선, 여드름 방지등의 기능도 포함된다.

단, 이러한 기능을 가진 스킨 케어 화장품도 적절한 사용법을 지킬 때 그 기능이 충분히 발휘된다. 이를 위해서 미용시스템이라는 스킨 케어 화장품의 사용순서 및 계절, 사용자의 생활환경, 연령, 화장경험, 피부타입, 사용성에 대한 기호, 사용시의 TPO(Time, Place, Occasion) 등에 대한 충분한 배려가 필요하다. 특히 미용 시스템에 대해서는 여러 종류가 시장에 제공되고 있고, 그들 중에 주류가 되고 있는 것은 다음과 같다.

베이직 케어
- 세안료(클렌징, 폼클렌징)
- \+
- 화장수(수분·보습제 함유)
- \+
- 에멀젼(수분·보습제, 유분보급, 신진대사 촉진)

\+

퍼스널 케어 (스페셜 케어) — (에센스, 마사지 크림, 마스크, 파우더 등)

베이직 케어로 보강이 안되거나, 혹은 충분치 않은 기능은 퍼스널(스페셜) 케어 제품이라는 화장품을 추가 사용하도록 하는 시스템이다.

1-1-3. 스킨 케어 화장품의 역할

약사법에 의하면 스킨 케어 화장품(기초 화장품)의 기본은 피부를 청결히 하고, 각질층을 충분히 보습시키는 것이라고 정의할 수 있다. 그러나 충분히 연구된 스킨 케어 화장품은 각질층을 보습하는데 그치지 않고 이 외에도 여러 가지 역할을 담당하고 있다.

피부의 보습 메커니즘에 대해서는 많은 보고가 있는데, 크게는 표피층, 특히 각질층과 진피층 2가지로 분류하여 생각할 수 있다. 각질층에서는 아미노산을 주성분으로 하는 NMF (Natural Moisturizing Factor, 천연보습인자)와 피지 및 표피 유래 성분(세포간 지질)에 의한 지질이 중요하다[5]. 진피층에 인지질 등의 소수성 성분 외에, 기질인 히아론산, 콜라겐, 엘라스틴 등의 고분자계 친수성 성분의 존재가 중요하다.

각질층 레벨에서 보습 메커니즘에 장애가 생긴 경우, 양질의 유성 성분과 보습성이 높은 친수성 성분을 균형있게 부여함으로써 피부의 부담을 경감시켜서 건강하고 아름다운 피부로 만들어 주는 것이 중요하다. 즉, 항상성 유지기능이 충분히 작용하지 못해서 생긴 피부 트러블에 대해서, 모이스쳐 밸런스(Moisture balance)의 개념을 도입한 스킨 케어 화장품으로 보정할 필요가 있다.

尾澤 등에 의해 제창된 모이스쳐 벨런스의 개념이란, 「나이가 들수록 각질층에서 NMF와 지질(lipid)의 감소에 의해 수분 보유력의 감소가 발생하고, 결과적으로 각질층의 경화로 연결된다는 것이 명백해졌다. 따라서 연령 증가에 따라 감소하는 수분, NMF, 지질에 상당하는 물질을 화장품(수분, 보습제, 유분)으로 보강해 줌으로써 생물학적 변화를 동반한 피부보습의 항상성을 유지한다」는 것이다[3,6](그림 1-1).

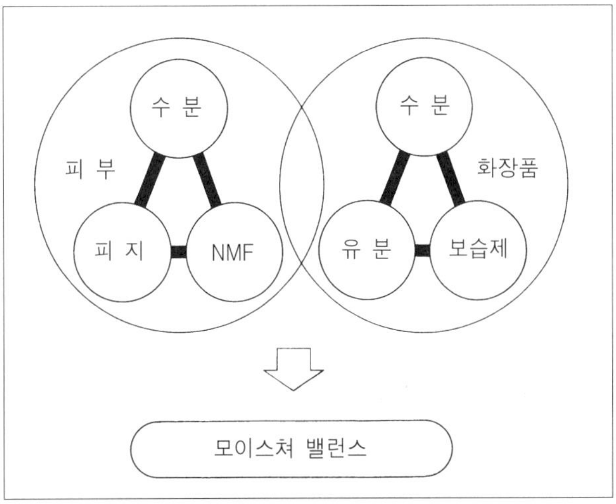

그림 1-1. 모이스쳐 밸런스의 개념[3,6]

물-보습제-유분의 밸런스를 적당하게 유지함으로써, 피부표면 상태의 개선 및 피부트러블의 미연방지를 도모할 수 있게 되었다[7~9](화장품의 유용성 11-3-1. 1) 참조).

최근 스킨 케어 화장품의 사용에 따른 유용성 연구에 눈에 띌 만한 성과가 있어서, 피부에 대한 물리적 작용뿐만이 아니라 피부생리학적인 의미 부여를 명확히 하고 있다.

이처럼 스킨 케어 화장품에 의해 항상성이 회복된다는 증명은 앞으로 화장품이 나아갈 방향을 제시하고 있다. 여기서 스킨 케어 화장품의 역할을 정리해보면 피부 항상성 기능의 유지, 피부 회복의 도모(건강하고 아름다운 피부), 피부노화를 지연시켜, 피부 트러블을 해소시켜 주는 것이다.

또한 평생 사용해도 안전하다는 것이 중요하다. 연령 증가에 따른 피부생리 인자의 변화에 대해서도 많은 보고가 있다. 예를 들면,

- 수분 보유력[6,11~12]
- 피지 분비 기능
- 각질층 턴오버 및 각질층 세포면적[12]
- 피부 표면형태의 변화(Replica법)
- 각질층의 점탄성 등

이러한 것을 연구·이해하여 스킨 케어 화장품 개발에 이용해 나가야 된다는 것은 중요하다. 다음에 대표적인 스킨 케어 화장품에 대해서 목적·기능, 주성분, 제조법, 종류 등에 대하여 기술한다.

1-2 》 세안료 ; Face cleansing cosmetics

1-2-1. 세안료의 목적 · 기능

화장 행동의 첫단계인 얼굴 피부의 세정에 사용되는 세정료를 고려할 때 중요한 조건은 다음과 같다.

(1) 씻어야 할 대상물(피부 표면층)

(2) 피부 표면층에 붙어있는 오염물

(3) 세정에 사용되는 제제

(4) 세정방법

의류, 식기 등 비생명체를 대상으로 하는 세정료라면 세정·탈지력이 높을수록 좋지만, 세안료는 세정 대상물이 생명체의 일부인 얼굴 피부이기 때문에 과도한 탈지가 바람직하지 않다는 것을 충분히 이해해야 한다. 세안료의 목적은 피부표면층에 부착되어 있는 피지, 각질

층의 딱지, 피지의 산화분해물, 땀의 잔여물 등의 피부생리의 대사산물이나 공기중의 먼지, 미생물, 여성의 경우는 메이크업 화장품 등을 제거해 내는 것이다.

근대 화장품 과학은 연령, 생활환경에 따라 달라지는 피질, 오염대상물의 차이, 또한 세정 습관과 기호에 따라 대응하며, 적정하고 쾌적한 세정을 위한 다양한 타입의 세안료를 제공하고 있다. 이 세 안료들을 바르게 선정, 적정한 방법으로 사용하는 것이 건강하고 아름다운

표 1-1. 세안료의 제형별 분류

제 형	형태(명칭)	특 징
계 면 활성제형	고형 (비누, 투명비누, 중성비누)	전신용세정료의 주류, 간편하며 사용감도 좋다. 단, 사용후 당기는 감이 있다.
	크림, 페이스트 (클렌징 폼)	얼굴전용으로 사용량, 거품상태가 우수하다. 사용 간편, 약산성~알칼리성으로 목적에 맞게 베이스를 선택한다.
	액상 또는 점액상 (클렌징 젤)	약산성~알칼리성, 약산성 베이스는 세정력이 약하며, 알칼리성 베이스는 세정력이 강하다. 두발, 바디용 세정료가 주류.
	과립/분말 (세분, 세안파우더)	사용 간편. 물을 배합하지 않기 때문에 파파인등 효소배합이 가능.
	에어로졸 사용 (쉐이빙 폼, 이중관용기)	발포해서 나오는 쉐이빙 폼타입과 젤상으로 나와 사용시 발포시키는 (후발포) 타입이 있다. 후발포는 이중관 용기 사용.
용제형	크림, 페이스트형 (클렌징 크림)	유화타입의 클렌징 크림은 O/W형이 주류. 유분을 겔화(고형화)시킨 타입도 세정력이 높다. 하드 메이크업용
	유 액 (클렌징 밀크)	O/W형 유화타입유액. 클렌징 크림에 의해 사용후 감촉이 산뜻하다. 사용하기 쉽다.
	액 상 (클렌징 로션)	세정용 화장수. 비이온 계면활성제, 알코올, 보습제의 배합량이 많다. 코튼 사용으로 물리적 제거효과도 있다. 라이트 메이크업용
	젤 (클렌징 젤)	유분을 다량 함유한 유화타입, 액정타입은 세정력이 높고 헹귀내는 타입으로 산뜻하다. 수용성 고분자겔화 타입은 세정력이 약하다.
	오 일 (클렌징 오일)	유성성분으로 소량의 계면활성제, 에탄올 등을 배합, 헹귀내는 타입으로 헹귀낼 때 O/W 유화된다. 사용후는 촉촉
기 타	팩 (클렌징 마스크)	수용성 고분자를 사용한 필오프타입의 마스크. 긴장감이 강하고, 피부에서 떼어낼 때 피부표면이나 모공의 오염물질을 제거.

(內藤昇他 : Fragrance Journal, No.92, 42~46, 1988, 일부개정)

피부를 실현하는데 중요하다. 이를 위해서는 피부의 유해(불필요)한 물질은 제거하면서, 유익한 물질 및 조직에는 영향을 미치지 않아야 하는 것이 요구된다. 또한 피부에 유익한 물질을 공급하도록 하는 것도 시도되고 있다.

세안료의 분류에 대해서는 표 1-1에 나타낸다[13)]. 여기서는 계면활성제를 비교적 많이 배합하여, 사용시 물을 더해 손바닥에서 거품을 내어 사용하는 계면활성제형 타입과, 사용시 얼굴위에서 더러움을 충분히 문지른 후 닦아내거나 물로 헹궈내는 용제형 타입으로 분류된다.

최근 메이크업 제품의 기능 향상, 특히 내수(waterproof)내한성에 현저한 향상이 보이지만, 세안료 입장에서 보면 매우 지우기 힘든 제형이라고 할 수 있다. 특수한 메이크업제품에 대해서는 전용제품이 구비된 예도 적지 않다.

본 절에서는, 대표적인 클렌징 폼에 대해서 기술한다. 그외 종류에 대해서는 바디화장품 및 다른 스킨 케어 화장품의 항을 참고하기 바란다.

1-2-2. 클렌징 폼의 주성분

클렌징 폼은 조성으로는 지방산 비누를 포함한 계면활성제를 주성분으로 하여 우수한 세정력을 겸비하면서 과도한 탈지 방지를 목적으로 에몰리엔트제(유분), 보습제를 배합한다.

표 1-2. 클렌징 폼의 주성분

구성성분	대표적 원료	
비누(세정제)	고급지방산	C_{12}~C_{18}지방산, 올레인산, 이소스테아린산, 12-하이드록시스테아린산, 동식물성유지지방산
	알칼리제	수산화나트륨, 수산화칼륨, 트리에탄올아민
기타 계면활성제	아미노산계 계면활성제(N-아실글루타민산염), 아실메틸타우린, POE알킬에테르인산염글리세롤지방산에스테르, POE글리세롤지방산에스테르, POE알킬에테르, POE POP블록폴리머	
에몰리엔트제(유분)	지방산, 고급알코올, 라우린유도체, 밀납, 호호바유, 올리브유, 야자유	
보습제	솔비톨, 말티톨, 폴리에틸렌글리콜(300, 400, 600, 1500, 4000), 글리세린, 1,3-부틸렌글리콜, 디프로필렌글리콜, 프로필렌글리콜, POE글루코오스 유도체	
기타	방부제	메틸파라벤
	수용성 고분자	아크릴산소다, 양이온폴리머, 알긴산소다
	스크럽제	저분자폴리에틸렌 분말, 나일론 분말 등
	킬레이트제	EDTA 및 염, 헥사메타인산소다
	약제	유황, 글리틸리틴산염, 트리클로로칼빈
	색소, 향료, 산화방지제, 정제수	

사용후에는 비누 사용시에 느끼는 "당기는 감"이 아니라, 촉촉한 감촉을 선호하고 있다. 외관은 부드러운 크림상이고 이것을 손바닥에 소량 취하여 물을 섞어 거품을 낸 후 사용한다.

일반적으로 지방산 비누를 주성분으로 한 알칼리 타입의 클렌징 폼은 거품 생성도 우수하며, 헹굼도 간단하고 사용후 감촉도 산뜻하다. 이 계에서 비이온 계면활성제의 양을 증가시키고, 유분의 양을 증가시키면 사용 후 감촉은 촉촉하게 만들 수 있지만 헹굼시 미끌미끌한 감촉이 남게 된다. 또한 아미노산계 계면활성제를 주성분으로 하고, 약산성 저자극성을 강조하는 클렌징 폼도 있으나, 기포력이 약한 것이 단점이다. 클렌징 폼의 주성분을 표 1-2에 제시한다.

1-2-3. 클렌징 폼의 일반적인 제조법

종래에는 알코올을 용해한 수상부에 지방산을 용해한 유상을 첨가하여 지방산 비누를 생성시키는 방법을 취해왔다. 그러나 이 방법으로는 중화시 덩어리 상태가 되기 쉽고, 이 덩어리를 용해하는 데에 많은 기간이 걸리며 이상한 냄새의 원인이 되었다. 현재는, 유상에 물을 첨가하는 방법이 일반적이고 고농도의 지방산 비누를 배합하는 것도 가능하게 되었다. 단 이 방법은 물 첨가도중에 고점도 상태가 되는 영역이 생기기 때문에 교반력이 강한 제조설비가 필요하다(그림 1-2).

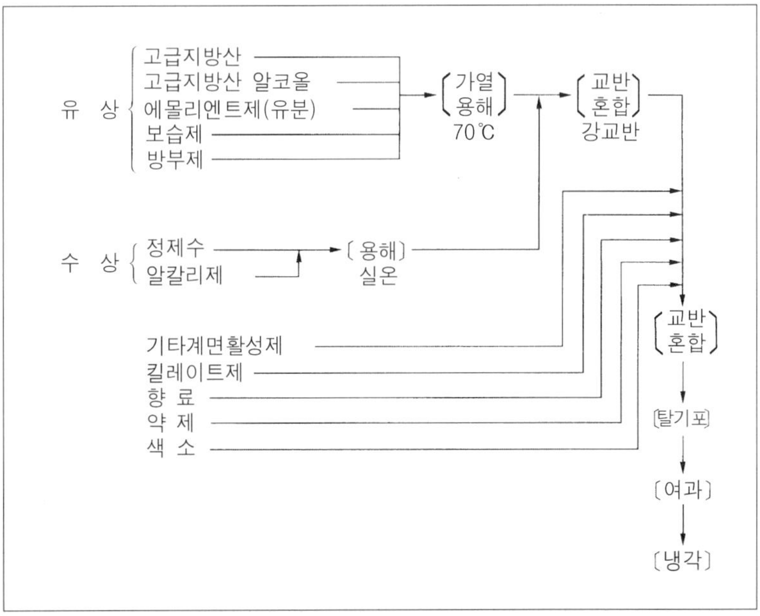

그림 1-2. 공정도(비누계 클렌징 폼)

약산성 클렌징 폼의 주성분인 N-아실글루타민산염을 사용한 경우의 문제점은, 용해성과 냉각시 냉각기내에서의 점성상승이 있으므로 이 두 가지 점에 유의해서 제조할 필요가 있다(그림 1-3).

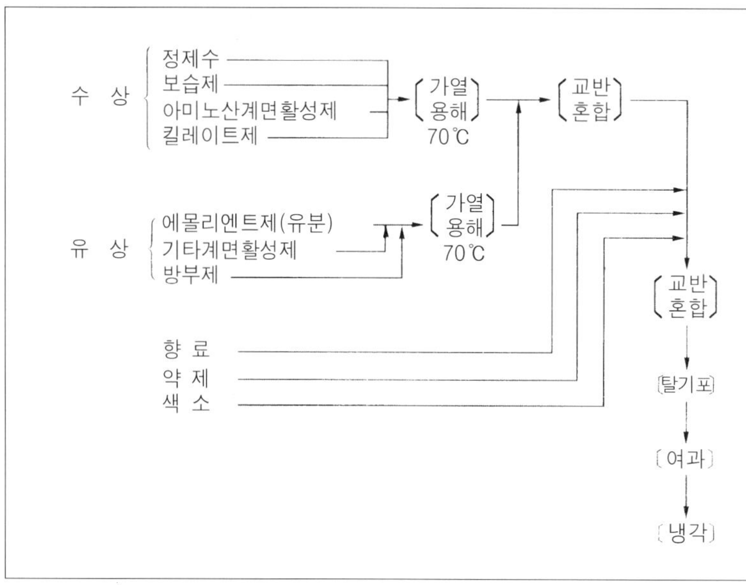

그림 1-3. 공정도(아미노산계 클렌징 폼)

1-2-4. 클렌징 폼의 종류

1) 고급지방산계 클렌징 폼

【처방예 1】 비누계 클린징 폼

지 방 산	:	스테아린산	10.0 %
		팔미틴산	10.0
		미리스틴산	12.0
		라우린산	4.0
에몰리엔트제	:	야자유	2.0
알 칼 리	:	수산화칼륨	6.0
보 습 제	:	PEG 1500	10.0
		글리세린	15.0
계면활성제	:	글리세롤모노스테아린산에스테르	2.0
		POE(20) 솔비탄모노스테아린산	2.0

방 부 제	:	적당량
킬레이트제	:	적당량
향 료	:	적당량
색 소	:	적당량
정 제 수	:	27.0

【제조법】 지방산, 에몰리엔트제, 보습제, 방부제를 가열용해하여 70℃로 유지한다. 미리 알칼리를 용해시킨 정제수를, 교반하고 있는 유상중에 첨가한다. 첨가 후에 역시 70℃로 유지하면서 중화 반응을 마친다. 다음으로 용해시킨 계면활성제, 킬레이트제, 향료, 색소를 첨가하고, 교반혼합, 탈기포, 여과후 냉각시킨다. 냉각조건에 따라 최종품의 경도가 크게 변하기 때문에 최적 냉각조건을 선정한다.

【처방예 2】 비누계 클렌징 폼

지 방 산	:	스테아린산	12.0 %
		미리스틴산	14.0
		라우린산	5.0
에몰리엔트제	:	호호바유	3.0
알 칼 리	:	수산화칼륨	5.0
보 습 제	:	솔비트(솔비톨 70% Soln.)	15.0
		글리세린	10.0
		1,3-부틸렌 글리콜	10.0
계면활성제	:	POE(20) 글리세롤모노스테아린산에스테르	2.0
		아실메틸타우린	4.0
킬레이트제	:		적당량
향 료	:		적당량
정 제 수	:		20.0

【제조법】 지방산, 에몰리엔트제, 보습제를 가열용해하여 70℃로 유지한다. 정제수에 알칼리를 용해시켜고 유상을 교반하면서 첨가한다. 중화반응을 충분히 한 후 계면활성제를 첨가하고, 이어서 킬레이트제, 향료를 첨가한다. 탈기포, 여과후에 냉각시킨다.

2) 아미노산계 클렌징 폼

【처방예 1】 약산성 클렌징 폼

아미노산계 계면활성제	:	N-아실글루타민산소다	20.0 %
보 습 제	:	글리세린	10.0
		PEG 400	15.0
		디프로필렌글리콜	10.0
기타 계면활성제	:	아실메틸타우린	5.0
		POE · POP 블록폴리머	5.0
		POE(15) 올레일알코올에테르	3.0
에몰리엔트제	:	라우린 유도체	2.0
방 부 제			적당량
킬레이트제	:		적당량
향 료			적당량
색 소	:		적당량
정 제 수	:		30.0

【제조법】 정제수에 보습제를 첨가 용해한 후, N-아실글루타민산소다를 덩어리가 생기지 않도록 소량씩 첨가한다. 킬레이트제 첨가후 가열 교반용해한다. 동시에 별도로 에몰리엔트제, 기타 계면활성제, 방부제를 가열용해하여 수상에 첨가한다. 교반혼합 후, 향료 · 색소를 첨가하고 충분히 혼합한 후 탈기포, 여과, 냉각한다. 일반적으로 클렌징 폼을 냉각할 때는 보데이터식 열교환기를 이용하지만, 아미노산계폼의 경우는 가능한 종료 온도를 낮게 하는 편이 균일하고 안정된 제품을 얻을 수 있다.

최근에는 세정력을 높이기 위해 혹은 다른 새 안료와의 차별화를 꾀하기 위해 스크럽제를 배합한 제품도 개발되고 있다. 스크럽제로서는 20~1,000μm의 입경을 가진 것이 대부분이고, 폴리에틸렌 분말과 나일론 분말 등 수지 분말이 사용된다.

1-3 》 화장수 ; Lotion

1-3-1. 화장수의 목적 · 기능

화장수는 일반적으로 투명 액상의 화장품으로, 신체를 청결히 하고 피부를 건강하게 유지시키기 위해 피부표면에 바른다. 이 때 청정과 동시에 피부의 모이스쳐 밸런스를 유지하여 피부 정돈 효과를 갖는다.

일반적으로 물에 녹지 않는 물질을 가용화하여 열역학적으로 안정화시켜서 외관을 투명 액상으로 만든 것을 화장수라고 하는데, 최근에 와서는 이 범위에 들지 않는 화장수도 많아지고 있다. 마이크로 에멀젼(microemulsion), 리피드 나노스페어(lipid nanosphere) 기술을 적용한 투명 또는 반투명 화장수가 있고, 몇 %의 기름 성분을 0/W형으로 유화시켜서 유상과 수상의 비중을 조절하여, 저점도 액상에서도 크리밍(creaming)이나 침강(sedimentation)을 만들지 않는 불투명 화장수, 수용성 고분자를 배합하여 투명하고 점성이 있는 화장수 등도 시판되고 있다.

스킨 케어 화장품의 사용순서는, 세안료로 피부를 청결하게 한 후에 화장수를 사용하는데 주로 수분, 보습제를 보급한다. 사용자의 연령·생활환경에 따라 다른 피질과 피부상태, 그리고 화장 습관이나 기호에 따라 보습제의 종류·양은 물론 에탄올량, 유분량을 조정하여, 좋은 사용감과 탁월한 보습효과를 주도록 한다. 사용목적에 따른 화장수의 분류를 표 1-3에 나타냈다.

표 1-3. 화장수의 목적별 분류

분 류	특 징
유연 화장수	각질층에 수분·보습 성분을 주어 피부를 유연하게 하고 촉촉하고 매끄러우며 윤택한 피부를 유지함
수렴 화장수	각질층에 수분·보습 성분을 공급하고, 수렴 작용·피지 분비 억제 작용을 함. 산뜻한 사용감을 느낄 수 있고 화장이 지워지지 않도록 함.
세정 화장수	가벼운 색조화장을 지우거나 혹은 맨살에 대한 세안료로서 사용. 오염을 제거하고 피부를 청결하게 하기 위해, 즉 세정효과를 높이기 위해 계면활성제, 보습제, 에탄올을 많이 배합함.
다층식 화장수	2층 이상의 층을 이루는 화장수이며, 유층-수층 및 수층-분말층의 2층 형태로 구성되는 경우가 많다. 흔든 후 사용하고 각각의 유액상, 분말 분산상이 되는 특이한 사용성을 나타냄. 카마인 로션이 대표적임

여기에서는 마이크로 에멀젼에 대해서 간단히 기술한다. 마이크로 에멀젼은 협의적으로 기름-물-양친매성 물질로 이루어진 투명 또는 반투명의 균일상으로, 열역학적으로 안정되고 팽윤된 큰 미셀이 분산된 계라고 알려져 있다[14~15]. 한편 광의의 마이크로 에멀젼은 열역학적으로 불안정한 분산계와 시간 경과에도 안정한 투명 또는 반투명의 분산계를 포함한다.

마이크로 에멀젼의 최대 이점은, 투명 가용화계에 비하여 에몰리엔트제(유분)를 다량으로 배합시킬 수 있어서 보습제·계면활성제가 갖는 끈적임 등을 완화시킬 수 있다는 점이다. 또 외관이 투명 화장수와 확실히 다르다는 것도 큰 이점이라 할 수 있다. 처방 구성의 유의점은 계면활성제의 HLB를 조정하는 것이다. 에몰리엔트제의 구조도 영향을 미치는데 극성이 높은 것이 일반적으로 조정하기 쉽다[16].

1-3-2. 화장수의 주성분

이미 기술한 바와 같이 화장수의 기본 기능은 각질층에 수분·보습성분을 공급하는 것이다. 이 외에도 유연·수렴·세정 등의 목적에 따라 필요한 성분을 배합한다. 표 1-4에 일반적인 화장수의 성분을 나타낸다.

표 1-4. 화장수에 이용되는 주성분

구성성분	주기능	대표적 원료	첨가량
정제수	각질층에 수분보급 성분의 용해	이온교환수	30～95%
알코올	청량감 정 균 성분용해	에탄올 이소프로판올	～20%
보습제	각질층의 보습 사용감 용해	글리세린, 프로필렌글리콜, 디프로필렌글리콜, 1,3-부틸렌글리콜, 폴리에틸렌글리콜(300, 400, 1500, 4000) 등의 다가알코올, 히아루론산, 말티톨 등의 당류, 피롤리돈카르본산 등의 아미노산류	～20%
유연제 (에몰리엔트제)	피부의 에몰리엔트 보 습 사용감	에스테르유 식물유(올리브유, 호호바유 등)	적당량
가용화제	원료성분의 가용화	HLB가 높은 계면활성제(폴리옥시에틸렌올레일알코올에테르 등)	～1%
완충제	제품의 pH 조정 (피부의 pH 밸런스)	구연산소다, 구연산, 유산, 아미노산류	적당량
점도 증가제 (점액질)	사용감 보 습	알긴산염, 셀룰로오스유도체, 퀸스시드검, 펙틴, 풀루란, 산탄검, 비검, 카르복시비닐폴리머, 아크릴산계폴리머, 라포나이트	～2%
향 료	부 향	게라니올, 리나리올 외	적당량

구성성분	주기능	대표적 원료	첨가량
방부제	미생물안정성	메틸파라벤, 페녹시에탄올	적당량
색 제	착 색	허가색소	미 량
퇴색방지제	퇴색 및 변색 방지	금속이온봉쇄제, 자외선흡수제	적당량
〈약 제〉 · 수렴제 · 살균제 · 부활제 · 소염제 · 미백제	 피부의 조임 피부의 살균 피부 부활 항염증 멜라닌 생성억제	 석탄산아연황산염, 석탄산황산나트륨 벤잘코늄염산염, 감광소 비타민 · 아미노산 유도체, 동식물추출물 글리틸리틴유도체, 알란토인 알부틴, 코직산, 비타민C 유도체	적당량

1-3-3. 화장수의 일반적 제조법

화장수는 일반적으로 실온에서 제조된다. 알코올이나 방부제가 적은 계에서는 가열 공정이 없기 때문에 특히 미생물 오염에 유의할 필요가 있다.

정제수에 폴리에틸렌글리콜, 1,3-부틸렌글리콜 등의 보습제를 첨가하고 완충제, 점도 증가제, 퇴색방지제 등의 수용성분을 용해시킨다. 다음에 에몰리엔트제, 방부제, 향료, 약제 등

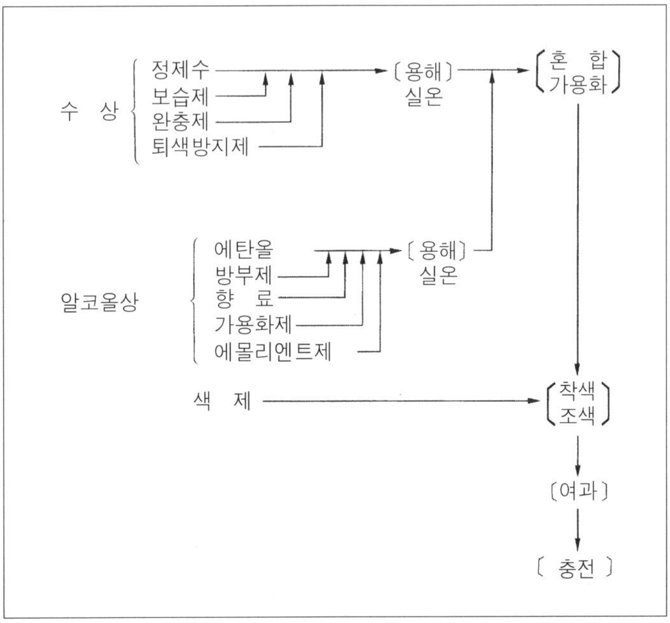

그림 1-4. 공정도(알코올 함유 화장수)

에탄올 가용성 성분 및 유용성 성분을 가용화제와 함께 에탄올부에 용해하여, 앞서 기술한 정제수부에 첨가 혼합하여 실온에서 가용화시킨다.

가용화 후에 색제를 넣어 조색을 하고, 여과시키면 투명성이 높은 화장수가 얻어진다. 여과 재료로서 여과지, 카트리지 등이 이용된다. 여과 찌꺼기가 많은 것은 가용화・용해 등이 불완전한 것을 의미하므로 처방이나 공정을 확인해 볼 필요가 있다(그림 1-4).

최근 시장에 많이 출시되고 있는 알코올이 없는 화장수는, 물에 녹지 않는 성분을 가용화제와 함께 보습제에 넣고 가열 용해시킨다. 이 때 투명한 화장수를 얻기 위해서 적절한 보습제를 선정하는 것이 중요하다(그림 1-5). 반투명 화장수는 마이크로 에멀젼 기술을 이용하지만, 계면활성제의 선정과 제조공정에 따라 입자 크기가 크게 다르고, 결과에 따라 외관의 투명성(탁도)에 큰 영향을 주기 때문에 투명 화장수 이상의 주의가 필요하다.

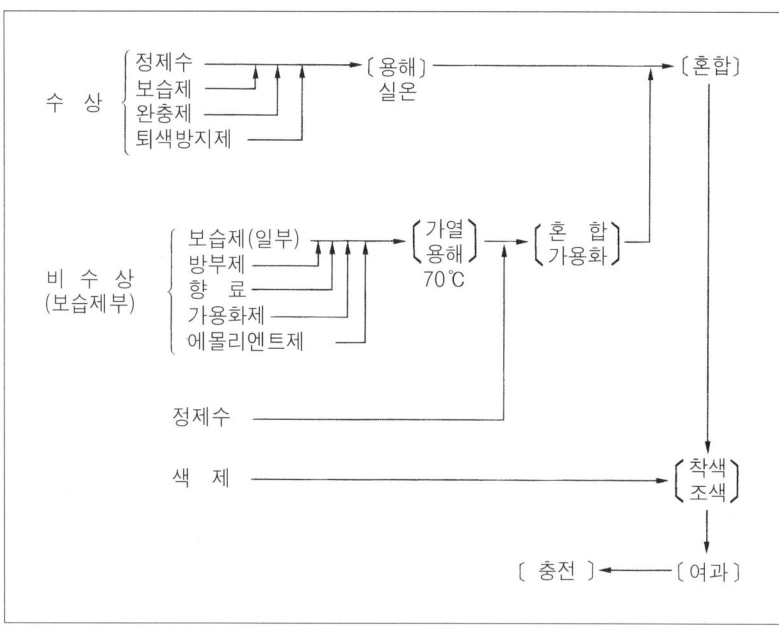

그림 1-5. 공정도(비알코올 화장수)

1-3-4. 화장수의 종류

1) 유연 화장수 ; Softening lotion

pH는 약알칼리~약산성이 주류이지만, 최근에는 피부표면의 pH에 가까운 5.5~6.5 정도로 조정된 화장수가 많다. 보습제의 양・종류의 선택・조합, 수용성 고분자의 유무, 에탄올

양 등에 따라 사용 감촉에 특징을 주고 화장수 본래의 목적인 각질층에 대한 수분·보습성분을 공급한다. 화장수에는 아주 미량의 에몰리엔트제라도 사용성에 대한 영향도 크기 때문에, 가용화·마이크로 에멀젼화에 의한 배합을 검토하는 것도 중요하다.

【처방예 1】 투명 화장수(약산성)

보 습 제	:	1,3-부틸렌글리콜	6.0 %
		글리세린	4.0
에몰리엔트제	:	올레일알코올	0.1
계면활성제	:	POE(20) 솔비탄모노라우린산 에스테르	0.5
		POE(15) 라우릴알코올에테르	0.5
알 코 올	:	에탄올	10.0
향 료	:		적당량
색 제	:		적당량
방 부 제	:		적당량
퇴색방지제	:		적당량
완 충 제	:		적당량
정 제 수	:		78.9

【제조법】 정제수에 보습제, 완충제, 퇴색방지제를 실온에서 용해시켜 수상으로 만든다. 에탄올에 방부제, 향료, 에몰리엔트제, 가용화제(계면활성제)를 용해시켜 앞서 만든 수상에 혼합 가용화시킨다. 색제로 조색시킨 후 여과, 충전한다.

【처방예 2】 점도 증가제를 함유한 유연 화장수

보 습 제	:	솔비트	4.0 %
		디프로필렌 글리콜	6.0
		PEG 1500	5.0
계면활성제	:	POE(20) 올레일알코올에테르	0.5
점도 증가제	:	메틸셀룰로오스	0.2
		퀸스시드검	0.1
알 코 올	:	에탄올	10.0
향 료	:		적당량
색 제	:		적당량
방 부 제	:		적당량

킬레이트제	:		적당량
퇴색방지제	:		적당량
완 충 제	:		적당량
정 제 수	:		74.2

【제조법】 정제수의 일부를 취해 킬레이트제를 용해시키고, 여기에 고분자 점도 증가제인 메틸셀룰로오스 및 퀸스시드검을 혼합·교반하여 점성이 있는 액상을 만든다. 나머지 정제수에 보습제, 완충제, 퇴색방지제 등을 첨가하여 실온에서 용해시키고 여기에 앞서 만든 점성이 있는 액상을 추가하여 균일한 수용액을 만든다. 에탄올에 방부제, 계면활성제, 향료를 가하여 알코올용액으로 만들고, 이것을 앞서 만든 수용액에 첨가 혼합하여 가용화한다. 색소로 조색후 여과한다.

【처방예 3】 반투명 마이크로 에멀젼 화장수

보 습 제	:	1,3-부틸렌글리콜	6.0 %
		글리세린	5.0
		PEG 4000	3.0
에몰리엔트제	:	올리브유	0.5
계면활성제	:	POE(20) 솔비탄모노스테아린산 에스테르	1.5
		POE(5) 올레일알코올에테르	0.3
알 코 올	:	에탄올	10.0
향 료	:		적당량
색 제	:		적당량
방 부 제	:		적당량
완 충 제	:		적당량
퇴색방지제	:		적당량
정 제 수	:		73.7

【제조법】 정제수에 보습제, 퇴색방지제, 완충제를 가하여 실온에서 용해한다. 한편 에탄올에 에몰리엔트제, 계면활성제, 방부제, 향료를 가하여 실온에서 용해시킨다. 이 알코올상을 만들어 놓은 수상에 첨가하여 마이크로 에멀젼을 만든다.

2) 수렴 화장수 ; Astringent lotion

수렴 화장수는 일시적으로 피부단백을 끌어당기고 과잉 분비되는 피지나 땀의 분비를 억제하는 작용이 있는 화장수이며 일반적으로 사용 감촉도 산뜻하므로 지성피부 사람이나 여름철 화장수라고도 알려져 있다. 그러나 최근에는 「피지 분비를 억제, 화장이 지워지는 것 방지」와 같이 목적을 보다 명확히 한 화장수로 변화하고 있다. 이에 따라서 일반적 명칭도 수렴을 의미하는 아스트린젠트 로션에서 토닝 로션이나 오일콘트롤 로션 등으로 변하고 있다.

pH는 산성이며, 알코올의 배합량도 많아 증발열에 의한 피부 온도의 일시적인 저하를 꾀하는 동시에 설폰산석탄염이나 비타민 B_6 염산염과 같은 약제배합도 한다. 최근에는 얼굴에서 특히 피지 분비가 많은 T존(이마와 코부분)전용 제품도 시장에서 볼 수 있는데, 이들은 알코올 배합량이 상당히 높아 사용 감촉에서도 특징을 지니고 있다.

【처방 예 1】 수렴 화장수

보 습 제	:	디프로필렌글리콜	1.0 %
		솔비트	1.0
계면활성제	:	POE(20) 올레일알코올에테르	1.0
수 렴 제	:	설퍼석탄산아연	0.2
		구연산	0.1
알 코 올	:	에탄올	15.0
향 료	:		적당량
방 부 제	:		적당량
완 충 제	:		적당량
색 제	:		적당량
퇴색방지제	:		적당량
정 제 수	:		81.7

【제조법】 정제수에 보습제, 수렴제, 완충제, 퇴색방지제를 실온에서 용해시킨다. 에탄올에 향료, 계면활성제, 방부제를 용해시킨다. 이 에탄올상을 앞서 만들어 놓은 수상에 첨가 혼합 가용화시킨다. 색제로 조색하고 여과 충전하여 제품을 만든다.

3) 세정용 화장수 ; Cleansing lotion

가벼운 색조화장을 지우고 싶을 때나 아침에 화장 전에 닦아낼 목적으로 사용되는 것이 이 타입의 화장수이다. 세정효과를 높이기 위해서는 계면활성제·에탄올의 배합량을 높이는 동시에 보습제의 선정·조합도 중요하다. 사용법은 코튼(cotton)에 묻혀서 오염을 닦아내는 방법으로 물리적 작용에 의존하는 부분도 있다. 위와 같이 세정효과를 높이면 사용 감촉이 끈적이고 나쁜 결점을 갖고 있어, 이 타입은 어디까지나 가벼운 메이크업 화장 제거용이며 세정력의 대폭적인 향상은 기대하기 어렵다. 짙은 메이크업 화장의 세정을 위해서는 세정력이 높은 크림이나 젤 등의 세정료를 사용해야 한다. 세정용 화장수는 피부가 약하여 비누, 클렌징 폼의 사용을 꺼리는 사람이나 간편하게 화장을 지우고 싶은 사람에게 적당하다.

【처방예 1】 알코올 함유 세정 화장수

보 습 제	:	디프로필렌글리콜	6.0 %
		1,3-부틸렌글리콜	6.0
		PEG 400	6.0
가용화제	:	POE(20) 솔비탄모노라우린산에스테르	1.0
세 정 제	:	폴리옥시에틸렌폴리옥시프로필렌블록폴리머	1.5
알 코 올	:	에탄올	15.0
향 료	:		적당량
방 부 제	:		적당량
완 충 제	:		적당량
색 제	:		적당량
퇴색방지제	:		적당량
정 제 수	:		64.5

【제조법】 정제수에 보습제, 완충제, 퇴색방지제를 실온에서 용해시킨다. 에탄올에 가용화제, 세정제, 향료, 방부제를 용해시킨다. 이 에탄올상을 앞서 만든 수상에 첨가 혼합 가용화시킨다. 색제로 조색하고 여과 후 충전시킨다.

4) 다층식 화장수 ; Multi-layer lotion

2층 이상의 층으로 된 화장수로 오일층, 수층으로 된 액~액계의 것과 수층~분체와 같은 액~고계인 것도 있다. 모두 사용시 흔들어 사용한다. 액~액계에서는 소량의 계면활성제의 배합으로 사용시 로션 상태가 되며, 사용하기 쉽고 폭넓은 사용목적과 사용 감촉을 갖는다. 또 계면활성제 대신 분체를 배합하여, 사용시 흔들어서 분말 유화에 의해 균일층이 되게 하는 것도 가능하다. 액~고형의 대표적인 것으로 카마인 로션(카라민 로션)이 있다. 햇볕에 그을린 피부를 진정시킬 목적으로 여름철에 사용된다. 이 분말에 의해 산뜻한 사용감을 느낄 수 있고 동시에 분비된 피지도 분말에 흡착시켜, 결과적으로 화장이 지워지는 것을 방지하는 효과도 나타난다.

【처방예 1】 2층식 화장수(액～액형)

유 분	:	스쿠알란	8.0 %
보 습 제	:	솔비톨	1.0
		글리세린	1.0
계면활성제	:	POE솔비탄 테트라올레인산 에스테르	0.2
알 코 올	:	에탄올	10.0
향 료	:		적당량
방 부 제	:		적당량
색 제	:		적당량
정 제 수	:		79.8

【제조법】 스쿠알란에 유용성 색제를 넣는다. 또 여기에 폴리옥시에틸렌솔비탄테트라올레인산에스테르, 방부제를 가하여 용해시킨 알코올을 가하여 오일층으로 만든다. 정제수에 솔비톨, 글리세린, 수용성 색제를 가하여 용해시킨 것을 수상으로 한다. 실온에서 수상부에 오일부를 넣고, 잘 섞으면서 나일론 여과지 등으로 여과하여 제품으로 완성시킨다.

【처방예 2】 카마인 로션(액～고형)

알 코 올	:	에탄올	15.0 %
보 습 제	:	글리세린	2.0
		1,3-부틸렌글리콜	2.0
분 말	:	산화철(벤가라)	0.15
		산화아연	0.5
		카올린	2.0
약 제	:	캄파	0.2
		페놀	0.02
향 료	:		적당량
퇴색방지제	:		적당량
정 제 수	:		78.13

【제조법】 에탄올, 보습제에 향료를 넣어 용해시킨다. 정제수에 캄파, 페놀을 용해시키고, 여기에 분말, 퇴색방지제 및 앞서 마련한 에탄올, 보습제상을 가하여 교반시키고 분말을 습윤 분산시킨다. 150메쉬 정도로 여과하여 제품으로 완성한다.

1-4 》 유액 ; Milky lotions

1-4-1. 유액의 목적 · 기능

유액은 화장수와 크림의 중간적 성격을 가진 것으로, 특별한 예를 제외하고 유분량은 적고, 유동성 있는 에멀젼이다.

스킨 케어 화장품은 피부의 항상성 기능 유지, 회복 및 기타의 역할을 갖는다는 것은 이미 밝힌바 있고, 유액은 피부의 모이스쳐 밸런스를 유지하는데 중요한 수분, 보습제, 유분을 공급하고 피부의 보습, 피부의 유연 기능을 하는 화장품이다. 또한 이들 기본 기능 외에 유액의 특성을 이용한 각종 화장품이 있다. 목적 · 기능별 분류를 표 1-5에 나타낸다.

표 1-5. 유액의 목적·기능별 분류

목적 · 기능	제품 분야
피부의 보습 · 유연	에몰리엔트 로션 (모이스쳐로션, 밀키로션, 나리싱로션, 나리싱밀크, 스킨모이스쳐, 모이스쳐에멀젼 등이 있으며 계절, 대상피부, 기호 등에 따라 유화타입, 유분 · 보습제량 등이 조정된다.)
피부의 혈행촉진 · 유연	마사지 로션
세정 · 화장제거	클렌징 로션
생활자외선의 방지(주)	선프로텍트 (프로텍트에멀젼, 선프록텍터, UV케어 밀크 등이다.)
(그외 : 각항 참조)	
자외선 방어	일광 그을림 방지 화장품(선스크린)
화장 베이스	메이크업 로션
각질유연	각질유연, 엘보로션
모발의 보호	헤어밀크
바디 · 핸드용	핸드로션, 바디로션

(주) 스포츠 및 레저시에 강한 자외선을 받는 경우는 SPF수치가 높은 일광 그을림 방지제품이 사용되나, 세탁 · 쇼핑 · 산보 등의 일상생활에서 받는 생활자외선으로부터 피부를 방어하기 위해 사용되는 daily use의 스킨 케어 화장품으로서 자리잡고 있다. 충분한 모이스쳐 밸런스를 갖는 것은 물론 밑화장용 화장품으로서의 기능을 갖고 있다.

유액은 유성 성분량에 비해 수성 성분량의 비율이 크기 때문에 피부에 잘 발라지고 스며들기 쉽다. 기름기 없이 산뜻하기 때문에 여름철 사용 및 보통피부~지성피부용으로 적합하다.

유액은 물과 기름처럼 서로 섞이지 않는 액체의 분산계를 이용한 것이며, 에멀젼 또는 유탁액(emulsion)이라고 하는 상태이며, 열역학적으로 불안정한 계이다. 분산매(연속상) 중의 분산상(유화입자)의 분리를 나타내는 관계식으로 스톡스 법칙이 알려져 있다[17](총론 7. 화장품의 물리화학 참조).

안정화를 유지하기 위해서는 ① 유화입자를 조밀하게 한다 ② 내·외상의 비중차를 작게 한다 ③ 외상의 점도를 높인다 등의 수단을 강구할 필요가 있다.

유액에서는 수용성고분자와 점토광물을 이용하여 분산매의 점도 증가를 도모하기도 하고, 유화입자에 보호 콜로이드성을 부여하여 안정화를 기하고 동시에 사용성을 조정하는 방법이 많이 이용된다.

유액의 pH는 피부표면의 pH 영역에 맞추어 약산성~중성이 많지만, 특수한 경우로서 팔꿈치, 발꿈치를 대상으로 한 각질유연 화장품으로서 pH를 알칼리로 한 제품도 있다. 다음에 처방구성면(유화타입, 유분량)에서의 분류를 표 1-6에 나타낸다.

표 1-6. 유액의 처방별 분류

유화액	유화제	유분량(%)	대표제품 예
O/W형	비누 (고급지방산비누)	3~30	에몰리엔트로션 선프로텍트 핸드로션
	비누+비이온 계면활성제		
	비이온 계면활성제	10~50	클렌징로션 에몰리엔트로션
	수용성 고분자 (고분자 유화)	10~40	마사지로션 에몰리엔트로션
	단백질 계면활성제 (단백질 유화)	10~40	에몰리엔트로션
W/O형	비이온 계면활성제	30~50	마사지로션 에몰리엔트로션
	유기변성 점토 광물		
다상 에멀젼 (multiple emulsion)	비이온 계면활성제	—	(W/O/W형, O/W/O형이 있으나 안정성에 문제점도 많아서 시중에서는 거의 볼 수 없다.)

1-4-2. 유액의 주성분

유액의 구성성분은 크림의 구성성분과 유사한 것이 많지만, 고형유분과 왁스류의 사용비율은 크림보다 상당히 적다.

유화타입의 대부분의 유액은 O/W형이고 제품특징과 용도에 따라서 W/O형도 선택된다. 유화에 이용되는 계면활성제는 안전성이 높은 비이온계, 음이온계가 주체이다. 최근에는 단백질계 계면활성제도 생체 관련 성분으로 이용된다.

유성성분은 탄화수소, 유지, 왁스, 고급지방산, 고급알코올, 에스테르이고 최근에는 직쇄·환상의 실리콘 오일도 이용된다. 이들 유성성분의 양·종류의 선정은 사용성, 안정성 등의 특성에 의해 결정된다.

수상성분으로는 정제수, 에탄올, 다가 알코올, 수용성 고분자 등이 있다. 그 외 성분으로서 방부제, 약제, 킬레이트제, 자외선 흡수제, 산화방지제, 분산제, 퇴색방지제, 완충제, 색제, 사용성 개질제, 향료 등을 들 수 있다.

실제로 처방을 작성할 때는 목적에 따른 제품 특성에 맞추어 안정성, 안전성, 방부제, 사용성 등의 폭넓은 관점에서 각 성분의 특성을 파악한 뒤에 설계할 필요가 있다.

일반적으로 사용되는 주성분에 대해서는 「1-5-2.의 표 1-9. 크림의 주성분」을 참고 바란다.

1-4-3. 유액의 일반적 제조법

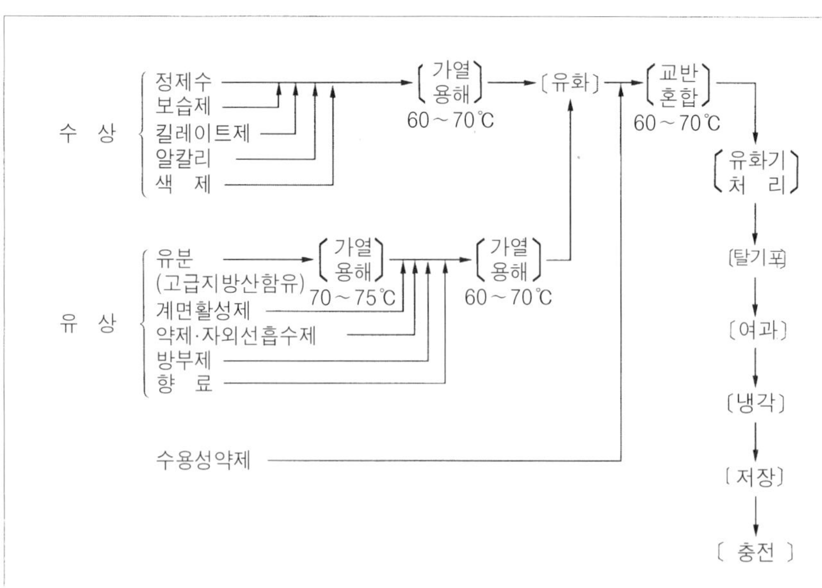

그림 1-6. 공정도(O/W형, 비누+비이온 계면활성제 병용 유액)

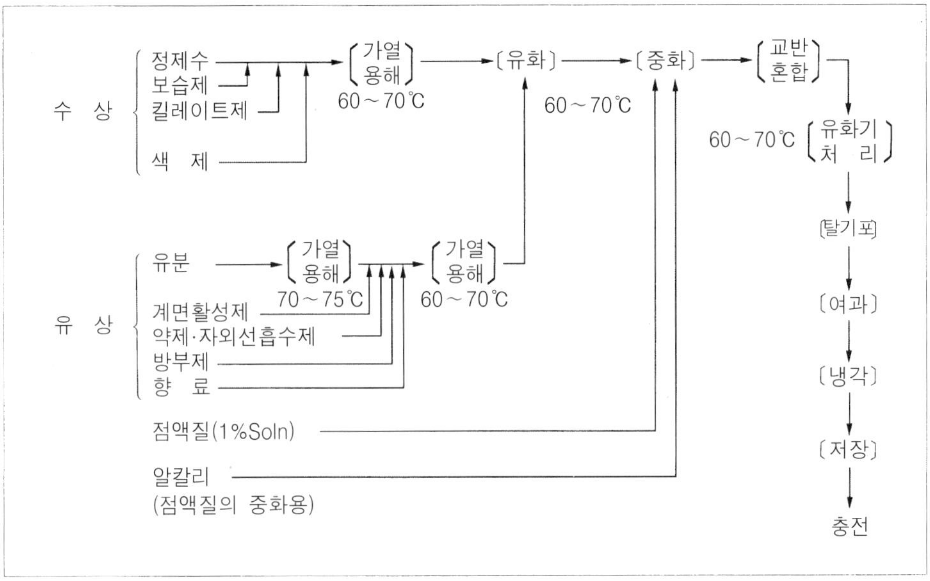

그림 1-7. 공정도(O/W형, 비이온 계면활성제, 카르복시비닐폴리머 배합유액)

유액은 미생물에 의한 오염을 방지하는 의미 및 유화를 원활하게 하기 위해서 가열하여 제조하는 경우가 많다. 제조공정은 크림과 공통점이 있지만, 점도 등의 물성이 제조공정 조건에 의해 좌우되는 경우가 많으므로 유화조건(첨가방법, 유화온도, 첨가순서), 교반조건, 유화기 처리조건, 냉각처리조건 등의 조건을 적절히 선택하는 것이 중요하다.

구체적으로 분산매에 분산상을 더해 예비유화를 한 후 강력한 유화기(호모믹서)로 유화입자를 균일하게 하고 탈기포, 여과후 열교환기에서 냉각시켜 제품화한다(그림 1-6, 7).

1-4-4. 유액의 종류

1) 보습·유연 유액 ; Moisturizing and softening milky lotion

이 타입의 유액은 일반적으로 O/W형으로 유분량 10~20%, 보습제량 5~15%정도의 제품이 많다.

【처방예 1】 에몰리엔트 로션(O/W형, 비누·비이온 계면활성제 병용)

유 분 :	스테아린산(반응 후 일부 비누가 된다)	2.0%
	세틸알코올	1.5
	바세린	4.0

	스쿠알란	5.0
	글리세롤트리-2-에틸헥산에스테르	2.0
계면활성제 :	솔비탄모노오레인산에스테르	2.0
보 습 제 :	디프로필렌글리콜	5.0
	PEG 1500	3.0
알 칼 리 :	트리에탄올아민	1.0
방 부 제 :		적당량
향 료 :		적당량
정 제 수 :		74.5

【제조법】 정제수에 보습제, 알칼리를 가하고 70℃로 가열 조정한다. 유분을 용해하고 이것에 계면활성제, 방부제, 향료를 더해서 70℃로 조정한다. 이 유상을 먼저 조정한 수상에 가하여 예비유화를 실시한다. 호모믹서에서 유화입자를 균일하게 한 후 탈기포, 여과, 냉각한다.

【처방예 2】 에몰리엔트 로션(점액질을 함유한 O/W형, 비이온 계면활성제)

유 분 :	세틸알코올	1.0%
	밀납	0.5
	바세린	2.0
	스쿠알란	6.0
	디메틸폴리실록산	2.0
알 코 올 :	에탄올	5.0
보 습 제 :	글리세린	4.0
	1,3-부틸렌글리콜	4.0
계면활성제 :	POE(10) 모노올레인산 에스테르	1.0
	글리세롤모노스테아린산에스테르	1.0
점 액 질 :	퀸스시드 추출액(5% 수용액)	20.0
방 부 제 :		적당량
색 제 :	염료	적당량
향 료 :		적당량
정 제 수 :		53.5

【제조법】 정제수에 보습제, 색제를 가하고 70℃로 가열 조정한다. 유분에 계면활성제, 방

부제를 가하여 70℃로 가열 조정한다. 이것을 앞서 만든 수상에 가하여 예비유화를 한다. 여기에 퀸스시드 추출액, 에탄올을 가하여 교반하고 호모믹서에서 유화입자를 균일하게 한 후 탈기포, 여과, 냉각한다.

【처방예 3】 에몰리엔트 로션(O/W형, 고분자 유화, 계면활성제 무배합)

유　　분	:	디메티콘	5.0%
		시크로메티콘	5.0
		유동 파라핀	5.0
보 습 제	:	디프로필렌글리콜	6.0
		글리세린	4.0
고 분 자	:	카르복시비닐폴리머	0.1
		아크릴산・메타크릴산아크릴공중합체	0.1
중 합 체	:	수산화칼륨	적당량
방 부 제	:		적당량
산화방지제	:		적당량
향　　료	:		적당량
정 제 수	:		74.8

【제조법】 정제수에, 보습제에 방부제를 가열 용해한 것과 고분자를 더하여 실온에서 용해한다. 이것에 중화제를 가한 후 수상으로 만든다. 여기에 실온에서 균일하게 혼합한, 유분, 산화 방지제, 향료를 첨가하여 유화시킨다. 호모 믹서로 유화 입자를 균일하게 조정한 후 탈기포, 여과를 실시한다.

【처방예 4】 에몰리엔트 로션(W/O형, 비이온계면활성제)

유　　분	:	마이크로크리스타린왁스	1.0%
		밀납	2.0
		라놀린	2.0
		유동파라핀	20.0
		스쿠알란	10.0
보 습 제	:	프로필렌글리콜	7.0
계면활성제	:	솔비탄세스키올레인산에스테르	4.0
		POE(20) 솔비탄모노올레인산에스테르	1.0
방 부 제	:		적당량

향 료 :	적당량
정 제 수 :	53.0

【제조법】 정제수에 보습제를 가하여 70℃로 가열 조정한다. 유분을 가열용해 후 계면활성제, 방부제, 향료를 가하여 70℃로 조정한다. 이 유상을 교반하면서, 앞서 조정한 수상을 서서히 가하여 예비유화한다. 호모믹서로 유화입자를 균일하게 한 후, 탈기포, 여과, 냉각한다.

1-5 》 크림 ; Creams

일반적으로 크림 제형은 화장수와 함께 오래전부터 널리 쓰인 스킨 케어 화장품이다. 유화기술, 화장방법의 역사적 변천, 진보에 따라 각 시대별로 여러 가지 크림이 제조되었는데, 계면화학의 진보, 화장품의 제조기술 수준의 향상, 화장방법의 발달이 오늘날의 다종 다양한 크림을 만들어내고 있다.

1-5-1. 크림의 목적·기능

크림은 물과 기름처럼 서로 혼합되지 않는 2가지 액체 중, 한쪽을 분산상으로 하고 다른 한쪽의 분산매중에 안정적인 상태로 분산시킨 에멀젼의 일종이다. 반고형상(크림상)으로 굳어 있어서 유액 등과 비교하여 안정성의 폭이 넓고, 유분・보습제・수분 등을 매우 큰 비율로 배합할 수 있기 때문에 스킨 케어 화장품으로서도 대표적인 것으로 그 존재의 의의도 크다.

크림은 일반적으로 피부의 모이스쳐 밸런스를 지켜주고 주로 수분, 보습제, 유분을 공급하여 피부의 보습, 유연기능을 갖게 한다. 또한 크림의 특성을 이용하여 보습, 유연 이외에 혈액촉진, 세정, 클렌징 등의 기능을 갖는 제품도 많다(표 1-7).

크림은 사용하기 쉽고, 균일하게 도포하기 쉽기 때문에 처방과 조정의 폭이 넓다. 따라서 사용감에 있어서도 산뜻한 것, 유분기가 있는 것, 촉촉한 것, 가벼운 것, 부드러운 것, 잘 발라지는 것, 피부에 잘 스며드는 것, 손으로 닦아내고 지우기 쉬운 것, 잘 지워지지 않는 것, 물세안 가능한 것, 불가능한 것 등 여러 가지로 성질을 조정할 수 있다. 그러므로 계절, 사용자의 연령, 생활 환경에 따라 달라지는 피부의 결, 피부상태, 화장습관, 기호에 맞게 수분, 보습제, 유분량 및 종류를 변화시켜 사용 목적에 맞는 처방작성이 용이하다.

크림의 처방 구성면(유화타입, 유분량)으로 분류하면 표 1-8과 같다.

표 1-7. 크림의 목적·기능별 분류

목적 · 기능	제품 분야
피부보습 · 유연	에몰리엔트크림(영양크림, 나리싱크림, 모이스쳐크림, 바니싱크림, 나이트크림 등이 있으며 계절, 대상피부, 기호 등에 따라 유화타입, 유분, 보습제량 등이 조절된다.)
피부의 혈액촉진, 유연	마사지크림
피부의 세정, 클렌징 등	클렌징크림
밑화장, 메이크업 베이스	메이크업크림, 베이스크림, 프리메이크업크림
기타특수목적	
(예) 자외선방지	선스크린크림, 선탠크림
탈모	헤어리무버
정발	헤어크림
방취	데오드란트크림
면도용	쉐이빙크림
각질연화	각질연화크림

표 1-8. 크림의 처방분류법

크림형태	구성성분		대표예	
	유상량(%)	유화제	대표제품 예	과거명칭
O/W형	10~30	· 고급지방산비누 · 비이온 계면활성제 · 단백질 계면활성제 · 비누+비이온 계면활성제 · 밀납+붕사+비이온 계면활성제 병용	에몰리엔트크림	유상량 10~20%로 비누를 주로한 유화제로 되어 있는 것을 바니싱크림
	30~50		에몰리엔트크림	중성크림
	50~85		마사지크림 클렌징크림 에몰리엔트크림	콜드크림
W/O형	20~50	· 비이온 계면활성제 · 아미노산+비이온 SAA* (아미노산겔유화) · 유기변성점토광물 · 비누+비이온 계면활성제	에몰리엔트크림	—
	50~85		마사지크림 클렌징크림 에몰리엔트크림	콜드크림
무수유성	100	· 유성겔화제	리퀴파이닝크림 (클렌징크림)	—
O/W/O형	10~50	· 친수성비이온 SAA+친유성비이온 SAA · 유기변성점토광물	에몰리엔트크림	—
W/O/W형	5~30	· 친수성비이온 SAA+친유성비이온 SAA	에몰리엔트크림	—

(* SAA : 계면활성제의 약자)

1-5-2. 크림의 주성분

크림의 구성성분은 유성성분, 수성성분, 계면활성제, 방부제, 킬레이트제, 향료, 약제 등으로 구성되어 있고, 그 조합은 너무 많아서 여기서는 일반적인 것만 다룬다.

크림에도 O/W형과 W/O형의 유화형이 있고, 사용하는 계면활성제나 유성 성분에 특징이 있다.

O/W형인 경우, 일반적으로 친수성의 계면활성제가 중심이 된다. 유성성분은 비극성 유분으로부터 극성이 매우 높은 유분까지 폭넓게 사용할 수 있다. 내상비가 높은 크림의 경우, 유화입자의 밀도가 높아짐에 따라 구조상 유동성이 없어지고 크림상태가 된다. 그러나 내상비가 낮은 경우는 경도를 내기 위해서 양 친매성 물질인 고급알코올이나 고급지방산 등을 배합하여, 외상의 유동성을 없애고 크림상으로 안정성 향상을 기할 필요가 있다.

특히 양친매성 물질로서 고급 알코올이 자주 쓰이는데, 고급 알코올과 비이온 계면활성제와의 조합에 의해 외상(수상)중에 라멜라형의 액정이 형성되어, 외상중에서 겔구조를 만든다는 것이 밝혀졌다[18-19]. 이런 종류의 크림을 시간 경과에 따라 안정화시키기 위해서는 세틸알코올과 스테아릴 알코올을 조합하여 사용하는 것도 유효하다[20].

O/W형은 친유성 계면활성제가 중심이 된다. 유성성분은 비극성유분이 중심이 되어 구성된다. 안정성을 향상시키기 위해서는 외상(유상)의 분리를 방지하는 것이 중요하며, 이 때문에 유분의 선택과 조합에 주의할 필요가 있다.

유상이 많은 크림의 경우, 유성이 강한 것은 W/O형, 산뜻한 사용성을 원하는 경우에는 O/W형이 이용된다. 이러한 선택도 콜드크림*, 클렌징크림과 같이 유분이 많은 경우만 해당이 되고, 유분이 적은 영역에서는 이와 같은 자유로운 선택은 불가능해서 거의 O/W형으로 한정되어 있다. 그러나 앞서 기술한 바와 같이 유화기술의 발달에 의해 비교적 유분이 적은 영역에서도 사용감이 산뜻하고 내수성이 좋은 크림 제제를 만들 수 있게 되었다. 대표적인 크림의 주성분을 표 1-9에 나타낸다. 이 외에도 최근 화학합성, 정제기술의 진보에 의해 더욱 많은 유분, 보습제, 유화제, 약제 등을 이용할 수 있게 되었다.

* 콜드크림 : 이 크림의 기원은 고대 로마 시대로 오랜 기원을 갖는다. 때를 제거하거나 피부에 적당한 유분을 주는 등 용도가 매우 다양하다. 이것을 피부에 도포하면 수분 증발에 의해 냉감을 주기 때문에 옛날부터 콜드 크림이라는 명칭이 붙어 있다. 구성은 유상(특히 탄화수소계 유분)이 많고, 유화 상태에서 존재하는 물 함유 유성 크림이다. 경도의 온도 의존성이 높기 때문에, 고온·저온에서 경도가 현저히 변하지 않도록 할 필요가 있다. 유화 형식은 W/O형 또는 O/W형이 있다.

표 1-9. 크림의 주성분

구성성분	대표적 원료	
유상성분	(탄화수소)	스쿠알란, 유동파라핀, 바세린, 고형파라핀, 마이크로크리스탈린납, 세레신 등
	(유　　지)	올리브유, 아몬드유, 카카오유지, 마카데미아넛츠유, 아보가드유, 경화팜유, 피마자유, 해바라기유, 월견초유, 합성트리글리세라이드 등
	(왁　　스)	밀납, 라놀린, 카루나우바왁스, 칸데리라왁스, 호호바유 등
	(지 방 산)	스테아린산, 올레인산, 이소스테아린산, 미리스틴산, 팔미틴산, 베헤닌산 등
	(고　급 알 코 올)	세탄올, 스테아릴알코올, 베헤닐알코올, 헥사데실알코올, 옥칠도데실알코올, 콜레스테롤 등
	(합　성 에스테르)	IPM, 글리세린트리에스테르, 펜타에리스리톨테트라에스테르, 콜레스테릴에스테르 등
	(기　　타)	실리콘유(디메틸폴리실록산, 메틸페닐폴리실록산, 시클로메티콘) 등
수상성분	(보 습 제)	글리세린, 프로필렌글리콜, 솔비트, 폴리에틸렌글리콜, 디프로필렌글리콜, 1,3-부틸렌글리콜, 디글리세린, 만니톨, POE메틸글리코시드, 생체고분자 등
	(점 액 질)	퀸스시드, 펙틴, 셀룰로오스유도체, 산탄검, 알긴산나트륨, 소아기나, 카르복시비닐폴리머 등
	(알 코 올)	에탄올, 이소프로필알코올
	(정 제 수)	이온교환수
계면활성제 (유화제)	(비이온성)	모노스테아린산글리세린, POE솔비탄지방산에스테르, 솔비탄지방산에스테르, POE알킬에테르, POE・POP블록폴리머, POE경화피마자유에스테르
	(음이온성)	지방산비누, 알킬황산나트륨 등
기　　타	(알 칼 리)	수산화칼륨, 수산화나트륨, 트리에탄올아민
	(향　　료)	
	(색　　제)	허가색제, 안료
	(킬레이트제)	EDTA
	(방 부 제)	파라벤류, 솔빈산, 이소프로필메틸페놀 등
	(산화방지제)	디부틸하이드록시톨루엔, 비타민E 등
	(완 충 제)	구연산, 구연산나트륨, 유산, 유산나트륨 등
	(약　　제)	비타민제, 자외선흡수제, 아미노산, 미백제 등

1-5-3. 크림의 일반적 제조법

정제수에 보습제, 그 외에 물에 용해되는 성분을 첨가하여 70℃까지 가열 조정하여 이것을 수상으로 한다. 한편, 고형 기름, 반고형 기름, 유동성 기름, 방부제, 산화방지제를 가해 가열교반 용해하여 70℃로 조정한다. 이것을 유상으로서 유화직전에 향료를 첨가하여 교반한다. 앞서 용해시킨 수상을 교반시키면서 유상을 서서히 첨가하여 예비유화를 한다. 그리고 유화기(호모믹서)를 이용하여 유화입자를 균일하게 하고, 탈기포, 여과, 냉각 후에 저장탱크에 옮겨 용기에 충전한다. 이 것이 O/W형 크림의 일반적인 제조법이다(그림 1-8).

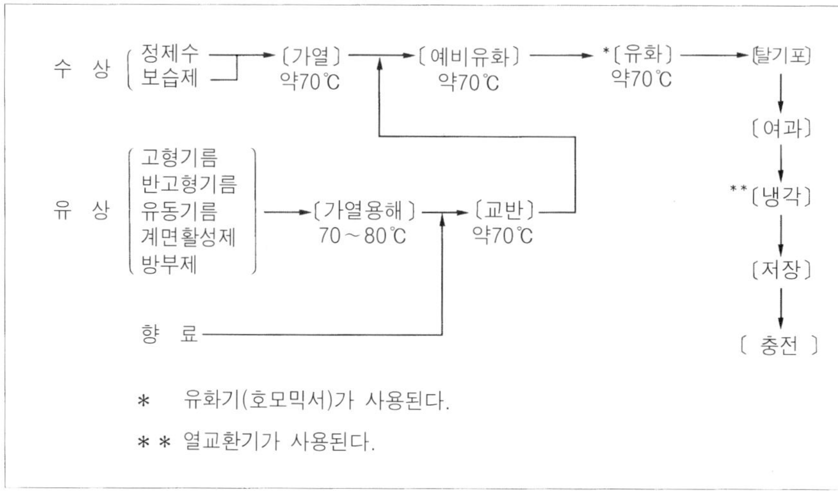

그림 1-8. O/W형 크림 공정도

O/W형 크림의 경우는, O/W형과는 반대로 유상에 수상을 서서히 첨가하여, 예비유화하고, 이어서 앞에 기술한 O/W형과 같은 공정을 실시한다(그림 1-9).

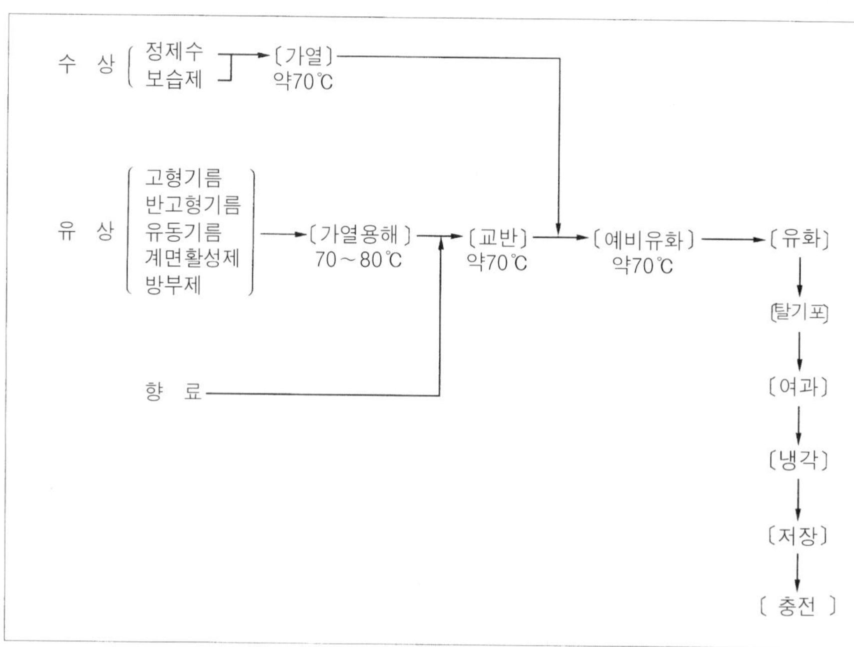

그림 1-9. W/O형 크림 공정도

크림의 제조공정에 따라 품질특성, 특히 경도에 영향을 미치는 것은 유화 입자를 조정하기 위한 공정 및 냉각공정이다. 냉각공정에서 사용하는 보테이터식 열교환기는 품질이 안정된 크림을 얻는데 중요하다. 이 타입의 냉각기를 사용하는 경우에는 원통의 회전수 및 냉각 종료 온도의 선정에 주의가 필요하다.

1-5-4. 크림의 종류

1) 바니싱 크림 ; Vanishing cream

피부에 바르면 소멸되는(Vanish) 것처럼 보이므로 이 명칭이 붙여졌다. 바니싱 크림은 간단히 말하면 물과 스테아린산 및 고급알코올, 스테아린산 모노글리세리드 등의 유화계이며, 여기에 보습 효과를 주는 다가알코올(글리세린, 솔비트, 프로필렌글리콜, 폴리에틸렌글리콜 등)을 첨가한 것이다. 유화형식은 O/W형 한가지이고, 10~20%의 유성분이 수상에서 분산 유화한 것으로, 예전부터 전해오는 대표적인 크림이다. 특히, 유상중의 스테아린산과 수상중의 수산화칼륨(경우에 따라서는 수산화나트륨, 트리에탄올아민)을 혼합했을 때 중화반응을 일으키며, 그때 생기는 스테아린산칼륨이 유화제가 되어 유화를 촉진한다. 이 반응유화(비누유화)라 불리는 제법이 널리 사용되어 왔으나, 전쟁 후 계면활성제의 도입에 의해 반응유화와 계면활성제 양자를 조합한 형태의 크림이 많아졌다. 현재로는 크림의 pH를 중성에 가깝게 하기 위해서도, 비이온 계면활성제를 중심으로 소량의 비누를 병용한 것이 주류를 이루고 있다.

【처방예 1】 바니싱 크림(O/W형, 비누+비이온 계면활성제 병용)

유 분	:	스테아린산	8.0%
		스테아릴알코올	4.0
		스테아린산부틸	6.0
보 습 제	:	프로필렌글리콜	5.0
계면활성제	:	모노스테아린글리세린	2.0
알 칼 리	:	수산화칼륨	0.4
방 부 제	:		적당량
산화방지제	:		적당량
향 료	:		적당량
정 제 수	:		74.6

【제조법】 정제수에 보습제, 알칼리를 가하여 70℃에서 가열한다. 유성분을 가열용해 후 계면활성제, 방부제, 산화방지제, 향료를 가하여 70℃로 조정한다. 이것을 앞의 수상에 가하여 예비유화를 한다. 호모믹서로 유화입자를 균일하게 한 후 탈기포, 여과, 냉각한다.

2) O/W형 중성크림 ; O/W type medium cream

대부분의 에몰리엔트크림(영양크림, 나이트크림, 모이스쳐크림 등)이 여기에 속한다. 유상이 30~50% 전후로, 바니싱크림과 콜드크림의 중간적 성격을 가지므로 "중성"이라는 명칭이 사용되고 있다. 유분이 적고 적당히 산뜻하여 유용성, 수용성의 양약제를 배합할 수 있기 때문에 상당히 유용한 크림이다.

【처방예 1】 에몰리엔트크림(O/W형, 비이온계면활성제)

유 분 :	스테아릴알코올	6.0 %
	스테아린산	2.0
	물을 첨가한 라놀린	4.0
	스쿠알란	9.0
	옥틸도데카놀	10.0
보 습 제 :	1,3-부틸렌글리콜	6.0
	PEG 1500	4.0
계면활성제 :	POE(25) 세틸알코올에테르	3.0
	모노스테아린산글리세린	2.0
방 부 제 :		적당량
산화방지제 :		적당량
향 료 :		적당량
정 제 수 :		54.0

【제조법】 정제수에 보습제를 가하고 70℃로 가열 조정한다. 유분을 가열 용해후, 계면활성제, 산화방지제, 향료를 가하고 70℃로 조정한다. 이것을 앞의 수상에 가하여 호모믹서로 유화입자를 균일하게 하고 탈기포, 여과, 냉각한다.

【처방예 2】 에몰리엔트크림(O/W형, 비누+비이온계면활성제 병용)

유 분 :	세틸알코올	5.0 %
	스테아린산	3.0
	바세린	5.0
	스쿠알란	10.0
	글리세롤트리2-에틸헥산에스테르	7.0
보 습 제 :	디프로필렌글리콜	5.0
	글리세린	5.0
계면활성제 :	프로필렌글리콜모노스테아린산에스테르	3.0
	POE(20) 세틸알코올에테르	3.0
알 칼 리 :	트리에탄올아민	1.0
방 부 제 :		적당량
산화방지제 :		적당량
향 료 :		적당량
정 제 수 :		53.0

【제조법】 정제수에 보습제, 알칼리를 가하여 70℃로 조정한다. 유분을 가열 용해후, 계면활성제, 방부제, 산화방지제, 향료를 가하여 70℃로 조정한다. 이것을 앞의 수상에 첨가하고 예비유화를 한다. 호모믹서로 유화입자를 균일하게 한 후, 탈기포, 여과, 냉각한다.

3) 마사지 크림 ; Massage cream

콜드크림의 대표적인 제품이다. 오랜 동안 아래에 나타난 바와 같이 밀납과 붕사의 반응에 의해 생성된 비누를 유화제로서 사용해 왔지만 유화제 전체에서 차지하는 비누의 비율은 점점 낮아지고 있으며, 최근에는 사용성이 가볍고 잘 발라지는 크림이 선호되고 있기 때문에 이러한 비누를 전혀 가미하지 않은 마사지 크림도 증가하고 있다.

밀납(bees wax)중에 약 20%를 차지하는 지방산(릭노세린산 $C_{23}H_{47}COOH$ 및 세로틴산 $C_{25}H_{51}COOH$ 등)과 붕사의 반응에 의한 비누

$$\underset{\text{붕사}}{Na_2B_4O_7} + 7H_2O \rightleftharpoons 2NaOH + \underset{\text{붕산}}{4H_3BO_3} \quad (\mathrm{I})$$

$$\underset{\text{세로틴산(밀납중의 성분)}}{C_{25}H_{51}COOH} + NaOH \rightleftharpoons \underset{\text{세로틴산나트륨}}{C_{25}H_{51}COONa} + H_2O \quad (\mathrm{II})$$

(I), (II)를 종합하면

$$2C_{25}H_{51}COOH + Na_2B_4O_7 + 5H_2O \rightleftarrows 2C_{25}H_{51}COONa + 4H_3BO_3$$

가 되어 세로틴산나트륨이 유화제로 작용한다. 릭노세린산도 같은 과정으로 한다.

【처방예 1】 마사지 크림(O/W형, 밀납+붕사+비이온계면활성제 병용)

유 분	: 고형 파라핀	5.0 %
	밀납	10.0
	바세린	15.0
	유동 파라핀	41.0
보 습 제	: 1,3 부틸렌글리콜	4.0
계면활성제	: 모노스테아린산 글리세린	2.0
	POE(20) 솔비탄 모노라우릴 에스테르	2.0
알 칼 리	: 붕사	0.2
방 부 제	:	적당량
산화방지제	:	적당량
향 료	:	적당량
정 제 수	:	20.8

【제조법】 정제수에 보습제, 붕사를 가하고 70℃로 가열 조정한다. 유분을 가열 용해후, 계면활성제, 방부제, 산화방지제, 향료를 가하여 70℃로 조정한다. 이것을 앞에서 조정한 수상에 서서히 첨가하여 예비 유화한다. 호모믹서로 유화입자를 균일하게 한 후, 탈기포, 여과, 냉각한다.

【처방예 2】 마사지 크림(W/O형, 비이온계면활성제)

유 분	: 마이크로크리스탈린왁스	9.0%
	고형 파라핀	2.0
	밀납	3.0
	바세린	5.0
	환원 라놀린	5.0
	스쿠알란	34.0
	헥사데실아디핀산에스테르	10.0
보 습 제	: 프로필렌글리콜	5.0

계면활성제	:	모노올레인산글리세린	3.5
		POE(20) 솔비탄 모노올레인산 에스테르	1.0
방 부 제	:		적당량
산화방지제	:		적당량
향 료	:		적당량
정 제 수	:		22.5

【제조법】 유분을 가열 용해후, 계면활성제, 방부제, 산화방지제, 향료를 가하여 70℃로 조정한다. 정재수에 보습제를 가하여 70℃로 조정한다. 이 크림은 W/O형이므로 앞에서 조정한 유상에 수상을 서서히 첨가하여 예비유화 한다. 호모믹서로 유화 입자를 균일하게 한 후 탈기포, 여과, 냉각한다.

4) 클렌징 크림 ; Coeansing cream

종래의 클렌징 크림은 사용후 닦아내는 식이었으나, 손쉬운 사용법이라는 측면에서 세면장, 욕실에서 헹구어 씻어내는 사용법이 선호되어 닦아내기도 하고 헹궈내기도 하는 두 가지 방법이 가능한 투웨이 타입이 시장에서 주류를 이루고 있다. 물로 헹궈낸 후의 끈적거림을 방지하기 위해 유상중의 고형, 반고형 유분의 비율을 낮게 하고 있다.

【처방예 1】 클렌징 크림(O/W형, 비누+비이온 계면활성제 병용)

유 분	:	스테아린산	2.0%
		세틸알코올	3.0
		바세린	10.0
		유동 파라핀	38.0
		이소프로필미리스테이트	10.0
보 습 제	:	프로필렌글리콜	5.0
계면활성제	:	모노스테아린산 글리세린	2.5
		POE(20)솔비탄모노스테아린산 에스테르	2.5
알 칼 리	:	수산화칼륨	0.1
방 부 제	:		적당량
산화방지제	:		적당량
향 료	:		적당량
정 제 수	:		26.9

【제조법】 정제수에 보습제, 알칼리를 가하여 70℃로 조정한다. 유분을 가열 용해후, 계면활성제, 방부제, 산화방지제, 향료를 가하여 70℃로 조정한다. 이것을 앞에서 조정한 수상에 서서히 첨가하여 예비 유화 한다. 호모믹서로 유화입자를 균일하게 한 후 탈기포, 여과, 냉각한다.

5) W/O형 에몰리엔트 크림 ; W/O type emollient cream

통상 W/O형의 에멀젼은, 외상(유상)의 점도를 높여서 안정성이 우수한 크림을 만들어야 했기 때문에 유분이 많고 끈적거려서 에몰리엔트로서의 평가는 낮았다. 그러나 폭 넓은 영역의 수상(물+보습제)을 함유하고 동시에 유상중의 고형·반고형 유분을 대폭 줄여도 안정성이 양호한「아미노산 겔 유화법」[21-23], 「유기변성점토광물 겔유화법」[24] 등이 새로이 개발되어 다양한 요구에 부응한 크림을 만들 수 있게 되었다.

【처방예 1】 에몰리엔트 크림(W/O형, 아미노산 겔유화)

유　　분	:	유동 파라핀	30.0%
		마이크로크리스탈린왁스	2.0
		바세린	5.0
계면활성제	:	디글리세롤디올레인산 에스테르	5.0
방 부 제	:		적당량
향　　료	:		적당량
수 상 (1)	:	L-글루타민산나트륨	1.6
		L-세린	0.4
		정 제 수	13.0
수 상 (2)	:	프로필렌글리콜	3.0
		정 제 수	40.0

【제조법】 수상(1)을 50℃로 가열 용해한 것을 같은 온도인 50℃에서 가열한 계면활성제부에 교반하면서, 서서히 첨가하고, W/D* 유화조성물(아미노산 겔)을 만든다. 유상을 70℃로 가열용해한 것에 W/D 유화조성 물을 균일하게 분산한다. 다음에 수상(2)를 70℃로 가열시킨 것을 이 분산액 중에 충분히 교반하면서 첨가하고, 호모믹서로 균일하게 유화한 후 탈기포, 여과, 30℃까지 냉각한다.

* 계면활성제를 나타낸다.

【처방예 2】 에몰리엔트 크림(W/O형, 유기변성점토광물 유성겔유화)

유 분	: 스쿠알란	20.0%
	세틸이소옥타노에이트	8.5
	마이크로크리스탈린왁스	1.0
점토광물	: 유기변성점토광물	1.3
계면활성제	: POE글리세롤 트리이소스테아린산에스테르	0.2
보 습 제	: 글리세린	10.0
방 부 제	:	적당량
향 료	:	적당량
정 제 수	:	59.0

【제조법】 유분을 가열용해 후, 점토광물, 계면활성제, 방부제, 향료를 가하여 70℃로 조정하고 균일하게 분산·용해시켜 유성겔을 얻는다. 정제수에 보습제를 가하고 70℃로 조정한다. 이 수상을 앞서 만든 유성겔에 충분히 교반하면서 서서히 첨가한다. 호모믹서로 균일하게 혼합한 후, 탈기포, 여과, 30℃까지 냉각한다.

6) 무수 유성타입 클렌징 크림 ; Anhydrous oily cleansing cream

리퀴화이닝 크림이라고도 하며 유화되지 않은 유성성분만의 크림이다. 제조법이 단순하여 옛부터 제작되어온 클렌징 크림이다.

【처방예 1】 무수 유성 클렌징 크림

유 분	: 세레신	8.0%
	마이크로크리스탈린왁스	5.0
	바세린	35.0
	유동파라핀	50.0
고 화 제	: 저분자폴리에틸렌	2.0
향 료	:	적당량

【제조법】 향료 이외의 성분을 혼합하고 가열용해(약 90℃)한 후, 약 60℃까지 냉각하여 향료를 첨가한다. 이 처방은 저분자 폴리에틸렌의 용해성 점으로부터 냉각시의 90~70℃ 사이에서의 교반조건과, 크림이 고화되고 나서의 교반조건에 의해 최

종품의 경도와 안정성이 크게 변화하므로 주의가 필요하다.

7) O/W/O 타입 멀티플 크림 ; O/W/O multiple cream

최근에는 약제의 안정화, 향료의 서방(徐放)효과, 종래와 다른 사용감을 목적으로 O/W/O나 W/O/W라는 멀티플 에멀젼(다층형 유화) 기술을 이용한 제품도 선보이게 되었다.

【처방예 1】 멀티플 에멀젼(O/W/O형, 비이온 계면활성제+유기변성점도광물 병용)

〈파트 A〉

유 분	:	스쿠알란	5.0%
		글리세롤트리2-에틸헥산 에스테르	3.0
		바세린	1.0
보 습 제	:	디프로필렌글리콜	5.0
		글리세린	5.0
계면활성제	:	POE(60) 경화 피마자유	2.0
방 부 제	:		적당량
산화방지제	:		적당량
정 제 수	:		79.0

〈파트 B〉

유 분	:	시크로메티콘	15.0%
		디메티콘	10.0
		펜타에리스리틀테트라에스테르	5.0
점 토 광 물	:	유기변성점토광물	1.0
계면활성제	:	POE글리세롤트리이소스테아린산 에스테르	0.3
향 료	:		적당량

【제조법】 파트 A의 조정 : 보습제, 방부제, 산화방지제, 정제수를 70℃에서 균일하게 용해시키고, 이것에 유분, 계면활성제를 70℃로 조정한 것을 더하여 호모믹서로 균일하게 혼합하고, 30℃까지 냉각시킨다.

파트 B의 조정 : 유분을 가열 용해후, 점토광물, 계면활성제, 향료를 더하여 70℃로 조정하고 균일하게 분산·용해하여 유성 겔을 만든다. 사전에 조정해둔

파트 A를 파트 B에 충분히 교반하면서 첨가한다. 호모믹서로 균일하게 혼합한 후, 탈기포, 여과, 30℃까지 냉각시킨다.

처방예로서 O/W/O유화를 소개했는데, 이와 반대 방법으로 W/O/W유화물을 얻을 수 있다.

1-6 》 젤 ; Gels

1-6-1. 젤의 목적 · 기능

젤리 또는 젤이라 부르는 제형으로, 외관 상태가 균일하고 투명에서 반투명 상태이며 촉촉한 감촉을 준다. 예전에는 수성젤의 특징인 촉촉하고 상큼한 사용감을 살려 여름용 밑화장 등에 이용되어 왔다. 최근에는 각종 제제기술이 개발되어 여러 종류의 수성, 유성 젤이 시판

표 1-10. 젤의 목적 · 기능별 분류

<table>
<tr><th>목적 · 기능</th><th colspan="2">젤 타입</th><th>특 징</th></tr>
<tr><td rowspan="2">수분보급
보 습</td><td rowspan="2">수성 젤
(고분자 점도 증가제 타입)</td><td>유성분 없음</td><td rowspan="2">촉촉하고, 청량감, 산뜻한감이 있으므로 여름철 사용 및 지성피부에 알맞다. 폐쇄효과는 적다.</td></tr>
<tr><td>소량유성분함유</td></tr>
<tr><td>보습유지
유분보급</td><td colspan="2">유성 젤
(유화 또는 액정타입)</td><td>유성타입이므로 유성크림 같은 중후함이 있다. 겨울철 및 건조 피부용의 보습, 유성분 보급으로서 적당하다.</td></tr>
<tr><td>혈행촉진
(마사지용)</td><td colspan="2">수성 젤</td><td>수성 젤이므로 촉촉한 감촉과 고분자의 미끄러운 성질을 이용하여 매끄럽게 펴져 맛사지하기 쉽다. 보습제가 많고, 물이 적은 계에서는 따뜻한 열기를 느낀다.</td></tr>
<tr><td rowspan="4">세 정
메이크업지우기</td><td rowspan="2">수성 젤
(고분자 점도 증가제 타입)</td><td>유성분 없음</td><td rowspan="2">물세정, 티슈제거 두가지 겸용으로 산뜻하지만 지우기 어려운 메이크업에는 세정효과가 약하다. 세정효과 적다.</td></tr>
<tr><td>소량유성분함유</td></tr>
<tr><td colspan="2">유성 젤
(유화 또는 액정타입)</td><td>메이크와의 친화성이 좋고 사용중 O/W로부터 전상되어 더욱 가벼워진다. 그 후의 헹굼성도 좋아 지우기 어려운 메이크업 제거에 최적이며, 세정효과 크다.</td></tr>
<tr><td colspan="2">오일 젤</td><td>메이크와 상용성이 좋으나 물세정 할 수 없기 때문에 티슈를 사용한다. 유성막이 남아서 클렌징폼 등으로 세정을 다시 할 필요가 있다. 세정효과 크다.</td></tr>
</table>

되고 있고 수분 보급, 보습 이외의 기능 즉, 혈행 촉진, 세정, 클렌징용 제품으로도 호평 받고 있다.

수성젤은 수분을 다량 함유하므로 피부에 수분보급, 보습효과, 청량효과의 기제베이스와 가벼운 메이크업 클렌징제 등의 기제 베이스로서 이용되고 있다. 사용감은 촉촉하고, 산뜻하며, 청량감이 느껴져 여름철 및 지성피부용 제품에 이용된다.

유성젤은 유분을 다량 함유하고 있으므로 피부에 유분을 공급하며 화장수 등과 병용해서 사용하면 보습효과를 주기 때문에 겨울철 및 건조피부용에 사용된다. 또 진한 메이크업과의 친화성도 좋으므로 활성제의 종류와 양을 잘 정하여, 물로 씻어내는 형태의 클렌징으로도 사용된다. 젤을 목적별로 분류하면 표 1-10과 같다.

1-6-2. 젤의 주성분

수성 젤은 수용성고분자의 겔화를 이용한 경우가 많다. 예를 들면 카르복시비닐폴리머와 메틸셀룰로오스가 이용된다. 이런 겔베이스에 보습제, 계면활성제, 방부제, 약제, 색제, 향료 등이 첨가되어 젤제품이 된다. 젤제품은 일반적으로 투명성이 있기 때문에, 첨가물 배합시 균일용해, 균일분산에 주의해야 한다.

유분 함유 유화타입 수성 젤은 앞에 기술한 수성 젤에 소량의 유분, 계면활성제를 첨가한 투명~반(불)투명 젤이다.

유성 젤은 계면활성제의 겔화성질이나 액정구조를 이용하거나, 내외상의 굴절률을 조절하여 투명하게 한 유화타입 등이 있다.

오일 젤은 서로 잘 섞이는 오일성분의 조합과 유상 겔화제 및 겔화가 안정적인 원료의 배합이 필요하다.

실제 처방시에는 목적하는 제품특징에 맞추어 안정성, 안전성, 방부성, 사용성 등 폭넓은 관점에서 각 성분의 특성을 파악한 후에 설계 할 필요가 있다.

1-6-3. 젤의 일반적 제조법

젤은 일반적으로 점성이 높아서 제조설비를 선택할 필요가 있다. 구체적으로는 균일 교반이 가능한 교반장치, 기포를 제거해 주는 탈포장치, 고점도 물질의 수송, 여과, 냉각장치 등이 있다. 젤은 투명성이 포인트이므로 원료의 용해, 균일성에 주의할 필요가 있다.

1-6-4. 젤의 종류

1) 세정 · 메이크업 제거용 젤

젤의 특성인 촉촉한 사용감이 선호되어 세안료로도 가장 큰 신장세를 보이고 있다. 젤은 메이크업 클렌징용으로서 유성 젤은 메이크업 위에서 충분히 문지른 후 씻어내는 것도 간단하며 사용 후 느낌도 산뜻하다.

【처방예 1】 유성 젤(유화타입)

유 분	:	파라핀	12.0%
		글리세롤트리-2-에틸헥산산 에스테르	50.0
보 습 제	:	솔비톨	10.0
		PEG 400	5.0
계면활성제	:	아실메틸타우린	5.0
		POE옥틸도데실알코올에테르	10.0
향 료	:		적당량
정 제 수	:		8.0

【제조법】 정제수에 보습제, 아실메틸타우린을 가하고 70℃로 가열 조정한다. 유성분에 POE옥틸도데실에테르, 향료를 가하여 70℃로 가열 조정한다. 이것을 앞의 수상에 서서히 첨가한다. 호모믹서로 유화입자를 균일하게 한 후 탈기, 여과, 냉각한다(수상과 유상의 굴절률이 비슷하기 때문에 외관이 투명~반투명 젤상이 된다).

2) 수분보급·보습용 젤

【처방예 1】 모이스처 젤

보 습 제	:	디프로필렌글리콜	7.0 %
		PEG 1500	8.0
수용성고분자	:	카르복시비닐폴리머	0.4
		메틸셀룰로오스	0.2
계면활성제	:	POE(15) 올레일알코올에테르	1.0
알 칼 리	:	수산화칼륨	0.1
방 부 제	:		적당량
퇴색방지제	:		적당량
색 제	:		적당량
킬레이트제	:		적당량

향 료	:	적당량
정 제 수	:	83.3

【제조법】 정제수에 수용성 고분자를 균일하게 용해시킨 후, PEG 1500, 퇴색 방지제, 색제, 킬레이트제를 첨가한다. 디프로필렌글리콜에 계면활성제를 가하여 50~55℃에서 가열 용해하고, 방부제, 향료를 넣는다. 앞서 조정한 수상을 교반하면서 이것을 서서히 첨가한다. 최후에 알칼리 수용액을 첨가하고, 중화되도록 충분히 교반한다.

1-7 》 에센스(미용액)[25-27] ; Essences(beauty lotions)

1-7-1. 에센스의 목적 · 기능

스킨 케어 화장품의 사용으로 거칠어진 피부가 개선될 뿐만 아니라 TEWL(Transepidermal Water Loss)과 스킨 콘덕턴스 회복이라는 변화를 기기적으로 측정할 수 있게 되어, 이상 각화의 개선[7~8]과 표피 아미노산 대사의 개선이라는 생리학적 변화가 연구된 것과 거의 때를 같이하여 미용액 · 에센스라 불리는 화장품군이 시장에 많이 출시되게 되었다. 이와 같은 명칭, 상품 형태가 새로운 것은 아니지만, 커다란 시장을 형성할 수 있었던 몇 가지 요인이 있다. 사용자의 라이프 스타일 변화, 예를 들면 time-saving지향에 따른 화장의 간소화, "농축되어 있다"는 말에서 느낄 수 있는 이미지, 잘 고안된 외장에서 비롯되는 간편함을 들 수 있다. 또 기술적 측면에서 보면 피부생리에 따라 우수한 기능을 발휘하는 각종 보습성분(에몰리엔트제 및 휴멕턴트제)이나 약제(미백제, 세포활성성분, 자외선 방지제 등)의 개발, 거기에 부응한 제제 기술의 진보, 유용성의 실증 등이다.

에센스는 종래 스킨 케어 화장품에서는 "부족한, 채워지지 않는" 효능 효과, 사용 감촉, 미용 시스템 등을 갖는 제품군으로서 위치하고 있다. 다시 말해서, 보습 효과는 물론, 자외선 방지, 미백, 산화 방지, 소염, 부활 효과 등에 대하여, 하나의 기능이 뛰어나거나, 다기능을 겸비하거나, 다목적으로 사용되거나 하는 부가 가치가 높은 화장품이 미용액 · 에센스이다.

제제적으로는 표 1-11과 같이 분류되는데, 이 가운데에서도 투명 · 반투명 점액 타입이 시장에 가장 많이 나와 있다.

표 1-11. 미용액 및 에센스의 분류

형 상	기 술	특 징
투명・반투명 화장수타입	가용화, 마이크로에멀젼, Liposome, Disc-like Capsule	화장수와 비교하여 일반적으로 보습제의 배합량이 많다. 보습제 및 수용성 고분자의 선택・조합에 의해 사용성 조정, 미용액・에센스에 가장 일반적인 제제
유화타입	O/W형 W/O형 W/O/W형	에몰리엔트제(유성분)을 다량으로 배합할 수 있으므로 자외선 흡수제를 포함하여 유용성 성분을 다량으로 배합하는 제품에 적합하다. 발수성을 요구하는 제품에는 W/O형 유화가 적당하다.
오일타입	—	옛부터 화장유로서 이용되어 왔다. 올리브유, 호호바유, 밍크유, 스쿠알란 등의 동식물유지를 베이스로 하여 고형・반고형유의 배합에 의해 사용성을 조정한다. 다른 제제에 비해 사용성도 나쁘고 시장으로부터 도태되고 있다.
2제혼합타입	위의 기술에 더하여 스프레이드라이, 프리즈드라이, 마이크로캅셀	약제, 제제의 불안정화를 피하기 위해 또는 외관상 변화를 갖게 하기 위해 두가지 제제로하여 사용시 혼합시킨다. 액-액, 액-분말을 조합시킨 것이 있다. 분말은 용해하기 쉽도록 제제화시킨다.
기 타	분말 함유 화장수타입 알코올 고배합 타입	피지분비가 많은 T존 전용에센스. 분말배합에 의해 화장의 지속을 좋게 한다. 아크네용으로서 이용되는 살균기능을 갖는 부분사용 에센스.

1-7-2. 에센스의 주성분

앞장에 기술한 바와 같이 에센스의 형태는 다양하지만 제제적으로는 화장수, 유액, 크림, 오일 등과 공통하는 부분이 많으므로, 여기에서는 투명점액 타입의 주성분을 표 1-12에 나타낸다. 에센스는 소량 사용으로 "농축, 피부에 잘 스며듬", "사용후의 촉촉함과 산뜻함" 등을 요구하는 경우가 많기 때문에 수용성 고분자나 보습제의 선택·조합에 유의할 필요가 있다.

표 1-12. 투명 점액 타입 에센스의 주성분

구성성분	대표적 원료
보습제	폴리에틸렌글리콜(300, 400, 1500, 4000), 글리세린, 디프로필렌글리콜, 1,3-부틸렌글리콜, 솔비톨, 말티톨, 히아루론산, 콘드로이틴산, 콜라겐, 엘라스틴, 피롤리돈카르본산, 아미노산
알코올	에탄올, 이소프로필알코올

구성성분		대표적 원료
수용성고분자 (점도증가제)		카르복시비닐폴리머, 폴리아크릴산나트륨, 셀룰로오스유도체, 알긴산나트륨, 퀸스시드검, 펙틴, 산탄검, 아라비아검, 아이리스모스, 플루란, 트라가칸트검
에몰리엔트제		식물유(호호바유, 올리브유 등), 올레일알코올, 에스테르유, 스쿠알란, 라우린
계면활성제		POE올레일알코올에테르, POE솔비탄모노라우레이트, POE・POP블록폴리머, POE지방산글리세린에스테르, POE피자마유에스테르
약제	미백	비타민C 및 유도체, 알부틴, 코직산
	세포부활	판토테닐에틸에테르, DNA, 비타민류, 동식물・균류추출물
	산화방지	비타민E 및 유도체, 아미노산제
	자외선방지	TiO_2, 옥틸메톡시신나메이트, 파라아미노안식향산에스테르 등
	살균	TCC, 감광소 등
	소염	알란토인, 글리칠리친산, 글리칠리친산에스테르
기 타		향료, 색제, 방부제, 퇴색방지제, 완충제(화장수의 항 참조)

1-7-3. 에센스의 일반적 제조법

화장수, 유액, 크림 등의 항에 상세히 기술되어 있으므로 여기에서는 생략한다.

1-7-4. 에센스의 종류

【처방예 1】 투명 보습 에센스

보 습 제	: 솔비톨	8.0%
	1,3-부틸렌글리콜	5.0
	PEG 1500	7.0
	히아루론산	0.1
알 코 올	: 에탄올	7.0
계면활성제	: POE올레일알코올에테르	1.0
에몰리엔트제	: 올리브유	0.2%
향 료	:	적당량
방 부 제	:	적당량
퇴색방지제	:	적당량
완 충 제	:	적당량
정 제 수	:	71.7

【제조법】 정제수에 보습제, 퇴색방지제, 완충제의 순서로 실온에서 용해한다. 에탄올에 계면활성제, 에몰리엔트제, 향료, 방부제 순서로 용해 후, 앞의 수상에 가용화한다. 이것을 여과한다.

【처방예 2】 반투명 미백 에센스(마이크로 에멀젼, 점액)

보 습 제	:	디프로필렌글리콜	5.0%
		PEG 400	5.0
알 코 올	:	에탄올	10.0
수용성고분자	:	카르복시비닐폴리머	0.3
		산탄검	0.2
알칼리제	:	수산화칼륨	0.5
계면활성제	:	POE솔비탄모노스테아린산에스테르	1.0
		솔비탄모노올레인산에스테르	0.5
에몰리엔트제	:	올레일알코올	0.5
약 제	:	비타민C 유도체	2.0
		비타민E 아세테이트	0.2
향 료	:		적당량
방 부 제	:		적당량
퇴색방지제	:		적당량
정 제 수	:		74.8

【제조법】 정제수에 수용성 고분자를 용해한 후, 보습제, 퇴색방지제 순서로 용해한다. 에탄올에 계면활성제, 에몰리엔트제, 비타민E 아세테이트, 향료, 방부제를 순서대로 용해하고, 앞서 만든 수상에 첨가하여 마이크로 에멀젼화한다. 최후에 일부의 정제수에 수산화칼륨을 용해하고, 이것을 첨가하여 교반, 탈기포, 여과한다.

【처방예 3】 자외선 방지 에센스(O/W유화)

유 분	:	스테아린산	3.0%
		세탄올	1.0
		라놀린유도체	3.0
		유동파라핀	5.0
		2-에틸헥실스테아레이트	3.0
보 습 제	:	1,3-부틸렌글리콜	6.0

계면활성제	:	POE세틸알코올에테르	2.0
		모노스테아린산글리세린	2.0
알 칼 리	:	트리에탄올아민	1.0
자외선흡수제	:	옥틸메톡시신나메이트	4.0
		디벤조일메탄유도체	4.0
방 부 제	:		적당량
향 료	:		적당량
정 제 수	:		66.0

【제조법】 정제수에 보습제, 트리에탄올아민을 용해하여 가열하고 70℃로 유지한다. 유성분을 70~80℃에서 가열용해 후 계면활성제, 자외선흡수제, 방부제, 향료를 순서대로 용해하고 온도를 70℃로 한다. 앞서 만든 수상을 교반하면서 유상을 첨가하여 유화한다. 호모믹서로 유화입자를 균일하게 조정 후, 탈기포, 냉각한다.

【처방예 4】 화장용유(오일타입)

유 분	:	올리브유	49.8%
		유동파라핀	30.0
		스쿠알란	20.0
약 제	:	비타민E 아세테이트	0.2
산화방지제	:		적당량
향 료	:		적당량

【제조법】 유분에 약제, 산화 방지제, 향료를 첨가하고 교반 후 여과한다.

1-8 》 팩 · 마스크 ; Packs and masks

1-8-1. 팩 · 마스크의 목적 · 기능

팩은 오래 전부터 사용되어 온 화장품의 하나로 얼굴뿐만 아니라, 목, 어깨, 팔, 다리 등의 부분용이나 전신에도 사용된다. 현재는 표 1-13과 같이 여러 형태의 제제가 있으며 다음과 같은 기능을 갖추고 있다.

표 1-13. 팩의 분류와 특징

타 입	제품형태	특 징
필 오프타입	젤리상	투명 또는 반투명의 젤리상으로, 도포 건조 후 투명한 피막을 형성한다. 피막박리 후는 보습유연효과, 청정효과를 나타낸다.
	페이스트상	불투명페이스트상, 분말, 유성분, 보습제를 비교적 많이 배합할 수 있으므로 건조시 피막형성, 박리후는 충분한 촉촉한 느낌을 준다.
	분말상	분말주체로 사용시 물 등으로 균일하게 녹이고 도포한다. 물의 증발잠열에 의해 차고 산뜻하고 긴장감도 강하고 여름철용이다.
닦아내기 또는 씻어내기 타입	크림상	보통 O/W형 유화타입의 크림이며 도포하기 쉽게 하기 위하여 경도를 낮게 하는 것과 사용후 충분한 촉촉한감을 부여하므로 보습량이 많다.
	점토상	점토광물을 함유한 분말을 물+에탄올+보습제의 수상에 혼합, 건조후 떼어내는 것은 어렵고, 물로 씻어내는 것이 대부분.
	젤리상	투명 또는 반투명의 젤리상. 수용성고분자의 배합에 의해 젤리상으로 한다. 피막제 양이 적으므로 떼어내거나 물로 씻어 사용한다.
	에어졸(포 상태)	포상의 제품을 냉각하면 사용한 거즈에 기화열을 빼앗기 때문에 피부표면에 따끔따끔하고 얼얼한 단점이 있다.
고화후 박리타입	분말상	주성분을 소석고로하고 물을 가하여 수화반응열 의해 발열시켜 고화시킨다. $CaSO_4 \cdot 1/2H_2O + 3/2H_2O \rightarrow CaSO_4 \cdot 2H_2O + 8.2kcal$
도포타입	부직포겔 도포타입	겔의 성질에 따라 사용성이 좌우되나, 새로운 타입의 팩으로서 주목된다. 사용법도 간단하고, 다른 기초화장품과의 조합효과도 높음.
	부직포 함침타입	부직포에 화장수, 에센스를 함침시킨 것으로 차고 상쾌하다. 사용법도 간단하다.

① 피부의 각질층은 팩이 주는 수분, 보습제, 에몰리엔트제와 도포한 팩의 폐쇄효과(occlusive effect)에 의해 피하에서 올라오는 수분으로 보습이 유지되고 유연해진다.

② 팩의 흡착작용과 동시에 건조 박리시에 피부표면의 오염을 제거하므로 우수한 청정 작용이 있다.

③ 피막제나 분말의 건조과정에서는 피부에 적당한 긴장을 주고, 건조 후 일시적으로 피부

온도를 높여 혈행을 원활하게 한다.

사용법은 점포타입을 제외하고는, 모든 제형은 적당한 두께로 도포하고 일정시간 방치 후, 박리하거나(peel off), 닦아내고 씻어낸다(rinse off). 필 오프 타입의 경우, 오래된 각질층을 제거하는 강력한 작용이 있으므로 주 1~2회 사용하는 것이 적당하다. 팩의 단점은 시술시간(도포후의 방치시간)이 길고, 이 때문에 바쁜 생활중에서는 집에서 사용하는 사용빈도가 높지 않으나, 사용 후의 만족감을 충분히 느낄 수 있으므로 에스테틱 살롱에서는 중요한 상품이다. 건조시간을 단축시키기 위한 방법도 개발되어 있다.

1-8-2. 팩·마스크의 주성분

팩은 그 제형에 따라 사용하는 원료가 전혀 다르므로 여기서는 스킨 케어 화장품의 팩의 주류인 젤리상 또는 페이스트상의 필 오프타입에 사용되는 주성분을 표 1-14에 나타내었다.

표 1-14. 필 오프팩의 주성분(젤리상, 페이스트상)

구성성분	대표적 원료	배합량
정제수	이온교환수	40~80%
알코올	에탄올	~15%
보습제	폴리에틸렌글리콜(300, 400, 1500, 4000), 글리세린, 프로필렌글리콜, 디프로필렌글리콜, 1,3-부틸렌글리콜, 솔비톨, 이외에 당류, 무코당류, PCA-Na 등	2~15
피막제 및 점도 증가제	폴리비닐알코올, 폴리비닐피롤리돈, 폴리초산비닐에멀젼, 카르복시메틸셀룰로오스, 펙틴, 젤라틴, 크산탄껌 등	10~30
유 분 (에몰리엔트제)	올리브유, 마카데미아넛츠유, 호호바유, 유동파라핀, 스쿠알란, 에스테르유 등	~15
분 말	카올린, 탈크, 산화티탄, 산화아연, 구상셀룰로오스 등	~20
색 제	허가색소, 무기안료	적당량
약 제	미백 - 비타민C 및 유도체 부활 - 판토테닐에틸에테르, 비타민류, 동식물추출물 소염 - 알란토인, 글리틸리틴산염 살균 - 감광색, TCC	적당량
방부제	파라벤제	적당량
계면활성제	POE 올레일알코올에테르 POE 솔비탄모노라우린산에스테르 등	~2%
완충제	구연산, 유산, 아미노산류, 구연산나트륨, 유산나트륨	적당량

1-8-3. 팩 · 마스크의 일반적 제조법

타입에 따라 다르기 때문에 여기서는 페이스트상 필 오프타입과, 머드팩 형태의 씻어내는 타입에 대해 기술한다. 페이스트상 필 오프타입은, 제조공정에서 주의해야할 부분이 피막제의 분산용해와 분말의 분산이다. 피막제는 용해에 시간이 걸리므로, 덩어리 상태로 남지 않도록 균일하게 용해되고 있는지 확인해야 한다. 분말은 시간이 지남에 따라 2차 응집에 의해 굳어지는 것을 방지하기 위해 충분한 분산이 필요하다(그림 1-10).

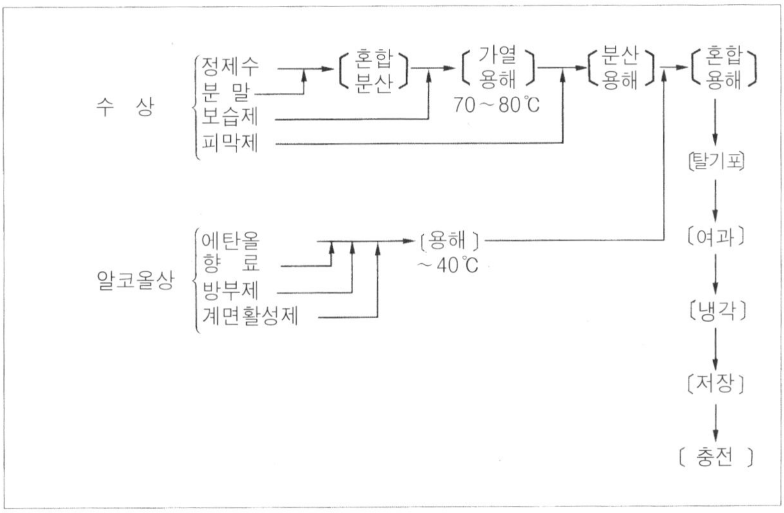

그림 1-10. 페이스트상 필 오프 팩의 공정도

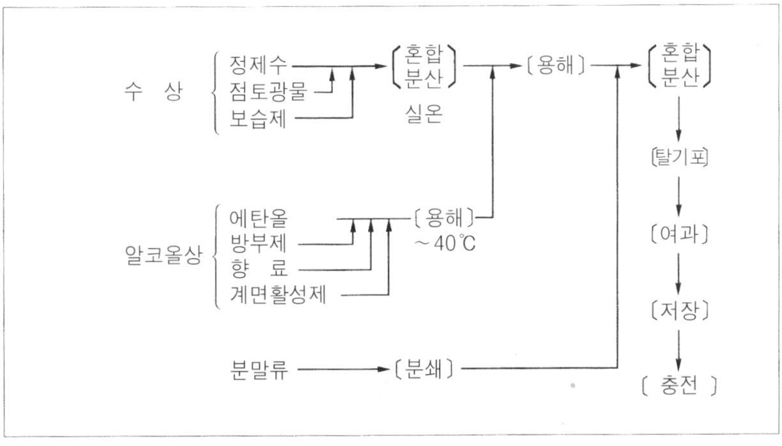

그림 1-11. 머드 팩 형태의 씻어내는 팩의 공정도

머드 팩 형태의 씻어내는 타입은, 방부제나 계면활성제의 용해시에 가열을 필요로 하는데 그외에는 기본적으로 실온 공정으로 한다. 가장 주의를 요하는 것이 점토광물의 분산과 분말류의 수상에의 균일 혼합이다. 이 2가지를 충분히 해주지 않으면 제품의 외관은 덩어리가 지고 거칠어져 매끄러움이 부족해진다. 또한 시간 경과에 따른 수상부의 분리 등의 원인이 되기도 된다(그림 1-11).

1-8-4. 팩 · 마스크의 종류

【처방예 1】 젤리상 필 오프타입

피 막 제	:	폴리비닐알코올	15.0%
점도증가제	:	카르복시메틸셀룰로오스	5.0
보 습 제	:	1,3-부틸렌글리콜	5.0
알 코 올	:	에탄올	12.0
향 료	:		적당량
방 부 제	:		적당량
완 충 제	:		적당량
계면활성제	:	POE 올레일알코올에테르	0.5
정 제 수	:		62.5

【제조법】 정제수에 완충제, 보습제를 첨가 후 70~80℃로 가열한다. 여기에 점도 증가제, 피막제를 첨가하고 교반 용해한다. 에탄올에 향료, 방부제, 계면활성제를 첨가 용해 후, 앞의 수상에 첨가하고 가용화한다. 탈기포, 여과, 냉각한다.

【처방예 2】 페이스트상 필 오프타입

피 막 제	:	폴리초산비닐에멀젼	15.0%
		폴리비닐알코올	10.0
보 습 제	:	솔비톨	5.0
		PEG 400	5.0
유 분	:	호호바유	2.0
		스쿠알란	2.0
계면활성제	:	POE솔비탄모노스테아린산 에스테르	1.0
분 말	:	산화티탄	5.0
		탈크	10.0

알 코 올 :	에탄올	8.0
향 료 :		적당량
방 부 제 :		적당량
정 제 수 :		37.0

【제조법】 정제수에 분말을 가하고 충분히 분산한 후 보습제를 첨가하고 70~80℃로 가열 후 피막제를 첨가하여 용해한다. 에탄올에 향료, 방부제, 계면활성제, 유분을 첨가한다. 이것을 앞의 수상에 가하여 혼합한다. 탈기포, 여과, 냉각한다.

【처방예 3】 분말상 필 오프타입

이 타입은 물에 용해할 때 알긴산칼슘으로서 겔화시켜, 피막을 형성시킨다.

분 말 :	카오린	30.0 %
	탈크	20.0
겔 화 제 :	알긴산나트륨	10.0
겔화반응제 :	황산칼슘	35.0
겔화조정제 :	탄산나트륨	5.0
색 제 :		적당량
향 료 :		적당량

【제조법】 분말, 겔화제, 겔화반응제, 겔화조정제, 색제, 향료 순서대로 넣고, 혼합하여 충전한다.

【처방예 4】 점토상 씻어내는 타입

이 타입과 크림상태의 씻어내는 타입은 어느 정도 건조시켜 손바닥에서 비벼서 제거하는 사용법(코마쥬)의 제품도 있다.

보 습 제 :	디프로필렌글리콜	5.0%
	PEG 400	8.0
	글리세린	10.0
점 토 광 물 :	몬모리로나이트	2.0
알 코 올 :	에탄올	8.0

분 말	: 산화티탄	5.0
	카올린	10.0
	탈크	5.0
향 료	:	적당량
방 부 제	:	적당량
계면활성제	:	적당량
정 제 수	:	47.0

【제조법】 정제수에 점토광물, 보습제를 가하여 충분히 습윤 분산시킨다. 에탄올에 방부제, 향료, 계면활성제를 첨가 용해하고, 앞의 수상에 첨가한다. 다음에 분말을 첨가하고 충분히 분산시켜 탈기포, 여과한다.

【처방예 5】 젤리상 닦아내거나 씻어내는 타입

보 습 제	: PEG 1500	5.0%
	솔비톨	5.0
점도증가제	: 카르복시비닐폴리머	5.0
	산탄검	1.0
알 칼 리	: 수산화칼륨	0.5
계면활성제	: POE라우릴알코올에테르	1.0
알 코 올	: 에탄올	5.0
향 료	:	적당량
방 부 제	:	적당량
정 제 수	:	77.0

【제조법】 정제수에 점도 증가제를 가하고 교반 용해한다. 에탄올에 향료, 방부제, 계면활성제를 첨가 용해하고, 이것을 수상에 첨가하여 가용화 한다. 최후에 일부의 정제수에 수산화칼륨을 용해하고 이것을 가하여 중화하고 탈기포, 여과한다.

1-9 》 쉐이브용 화장품 ; Shaving cosmetics

1-9-1. 쉐이브용 화장품의 목적 · 기능

남성용 스킨 케어 화장품으로서, 클렌징 폼, 로션, 유액, 스킨 크림, 에센스, 팩 등으로 여성용과 같은 상품들이 있다. 남성의 피부는 여성피부에 비해 피지량이 많으므로, 성분적으로 유분량이 적게 처방하고 있다. 사용감은 산뜻한 타입이 선호되고 세안 폼은 스크럽 함유 클렌징 폼이 많다. 또 남성은 피지량이 많으나 겨울에는 피부가 거칠어지는 사람도 많다. 소위 건조형 지성피부로 산뜻한 사용감의 유액, 에센스류로 건조를 방지한다.

남성의 경우, 스킨 케어 화장품보다도 쉐이브용 화장품의 사용빈도가 매우 크다. 스킨 케어 화장품의 처방구성은 여성 제품에 가깝기 때문에 여기서는 쉐이브용 화장품, 즉 면도 전후에 사용하는 화장품에 대하여 기술한다. 면도용 화장품으로서 쉐이빙 비누, 쉐이빙 폼, 프리쉐이빙 로션 및 애프터쉐이빙 로션이 있다.

쉐이빙 비누 및 쉐이빙 크림은, 면도전에 사용하여 수염을 팽윤, 연화시켜 면도를 용이하게 함과 동시에 면도에 의한 피부의 "거칠어짐"을 막아, 사용 후 좋은 느낌을 가질 수 있도록 하기 위해서 사용하는 화장품이다. 현재의 시장에서는 거의가 크림 타입이다.

프리쉐이빙 로션도 쉐이빙전에 사용하는 것이지만 전기면도기 전용으로, 전기면도기가 잘 미끄러지도록 하고, 수렴제나 에틸알코올로 피부를 수축시켜, 털의 경직화를 촉진시킴으로써 전기 면도기에 의한 면도를 원활하게 하기 위함이다.

애프터쉐이빙 로션은 면도 후 살균하거나, 윤기를 주는 피부 손질용 화장품이다.

1-9-2. 쉐이브용 화장품의 종류

1) 쉐이빙 비누

쉐이빙 비누(Shaving soap)중, 액상 분말상 또는 과립상은 주로 이발점 등 업무용으로 널리 사용되고 있다. 고형상은 일반적으로 폭넓게 이용되고 있다. 분말 또는 과립상의 제품은 흡습에 의한 고화를 방지할 필요가 있다.

고형 쉐이빙 비누는, 보통 화장비누와 같은 성상을 하고 있지만, 가장 큰 차이점은 세정성보다는 오히려 거품질을 중시한 배합처방이라는 점이다. 즉 균일하며 점도가 있고 농후하여 지속성이 있는 풍부한 거품을 유지하며, 또한 글리세린이나 기타 과지방제가 풍부하게 배합된 것이 많다.

2) 쉐이빙 크림

쉐이빙 크림(shaving cream)에는 라자링 크림, 에어로졸타입 쉐이빙 폼 등이 있다. 라자링 크림은 40~50%의 지방산 비누를 함유한 것으로, 비누의 유화와 알칼리성에 의해 수염을 팽윤, 연화시켜 깎기 쉽게 한 것이다. 사용법은 물 또는 미지근한 물로 수염을 적시고 나서

이 크림을 바르고 물에 적신 브러시로 거품을 내고 면도기로 깎는다. 면도 후에는 물로 씻어 낸다는 점에 특징이 있다.

지방산은 주로 스테아린산과 야자유 지방산이다. 거품생산력, 거품의 지속성 및 피부에의 자극성 등을 고려하여, 보통 75%의 스테아린산과 25%의 야자유가 유지원료로서 사용되고 있다. 또, 검화에는 수산화칼륨과 수산화나트륨의 혼합 알칼리가 사용되는 것이 보통으로, 크림을 양호한 경도로 유지하고, 또한 온도의 고저에 의한 크림의 경도 변화를 막는데 유용하다. 트리에탄올아민에 의한 비누는 황색으로 착색하는 경향이 강하므로 주의해야 한다.

사용중의 건조를 방지하는데, 글리세린 등 보습제를 첨가하는 것은 매우 효과적이다. 또 피부에 윤기를 주기 위해 바세린을 배합하여 과지방으로 하는 것도 효과적이다. 크림중의 전 지방산량은 35~50%이고 제품의 pH는 약 10이다. 유리지방산과 글리세린은 기포력을 저해하지만, 상기와 같이 보습제로서의 효과도 있기 때문에, 양자의 성질을 잘 고려하여 그 양을 결정할 필요가 있다.

【처방예 1】 라자링 폼

유　　분	:	스테아린산	25.0%
		팔미틴산	5.0
		야자유	10.0
		팜유	5.0
보 습 제	:	글리세린	10.0
알 칼 리	:	수산화칼륨	7.0
		수산화나트륨	1.5
산화방지제	:		적당량
향　　료	:		적당량
정 제 수	:		36.5

【제조법】 정제수에 수산화칼륨, 수산화나트륨을 용해하고, 글리세린을 가하여 80℃로 유지한다(수상). 향료를 제외한 다른 나머지 성분을 혼합하고 가열 용해하고 80℃로 유지한다(유상). 유상에 수상을 서서히 가하여 반응시킨다. 첨가 종료후 검화 반응을 충분히 시킨다. 이것을 50℃까지 냉각하고, 향료를 가하여 균일하게 혼합한 후 30℃까지 냉각시킨다.

라자링 크림 외에, 에어로졸타입의 쉐이빙 폼이 있으며 널리 보급되어 있다. 이것은 거품의 다이나믹한 느낌과 사용이 간단하기 때문이라 생각된다. 이 외에 털의 유연작용, 면도중의 수분 보유능력, 면도기가 잘 미끄러지게 하는 등 우수한 특징을 갖는다. 최근에 보급되는 면도기는 두 개의 칼날이 있어서, 면도기 날 사이에 끼는 것을 방지하기 위해 거품을 부드럽게 하고 있다.

쉐이빙 폼의 처방은 원액을 분사하여 거품이 생기게 하는 프로펠런트로 이루어진다. 원액은 거품의 지속성을 좋게 하고, 수염을 깎기 쉽게 하기 위해 비누, 비이온 병용형 유화타입이다. 이 유화제에 의해 거품의 경도가 조정된다. 프로펠런트는 오존층 파괴의 문제를 해결하기 위하여 탈프레온화되어, 액화탄화수소 가스나 디메틸에테르 등이 이용된다.

【처방예 2】 쉐이빙 폼

〈원액처방〉

유 분	:	스테아린산	4.5%
		야자유 지방산	1.5
계면활성제	:	글리세릴모노스테아린산 에스테르	5.0
보 습 제	:	글리세린	10.0
알 칼 리	:	트리에탄올아민	4.0
향 료	:		적당량
정 제 수	:		75.0

〈충전처방〉

원 액	:		96.0
분사가스(LPG)	:		4.0

【제조법】 원액은 정제수에 글리세린, 트리에탄올아민을 가하여 70℃에서 가열한다(수상). 나머지 성분을 가열용해하고 70℃로 유지한다(유상). 수상에 유상을 가하고 반응유화시킨다. 그후 30℃ 까지 냉각한다. 충전은 병에 원액을 처방량만큼 충전하고 밸브 장착후 가스를 처방량만큼 충전한다.

최근 새로운 타입의 쉐이빙제로서 후발포타입의 에어로졸이 출시되어 있다. 이것은 비점이 높은(30~40℃)가스를 저온에서 젤베이스로 유화시켜 만든 조성물을, 이중용기로 밀봉한 에어로졸타입의 쉐이빙제이다. 비점이 28℃인 이소펜탄을 내포한 원액을 내용기에 충전하고, 액화석유가스를 외용기에 충전한다. 에어로졸 병으로부터 원액이 방출된 후, 피부에서 체온에 의해 따뜻해져서 이소펜탄이 기화되어 거품이 된다. 따라서 라자링 크림과 같이 물을 묻혀 브러시로 거품을 낼 필요도 없는 간편한 쉐이빙 크림제이다.

【처방예 3】 후발포 젤 크림

유 분	: 팔미틴산	10.0%
보 습 제	: 글리세린	15.0
계면활성제	: POE · POP블록폴리머	5.0
알 칼 리	: 트리에탄올아민	6.0
정 제 수	:	59.0
발 포 제	: 이소펜탄	5.0

【제조법】 정제수에 알칼리, 보습제를 가하고 70℃로 가열 조정한다. 팔미틴산을 70℃에서 가열 용해후 앞의 수상에 첨가한다. 그리고 계면활성제를 첨가한다. 이 베이스를 용기에 충전 한 후, 이소펜탄을 충전하고, 용기 전체를 흔들어서 이소펜탄을 균일하게 유화시킨다.

3) 프리쉐이빙 로션 ; Preshaving lotion

전기 면도기의 보급과 함께, 면도 전에 사용하여, 면도를 용이하게 하는 화장수 타입의 프리쉐이빙 로션을 사용하게 되었다. 처방 타입으로서는 설퍼석탄산아연이나 탄닌산등 수렴제를 배합하여 피부를 수축시켜 털을 세우게 하는 타입과, 구상 분말 등을 배합하여 전기 면도기가 잘 미끄러지게 하는 타입이 있다.

【처방예 1】 프리쉐이브 로션

수 렴 제	: 설퍼석탄산아연	1.0
알 코 올	: 에탄올	84.0
유 분	: 이소프로필미리스틴산 에스테르	7.0
	이소프로필팔미틴산 에스테르	8.0
향 료	:	적당량

【처방예 2】 분말 함유 프리쉐이브 로션

알 코 올	: 에탄올	94.0%
분 말	: 구상분말	4.0
유 분	: 글리세릴트리-2-에틸헥산산 에스테르	1.0
보 습 제	: 1,3-부털렌글리콜	1.0
약 제	: 비타민E아세테이트	적당량
향 료	:	적당량

분말은 면도기가 잘 미끄러지도록 하기 위해 쓰이는데, 구상이면서 비중이 가벼운 분말이 적절하다.

4) 애프터쉐이빙 로션 ; Aftershaving lotion

면도기에 의해 생기는 상처를 치유하고, 피부의 거칠어짐을 방지하고 청량감을 주기 위해 면도 후에 사용하는 일종의 아스트린젠트 로션이다. 처방계로서 청량감, 살균효과는 주로 알코올에 의한 것, 알코올량을 억제하여 멘톨, 캄파로 청량감, 소염작용을 나타내는 타입, 그리고 분말 배합에 의한 피지분비 억제 타입이 있다. 각각 상처의 화농 방지작용, 피부 긴장작용, 피부 거칠어짐 방지 작용이 있다.

【처방예 1】 알코올 고배합 타입

알 코 올	: 에탄올	55.0%
보 습 제	: 디프로필렌글리콜	2.0
계면활성제	: POE 경화 피마자유 에스테르	1.0
약 제	: 알란토인	0.1
식물추출물	: 알로에 추출물	적당량
향 료	:	적당량
살 균 계	:	적당량
정 제 수	:	41.9
자외선흡수제	:	적당량

【제조법】 정제수에 디프로필렌글리콜, 알란토인을 가하여 용해한다(수상). 에틸알코올에 다른 성분을 가하여 용해한다(알코올상). 알코올상에 수상을 가하여 가용화하고 여과한다.

1-10 》 기타 화장품

1) 파우더 제품

여기서는 수용액으로 하면 안정성이 나쁜 비타민C, 또는 비타민C 유도체를 배합한 분말, 과립, 캡슐타입의 제품에 대해 기술한다.

환원작용과 티로시나제 활성저해작용을 갖는 비타민C와 그 유도체를 배합한 파우더 제품은 미백 화장품으로서 자리하고 있다. 사용법은 파우더를 손바닥에 덜어 약 10배 정도의 물을 섞어 용해한다. 그 수용액을 얼굴에 문지른다. 소수성인 아스코르빈산디팔미테이트 등을 배합한 경우 용해상태를 돕기 위해 부형제, 용해조제를 가하여 과립화하는 경우도 있다.

【처방예 1】 분말타입(미백파우더)

보 습 제	: 자 당	60.0%
	PEG 6000	20.0
분 말	: 실리카	5.0
약 제	: 비타민C	5.0
	비타민C 디팔미테이트	10.0
색 제	:	적당량

【제조법】 보습제, 분말, 약제, 색제를 혼합 분쇄하고, 작은 용기에 충전하여 제품화한다.

2) 클렌징 오일

하드메이크업 제거용 세안료로서 이용된다. 사용법은, 메이크업 위에서 충분히 문지른 후 티슈로 닦아내거나 또는 물로 씻어내는 타입이 있다. 최근에는 물로 씻어내는 타입이 주류를 이루고 있다. 주성분은 메이크업과 어울리는 유성분과 씻어내기 위한 계면활성제이다. 씻어낼 때 O/W형 유화로 하기 위한 계면활성제의 선택·조합이 이 제품의 포인트이다.

【처방예 1】 클렌징오일(씻어내기 전용)

유 분	: 유동 파라핀	50.0%
	2-에틸헥실스데아레이트	20.0
	실리콘유	20.0
계면활성제	: POE 올레일알코올에테르	10.0
향 료	:	적당량

【제조법】 유성분, 계면활성제, 향료를 교반용해하여, 여과후 제품화한다.

참고문헌

1) 光井武夫, 尾沢達也：最新化粧品科学, 化粧品科学研究会編, p. 17～58, 薬事日報社, 1980.
2) 尾沢達也：スキンケアハンドブック, 講談社, 1986.
3) 尾沢達也 他：皮膚, 27〔2〕, 276-288, (1985)
4) A. M. Kligman："加齢と皮膚", p. 33, 清至書院, 1986.
5) 熊野可丸：フレグランスジャーナル, 16(2), 89-98, (1988)
6) 尾沢達也 他：香粧会誌, 11(4), 297-307, (1987)
7) J. Koyama et al.：J. Soc, Cosmet. Chemists, 35, 183-195, (1984)
8) Y. Nakayama et al.：日本化粧品技術者会誌, 20(2), 111, (1986)
9) 田中宗男：香粧会誌, 15(1), 31-36, (1991)
10) 田上八郎 他："加齢と皮膚", 107, 1986.
11) 高橋元次：フレグランスジャーナル, 19(5), 73-78, (1991)
12) 高橋元次：香粧会誌, 12(4), 265-271(1988)
13) 内藤 昇 他：フレグランスジャーナル, 16(5), 42-46, (1988)
14) L. M. Prince："Microemulsions", Preface, Academic Press, New York, 1977.
15) 篠田, 西條：油化学, 35, 308, (1986)
16) 友政 哲 他：油化学, 37, 1012, (1988)
17) W. C. Griffin：J. Soc. Cosmet. Chemists, 5, 249, (1954)
18) S. Fukushima et al.：J. Colloid Interface Sci., 57, 201, (1976)
19) 福島正二 他：薬学, 104, 986, (1984)
20) 福島正二 他：薬学, 29, 106, (1980)
21) Y. Kumano et al.：J. Soc. Cosmet. Chemists, 28, 285, (1977)
22) 光井武夫：油化学, 26(10), 635, (1977)
23) 田原定明：フレグランスジャーナル, 5(1), 6-14, (1977)
24) 山口道広：油化学, 39, 95, (1990)
25) 熊野可丸：フレグランスジャーナル, 14(4), 64-71, (1986)
26) 鈴木 正 他：フレグランスジャーナル, 14(4), 58-63, (1986)
27) 伊藤勝利：フレグランスジャーナル, 14(4), 72-77, (1986)

2 메이크업 화장품

2-1 》 메이크업 화장품의 역사

메이크업 화장품의 역사는 대단히 오래되었으며, 고대 인류는 얼굴과 몸을 보호하는 목적 혹은 종교적인 의미 등으로 천연 안료 등을 신체에 발랐다. 일본에서도 예로부터 얼굴에 적토(赤土)를 바르는 풍습이 있었다는 것이, 埴輪의 채색이나 일본서기의 기록으로부터 추정할 수 있다.

예로부터 백분(face powder)으로 쌀가루 등이 이용되었으나, 7세기에 연백(염기성 탄산염)이 처음으로 만들어져 이용되었다고 한다. 그 후 경분(염화제1수은)이 이세(伊勢)에 의해 만들어져 백분으로 이용되었다. 16세기 말경부터 연백분이 대량으로 생산되어 널리 사용되었다. 그러나 점차적으로 납중독의 피해가 명확해지면서 1934년에 연백분의 제조, 판매가 금지되었다.

파운데이션(foundation)이 도입된 것은 비교적 최근인 1950년대 이후이며, 처음에는 미국에서 개발된 유화, 유성타입을 참고로 하여 만들었다. 그 후 여러 가지 타입의 새로운 파운데이션이 개발되어 피부색을 아름답고 자연스럽게 마무리하는 메이크업이 가능하게 되었다. 현재에는 파운데이션이 베이스 메이크업의 주류가 되고, 백분은 파운데이션의 위에 발라 유분억제 혹은 미묘한 색채 효과를 주기 위해 사용되고 있다.

한편 루즈(rouge)가 최초로 일본에 소개된 것은 7세기경으로 추측된다. 8세기에 그려진 鳥毛立女병풍(正倉院御物)을 보면 입술에 선명하게 루즈를 발랐고, 광대뼈에도 루즈를 발랐다. 루즈는 고가인 관계로 일반적으로 널리 사용된 시점은 에도시대(江戸時代)에 들어서이다.

루즈의 제조법은 산지에서 잇꽃을 채취하여 그것을 압착하면 붉은 반죽이 된다. 그 후 제조지에 보내 알칼리(灰汁)에 용출하고, 산(梅酢)으로 분리시킨다. 이를 접시나 잔에 담은 것을 「우츠시 루즈」「쵸코 루즈」라고 하고, 또 옻칠판에 펴바른 것을 「판루즈」라 하며 루즈용 막대로 개어서 사용한다. 1880년경에 합성색소가 일본에 수입되어 일본산 잇꽃의 생산이 서서히 줄어들었다. 일본에서 현재와 같은 립스틱이 처음 만들어진 것은 1917년경이라고 한다.

아이라인 펜슬은 예로부터 이용되었지만, 아이섀도우나 네일 에나멜이 일반적으로 널리 보급된 것은 1960년경부터이며, 색이 선명한 각종의 포인트 메이크업이 유행색(fashion color)과 함께 향상되었다.

메이크업 화장품은 사용성, 기능성, 계절성 등의 관점으로부터 새로운 형태가 차례차례 개발되고 있다.

2-2 》 메이크업 화장품의 종류와 기능[1~3]

메이크업 화장품의 역할에는 미적 역할(아름답게 보임), 보호적 역할(피부를 보호) 그리고 심리적 역할이 있다. 심리적 역할에는 마음에 만족감을 주고, 활동에 활력을 생기게 하며, 화장하는 것에 대한 즐거움 등의 화장행위에 의한 안심감이라는 기능과 변신요망 등에 대한 만족감으로서의 기능이 있다[4]. 표 2-1은 화장품의 종류별 미적 역할과 보호적 역할에 대한 기능을 나타낸 것이다.

표 2-1. 메이크업 화장품의 기능

<table>
<tr><th colspan="2">종 류</th><th>기 능</th></tr>
<tr><td rowspan="2">베이스메이크업</td><td>파우더·프레스파우더류</td><td>1) 피부색을 조정, 밝게 한다.
2) 피부에 탄력, 투명감을 준다.
3) 땀이나 피지를 억제하고, 화장지속을 좋게 한다.
4) 자외선으로부터 피부를 보호한다.</td></tr>
<tr><td>파운데이션류</td><td>1) 피부색을 기호에 맞게 바꾼다.
2) 피부에 광택, 탄력, 투명감을 준다.
3) 피부의 기미, 주근깨 등 결점을 커버한다.
4) 건조나 자외선으로부터 피부를 보호한다.</td></tr>
<tr><td rowspan="4">포인트메이크업</td><td>립스틱류</td><td>1) 입술에 색을 주어 얼굴을 돋보이게 한다. 화장효과가 가장 크다.
2) 입술을 건조나 자외선으로부터 보호한다.</td></tr>
<tr><td>볼연지</td><td>1) 볼 부근을 붉게하여 밝고, 건강하게 보이도록 한다.
2) 얼굴의 결점을 커버하거나 입체감을 준다.</td></tr>
<tr><td>아이라이너</td><td>1) 속눈썹이 난 언저리에 라인을 그어 눈의 윤곽을 강조한다.
2) 눈 모양을 변화시켜 눈가의 표정을 풍부하게 한다.</td></tr>
<tr><td>마스카라</td><td>1) 속눈썹을 길게 컬링시켜 눈매를 강조하고, 만든 음영으로 눈매의 표정을 부여한다.
2) 머리와 눈, 아이라이너와 섀도우색과 코디네이트 시킨다.</td></tr>
</table>

종 류		기 능
포인트메이크업	아이섀도우	1) 눈매에 음영을 주어 입체적으로 보이게 하고 얼굴에 표정을 주어 복장 립스틱 등과 코디네이트 시킨다.
	아이브라우	1) 눈썹의 모양을 조정하여 눈매를 확실하게 한다. 2) 얼굴의 표정을 변화시키고 머리털색과 코디네이트 시킨다.
	네일 에나멜	1) 손톱에 색을 주어 매력적으로 보이게 하고 손, 손가락에 표정을 부여한다. 2) 손톱을 보강한다.
	에나멜 리무버	1) 에나멜을 손톱으로부터 제거한다.
	네일트리트먼트	1) 탈지 또는 탈수로 광택이 없거나 부러지기 쉬운 손톱을 원래의 상태로 돌린다.

2-3 》 메이크업 화장품의 종류와 제형

메이크업 화장품은 안료(유기, 무기, 펄안료 등)를 여러 가지의 기제중에 분산시킨 것이다. 메이크업 화장품의 형태와 처방은 시대와 함께 현저히 진보하였다. 메이크업 화장품은 메이크업의 기능, 효과, 사용상의 편리 등을 고려한 여러 종류의 제형이 있다. 메이크업 화장품의 종류와 제형 및 구성성분의 개략을 표 2-2에 나타낸다.

2-4 》 메이크업 화장품의 구성원료

메이크업 화장품을 구성하고 있는 원료는 착색안료, 백색안료, 체질안료, 펄안료 등의 분체부분과 이를 분산시키는 기제부분으로 이루어져 있고, 양자의 배합비율을 변화시킨 여러종류의 제형이 있다. 기제에는 유동파라핀, 바세린, 왁스류, 스쿠알란, 합성에스테르 등의 유분과, 글리세린, 프로필렌글리콜 등의 보습제, 계면활성제 등이 있다. 그 외에 원료로서 방부제, 산화방지제, 향료 등이 있다.

메이크업 화장품에서는 화장 효과라는 관점으로부터 특히 피복성과 착색성이 중요하며, 이 기능은 분체 부분에 의존하는 경향이 크다. 표 2-3에 화장품에 이용되는 분체를 나타낸다. 착색안료, 백색안료는 제품의 색조 조정과 피복력을 컨트롤하는데 이용된다. 분체의 은폐력(hiding power)은 굴절률(refractive index)과 입자지름에 관계하며, 표 2-4에 주요한 분체의 굴절률을 나타낸다. 메이크업 화장품에 피복력을 부여하기 위하여 고굴절률의 이산화티탄과 아연화가 이용된다.

표 2-2. 메이크업 화장품의 종류와 구성성분[5)]

사용부위		얼굴					볼				입술			눈매																손톱	
분류		백분·파운데이션					볼연지				립스틱			아이섀도우			아이브로우			아이라이너						마스카라				에나멜	
원료	제형	쉬트상*	분말	고형	유화형	유성형	고형	쉬트상*	액상	연상	스틱상유성	스틱상유화	연상	고형	유성형	유화형	고형	유성형	연필형	고형	유성형	휘발성유제형	유화형	유화고분자형	연필형	유성형	휘발성유제형	유화형	유화고분자형	용제형	유화형
기제	유지			○	○	○	○		○	○	○	○	○	○	○	○	○	○	○	○	○	○	○		○	○	○	○			
	왁스			○	○	○	○		○	○	○	○	○	○	○	○	○	○	○	○	○	○	○		○	○	○	○			
	지방산				○											○			○				○		○			○			
	고급알코올				○						○	○				○			○				○		○			○			
	지방산에스테르	○		○	○	○	○	○	○	○	○	○	○	○	○	○	○	○	○	○	○	○	○		○	○	○	○			
	탄화수소			○	○	○	○		○	○	○	○	○	○	○	○	○	○	○	○	○	○	○		○	○	○	○			
	계면활성제	○		○	○	○	○	○	○	○	○	○	○	○	○	○	○	○		○	○	○	○	○		○	○	○	○		○
	금속비누		○	○	○									○		○							○	○				○	○		
	가소제																													○	○
	고분자화합물	○		○	○	○		○	○						○	○						○	○	○			○	○	○	○	○
	무기점도증가제				○				○							○						○	○	○			○	○	○	○	○
	휘발성유제(용제)											○										○					○			○	○
	다가알코올				○							○				○							○	○				○	○		
	무기분체	○	○	○	○	○	○	○	○	○	○	○	○	○	○	○	○	○	○	○	○	○	○	○	○	○	○	○	○		
	정제수				○							○				○							○	○				○	○		○
착색료	유기성착색료	○	○	○	○	○	○	○	○	○	○	○	○	○	○	○														○	○
	무기성착색료	○	○	○	○	○	○	○	○	○	○	○	○	○	○	○	○	○	○	○	○	○	○	○	○	○	○	○	○	○	○
	펄안료			○			○		○	○	○	○	○	○	○	○														○	○

* 지분(sheet상)

표 2-3. 메이크업 화장품에 이용되는 분체

종 류		원 료
체질안료		탈크, 카올린, 마이카, 세리사이트, 탄산칼슘, 탄산마그네슘 무수규산, 황산바륨 등
착색안료	유 기	(합성) 식품, 의약품 및 화장품용 타르색소 (천연) β-카로틴, 칼사민, 칼민, 크로로필 등
	무 기	벤가라, 황산화철, 흑산화철, 군청, 감청, 산화크롬, 카본블랙 등
백색안료		산화티탄, 아연화
펄안료		어린박, 옥시염화비스무스, 운모티탄, 산화철처리운모티탄 등
기 타	금속비누	스테아린산 Mg, Ca, Al염, 미리스틴산 Zn염 등
	합성고분자분말	나일론 파우더, 폴리에틸렌분말, 폴리메타크릴산 메틸 등
	천연물	울 파우더, 셀룰로오스 파우더, 실크 파우더, 전분 등
	금속분말	알루미늄 분말 등

표 2-4. 주요한 분체의 굴절률[6)]

분 체	굴절률
이산화티탄(루틸)	2.71
이산화티탄(아나타제)	2.52
아연화	2.03
연 백	1.94~2.09
황산바륨	1.63~1.64
탄산칼슘	1.51~1.65
점토광물(탈크, 마이카 등)	1.56
알루미나	1.50~1.56
실리카	1.55

(상원, 안등 : 안료급 회구, p.26, 공립전서, 1972)

또 입경과의 관계에서는 0.2~0.3μm에서 은폐력이 최대가 되고 그 이하와 이상에서는 작아진다. 펄안료는 색조에 진주광택을 주고 질감을 변화시키는데 이용된다. 체질안료는 착색안료의 희석제로서 색조를 컨트롤하고 동시에 피부에 대하여 퍼짐성(伸展性), 부착성, 땀과 피지의 흡수성과 관계있는 사용감촉, 그리고 광택 등의 마무리를 조정한다. 퍼짐성이란 피부상에서 잘 펴 발라지고, 매끄러운 감촉을 주는 특성이며, 탈크나 마이카계의 원료가 그와 같은 특성을 갖는다. 최근에는 분체의 입자 지름이 5~15μm 정도의 구상분체가 퍼짐성 향상에 이용되는데, 구상실리카나 알루미나, 구상의 고분자 분체인 나일론, 폴리에틸렌, 폴리스틸렌, 폴리메틸메타아크릴레이트 등이 있다.

퍼짐성의 물리화학적 평가법으로서 동적 마찰계수가 있다. 표 2-5에 각종 분체의 동적 마찰계수 값을 나타내었는데, 동적 마찰계수가 작을 수록 퍼짐성이 좋아진다.

표 2-5. 각종 분체의 동적 마찰계수[7)]

분 체	굴절률
탈크	0.27~0.33
마이카	0.42~0.47
카올린	0.54~0.59
이산화티탄	0.49
미립자 이산화티탄	0.80
아연화	0.60
구상 실리카	0.28~0.32
구상 알루미나	0.29
구상 나일론	0.33
구상 폴리스틸렌	0.26~0.30
구상 폴리메틸메타 아크릴산염	0.29

부착성이란 피부에 잘 부착되는 특성이며, 피부에의 부착과 마무리감 및 화장지속에도 관계된다. 이전에는 부착성을 높이기 위하여 금속비누가 이용되었으나, 최근에는 분체에 표면처리(surface treatment)하여 부착성을 향상시키고 있다. 또 피부에 밀착하고 있는 분체가 땀과 섞여서 화장이 흐트러지는 것을 방지하기 위하여 분체의 撥水처리도 한다. 발수 처리에는 금속비누, 지방산, 고급알코올, 실리콘 등이 이용된다.

분체의 흡수성은 땀과 피지를 흡수하는 특성으로서, 피부의 기름끼를 제거하면서 화장 흐트러짐을 방지한다. 화장 흐트러짐은 피지량이 많은 지방피부의 사람일수록 빠르며, 특히 피지량이 많은 T-Zone이라는 이마와 코의 주위의 화장이 흐트러지기가 쉽다.

카올린, 탄산칼슘, 탄산마그네슘은 땀과 피지의 흡수가 우수하며 같은 분체에서도 미세화하면 흡수량과 흡유량을 증가시킬 수 있다. 최근에는 흡수능을 갖는 분체로서 다공성의 분체가 이용된다. 다공성의 실리카비드나 다공성 셀룰로오스 파우더 등이 있으며, 이들을 구상이기 때문에 퍼짐성의 향상도 동시에 기대할 수 있다.

메이크업 화장품은 자외선으로부터 피부를 보호하는 것이 중요한 요소 중 하나이다. 이산화티탄과 아연화 같은 피복력이 큰 분체는 자외선 차단효과가 있지만, 마무리 사용감 때문에 많은 양의 배합은 불가능하다. 그러나 평균 입경이 0.03μm정도의 미립자 이산화티탄은 그림 2-1에 나타난 것처럼 자외선 방어효과가 우수하고 미립자이므로 가시광선이 투과해도 도포색이 하얗게 되지 않아 자연스러운 마무리 효과를 얻을 수 있다. 자외선 방어기능을 부여하는 메이크업 화장품에는 미립자 이산화티탄 외에 아연화, 지르코늄 등도 이용된다.

기타 원료에 대해서는 각 제품 종류 별로 설명한다.

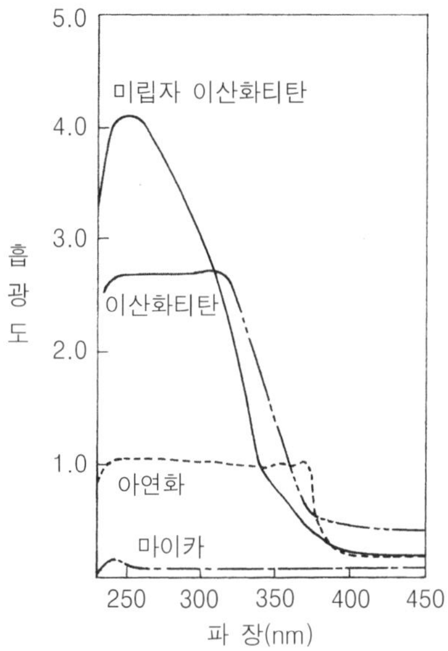

그림 2-1. 분체의 자외선 흡수능[8]

2-5 》 백분 · 타정분류 ; Face powder · Pressed powder

백분은 옛부터 이용되고 온 메이크업 화장품의 일종으로, 얼굴의 색상을 변화시켜 매력적으로 보이게 한다. 기미나 주근깨 등의 결점 은폐하는 것 등을 목적으로 한다. 그러나 파운데이션의 등장으로 땀과 피지에 의한 번들거리는 기름기를 제거하고, 화장 지속성을 유지하는 것이 주목적이 되었다. 최근에는 핑크나 블루 등의 색을 내어 미묘하게 피부색을 변화시키거나, 혹은 볼연지로서 사용하기도 한다. 또한 1개의 케이스에 두가지 색 이상의 파운데이션을 성형한 소위 다색성형품 등도 있어서, 지금까지 없었던 메이크업 효과를 즐길 수 있다.

백분 제형에는 분체를 주체로한 분백분(loose powder), 여기에 소량의 유성분을 결합제로서 배합하여 고형상으로 만든 고형백분(compact powder), 분체를 종이에 부착시킨 지백분(paper powder), 분체를 수성성분에 분산시킨 수백분(liquid face powder), 분체를 글리세린 등의 용액에서 반죽한 연백분(kneaded powder) 등이 있다.

현재에는 분백분과 고형백분이 주류를 이루고 있고, 예전에는 잘 이용되던 수백분과 연백분은 일반적으로는 잘 사용하지 않고 무대용 등의 특수 메이크업에 사용하는 경우가 많다.

2-5-1. 분체백분 ; Loose powder

분체백분은 유성분 등을 배합하지 않고, 거의가 분체 원료만으로 처방 구성된 분말상이다. 분백분은 주로 유화 파운데이션과 유성파운데이션의 위에 도포하여 기름기나 끈적거림을 억제하여 광택없는 투명감이 있는 피부색을 연출하며, 땀과 피지를 억제하여 화장 지속성을 좋게 하는 목적으로 사용된다.

분백분은 퍼프 등의 화장용구를 사용하여 도포하고, 피부에 매끄럽게 펴져야 한다. 이러한 목적에는 일반적으로 주요분체로서 탈크가 이용된다. 그리고 광택을 없애거나 커버력을 조정하기 위하여 카올린과 산화티탄 등, 부착력 향상을 위해서는 스테아린산아연과 미리스틴산아연 등, 땀과 피지의 흡수를 위해서는 탄산칼슘과 탄산마그네슘 등이 각각 이용된다. 또한 피부색을 보정하기 위해 착색안료와 펄안료를 이용하기도 한다.

【처방예】 분체백분

분 체	: 탈크	75.0%
	카올린	5.0
	이산화티탄	3.0
	미리스틴산아연	5.0
	탄산마그네슘	5.0
	세리사이트	7.0
	착색안료	적당량
기 타	: 향료	적당량

【제조법】 탈크와 착색안료를 혼합기로 혼합한다. 여기에 나머지 원료를 첨가하여 잘 혼합해서 색을 조정 후, 향료를 분무하여 균일하게 섞는다. 이를 분쇄기로 분쇄한 후 체에 거른다.

2-5-2. 고형백분 ; Compact powder

분체백분을 고형화하여 휴대용으로 편리하게 한 것이 고형백분이며, 기능적으로 분체백분과 거의 같다. 분체백분은 대부분 가정용이며, 고형백분은 외출시 화장 수정에 이용된다. 고형백분의 기본원료는 분체백분과 같지만 분체를 성형하기 위한 결합제(binder)로서 5% 전후의 유분이 이용된다.

【처방예】 고형백분

분 체	:	탈크	55.0%
		세리사이트	15.0
		카올린	10.0
		이산화티탄	5.0
		미리스틴산아연	5.0
		탄산마그네슘	5.0
		착색안료	적당량
결 합 제	:	스쿠알란	3.0
		트리이소옥탄산 글리세린	2.0
기 타	:	방부제, 산화 방지제	적당량
		향료	적당량

【제조법】 탈크와 착색안료를 혼합기에서 혼합한다. 여기에 나머지 분체를 첨가하여 잘 혼합하고 결합제, 방부제를 가해 색을 조정 후, 향료를 분무하여 균일하게 혼합시킨다. 이를 분쇄기로 분쇄한 후, 체로 거르고, 케이스에 압축성형한다.

2-5-3. 지백분 ; Paper powder

분체백분을 휴대하기 쉽게 종이에 도포한 것이 지백분이다. 시간이 흘러서 피부에 나타나는 땀과 피지를 억제하고 간단한 화장 수정이 가능하다. 분체 원료로는 분체백분과 거의 같으며 종이에 고정하기 위한 수용성고분자가 첨가된다. 수용성고분자 용액에 분체원료를 분산시키고, 그것을 코다로 종이에 균일하게 도포한 후, 건조시키고 적당한 크기로 잘라 케이스에 고정시킨다.

2-5-4. 수백분 ; Liquid face powder

글리세린 등을 함유한 화장수에 분체백분을 분산시킨 것이다. 사용시에는 잘 흔들어 균일하게 해서 사용하고, 움직이지 않게 놓은 경우에는 분체가 부유하거나 분리되지 않고, 균일하게 침강하는 것이 좋다. 또 병 벽에 부착되지 않는 것이 좋다. 상쾌한 청량감과 옅은 화장을 특징으로 한다.

2-5-5. 연백분 ; Kneaded powder

목둘레나 목언저리의 화장에 이용하는 것이며 일반적인 메이크업에서는 이용하지 않고 무대화장 등 특수화장에 사용한다. 분체원료는 백체분과 같은 것을 사용하며 특히 커버력이 요구되므로 이산화티탄과 아연화가 많이 배합되는데, 그 분체들을 글리세린 등의 용액으로 반죽한 것이다. 커버력과 밀착성이 있으며 화장지속이 좋은 것이 특징이다.

2-5-6. 기타 분말 화장품

1) 베이비파우더 ; Baby Powder

유아용으로서 베이비파우더가 있다. 매끄러운 성질이 매우 좋고, 흡습성으로 피부를 보호하기 위해 주원료로 탈크가 사용되며 기저귀로 인한 짓무름을 예방하기 위해 살균제도 배합된다. 유아용이기 때문에 살균제와 향료는 특히 자극이 없는 것을 선택할 필요가 있다.

제형적으로는 분체원료를 주로 한 루스(loose)상인 것과, 그것에 결합제로서 5%전후의 유분을 배합한 고형상도 있다. 다음은 분말상의 처방예이다.

【처방예】 베이비파우더(분말상)

분 체	: 탈크	93.0%
	아연화	3.0
	스테아린산 마그네슘	4.0
기 타	: 살균제	적당량
	향료	적당량

【제조법】 분체백분과 같다.

2) 탈컴파우더 ; Talcum powder

전신을 대상으로 한 분말화장품으로, 매끈매끈한 감촉을 주고, 땀과 수분을 흡수하므로 여름철 목욕 후와 면도 후 등에 바르면 좋다. 보통 분체 백분에 비교하여 탈크 양이 많고, 부착성을 좋게 하기 위하여 금석 비누가 배합된다. 또 목적에 따라 살균제 등도 첨가한다.

【처방예】 탈컴파우더

분 체	: 탈크	95.0%
	스테아린산 마그네슘	5.0

기　　타	: 살균제	적당량
	향료	적당량

【제조법】 분체백분과 같다.

2-6 》 파운데이션류 ; Foundations

예전에는 베이스 메이크업이라 부르는 백분이 주류를 이루었다. 그러나 2차대전 이후에 피부색 메이크업 화장품으로서 유액상, 케이크상, 스틱상 등의 파운데이션이 등장하였고 백분은 화장지속성 향상과 화장수정으로서의 기능이 주기능이 되었다. 그리고 파운데이션이 피부색보정, 질감의 수정, 기미, 주근깨 등의 커버, 자외선 등의 외부 자극으로부터의 보호, 트리트먼트성 등의 기능을 갖게 되어, 최근에는 백분과 파운데이션을 별도로 분류하고 있다.

표 2-6. 파운데이션류의 형태별 분류

타 입		구성성분(%)				특 징
		분체	유분	수분	기타	
고형상	파우더타입	80～93	7～20	—	약제	피부색 보정, 휴대에 편리
	양용타입	80～93	7～20	—	약제	피부색 보정, 휴대에 편리, 물이 있거나 없거나 양쪽 사용 가능
	케이크타입	80～85	2～20	—	유화제	물전용으로 사용시 청량함
	유성타입	35～60	40～65	—	약제	부착성이 양호, 물에 강함
	W/O유화타입	15～55	30～70	5～30	유화제·보습제	화장지속성 양호, 휴대 편리
스틱상	유성타입	35～60	40～65	—	약제	부착성이 양호, 커버력이 높다.
크림상	O/W유화타입	10～25	15～30	40～70	유화제·보습제	퍼짐성이 양호, 트리트먼트성
	W/O유화타입	10～35	15～50	20～60	유화제·보습제	화장지속성 양호
유액상	O/W유화타입	5～20	10～25	50～80	유화제·보습제	퍼짐성 양호, 트리트먼트성, 촉촉함
	W/O 2층분산타입	10～30	15～50	30～50	유화제·보습제	화장지속성 양호, 산뜻한 사용성

파운데이션에도 상당히 많은 타입이 있는데, 크게는 분말고형 파운데이션, 유분산형(유성) 파운데이션, 유화파운데이션(O/W형, W/O형)으로 분류된다. 표 2-6에 파운데이션의 형태별 분류를 나타내고, 각각의 특징을 제시하였다. 파운데이션에 여러 유형이 있는 것은 연간 변화하는 기상조건 때문이기도 하다. 즉 고온다습한 여름에는 땀과 피지가 많이 배출되므로 화장이 흐트러지지 않도록 실리콘 등으로 소수화 처리한 분체를 배합한 파운데이션과, 산뜻한 사용 감촉을 주기 위하여 화장용구인 스펀지에 물을 적셔서 사용하는 고형파운데이션 등이 있다. 또한 여름에 강한 자외선으로부터 피부를 보호하도록 자외선 방어효과가 있는 일광 그을림 방지 파운데이션도 주류가 되고있다. 한편 저온건조한 겨울에는 피부의 수분을 고려하여 유화형 파운데이션이 이용된다. W/O형 유화형 파운데이션에 왁스를 가하여 케이스에 충전한 고형 유화형 파운데이션(고형에멀젼) 등도 있다.

이외 특수한 것으로서, 기미나 주근깨 등의 결점을 커버하기 위한 부분용 파운데이션에는 피복력을 높일 수 있는 유성형태가 적당하다.

파운데이션의 색조에는 핑크계, 핑크 오클계, 오클계, 옐로우 오클계 등 4~10색 정도가 있고, 본인의 피부색과 기호에 맞게 선택 가능하다.

최근에는 실내에서 사용할 때는 예쁜 메이크업이 태양광선이 강한 실외에서 하얗게 떠보이는 현상을 없애기 위해, 일광에 따라 색이 가역적으로 변화하는 포토크로믹(photochromic) 분체를 배합한 파운데이션 등도 개발되어 있다.

2-6-1. 파우더 파운데이션 ; Powdery foundation

분말고형파운데이션의 대표적인 것이 파우더 파운데이션이다. 베이스 크림을 도포한 후에 스펀지에 적당량을 취해 피부에 도포하는 것이며, 간단한 메이크업이 가능하기 때문에 외출 전 화장수정에도 이용되며, 일본에서는 폭넓은 연령층에 보급되어 있다.

파우더 파운데이션의 조성은 체질 안료, 백색 안료, 착색 안료, 결합제, 향료 등으로 이루어진다. 매우 잘 퍼지게 하고, 매끄러운 감촉을 주는 착색 안료 등을 분산시키는 체질 안료에는 탈크, 마이카, 세리사이트 등이 이용된다.

파우더 파운데이션은 아름다운 마무리화장과 피부색 보정의 관점으로부터 착색안료와 백색안료가 고형 백분보다도 많이 배합된다. 착색안료로는 주로 산화철계의 무기안료가 배합되며, 경우에 따라서는 피부를 더욱 예쁘게 보이게 할 목적으로 채도가 높은 유기안료가 사용되기도 한고, 적당히 윤을 내기 위하여 운모 티탄계의 펄안료 등도 사용된다.

결합제로서 유성분에는 천연 동식물류와 유동파라핀과 같은 광물 기름, 혹은 합성에스테르유, 또는 가볍게 잘 퍼지도록 하고 발수성을 나타나게 하기 위하여 실리콘유 등도 이용된다. 성형성 등을 향상시키기 위하여 라놀린 등의 반고형유분과 탄화수소계의 왁스 등도 배합되는 경우가 있다. 결합제의 배합량은 그제품의 목표가 되는 사용성 등에 따르는데, 분체원료의 흡유특징과의 밸런스도 고려하여 결정한다.

흡유특성이란 분체가 유성분을 간직하려는 성질이다. 100g의 분체에 유성분을 조금씩 넣어서 반죽하면서 분체의 상태를 관찰하고, 분산된 상태로부터 하나의 덩어리가 이루어지는 점을 확인하고 그때 유성분의 mL수가 그 분체의 흡유량(oil absorption)이며, 분체물성을 표시하는 하나의 인자가 된다.

【처방예】 파우더 파운데이션

분　　체	: 탈크	20.3%
	마이카	35.0
	카올린	5.0
	이산화티탄	10.0
	운모티탄	3.0
	스테아린산아연	1.0
	벤가라	1.0
	황산화철	3.0
	흑산화철	0.2
	나일론파우더	10.0
결 합 제	: 스쿠알란	6.0
	초산라놀린	1.0
	미리스틴산옥틸도데실	2.0
	디이소옥탄산네오펜틸글리콜	2.0
	모노올레인산솔비탄	0.5
기　　타	: 방부제, 산화방지제	적당량
	향료	적당량

【제조법】 고형백분과 같다.

2-6-2. 케이크 타입 파운데이션 ; Cake-type foundations

물을 머금은 해면이나 스펀지를 사용하는 고형 파운데이션으로, 청량감 때문에 여름철에 많이 이용된다. 젖은 스펀지로 사용할 경우, 크리미한 감촉을 내기 위하여 친수성 계면활성제를 배합하는데, 이 때 물과 섞여서 사용할 때에는 유화상태가 된다. 사용 감촉이 산뜻하고, 엷게 발라져서 상쾌한 마무리를 선호하는 사람들이 많이 사용한다.

【처방예】 케이크 타입 파운데이션

분 체 :	탈크	43.1%
	카올린	15.0
	세리사이트	10.0
	아연화	7.0
	이산화티탄	3.8
	벤가라	1.0
	황산화철	2.9
	흑산화철	0.2
결 합 제 :	스쿠알란	8.0
	모노올레인산POE 솔비탄	3.0
	옥탄산이소세틸	2.0
	이소스테아린산	4.0
기 타 :	방부제, 산화 방지제	적당량
	향료	적당량

【제조법】 고형백분과 같다.

2-6-3. 겸용 파운데이션[9) ; Dual-use foundations

파우더 파운데이션과 케이크 타입 파운데이션의 두 가지 기능을 갖는 파운데이션이다. 마른 스펀지나 젖은 스펀지나 모두 사용 가능하므로 겸용 파운데이션이라고 하며, 현재 케이크 타입 파운데이션을 대신하여 여름용 파운데이션의 주류를 이루고 있다. 간편성과 젖은 스펀지를 사용할 때의 청량감, 화장지속성이 좋은 것이 특징이다.

파우더 파운데이션에 젖은 스펀지를 사용하면 분체가 친수성이기 때문에 물을 흡수하여 딱딱하게 되고, 소위 케이킹 현상이 생겨 사용할 수 없게 된다. 따라서 분체를 소수화 처리하여 젖은 스펀지 사용에 따른 케이킹을 방지할 수 있게 되었고, 이로써 겸용 파운데이션이 탄생하였다.

기본적으로는 실리콘 처리된 분체와 결합제로 처방 구성되며, 주로 여름용이라는 것을 고려하여 자외선방어효과를 갖게 하기 위하여 초미립자이산화티탄과 자외선흡수제를 배합하는 경우도 많다.

【처방예】 겸용 파운데이션

분　　체 :	실리콘 처리 탈크	19.2%
	실리콘 처리 마이카	40.0
	실리콘 처리 이산화티탄	15.0
	실리콘 처리 초미립자이산화티탄	5.0
	실리콘 처리 벤가라	1.0
	실리콘 처리 황산화철	3.0
	실리콘 처리 흑산화철	0.2
	스테아린산 아연	0.1
	나일론 파우다	2.0
결 합 제 :	스쿠알란	4.0
	고형 파라핀	0.5
	디메틸폴리실록산	4.0
	트리이소옥탄산글리세린	5.0
UV 흡수제 :	옥틸메토키신나메이트	1.0
기　　타 :	방부제, 산화방지제	적당량
	향료	적당량

【제조법】 고형백분과 같다.

2-6-4. 유성 파운데이션 ; Oil-based foundations

유성기제내에 분체를 분산시킨 것이며, 콤팩트 타입과 스틱 타입이 있다. 에몰리엔트 효과가 높기 때문에 동절기에 좋다.

유성 파운데이션은 피부에 잘 펴지고 부착성이 좋아서 화장이 잘 지워지지 않는다는 특징이 있다. 또 피복력이 크므로 보통의 파운데이션으로는 은폐할 수 없는 심한 기미나 주근깨나 피부반점을 은폐하는 경우에도 사용된다.

유성기제이므로, 끈적거리지 않도록 유성분과 분체의 성질을 충분히 고려하여 처방설계를 할 필요가 있다. 아래에 콤팩트타입과 피복력이 큰 캄플라지(camouflage)용의 처방을 나타냈다.

【처방예 1】 유성 파운데이션(콤팩트 타입)

분　　체 :	탈크	17.8%
	카올린	15.0
	이산화티탄	15.0
	벤가라	1.0
	황산화철	3.0
	흑산화철	0.2

결 합 제	: 고형 파라핀	3.0
	마이크로크리스탈린왁스	6.0
	밀납	2.0
	바세린	12.0
	초산라놀린	1.0
	스쿠알란	6.0
	팔미틴산이소프로필	18.0
기 타	: 산화방지제	적당량
	향료	적당량

【제조법】 결합제 및 산화방지제를 85℃에서 용해하여, 여기에 충분히 혼합분쇄된 분체부를 교반하면서 첨가한다. 이어서 콜로이드밀에서 분쇄 분산한다. 향료를 가하고, 탈기포후 70℃에서 용기에 넣은 후 냉각한다.

【처방예 2】 은폐용 파운데이션(스틱 타입)

분 체	: 탈크	2.8%
	카올린	20.0
	마이카	3.0
	이산화티탄	20.0
	벤가라	1.0
	황산화철	3.0
	흑산화철	0.2
결 합 제	: 고형파라핀	3.0
	마이크로크리스탈린 왁스	7.0
	바세린	15.0
	디메틸폴리실록산	3.0
	스쿠알란	5.0
	팔미틴산이소프로필	17.0
기 타	: 산화방지제	적당량
	향료	적당량

【제조법】 콤팩트 타입과 같다.

2-6-5. O/W 유화형 파운데이션 ; O/W emulsion foundations

O/W 유화형 파운데이션은 수상에 유상 및 분체원료를 유화, 분산시킨 계로서, 크림 타입

과 리퀴드 타입이 있다. 촉촉한 사용감과 트리트먼트 기능이 우수하여, 습도가 낮고 건조한 서양에서는 파운데이션 중에서도 가장 많이 사용되고 있다. 다만 땀이나 피지와 섞이기 쉬워 화장 지속성이 좋지 않다는 것이 결점이다.

O/W 유화형 파운데이션은, 분체(안료)를 수상내에 균일하게 분산시킴과 동시에 안정된 유화계를 유지해야 한다. 특히 점도가 낮을수록 촉촉하지만, 어디까지 외상 점도를 낮추어 안정된 계를 얻을 수 있을지가 무엇보다도 중요한 부분이다. 처방을 설계할 때는 분체의 선택, 유상의 구성, 유화제의 선택, 유화·분산의 방법 등을 충분히 검토하여야 할 필요가 있다. 다음은 리퀴드타입을 처방예로 든 것인데, 리퀴드타입의 유상(내상)비를 올려 분체량을 많게 하면 크림타입이 얻어진다.

【처방예】 O/W 유화형 파운데이션(리퀴드타입)[9]

분 체 :	탈크	3.0%
	이산화티탄	5.0
	벤가라	0.5
	황산화철	1.4
	흑산화철	0.1
수 상 :	벤트나이트	0.5
	모노스테아린산폴리옥시에틸렌솔비탄	0.9
	트리에탄올아민	1.0
	프로필렌글리콜	10.0
	정 제 수	56.4
유 상 :	스테아린산	2.2
	이소헥사데실알코올	7.0
	모노스테아린산글리세린	2.0
	액상라놀린	2.0
	유동파라핀	8.0
	방 부 제	적당량
기 타 :	향료	적당량

【제조법】 수계의 점도 증가제인 벤트나이트를 분산시킨 프로필렌글리콜을 정제수에 가하여 70℃에서 호모 믹서로 처리한 후, 나머지 수상 부분을 첨가하여 충분히 교반한다. 여기에 충분히 혼합 분쇄한 분체부를 교반하면서 첨가하고, 70℃에서 호모믹서로 처리한다. 다음에 70~80℃에서 가열 용해된 유상을 서서히 첨가하여 70℃에서 호모믹서로 처리한다. 이것을 교반하면서 냉각하여, 45℃에서 향

료를 넣고 실온까지 냉각한다. 마지막으로 탈기포하여 용기에 넣는다.

2-6-6. W/O 유화형 파운데이션 ; W/O emulsion foundations

W/O 유화형 파운데이션은 예로부터 알려져 있지만 외상이 유분이어서 사용감촉이 끈끈한 것이 결점이었다. 그러나 실리콘계 계면활성제가 등장함에 따라, 실리콘유를 외상으로 한 안정성이 좋은 W/O 유화형이 개발되었다. 이를 응용한 W/O 유화형 파운데이션은 종래의 W/O 유화형에 비해, 실리콘유가 갖는 산뜻한 사용감촉이 있고, 또 W/O 유화형 파운데이션에는 없는 우수한 화장지속성이 특징이다.

W/O 유화형의 일종으로 이층 분산타입 파운데이션이 있는데, 이 파운데이션은 저점도에서 사용시에 흔들면 W/O 유화형이 된다. 청량감이 있고 촉촉하므로 최근 여름용으로서 각광받고 있다.

또한 최근에는 W/O 유화형 파운데이션을 고형화한 솔리드 에멀젼(solid emulsion)이 개발 되었다. 유화형 파운데이션의 특징인, 마무리가 좋고 트리트먼트 기능이 우수하며, 콤팩트가 갖는 간편성 때문에 인기를 누리고 있다. 이는 기본적으로 크림타입에 왁스를 가하고 케이스에 충전하여 고형상으로 만든 것이다.

W/O 유화형 파운데이션의 처방예로서 크림타입과 이층 분산타입에 대하여 알아본다.

【처방예 1】 W/O 유화형 파운데이션(크림타입)[10]

분 체 :	세리사이트	5.36%
	카올린	4.0
	이산화티탄	9.32
	벤가라	0.36
	황산화철	0.8
	흑산화철	0.16
유 상 :	유동파라핀	5.0
	데카메틸시크로펜탄실록산	12.0
	폴리옥시에틸렌변성디메틸폴리실록산	4.0
수 상 :	정제수	51.9
	분산제	0.1
	1,3-부틸렌글리콜	5.0
	방부제	적당량
기 타 :	안정화제	2.0
	향료	적당량

【제조법】 수상을 70℃로 가열교반 후, 충분히 혼합분쇄된 분체부를 첨가하여 70℃에서 호모믹서로 처리한다. 여기에 일부의 정제수에 용해한 안정화제를 가하여 교반한다. 그리고 70℃로 가열한 유상을 가해 70℃에서 호모믹서로 처리한다. 이것을 교반하면서 냉각하여 45℃에서 향료를 첨가하여 실온까지 냉각한다. 마지막으로 탈기포 후, 용기에 담는다.

【처방예 2】 W/O유화형 파운데이션(이층분산타입)[11]

분 체 :	탈크	7.0%
	이산화티탄	12.0
	무수규산	2.0
	나일론파우더	4.0
	착색안료	2.0
유 상 :	옥타메틸시크로테트라실록산	10.0
	로진펜타에리스리트에스테르	1.5
	디이소옥탄산네오펜틸글리콜	5.0
	스쿠알란	2.5
	트리이소옥탄산글리세린	2.0
	폴리옥시에틸렌변성디메틸폴리실록산	1.5
수 상 :	정제수	39.5
	1,3-부틸렌글리콜	4.0
	에탄올	7.0

【제조법】 수상을 교반 후, 충분히 혼합분쇄한 분체부를 첨가하여 호모믹서 처리한다. 여기에 유상을 용해하여 넣고 호모믹서 처리한다. 마지막으로 탈기포 후, 용기에 담는다.

2-7 》 립스틱과 루즈 ; Lipsticks and Rouge

2-7-1. 립스틱과 루즈의 역사[12~18]

그리스·로마시대에는 특정한 식물에 함유되어 있는 색소를 입술과 뺨에 칠하였다. 그 후 립스틱용 색소로서 주로 서구에서는 이집트에서 채집된 카민(코키닐)이, 일본에서는 홍화에서 채집된 카르사르민이 널리 이용되어 왔다. 유지와 왁스로 구성된 근대적 스틱상 립스틱은 제1차 세계대전을 경계로 대두된 것이다. 상이 변하지 않는 카민이 중심적 색소였지만 합성색소 테트라브롬플루오르세인(적색 223호)가 이 때부터 사용되어 잘 지워지지 않는 립스틱이 만들어지게 되었다. 1940년경부터 카민 등의 천연색소를 대신해서 합성색소가 널리 사용되고 있고, 립스틱의 색조가 여성의 머리형, 의복과 밀착된 형태로 유행하게 되었다. 특히 최근에는 진주 광택을 갖는 분말을 이용하여 색조, 질감이 풍부하게 되었다. 또한 립스틱에 대한 요구가 더욱 커졌는데, 특히 립 케어 기능의 중요성이 강조되고 있다. 입술의 구조는 피부와 달라서, 피지막, 각질층이 매우 얇기 때문에, 수분 증발 속도가 빠르고 각질 수분량도 적다. 그래서 스킨 케어에서 물, 보습제, 유분제의 적정한 밸런스(모이스쳐 밸런스)가 필요하게 되었고, 립스틱 기제에 있어서도, 물 보습제를 함유한 유화타입을 비롯한 여러 가지 연구가 이루어지고 있다.

2-7-2. 립스틱에 필요한 성질

품질상, 립스틱에 요구되는 조건은 아래와 같다.

① 입술에 대한 무자극, 무해할 것
② 불쾌한 맛이나 냄새가 없을 것
③ 매끈하게 묻고, 스며 나오지 않고, 필요한 시간 유지될 것
④ 보관 또는 사용중에 잘라지거나 변형, 연화되지 않고 스틱상을 유지할 것
⑤ 발한, 발분 등 시간 경과에 따른 변화가 없을 것
⑥ 매력적인 외관을 유지하고, 색조변화가 없을 것

2-7-3. 립스틱의 구성원료

립스틱은 주로 유성기제 및 착색제로 이루어지는데 위에 열거한 립스틱에 필요한 성질을 만족시키기 위해서 각종의 원료를 합리적으로 조합할 필요가 있다.

1) 유성기제

스틱형상을 갖추기 위해서는 상온에서 고체성의 왁스류가 사용된다. 왁스는 천연계의 물질로서 카르나우바 왁스, 밀납, 칸데리라 왁스, 목납 등이, 또 광물계의 물질로서 고형파라핀, 마이크로크리스탈린 왁스, 세레신 등의 탄화수소류가 있다. 상온에서 액상 또는 체온에 가까운 융점을 보이는 유성분으로 천연제인 카카오유, 피마자유, 호호바유, 마카데미아너츠유, 라놀린 등이 사용되며, 바세린, 유동파라핀 등의 탄화수소류, 합성계의 각종 지방산 에스테르오일도 사용된다. 특히 피마자유는 예로부터 립스틱에 사용되어온 원료로서, 성형된

립스틱에 고유의 점도를 부여하고 염료의 용해제로서도 중요한 역할을 하고 있다.

일반적으로 천연의 유성기제는 어느정도 극성을 가지며, 안료의 분산 안정성에 기여하고 특히 왁스류는 잘 이용되는 유성분에서 강한 고화력을 보인다. 이와 같은 우수한 특성 때문에 립스틱에는 천연계 원료가 많이 사용되지만, 원료의 흡습에 의한 립스틱의 발한, 냄새 안정성 등에 관해서는 주의할 필요가 있다[19]. 최근에 여러 가지의 새로운 합성유성분이 개발되고, 이러한 합성유성분에는 천연의 동식물 유지가 가지고있는 불쾌한 오일 냄새가 없고, 성질도 일정하여 널리 이용되고 있다.

립스틱에 사용되는 합성 유성분으로서는 글리세라이드, 특히 트리글리세라이드가 많고, 산 부분의 탄소수와 가지의 위치에 변화를 주어, 특징있는 유성분을 설계하고 있다. 또 글리세라이드 이외의 에스테르유, 예를 들면 액상의 왁스 등도 많이 이용되고 있다. 또한 극성이 없는 폴리부텐이나 천연물의 구조와 유사하게 합성한 리시놀산옥틸도데실)과 같은 물질도 사용된다. 이 밖에 립스틱 중의 색소 분산이 잘 이루어지도록 하기 위해서 친유성의 비이온 계면활성제 등이 소량 첨가되는 경우도 있다.

립스틱은 주로 상기와 같은 유성성분으로 구성되어 있으나, 최근에는 입술의 모이스처 밸런스를 고려하여 보습기능을 가진 여러가지의 유성원료가 배합되고 있다. 또 직접, 물과 보습제를 안정되게 배합한 유화타입의 물질이 립스틱의 기제로서 사용되는 경우도 있다[20~26]. 최근에는 식사시에 잘 지워지지 않고, 컵이나 의복에 잘 묻지 않는 피막 타입 립스틱도 개발되었다. 이렇게 우수한 화장 기능을 가진 립스틱의 주 유성분으로 휘발성인 환상 실리콘이 이용되고, 여기에 피막제로서 실리콘레진을 배합한다. 이 실리콘레진은 유분이 휘발되면 유연성이 있는 피막을 형성하여, 「잘 지워지지 않고, 묻어나지 않는」 기능을 발휘한다. 실리콘레진의 분자 설계는, 입술에 도포했을 때 끈적이거나, 건조된 후에 뻣뻣해지는 느낌이 들거나 하는 문제점을 해결하기 위한 하나의 포인트이다. 립스틱은 종래의 립스틱과는 달리 기밀성이 있는 용기가 필요하다. 또한 입술을 자외선으로부터 보호하는 목적과 거칠어지는 것을 방지하는 목적으로, 자외선 방지제와 기타 약제가 배합되는 경우도 있다. 이런 립스틱기제에서 착색제를 빼면 립크림이 된다.

2) 착색제

립스틱의 색소는 후생성에서 정한 화장품용 타르색소 그룹 Ⅰ및 Ⅱ의 중에서 선택하여 사용할 수 있다(총론 3장 화장품과 색채, 색재의 표 3-3(1), (2) 참조). 타르색소는 구조 및 성질로서 염료와 안료로 분류되고, 안료에는 안료 색소와, 수용성 또는 난용성의 염료를 금속염 또는 침전제로 물에 불용화한 레이크가 있다. 립스틱의 외관색을 결정하는 것은 안료이다. 그 밖에 입술위에서 색이 잘 지속되게 하기 위해서는 염착성이 있는 염료가 겸용되는데,

염료로서는 적색 218호, 적색223호, 오렌지색 201호 등이 사용된다.

염료의 용해에는 피마자유가 일반적으로 사용되지만 용해도가 낮으므로, 용해성을 높이기 위해서 용해조제가 사용되는 경우도 있다. 용해조제로서는 스테아린산부틸에스테르, 세바신산디에틸에스테르, 테트라하이드로 프로필 알코올 또는 그것의 초산에스테르 등이 있다.

외관의 설계에는 타르색소 외에 각종 무기안료도 사용된다. 즉 색조, 밝기를 조정하기 위해서 이산화티탄, 벤가라, 황산화철, 흑산화철이, 진주광택을 부여하기 위해서는 운모티탄, 착색운모티탄 등 펄안료가 사용된다. 립스틱에 부착감을 주고, 질감을 부여할 목적으로 기타 무기안료가 사용되는 경우도 있다. 최근에는 이런 무기안료를 표면처리하여 표면의 질을 개선함으로써, 그 분산성과 안정성을 증가시키는 연구가 진행되고 있다.

【처방예 1】 유성타입 립스틱

분 체 :	이산화티탄	5.0%
	적색 201호	0.6
	적색 202호	1.0
	적색 223호	0.2
유 분 :	칸데릴라 왁스	9.0
	고형 파라핀	8.0
	밀납	5.0
	카르나우바 왁스	5.0
	라놀린	11.0
	피마자유	25.2
	2-에틸헥산세틸	20.0
	이소프로필 미리스틴산에스테르	10.0
기 타 :	산화방지제	적당량
	향료	적당량

【제조법】 이산화티탄, 적색 201호, 적색 202호를 피마자유의 일부에 넣고 로울러로 처리한다(안료부). 적색 223호를 파마자유의 일부에 용해한다(염료부). 다른 성분을 혼합하고 가열용해한 뒤 안료부, 염료부를 더해서 호모믹서로 균일하게 분산한다. 분산후 틀에 흘려 넣고 급냉시켜서 스틱상으로 만든다.

【처방예 2】 유화타입 립스틱[27)]

분 체 :	이산화티탄	4.5%
	적색 201호	0.5
	적색 202호	2.0
	적색 223호	0.05
유 분 :	세레신	4.0
	칸데릴라 왁스	8.0
	카르나우바 왁스	2.0
	피마자유	30.0
	이소스테아린산 디글리세라이드	39.95
	폴리옥시에틸렌(25)폴리옥시프로필렌(20)2-테트라데실에테르	1.0
수 상 :	이온 교환수	5.0
	글리세린	2.0
	프로필렌글리콜	1.0
기 타 :	자외선방지제	적당량
	산화방지제	적당량
	향료	적당량

【제조법】 이산화티탄, 적색 201호, 적색 202호를 피마자유의 일부에 넣어서 로울러로 처리한다(안료부). 적색 223호 피마자유에 용해한다(염료부). 이온교환수, 글리세린, 프로필렌글리콜을 80℃에서 균일하게 용해시킨다(수상). 다른 성분을 혼합하고 가열 용해한 후 안료부, 염료부를 더해 호모믹서에서 균일하게 분산시킨다. 그런 다음, 수상을 첨가하여 호모믹서에서 유화 분산한 후 틀에 채워 넣고 급냉하여 스틱 형태로 만든다.

【처방예 3】 피막 타입 립스틱

분 체 :	이산화티탄	2.0%
	적색 201호	1.0
	펄 안료	5.0
	마이카	7.0
	시리카	8.0
유 분 :	카르나우바 왁스	2.0
	폴리에틸렌 왁스	8.0
	실리콘레진	18.0
	데카메틸시크로펜타시록산	10.0
	옥타메틸시크로테트라시록산	28.0

	유동 파라핀	5.0
	디메틸폴리실록산	5.0
	폴리옥시에틸렌 변성 디메틸폴리실록산	1.0
기 타 :	산화방지제	적당량
	향료	적당량

【제조법】 실리콘레진을 옥타메틸시크로테트라시록산에 용해한 후, 다른 유상 성분과 혼합한다. 이 유상부를 가열하고, 이산화티탄, 적색 201호, 펄 안료, 마이카, 시리카 및 산화 방지제, 향료를 첨가하여 호모 믹서로 균일하게 분산한 다음, 틀에 부어서 급냉하여 스틱 상태로 만든다.

2-8 》 볼연지류 ; Rouge, Cheek color and Blush-on product

볼터치는 볼에 펴 바르는 화장품으로, 입체감을 나타내기도 하고 혈색 좋고 건강하게 보이도록 하기 위하여 사용한다. 그래서 주로 적색계 안료가 이용되고 있는데, 최근에는 색상 폭이 넓어져서 갈색이나 청색안료도 쓰인다. 볼터치에는 고형, 액상, 크림상, 스틱상이 있으나 일반적으로 사용되는 것은 고형상이다.

기제는, 동일한 제형의 분 또는 파운데이션과 거의 같다. 일반적으로 색이 선명하게 표현되는 것은 바람직하지 않고, 피복력은 파운데이션 등에 비해 적으며, 착색안료는 1~6% 정도이다. 염료는 피부에 염착되기 때문에 사용하지 않는다.

볼터치로서 필요한 성질은 아래와 같다.

1) 파운데이션 등과 친화성이 좋고, 바르기 쉬운 것.
2) 색변화가 없는 것.
3) 적당한 피복력, 광택, 부착성이 있을 것.
4) 쉽게 닦이고, 피부에 염착되지 않을 것.

【처방예 1】 고형 볼연지

분 체 :	탈크	80.0%
	카올린	9.0
	미리스틴산아연	5.0
	안료	3.0
유 분 :	유동파라핀	3.0

기　타 :	향료	적당량
	방부제	적당량

【제조법】 향료, 결합제(유동파라핀) 이외의 성분을 교반기로 잘 교반 혼합하고 거기에 결합제 및 향료를 분무하여 분쇄기로 처리한 뒤 압축성형한다.

【처방예 2】 유성 볼연지

분　체 :	카올린	20.0%
	이산화티탄	4.2
	산화철 (적)	0.3
	적색 202호	0.5
유　분 :	세레신	15.0
	바세린	20.0
	유동파라핀	25.0
	이소프로필미리스틴산에스테르	15.0
기　타 :	산화방지제	적당량
	향료	적당량

【제조법】 카올린, 이산화티탄, 산화철, 적색202호를 유동파라핀의 일부에 넣어서 로울러로 처리한다(안료부). 그 외의 성분을 혼합하고 가열, 용해한 뒤 안료부, 카올린을 넣어 호모믹서로 균일하게 분산한다. 분산후 교반하면서 50℃까지 냉각하고 용기에 채운다.

2-9 》 눈 화장품류 ; Eye make up cosmetics

2-9-1. 역사와 분류

아이메이크업의 역사는 오래되어서, 아이섀도우, 아이라이너는 이집트시대부터 이용되어 왔다. 일본에서는 미목(眉目)이라는 용어가 나타내듯이 아이브로우가 주였고, 아이메이크업이 일반적으로 통용된 것은 비교적 최근의 일이다. 생활양식의 변화, 패션에의 관심고조 등으로 상당히 넓은 연령층이 이용하게 되었다.

아이메이크업 제품에는 여러 가지 종류가 있는데, 눈주위에 펴 발라서 눈의 형태를 확실하게 하거나, 표정을 부여하기 위한 것이다. 기제와 제형을 여러 가지로 조합한 수많은 제품이 있다. 여기에서는 아이메이크업에 없어서는 안되는 리무버(Remover) 등, 특수한 제품에 관해서도 언급하겠다.

아이메이크업류의 종류는 아래와 같다.

1) 아이메이크업
 · 아이라이너
 · 마스카라
 · 아이섀도우
 · 아이브로우
2) 기타 특수제품
 · 아이메이크업 리무버
 · 아이 링클 케어(Eye Wrinkle Care)제품
 · 붙이는 속눈썹 및 풀(이것은 약사법상 화장품에 포함되지 않는다)

2-9-2. 아이메이크업류의 유의점

다른 제품의 경우에도 물론 중요하지만, 아이메이크업에 특별히 충분한 배려가 필요한 것은 안전성이다. 눈의 점막에 가까울수록 안전성이 더 중요시된다.

안전성 : 아이라이너 > 마스카라, 아이섀도우 > 아이브로우

처방을 할 때 아래의 사항을 유의해야 한다.

1) 안 료

일본에서는 눈, 속눈썹, 머리카락의 색과 연관지어서 아이라이너, 마스카라, 아이브로우의 색으로 검은색, 회색, 다갈색이 일반적인데, 아이섀도우는 그 외 밝은 핑크, 자색, 청록색과 펄 광택이 있는 것도 있다. 서양에서는 눈, 속눈썹, 머리카락, 피부의 색이 다양하므로 전체적으로 색의 폭이 넓다.

아이메이크업용 안료는 주로 흑색, 적색, 황색의 산화철, 군청, 카본블랙 등의 무기안료와 탈크, 카올린 같은 체질안료, 티탄·마이카계의 펄안료 등 무기계가 사용된다. 유기안료로서 안전성이 높은 천연색소와, 후생성이 화장품용으로 허가한 세가지의 그룹(총론 3. 화장품과 색채, 색재의 항 참조)중 Ⅰ,Ⅱ그룹이면 법규상 사용가능하다. 해외 수출제품은 그 나라의 규제를 받는다. 예를 들면 미국에서는 유기안료의 사용이 허가되지 않는다. 또 이러한 규제도 시대에 따라 다소 변화하기 때문에 주의를 필요로 한다.

2) 미생물 오염 대책

아이메이크업 제품은 눈에 들어갈 수 있으므로 미생물에 의한 오염 대책으로서, 원료단계, 제조 과정 중, 또는 사람의 손에 들어가 사용하는 단계까지도 고려하여, 위생관리에 주의해야 한다.

특히 천연 및 합성 피막제, 점도증가제 등이 들어가는 물함유의 아이라이너, 마스카라 등, 사용한 연필과 브러쉬를 안에 넣는 타입의 제품은 균이 번식하기 쉬운 것이 많으므로 충분히 주의해야 한다.

① 원료 단계 : 분체 이외의 원료(특히 천연물)의 미생물 오염을 방지하기 위한 멸균처리

② 제조환경 및 공정 : 제조 중 오염되지 않도록 환경 및 공정의 정비

③ 용기 등 포장재료 : 멸균처리

④ 제품의 항균성(방부처방) : 실제 사용시를 고려한 2차 오염대책(기제 및 방부제 처방).

이상은 모든 화장품에 공통으로 해당되는 것이지만, 특별히 아이메이크업제품에 관해서는 각 나라마다 엄하게 규제하고 있다.

2-9-3. 아이라이너 ; Eye liner

상하의 속눈썹 주위에 가는 붓으로 라인을 그려 눈의 인상을 강하게 하고 매력을 증가시키기 위해 이용된다. 시판되고 있는 아이라이너에는 다음과 같은 것이 있다.

- 액 상
  - 수 계
    - 피막타입
    - 비피막타입
  - 유 계
- 고형상
  - 분말고형상
  - 연필타입

액상 아이라이너에는 몇 가지 종류가 있는데, 모두가 저점도의 액체중에 안료를 안정하게 분산시킨 계라는 공통점을 가지고 있다. 붓을 담는 유리병, 금속 또는 수지의 원통 용기 등에 담겨 있다.

아이라이너에 필요한 성질은 다음과 같다.

① 눈 윗선에 붙이는 것이므로 특별히 자극이 없을 것.

② 건조가 빠를 것(특히 쌍꺼풀을 가진 사람은 건조될 때까지 눈을 감고 있어야 하므로 건조가 더디면 고통스럽다).

③ 그리기 쉬울 것

④ 피막에 유연성이 있을 것.

⑤ 마무리가 예쁠 것.

⑥ 화장지속력이 좋을 것. 시간이 지남에 따라 벗겨지거나, 번지거나, 갈라지지 않을 것.

⑦ 내수성이 좋을 것. 땀, 눈물에 보기 싫게 떨어지지 않을 것. 특수한 제품의 경우에는 수영할 때에도 떨어지지 않을 것(water proof, water resistance 타입이라고 불린다).

⑧ 안료의 침강이나 분리가 없을 것.

⑨ 미생물 오염이 없을 것.

일본에서 많이 사용되고 있는 피막타입의 아이라이너는 수지 에멀젼이 주성분이고, 도포 후 처방중의 수분이 증발되면, 광택이 있는 연속적인 피막을 피부위에서 형성한다. 생성된 피막은 물에 녹지 않으므로 땀과 눈물에 번지지 않고, 지울 때는 리무버를 이용하면 일련의 피막을 지울 수 있다. 이와 같은 타입을 필오프타입(peel-off type)이라고 한다.

【처방예 1】 피막형 아이라이너

분 체	:	산화철(흑)	14.0%
수지 에멀전	:	초산비닐수지 에멀전	45.0
보 습 제	:	글리세린	5.0
계면활성제	:	폴리옥시에틸렌솔비탄모노올레인산 에스테르	1.0
증점제고분자	:	카르복시메틸셀룰로오즈(10%수용액)	15.0
가 소 제	:	구연산아세틸트리부틸	1.0
		정제수	19.0
기 타	:	방부제	적당량
		향료	적당량

【제조법】 정제수에 글리세린, 폴리옥시에틸렌모노올레인산에스테르를 첨가하여 가열, 용해한 후 산화철(흑)을 가하여 콜로이드밀로 처리한다(안료부). 나머지 성분을 혼합하여 70℃로 가열한다. 이것에 안료부를 가하여 호모 믹서로 균일하게 분산한다.

이 타입의 처방을 만들 때 가장 중요한 것은 수지 에멀젼의 선택이다. 사용성이 좋을 것, 즉 붓에 잘 묻고 매끈하게 그려져서 뻣뻣하지 않으며 시간이 지나도 화장이 오래 지속되고 안정성이 높은 것을 선택해야 한다. 시판되는 에멀젼에는 화장품에 바람직하지 않은 종류의 계면활성제, 방청제, 방부제, 잔류 모노머 등의 성분이 함유된 경우도 있으므로 주의할 필요가 있다. 법 규제가 나라마다 다른 점에도 유의해야 한다. 예를 들면 강력한 방부제인 포르말린은 일본에서는 행정지도에 의해 화장품에 배합되는 것을 인정하지 않는데, 구미에서는 사용이 금지되어 있지 않기 때문에 수입원료 중에 함유된 것이 있다.

다른 성분에 관해서도 마찬가지로 충분히 엄선된 것을 사용하는데, 수계에서는 성분 상호간의 화학반응이나 응집을 일으키기 쉽고, 안료가 침강하기 쉽다. 또 동결되면 비가역 변화를 일으키기도 하므로 고온과 저온에서의 가혹 테스트가 필요하다.

또한 수계에서는 일반적으로 미생물이 번식하기 쉽기 때문에 제조시의 멸균에도 유의해야 한다. 처방중의 다가알코올은 동결방지와 방부조제의 역할을 한다.

비피막 타입의 수계 액상 아이라이너는 수지 에멀젼을 사용하지 않고 수용성 고분자나 고급지방산과 트리에탄올아민의 비누를 사용하는데, 주의점은 피막타입과 같으므로 생략한다. 비피막 타입의 제품은, 박리성이 있는 피막이 형성되지 않으므로 내수성은 부족하나 뻣뻣함이 적고 피부상에서의 이질감이 비교적 적다는 장점이 있다.

아이라이너의 특유한 제품 형태로서 붓펜, 혹은 펠트펜 타입이 있다. 가늘고 자연스러운 라인이 그려지는 이점이 있어 화장이 익숙하지 않은 사람도 사용하기 쉽다.

【처방예 2】 펠트(felt)펜 타입 아이라이너

안　　료 :	카본 블랙	5.0%
분 산 제 :	폴리옥시에틸렌(10)도데실에테르	2.0
보 습 제 :	글리세린	10.0
	정제수	83.0
	방부제	적당량
	향료	적당량

【제조법】 물에 분산제를 용해한 후, 카본 블랙을 가하고, 분쇄기(볼밀 또는 펄밀)로 분쇄한다. 이 때 분말과 물의 비율, 볼의 크기, 시료와 볼의 양비율 등이 분쇄효율에 크게 영향을 준다. 분쇄후 안료 분산액에 방부제, 향료, 보습제를 배합한 정제수로 희석한다.

이 아이라이너의 내용물 특징으로서 점도가 아주 낮다는 점을 들 수 있다. 이 특징은 털끝이나 펠트 사이에 끼는 것을 방지하고, 또 그리기 쉽다는 특징이 있으므로, 점도는 수~수십 cps의 범위가 적당하다. 내용물 점도를 낮추기 위해서는 안료의 침강을 억제하는 기술이 필요하다. 즉 스톡스(Stokes)의 법칙에 따르면, 점도가 일정한 조건에서는 ① 안료의 비중을 낮춘다 ② 안료의 입자경을 작게 하는 것이 가장 중요하다. 비중이 작고, 분쇄가 용이하고, 발색이 좋다는 점에서 안료로서 카본블랙이나 감청, 유기안료 등이 자주 사용된다. 제품설계에 따라서는 처방중에 마스카라나 액상 아이라이너에 사용되는 에멀전 수지를 가하여 내수성을 부여하고, 화장번짐을 억제할 수 있다. 분쇄는 볼밀 등의 방법이 적당하다.

연필 형태는 사용하기 쉬워서 자주 사용되는데, 처방상으로는 아이브로우와 유사하므로 아이브로우의 항을 참조하기 바란다. 아이라이너용으로 심의 굵기를 약간 가늘게 하여 색감 표현이 좋고, 또한 소프트한 촉감으로 마무리할 수 있는 제품의 개발이 필요하다.

2-9-4. 마스카라 ; Mascara

속눈썹을 길고 아름답게 하기 위해서 사용된다. 마스카라를 크게 다음과 같이 구분할 수 있다.

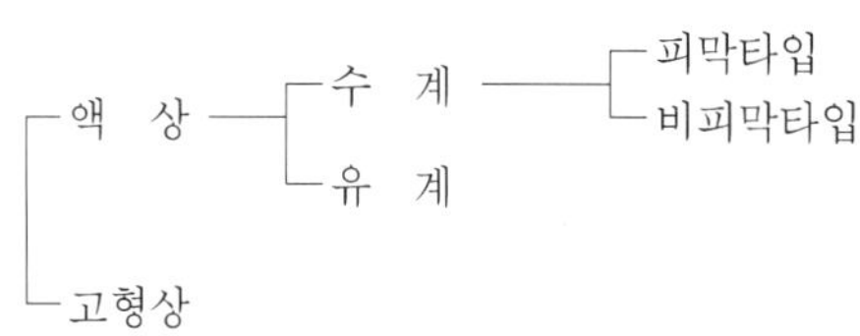

최근에는 고형상은 거의 사용되지 않고, 솔이나 봉을 내장한 소위 오토매틱 용기에 채워진 크림상 내지 액상의 제품이 많이 이용된다.

내용물 타입은, 일본에서는 피막 타입 내지 피막제를 함유한 타입을 선호하고, 속눈썹이 길어 보이도록 천연 또는 합성의 짧은 섬유를, 처방중에 3~4% 첨가한 것을 가장 선호하고 있다(long lash type이라고 한다).

마스카라에 필요한 성질은 다음과 같다.

① 눈 주위에 붙이는 것이므로 특히 자극이 없을 것.

② 균일하게 붙을 것. 속눈썹을 굳게 하거나 구슬 모양으로 붙거나 하지 않을 것.

③ 속눈썹이 짙고 길게 보이게 할 것.

④ 속눈썹을 커버하는 효과가 있을 것.

⑤ 적당한 윤기가 있을 것.

⑥ 적당하게 건조될 것.

⑦ 건조 후 아래 눈시울에 붙거나 땀, 눈물, 비에 흉하게 떨어지지 않는 것.

⑧ 화장 지우기가 용이할 것.

⑨ 시간이 경과되어 사용해도 사용이 어렵지 않을 것.

⑩ 미생물 오염이 없을 것.

그러나 이러한 성질에 대한 요구도는 속눈썹의 조건이나 기호에 따라 다르고 모든 사람을 만족시키는 조건을 갖춘 제품을 만들기는 어렵기 때문에 여러 가지 타입의 제품이 시판되고 있는 것이 현재 상황이다. 그리고 내용물의 점성이나 브러쉬 등 용기의 조건이, 제품 타입에 기여하는 바도 대단히 크다. 속눈썹의 길이, 굵기, 조밀한 정도, 위로 향하고 있나 아래로 향하고 있나 등의 조건은 사람에 따라 상당히 다르다. 서양에서는 유성 타입이 발달해 있는데 반해, 일본에서 그다지 선호되지 않는 것은 인종에 따른 속눈썹 조건의 영향 때문이라고 생각된다. 즉 서양인은 가늘고 긴 속눈썹이 조밀하게 위로 향하고 있는데 반해, 일본인을 굵고 짧은 눈썹이 듬성듬성하게 아래로 향하고 있는 사람이 많기 때문에, 일반 일본인이 유성 마스카라를 붙이면 아래 눈시울에 붙어 보기 흉해진다. 그러나 최근에는 유성도 아래 눈시울에 붙지 않는 것도 개발되고 있다. 이러한 속눈썹 조건의 영향이나 붙인 속눈썹의 겸용 유무의 영향도 있어, 마스카라 타입에 대한 기호는 천차만별이다.

【처방예】 유계 방수성 마스카라

분 체	:	산화철(흑)	10.0%
고분자 에멀젼	:	폴리아크릴산 에스테르 에멀젼	30.0
유 상	:	고형 파라핀	8.0
		라놀린 왁스	8.0
		경질이소파라핀	30.0
계면활성제	:	세스퀴올레인산 솔비탄	4.0
		정제수	10.0
기 타	:	방부제	적당량
		향료	적당량

【제조법】 정제수에 산화철을 넣어 호모믹서로 분산시키고, 폴리아크릴산 에스테르 에멀젼을 첨가하고 가열하여 70℃로 유지시킨다(수상). 나머지 성분을 혼합하여 가열하고 70℃로 유지시킨다(유상). 유상에 수상을 넣고 호모믹서로 균일하게 유화 분산시킨다.

수계 마스카라의 처방은 기본적으로 수계 아이라이너에 왁스와 점도 증가제를 첨가한 것이라고 생각해도 무방하므로 처방을 생략한다. 점도 증가제로서 유기계에서는 셀룰로오스 유도체, 무기계에서는 벤트나이트가 주로 이용된다.

이 전에는 고형 마스카라가 있었으나, 현재는 크림상 마스카라가 주류를 이루고 있어서, 최근에는 거의 사용되지 않으므로 생략한다.

2-9-5. 아이섀도우 ; Eye shadow

눈꺼풀이나 눈꼬리에 음영을 주어 입체감이 나도록 해서, 눈의 아름다음을 강조하기 위하여 사용한다.

색조는 아이메이크업 가운데 가장 다채롭다. 블루, 바이올렛, 브라운, 그레이 등의 일반적인 색조에서부터 그린, 오렌지, 핑크 등의 선명한 색까지 있다. 이러한 색을 내기 위해서 종래의 무기 안료 외에, 최근에 종류가 많아진 티탄·마이카계 유색 펄 안료를 첨가하여 광택을 주고 질감도 다양하게 내고 있다. 또한 표면을 소수화 처리한 안료를 이용하여, 우수한 화장 지속성을 갖는 제품도 선보이고 있다.

아이섀도우는 아래와 같은 것이 있고, 처방면에서는 기본적으로 파운데이션과 같다. 평평한 접시 형태의 용기내에 압축 성형한 분말 고형상이 주류를 이루고 있다.

- 액상~페이스트상
  - 유성계
  - 유화계(W/O형)(O/W형)
- 고형상
  - 분말고형상
  - 유성스틱상
  - 연필상

아이섀도우에 필요한 성질은 다음과 같다.

① 바르기 쉽고, 밀착감이 있을 것.

② 도포막에 기름광택이 없을 것.

③ 색변화가 없을 것.

④ 도포막이 땀이나 피지에 번지지 않고, 화장 지속성이 좋을 것.

⑤ 눈 주위에 사용하므로 안전할 것.

【처방예 1】 고형 분말상

분 체	: 탈크	45.0%
	마이카	15.0
	세리사이트	5.0
	안료	15.0
	펄안료	10.0
	방부제	적당량
결 합 제	: 유동파라핀	6.0
	메틸폴리실록산	2.0
기 타	: 세스퀴올레인산 솔비탄	2.0
	산화방지제	적당량
	향료	적당량

【제조법】 분말부를 교반기로 잘 혼합하고, 결합제를 균일하게 용해한 뒤, 분말부에 넣어서 혼합한 후, 분쇄기로 처리하고 압축성형한다.

【처방예 2】 유화 아이섀도우

분 체 :	탈크	10.0%
	카올린	2.0
	안료	5.0
유 상 :	스테아린산	3.0
	미리스틴산이소프로필	8.0
	유동파라핀	5.0
	모노라우린산프로필렌글리콜	3.0
	산화방지제	적당량
	향료	적당량
수 상 :	정제수	56.8
	부틸렌글리콜	5.0
	글리세린	1.0
기 타 :	방부제	적당량
	트리에탄올아민	1.2
	금속이온봉쇄제	적당량

【제조법】 ① 분체부를 교반기로 혼합한 후, 분쇄기로 처리한다. ② 수상부를 70~75℃에서 가열 용해한다. ③ 유상부를 70~80℃에서 가열 용해한다. ④ ①의 분체부를 ②의 수상부에 넣고 교반 혼합한다. ⑤ ④의 안료 분산액에 ③의 유상부를 교반하면서 넣고 호모믹서로 분산시킨다. ⑥ ⑤를 실온까지 교반 냉각한다.

이 처방계에서는, 안료 표면에서 금속이온이 용출되고 이것이 유화제인 비누와 반응하여 계의 안정성을 떨어뜨리는 경우가 있다. 표 2-7는 화장품에 자주 사용되는 시판용 안료로부터 용출 이온량을 조사한 결과이다[12]. 대책으로서 금속 이온 봉쇄제의 첨가 등을 생각할 수 있다.

그 외에 액상 아이섀도우로서, 휘발되기 쉬운 C_{10}~C_{15}의 경질 이소파라핀을 주 기제로서 사용하고, 이것에 왁스나 안료를 가한 제품이 있다. 이것은 내수성이 우수하다. 바르기 쉽게 하기 위한 조정과 계의 안정성, 용기의 기밀성, 사용에 의한 건조 등에 주의하여야 한다.

스틱상 아이섀도우는 액상 유분, 왁스를 가열 용해하고, 안료를 분산시켜 금형에 붓고 냉각시키는 것으로 립스틱과 유사하다. 적당하게 펴발라지고, 경도, 피부에 부착성을 갖게 하기 위해 액체 내지는 고형 유분의 선택이 중요하고, 동시에 시간이 경과시의 발한(sweating), 발분(blooming), 변취 또는 사용중 부러지는 것 등도 고려해야 한다.

표 2-7. 각종 안료의 용출 이온량

	Mg	Na	Ca	Zn	K	SO_4
이산화티탄(아나타제형)	0.2	7	0	0.6	30	59
이산화티탄(루틸형)	3.7	3	1.3	8.7	0	31
군청	0.02	127	0	0	7	126
보라색군청(A사)	0.1	60	0	0	4	70
보라색군청(B사)	21.9	33	7	1.3	1.5	70
탈크	1.1	2	0.1	0	4	31
산화철(황)	0.67	3	0.5	4.8	0	14
산화철(적)	2.0	8	0.8	6	4	28

안 료 2g
증류수 50g] → 70℃, 1시간 방치 → 원심분리(4,000RPM) → 상등액

숫자는 상등액의 이온량을 ppm으로 표시한 것이다.

2-9-6. 아이브로우 ; Eye brow

눈썹을 자르거나 뽑아서 정돈한 다음 아름다운 모양으로 그리거나, 짙게 혹은 밝게 하는데 이용한다.

사용하기 쉬운 연필 또는 샤프펜슬 타입이 가장 많이 이용되나, 고형 분말상, 액상 제품도 있다.

연필 또는 샤프펜슬 타입은 고형 또는 액상유분과 안료를 골고루 섞은 것이다. 분말 고형상은 소량의 결합제를 가하여 판으로 눌러 굳히거나 접시형 용기에 부은 것이고, 붓을 사용하여 도포한다. 액상은 안료를 기름 또는 유화계에 분산시킨 것으로 붓과 함께 용기에 넣은 것이다.

색은 일본에서는 다크 브라운이 가장 많고, 그 다음에 블랙 또는 다크 그레이가 이용되고 있다. 이 외에 지나치게 짙은 눈썹을 옅게 보이기 위한 담색 제품도 있다.

아이브로우에 필요할 성질은 아래와 같다.

① 부드러운 감촉으로 피부에 균일하게 부착될 것.

② 선명하고 미세한 선이 그려질 것.

③ 지속성이 높고, 화장 흐트러짐이 없을 것.

④ 안정성이 좋고 발한, 발분 등이 없으며 부러지거나 더러워지지 않을 것.

⑤ 안정성이 높을 것.

【처방예 1】 연필 타입 아이브로우

분 체	:	산화철(흑)	20.0%
		산화티탄	5.0
		탈크	10.0
		카올린	15.0
유 분	:	목납	20.0
		스데아린산	10.0
		밀납	5.0
		경화 피마자유	5.0
		바세린	4.0
		라놀린	3.0
		유동파라핀	3.0
기 타	:	산화방지제	적당량

【제조법】 산화철(흑), 탈크, 카올린, 펄안료를 교반기로 잘 혼합한다(분말부). 나머지 성분을 혼합하고 가열 용해후, 분말부를 가하여 잘 섞고 심으로 성형하여 나무안에 넣어 연필 형태로 완성한다.

【처방예 2】 분말 고형형 아이브로우

분 체	:	이산화티탄	20.0%
		산화철(적)	20.0
		산화철(황)	20.0
		산화철(흑)	15.0
		탈크	10.0
유 분	:	라놀린왁스	10.0
		유동파라핀	4.0
계면활성제	:	모노스테아린산글리세린	1.0
기 타	:	향료	적당량

【제조법】 이산화티탄, 산화철, 탈크를 교반기로 잘 혼합한다(분말부). 나머지 성분을 혼합하여 가열 용해하고, 분말부에 균일하게 넣고 분쇄기로 처리한 후 압축성형한다.

2-9-7. 기타 특수제품

1) 아이메이크업 리무버 ; Eye Make up Remover

각종 아이메이크업 화장을 지우는데 사용하는 것으로, 아이메이크업계에 맞추어 주로 수계 및 오일계가 있으며, 각각에 대응시켜 사용한다. 처방은 안전성에 충분히 유의할 필요가 있으며, 사용시 피부를 심하게 문지르면 자극으로 연결될 가능성이 있으므로 피해야 한다.

수계 : 눈물 성분에 맞추어 정제수에 약간의 성분을 배합한 제품이다. 주로 액상이 대부분이다. 사용후 느낌이 산뜻하므로 유계 리무버 사용 후에 사용하는 경우도 있다.

유계 : 유성의 아이메이크업 기제에 가깝고 안료를 넣지 않는 계로 액상~겔상의 제품이 있고, 아이메이크업을 용해시켜 지운다. 그 중에는 휘발성분을 배합하여 지우는 기능을 증가시킨 것도 있다. 이들 유계에서는 안전성은 물론이고, 세정효과와 산뜻함을 갖는 유분의 선택이 중요하다.

2) 아이 링클 케어 ; Eye Wrinkle Care

눈주위의 피부는 얼굴중에서도 가장 건조하기 쉬운 부분이다. 특히 겨울철에 건조한 채 방치하면 주름의 원인이 된다. 이것을 막기 위해서 보습효과를 갖는 아이 링클 케어제품을 이용하는 것이 좋다. 처방제로는 립 크림이나 립스틱에 가까운계(스틱상)나 유화계(크림상, 유액상)의 제품이 있다.

3) 덧 눈썹 ; False Eye Lashes

실위에 사람 모나 나일론 모를 붙여 만든 인공 속눈썹으로 붙이는 접착제를 이용하여 털이난 언저리에 붙이는 것이다. 모양, 길이, 밀도가 다른 여러 가지 제품이 시판되고 있다. 접착제로는 접착력이 우수한 천연고무 라텍스계가 사용된다.

2-10 》 매니큐어 제품류 ; Manicure preparations

2-10-1. 역할과 종류

손톱은 두발과 마찬가지로 표피세포가 변화한 것으로 케라틴이 주성분인 단백질로 되어있으며, 손가락 끝 부분에 위치하여 그의 보호를 주목적으로 하고 있다(손톱의 구조나 구성 성분은 총론2를 참조할 것). 손톱은 건강한 사람의 경우에 평균 1개월에 3mm 성장한다. 매니큐어는 손톱을 보호하고, 손가락 끝을 아름답게 하기 위한 화장품이다. 그림 2-2는 매니큐어

용 제품의 사용순서이고, 표 2-8은 매니큐어의 종류이다[28~29].

	역 할	< 사용순서 >
손질	손톱 및 손가락끝의 손질	네일케어 제품 ↓
밑칠	손톱의 굴곡을 메워 접착성을 좋게 한다.	베이스 코트 ↓
메이크	손톱에 착색	네일 에나멜 ↓
겉칠	광택, 내구성을 좋게 한다.	탑 코트 ↓
건조촉진	건조성을 빠르게, 도포막에 광택을 부여	네일 드라이어 ↓
화장지움	도포막을 제거한다.	네일 리무버

그림 2-2. 매니큐어 제품을 사용하는 순서

표 2-8. 네일 케어 제품의 종류

제 품	역 할
네일 트리트먼트	· 용제에 의한 탈수, 탈지에 대하여 유분을 보급한다. · 보습효과를 준다.
큐티클 리무버	· 손톱의 큐티클을 정돈한다.
네일 가드	· 손톱을 보강한다. · 손톱이 갈라지고, 빠지는 것을 방지한다.
네일 폴리쉬	· 손톱 표면을 평활하게 하고 광택을 준다.
네일 브리치	· 손톱을 희게 한다.
니코틴 제거액	· 담배의 니코틴을 제거한다.

손톱의 형상은 사람에 따라 얇거나, 두껍거나, 크고, 작고, 편평하거나, 곡선을 가지는 등 여러 가지이며, 당연히 물리적 성질도 다르다고 생각된다. 손톱의 경도는 조갑에 함유된 수분의 양이나 케라틴의 조성에 따라 다르다. 일반적으로 영유아의 손톱은 유연하고, 탄력성이 풍부하나 노인의 경우는 단단하고 부서지기 쉽다[30].

이와 같이 손톱은 사람마다 다르므로, 손톱 트리트먼트 및 손톱을 아름답게 보이도록 하기 위한 매니큐어의 역할은 크다.

2-10-2. 네일 에나멜 ; Nail Enamel, Nail Lacquer

현재의 네일 에나멜은 조성적으로 니트로셀룰로오스 락카에 속하고, 역사적으로 보아도 이 타입의 특성을 넘어서는 것은 실용상 찾아볼 수 없다.

네일 에나멜에 의해 형성된 막은 견고하고, 손톱을 보호함과 동시에, 손톱을 아름답게 하여, 근대 미용의 중요한 일부분으로 필수품이 되었다. 분말이나 페이스트를 이용하여 손톱에 색을 내는 것으로 충분하지 못하므로, 사용이 간편하면서도 광택을 부여하는 방법으로 네일 에나멜이 크게 이용되어 왔다.

1) 네일 에나멜에 필요한 성질

① 손톱에 바르기에 적당한 점도가 있을 것.
② 가능한한 신속히 건조되고, 균일한 막을 형성할 것(3~5분간).
③ 건조된 막에 현탁이나 핀홀이 생기지 않을 것.
④ 안료는 균일하게 분산되고, 소정의 색조나 광택을 유지할 것.
⑤ 일상 생활에서 네일 에나멜이 손톱에 잘 접착되어 잘 벗겨지지 않을 것.
⑥ 제거시 에나멜 리무버 등으로 쉽고, 깨끗하게 제거될 것. 또한, 손톱을 파손하거나, 독성을 나타내는 것을 사용하면 안된다.

2) 네일 에나멜의 주요 성분

위의 여러 성질을 만족하는 네일 에나멜을 구성하는 성분은 다음과 같다(표 2-9 참조).

표 2-9. 네일 에나멜 처방구성 성분[30]

성분	구분	예
피막형성성분	피막형성제	니트로셀룰로오스
	수 지	알키드, 아크릴, 술폰아마이드 수지 등
	가 소 제	구연산 에스테르, 캄파 등
용제성분	주 용 제	초산에틸, 초산부틸 등
	보 조 용 제	IPA, 부탄올 등
착색성분	색 재	유기안료, 무기안료, 염료 등
	펄 제	합성 펄제, 천연 어린박, 알루미늄 분말 등
침전방지성분	겔 화 제	유기변성 점토 광물

2-1) 피막 형성제 ; Film formers

네일 에나멜에 사용되는 피막 형성제로는 니트로셀룰로오스가 가장 우수하다. 현재 이용되고 있는 니트로셀룰로오스의 품질은 1/2~1/4초의 점도를 나타내는 것이 많고, 질소 함유량은 11.5~12.2%의 범위이며, 에스테르계, 케톤계의 용제에 잘 녹는다. 이 품질은 막의 물리적 성질이 양호하여 도료공업에도 널리 이용되고 있다. 말할 필요도 없이 유리산의 존재는 제품을 손상시키므로 충분히 정제해야 한다. 취급상 화기나 열에 가까이 하지 않도록 주의할 필요가 있다.

2-2) 수지류 ; Resins

네일 에나멜의 한가지 성분으로 필수 원료이다. 니트로셀룰로오스 만으로는 접착, 광택이 완전하지 못하기 때문에 수지와 병용하면 밀착성이 현저히 증가하고, 막의 광택을 향상시키는 특징을 가지고 있다.

일반적으로 사용되는 수지로는 알키드수지, 설폰아마이드수지, 슈크로스계수지, 아크릴수지 등이 이용되고 있다. 수지를 선택하는데 있어서 색소와의 상호작용, 니트로셀룰로오스와의 상용성, 용제의 용해성 등에 주의할 필요가 있다.

2-3) 가소제 ; Plasticizer

막에 유연성을 주어 내구성을 유지시키기 위해 가소제가 사용된다. 최초에는 피마자유나 캄파(장뇌)가 이용되었으나 현재는 구연산아세틸트리부틸같은 구연산에스테르계가 많이 이용된다. 그러나 캄파는 니트로셀룰로오스의 유효한 가소제로 현재에도 사용되고 있다.

가소제에 요구되는 성질로

① 용제나 니트로셀룰로오스, 기타 수지와의 사용성이 좋을 것.

② 휘발성이 적고 막에 가소성을 부여할 것.

③ 안정되고 악취가 없을 것.

④ 사용되는 안료와 상용성이 좋을 것.

⑤ 무독할 것.

등이 있고, 이러한 여러 가지 사항을 주의하여 가소제의 종류와 양을 결정한다.

2-4) 용제 ; Solvents

네일 에나멜에 사용하는 용제는 니트로셀룰로오스, 수지, 가소제 등을 용해하여, 적절한 사용감이 있도록 점도로 조절할 수 있고, 적당한 휘발 속도를 지녀야한다. 건조 속도가 너무 빠른 용제는 핀홀이 발생하거나 붓의 흔적을 남기거나 하여 막의 마무리에 손상을 준다. 또 증발 잠열이 큰 용제를 이용하면 "현탁"을 일으키므로 이점에도 주의하여야 한다. 따라서 핀

홀, 현탁, 건조속도, 사용감의 모든 성질을 만족하는 단일 용제계는 존재하지 않으므로 각종 용제를 혼합하여 이용하는 것이 일반적이다.

다음은 이들 용제를 분류하여 설명한 것이다.

(1) 진용제 - 용제라고도 하는데, 단독으로 니트로셀룰로오스를 용해하여 그 비점에 따라 4종류로 나눌 수 있다.

① 저비점 용제(100℃ 이하) : 아세톤, 초산 에틸, 메틸에틸케톤 등으로 에나멜의 점도를 낮추어서 건조를 빠르게 한다.

② 중비점 용제(100~140℃) : 초산 부틸, 메틸이소브틸케톤, 세로볼브 등이 있고 에나멜에 퍼짐성을 부여하여 현탁을 억제한다.

③ 고비점 용제(140~170℃) : 유산 에틸, 디아세트알코올, 세로솔브아세테이트 등이 있고, 퍼짐성과 밀착성을 높여준다.

④ 초고비점 용제(170℃ 이상) : 부틸세로솔브, 칼비톨 등이 있고, 특히 현탁을 억제한다.

(2) 조용제 - 니트로셀룰로오스와의 친화성은 있으나 단독으로는 용해되지 않고, 진용제와 혼합하여 사용하면 용해성이 증가한다. 에틸알코올, 부틸알코올 등의 알코올류가 있다. 사용감 향상 효과를 갖는다.

위와 같이 진용제에는 에스테르계, 케톤계, 조용제에는 알코올계가 해당된다.

2-5) 색소 ; Coloring agents, Colors, Pigments

네일 에나멜에 불투명감이나 아름다운 색조 마무리감을 부여하기 위해 로다민 B와 같은 염료, 리솔루빈 BCA와 같은 유기안료 및 이산화티탄 같은 무기안료가 이용된다.

또 아름다운 마무리감을 주는 천연 어린박이나 인공펄 같은 펄안료 등도 이용된다.

2-6) 침전 방지제 ; Suspending agents

이산화티탄 등의 무기안료나 형상이 큰 펄안료를 이용한 네일 에나멜계에서는 그들의 분산 안정성 향상을 위해 침전 방지제를 이용한다. 침전 방지제로는 일반적으로 유기변성 점토광물(organically modified clay minerals)[31]이 이용되고, 에나멜베이스에 틱소트로피성을 부여하여 침전을 방지한다. 유기변성 점토 광물은 벤토나이트와 같은 점토광물의 층간을 유기 카티온으로 교환하여, 친유성을 갖게 함으로써 용제에 분산되기 쉽도록 한 것이다.

【처방예】 네일 에나멜

수 지	:	니트로셀룰로오스(1/2초)	10.0%
		알키드 수지	10.0
가 소 제	:	구연산아세틸트리부틸	5.0
용 제	:	초산에틸	25.0
		초산부틸	45.0
		에틸알코올	5.0
분 체	:	안료	적당량
기 타	:	침전 방지제	적당량

【제조법】 알키드 수지의 일부와 구연산아세틸트리부틸의 일부에 안료를 가하여 잘 섞는다(안료부). 나머지 성분을 혼합용해하고 여기에 안료부를 넣고 잘 흔들어서 균일하게 분산시킨다. 제조법상 특히 주의할 것은 용제의 증발이 없도록 밀폐용기에서 화기나 열에 주의하면서 만든다.

최근에는 W/O 유화에나멜도 개발되었다[32]. 또 응용제품으로는 베이스용으로 손톱의 주름을 메워서 접착성을 좋게 하는 베이스 코트(base coat)나 네일 에나멜 위에 칠하여 광택이나 내구성을 좋게 하는 탑 코트(top coat) 등 여러 가지 제품이 있다. 이들은 기본적으로 안료를 제외하면 네일 에나멜과 유사한 구성 성분으로 이루어져 있고, 각각의 기능을 높이도록 고안된 것이다.

2-10-3. 에나멜 리무버 ; Enamel Remover

네일 에나멜 막을 제거하는 것이 목적이며, 일반적으로 니트로셀룰로오스나 수지를 용해한 용제류의 혼합물이 이용된다.

이 외에 용제의 탈수, 탈지에 의한 유분의 보급이나 보습효과를 주기 위한 모이스쳐라이저나 물을 가한 것도 있다. 또한 크림상의 에나멜 리무버도 있다.

【처방예】 에나멜 리무버

용 제	:	아세톤	65.0%
		초산에틸	20.0
		초산부틸	5.0
유 분	:	라놀린 유도체	1.0
		정제수	8.0

기 타 :	염료	적당량
	향료	적당량

이들 주요 원료는 어느 것이나 인화성이 강하므로 화기에 충분히 주의하여 제조해야 한다.

2-10-4. 네일 트리트먼트 ; Nail Treatment

네일 에나멜이나 제거액을 연속적으로 사용하는 경우에는, 손톱 및 손끝의 손질을 충실히 하는 것이 좋다. 이 손질에 쓰이는 것이 네일 트리트먼트인데 유액상, 크림상이 있으며 특히 펜슬 튜브 형태가 사용하기 쉽다. 이것은 취침전에, 에나멜을 닦아내고 따뜻한 비눗물로 손을 씻고, 수분을 완전히 제거한 후 사용하는 것이 가장 효과적이다. 손톱의 상태에 따라 1주일에 2~3회 손질을 하는 것이 좋다.

【처방예】 네일 트리트먼트

유 상 :	스테아린산	2.0%
	마크로크리스탈린 왁스	3.0
	바세린	7.0
	물 첨가된 라놀린	2.0
	유동파라핀	22.0
	폴리옥시에틸렌(5)올레인산 에스테르	2.0
수 상 :	프로필렌글리콜	5.0
	트리에탄올아민	1.0
	점토광물	1.3
	정계수	55.7
기 타 :	방부제	적당량
	향료	적당량

【제조법】 정제수에 프로필렌글리콜, 트리에탄올아민을 용해한 후 점토광물을 가하여 균일하게 분산시켜서 가열하여 70℃로 유지한다(수상). 나머지 성분을 혼합, 가열하여 70℃ 유지한다(유상). 수상에 유상을 가하여 예비유화를 하고, 호모믹서로 균일하게 유화시킨다. 유화 후 섞으면서 30℃까지 냉각시킨다.

2-10-5. 기타 특수 제품

1) 큐티클 리무버 ; Cuticle remover

손톱 위의 오랜 큐티클(Cuticle)이나 일반 더러움 등을 제거하여 손톱을 아름답게 유지하기 위해 사용하는 화장품이다. 타입으로는 인산 소다나 트리에탄올라민과 같은 약 알칼리 성분을 이용한 것, 스크럽제를 이용한 물리적 효과에 의한 것이 있다.

【처방예】 큐티클 리무버

알칼리제	:	트리에탄올아민	10.0%
보 습 제	:	글리세린	10.0
		정제수	80.0
기 타	:	향료	적당량

손톱 이 외의 부분이나 의복 등에 묻지 않도록, 특히 눈에 들어가지 않도록 주의해야 한다.

2) 네일 가드 ; Nail guard

얇은 손톱, 유연한 손톱을 보강하여 손톱이 갈라지는 것을 방지하고 또 에나멜 지속성을 좋게하는 화장품이다. 처방으로는 에나멜 밑에 바르는 베이스 코트에 보강제로서 고분자 폴리머, 분말, 나일론 섬유를 가한 타입이 있다.

3) 네일 드라이어 ; Nail drier

네일 에나멜의 건조성을 빠르게 하고, 막에 광택을 부여하는 것이다. 일반적으로 에어로졸 타입이며, 대부분 분사제와 소량의 원액으로 이루어지고, 원액에는 각 종의 유분이 사용되는 경우도 있다.

4) 네일 폴리쉬 ; Nail polish

손톱에 이 화장품을 바르고 세무가죽 등으로 문질러서 손톱 위의 주름을 메우고, 표면을 평평하고 매끄럽게 하며 광택을 주어 손톱을 건강하게 한다. 또 이것은 막을 견고하게 하고 보다 강한 광택을 내는 효과가 있다. 주성분은 무기계 분말인데, 건강색을 주기 위해 안료가 약간 들어간다. 분말상, 페이스트상, 고형 등이 있다.

5) 기 타

현재는 없지만 역사적으로는 담배의 니코틴을 제거하는 니코틴 제거액(nicotine remover), 손톱을 희게 하는 네일 브리치(Nail bleach) 등이 있다.

참고문헌

1) 杉浦，上田編：最新香粧品科学，廣川書店，1974.
2) 向坊　隆編：現代商品大辞典，東洋経済新報社，1986.
3) 日本化粧品技術者会編：最新化粧品科学，改訂増補，薬事日報社，1988.
4) 斎藤，無類井，館：フレグランスジャーナル，73，10，(1985)
5) 田中宗男，熊谷重則：化学と工業，40(6)，115，(1987)
6) 桑原，安藤：顔料及び絵具，p.26，共立全書，1972.
7) 東久保和雄：フレグランスジャーナル，14(5)，60-66，(1986)
8) 神保元二 編：粉体その機能と応用，p.301，日本規格協会，1991.
9) 小林　進：フレグランスジャーナル，20(1)，107-113，(1992)
10) 米山 他：特開昭：61-293904.
11) 染谷 他：特開平：2-142716.
12) 春山行夫：おしゃれの文化史，p.22，30，107～125，平凡社，1976.
13) 犬養智子 他共著：化粧品のすべて，あなたの美容の周辺を考える，p.62，69，86～88，国際商業出版，1978.
14) 春山行夫・コレクション：化粧と生活文化史の本，p.30～36，p.45，平凡社，1987.
15) ポーラ文化研究所コレクション [2]：日本の化粧道具と心模様，p.30，40～42，ポーラ文化研究所，1989.
16) 真壁　仁：紅花幻想，山形新聞社，1978.
17) 上村六郎：染織と生活，No.2，p.37～39，(株)染色と生活社，1973.
18) (社)色材協会編集：色材工学ハンドブック，p.318，朝倉書店，1989.
19) 池田敏秀：フレグランスジャーナル，18(8)，41-45，(1990)
20) 池田敏秀：フレグランスジャーナル，20(4)，14-21，(1992)
21) 特許：1374048.
22) 特許：1307890.
23) 特開昭：56-45045.
24) 特公平：03-76284.
25) 特許：1461702.
26) 特公平：01-287011.
27) 中島 他：特公昭 61-42328，油中水型乳組成物.
28) アン・山崎：ネールケア＆ネールアート，p.6～11，永岡書店，1986.
29) 別冊，25 ans ELEGANCE BOOK No.12 COSMETICS 2，婦人画報社，1988.
30) 山崎一徳：フレグランスジャーナル 14(4)，16-20，(1986)
31) 池田，小林，田中，藤山，尾沢，光井：日本化粧品技術者会誌 22(1)，25-34，(1988)
32) 山崎一徳，田中宗男：日本化粧品技術者会誌 25(1)，33-50，(1991)

3 모발 화장품

3-1 》 세발용 화장품 ; Hair cleansing cosmetics

세발용 화장품은 두피, 두발에 부착된 오염을 제거하여 두피, 모발을 청결하게 유지하기 위하여 사용하는 것으로, 샴푸와 헤어 린스가 있다. 섬유의 세정은 오염을 제거한 후 건조하면 종료되지만, 신체의 세정은 오염을 제거하는 것뿐만 아니라 세정중, 세정후의 감촉 및 애프터 케어도 중요한 요소이다. 샴푸로 세정한 후에 모발에 매끄러움을 주고, 모발을 정돈하기 쉽게 하기 위해서 린스제가 사용된다.

세정의 기구에는 오염의 종류, 세정제의 성질, 세발시의 온도나 물리적인 힘 등이 관계한다. 오염에는 두피에서 분비되고 있는 피지, 땀의 노폐물, 과잉 각질(비듬), 먼지 등의 외부에서 부착되는 물질, 일정한 역할을 마친 두발용 화장품의 잔류물 등이 있다. 이러한 오염을 제거하기 위하여 일반적으로 음이온성, 양성 및 비이온성 계면활성제가 샴푸용 세정제로 사용되고 있다. 계면활성제의 침투작용과 유화, 분산작용에 의해서 오염이 제거된다. 우선 세정액이 오염과 오염이 부착되어 있는 피세정 표면(두피, 두발)의 사이에 침투하여 오염의 부착력을 약화시킨다. 그 결과 오염은 물리적인 힘에 의해 쉽게 물로 이탈한다. 그때 오염은 세분되어 수중에 안정하게 분산되고, 오염에 흡착된 계면활성제가 오염의 재부착을 방지한다.

샴푸의 기포는 세정액이 흘러내리지 않도록 유지시키며, 손질을 잘되게 하여 세정이 쉽게 되며, 동시에 모발간의 헝클어짐을 방지하는 쿠션 역할을 하므로 기포의 역할은 중요하다. 그러나 기포력과 세정력은 반드시 상관성이 있는 것은 아니다. 예를 들면 비이온성 계면활성제는 일반적으로 기포력은 약하지만 유화력이 강하여 좋은 세정성을 나타낸다.

샴푸도 현재는 단지 오염을 없애는 것뿐만 아니라 세발하는 동안 모발 손상 방지효과가 있는 콘디셔닝 타입의 샴푸, 비듬 및 가려움을 방지하는 약용 타입의 샴푸, 린스 효과를 주는 린스 일체형 샴푸 등 다기능화가 진행되고 있다.

세발 후에 헤어 린스가 사용되는데 모발에 바르고 씻어내면 헤어 린스의 주성분인 양이온 계면활성제와 유분이 모발에 흡착되어 모발의 성질이 개선된다. 헤어 린스 중에서도 특히 모발 보호 효과를 높인 것을 헤어트리트먼트 혹은 헤어팩이라 하며 사용법은 헤어 린스와 같다.

3-1-1. 샴푸 ; Shampoo

샴푸는 두피 및 두발의 오염을 없애고, 비듬이나 가려움을 억제하며 두피, 두발을 청결하고 아름답게 유지하기 위해 사용되는 세발용 화장품이다. 따라서 오염을 충분히 없애고 두피, 두발에 필요한 피지를 지나치게 제거하지 않는 적당한 세정력이 필요하다.

주목적인 세정기능 외에도 콘디셔닝, 윤기, 스타일링 등 여러 가지 부가 기능을 갖는 상품이 있고 그 종류 및 형태도 다양하다.

1) 샴푸의 성질과 분류

현재 샴푸에는 여러 가지 기능이 있는데 샴푸로서 갖춰야 할 성질로는 다음과 같은 항목이 있다.

① 적당한 세정성을 가질 것.

② 부드럽고 풍부한 지속성이 있는 거품을 낼 것.

③ 세발중의 마찰에 의한 손상으로부터 모발을 보호할 것.

④ 세발후 모발에 자연스러운 윤기와 적당한 유연성을 부여할 것.

⑤ 두피, 두발 및 눈에 대한 안전성이 높을 것.

1955년 이전은 고형비누나 지방산 비누를 베이스로 한 분말상의 세정제가 세발용으로 사용되어 왔다. 합성세제의 진보와 함께 1955년 이후에는 알킬황산에스테르염을 베이스로 한 분말상 샴푸나 젤리상의 샴푸를 사용하게 되었다. 1965년 이후부터 알킬에스테르황산에스테르염이 도입되면서 샴푸가 본격적으로 보급되고, 형상도 액상이 주류를 이루게 되었다. 외관상으로 분류하면 투명 액상과, 유탁제를 배합하여 고급스러운 느낌을 주는 불투명 액상으로 나누어진다.

샴푸는 부가 기능의 관점에서 일반적으로 다음과 같은 타입이 있다.

① 세정후의 느낌을 향상시키기 위한 목적으로 유분을 배합한 오일 샴푸, 크림 샴푸.

② 세발중 모발의 손상을 방지하는 콘디셔닝 샴푸.

③ 비듬, 가려움을 막는 데에 효과가 높은 비듬용 샴푸.

④ 두피, 두발에 대한 자극이 보통 샴푸보다 낮은 저자극(마일드) 샴푸.

⑤ 린스의 기능(모발 표면의 마찰저하, 정전기 방지, 모발보호 등)도 부가한 린스 일체형 샴푸.

⑥ 위에 기술한 기능 중 몇 가지가 합쳐진 샴푸.

2) 샴푸의 주성분

샴푸의 원료는 기포 세정제와 기타 첨가제로 이루어져 있다. 기포세정제로서 음이온성 계면활성제, 양성계면활성제 및 비이온성 계면활성제가 이용된다.

2-1) 음이온 계면활성제

샴푸의 주기포 세정제로서 널리 사용되고 있는 것이 음이온 계면활성제이다. 중요한 음이온 계면활성제는 다음과 같다.

⑴ 알킬황산에스레르염(AS) 및 폴리옥시에틸렌알킬에테르황산에스테르염(AES)

$ROSO_3M$ AS

$RO(CH_2CH_2O)_nSO_3M$ AES M : 나트륨 등

가격이 비교적 싸고, 공급력이 풍부하여 샴푸에 제일 많이 사용되고 있는 활성제로 나트륨염, 암모늄염, 트리에탄올아민염 등이 있다. 이러한 활성제는 중성이고, 세정력이 우수하며, 경수에서 안정하고, 또한 기포력도 좋아서 샴푸로서 적합하다. 보통 기포가 좋고 염가인 AS와 친수성으로 저온에서 투명하고 자극성이 낮은 AES를 조합하여 사용하는 경우가 많다. 알킬사슬과 폴리옥시에틸렌사슬의 길이를 변화시켜 기포력, 자극성, 친수성을 적당히 조정할 수 있다.

⑵ 아실메틸 타우린염(AMT)

$$\begin{array}{l} RCONCH_2CH_2SO_3M \\ \quad\ | \\ \quad CH_3 \end{array} \qquad M : 나트륨 등$$

아실메틸타우린은 인간이나 동물의 담즙에 존재하는 생체 계면활성제 타우로콜산과 유사한 구조를 갖고 있다는 점이 주목되어 안전성이 높은 계면활성제로서 이용되고 있다. 친수기가 설폰산나트륨이므로 내산, 내경수성도 좋다. 음이온 계면활성제의 피부 자극성, 단백질 변성, 단백질에의 흡착성, 세정성 등에 관한 연구[1]에 의하면, 다른 계면활성제의 비교하여 아실메틸타우린은 세발 후의 두피, 두발에 잘 남지 않고 두피, 모발의 구성성분인 단백질을 변성시키지 않으며, 정상적인 피부의 신진대사를 방해하지 않는 등의 특징을 갖고 있다고 알려져 있다.

⑶ N-아실글루타민산염

$$\begin{array}{l} RCONHCOOM \\ \quad\ | \\ \quad CH_2CH_2COOM \end{array} \qquad M : 나트륨 등$$

아미노산을 원료로 제조된 아미노산계의 계면활성제로 나트륨염, 트리에탄올아민염이 있다. AS, AES에 비하여 기포 성질은 약간 가볍고, 피부나 눈에 대한 자극이 마일드하고 우수하다.

그 외에 비누도 사용되지만, 물이나 인체에서 유래한 칼슘이나 마그네슘과 불용성금속비누를 생성하여 모발이 뻣뻣해져 샴푸의 세정제로서는 그다지 선호되지 않는다.

2-2) 양쪽성 계면활성제

음이온 계면활성제와 조합하여 안전성의 향상, 점도증가 등의 보조적인 목적으로 사용하는데, 단독으로 사용하기도 한다.

베타인형

알킬 베타인

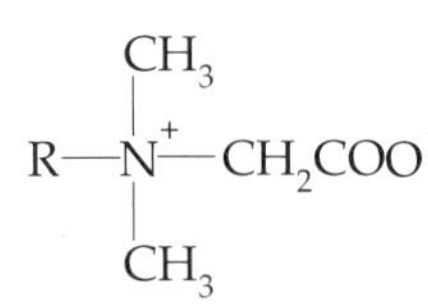

알킬아미드 베타인

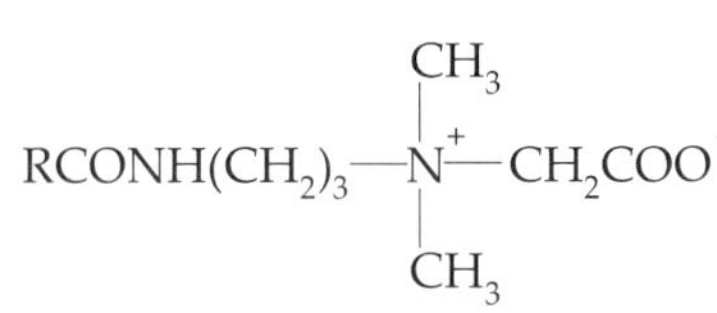

이미다졸리늄 베타인

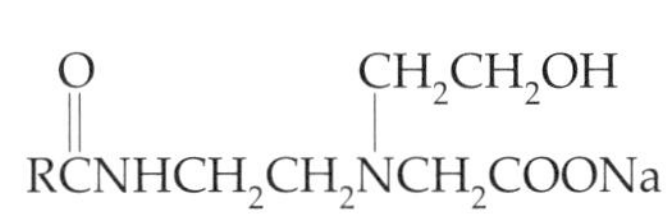

이미다졸리늄 베타인은 일반적으로 위에 기술한 5각형 환상 화합물로서 표시되는데, 이미다졸리늄 고리가 열리거나 하여 실제로는 복잡한 혼합물이다. 기포성, 세정성 면에서는 음이온 계면활성제에 비해 떨어지지만, 저자극성이고, 특히 눈에 대한 자극성이 적기 때문에 예전부터 베이비샴푸의 주요 원료로 사용되고 있다.

2-3) 비이온 계면활성제

음이온 계면활성제의 보조적인 역할을 하는 기포세정조제이다.

지방산 아카놀아미드

모노에탄올아미드

$$RCONHCH_2CH_2OH$$

디에탄올아미드

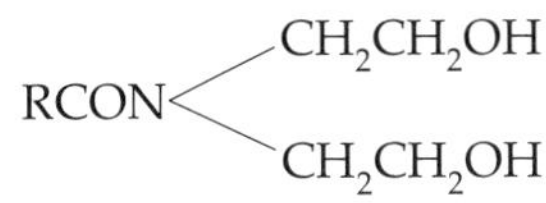

기포의 안정성 향상, 샴푸 기제의 점도 증가, 저온에서의 안정성 향상(동결, 고화방지) 등의 목적으로 널리 사용되고 있다.

2-4) 기타 첨가제

앞에 기술한 주성분 외에 다음과 같은 여러 종류의 첨가제가 추가된다. 샴푸에 배합되는 유분으로는 라놀린 유도체, 유동 파라핀, 고급지방산, 고급 알코올, 에스테르유, 실리콘유 등이 있다.

콘디셔닝제로서는 양이온화 셀룰로오스 등의 양이온성 고분자가 널리 사용되고있다. 샴푸액을 희석하면 양이온성 고분자와 계면활성제의 복합 염이 석출하여[2,3] 모발에 부착하므로 세발할 때와 헹굼시에 손질이 매끄럽게 된다. 이와 같은 작용에 의해서, 양이온성 고분자는 세발중의 모발손상방지에 관하여 높은 효과를 나타낸다.

이외에 글리세린 등의 보습제, 점도증가제로서의 고분자 화합물류, 점도 조정제, 유탁제, 색소, 또한 안정제로서 금속이온봉쇄제, 자외선 흡수제, 방부제, pH 조정제가 목적에 따라 첨가된다.

비듬, 가려움방지를 목적으로 하는 약제로서는 다음과 같은 것이 있다.

트리클로로카르바닐리드, 황, 살리실산, 징크피리치온(Zn-pt), 이소프로필메틸페놀

대표적인 샴푸의 처방 예로서 2가지를 열거한다.

【처방예 1】 투명 액상 샴푸

라우릴폴리옥시에틸렌(3)황산에스테르나트륨염(30%수용액)	30.0%
라우릴황산에스테르나트륨염(30%수용액)	10.0
야자유지방산디에탄올아미드	4.0
글리세린	1.0
향료	적당량
색소	적당량
방부제	적당량
금속이온봉쇄제, pH 조정제	적당량
정제수	55.0

【제조법】 정제수를 70℃로 가열하고, 나머지 성분을 가하여 균일하게 용해한 후 냉각한다.

【처방예 2】 콘디셔닝 샴푸

라우릴폴리옥시에틸렌(3)황산에스테르트리에탄올아민염(30%수용액)	10.0%
라우릴폴리옥시에틸렌(3)황산에스테르나트륨염 (30%수용액)	20.0
라우릴황산에스테르나트륨염(30%수용액)	5.0
라우로일모노에탄올아미드	3.0
라우릴디메틸아미노초산베타인(35%수용액)	7.0
양이온화셀룰로오스	0.2
에틸렌글리콜디스테아린산에스테르	2.0
단백질유도체	0.5
향료	적당량
방부제	적당량
금속이온봉쇄제, pH 조정제	적당량
정제수	53.3

【제조법】 정제수에 양이온화 셀룰로오스를 첨가하고 가열 교반하여 70℃까지 올린다. 여기에 나머지 성분을 가하여 교반 용해하고, 냉각하여 펄감이 있는 결정을 석출시킨다.

콘디셔닝제로서 헹굼시의 손질을 잘되게 하는 양이온화 셀룰로오스에테르를 첨가하고, 불투명화제로 에틸렌글리콜 디스테아린산 에스테르를 첨가한, 펄감이 있는 아름다운 외관을 지닌 샴푸이다.

3-1-2. 린스 ; Rinse

린스는 세발후 사용하여 모발에 매끄러움을 부여하고 모발의 표면 상태를 정돈하는 것을 목적으로 하는 화장품이다. 모발 세정에 비누가 사용되던 때는 알칼리와 금속비누를 제거하기 위해 구연산 등을 배합한 산성 린스가 사용되었다. 산성 린스는 현재도 퍼머넌트 웨이브나 헤어 칼라를 시술할 때 사용되고 있다. 또 모발 세정시에 과도하게 탈지된 모발에 유분을 주기 위해 오일린스라는 유지류나, 헤어크림을 물에 분산시킨 제품이 모발의 마무리에 사용되기도 한다.

알킬황산에스테르염이나 폴리옥시에틸렌알킬에스테르황산에스테르염을 세정제로 하는 샴푸가 본격적으로 보급되기 시작한 1965년 무렵에는 양이온 계면활성제를 주성분으로 한 린스가 등장하였다. 양이온 계면활성제는 모발에 잘 흡착하여 모발의 표면을 매끄럽게 하는 작용을 한다.

현재에는 양이온 계면활성제와 고급 알코올을 형성하는 겔 중에 여러 가지 유분을 배합한 유액상 또는 크림상의 린스가 주류를 이루고 있다. 헤어 린스 중에는 린스 기능을 한층 높힌 것으로 헤어트리트먼트(hair treatment) 또는 헤어팩(hair pack)이 있다. 이것들은 린스와 같이 모발에 골고루 바른 다음 씻어내는 제품이다.

1) 린스의 기능

모발에의 양이온 계면활성제의 흡착에 관하여 다음과 같이 알려져 있다[4]. 양이온 계면활성제는 모발에 흡착하여 모발표면의 마찰계수를 저하시키는데, 그 효과는 양이온 계면활성제의 알킬 사슬 길이가 길수록 크다. 모발표면의 마찰계수를 저하시키기 위해서는 모발표면에 양이온 계면활성제의 단분자층이 형성될 정도의 흡착량으로 충분하다. 양이온 계면활성제는 친수기를 모발 방향으로 향하여 정전기적으로 흡착시키고, 친유기를 외측으로 향하게 하여(배향흡착) 모발의 표면이 양이온 계면활성제의 친유기에 싸여서 모발이 매끄러워진다고 생각된다. 또 한번 모발에 흡착된 양이온 계면활성제나 유분은 물세척으로는 간단히 탈착되지 않는다. 따라서 린스를 사용한 후에는 가볍게 헹구든 충분히 헹구든 린스 효과는 거의 변하지 않는다고 할 수 있다.

모발표면에의 양이온 계면활성제와 유분의 흡착 및 친수기 부분의 수화층 형성에 따라 린스는 다음과 같은 기능을 나타낸다.

① 모발의 표면을 매끄럽게 하여 빗질이 잘 되게 한다.
② 정전기를 방지한다.
③ 모발의 표면을 보호한다.
④ 모발을 유연하게 하고, 자연스러운 광택을 준다.

2) 린스의 성분

2-1) 양이온 계면활성제

대표적인 것은 염화알킬트리메틸암모늄이 있다.

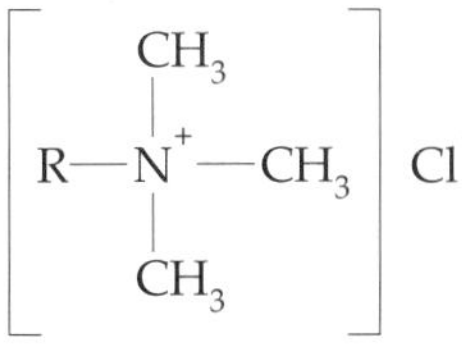

알킬기는 C_{16}~C_{22}가 사용된다. 기타 2쇄형의 염화디알킬디메틸암모늄도 사용된다.

2-2) 유분

유분으로서는 주로 탄화수소, 고급알코올, 에스테르류, 실리콘유 등이 사용된다. 특히 실리콘유는 모발에 매끄러움을 부여하는 효과가 높다.

2-3) 보습제

보습제로서는 글리세린, 프로필렌 글리콜, 1,3-부틸렌 글리콜, 폴리에틸렌 글리콜 등이 사용된다. 보습제는 모발에 수분을 주어 촉촉하게 하는 효과가 있다.

형태로서는 투명계와 백탁계가 있다. 양이온 계면활성제의 수용액에 유분을 가용화시킨 투명한 린스는 배합될 수 있는 유분의 종류나 양에 제약이 있어 현재는 이하에 기술한 유화계(백탁계)가 주류를 이루고 있다.

양이온 계면활성제와 고급알코올과 물과 혼합하면 층상구조(라멜라형)의 겔을 형성한다[5]. 따라서 이 계에 유분을 첨가하여 유화시키면, 겔중에 미세한 기름 방울이 분산된 유액상 또는 크림상의 린스가 얻어진다. 이것을 모발에 바르고 헹구어내면, 유성의 얇은 보호막이 모발표면에 남는다. 헤어트리트먼트(헤어팩)는 유분량과 기름의 종류를 조정하여, 보통 린스보다 린스 기능을 높인 것이다.

【처방예】 린 스

실리콘오일	3.0%
유동파라핀	1.0
세틸알코올	1.5
스테아릴알코올	1.0
염화스테아릴트리메틸암모늄	0.7
글리세린	3.0
향료, 색소, 방부제	적당량
정제수	89.8

【제조법】 정제수에 염화스테아릴트리메틸암모늄, 글리세린, 색소를 가하여 70℃로 유지하고(수상), 나머지 성분을 혼합 가열 융해하여 70℃로 유지한다(유상). 수상에 유상을 가하여 호모 믹서로 유화후 교반하면서 냉각한다.

3-1-3. 린스 일체형 샴푸 ; Two-in-one shampoo or One-step shampoo

종래의 콘디셔닝 샴푸를 일보 전진시켜 모발 표면의 마찰계수 저하, 정전기 방지효과, 모발 보호효과 등의 기본적인 린스 기능을 갖게 한 것이 린스 일체형 샴푸이다. 린스인 샴푸라고도 한다. 모발 세정회수의 증가, 외출전의 샴푸, 여행지, 외출지에서의 샴푸 등 젊은 세대를 중심으로 한 라이프 스타일의 변화를 배경으로 간편성을 추구하여 생겨난 제품이다.

주 세정제로서는 양쪽성 계면활성제 또는 음이온 계면활성제가 사용된다. 콘디셔닝제로서는 주로 양이온 계면활성제, 실리콘 및 그 유도체, 그 외에 탄화수소제의 유분 등이 사용된다.

양이온 계면활성제를 단독으로 사용하는 것보다 음이온 계면활성제와 일정의 비율로 조합하여 사용하는 편이 양이온 계면활성제의 자극성을 완화시킬 수 있고, 게다가 양호한 린스제로 작용하는 것으로 알려져 있다[6]. 일반적으로 양이온 계면활성제와 음이온 계면활성제를 혼합하면 물에 불용성인 복합체를 생성하지만, 말단의 친수기와 더불어 분자 내에 별도의 친수기를 갖는 음이온 계면활성제 경우는 양이온 계면활성제와 병용하여도 수용성의 복합체를 형성한다[7]. 따라서 양쪽성 계면활성제를 주세정제로 하는 샴푸에는 이런 종류의 음이온-양이온복합체를 린스제로서 배합할 수가 있다. 한편 보통의 음이온 계면활성제를 주세정제로 하는 샴푸에서는 양이온과 음이온이 결합하여 석출되거나 양이온 계면활성제의 효과가 약해지므로, 콘디셔닝제로서는 주로 실리콘오일이 사용된다.

【처방예】 린스 일체형 샴푸

이미다졸리늄베타인형 양쪽성 계면활성제	16.0%
야자유지방산디에탄올아미드	4.0
염화스테아릴트리메틸암모늄	2.0
N-라우로일-N-메틸-β-알라닌나트륨	1.0
디메티콘	1.0
폴리옥시에틸렌알킬폴리아민	1.0
향료, 색소, pH 조정제	적당량
정제수	75.0

【제조법】 정제수에 염화스테아릴트리메틸 암모늄과 양쪽성 계면활성제를 넣고 가열 용해하여 70℃로 유지하고, 나머지 성분을 가하여 용해한 후 냉각한다.

3-2 》 육모제 ; Hair growth promoters

3-2-1. 개 론

육모제는, 알코올 수용액에 각종 약효 성분을 첨가한 외용제로서, 머리 부분에 쓰이며 두피 기능을 정상화하고 두피의 혈액순환을 좋게 하여 모포의 기능을 높임으로써 발모, 육모촉진 및 탈모방지, 비듬, 가려움 방지 효과를 갖는 제품이다.

육모제는 두발의 성장을 촉진하고 자극하는 효능이 있다는 점에서 화장품 중에서는 특이한 제품이다. 따라서 고령화 사회에 들어선 현재, 해가 갈수록 수요가 증대되어 갈 것이며, 그에 호응하여 새로운 발모, 내지 탈모 방지 약제가 개발되고 있다. 그러나 실로 획기적인 육모제의 개발에는 발모와 탈모 메커니즘의 기초적인 해명과, 실질적인 약제의 효과를 연구하고, 인체에 대한 과학적인 효과 실증이 필요하다.

3-2-2. 육모제의 종류

육모제는 약효성분의 종류와 배합량, 효능 효과의 차이에 따라서 화장품, 의약부외품, 일반용 의약품, 의료용 의약품의 4종류로 나눌 수 있다.

약사법에 의한 화장품 육모제의 효능 효과는 일반적으로 비듬, 가려움방지, 탈모예방이며, 의약부외품의 효능범위는 발모촉진, 모발생육촉진, 육모, 양모, 박모, 비듬, 가려움, 탈모의 예방이다. 한편 원형탈모증, 발모부전, 지루성 탈모증, 비강성 탈모 등의 병적 탈모증에 대해서는 의약부외품 육모제의 대상이 아니고, 의약품에 의한 처치가 필요하다. 그러나 남성형 탈모증은 병적인 탈모증이 아니기 때문에 의약부외품과 병행해서 일반의약품이 탈모방지 용도로 사용되고 있는 실정으로, 이런 점이 의약부외품 육모제의 존재 의의라고 할 수 있겠다.

의약부외품의 원칙적인 제형은 액상으로, 크림상(연고제)은 인정되지 않음을 약무국 고시로 제시하고 있다[8].

3-2-3. 탈모의 원인

현재 알려진 탈모의 원인은 다음과 같다.

1) 남성호르몬에 의한 모포기능의 저하

일반적으로 외관상 문제가 되는 숱이 적어지는 상태는, 머리 정수리 또는 머리 앞부분부터 시작되어 나이가 들면서 진행되는데 남성형 탈모(male pattern baldness) 또는 남성 호르몬성 탈모(androgenic alopecia)라고 한다[9].

이렇게 숱이 적어지는 상태는, 원형탈모증 등의 병적인 탈모와는 달리 피부와 모포에 문제가 생겨서 나타나는 것이 아니다[10]. 두부의 체표 면적당 모발의 수는 숱이 적어지기 전과 변하지 않으나[11], 모발이 가늘고 짧아지는 연모화가 진행되어 머리숱이 적어지는 것이다. 즉 헤어사이클의 성장기간의 단축에 의한 경모의 연모화이다[12].

해밀턴은 1940년대 초 이러한 남성형 탈모와 남성호르몬의 관계를 입증하였는데, 면역학적인 해명으로 남성형 탈모의 요인을 ① 남성호르몬의 관여 ② 유전적 원인이라고 제창하였다[9].

또 모포에 의한 남성호르몬과 모근세포 대사와의 관계에 대해서 다음과 같이 추측되고 있다.

남성호르몬인 테스토스테론(testosterone)은 모포에서 5α-리덕타아제(5α-reductase)에 의해 보다 생물 활성이 높은 5α-디하이드로테스토스테론(5α-dihydrotestosterone, DHT)으로 변환된다[13,14]. 현재 DHT의 작용이 탈모를 유발하는 주원인으로 알려져 있다. 상세한 작용기전은 불분명하나, DHT가 직접 작용하지 않고 세포내에서 DHT의 수용체(특정 단백질)와 결합하고 핵내로 이행하여 어떤 특정의 유전자를 활성화하며 어떤 종류의 단백질 생성을 유도하는데, 이 단백질이 모발의 성장을 저해한다고 생각되고 있다[14~16]. 그러나 현재까지도 모포에서의 DHT 수용체가 무엇인지 불분명하다. 어쨌든 테스토스테론에서 DHT로의 변환은 탈모를 일으키는 최초의 단계라고 생각되며 5α-리덕타아제의 작용을 저해하는 화합물이 육모제의 약제로서 주목되고 있다.

2) 모포, 모구부의 신진대사 기능의 저하

모발은 모근부의 기저세포의 분열증식, 분화에 의해서 만들어지고 신장하며 모발을 표피로 내보내고 있다. 기저세포는 모유두내에 분포하는 모유두 모세혈관에 의해서 세포분열에 필요한 여러 종류의 영양물질을 공급받는다. 또 성장기의 모포를 살펴보면, 모포의 밑으로부터 1/3의 지점에 바구니 모양의 혈관망이 분포하고 있어 모포에 혈액을 공급하고 모발 성장을 돕는다. 따라서 모유두 및 모포를 둘러싸고 있는 모세혈관의 발달은 모발 성장에 대단히 중요하다.

그러므로 모포, 모유두를 싸고 있는 말초모세혈관의 혈류량이 감소하여 모유두 부위와 기저세포로의 영양물질의 공급이 부족하게 되면, 신진대사가 저하하여 모발의 성장에 이상을 일으킨다.

3) 두피 생리기능의 저하

비듬의 과잉발생에 의해서 모발의 표피 출구인 모구가 막히면 모발을 생산하고 있는 모근의 작용이 나빠진다. 또 비듬이 많으면 세균에 의해 분해되고, 분해물이 두피를 자극하여 가려움 등의 염증을 수반하는 두부비강진(頭部粃糠疹) 등의 원인이 된다. 이런 증상을 방치하면 비만성 탈모가 발생하여, 비강성 탈모증이 된다[17].

또 모포 상부의 피지선으로부터 피지가 과잉 분비되면, 두피 상재균 등에 의해 분해되고, 분해물의 두피 과잉 자극에 의해 지루성 탈모증을 일으키기도 한다.

4) 두피긴장에 의한 국소 혈류 장해

두피 유연성 저하는 두부 피하조직 말초 혈관의 혈류량 감소로 모발의 성장에 이상을 일으키며[18], 결과적으로 2)에 가까운 현상이 나타난다.

그 외에 다음과 같은 원인을 들 수 있다.

5) 영양부족

6) 스트레스

7) 약물에 의한 부작용

8) 유전

3-2-4. 육모제의 약효성분

표 3-1은 육모제에 배합되는 약제에 대해서 작용별로 나타낸 것이다.

표 3-1. 육모제의 약효 성분

작 용	약 제
혈 행 촉 진	월년초 추출물(스웰티노젠), 비타민E 및 그 유도체, 니코틴산벤질에스테르, 세파란틴, 염화칼프로늄, 미녹시딜
국 소 자 극	고추틴크, 칸타리스틴크, 장뇌, 노닐산바닐아마이드
모 포 부 활	히노키티올, 감광소, 판토텐산 및 유도체
항남성호르몬	에스트라디올, 에스트론
항 지 루	황, 티옥소론, 비타민B_6
각 질 용 해	살리실산, 레조르신
살 균	살리실산, 히노키티올, 염화벤잘코늄, 감광소
소 염	글리칠리친산 및 그 유도체, 멘톨
기 타	아미노산, 비타민, 생약추출물류

이들 약제의 종류와 배합량의 범위는 약사법에서 정하고 있고, 약사법의 범위내에서 약효성분 및 배합량을 조합하여 육모 효과를 효과적으로 발휘시키도록 한다.

모세혈관을 확장하는 약제 중에서 혈관신경계에 작용하는 것으로서 월년초 추출물(스웨르티노겐), 비타민E 및 그 유도체, 니코틴산벤질에스테르, 염화카프로늄, 미녹시실 등이 있으며 국소자극 작용에 의한 혈액순환 촉진 약제로서 고추링크, 칸타리추출물, 노닐산바닐아마이드 등이 있다.

모포기능 부활작용을 하는 약제로서 히노키티올, 판토텐산 및 그 유도체, 감광소 등이 사용된다. 히노키티올은 항균작용이 있어 비듬방지 효과작용이 있다.

항남성 호르몬 작용이 있는 약제로서는 에스트라디올, 에스트론이 있다.

항지루제로서는 황, 티옥소론, 비타민B_6 및 그 유도체 등이 이용된다.

각질용해작용, 살균작용이 있는 살리실산, 레조르신, 염화벤잘코늄이 있으며 비듬의 발생을 억제한다.

온화한 소염작용이 있는 것으로서 글리틸레틴산 및 유도체, 멘톨 등이 두피의 염증을 방지하기 위해 이용된다.

그밖에 모포에 영양공급, 효소활성을 위해 아미노산, 비타민, 생약 추출물 등이 육모제에 배합되고 있다.

3-2-5. 육모제의 평가법

육모제의 평가법을 분류하면 표 3-2와 같이 크게 ① 동물을 이용하는 방법 ② 사람을 이용하는 방법 ③ 조직배양을 이용하는 방법으로 나눌 수 있다. ①의 방법은 동물 털의 성장을 무게, 길이, 발모 면적 및 발모개시 시기 등을 조사하는 것이다. 그러나 동물 털의 성장은 종족, 나이, 계절, 사료 등에 유의할 필요가 있다.

표 3-2. 육모제의 평가방법

① 동물을 이용한 방법[20~23]	② 사람을 이용하는 방법
쥐	a. 사진판정, 발육상태 관찰
a. 모의 길이 측정	b. 트리코그람법
b. 모의 발육면적 측정	c. 5α-리덕타제 저해 측정(모근)
토끼	d. 세발테스트
a. 모의 길이 및 무게 측정	e. 혈류량 측정 테스트
b. 발육시기 측정	
햄스터	③ 조직배양을 이용하는 방법
a. 피지선의 크기 측정(*in vivo*)	a. 모근의 배양
b. 피지선의 5α-리덕타제 저해 측정(*in vitro*)	b. 모근세포의 배양
c. 피지선의 DHT 수용체 저해 측정(*in vitro*)	
원숭이	
a. 전두부의 발육 측정(베니가오잘)	

육모효과의 최종적인 효과는 사람을 이용하는 시험이 필요하다. 사람에 의한 평가시험은 개인적, 부위적인 변수, 피시험자 조절이 어려운 점, 일간, 계절적 변동 등의 해결해야 할 문제점이 많이 남아 있다. 그러나 현실적으로는 표 3-2 ②의 사람을 이용하는 방법과 같은 테

스트가 실시되고 있다. a의 사진판정, 발모상태의 관찰은 객관적, 정량적인 데이터를 얻는 것은 어려우나 많은 피시험자에게 실시할 수 있다. b, c, d, e에 대해서는 비용과 패널 관리 등에 노력이 크게 들지만 정량적인 데이터를 얻을 수 있다.

b의 트리코그람법[19]은 두부의 각 부위로부터 100개 전후의 모발을 무작위로 뽑아 모포의 상태를 성장기, 퇴행기, 휴지기로 나누고 휴지기 모의 비율을 현미경으로 조사하여 육모효과를 판정하는 방법이다.

c의 모근의 5α-리덕타제 저해판정은 육모제 사용 전후의 사람 모포에서의 5α-리덕타제 활성을 측정하는 방법이다.

d의 세발 테스트는 세발에 의한 탈모 수를 측정하는 것으로 설득력이 있는 데이터를 얻기 위해서는 피시험자의 세발관리를 엄중히 하는 것이 중요하다.

e의 혈류량 측정 테스트는 두피의 혈액순환을 좋게 하는 것이 모발성장을 촉진한다는 생각에 의한 것으로 육모효과의 평가로서 측정된다. 혈류량 측정기로는 도플러효과를 이용한 것과 열과 전기를 이용한 것 등이 개발되어 있으나 측정 환경 등에 유의하면서 측정할 필요가 있다.

③의 조직배양을 이용한 방법은 Weterings[24] 등이 밝힌 방법으로, 소의 수정체 피막 상에서 모포의 케라티노사이트를 배양할 수 있다는 것이다. 또 모유두(dermal papilla cell)는 모발의 성장에 중요한 것으로 여겨지고 있는데, 이 세포의 배양은 Jahoda와 Oliver[25]에 의해서 시험되었다. 모포와 모포계 세포의 배양은 육모제의 평가법 뿐만 아니라, 모발성장의 메커니즘을 해명하기 위해서도 하나의 유력한 평가법이라고 생각된다.

탈모의 원인에는 여러 가지가 있으므로 육모제의 처방은 복수의 성분으로 구성된다. 그 한 예를 아래에 나타낸다.

【처방예】 육모제

에틸알코올	60.0%
히노키티올	적당량
월년초 추출물	적당량
비타민B_6	적당량
비타민E 유도체	적당량
프로필렌글리콜	2.0
향료	적당량
향료 가용화제	적당량
정제수	38.0

【제조법】 에탄올에 정제수를 제외한 성분을 순서대로 용해하고, 정제수를 넣어 가용화하고 균일하게 한 후 여과한다.

3-3 》 모발 마무리 화장품

모발 마무리 화장품은, 주로 세발 후의 일상적인 모발 마무리를 목적으로 한 화장품 군으로서, 욕실에서 사용하는 세발용 화장품인 인베스 화장품에 대하여 아웃베스 화장품이라고 한다.

기능적으로는 ① 모발을 고정, 세팅하는 정발성을 중시한 타입 ② 모발의 광택, 감촉, 질감과 손질이 용이하도록 개선한 헤어트리트먼트 타입, 또는 ①과 ②를 합한 타입이 있다.

그러므로 여기서는 정발을 중시한 헤어 스타일링제와, 트리트먼트성 및 정발성을 가미시킨 헤어트리트먼트의 2군으로 분류해 기술한다.

3-3-1. 헤어스타일링제의 종류

모발을 고정, 세팅하는 방법으로서 상온에서 고형 또는 페이스트상, 점성이 있는 액상의 유지류를 이용하는 타입, 고분자 수지를 이용하는 타입, 그리고 점성이 있는 보습제를 사용하는 타입이 있다.

유지와 보습제를 이용하는 타입은 유지류 또는 보습제의 점성을 이용하며, 고분자 타입은 수지의 고형화를 이용한 것으로 모두 모발을 물리적으로 밀착, 고정함으로써 정발하는 것이다.

아래에 제품의 제형별로 분류해 기술한다.

1) 헤어폼, 헤어무스 ; Hair Foam, Hair Mousse

헤어폼은 포상 정발료의 총칭으로 에어졸 금속 캔에, 정발 기능을 가지는 조성물(원액)과 액화가스(분사제)가 채워져 있다. 원액이 분출됨과 동시에 원액부에 내포된 액화 가스가 대기압 하에서 기화하는 것으로 원액을 부풀려서 거품 상태가 된다. 제제상의 특징은 ① 원액에 있어 점도의 제약이 거의 없고 ② 사용 전에 흔들어서 사용하므로 원액의 가역적 분리가 허용되기 때문에 원액 형상의 자유도가 높다는 것이다. 따라서 새로운 기능을 추가하기 쉬워서 다기능의 상품이 나와 있다. 크게 분류해서 세팅력이 주인 타입, 트리트먼트가 주인 타입과 촉촉함 및 광택을 내는 타입이 있다.

그리고 구성성분은 세팅제(4) 세팅로션의 항 참조), 유분(유동파라핀, 실리콘 오일), 보습제, 계면활성제 등이고 제품 용도에 따라서 적절한 처방이 짜여진다. 최근에는 발매되는 제품

수도 많고 모발 형태별, 모발 성질별, 마무리 느낌별, 갈래모 코팅 타입 등으로 세분화되었다.

【처방예 1】 헤어 폼(하드 세팅용)

(원액처방)	
아크릴수지알칸올아민액(50%)	8.0%
폴리옥시에틸렌경화피마자유	적당량
유동파라핀	5.0
글리세린	3.0
향료, 방부제	적당량
정제수	69.0
에틸알코올	15.0
(충전처방)	
원액	90.0
액화 석유 가스	10.0

【제조법】 유동파라핀을 글리세린과 폴리옥시에틸렌경화피마자유 용해물에 첨가하고 호모믹서로 균일하게 교반한다. 이것을 나머지 성분의 용액에 첨가한다. 충전은 용기에 원액을 충전하고 밸브를 장착한 후 가스를 충전한다.

【처방예 2】 헤어 폼(트리트먼트 타입)

(원액처방)	
양이온화 셀룰로오스	3.0%
폴리옥시에틸렌경화피마자유	적당량
실리콘 오일	5.0
디프로필렌글리콜	7.0
에틸알코올	15.0
향료, 방부제	적당량
정제수	70.0
(충전처방)	
원액	90.0
액화 석유 가스	10.0

【제조법】 실리콘 오일을 디프로필렌글리콜과 폴리옥시에틸렌경화피마자유의 용해물에 첨가하고 호모믹서로 균일하게 유화한다. 이것을 나머지 성분의 용액에 첨가한다.

충전은 용기에 원액을 충전하고 밸브를 장착한 후 가스를 충전한다.

2) 헤어 스프레이, 헤어 미스트 ; Hair spray, Hair mist

헤어 스프레이, 헤어 미스트는 세팅한 모발 위에 분무하여, 모발의 형태를 유지하는 것을 목적으로 이용된다. 여기서는 에어졸을 헤어스프레이로 정의하고, 디스펜서를 미스트라고 정의하지만 이러한 정의에 꼭 맞지 않는 상품명도 있다.

헤어스프레이의 주성분은 피막형성제로 여기에 고급 알코올, 라놀린 유도체 등을 배합하여 피막 형성에 적절한 가소성을 부여하기도 하고, 실리콘 오일 등으로 광택을 부여한다. 피막형성제는 폴리비닐피롤리돈 또는 이것의 초산비닐공중합체나 아크릴수지알칸올아민액 또는 비닐메틸에테르/말레인산부틸공중합체 등이 사용된다.

또 용제는 거의가 에틸 알코올이었지만, 1989년의 프레온 가스 규제 이후의 제품에는 화염성을 억제하기 위해 일부 정제수를 사용하는 것도 있다.

한편, 분사제의 선택과 배합에 있어서 수지의 용해성, 압력이나 분무상태, 용기의 부식 등의 품질검사를 충분히 할 필요가 있다. 분사제는 프레온가스 규제이래 액화석유 가스나 액화석유 가스와 디메틸에테르의 혼합가스가 사용되고 있다.

【처방예】 헤어 스프레이

(원액처방)	
아크릴수지알칸올아민액(50%)	70.0%
세틸알코올	0.1
실리콘오일	0.3
에틸알코올	92.6
향료	적당량
(충전처방)	
원액	50.0%
디메틸에테르	50.0

【제조법】 원액은 에틸 알코올에 나머지 성분을 첨가해 용해시키고 여과한다. 충전은 헤어 폼과 동일하게 한다. 미스트는 피막형성제를 에틸 알코올에 용해시킨 것으로 처방은 헤어스프레이의 원액과 유사하다. 신속한 건조가 요구되므로 수분을 함유하는 것은 적다.

3) 헤어 젤 ; Hair gel

헤어 젤은 수용성 고분자로 만들어진 점도증가제에 정발 성분을 첨가시킨 젤리상의 투명정발료이다. 수용성 고분자로는 카르복시비닐폴리머, 메틸셀룰로오스, 카라기난 등이 이용된다.

하드 타입 헤어 젤은 정발 성분으로서 수지가 첨가되고 드라이한 마무리감을 준다. 구성성분은 수용성 고분자, 세팅제(폴리비닐피롤리돈, 폴리비닐피롤리돈/초산비닐폴리머 등), 보습제, 알칼리제, 계면활성제, 킬레이트제 등이 있다.

웨트 타입 헤어 젤에는, 정발 성분으로 글리세린 등의 보습제가 하드 타입보다 다량 첨가되고, 촉촉한 마무리감을 준다.

【처방예 1】 헤어 젤

카르복시비닐폴리머	0.7%
폴리비닐피롤리돈	2.0
글리세린	적당량
수산화나트륨	적당량
에틸알코올	20.0
폴리옥시에틸렌옥틸도데실에테르	적당량
향료, 킬레이트제	적당량
정제수	77.3

【제조법】 카르복시비닐폴리머를 글리세린과 일부의 정제수에 분산시킨다. 그 외의 성분을 나머지 정제수에 용해하고 교반하면서 첨가한다.

4) 세팅로션, 컬러로션 ; Set lotion, Curler lotion

세팅로션, 컬러로션은 검류나 수지류 등을 에틸 알코올 및 정제수의 혼합용액에 용해시킨 것으로 브러시나 컬러(Curler)를 이용하여 모발을 스타일링하는 경우에 사용한다.

세팅성분은 초기에는 천연 검류(트라검, 카라야검)가 이용되었지만, 현재는 품질적으로 안정된 합성고분자가 이용되고 있다. 합성고분자는 다수 개발되어 있고 다음과 같은 것이 있다.

- 비이온성 폴리머 : 폴리비닐피롤리돈, 폴리비닐피롤리돈/초산비닐공중합체.
- 음이온 폴리머 : 아크릴산에스테르/메타아크릴산에스테르공중합체, 비닐메틸에테르/말레인산부틸공중합체.
- 양이온성 폴리머 : 비닐피롤리돈/디메칠아미노에틸메타아크릴레이트공중합체 양이온화합물.
- 양성 폴리머 : 아크릴산하이드록시프로필/메타아크릴산부틸아미노에틸/아크릴산옥틸아미드공중합체.

수지의 선정은 세팅력, 피막특성과 더불어, 디스펜서의 막힘에도 주의할 필요가 있다.

수지만으로는 피막이 박리되어 흰 가루를 날리는 듯한 경향이 있으므로, 보습제(글리세린, 1,3-부틸렌글리콜)나 가소제(합성에스테르, 실리콘유도체)를 세팅력에 유의하면서 첨가한다.

【처방예】 세팅 로션

폴리비닐피롤리돈/초산비닐공중합체	5.0%
방부제	적당량
향료	적당량
에틸알코올	30.0
정제수	62.5
실리콘유도체	0.5
글리세린	2.0

【제조법】 에틸알코올 고분자, 방부제, 향료를 첨가해 균일하게 용해한다. 여기에 미리 용해한 수상부(정제수, 실리콘유도체, 글리세린)을 첨가시켜 용해한다.

5) 헤어 리퀴드 ; Hair liquid

헤어 리퀴드는 정발 성분을 용해시킨 에틸 알코올 수용액으로 포마드나 머리 크림에 비해 부드러운 정발 효과가 있고, 또는 헤어오일에 비해 깔끔한 마무리감을 주며 세발도 용이하다는 특징이 있다. 정발제로는 주로 폴리알킬렌글리콜이 이용되고, 프로필렌글리콜의 부가몰수를 다르게 함으로써 화합물의 점도와 알코올 용해성 등을 조정할 수 있다.

기능성 향상의 측면에서 폴리알킬렌글리콜이 개발되고 있으며, 안경줄이나 빗 등의 셀룰로이드를 상하게 하지 않고, 의복에 묻어도 간단히 제거할 수 있으며, 끈적임이 적은 제품으로 개선되고 있다.

【처방예】 헤어 리퀴드

폴리옥시프로필렌(40)부틸에테르	20.0%
폴리옥시에틸렌경화피마자유	1.0
에틸알코올	50.0
정제수	28.0
향료	1.0
염료	적당량
방부제, 자외선방지제	적당량

【제조법】 에틸알코올에 폴리옥시프로필렌(40)부틸에테르, 폴리옥시에틸렌경화피마자유, 향료, 방부제, 자외선 방지제를 용해한다. 정제수에 염료를 용해한다. 알코올상에 수상을 첨가하고, 여과지로 여과한다

6) 포마드, 헤어 스틱 ; Pomade, Hair stick

포마드는 젤리 혹은 약간 딱딱한 반고형의 오일로서, 모발에 광택을 주고 동시에 헤어스타일링을 정돈하는 목적으로 이용되고 있다. 스틱은 스틱상의 고형 정발료인데 특히 뻣뻣한 모발을 정돈하는데에 이용된다.

포마드는 식물성 포마드와 광물성 포마드가 있는데, 식물성은 피마자 오일과 목납을 주원료로 하고, 광물성은 바세린이 주원료이다.

식물성 포마드는 반투명으로 광택이 있고 적당한 경도와 점성을 유지하고 있으므로 모발이 뻣뻣한 일본인에게 애용되고 있다.

광물성 포마드는 끈적이지 않는 산뜻한 정발품이다. 원료 오일이 광물성이므로 원료 냄새가 적고 부향(賦香)이 용이해, 모발에 향기를 주는 목적으로 이용된다.

스틱은 포마드에 비하여, 단단함을 증가시키기 위해서 고형의 유지원료를 많이 쓴다. 또 카본 블랙을 정당량 첨가해서 백발이 눈에 띄지 않게 하는 목적으로 사용되기도 한다.

【처방예 1】 포마드(식물성 기름계)

피마자오일	88.0%
정제 목납	10.0
향료	2.0
염료	적당량
산화방지제	적당량

【제조법】 피마자유, 정제 목납, 산화 방지제를 혼합해 가열 용해한다. 여기에 향료, 염료를 첨가해 금속제 통에 흘려 넣어 조용히 얼음 위에서 급냉각, 고화시킨다.

【처방예 2】 헤어 스틱

폴리옥시프로필렌(40)부틸에테르	70.0%
표백 밀납	10.0
정제목납	4.0
자기 유화형 모노스테아린산글리세린	7.0

친유형 모노스테아린산글리세린	4.0
향료	적당량

【제조법】 향료 이외의 성분을 가열 용해한다(80℃). 여기에 향료를 가하고 틀에 유입시켜 급냉한다.

7) 헤어 왁스 ; Hair wax

헤어 왁스는 머리에 적당한 윤기를 주고 내츄럴한 세팅력이 있으며, 흐트러진 머리를 정돈하여, 재정발이 가능하도록 한 고형 정발품이다. 고형 유분에 의한 정발력, 윤기를 이용한 제품이지만, 시판 제품에는 고형 유분이 함유되어 있지 않은 제품도 있다.

구성 성분은 고형 유분으로서 납류(칸데리라납, 카르나우바납, 밀납 등), 고급 알코올(세틸알코올, 스테아릴알코올, 이소스테아릴알코올 등), 고급 지방산, 탄화수소 등, 유동 유분, 반고형 유분, 점도 증가제, 보습제, 계면활성제 등이 있다.

【처방예】 헤어 왁스

칸데리라왁스	5.0%
파라핀왁스	15.0
폴리옥시에틸렌(10)올레일알코올에테르	3.0
스테아릴알코올	0.5
유동 파라핀	8.0
스쿠알란	8.0
1,3-부틸렌글리콜	5.0
수산화나트륨	적당량
정제수	55.5
향료	적당량

【제조법】 1,3-부틸렌글리콜, 수산화나트륨, 정제수를 70~80℃에서 교반 용해하여 수상부를 만든다. 나머지 성분을 80~90℃에서 교반 용해하여 유상부를 만든다. 수상부에 유상부를 넣고 호모믹서를 이용하여 유화, 냉각시키고, 충전한다.

3-3-2. 헤어 트리트먼트제의 종류[26,27]

이 항에서는 주로 트리트먼트에 중점을 둔 제품을 중심으로 기술한다.

1) 헤어 크림 ; Hair cream

헤어 크림은 유화형태의 제품으로 두발에 윤기, 유연성, 광택을 주며 빗질이 잘되게 하고 필요에 따라서 적당한 정발효과를 부여한다.

헤어 오일이 유분이 많고 사용시 손바닥에서 끈적이는 경향이 있는데 반하여, 헤어 크림은 유화형이므로 비교적 산뜻한 사용감이 있고, 유분에 의한 컨디셔닝 효과는 물론 수분의 보급(보습)효과가 있다.

성분적으로는 유동성의 유성성분이 주체이고 여기에 30~70%의 수성성분이 배합된다.

유화상태에 따라 O/W형, W/O형으로 나누는데, O/W형은 일반적으로 끈적임이 적고 산뜻한 사용감이 있고, W/O형은 유성감이 있고, 윤기와 정발 효과가 우수하므로 용도에 맞게 선택한다.

헤어크림에는 유지(올리브유, 동백유, 합성트리글리세라이드), 탄화수소(유동파라핀, 바세린, 세레신, 마이크로크리스탈린납), 납(밀납, 라놀린), 고급지방산(라우린산, 미리스틴산), 고급지방산에스테르(미리스틴산이소프로필, 스테아린산부틸), 고급알코올(세탄올, 스테아릴알코올), 실리콘유, 계면활성제, 보습제(프로필렌글리콜, 글리세린), 점도증가제(카르복시비닐폴리머, 산탄검), 유기아민 또는 무기알칼리, 방부제, 킬레이트제 등이 배합되는데, 조합에 의해 사용성, 기능성, 안정성이 달라지므로 충분한 주의가 필요하다.

【처방예】 헤어 크림(O/W형 :유액상)

① 유동파라핀	15.0%
바세린	15.0
표백 밀납	2.0
방부제	적당량
향료	적당량
② 정제수	59.75
카르복시비닐폴리머	0.1
산탄검	0.1
글리세린	5.0
폴리옥시에틸렌경화피마자유	3.0
킬레이트제	적당량
색소	적당량
③ 가성소다	0.05

【제조법】 ①을 가열 용해하고 80℃로 조정한다. ②를 가열 용해하고 80℃로 조정한다. 교

반하면서 ①을 ②에 가하고 호모믹서로 유화한다. 냉각하여 30℃가 되면 ③을 가하고 균일하게 될 때까지 교반한다.

2) 헤어 블로우 ; Hair blow

헤어 블로우는 디스펜서 형태의 펌프식 스프레이로서 분무하면 컨디셔닝 효과와 헤어스타일링 효과를 준다. 컨디셔닝 효과를 중시한 것을 트리트먼트 로션(treatment lotion)또는 블로우 로션(blow lotion)이라고 한다.

이 제품은, 드라이를 이용하는 블로우를 마무리할 때 열이나 브러싱에 의한 마찰로부터 모발을 보호하는 목적으로 사용한다.

린스제와 같이 양이온 계면활성제를 함유하여 유분, 보습제를 모표피에 물리적으로 부착, 흡착시켜서 모표피에 이온 결합시키거나 정전 상태를 변화시켜 질적 개선을 꾀하는 제품도 있다.

구성성분은 양이온 계면활성제, 에탄올, 실리콘유도체, 보습제, 유분, 단백질 가수분해물, 방부제 등이다.

【처방예】 트리트먼트 로션

① 1,3-부틸렌글리콜	2.0%
글리세린	1.0
염화스테아릴트리메틸암모늄	0.5
메틸페닐폴리실록산	1.0
콜라겐가수분해물	1.0
② 향료, 방부제, 자외선방지제	적당량
에탄올	50.0
정제수	44.5

【제조법】 ②를 교반융해하고 ①를 넣어 용해한다.

이밖에 유분(유동파라핀, 실리콘유)을 유화, 배합하여 트리트먼트 효과를 향상시킨 제품도 있다.

3) 갈래모 코팅제 ; Hair coating lotion

1988년 경 여성들 사이에 긴 머리가 유행하였는데, 이를 배경으로 긴 머리의 최대 고민인 갈래모의 회복, 예방을 목적으로 한 제품이 출시되어 좋은 반응을 보였었다.

주성분은 고분자 실리콘(디메틸폴리실록산), 휘발성 유분(저비점 이소파라핀 등)으로, 고분자실리콘에 의한 코팅효과, 윤활성, 밀착성, 내수성을 최대한으로 살려서 처방구성되었다.

【처방예】 갈래모 코팅제

디메틸폴리실록산	10.0%
실리콘오일	20.0
경질유동이소파라핀	70.0
향료	적당량

【제조법】 모든 성분을 상온에서 균일하게 혼합, 용해한다.

4) 헤어 오일 ; Hair oil

헤어오일은 모발에 유분을 보급하고, 광택, 매끄러움, 유연성을 부여하는 목적으로 사용된다. 일본에서는 한결같이 식물유가 사용되며, 특히 일본산 동백유가 옛부터 실용되어 왔다.

구성성분은 비교적 점도가 낮은 식물유(동백유, 올리브유), 광물유(유동 파라핀)를 주성분으로 하며 여기에 고급지방산 에스테르, 스쿠알란, 실리콘유 등이 배합된다. 사용하는 오일에 따라서 특히 불포화도가 높은 식물유의 경우 시간이 경과하여 시어지고 불쾌한 냄새가 발생하므로 적당한 산화방지제를 첨가할 필요가 있다.

헤어 오일은 옛날부터 사용되어 왔으나 기름기가 느껴지는 사용감 때문인지 최근에는 감소하는 추세이다.

【처방예】 헤어 오일

유동파라핀	80.0%
올리브유	19.0
향료	1.0
산화방지제	적당량

【제조법】 모든 성분을 상온에서 균일하게 혼합, 용해한다.

3-4 》 퍼머넌트 웨이브용제 ; Permanent waving lotion

3-4-1. 역 사

모발에 웨이브를 주어 멋을 내는 것은, 기원전 3000년 고대 이집트 시대에 이미 있었다는 기록이 있다. 모발을 막대기로 말아서 그 위에 점토를 바르고 일광에 건조시키는 방법이었다.

그리스, 로마시대에는 불에 달군 쇠막대기로 웨이브를 만들었다고 하고, 19세기까지는 거의 같은 방법이 사용되었다. 그러나 이러한 웨이브는 곧 풀려서 퍼머넌트 웨이브라고 하기에는 어울리지 않는 것이었다.

퍼머넌트 웨이브를 처음으로 성공시킨 것은 독일의 Nestler로 1905년의 일이다. 그는 붕사와 같은 알칼리성 수용액을 이용하는 화학적인 처리를 하고 전기를 이용하여 가열하는 방법을 고안하였다. 그 후 Nestler방법의 가열기구는 개량되었고 약품도 붕사대신 암모니아와 탄산암모늄이 이용되었으며 1920년대에는 「전열파마」로서 널리 쓰이게 되었다.

1923년 Sartory가 전열 대신에 화학 반응열을 이용하였다. 이 방법은 석회의 수화열을 이용한 것으로 「Machineless Wave」로서 보급되는 한편, 퍼머넌트 웨이브용 약제의 개발을 촉진시키는 계기가 되었다.

1934년 Goddard, Michelis가 티오글리콜산염을 이용하였고, 또 1936년 Speakman이 아황산수소나트륨을 이용하여 종래 100℃ 전후의 가열이 필요했던 시술 온도를, 실온 가까이까지 떨어뜨려도 충분히 웨이브가 얻어지게 되었다. 콜드 퍼머의 「콜드」는 이와 같은 의미로 붙여진 명칭이다. 1940년경부터 미국의 McDonugh가 티오글리콜산을 주제제로 하는 콜드 퍼머넌트 웨이브로션의 연구를 통하여, 현재의 제품형태에 가까운 제품이 개발되어 현재에 이르고 있다.

3-4-2. 퍼머넌트 웨이브 형성의 메커니즘

모발은 주성분인 케라틴의 폴리펩티드 사슬이, 여러 개의 측쇄결합으로 연결된 그물구조를 취하고 있다[28](화장품과 모발의 항 참조).

퍼머넌트 웨이브를 형성하는데 중요한 것은 여러 개의 측쇄결합 중에서 가장 견고한 이황화결합(S-S결합)이다.

이황화결합은 환원제에 의하여 절단되어 시스테인으로 되는데, 산화제에 의해서 다시 새로운 이황화결합을 생성한다.

$$\text{Keratin}-\text{S}-\text{S}-\text{Keratin} \underset{\text{산화제}}{\overset{\text{환원제}}{\rightleftarrows}} \text{Keratin}-\text{SH}\ \ \text{HS}-\text{Keratin}$$

환원, 산화를 걸쳐서 퍼머넌트 웨이브가 형성되는 과정을 모식적으로 나타내면 그림 3-1과 같다.

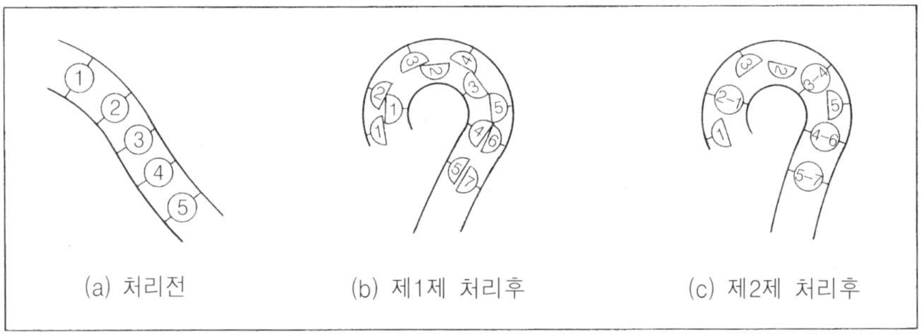

그림 3-1. 웨이브형성의 모식도

케라틴의 폴리펩티드사슬(a)를 컬에 말아서 잡아당긴 상태에서, 여기에 환원제를 작용시켜서 측쇄의 이황화결합을 절단한다(b). 다음에 산화제를 작용시키면 그 위치에 새로운 이황화결합이 생성되어 웨이브가 형성된다(c).

모발의 미세 구조를 연구한 결과, 모발 케라틴은 결정 영역과 비결정 영역으로 이루어져 있는데, 전자는 모발의 종방향으로 병렬하여 미크로한 섬유구조를 형성하고, 이 미크로한 섬유구조는 후자의 무작위 코일 구조로 채워져서 고정시키는 역할을 하고 있다는 것이 밝혀지고 있다[29].

웨이브 형성의 메커니즘으로서 종래에는 그림 3-1의 반응과정을, 결정영역인 폴리펩티드사슬에 적용하였으나 최근에는 비결정 영역에 적용해야 한다는 설명이 유력하다[30].

즉 결정영역 주위의 비결정 영역이 이황화결합의 환원, 절단에 의해 연화하고 비결정 영역의 섬유구조 배열이 컬 형태에 따라 변화한다. 이 상태에서 산화되면 섬유구조가 새로운 형태를 형성한 채로 고정되어 웨이브가 형성된다.

3-4-3. 퍼머넌트 웨이브 용제의 종류

일본에서 제조, 수입, 판매가 인정되고 있는 것은 후생성의 〔퍼머넌트 웨이브 용제 기준〕에 적합한 것에 한한다. 퍼머넌트 웨이브 용제는 용법과 주성분에 의해 분류된다. 용법에 의하면 사용시에 실온에서 사용하는 것, 가온하여 사용하는 것, 1제로만으로 구성되어 있는 것, 1제와 2제로 구성되어 있는 것, 사용시에 혼합하면 발열하는 것, 발열하지 않는 것, 목적이 웨이브 형성에 있는 것, 축모 교정에 있는 것으로 분류된다. 현재 사용되고 있는 퍼머넌트 웨이브 용제의 대부분이 제1제와 제2제로부터 만들어진다.

제1제는 웨이브 형성의 제1과정(그림 3-1의 (b))으로, 이황화결합을 절단하기 위하여 환원제를 주성분으로 한다.

제2제는 새로운 이황화결합을 생성하여 웨이브를 형성하는 제2과정(그림 3-1의 (c))에 해당하며 산화제를 주성분으로 한다.

제1제를 환원제 종류에 따라 구분하면 티오글리콜산류를 주성분으로 하는 것과, 시스테인류를 주성분으로 하는 것이 있다. 일본에서는 아직 허가되지 않았으나, 구미에서는 기타 환원제로서 티오글리콜산의 글리세린에스테르도 사용하고 있다.

1) 티오글리콜산류를 주성분으로 하는 퍼머넌트 웨이브용제

환원제로서 티오글리콜산 또는 그 염류(암모늄염, 모노에탄올아민염, 나트륨염등)가 사용되며 그밖에 알칼리제, 계면활성제, 안정화제 등이 배합된다. 웨이브의 강약은 티오글리콜산염의 양과 알칼리제로 조정할 수 있다. 티오글리콜산염은 구리, 철 등의 금속이온과 반응하여 색이 나타내고, 외관이 손상되면 동시에 그 환원 능력도 감소하기 때문에 사용하는 물과 원료의 정제에 주의를 요한다.

알칼리제로서는 암모니아, 유기아민, 암모늄염, 염기성 아미노산이 사용된다. 그 중에서도 암모니아는 모발에 대하여 적절한 팽윤작용이 있고, 휘발로 인해 잔류성이 없으므로 안전성의 면에서 유리하기 때문에 많이 사용되고 있다. 그밖에 무취성인 모노에탄올아민도 많이 사용되나, 휘발성이 없기 때문에 모발 중에 잔류할 위험이 있어 배합량에 주의하고, 시술시에 물로 씻어내야 한다.

그 외에 안정화제로서 에데트산염 등의 킬레이트제, 유효성분의 침투 및 유화제로서 주로 비이온성 계면활성제, 사용성 향상을 위해 양이온 계면활성제, 유분 등이 배합된다.

【처방예 1】 제1제

티오글리콜산암모늄(50% 수용액)	10.0%
암모니아수(28%)	3.0
염화스테아릴트리메틸암모늄	0.1
프로필렌글리콜	5.0
이온교환수	81.9
에데트산염	적당량
향료	적당량

【제조법】 각 성분을 균일하게 교반하여 혼합한다. 티오글리콜산암모늄, 암모니아수는 마지막으로 혼합한다.

2) 시스테인류를 주성분으로 하는 퍼머넌트 웨이브용제

환원제로 시스테인이 사용된다. 티오글리콜산계의 웨이브용제에 비하여 냄새 자극이 적고 모발을 잘 손상시키지 않는 장점이 있는 반면, 웨이브 형성력이 약하다는 단점이 있다. 그 밖의 성분은 1)과 같고, 환원작용시 시스테인 자체는 산화되어 시스틴이 되며, 물에 난용성인 백색분말로 결정화되어 손가락에 부착되기 쉽다. 이 때 티오글리콜산암모늄을 공존시키면 시스틴의 결정화를 억제할 수 있다.

【처방예 1】 제1제

시스테인	5.0%
티오글리콜산암모늄	0.3
모노에탄올아민	2.0
이온교환수	92.7
에데트산염	적당량
향료	적당량

【제조법】 각 성분을 균일하게 교반, 혼합한다.

제2제는, 산화제로서 브롬산칼륨, 브롬산나트륨, 과붕산나트륨을 주성분으로 하는 것과 과산화수소수를 주성분으로 하는 것으로 나눌 수 있다. 제2제에는, 별도로 pH 완충제를 배합하여 일정한 pH하에서 산화반응이 진행되도록 배려하고 있다. 또한 제1제와 같은 목적으로 계면활성제, 유분 등이 적절히 배합된다.

【처방예 2】 제2제

브롬산나트륨	5.0%
실리콘에멀젼	1.0
이온교환수	94.0
pH 완충제	적당량

【제조법】 각 성분을 균일하게 교반, 혼합한다.

3) 티오글리콜산의 글리세린에스테르를 주성분으로 한 퍼머넌트 웨이브용제

유럽에서는 티오글리콜산염을 주성분으로한 퍼머제를 알칼리성 퍼머제라고 하고, 티오글리콜산의 글리세린에스테르를 주성분으로 한 퍼머제를 산성 퍼머제라고 하여 구별하고 있다.

산성 퍼머제는 알칼리성 퍼머제보다 웨이브 형성력은 약하나, 탄력이 풍부한 웨이브를 형성하고, 모발의 손상도 적다는 장점이 있어서 미용사들이 선호하고 있다.

【처방예】 제1제

〈파트 A〉	티오글리콜산의 글리세린에스테르(80%)	25.0%
〈파트 B〉	암모니아수(28%)	적당량
	에데트산염	적당량
	폴리옥시에틸렌(25몰) 라우릴에테르	2.0
	향료	0.5
	이온 교환수	72.5

【제조법】 파트 B : 폴리옥시에틸렌(25몰) 라우릴에테르를 가열 용해하고, 향료를 넣어 균일하게 교반한다. 적당량의 이온 교환수를 첨가하고 향료를 투명하게 가용화시킨다. 나머지 성분을 넣고 교반 용해시키고, 마지막으로 이온 교환수를 넣어 전체 양이 75%가 되게 한다.

암모니아수는 파트 A, B를 혼합했을 때의 pH가 5.0~7.0이 되도록 배합한다.

티오글리콜산의 글리세린에스테르는 수용액 중에서 가수 분해되므로, 퍼머 시술 직전에 파트 A와 파트 B를 혼합하여 사용한다.

제2제는 주로 과산화수소를 주성분으로 한 제품이 사용된다.

3-4-4. 스트레이트 퍼머제 ; Straight perm.

퍼머넌트 웨이브용제의 주요한 목적은 모발에 웨이브를 주는 것이지만, 곱슬머리를 직모로 펴는 스트레이트 퍼머제(축모 교정제)도 있다.

1제의 주성분은 티오글리콜산염인데, 점액질의 크림상으로 제조되므로, 모발에 고무로 텐션을 주면서 도포한다. 10~20분 방치후 물로 씻고, 점액질의 크림상 2제를 같은 방법으로 도포하고 10~15분 방치후, 물로 씻어내어 마무리하면 찰랑찰랑한 직모로 변한다. 스트레이트 헤어가 유행함에 따라 스트레이트 퍼머제도 많이 이용되고 있다.

3-5 》 염모제, 헤어 브리치 ; Hair colour, Hair bleach

「모발을 염색한다」는 것은

① 백발을 감추어 자연스런 모발을 보여주고 싶다.

② 모발에 적극적으로 색의 다양함을 줌으로써 패션의 수단으로 하고 싶다.

라는 두 가지의 동기를 생각할 수 있다.

전자는 「백발 염색」, 후자는 「멋내기 염색」으로서 각종 염모제가 있다. 본항에서는 염모제와, 그와는 반대의 목적으로 사용되는 헤어 브리치에 대해서 기술한다.

3-5-1. 역 사[31)]

천연의 광물이나 식물을 이용하여 모발을 염색하는 것은 기원전 3000년전의 고대 이집트에서 행하고 있었다.

현재 널리 사용되고 있는 산화염모제가 개발된 것은 19세기 후반, 파라페닐렌디아민이 발명되고 부터이다.

일본에서는 명치시대 중반까지는 탄닌산과 철염과의 「이를 검게 물들이는」 원리에 의한 「백발염색」을 하였으나 명치 후기, 파라페닐렌디아민을 이용한 염모제가 사용되게 되었다. 제2차 대전 후에 아메리카로부터 「멋내기 염색」이 도입되어 헤어칼라의 새로운 장르가 열렸고 현재에 이르고 있다.

3-5-2. 염모제의 분류와 그 메커니즘

염모제는 염모효과의 지속성, 다시 말해서 견뢰도를 척도로 하고, 일시염모제, 반영구염모제, 영구염모제로 분류되며, 염색의 메커니즘은 각각 다른 형태를 취한다.

염모제가 작용하는 부위와 이용되는 물리, 화학현상을 모식적으로 정리한 것이 그림 3-2이다[32)].

염모제의 모발에 대한 작용은 그림 3-2에서 우선 색제와 모발의 가장 바깥면, 즉 cuticle의 최외층(epicuticle)과의 접촉에서 시작된다. 여기서는 액-고계면에서의 「젖음」 「흡착」이라는 계면현상을 볼 수 있다. 다음으로 cell membrane complex(세포막)를 통하여 큐티클(cuticle), 모피질(cortex) 내로의 「침투」 「확산」 현상이 일어나고, 경우에 따라서는 「중합」이라는 화학반응이 일어난다.

염모의 메커니즘은 발색하는 부위에 따라, 크게 그림 3-3과 같이 구분된다.

1) 모소피 최외층(에피큐티클 표면)의 염색

모소피 최외층(에피큐티클 표면)에 안료, 또는 염료를 고정시킴으로써 모발을 염색한다. 고정하는 단계에 따라 유지로 「부착」시키는 것(칼라 스틱), 수용성 폴리머의 젤로 「부착」시키는 것(칼라 젤), 고분자 수지로 「접착」시키는 것(칼라 스프레이, 칼라 무스) 등이 있다.

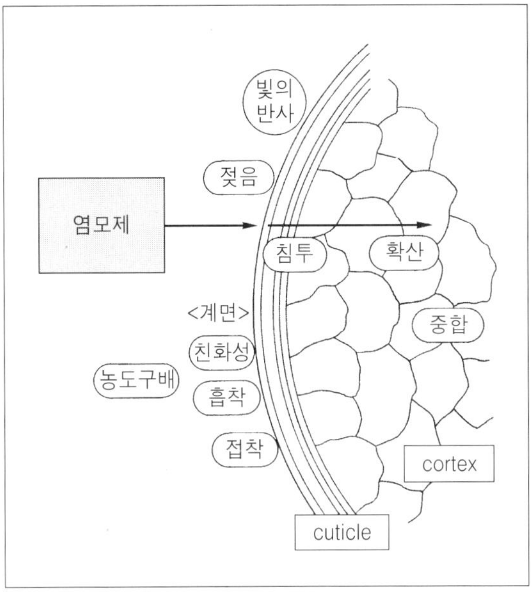

그림 3-2. 염모제의 모발에 대한 작용

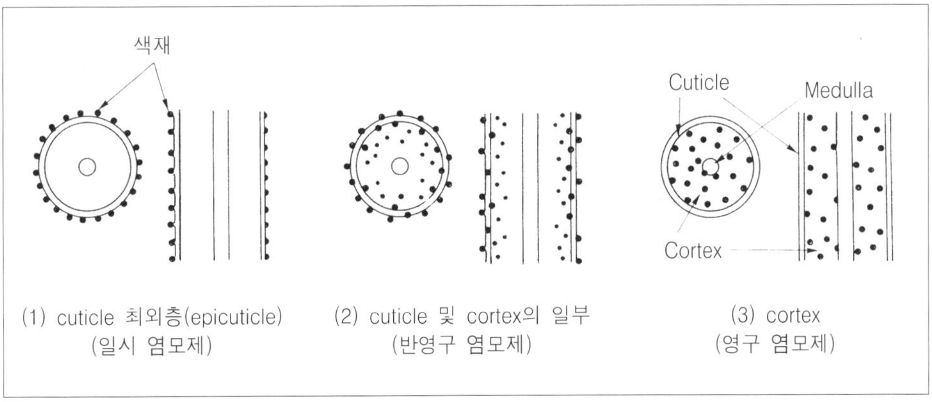

그림 3-3. 염모제의 종류와 염모의 메커니즘

또한, 젤상이면서 색제가 배합되어 있지만, 큐티클 전체를 덮을 양은 안되고, 젤베이스 자체를 코팅하여 빛의 반사로 인해 백발이 눈에 띄지 않도록 하는 제품도 있다.

이상과 같은 메커니즘에 의한 염모는 상품상「일시 염모제」로 분류된다.

2) 큐티클내 및 모피질내 일부의 염색

산성염료를 모피질내 및 모피질내의 일부에까지 침투시켜, 이온 결합으로 침착, 염색한다. 분자량이 큰 염료의 경우에는 벤질알코올 등 용제의 캐리어 효과에 의해 침투가 용이하다.

이상의 메커니즘에 따른 염색의 지속효과는 1개월 정도이며, 「반영구 염모제」로 분류된다.

3) 모피질내의 염색

저분자량의 산화염료(아민계, 페놀계 화합물)를 모발 내에 침투시키고 동시에 산화제(통상, 과산화수소)를 작용시키면 산화 중합하고, 고분자체의 색소를 형성해서 모피질(cortex) 내에 침착시킨다. cortex 내에 생성된 색소는 고분자이기 때문에 모발 내에서 외부로 나갈 수 없으므로 염모의 지속성 효과는 영구적이다. 이 메커니즘에 따른 염모제를 「영구 염모제」라고 한다.

3-5-3. 염모제의 종류

1) 일시적 염모제 ; Temporary hair colour

스틱, 젤, 스프레이, 무스 등 각종의 제형이 있다. 공통적으로 색의 지속은 약하지만 역으로 샴푸에 간단히 씻기고, 사용법이 간단하며, 안전성이 높다는 특징이 있다.

배합되는 색제는 카본 블랙, 안료가 주이고 산성 염료가 이용되는 경우도 있다.

1-1) 칼라 스틱

스틱상의 일시 염모제로 부분적인 백발염색에 사용된다.

【처방예】 칼라 스틱

카본 블랙	2.0%
밀납	15.0
목납	10.0
피마자유	66.8
POE(20)세스키올레인산에스테르	1.2
향료	5.0
산화방지제	적당량

【제조법】 유성성분을 가열 용해하여, 균일하게 혼합한 후, 카본 블랙을 첨가, 혼합하여 냉각시킨다.

1-2) 칼라 스프레이

에어로졸 타입으로 밝은 패션 칼라가 있어서 백발의 부분 염색용으로 사용된다.

【처방예】 칼라 스프레이

(원액처방)	
안료	1.0%
아크릴수지알칸올아민액(50%액)	6.0
에틸알코올	93.0
향료	적당량
(충전처방)	
원액	70.0
LPG	30.0

【제조법】 원액성분을 균일하게 교반, 혼합후 에어로졸 용기에 충전한다.

1-3) 액상 타입

병에 충전시켜 부분 염색에 사용하고, 부속의 브러쉬를 이용한다.

【처방예】 액상 타입

안료	1.0%
아크릴수지알칸올아민액(50%액)	8.0
에틸알코올	91.0
향료	적당량

【제조법】 각 성분을 균일하게 교반, 혼합한다.

2) 반영구 염모제 ; Semipermanent hair color

제형으로서 액상, 젤상, 크림상의 제품이 있다. 모두 주로 아조계의 산성염료가 사용되며 용제로서 벤질알코올 등이 배합된다. 산성 쪽에서 염색하면 염모 효과가 높기 때문에 통상 구연산 등으로 pH를 조정한다.

보통 1회 사용으로 완전히 염모시킬 수 있도록 설계되지만, 사용전 후의 차이가 너무 확연하여 좋지 않은 경우가 있다. 그래서 수회 사용으로 서서히 염모되도록 염모 효과를 조정시킨 「칼라 린스」도 이 항으로 분류된다.

모두 손과 두피에도 염착되기 쉬우므로 염모효과와 밸런스를 취하는 것이 중요하다.

2-1) 젤 타입

사용시에 흘러내리지 않도록 점도 증가제를 사용한 젤상 제품도 있다. 점도 증가제로는 카르복시메틸셀룰로오스, 산탄검 등이 이용된다. 부분염색 혹은 모발 전체 염색용으로 사용된다.

【처방예】 젤 타입

산성 염료	1.0%
벤질 알코올	6.0
이소프로필 알코올	20.0
구연산	0.3
산탄검	1.0
정제수	71.7

【제조법】 각 성분을 균일하게 교반 혼합한다. 산탄검은 벤질알코올에 분산시켜 첨가한다.

3) 영구 염모제 ; Permanent hair colour

염색효과가 일시 염모제나 반영구 염모제보다 영속적이므로 이렇게 부른다. 영구 염모제에는 산화염모제, 식물성염모제, 금속성염모제가 있다.

3-1) 산화염모제 ; Oxidation hair colour

산화염모제는 다른 타입에 비해 효과가 영속적이며 브리치 효과를 동반하므로 원래의 모발보다 밝은 색조로 하는 것이 가능하다(특히 일본인의 흑발을 패셔너블한 색으로 염색하는 경우)는 점에서 염모제 중에서 가장 많이 사용되고 있다. 제형은 분말, 액체, 크림이 있고, 현재는 액체, 크림형태가 주류를 이루고 있다.

메커니즘의 항에서 서술한 바와 같이 산화염료에 산화제를 작용시켜 산화중합하기 때문에 2제 형식을 취하고(분말타입의 경우는 공기산화에 기인하므로 1제 형식), 제1제에 산화염료, 제2제에 산화제를 배합하며 사용시에 혼합한다.

제1제에는 산화염료, 알칼리게, 계면활성제 등이 배합된다. 산화염료에는 자신의 산화에 의하여 발색하는 「염료전구체」(올쏘, 파라 위치의 페닐렌디아민, 아미노페놀 및 그의 유도체) 와, 염료전구체와 조합하여 각종의 색조를 형성하는 「coupler」(메타위치의 페닐렌디아민, 아미노페놀, 다가페놀류)가 있다. 알칼리제는 염색효과를 향상시켜준다는 목적과, 모발속의 멜라닌 과립의 산화분해를 동시에 진행시켜서 밝은 색조를 얻을 목적으로 배합된다. 원래 알칼리는 모발에 대한 손상이 커서, 그것을 피하기 위하여 중성부터 약산성 영역에서 반응이 진행될 수 있도록 설계된 염모제도 많이 볼 수 있다.

제2제에는 산화제로서 주로 과산화수소가 배합된다. 과산화수소는 분해되기 쉬우므로 안정제로 킬레이트제, pH 조정제 등이 배합된다.

산화반응은 그림 3-4와 같이 진행한다[33].

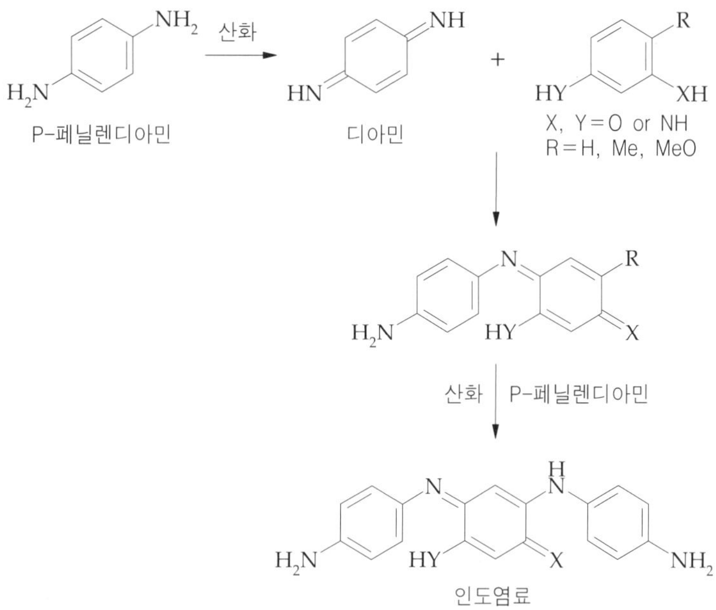

그림 3-4. 산화반응

(J. F. Corbett : Cosmetics and Toiletries, 91, 21, 1976)

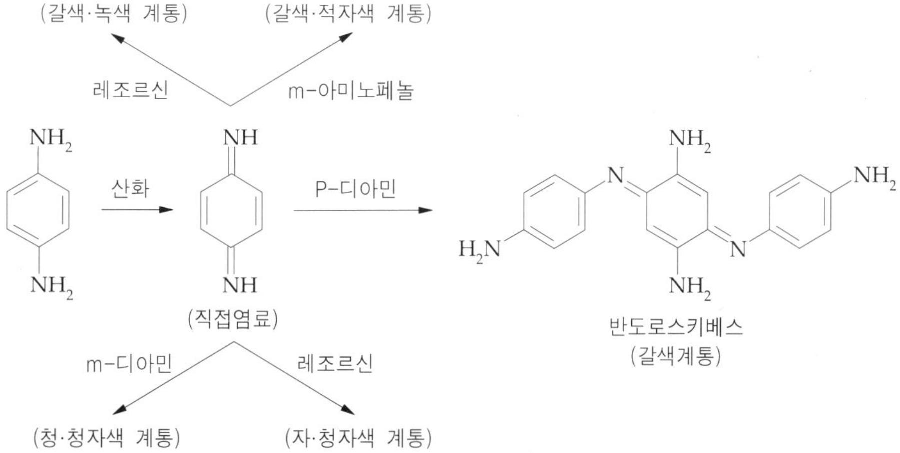

그림 3-5. 산화염료의 색조

초기 반응으로서 모발이 과산화수소에 의하여 염료전구체(그림 3-4에서는 파라페닐렌디아민)가 산화되고 디아민류가 생성된다. 이어서 그것이 커플러나 다른 염료전구체와 반응하여 인도 염료를 생성한다. 염료전구체와 커플러와의 조합, 중합도의 차이에 따라 다른 색조를 얻을 수 있다(그림 3-5).

【처방예 1】 액상 타입(제1제)

파라페닐렌디아민	3.0%
레조르신	0.5
올레인산	20.0
폴리옥시에틸렌(10)올레일알코올에테르	15.0
이소프로필알코올	10.0
암모니아수(28%)	10.0
정제수	41.5
산방지제, 킬레이트제	적당량

【제조법】 각 성분을 균일하게 교반, 혼합한다 산화염료는 산화로 인한 변화를 방지하기 위해 맨 나중에 첨가하는 것이 좋다.

【처방예 2】 액상 타입(제2제)

과산화수소수(30%)	20.0%
정제수	80.0
안정화제	적당량

【제조법】 각 성분을 균일하게 교반, 혼합한다.

산화염모제 사용시, 제품중의 산화염료에 대하여 극히 드물게 알레르기를 일으키는 사람이 있으므로 사전에 패취 테스트(Patch test)가 의무화 되어있다.

3-2) 기타 영구 염모제

식물성 염모제는 헨나의 잎(유효성분은 2-하이드록시-1,4-나프트퀴논), 카모마일의 꽃(유효성분은 4',5,7-트리하이드록시후라본) 등을 원료로 하는 제품도 있다. 모두 α, β-불포화 화합물이며, 모발 단백질의 유리아비노기 등의 구핵성 잔기와 1, 4 부가반응을 일으킨다[34]. 일본에서는 별로 사용되지 않고 있다.

광물성 염모제도 납, 철, 동, 비소, 니켈, 코발트 등의 금속 산화물을 이용하는 것이 있지만 일부 독성의 문제도 있어 현재 일본에서는 대부분 사용하지 않는다.

3-5-4. 헤어 브리치 ; Hair bleach

헤어 브리치는 모발중의 멜라닌을 산화분해하여 모발을 탈색하는 것이다.

2제 형식이 많으며, 제1제에 알칼리제, 제2제에 과산화수소가 배합되며 사용시 혼합한다.

강력한 브리치제로서 부스타라는 촉진제(과황산암모늄 및 기타 과황산염류)를 첨가하거나, 피로아황산소다를 제1제에 넣어 산화 환원의 반응열을 이용하는 발열 타입도 있다.

【처방예 1】 제1제

폴리옥시에틸렌(10)올레일알코올	20.0%
폴리옥시에틸렌(15)디스테아레이트	10.0
팔미틴산	4.0
에틸알코올	10.0
암모니아수	9.0
킬레이트제	적당량
정제수	47.0

【제조법】 가열한 정제수에 암모니아를 제외한 각 원료를 혼합, 용해, 냉각후 암모니아를 첨가한다.

【처방예 2】 제2제

라우릴황산나트륨	5.0%
폴리옥시에틸렌(9)올레일알코올	5.0
세탄올	52.0
과산화수소수(35%)	17.0
안정화제	적당량
정제수	21.0

【제조법】 정제수에 안정화제를 용해하고, 가열 후 각 원료를 혼합, 용해, 교반 냉각한다.

참고문헌

1) 宮沢，田村，勝村，内川，坂本，富田：油化学，38：297，(1989)
2) E. D. Goddard, T. S. Phillips, R. B. Hannan : J. Soc. Cosmet. Chemists, 26, 461, (1975)
3) E. D. Goddard, R. B. Hannan : J. Am. Oil Chem. Soc., 54, 561, (1977)
4) 春沢，加藤，田中：日本化粧品技術者会誌，15：225，(1981)
5) 野田，山口，町田，福島：日本化粧品技術者会誌，20，103，(1986)
6) 春沢，中間，田中：日本化粧品技術者会誌，25：111，(1991)
7) Y. Nakama, F. Harusawa, I. Murotani : J. Am. Oil Chem. Soc., 67 : 717, (1990)
8) 日本公定書協会編：医薬品製造指針，薬業時報社，1986.
9) J. B. Hamilton : In the Biology of Hair Growth. p. 400, Academic Press, New York, 1958.
10) K. Adachi : Curr. Probl. Dermatol., 5, 37, (1973)
11) R. A. Ellis : In The Biology of Hair Growth. p. 469, Academic Press, New York, 1958.
12) E. J. Scott, T. M. Eckel : J. Invest. Dermatol.,31, 281, (1958)
13) N. Bruchovsky, J. D. Wilson : J. Biol. Chem., 243, 2012, (1968)
14) S. Takayasu, K. Adachi : J. Chinical. Endocri. & Metab., 34, 1098, (1972)
15) S. Takayasu, K. Adachi : Endocrinology, 90, 73, (1972)
16) K. Adachi : J. Invest. Dermatol., 62, 217, (1972)
17) 宇塚 誠，福島正二：フレグランスジャーナル，11(1)，28-31，36，(1983)
18) 利谷昭治：フレグランスジャーナル，17(5)，61-65，(1989)
19) Braun-Falco : Arch. Klin. Exp. Derm., 227, 419, (1966)
20) H. Ogawa, M. Hattori : Normal and Abnormal Epidermal Differentiation, Univ. Tokyo Press, Tokyo, Japan, p. 159-170, 1982.
21) D. Van Neste, J. M. Lachapelle, J. L. Antoine : Trends in Human Hair Growth and Alopecia Research, Kluwer Academic Pub. U. K., p. 94-98, 1989.
22) S. Takayasu, K. Adachi : Endocrinology, 90, 73, (1972)
23) H. Uno, J. W. Kemnitz, A. Cappas, K. Adachi, A. Sakuma, H. Kamoda : J. Dermatol. Sci., 1, 183-194, (1990)
24) P. J. J. M. Weterings, H. M. J. Roelots et al. : Acta Derm. Venereol. (stockholm), 63, 315, (1983)
25) C. Jahoda, R. F. Oliver : Br. J. Dermatol., 105, 623, (1981),
26) 杉浦・上田：最新香粧品科学，廣川書店，1984.
27) 日本化粧品技術者会編：化粧品科学ガイドブック，薬事日報社，1979.
28) E. Sagarin et. al. ed. : Cosmetics-Science and Technology 2 nd. ed. p. 178, Wiley-Interscience, 1972.
29) E. G. Bendit : Fibrous Proteins, 2, 115, (1980)
30) 日本パーマネントウェーブ液工業組合編：毛髪とパーマネントウェーブ，p. 97, 1989.
31) 広瀬：フレグランスジャーナル，臨時増刊 No. 8, 110-112, 109, (1987)
32) 新井，鳥居：フレグランスジャーナル，19(6)，14-18，(1991)
33) J. F. Corbett : Cosmetics and Toiletries, 91, 21, (1976)
34) C. R. Robbins : "Chemical and Physical Behavior of Human Hair" p. 129, Van Nostrand Reinhold Company, 1979.

4 방향 화장품

방향 화장품(Fragrance 제품)은 향수, 오데퍼퓸, 오데코롱, 방향 파우더, 연향, 향수 비누 등 향기를 중심으로 하는 화장품이다.

4-1 》 방향 화장품의 종류

널리 알려져 있는 것이 향수와 오데코롱이고, 방향 화장품에는 표 4-1과 같은 여러 종류가 있다.

표 4-1. 방향 화장품의 종류

종 류	부향률(향료의 함유%)
향수 · 퍼퓸 · 펄팜	15～30%
오데퍼퓸	7～15
오드 뜨왈렛	5～10
오데코롱	2～5
페이스트 향수	5～10
방향 파우더	1～2
향수비누	1.5～4

그 외에 바디로션, 바스오일 등의 화장품과 포프리(꽃잎 말린 것), 향료를 침투시킨 시트(종이), 구슬(과립), 양초 등의 잡화류가 있다.

4-2 》 여성용 향수 ; Perfume

향수는 향료를 에틸알코올에 녹인 것으로, 향수가 처음 세상에 나온 것은 14세기 헝가리의 여왕을 다시 젊어지게 했다던 「헝가리 워터」가 최초라고 한다.

현재 화장품의 대부분은 향기가 있고, 그 최정점에 있는 것이 향수이다. 향수는 향기의 보석이라고 할 정도로 옛부터 귀중품으로 취급되었다. 향수는 향기의 예술품으로 여겨서, 음악과 회화에 비유하는 경우도 있다. 따라서 퍼퓸에는 예술가적 감성도 요구된다.

좋은 향수는 기본적으로 다음의 6가지 요건을 만족해야 한다.

① 아름다운 향기, 세련되고 격조 높은 향기일 것.

② 향기에 특징이 있을 것.

③ 향기의 조화가 깃들여 있을 것.

④ 향기의 확산성이 좋을 것.

⑤ 향기가 적절히 강하고 지속성이 있을 것.

⑥ 향기가 제품 구상과 일치할 것.

4-2-1. 향수의 제조법

1) 제조방법

조합향료와 에틸 알코올을 일정 비율로 혼합한다. 보통 가용화제를 사용하지 않고, 향료를 알코올에 녹일 뿐이므로, 향료의 용해성에 충분히 배려해야 한다. 알코올 농도는 향기의 질, 향료의 용해성을 고려하여 결정한다. 혼합한 것을 스테인리스 등의 안정된 재질로 만든 밀폐용기에 넣어서 냉암소에서 일정기간 숙성시킨다. 향기의 타입에 따라 숙성기간이 다르다. 숙성이 끝난 것을 여과해서 침전물을 제거하고, 투명해지면 용기에 충전한다. 여과는 여과조제를 이용한 가압여과지 여과가 일반적이지만, 향수에 따라 여과 조건이 달라진다.

향수, 오데퍼퓸은 부향률이 높기 때문에 변색에 주의해야 한다. 통상 착색제는 사용하지 않지만, 필요에 따라 착색하기도 있다.

2) 숙성

숙성을 거치면 알코올의 자극적인 냄새가 없어지고, 부드럽고 은은한 향기가 된다. 숙성 중에는 에스테르의 생성, 에스테르 교환, 아세탈의 생성, 아세탈교환, 자동산화, 중합 등 갖가지 화학반응이 복잡하게 결합되어 진행된다. 개개의 반응은 극미량이지만, 숙성과 함께 여러 종류의 변화축적이 생긴다. 부드럽고 은은한 향기에 결부되어 있다고 생각된다. 일반적으로 물이 많은 계통일수록 숙성이 쉽게 진행된다.

4-2-2. 방향 화장품용 알코올

보통 향수에 이용되는 알코올은 에틸알코올이다.

1) 종류

일본에서 시판되는 알코올은 특급, 1급 합성급의 3종류가 있다.

2) 농도

시판 알코올에는 99.5%(무수)와 95%(함수)의 2가지 종류가 있다. 향수에는 주로 95%알코올이 사용되고 오데코롱에는 동일하든가 그 이하 농도의 알코올이 사용된다.

3) 변성제

에틸알코올은 음료로도 이용하므로 공업용으로 사용하는 것은 쓰고 냄새가 있는 물질을 첨가하여 음료로 쓰이지 않도록 하고 있다. 그 첨가물을 변성제라 한다. 나라마다 정부 소정의 변성제 처방이 있고 화장품용에는 이 정부 소정의 변성 알코올을 사용하는 경우가 많다. 변성제는 나라마다 허가하고 있는 것이 다르기 때문에 제조할 때 그 나라에서 허가하고 있는 변성제를 써야 한다.

4-2-3. 여성용 향수의 분류

향조에 의한 분류와 마케팅으로부터의 분류가 있다. 향조(香調)에 의한 분류는 향기의 타입에 의한 분류와 향기의 흐름을 연대순으로 계열화한 향기의 계통도(데네올로지)로 나눌 수 있다. 마케팅적 분류는 크게 고급품인 프레스티지 라인(Prestige Line)과 일반 대중상품으로 나눈다.

이와 같은 분류와는 별도로 디자이너 향수라고 일컬어지는 상품이 있다. 유명 디자이너의 이름을 붙인 향수로 의상(costume)을 포함한 토탈 패션의 마무리 상품으로 자리하고 있다. 예를 들어 Ungaro, Oscar de la Renta, Kenzo, Liz Claiborne 등이 있다.

최근에는 디자이너에 한하지 않고 유명인의 이름을 붙인 향수가 등장하였는데 이것들을 명사향수(celebrity fragrance)라고 한다. 예를 들면 엘리자베스·테일러의 패션(Passion) 등이다.

향기의 분류중에서 가장 중요한 향조에 의한 분류에도 여러 가지가 있는데, 그 한가지를 예시한다. 향수를 향기 타입별로 크게 8가지로 분류한다. 주요 분류와 향기에 대한 설명, 대표작을 표 4-2에 나타낸다.

이 8가지의 주분류로 분류한 향수를, 주분류 외에 표 4-3의 특징을 가진 향기로 다시 나누고 2차원의 도표로 만든다. 이것을 표 4-4에 나타낸다.

표 4-2. 여성용 향수의 주분류와 향조

주분류	향기의 특징	대표작
시트라스	레몬, 베르가모트, 오렌지, 포도과일, Lime 등 감귤계의 향기 신선하고 상쾌감을 느낀다.	4711 Shower Cologne Fresh Lime
그 린	푸른 잎과 푸른 풀을 비빌 때 느낄 수 있는 풋내나는 향기와 히야신스의 그린노트와 꽃계통의 향기를 섞은 향기 수풀의 상쾌한 자연을 생각하게 하는 향기 시트라스 보다도 개성이 강하고 고급감이 있음.	Fidji
싱글 후로랄	장미, 쟈스민, 은방울꽃, 라일락, 가데니아 등의 하나의 꽃 향기 단순하고 상쾌하다. 서양풍의 느낌이 드는 캐쥬얼한 향기	Diorissimo
후로랄 부케	여러 꽃이 혼합된 꽃다발의 향기 고급스러운 현대풍의 향기 여자다운 달콤함이 있고, 부드럽고 우아함이 있다.	L'Air du Temps
후로랄 알데히드	꽃의 향기가 알데히드로 특징지어지는 향기 여성스런 달콤함과 우아함에 또 깊이가 더해진 낭만적인 향기.	Chanel No. 5
시프레	오크모스, 베가모트, 쟈스민, 장미, 나무, 무스크 등의 콤비네이션이 특징인 향기 성숙한 여인다움이 감도는 개성적인 향기.	Miss Dior
후로리엔탈	꽃계의 우아함과 오리엔탈계의 개성·강함을 합친 향기.	Poison
오리엔탈	나무, 분말, 동물, 스파이스의 특징이 강한 향기 농염하고 섹시하며 개성이 강하게 느껴지는 성인의 향기	Opium

그 외에 Leather, Tobacco의 요소를 포함한 것도 있다(대표작 : Cabochard).

표 4-3. 여성용 향수의 부분류와 향조

향기의 종류	향기의 특징
Fruity	감귤이외의 과실의 향기, 딸기, 복숭아, 포도, 사과, 카시스 등이 대표적
Aldehydic	지방족 알데히드류의 숨막힐 듯 강렬한 향기. 소량의 사용으로 깊은 향기를 낸다.
Powdery	가루 가득한 향, 어른답고 여성적 이미지를 낸다. 바닐린, 헬리오트로핀, 무스크 등이 대표적이다.
Woody	나무의 향기, 중후감을 느끼게 한다. 백단, 세다우드, 패츄리, 베치바 등이 대표적이다.
Mossy	나무에 붙어 있는 이끼의 향기. 습한 삼림속을 연상시킨다.
Spicy	아린 매운 향기. 후추, 시나몬, 너트맥, 로즈메리, 타임, 카네이션 등이 대표적.
Leather to bacco	가죽과 담배의 남성적 향기. 남성다운 시원함을 느끼게 한다.
Balsamic	수지의 향기. 매우 달콤함이 있는 향기.
Animal	동물성 향료의 향기. 무스크, 암버, 시베트, 카스트륨의 향기. 섹시하고 농염한 이미지가 있다.

표 4-4. 여성용 향수의 분류

부분류 \ 주분류			I	II	III	IV	V	VI	VII	VIII
			Citrus	Green	Single Floral	Floral Bouguet	Floral Aldehydic	Chypre	Floriental	Oriental
			산뜻	자연	청순	우아	로맨틱	개성, 여성다움	온화함, 센슈얼	농염, 섹시
1	Citrus	감귤	4711 Shower Cologne Fresh Lime							Shalimar
2	Green	풀			Diorissimo	Eternity Pleasures Anais Anais Paris	Calandre Chloé Charlie White Linen	GivenchyIII		Chamade
3	Fruity	과실		Alliage Les Belles de Ricci		Tiffany Kenzo Giorgio	Nahéma	Mitsouko Femme	Poison Dolce Vita	Angel
4	Floral	꽃	Eau Sauvage Ô de Lancôme Eau d'Hermès Eau de Rochas CK One	Cristalle Ivoire Eau de Givenchy		Joy Cabotine Eau de Fleurs		Knowing	Loulou Oscar de la Renta Angélique	Cinnabar L'Origan
5	Floral Aldehydic	꽃 알데하이드	Tosca	Rive Gauche		Nina	Chanel No. 5 Arpège	Y		Magie noir Paloma Picasso
6	Aldehydic	알데하이드				Byzance	Fleurs de Rocaille L'Aimant	Miss Dior Ma Griffe		
7	Powdery	가루		Chanel No. 19		Ombre Rose	Sophia		Ombre Bleue Joop Nuit d'Été	Bal à Versaille Missoni
8	Woody	목향 백단		Amazone		Murasaki Beautiful Trèsor	Madame Rochas Samsara Calèche		Coco Boucheron Bijan	Dune
9	Mossy	이끼		Diorella		Zen Gucci No. 3	First Imprévu L'Insolent			
10	Spicy	매운 냄새	Eau de Colog- ne Hermès	Fidji		L'Air du Temps	Super Estée	Parure	Joop	Jicky Vol de Nuit Opium
11	Leather Tobacco	피혁 담배					Scandal	Cabochard		Tabu
12	Balsamic	소나무의 수지						KL	Roma	Obsession Must de Cartier Mystère de Rochas
13	Animal	동물				Ysatis Parfum d'Hermès		Intimate La Nuit		Musk

4-2-4. 향수의 선택 방법

보통 코로 한번 냄새를 맡아서 알아낼 수 있는 것은 대개 2~3종류로 그 이상이 되면 판단할 수 없게 된다. 향을 맡을 때에도 용기 입구에서 직접 맡지 말고 손등과 손목의 안쪽에 1~2방울 묻혀 알코올 성분을 날린 후 코에서 조금 떨어져서 손을 조용히 움직여 가볍게 맡는다. 손에 묻으면 체온으로 따뜻해지고 실제로 사용할 때와 같이 자연스럽게 향기가 잘 난다.

4-2-5. 향수의 사용법

향수를 잘 바르는 방법은 청결한 피부에 직접 아토마이자(atomizer)로 스프레이한다. 바르는 향수는 손목, 팔꿈치, 무릎의 안쪽 등에 직접 바르는 것이 가장 적당하다. 마릴린 먼로의 "나는 샤넬 No.5를 입고 잔다"라는 이야기가 유명한데, 구미에서는 향수를 바르는 것을 입는(wear)라고 표현한다. 다만 피부가 약한 사람은 치맛자락 등에 바르는 것이 좋다.

4-2-6. 향수의 보존

빨리 사용하는 것이 기본이지만 향수의 보존에 있어서 특히 주의하여야 할 것은 다음의 3가지이다.

1) 공기에 접촉되지 않도록 한다

향수 중에 포함되는 성분은 공기중의 산소에 의해서 산화되어 변화된다. 따라서 큰 용기에서 양이 줄면 작은 용기로 바꾸어 가능한한 공기에 접하지 않도록 한다.

2) 직사 일광을 피한다

향수 성분 중 어떤 것 일광, 온도, 자외선에 의해서 변하고, 향이 나빠지기도 하고 변색되기도 한다.

3) 고온과 온도 변화가 심한 장소를 피한다

향수 성분은 고온에서 화학변화를 일으켜 변질되는 경우가 있다.

4-3 》 남성용 코롱 ; Men's cologne

오데코롱은 이탈리아인 요한 마리아 파리나가 원조라고 알려져 있다. 이 사람은 향료 상인

표 4-5. 남성용 코롱의 분류

주분류 / 부분류		I	II	III	IV	V	VI	VII
		Citrus	Green	Floral	Fougere	Woody	Chypre	Oriental
1	Citrus	4711 Armani		Auslese			Chanel	
2	Green	Bravas		Kenzo	Tommy	Escape for men	Ténéré	
3	Lavender	Pour Homme(YSL)			Monsieur Cardin			
4	Aromatic			Minotaure	Tsar Pasha	Versus XS pour homme	Caractère Trussardi	
5	Pine				Horizon pour homme			
6	Floral	Eau Sauvage	Drakkar Noir Tactics		Pour Homme(Azzaro) Brut	Balcan Boucheron		Héritage
7	Woody		Fahrenheit		Jazz		Tuscany	Egoïst
8	Mossy	Lacoste			Paco Rabanne for men Safari for men	New West		
9	Spicy	Pour Homme (Cacharel)			Eternity for men Cool Water Monsieur Rochas	Equipage Old Spice		
10	Leather Tobacco					Boss Burberry	Basala Polo Aramis Antaeus	
11	Balsamic							Obsession for men
12	Animal				Kouros			

으로 이탈리아로부터 독일의 마을 퀼른(Köln, 불어명 : Cologne)에 가서 이탈리아와 프랑스의 향료를 모아 1709년에 처음으로 오데 코롱(정확히는 오드콜로뉴, Eau de Cologne라 함)을 팔기 시작했다고 한다. 오데 코롱은 나폴레옹이라고 할 정도로, 나폴레옹은 오데 코롱을 애용해서 전쟁터에까지 여러 개 지참했다고 한다.

이렇게 오데 코롱에서 출발한 남성용 코롱은 여성용에 비해 강하고 개성적인 향기가 많다. 여성용 향기와 마찬가지로 갖가지 분류가 있지만, 그 한 예로서 주요 분류와 향기의 설명, 대표작을 표 4-6에 나타낸다.

이것을 2차원의 맵으로 나타낸 것이 표 4-5이다.

표 4-6. 남성용 코롱의 주분류와 향조

주성분	향기의 특징	대표작
시트라스 (Citrus)	레몬이나 오렌지, 베르가모트, 만다린 등의 감귤계의 향기로부터 만든다. 신선하고 상쾌한 향기로 기호성이 높다. 처음에는 감귤계의 향기가, 후에 후로랄이나 스파이시한 향기가 나는 것도 이 그룹에 속한다. 뉴섹스적인 느낌이 특징.	Eau Sauvage
그린 (Green)	푸른 잎이나 약초를 문지를 때 느껴지는 풋풋한 향기로 이 그룹을 그린 노트라고 한다. 이 가운데에서도 몇 가지 종류가 있는데, 일반적인 풀이나 잎의 향기에 가까운 것을 리피 그린, 해변의 신선한 향기나 오존 노트도 이 그룹에 속하고 시사이드 그린이라고 한다. 모두 자연을 상기시키는 상쾌한 향기가 특징. 여성용에 비해 후로랄 노트가 약하다.	Fahrenheit
후로랄 (Floral)	로즈, 쟈스민, 라벤더 등으로부터 만든 후로랄 향기를 베이스로 깊이나 그린 노트를 추가한 것이 많다. 여성용 향기에 비해 후로랄 노트의 요소가 약하고 달콤함도 적다.	Auslese
후제아 (Fougere)	라벤더나 옥모스, 크마린을 중심으로 구성된 향기. 온화하고 깊이 있으며 안정된 느낌을 준다. 남성용 향기에 널리 쓰이고, "Fougère Royale(Houbigant 1882)"라는 향수명이 香調명의 유래.	Paco Rabanne pour Homme
우디 (Woody)	대표적인 나무인 백단, 파츄리, 세다우드, 베치바 등이 특징인 향기. 힘이 강하고 남성적이며, 지속성이 우수하다.	Old Spice
시프레 (Chypre)	중후함과 안정적인 오크모스를 중심으로, 후레쉬한 시트라스, 강력하고 남성적인 우디 등으로부터 이루어진 향기. 레더, 파인, 그린, 아로마틱 등의 향기와 조합한, 풍부함이 있다. 여성용 향기에 비해 후로랄 요소가 약하다.	Aramis
오리엔탈 (Oriental)	중앙 및 동아시아에서 채취되는 소재(우디, 스파이스, 아니말, 발삼 등)을 중심으로 구성된다. 달콤하고 중후하며, 농후한 향기. 여성용에 비해 달콤함보다는 우디, 스파이시한 느낌을 주는 것이 많다.	Obsession for men

5 바디 케어 화장품

화장품의 사용부위를 신체 부분으로 나누면 바디가 가장 넓은 부분이다. 또 바디는 각 부위마다 생리현상이 특징적이며, 사용하는 화장품도 명확한 기능을 부여하고 있는 것이 많다. 이들 제품을 부위별로 나누면 표 5-1과 같다.

최근 건강에 대한 의식이 높아져서 쉐입 업(shape up)을 하여 건강미를 추구하는 경향이 있고, 바디라인 케어 화장품이 새로운 분야의 상품이 되어가고 있다.

표 5-1. 바디화장품의 종류

부 위	목 적	상품예
전 신	세정 · 용제	비누, 바디샴푸, 스크럽세정품, 바스오일, 바스솔트
	트리트먼트	로션, 에멀젼, 크림
	향기	파우더, 코롱
	자외선방어	일광 그을림 방지 화장품(선스크린), 선오일 애프터선로션
	벌레방지	곤충방지, 모기방지
손(손가락)	트리트먼트	로션, 크림
발	탈색, 제모	탈색, 제모크림, 탈모테이프, 제모무스
팔꿈치 · 무릎	유연	각질연화로션, 고마쥬크림
다 리	부종방지	레그 후레슈너 크림
땀 샘	방취 · 제한	데오드란트 로션, 스프레이, 파우더, 스틱

5-1 》 비누 ; Soap

5-1-1. 비누의 역사

비누는 고급지방산염의 총칭이다. 우리들이 일상 피부 세정에 사용하는 비누는 수용성으로 C_{12}~C_{18}의 지방산 알칼리염이다. 피부 세정용으로서의 비누의 기원은 대단히 오래 전의 일로 기원전부터 이미 비누가 있었다고 하며, 1세기경의 과학자 프리뉴스의 저서에도 이미 기재되어 있다.

원시적인 비누공업이 시작된 것은 8세기경 북이탈리아의 항구 마을 사버나인데 이것이 프랑스어의 savon, 영어의 soap, 독일어의 seifen의 어원이다. 그 후, 베네치아(베니스) 및 기타 지역에서 제조되어 마르세유에서 비누 공업은 꽃을 피우게 되었다. 즉 지중해 연안에서 채취한 올리브유와 해조를 태워서 얻어진 알칼리를 이용하여 양질의 「마르셀비누」가 제조되었던 것이다. 그 후 계속 개량되어 현재에는 가정용뿐만 아니라 공업적으로도 널리 응용되어 여러 형태의 제품이 시판되고 있다.

5-1-2. 비누의 원료

비누의 원료로 이용되는 지방산이나 유지는 여러 가지인데, 각 특성을 고려하여 목적에 맞는 비누를 만들기 위하여 지방산 배합 처방·유지 배합처방이 결정된다.

표 5-2. 각종 지방산 소다비누의 성질

	지방산명	용해성	세정력	기포성	비누의 단단함	안전성
포화지방산	C_{10} 이하	큼	대체로 적음	기포 약간 큼, 기포량 적음 (기포의 지속성 적음)	딱딱함	좋음
	C_{12} (라우린산)	냉수에 쉽게 용해	약간 큼	기포 약간 큼, 기포량 큼 (기포의 지속성 중간)	딱딱함	좋음
	C_{14} (미리스틴산)	냉수에 용해	큼	기포가 미세하고, 기포량 큼 (기포의 지속성이 큼)	딱딱함	좋음
	C_{16} (팔미틴산)	냉수에 난용	큼	기포가 미세하고, 기포량 중간 (기포의 지속성이 큼)	딱딱함	좋음
	C_{18} (스테아린산)	냉수에 불용	대체로 큼	기포가 미세하고, 기포량 적음 (기포의 지속성이 중간)	딱딱하고 부서지기 쉽다.	좋음
불포화지방산	C_{18}^{-} (올레인산)	냉수에 쉽게 용해	큼	기포 약간 큼, 기포량 큼 (기포의 지속성 중간)	연하면서 끈기 있음	보통
	$C_{18}^{=}$ (리놀산)	냉수에 쉽게 용해	중간	기포 약간 큼, 기포량 중간 (기포의 지속성 중간)	유연	변하여 부패되기 쉬움

표 5-3. 유지중의 지방산 조성

유지명	포화지방산 %									불포화지방산 %			
	C_6	C_8	C_{10}	C_{12}	C_{14}	C_{16}	C_{18}	C_{20}	C_{24}	올레인	리놀	리놀렌	아라키돈
야자유	0.2	8.0	7.0	48.2	17.3	8.8	2.0			6.0	2.5		
팜핵유		3.0	3.0	52.0	15.0	7.5	2.5			16.0	1.0		
팜 유					1.0	42.5	4.0			43.0	9.5		
우 지					2.2	35.0	15.7			44.0	2.2	0.4	0.1
돈 지					1.0	26.0	11.0			48.7	12.2	0.7	0.4
대두유						8.3	5.4	0.1		24.9	52.3	7.9	
미당유					0.4	17.0	2.7	0.4	1.0	45.5	27.7		

표 5-2 및 표 5-3에 지방산으로 만든 소다비누의 성질과 천연유지산 조성의 일례를 들었다. 옛날에는 비누 원료로 우지와 야자유가 이용되었으나, 최근에는 원료의 안전성·냄새·공급·가격의 측면에서 식물계 유지의 조합이 이용되고 있다. 팜유와 팜핵유는 대표적인 식물계 유지로서 배합비율은 팜유 60~80%, 팜핵유 20~40%가 적당하다. 원료 유지는 정제하여 사용한다.

일상에서 사용하는 비누는 유지를 수산화나트륨이나 수산화칼륨을 검화시켜 만든 것, 또는 유지를 분해하여 얻은 지방산을 수산화나트륨 및 수산화칼륨으로 중화하여 만든 것이다. 수산화나트륨으로 만든 비누를 경질비누, 수산화칼륨으로 만든 것을 연질비누라고 한다. 보통의 욕실용 비누는 경질비누이다.

5-1-3. 비누의 제조 방법

비누의 제조 방법은 크게는 검화법(saponificarion)과 중화법(neutralization)의 두 종류로 나눌 수 있다. 검화법은 유지(지방산의 글리세린에스테르)를 알칼리로 가수분해, 중화하여 비누와 글리세린을 얻는 방법이고, 중화법은 지방산과 알칼리를 직접 반응시켜 비누를 얻는 방법이다.

검화법

$$\begin{array}{l} CH_2\text{—}OOCR \\ | \\ CH\text{—}OOCR \\ | \\ CH_2\text{—}OOCR \end{array} \quad + \quad 3MOH \quad \longrightarrow \quad 3RCOOM \quad + \quad \begin{array}{l} CH_2\text{—}OH \\ | \\ CH\text{—}OH \\ | \\ CH_2\text{—}OH \end{array}$$

M : Na, K

중화법

$$RCOOH + MOH \longrightarrow RCOOM + H_2O$$

M : Na, K

1) 비누 재료의 제조법

1-1) 가마 검화법(Batch법)

최근에는 연속 검화설비 및 연속 중화설비 등이 개발되어 그다지 이용하지 않는 방법이지만 전통적인 비누 제조법이고 기본적인 것이므로 설명하고자 한다.

이 방법은 검화, 염석, 물세척, 마무리 가열 및 마무리 염석 등의 여러 단계의 조작에 의해 비누 재료가 제조된다.

먼저 가마에 혼합 원료 유지를 넣고 이것을 가열하여 교반하면서 수산화나트륨 수용액을 가해 나가면, 유지는 지방산과 글리세린으로 분리되는데, 지방산은 수산화나트륨과 화합하여 지방산소다 즉 비누가 되고, 유리된 글리세린은 수상과 혼합한다. 이 반응을 검화라고 한다.

검화 반응이 완결된 후, 교반을 계속하면서 여기에 식염 또는 포화 식염수를 서서히 가하면, 비누는 소금물에 녹기 어려워 수분으로부터 분리된다. 이 작용을 염석이라 한다.

이 조작 후 가열과 교반을 멈추고 보온하면서 수 시간 또는 수 십 시간 방치하면 비누는 분리되어 상층에 뜬다.

하층의 액(염분, 과잉의 가성소다, 글리세린, 수용성 불순물 등의 혼합물)을 가마 밑에서 긁어내어 제거한다. 이 폐액에서 글리세린 및 식염을 회수할 수 있다.

폐액을 제거한 상층의 비누는 수분 이외에 글리세린 및 약간의 불검화물을 함유하고 있으므로 여기에 식염수, 가성소다 및 물을 첨가하여 증기가열, 교반을 적당히 반복하여 염석(세정), 마무리 공정(마무리 가열, 마무리 염석)을 거치면 순수한 비누가 만들어진다. 이들의 조작에 의해 가마의 상층에 니트 솝(수분을 약 30% 함유한 순수한 용융비누), 중간층에 니가 솝(불순물을 많이 함유한 질이 나쁜 용융비누), 하층에 다시 폐액이 생성되어 내부가 3층으로 분리된다. 상층의 니트 솝을 분리하고, 가열건조를 거쳐 비누 재료를 얻는다.

1-2) 연속 검화법

이상이 비누의 가마법(Batch법)인데, 검화 반응의 종료까지 시간이 걸리고 니트 솝을 얻기까지는 3~5일이 걸리는 경우도 있다. 현재는 유지와 가성소다의 접촉을 균일하게 하고 동시에 고속화한 연속제조방법을 이용하고 있다. 예를 들면 유지와 가성 소다를 접촉시켜 검화를 하는 샤프레스법, 콜로이드밀을 이용하여 유화상태에서 검화하는 몬사본법, 수증기분사로 고온에서 유지와 가성소다를 제트 교반하면서 검화하는 유니리버법 등이 잘 알려져 있다.

1-3) 중화법

이 방법은 유지를 미리 고압분해가마에서 지방산과 글리세린으로 분해하여 얻어진 지방산에 알칼리를 작용시키고, 중화하여 비누를 얻는 방법이다. 검화법과 달리 미반응 유지나 글리세린 등의 불순물이 없어서 염석공정을 거칠 필요가 없다. 따라서 제조시간이 짧다는 이점이 있다. 반면, 염석공정이 없어서 분해 지방산의 변화가 진행되지 않았을 때 중화해야 한다든지, 얻어진 비누의 품질향상을 위하여 다시 글리세린 등의 첨가제를 가해야 하는 등의 문제도 있다. 그러나 연속중화설비의 진보에 따라서 원료 지방산의 질적 향상, 저가로 안정된 가격, 자유로운 지방산 조합, 다양한 사용성 등의 장점이 크므로 최근에는 이 방법이 많이 적용된다.

1-4) 에스테르 검화법

이 방법은 유지와 메틸알코올의 에스테르 교환반응에 의해 먼저 지방산 메틸에스테르를 얻고(글리세린은 분리회수), 이것을 알칼리로 검화하여 비누와 메틸알코올을 얻는 방법이다. 메틸알코올은 회수하여 순환사용이 가능하며, 검화반응이 재빨리 완전히 진행되는 것이 이점이지만, 메틸알코올의 회수설비가 필요한 점 등의 문제가 있다.

2) 마무리 · 가공

전 공정에서 얻는 비누 재료를 냉각하고 향료, 색소를 가한다. 이것을 혼합기에 넣고 잘 혼합 교반한 것을 롤, 플로터에 넣고, 혼합 압축을 하고, 봉상으로 성형하여 압출하고, 이것을 성형하여 포장한다.

이와 같은 공정을 거쳐 얻어지는 것을 기계 혼합비누라고 한다. 이 외에 니트 솝을 형틀에 직접 유입시켜 냉각, 고화, 절단, 건조하여 만드는 형틀 혼합비누가 있다. 기계 혼합비누는 연속작업의 간편함이 없는 형틀 혼합법에 비하여 생산성이 좋다는 장점이 있기 때문에 현재 화장비누의 제조공정의 주류를 이루고 있다.

5-1-4. 비누의 성질

비누는 약산의 강알칼리염이므로 그 수용액은 알칼리성을 나타내고, pH는 10정도이다.

또 비누는 계면활성제의 일종이므로 그 수용액은 다른 계면활성제와 같이 표면장력 및 계면장력의 저하, 기포성, 분산성, 유화성, 세정성 등을 나타낸다.

비누의 세정작용은 다음과 같다. 즉 비누 수용액이 오염과 피부 사이에 침투하여 부착을 약화시켜 오염이 쉽게 떨어지게 한다. 세정에 따른 물리적인 힘에 의해 제거된 오염은 비누분자에 의해 용액중에 유화분산된다. 오염의 종류에 따라서는 비누의 미셀중에 가용화되어 제거되는 것도 있다.

비누에는 다른 긴 사슬 알킬기를 갖는 화합물과 마찬가지로 polymorphism(다형)을 보여준다. Ferguson[1)]은 그것을 α, β, δ, ω의 4종 결정형으로 분류하였다.

그러나 α형은 분자량이 작고 수분이 극히 소량 밖에 포함되지 않은 비누에 한해서만 가능하고, 일반 비누 제조조건에서는 생성되지 않으므로 시판의 비누는 β, δ, ω의 3종류가 중요하다.

ω형은 형틀 혼합법과 같이 니트 솝을 그대로 냉각시킨 것에 많고, β형은 기계 혼합에 많다. δ형은 수분이 많은, 고분자량의 비누에서 온도가 낮을 때 나타나는 경향이 있다.

비누의 성질이 이들 결정형에 의해서만 지배되는 것은 아니지만 하나의 요인이 되는 것은 확실하다.

5-1-5. 비누의 종류

1) 화장비누 ; Toilet soap

화장 비누는 냉수에도 온수에도 적당히 기포를 내고 물에 담가도 그다지 팽윤되지 않으며 건조에 의해 변형되지 않고 자극이 없으며 또 쾌적한 향기를 가지고 있어야 한다.

기계혼합비누는 이들의 요구를 대부분 만족시키지만 온수에서 용해가 너무 빠르고 냉수에서 잘 용해되지 않는 경향이 있으므로 현재는 지방산이나 유지 배합비율, 탄화수소 등의 보조제로 이러한 단점을 보안하는데 힘쓰고 있다.

또 기포를 크리미하게 하거나 피부를 보호할 목적으로 고급알코올, 고급지방산, 고분자 폴리머, 폴리올류가 소량 배합되는 경우도 있다. 그 중에서 고급 지방산의 배합이 가장 일반적인 방법으로 그 배합량이 수 %~10%에 가까운 제품도 있으며, 이것을 과지방비누라고 한다.

2) 투명비누 ; Transparent soap

투명비누는 일반 화장비누와 마찬가지로 고급지방산의 소다염을 주체로 한 것인데, 칼리염, 트리에탄올아민염과의 병용 타입도 있다. 외관이 매우 투명한 것이 특징이다.

원료는 일반의 화장비누와 같은 고급 지방산이나 팜핵유·팜유·야자유·올리브유 등의 유지가 이용된다. 고급 지방산이나 유지는 그 구성 지방산이 투명비누에 적합한 성상을 유지하도록 혼합하여 이용하기 때문에, 기계 혼합비누의 지방산 조성과는 필연적으로 다르다. 투명성이나 가소성을 높이기 위하여 피마자유를 이용하기도 한다. 또한 같은 목적으로 글리세린, 설탕 및 에틸 알코올 등의 투명화제를 배합하여 비누에 투명 구조를 부여한다.

글리세린과 같은 목적 또는 사용성에 다양함을 주기 위하여 프로필렌 글리콜, 솔비톨 및 폴리에틸렌글리콜, 양쪽성 계면활성제, 음이온 계면활성제 등이 첨가되는 경우도 있다. 이와 같이 여러 가지 투명화제 및 기타의 보조제가 배합되기 때문에 비누의 함유율은 보통 비누보다도 적다.

투명비누는 외관적으로 미적 요소가 높을 뿐만 아니라, 보습제이기도 한 글리세린 및 설탕이 다량 함유되기 때문에, 피부의 보호작용도 풍부하고 사용감도 마일드하여 세안용으로 이용되는 것이다.

2-1) 투명비누의 제조방법

투명비누는 특별한 제조공정으로 이루어지므로 원료를 반응조에 넣어 반응시키는 시점과 건조후의 완성품과는 그 원료조성에 변동이 있다.

우선 반응조에 넣는 시점에서의 기본적인 배합처방의 예에 관해서 기술한다.

【처방예】 투명비누

(배합처방)	
팜유	22.0%
팜핵유	10.0
피마자유	4.0
올리브유	4.0
수산화나트륨	6.0
에틸알코올	20.0
정제수	20.0
설탕	9.0
글리세린	4.0
향료	1.0
염료	적당량
금속이온봉쇄제	적당량

투명비누는 반응 종료 후 고화하고 이것을 건조 숙성시켜서, 수분 에틸알코올을 서서히 휘발시킨다. 따라서 완성된 투명비누의 조성은 제조 전 시점과 크게 달라서 앞의 배합처방은 대부분 다음과 같은 조성으로 이루어진다.

【제품조성】

지방산비누	55.3%
설탕	12.0
글리세린	11.5

수분	19.9
향료	1.3
염료	적당량
금속봉쇄제	적당량

【제조법】 일반적인 방법은 그림 5-1과 같다.

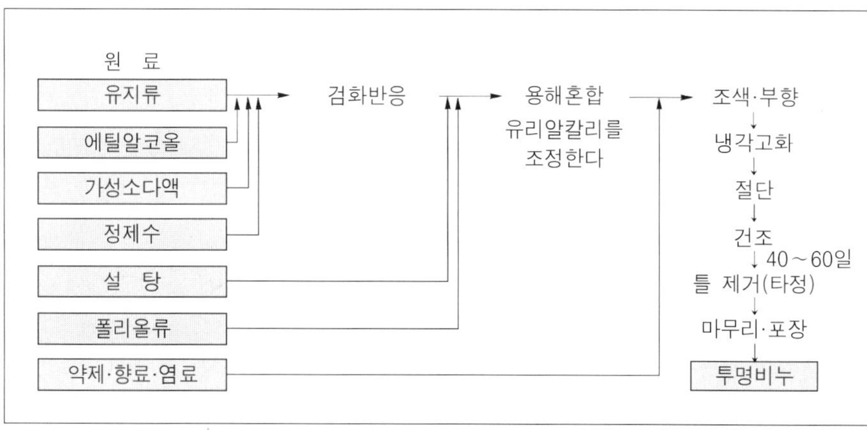

그림 5-1. 투명비누의 제조공정

2-2) 투명비누의 결정구조

투명비누의 결정구조에 관해서는 아직 불명확한 점이 많으나, McBain 등[2)]은 X선 회절로부터 투명비누의 결정은 미세결정인 것을 확인하였다. 이러한 미세결정에는 에틸알코올, 글리세린, 설탕과 같은 투명화제가 관여하고 있다.

투명화제에는 비누의 결정화를 억제하는 작용이 있고, 荻野[3)]는 전자현미경을 이용한 투명화제의 비누결정에 미치는 영향에 관한 연구에서 투명화제의 첨가에 의해 비누의 특성인 긴 선상 형태의 섬유구조가 소실됨을 명백히 하고 있다.

비누는 비누분자의 극성기들이, 또 탄화수소 사슬들이 옆으로 나란히 배열하고, 그들이 또한 종방향으로 여러 층으로 겹친 층상구조를 하고 있다. 투명화제의 첨가는 탄화수소 사슬간의 van der Waals력에 크게 영향을 미쳐서, 결정성장을 억제하여 결정을 미세하게 하는 것으로 보인다.

鴨田 등[4)]도 투명비누의 X선회절 분석을 통하여 불투명비누의 섬유상 미결정이 투명화제에 의해 섬유측에 대하여 수직으로 나누어져서 가시광선의 파장 이하로 미세화되기 때문에

투명화된다고 밝히고 있는데 이는 McBain 등과 같은 결론이다.

3) 합성화장비누 ; Syndet bar

경수중에서의 비누의 기포력 개선과 비누 가스 발생의 방지 및 비누의 알칼리성 개선을 목적으로 한 세정료가 있다. 이들은 아실이세티온산염, 알킬황산에스테르염, 지방산모노글리세리드황산에스테르염, N-아닐-L-글루타민산염, 알킬하이드록시에테르카르본산염, 알킬하이드록시멀티틀에테르, 알킬이미다졸리늄베타인형 양쪽성 계면활성제 등의 합성세제를 각각 주원료로서 단독 또는 비누와 조합시킨 제품이다. 합성 계면활성제를 단독으로 이용한 것은 합성화장비누(syndet bar)라고 하고, 서양에 널리 보급되어 있다.

그러나 합성화장비누는 고가이고 기포파괴 및 산뜻한 감이 별로 없으며, 또 녹아버리기 때문에 수질이 좋고 기후 풍토 관계로 「산뜻한 감」을 좋아하는 일본에서는 그 보급률은 아직 낮다.

그러나 비누의 결점인 사용후의 얼룩 · 당김이 없기 때문에 비누와의 병용으로 사용성 · 유용성이라는 점에서 다양하게 쓰일 것이고, 또 기저귀를 차는 유아 및 습진 환자 등과 같이 알칼리에 민감한 사람을 위한 중성비누로서 주목되고 있다.

【처방예 1】 합성화장비누

라우린산모노글리세리드	80.0%
황산에스테르소다염스테아린산모노글리세리드	7.0
세틸알코올	10.0
라놀린유도체	1.0
콘스타치	2.0
향료	적당량
염료	적당량
산화방지제, 금속이온봉쇄제	적당량

【처방예 2】 복합비누

라우린산모노글리세리드황산	55.0%
에스테르소다염 라우릴황산에스테르소다염	10.0
비누	30.0
세틸알코올	4.0
이산화티탄	1.0

향료	적당량
염료	적당량
산화방지제, 금속이온봉쇄제	적당량

4) 약용비누 ; Deodorant soap, Medicated soap

약용비누는 데오드란트 비누와 메디케이티드 비누로 나누어진다.

데오드란트 비누는 비누에 살균제를 배합한 제품으로 피부의 살균, 소독에 효과가 있다. 통상 사용되어지는 약용제는 TCC, 염화벤잘코늄, 염산클로로헥시딘 등이 있다.

메디케이티드 비누는 비누에 소염제를 배합한 제품으로 여드름, 면도 상처 및 피부 거칠음을 방지하는 효과가 있다. 소염제로서는 글리틸리틴산염, 감광소, 히노키티올, 알란토인, 비타민류가 이용된다.

5) 기타

그 외에 특수한 용도 및 외관을 갖는 비누에는 부유비누, 물비누, 분말비누, 종이비누 등이 있다.

5-2 》 액체바디 세정료 ; Body shampoo

피부의 위생상 가장 필요한 것은 피부 표면의 오염을 제거하여 항상 청결을 유지하는 것이며, 이 목적을 위해 사용되는 것이 세정료이다.

일반적인 피부 세정료로서 가장 오래된 역사를 갖는 것은 고형비누이고, 가격이 싼 것과, 그 산뜻한 사용감이 선호되며, 현재도 입욕시의 바디 세정료로서 널리 사용되고 있으나, 그 수요는 한계점에 도달되고 있다. 한편 현재 소비자의 생활양식의 변화, 욕구의 다양화는 세정료에 단순한 세정기능 이상의 부가가치를 요구하기 시작하고 있다.

서양에는 전부터 욕조에 직접 투여하여 포말을 내는 버블베스라고 하는 것이 있다. 입욕습관의 차이 때문에 버블베스는 일본에는 보급되지 않고 있으나, 가정 목욕탕, 샤워의 보급과 함께 고형비누와는 다른 풍부한 기포력과 기호성이 높은 향을 지녀서 무드를 즐길 수 있는 제품으로서 액체바디 세정제(바디샴푸)가 나왔다. 바디샴푸가 등장한 1970년대 초에는 버블베스의 하나의 변화로서의 위치를 갖는 화장품적 요소가 강한 제품이었다. 그 후 샤워의 사용빈도의 증가에 따라 아침샤워, 스포츠 후의 목욕 등 세정료의 사용장면도 변화되었다. 한편, 스펀지, 나일론 타월 등 세정 용구도 다양화되면서 종래의 고형비누보다 형태적으로 사용이 쉬운 액상의 바디세정료가 보급되었다. 가격도 현재는 토일레트리 제품에 맞게 되어 있다.

한편 피부생리의 연구도 진행되어 피부세정료를 스킨 케어의 일환으로서 취급하여 안전성, 유용성을 추구하게 되었다.

5-2-1. 바디샴푸에 요구되는 기능

1) 기포성

바디의 세정은, 넓은 면적을 세정할 필요가 있는 동시에 사용시 기포 그 자체를 즐기려고 하는 욕구도 존재한다. 따라서 높은 기포성, 크리미하고 매끄러운 기포의 질, 높은 기포지속성이 요구된다.

2) 피부생리와 세정성

바디세정료는 기본적으로 얼굴이외의 피부에 쓰이는 세정료이다. 그러므로 바디의 피부생리[5)]를 고려해야 한다. 얼굴에 비하여 바디 쪽은 피지량, 발한량은 적으나, 체취의 원인으로 되는 물질을 분비하는 아포크린선이 분포하는 부위는 대부분 바디에 존재한다.

건강한 피부상에 존재하는 지질성분에는 콜레스테롤, 세라미드 등의 각질층 유래의 지질성분과 스쿠알렌, 트리글리세리드, 지방산 등의 피지선 유래의 지질이다. 이들의 지질은 피부에서 피지막을 형성하며, 환경으로부터 피부를 보호하고 있으나, 분비되고 나서 시간이 지나면, 외부로부터 먼지가 부착되거나, 피부 상재 세균에 의해 분해되어, 산화되므로 세정시켜야 하는 오염으로 된다. 또 자외선 등의 영향으로 과산화지질 등의 자극물질로 변화하기도 한다. 인체를 외계로부터 방어하는 각질층의 세포는 신진대사에 의해 최종적으로 때로서 떨어져 나가는데, 이것이 피지 및 먼지와 함께 피부에 오래 잔류하게 되면, 외부로부터 오는 세균의 번식을 촉진하고, 피부질환을 일으키는 원인이 되기도 한다. 또한 땀샘으로부터 분비되는 땀도, 수분 증발 후 염분 및 요소 등이 피부표면에 남게되어, 이것이 피부를 자극한다.

피지선 유래의 지질은 세정에 의해 일반적으로 제거되어도 비교적 단시간에 회복하지만, 각질층 유래의 지질은 회복에 시간이 걸린다. 또 각질층 유래의 지질은 피부의 배리어 기능, 수분보유기능, 각질 세포간의 접착성 등에 관여하고 있으므로, 세정제가 각질층 내로 침투하여, 이들 지질을 용출시키는 것은 좋지 않다.

그러므로 바디 세정료에는, 각질층 세포간에 존재하는 지질을 가능한한 보호하면서, 피부의 요소, 염분, 변질된 지질성분 및 그 중에 분산된 여러 가지의 오염 성분을 효과적으로 제거하고 세균의 증식, 자극 물질의 생산을 억제하는 등의 선택적 세정성이 요구된다.

또 건강인의 피부 각질층 성분에는 통상 10~20%정도의 수분이 함유되어 있어서, 피부에 탄력성과 유연성을 부여한다. 이 수분은 피지막, 각질층 세포간지질, NMF(Natural Moisturizing Factor)의 작용으로 유지되고 있다. NMF는 유리아미노산, 피롤리돈카르본산, 유산염 등으로 구성된다. 따라서 NMF의 유실도 좋지 않다.

이상과 같이 피부생리기능에 악영향을 주지 않고 오염만을 잘 제거한다는 관점으로부터 세정제를 설계할 필요가 있다.

5-2-2. 액체바디 세정료의 종류

액체바디 세정료는 외관적으로 투명타입과 불투명 타입으로 나누어진다.

또 처방적으로는 고형 비누와 마찬가지로 액체비누를 주체로 한 비누타입, 합성계면활성제를 주체로한 약산성타입(신세스타입), 액체비누와 합성계면활성제를 조합시킨 중성타입(콤비네이션타입)의 3가지 타입으로 분류된다.

5-2-3. 액체바디 세정료의 주성분

1) 기포세정제

바디 세정료로 이용되는 기포세정제는 전신을 세정하기에 필요한 기포력, 기포지속성, 기포량, 크림모양의 기포성질이 있고, 또한 자극이 적은 것이 바람직하다.

옛부터 이용되어 왔던 기포세정제로서는 음이온 계면활성제인 지방산비누, 알킬황산염, 알킬에테르황산염, α-올레핀설폰산염이 일반적이며, 또한 보다 안전성, 유용성을 중시한 것으로는 N-아실메틸타우린염, 아실살코신염, 설포호박산알킬에스테르염, N-아실-L-글루타민산염, 아실이세티온산염, 알킬하이드록시에테르칼본산염, 지방산타우린염, 알킬하이드록시멀티틀에테르, 모노알킬인산염 등을 들 수 있다.

이 가운데 비누이외의 계면활성제를 주체로 한 경우, 일본에는 기후풍토 관계상 헹구기가 어렵다든지 미끌거리는 문제가 지적되는 경우가 많다. 따라서 지방산비누 주체 혹은 지방산비누와 비누이외의 계면활성제가 조합되는 경우가 많다. 이에 비해 경수 지역이 넓고, 건조한 기후 풍토인 서양에서는 합성계면활성제를 주원료로 하는 것이 보통이다.

2) 조제

비이온 계면활성제 및 양성계면활성제는, 적량을 주제(主劑)와 조합시켜 배합하는 것으로, 주제원료의 기포력, 기포성질을 개선함과 동시에 사용감의 조정, 내경수성의 향상에 효과를 발휘한다.

조제로서 이용되는 대표적인 비이온 계면활성제에는 지방산 알카놀아미드 및 아민옥사이드 등이 있으나 최근에는 기포력 타입으로 알킬글루코시드, 알킬하이드록시멀티틀에테르도 이용된다. 양쪽성 계면활성제로서는 알킬베타인형 및 이미다졸리늄베타인형이 이용된다.

또 비이온 계면활성제 및 양쪽성 계면활성제는 주제제의 자극성을 완화하는 것으로 알려져 있기 때문에 많은 제품에 배합되고 있다.

3) 안정화제

바디 세정료는 세정해야 할 표면적이 크고, 풍성한 기포를 필요로 하기 때문에, 계면활성제농도를 높게 처방하는 경우가 많으므로, 저온시의 유동성 유지 및 투명타입의 경우에 현탁방지를 위하여 안정화기술이 필요하다.

저온에서 유동성 확보, 현탁방지 목적으로 크라프트점을 낮추어야 할 필요가 있고, 이러한 의미에서 주제인 음이온 계면활성제의 대이온의 선택이나, 다가알코올, 각종 비이온 계면활성제 중에서도 저가이면서 현탁 방지효과·기포 증가 효과가 높은 지방산 알카놀아미드가 이용되고 있다.

또 미생물, 산화에 대한 안정화제로서, 전자에는 파라벤, 안식향산염, 에탄올류가 후자에는 BHT, 비타민 E류가 이용된다.

【처방예 1】 비누타입

라우린산	2.5%
미리스틴산	5.0
팔미틴산	2.5
올레인산	2.5
코코일디에탄올아미드	1.0
글리세린	20.0
수산화칼륨	3.6
정제수	60.4
향료	적당량
염료	적당량
금속이온봉쇄제	적당량

【처방예 2】 콤비네이션타입

N-라우릴-L-글루타민산트리에탄올아민(30% 수용액)	15.0%
N-라우로일메틸타우린나트륨(30% 수용액)	10.0
알킬하이드록시에테르칼본산나트륨(30% 수용액)	5.0
라우린산트리에탄올아민	10.0
미리스틴산트리에탄올아민	10.0
라우릴이미다졸늄베타인	5.0
코코일모노에탄올아미드	1.0
에틸렌글리콜시스테아레이트	3.0
1,3-부틸렌글리콜	7.0
정제수	34.0
향료	적당량
염료	적당량
방부제	적당량
산화방지제	적당량
금속이온봉쇄제	적당량

【처방예 3】 신세스타입

라우릴황산트리에탄올아민염(40% 수용액)	40.0%
라우릴폴리옥시에틸렌(3몰), 황산나트륨염(30% 수용액)	20.0
라우릴아미드프로필베타인(30% 수용액)	3.0
알킬하이드록시멀티틀에테르	5.0
글리세린모노팔미틴산에스테르	1.0
디프로필렌글리콜	5.0
정제수	26.0
향료	적당량
염료	적당량
방부제	적당량
산화방지제	적당량
금속이온봉쇄제	적당량

5-3 》 UV케어 화장품 ; UVcare cosmetics

총론에서 자외선의 피부에의 작용에 대해서 기술하였는데, 스킨 케어, 바디 케어에 있어서 자외선의 해로부터의 피부보호는 큰 과제중의 하나이다. UV케어 화장품은 자외선을 방어하고 피부에 대한 악영향을 최소한으로 억제하는 것을 주된 목적으로 하고, 자외선을 받은 후의 피부 트리트먼트까지를 포함해서 다음과 같이 분류한다.

① 일광 그을림 화장품, Sunscreen cosmetics
UVA와 UVB를 막아서 자외선에 의한 악영향으로부터 피부를 보호하는 화장품

② 선탠 화장품, Suntan cosmetics
UVB를 막아서 자외선에 의한 홍반을 억제하면서 피부를 아름다운 갈색으로 태우는 화장품.

③ 셀프 탠닝 화장품, Self-tanning cosmetics
자외선을 쬐지 않고 피부를 일광에 그을린 색으로 변색시켜주는 인공 태움 화장품

④ 애프터 선 화장품, After sun cosmetics
피부를 태운 후 피부에 대한 트리트먼트로 사용하는 화장품

최근에는 피부노화 등의 만성적인 자외선 영향에 대한 케어라는 관점에서 스킨 케어와 UV케어를 겸비한 일반적인 선프로텍트 스킨 케어라는 새로운 분야도 생겼다.

5-3-1. 자외선방어 효과의 표시와 측정법[6~9]

많은 UV케어 화장품은, 제품 각각에 UVA, UVB에 대한 자외선 방지 효과의 정도가 표시되어 있다. 하나는 SPF(Sun Protection Factor)로서 주로 UVB에 대한 효과를 나타내고 수치로 표시한다. 다른 하나는 PFA(Protection Factor of UVA)에 대한 효과를 나타내고 3단계로 분류되며 PA+, PA++, PA+++ 중의 마크로 표시된다. 표시의 목적은 각 제품의 효과를 같은 土俵로 비교하여 나타내는 것이고, 일본 화장품 공업연합회에서는 통일된 측정법으로서 「SPF측정법 기준」「UVA방지효과 측정법 기준」을 정하고 있다(표 5-4).

표 5-4. 일본 화장품 공업연합회 SPF측정법 기준 UVA방지효과 측정법 기준의 개요

	SPF측정법 기준[a]	UVA방지효과 측정법 기준[b]
피험자	피부타입 Ⅰ, Ⅱ, Ⅲ	피부타입 Ⅱ, Ⅲ, Ⅳ
피험자수	최소 10명	

	SPF측정법 기준[a]	UVA방지효과 측정법 기준[b]
표준샘플	SPF 4 표준시료 SPF 15 표준시료	3% 파라메톡시계피산2-에틸헥실, 5% 4-tert-부틸-4'-메톡시벤조일메탄배합크림
도포량 도포면적 시료도포후의 기다리는 시간	$2mg/cm^2$ or $2\mu l/cm^2$ 최소 $20cm^2$ 15분후 신속하게	
광원	UVB 영역이 태양광에 근사한 제논 아크 솔라 슈미레이터	UVA 영역에서 연속스펙트럼을 갖는 인공광원으로 UVA Ⅱ / UVA = 8~20%[c]
조사야	최소 $0.5cm^2$	
자외선증폭량	예측SPF에 따라 다르다 (25%, 15%, 10%)	최대 25%
판정시간 관찰지표	조사 16~24시간후 홍반	UVA 조사 2~4시간후 지속형즉시흑화
SPF/PFA	$\text{SPF} = \frac{\text{시료도포부위의 MED}}{\text{시료무도포부위의 MED}}$ Minimal Erythema Dose(MED)	$\text{PFA} = \frac{\text{시료도포부위의 MPPD}}{\text{시료무도포부위의 MPPD}}$ Minimal persistent Pigment darkening Dose(MPPD)
표시	피험자의 평균 SPF (소수점 이하 떼어버린다.) SPF가 50이상으로, 오차가 적은 경우 (95% 신뢰하한치가 51이상) → SPF 50+ 〈최대 SPF 50+〉	PA+ : 2≦PFA≦4 PA표시는 SPF PA++ : 4≦PFA≦8 표시와 함께 실시 PA+++ : 8≦PFA PA : Protection Grade of UVA

SPF : Sun Protection Factor PFA : Protection Factor of UVA

a) 일본화장품공업연합회 SPF측정법 기준(2000년 1월 1일 발효)

b) 일본화장품공업연합회 UVA방지효과 측정법 기준(1996년 1월 1일 발효)

c) UVA Ⅰ(340~400nm)와 UVA Ⅱ(320~340nm)의 비율이 태양광에 가까울 것.
즉, UVA Ⅱ(320~340nm) / UVA(320~400nm) = 8~20%

1) SPF측정법과 표시

SPF의 값은, UV케어 화장품을 도포했을 때 피부에 약한 홍반이 나타나는 것은, 도포하지 않았을 때 몇 배의 자외선량을 쪼인 때인가를 나타내는 것이다. 피부 타입 Ⅰ~Ⅲ(화장품과 피부 1-6-2. 자외선에 의한 급성 반응 참조)의 사람을 피험자로 하고, UVB 영역이 태양광에 근사한 제논 아크 솔라 슈미레이터를 광원으로 하여 측정을 실시한다. 피부에 시료 도포부와 시료 무도포부를 정하고, 자외선을 쮠다. 그리고 나서 16~24시간 동안 피부 반응을 관찰한다. 약한 홍반을 나타낸 부위의 자외선량을 최소홍반량(Minimal Erythema Dose: MED)이라고 하고, 시료 도포부, 시료 무도포부의 MED를 구하여 그 MED의 비로부터 SPF를 산출한다(SPF=시료 도포부의 MED / 시료 무도포부의 MED). 표준 시료를 컨트롤하여 동시에 측정해서 시험 成否를 확인한다.

UVB방지 효과 표시는, 세계적으로도 SPF의 지수를 채용하고 있다. 측정은 각 국에서 기준을 정하고 있고, 각각 미소한 차이가 있으나, 측정법의 개략은 거의 같다. 동일 시료를 측정했을 때에 거의 같은 값을 얻는다는 것도, 유럽, 오스트레일리아, 일본 화장품 공업회의 공동 연구에서도 확인된 바 있다.

종래 일본에서는 표시에 대하여 수치의 상한 설정은 없었으나, 2000년 1월부터 상한이 설정되어 51이상의 경우 SPF 50+로 표시하기로 하였다. 이것은 실사용상 아주 높은 값을 필요로 하지 않는다는 점, 또 무의미한 수치 경쟁을 막는다는 목적이다. 해외에서는 오스트레일리아, 뉴질랜드에서 31이상을 SPF 30+로 표시하도록 하고 있다.

2) UVA방지효과 측정법과 PA분류 표시

UVA방지효과 측정은 UVA 조사 2~4시간 후의 지속형 즉시 흑화 반응을 지표로, PFA (Protection Factor of UVA)를 구하는 방법이 1996년 1월, 일본에서 최초로 확립되었다. 그러나 일본 이외의 지역에서는 아직 공업회 혹은 국가 차원에서의 표준화에는 이르지 못하였다.

측정법의 개략은 표 5-4와 같고, PFA를 구할 때까지의 기본적인 생각은 SPF 측정법과 같다. 단, 지표로 삼는 피부 반응이 UVA 조사 2~4시간 후의 흑화라는 점, 피험자의 피부 타입이 Ⅱ, Ⅲ, Ⅳ라는 점, 광원이 UVA영역의 방사 파장을 갖는다는 점, 표준 시료가 다르다는 점이 SPF 측정법과 다른 점이다. 표시에 관하여는 표 5-5와 같이 지수 그 자체가 아니라 효과의 정도를 PA+ ~ PA+++로 3분류하여 표시하도록 되어 있다.

표 5-5. UVA방지효과의 분류와 표시 방법

PFA 치	PA 분류	의 미
2미만	PA표시 없음	—
2이상 4미만	PA+	UVA방지효과가 있다.
4이상 8미만	PA++	UVA방지효과가 꽤 있다.
8이상	PA+++	UVA방지효과가 매우 많다.

3) 기타 측정법

1), 2)의 방법은 사람에 의한 *in vivo*에서의 평가를 통해 최종적인 확인으로서 필요하다. 그러나 개발 단계의 평가로서는 시간과 비용이 필요하므로 보다 간편한 방법을 추구하고 있

다. 그래서 몇 가지 측정에 관한 기준이 설정되어 있는 *in vitro* 측정법의 예를 알아보자.

초기의 UV화장품의 평가법은 희석 용액이나 얇은 막을 스펙트로포토메트릭한 수법으로 평가하는 것이었는데, 사람에 의한 *in vivo*의 테스트 결과와 거의 상관이 없었다. 이에 대하여 Sayre[10,11]는 도포체로서 마우스의 표피를 사용하고 *in vitro* 측정법에 실제 피부 표면 형태의 영향을 적용하였고, Stockdale 등[12,13]은 도포체로서 자외선을 투과하는 피부의 레프리커를 이용한 측정법을 제안하였다.

Diffey와 Robson[14]은 표면에 요철이 있는 시판 트랜스퍼 테이프를 도포체로 이용한 범용성이 높은 *in vitro* 측정법을 개발하였다. 그리고 小川[15]등은 이 방법을 발전시켜서, 자외선에 의한 홍반 반응이 UVB뿐만이 아니라 UVA도 상승적으로 작용한다는 것에 대하여, SPF값과 투과 UV스펙트럼의 관계로부터 검증하고, 연산 프로그램에 의한 높은 정밀도를 갖는 *in vivo* SPF값을 예측하는 방법을 개발하였다.

5-3-2. 기제의 종류

UV케어 화장품의 형태로서는 유화계, 로션타입, 오일타입, 젤타입(유성, 수성), 에어졸타입, 스틱타입이 있다. 형태별 특징은 다음과 같다.

1) 유화타입

〈O/W형〉 자외선 흡수제의 배합이나 기제의 안정화도 용이하다. 내수성은 W/O형이나 오일타입의 기제에 비하면 떨어지지만(그림 5-2), 사용감이 좋고, 저 SPF에서 고 SPF제품까지 제조가 가능하다.

〈W/O형〉 사용감촉이나 기제의 안정성은 O/W형에 비해 나쁘지만 내수성이나 자외선방지 효과는 우수하다. SPF가 높고 내수성이 필요한 제품에 널리 이용된다. 실리콘 오일 등 사용감이 가벼운 유분을 사용하여 사용 감촉의 개선을 추구하고 있다.

2) 로션 타입

산뜻한 사용감촉이 좋지만 높은 자외선 방지효과를 얻기 위해 다량의 자외선 흡수제를 배합할 필요가 있다. 또 내수성도 높지 않다.

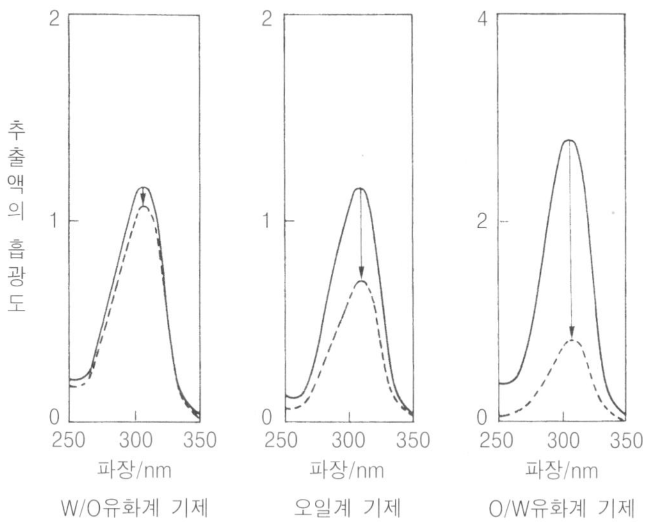

그림 5-2. 기제 타입과 내수성

— 물 씻기 전, ····· 물 씻은 후

물로 씻기 전, 후의 피부에 남은 시료를 에탄올로 추출해서, 시료중의 UV 흡수제를 지표로서 물로 씻기 전, 후의 추출액의 흡광도에 의한 내수성을 평가했다.

3) 오일 타입

내수성은 좋지만 자외선방지효과는 유화기제에 비해 낮기 때문에 저 SPF의 선탠제품 기제로서 이용되는 경우가 많다.

4) 젤 타입

〈수성타입〉 로션타입과 같은 성격의 제품으로 점도가 높으므로 피부에 바르기 쉽다.
〈유성타입〉 무거운 기름기의 사용감촉 때문에 사용이 한정되고 있지만 내수성은 양호하다.

5) 에어로졸 타입

거품상, 스프레이 상태의 제품 형태로서 유용한데, 여름의 고온하에서 사용하면 고압가스 용기로서의 누수, 폭발의 우려가 있다. 최근에는 가스가 없는 타입의 용기가 개발되어 그 용도 확대가 기대된다.

6) 스틱 타입

바를 때의 퍼짐성이 무겁기 때문에 신체 전체에 사용하는 것은 적합하지 않지만 높은 자외선 방지효과가 있으므로 코나 뺨 등 태양광선에 그을리기 쉬운 부위의 부분사용에 적합하다.

5-3-3. UV케어 화장품의 종류

1) 일광 그을림 방지 화장품 ; Sunscreen cosmetics

일광 그을림 방지 화장품은, 태양광선중의 UVA, UVB의 자외선을 차단하고, 자외선에 의한 나쁜 영향으로부터 피부를 보호하는 것을 목적으로 한다. 일반적으로 일광 그을림 방지 화장품은 자외선 흡수제와 자외선 산란제를 조합하여 높은 효과를 부여하는 제품이 많다. 그러나 최근에는 민감한 피부용으로서 산란제만을 사용한 일광 그을림 방지 화장품도 시판되고 있다. 자외선 흡수제, 자외선 산란제에 대해서는 총론의 원료부분에 기재하였으므로 여기서는 생략한다(총론 3-2-4. 무기안료, 5-5. 자외선흡수제 참조).

이상적인 일광 그을림 방지 화장품 조건으로는

① 자외선방지 효과가 충분할 것

② 안전성이 높을 것

③ 사용감촉에 위화감이 없을 것.

④ 땀이나 물에 지워지지 않을 것.

⑤ 의복에 착색되지 않을 것.

등을 열거할 수 있다.

땀이나 물에 지워지지 않을 것(내수성)은 일광 그을림 방지 화장품으로서 중요한 기능의 하나이다. 내수성을 향상시키기 위해서는 기제형태를 W/O 유화타입으로 하는 것이 일반적이지만 앞에서 말한 바와 같이 사용감촉이나 기제의 안정성을 충분히 검토할 필요가 있다. 또 내수성 향상을 위해 오래전부터 실리콘오일을 첨가하고 있다. 특히 저점도 실리콘 오일은 내수성뿐만 아니라 사용감촉 향상에도 기여한다.

【처방예 1】 O/W형 크림타입

(유상)	
옥시벤존	2.0%
파라메톡시계피산옥틸	5.0
스쿠알란	10.0
바세린	5.0
스테아릴알코올	3.0
스테아린산	3.0
글리세릴모노스테아린산염	3.0
폴리아크릴산에틸	1.0
산화방지제	적당량
방부제	적당량
향료	적당량

(수상)	
정제수	54.95
1,3-부틸렌글리콜	7.0
이산화티탄	5.0
에데트산이나트륨(EDTA-2Na)	0.05
트리에탄올아민 99%	1.0

【제조법】 유상부와 수상부를 각각 70℃로 가열 용해시킨다. 수상부는 이산화티탄을 충분히 분산하고 유상부를 첨가하여 호모지나이저를 이용하여 유화한다. 유화물을 열교환기에서 냉각한다.

【처방예 2】 W/O형 유액타입

(유상부)	
파라메톡시계피산옥틸	5.0%
옥시벤존	3.0
4-tert-부틸-4'-메톡시디벤조일메탄	1.0
소수화처리 이산화티탄	5.0
소수화처리 산화아연	5.0
스쿠알란	20.0
실리콘오일	23.0
실리콘수지	2.0
디이소스테아린산글리세린	2.0
유기 변성 몬모릴로나이트	0.5
방부제	적당량
향료	적당량
(수상부)	
정제수	28.5
1,3-부틸렌글리콜	5.0

【제조법】 유상부와 수상부를 각각 70℃에서 가열 용해시킨다. 유상부는 이산화티탄을 충분히 분산시키고, 호모지나이저 처리를 하면서 수상부를 첨가한다. 유화물은 열교환기를 이용하여 냉각시킨다.

【처방예 3】 W/O형 크림타입

(유상부)	
소수화처리 이산화티탄	10.0%
소수화처리 산화아연	10.0
스쿠알란	20.0
실리콘오일	12.0
디이소스테아린산글리세린	3.0
유기 변성 몬모릴로나이트	1.5
방부제	적당량
향료	적당량
(수상부)	
정제수	38.5
1,3-부틸렌글리콜	5.0

【제조법】 유상부와 수상부를 각각 70℃로 가열 용해시킨다. 유상부는 이산화티탄을 충분히 분산시키고 호모믹서 처리를 하면서 수상부를 첨가한다. 유화물은 열교환기를 이용해 냉각시킨다.

2) 선탠 화장품 ; Suntan cosmetics

선탠 화장품은 자외선 특히 UVB에 의한 홍반을 일으키지 않고, 균일하고 아름다운 갈색의 피부를 만들기 위한 제품이다. 따라서 자외선방지제는 UVB 차단을 주목적으로 구성된다. 제품 형태로서는 오일 타입이 가장 일반적이지만 유화타입, 젤타입, 로션타입도 기제로서 사용되는 경우가 많다. 오일타입의 기제로서는 제품 성격상, 여름철 해변에서 사용되는 경우가 많고, 사용감촉이 끈적이지 않고, 모래가 잘 붙지 않는 것이 좋다. 따라서 처방구성은 모래가

a. 실리콘 수지를 배합한 선탠오일을 바른 피부위의 물방울

b. 실리콘 수지를 미배합한 선탠오일을 바른 피부위의 물방울

그림 5-3. 발수성의 비교

잘 붙지 않고, 산뜻한 유성분을 사용하는 것이 바람직하다. 또 선탠 화장품에 있어서도 내수성은 중요한 기능의 하나이다. 선탠 화장품에도 내수성 향상을 위해 피막형성제를 배합사용하는 것은 유효한 수단이다. 그림 5-3에 피막형성제로서, 실리콘수지를 배합한 처방의 발수성의 예를 나타냈다.

【처방예 1】 오일타입

파라메톡시계피산옥틸	1.5%
유동파라핀	56.5
미리스틴산이소프로필	10.0
실리콘오일	30.0
실리콘수지	2.0
BHT(산화방지제)	적당량
향료	적당량

【제조법】 실리콘수지를 실리콘오일에 첨가하여 용해시킨다. 미리스틴산이소프로필을 첨가하여 충분히 혼합한 후 나머지 성분을 첨가하여 교반한다.

【처방예 2】 젤(유성)

파라메톡시계피산옥틸	2.0%
유동파라핀	73.0
올리브오일	20.0
유기변성 몬모릴로나이트	5.0
BHT(산화방지제)	적당량
향료	적당량
착색제	적당량

【제조법】 유동 파라핀의 일부를 덜어서, 유기변성 몬모릴로나이트를 팽윤시킨 후, 강하게 교반하여 균일하게 분산시킨다. 나머지 유동 파라핀 및 다른 성분을 첨가하여 균일하게 혼합한다.

【처방예 3】 O/W형 유화 타입

(유상)	
파라메톡시계피산 옥틸	3.0%
미리스틴산이소프로필	2.0
올레일올레인산염	4.0
바세린	2.0
스테아릴알코올	1.0
스테아린산	2.0
글리세릴모노스테아레이트	2.0
비타민E 아세테이트	적당량
방부제	적당량
향료	적당량
(수상)	
정제수	77.8
1,3-부틸렌글리콜	5.0
카르복시비닐폴리머	0.2
트리에탄올아민	1.0

【제조법】 유상부와 수상부를 각각 70℃로 가열 용해시킨다. 수상에 유상을 첨가하고 호모지나이저를 이용하여 유화시킨다. 유화물을 열교환기로 냉각시킨다.

3) 셀프 탠닝 화장품 ; Self-tanning cosmetics

피부에 영향을 주는 자외선에 태우지 않고 갈색 피부를 만들기 위한 화장품으로서 셀프 탠닝 화장품이 있다. 외용으로 피부를 갈색으로 변화시키는 활성 성분은 디하이드록시아세톤(DHA)이다. 이 작용은 피부의 상층에만 한정되어 있어서, 적용후 수 시간이 지나면 갈색 변화가 나타나고, 물로 씻어내도 색이 유지되지만, 각질층의 박리가 진행되면 차츰 지워진다.

DHA는 피부 케라틴의 아미노산 및 아미노그룹과 반응하여 갈색 화합물을 형성한다. 그 반응 기구와 비효소적 갈색 반응으로서 알려져 있는 메이라이드 반응과 유사하다고 알려져 있다. DHA가 최초로 화장품으로 사용된 것이 1959년인데, 1960년대에 선스크린 제품으로서 특허가 나와서 급속히 침투하였고, 그 후 각국에서도 사용되는 원료이다[16].

【처방예 1】 O/W형 크림타입

(유상)	
옥시벤존	1.5%
파라메톡시계피산옥틸	3.0
유동 파라핀	12.0
바세린	5.0
세탄올	5.0
글리세릴모노스테아레이트	1.5
이소스테아린산폴리옥시에틸렌글리세릴	2.5
산화방지제	적당량
방부제	적당량
향료	적당량
(수상)	
정제수	54.45
글리세린	5.0
1,3-부틸렌글리콜	5.0
디하이드록시아세톤	5.0
에데트산이나트륨(EDTA-2Na)	0.05

【제조법】 유상부와 수상부를 각각 70℃에서 가열 용해시킨다. 수상에 유상을 첨가하여 호모지나이저를 이용하여 유화한다. 유화물을 열교환기를 이용하여 냉각시킨다.

4) 애프터 선케어 화장품 ; After sun cosmetics

강한 자외선을 받은 피부는 홍반을 일으키고, 수 일 후 지연형 색소침착과 함께, 피부가 벗겨진다. 이 때의 피부 각질층의 수분량은 자외선을 받지 않은 부위에 비해 저하되고 각질층 중의 유리아미노산량이 감소한다고 알려져 있다[17].

애프터 선케어 화장품은 이와 같이 자외선을 받은 피부의 손질을 위한 것이다. 홍반과 같이 일시적인 염증에는 산화아연과 같은 분말이나 항염증제를 배합한 카민로션(각론 1-3-4. 4) 다층식 화장수 【처방예 2】 참조)이나 수성 젤 등의 제제가 유효하다. 또 수분이 감소한 피부에는 모이스쳐 효과가 높은 로션이나 유액이 필요하게 된다.

태양에 의한 색소침착의 회복에는 아스코르빈산 및 그 유도체, 프라센타추출물 등이 오래 전부터 이용되고 있지만 최근에는 월귤나무 성분인 알부틴이나 누룩성분인 코직산 등의 유효성이 알려지고 있다.

5-4 핸드 케어 화장품 ; Hand care cosmetics

「손」을 대상으로 한 제품에는 세정과 트리트먼트를 목적으로 한 비누, 핸드크림, 네일 케어 제품 등이 있다.

핸드케어 화장품의 목적중 하나는 손의 거칠어짐을 방지하는 것인데, 건조해서 생긴 피부 거칠어짐 방지와 물에 의한 손의 거칠어짐 방지를 들 수 있다. 그 외에 미백, 자외선방지를 목적으로 하는 제품도 있다. 건조 방지, 피부거칠어짐 방지를 위해서는 모이스쳐 효과가 높은 크림타입과, 물로 하는 일을 하기 전에 발라서 발수성을 주어, 물과의 직접적인 접촉을 막는 타입이 있다. 모이스쳐 타입의 크림에는 보습효과를 갖기 위해 각종의 보습제나 바세린 등을 배합하고 있다. 손거칠음 예방타입은 발수성을 위해, 실리콘오일, 실리콘고분자를 배합한다. 유화형으로서는 로션타입이나 W/O형 에멀젼이 적당하다. 손거칠어짐이 심하여 손이 트는 것을 개선하기 위해서 각종 보습제나 바세린 등을 첨가하고 요소, 소염제, 비타민류 등의 약제를 배합하는 것이 바람직하다.

사람의 신체 중에서 의복으로 가려지지 않는 부분의 피부가, 그 사람의 연령을 가장 쉽게 나타낸다고 한다. 그 부분은 손과 손등, 목덜미이다. 따라서 손을 하얗게 유지하고 싶거나 또는 자외선으로부터 방지하려는 욕구에 응하여 미백제(비타민C 유도체 등)나 자외선 방지제(파라옥시계피산 2-에틸헥실・4-tert-부틸-4-메톡시디벤조일메탄 등)를 배합하여, 보다 좋은 효과를 목적으로 한 제품도 있다.

【처방예 1】 손거칠음 방지 로션

폴리페닐메틸실록산	5.0%
에틸알코올	94.8
향료	0.2

【처방예 2】 모이스쳐 크림

정제수	64.75%
글리세린	15.0
1,3-부틸렌글리콜	3.0
수산화칼륨	0.25
스테아린산	3.0
스테아린산모노글리세리드	3.0

세탄올	2.0
유동 파라핀	6.0
바세린	3.0

【처방예 3】 핸드 크림

정제수	58.0%
글리세린	20.0
요소	2.0
POE(60) 이소스테아린산글리세리드	2.5
스테아린산 모노글리세리드	1.5
세탄올	4.0
바세린	2.0
유동 파라핀	10.0
V_E 아세테이트	적당량
비타민D	적당량

【처방예 4】 미백유액

정제수	78.0%
글리세린	8.0
1,3-부틸렌글리콜	4.0
POE(10) 베헤닐알코올에테르	2.0
솔비탄세스키올레이트	2.0
세탄올	2.0
바세린	1.0
유동파라핀	3.0
4-tert-부틸-4-메톡시디벤조일메탄	적당량
파라옥시계피산 2-에틸헥실	적당량
글리틸리틴산	적당량
비타민C유도체	적당량

【제조법】 크림, 유액 제조법은 일반적인 제법을 이용하므로, 기초화장품항을 참조하기 바란다.

5-5 》 방취 화장품 ; Deodorant cosmetics

방취 화장품은 불결한 체취를 방지하는 것을 목적으로 한 피부 외용제이며, 약사법상으로 분류하면 「체취방지제」로 분류되며 의약부외품으로 취급하고 있다. 주된 제형으로는 액제, 에어로졸제, 연고제, 분산제, 고형분말, 스틱상의 제품이 있는데, 분말함유 에어로졸제나 액제가 일반적이다.

5-5-1. 체취의 발생

체취는 땀냄새, 액취(겨드랑이 냄새), 발냄새 등이 있는데, 이러한 냄새는, 냄새의 원인인 땀과 냄새를 생성하는 「피부상재균」에 의해 만들어진다. 총론 1-1-4에서 서술한 바와 같이 땀은 땀샘에서 분비되고 주로 에크린선과 아포크린선으로 구별된다. 인체 전체에 걸쳐 분포되어 있는 에크린선에서 분비되는 땀은 에크린땀이라 하는데, 대부분이 수분으로 구성되며, 그외에 약간의 염화나트륨, 젖산, 요소 등이 포함되어 있다. 한편 아포크린선(취기선이라고도 한다)은 털에 부수적으로 존재하는 땀샘이고, 겨드랑이, 유륜, 음부 등의 특정 부위에 존재한다. 여기서 분비되는 아포크린땀은 단백질이나, 지질, 지방산, 콜레스테롤, 글루코오스, 암모니아, 철 등이 함유되어 있는 밀크 형태의 땀이다.

이렇게 분비된 땀은 그 자체로서는 강한 취기를 내지 않지만, 피부표면에 존재하는 피부상재균에 의해 취기물질로 변화한다. 액취와 발냄새를 분석한 결과, 액취로부터 페랄곤산이나 카프린산 등의 저급지방산이 특이적으로 검출되고, 발냄새는 이소팬타노익산이 특이적으로 검출되는데, 이것이 체취의 원인이라고 생각된다.

최근의 연구에 의하면, 40세 경부터 남녀 모두에게서 느껴지는 어떤 풋내를 띠는 기름기 특유의 체취는, 연령 증가와 함께 피하지방중의 지방산의 일종인 9-헥사데센산이 증가하는데, 이것이 피부의 과산화지질과 상재균에 의해 분해, 생성되는 노네날에 의한 것임이 밝혀졌다.

이와 같은 연령 증가에 따른 냄새를 억제하는 제품 개발도 이루어지고 있다[8)].

5-5-2. 방취화장품의 기능과 배합성분

체취발생의 과정을 고려하면 방취화장품이 갖추어야 할 기능으로서 다음의 4가지를 열거할 수 있다.

1) 땀을 억제하는 제한기능

비교적 강한 수렴작용을 갖는 약제를 배합하여 발한을 억제하는 방법으로, 파라페놀설폰산아연이나 구연산, 각종의 알루미늄이나 지르코늄염이 배합되어 있는 것이 많다. 이 중에서도 각종 알루미늄 화합물을 배합하는 경우가 많은데 알루미늄클로로하이드레이트가 가장 일반적이다. 알루미늄클로로하이드레이트는 물에 용해시켜 액제로 사용하기도 하고, 분말 상태인 분산제나, 분말 에어로졸제로 사용하기도 하며, 유성 스틱중에 분산시키는 등 제형이 자유롭다.

2) 피부상재균의 증식을 억제하는 항균기능

체취의 원인물질을 만드는 피부상재균의 증식을 억제하여 방취효과를 얻을 목적으로 항균제가 사용된다. 유효성분으로서는, 트리크로산, 염화벤잘코늄, 염화벤제트니움, 염산클로로헥시딘, 글루콘산클로로헥시딘, 하로칼반 등의 항균성 약제가 일반적으로 이용되고 있다. 생약유래의 정유나 추출물 등에서 항균성을 갖는 것을 배합하는 경우도 있다.

3) 발생한 체취를 억제하는 냄새제거기능

체취의 원인인 저급지방산은 그 형태를 금속염으로 변화시키면, 특이적인 취기를 발생시키지 않게 된다. 이 사실을 응용하여 산화아연을 취기물질인 저급지방산에 작용시키면

$$2RCOOH + ZnO \rightarrow (RCOO)_2Zn + H_2O$$

에 따라서 저급지방산아연염이 생성되어 취기가 없어지게 된다. 그외에 플라보노이드나 클로로필 등이 많이 함유된 식물 추출물을 배합하는 경우도 있다.

4) 향기에 의한 마스킹 기능

정도가 약한 체취라면 향수나 오데코롱 등을 이용하여 마스킹을 할 수가 있다. 코롱류에는 위에 기술한 항균성 성분을 배합하여 방취효과를 높인 데오드란트코롱이라는 것도 있다.

이상 4가지의 기능이 있지만 실제 제품에는 땀 억제와 항균 기능을 중심으로 하여 각각의 목적에 맞는 약제를 조합시켜 배합하는 것이 바람직하다. 또, 여기에 냄새제거성분을 첨가하여 냄새방지효과를 높이기도 하고, 향료를 첨가하여 마스킹하고 향기의 기호성을 높이는 방법도 좋다.

5-5-3. 방취화장품의 종류

1) 데오드란트 로션 ; Deodorant Lotion

액제인 데오드란트 로션은 에틸알코올을 다량 함유하여 청량감이 있는 것이 많다. 또 다른 제형에 비해 땀 억제 효과도 높은 것으로 보인다. 분사제를 이용하지 않는 스프레이(natural spray)나 회전 볼로 바르는 롤 온(roll-on) 등의 타입이 있다.

【처방예 1】 ROLL-ON 타입

알루미늄클로로하이드레이트	10.0%
무수 에틸알코올	60.0
정 제 수	25.3
1,3-부틸렌글리콜	3.0
염화벤잘코늄	0.2
폴리옥시에틸렌(40)경화피마자유	0.5
수용성점도증가제	1.0
향료	적당량

【제조법】 정제수에 알루미늄클로로하이드레이트, 1,3-부틸렌글리콜, 염화벤잘코늄, 수용성 점도증가제를 가하여 용해시킨다. 무수 에틸알코올에 계면활성제와 향료를 용해시키고, 수상에 알코올상을 혼합하여 여과한다.

【처방예 2】 Natural Spray Type

파라페놀설폰산아연	2.0%
무수 에틸알코올	74.0
디메틸폴리실록산	13.0
정제수	7.29
프로필렌글리콜	3.0
염화벤잘코늄(48%)	0.21
폴리옥시에틸렌(40)경화피마자유	0.5
향료	적당량

【제조법】 정제수에 파라페놀설폰산아연과 프로필렌글리콜을 용해한다. 무수 에틸알코올에 나머지 성분을 용해시킨 두 가지 상을 혼합하여 여과한다.

2) 데오드란트 파우더 ; Deodorant Powder

분말을 단순 혼합한 것과 고형파운데이션 같은 분말을 성형한 프레스 파우더가 있다.

【처방예】 프레스 파우더

알루미늄클로로하이드레이트	5.0%
산화아연(아연화)	5.0
탈크	87.0
유동 파라핀	3.0
향료	적당량

【제조법】 분말성분을 충분히 혼합한 뒤에 유동 파라핀에 용해한 향료를 균일하게 분무하여 혼합한다. 이 분말을 분쇄한 후 압축성형한다.

3) 데오드란트 스프레이 ; Deodorant Spray

데오드란트 스프레이는 액화 가스를 분사제로 이용한 에어로졸제이다. 이 타입은 웨트 타입(화장수형)과 드라이 타입(분말형)이 있다. 후자는 일반적으로 파우더 스프레이라고 한다. 화장수형은 데오드란트 로션과 같은 사용성이 있으며, 분말형은 매우 산뜻한 사용성이 있는 것이 특징이다. 분사제로서 이용되는 액화 가스는 주로 액화석유가스(LPG)이다. 프레온 가스의 오존층 파괴가 문제시되면서 현재 그 사용이 자제되고 있다. 파우더 스프레이(분말형)의 경우, 배합분말의 분산성(분말의 침강속도)과 침강된 분말의 재분산성에 주의를 기울일 필요가 있다.

【처방예 1】 화장수형 스프레이

(원액처방)	
파라페놀설폰산아연	2.0%
무수 에틸알코올	92.79
염화벤잘코늄액(48%)	0.21
1,3-부틸렌글리콜	3.0
미리스틴산이소프로필	2.0
향료	적당량
(충전처방)	
원액	50.0%
LPG	50.0

【제조법】 원액 성분을 무수 에틸알코올에 용해시키고 여과한다. 에어로졸 용기에 에틸알

코올 원액을 주입시켜 밸브를 장착한 후, LPG를 충전한다.

【처방예 2】 파우더 스프레이

(원액처방)	
알루미늄클로로하이드레이트(미세분말)	30.0%
무수규산(미세 분말)	15.0
실리콘처리 탈크	15.0
산화아연(미세 분말)	5.0
염화벤잘코늄액(48%)	0.21
미리스틴산이소프로필	21.79
디메틸폴리실록산	10.0
솔비탄지방산에스테르	3.0
향료	적당량
(충전처방)	
원액	10.0%
LPG	90.0

【제조법】 분말 성분과 액상 성분을 각각 혼합하여 분말부는 체에 내리고 액상부는 여과한다. 분말부와 액상부를 각각 에어로졸 용기에 넣고, 밸브를 장착하여 분사제인 액화 가스를 충전한다.

4) 데오드란트 스틱 ; Deodorant Stick

유성 성분중에 땀 억제 물질이나 항균 성분을 배합하여 스틱 형태로 굳힌 제형이다. 스틱상은 부착력이 좋아 방취효과의 지속성이 있다. 처방으로는 불투명 왁스계와 투명비누 알코올계가 있고, 전자는 피부를 부드럽게 하고 후자는 매우 산뜻한 사용성이 있다.

【처방예 1】 왁스계 스틱

알루미늄클로로하이드레이트	23.0%
탈크	15.0
고형파라핀왁스	2.0
스테아릴알코올	8.0
유동파라핀	14.5
환상 디메틸폴리실록산	36.5

솔비탄 지방산 에스테르	1.0
향료	적당량

【제조법】 유동 파라핀에 고형파라핀, 스테아릴알코올, 솔비탄 지방산 에스테르를 가온 용해하여 혼합한다. 나머지 분말을 첨가하여 호모믹서로 균일하게 분산 혼합하고, 형틀에 유입시켜 냉각 고화시킨다.

【처방예 2】 비누알코올계 스틱

미리스틴산이소프로필	12.0%
스테아린산나트륨	10.0
세틸알코올	3.0
프로필렌글리콜	25.0
무수 에틸알코올	48.76
염화벤잘코늄액(48%)	0.21
정제수	1.0
향료	적당량

【제조법】 가온한 에틸알코올에 스테아린산나트륨을 첨가하여 혼합한다. 나머지의 성분을 가온 혼합하고 형틀에 유입시켜 냉각 고화시킨다.

5-6 》 탈색제 · 제모제

5-6-1. 탈색제 ; Bleach or Discolour

현재 일반적으로 사용되고 있는 탈색제는 알칼리성 과산화수소인데 멜라닌 과립을 산화하여 분해하는 것으로, 검은 털을 갈색 및 금발로 변하게 할 수 있다. 따라서 팔과 다리의 불필요한 털을 눈에 띄지 않게 할 목적으로, 탈모, 제모와 함께 현재 널리 이용되고 있다.

탈모제의 주성분은 과산화수소로 이것에 유분 및 계면활성제, 표백촉진제(과황산암모늄 및 기타의 과황산염류)가 배합되어 있다. 이들은 일반적으로 강한 알칼리성으로서 산화제를 이용하기 때문에 주의하여 사용하는 것이 중요하다.

탈모제는 털에 손상을 주기 쉬운 단점이 있고, 이것은 털 단백질의 주성분인 케라틴을 산화시키기 때문에 이 케라틴의 산화는 먼저 시스테인 결합에서 일어나고 또, 다른 아미노산 잔기도 산화를 약간 받는다.

5-6-2. 탈모·제모제 ; Depilatories

겨드랑이털 및 발과 팔에 생긴 체모를 제거하는 목적으로 사용된다. 일반적으로 시판되고 있는 탈모·제모제에는 물리적인 힘을 이용하여 불필요한 털을 제거하는 것과, 화학적 작용을 이용하여 제거하는 것으로 구별된다. 최근 전자를 탈모제, 후자를 제모제라고 나누어 부른다.

털의 성장기는 부위에 따라 다른데, 팔에서는 2개월 정도, 다리에서는 3.7개월 정도이다. 또 털의 성장속도는 겨드랑이 0.3~0.42mm/day, 정강이가 0.21~0.23mm/day이다.

따라서 모근으로부터 제거하는 탈모제의 지속성은 1개월부터 몇 개월의 기간이다. 또 피부표면에 있는 모를 제거하는 제모제의 지속성은 몇 주간에서 몇 개월이다. 그러나 같은 부위에서도 모의 종류에 따라 모주기가 다르므로 실제는 2~3주간에 한번의 처치가 필요하다.

1) 탈모제

현재 시판되고 있는 탈모제에는, 가온 용해시킨 왁스를 털에 도포하여 털을 덮어 싼 채로 냉각시켜서, 고화된 왁스와 함께 털을 제거하는 제품, 물엿 상태의 점착성이 있는 젤을 얇게 바르고, 부직포를 밀착시켜서 부직포와 함께 모를 제거하는 제품, 또는 강력한 점착 테이프의 접착성을 이용하여 모를 제거하는 제품이 있다. 모두 약간의 숙련이 필요하다.

탈모제는 모근으로부터 제거하는 것이기 때문에 효과의 지속성(탈모하고 나서 다시 모가 자라나기까지의 기간)이 제모제보다 길다. 단지 탈색한 모를 탈모할 경우 모근에서 뽑히지 않고 도중에서 잘리는 경우가 있다.

겨드랑이의 굵은 모를 제거할 경우는 왁스 타입의 탈모제가 적당하고, 수족의 가는 모는 젤타입 및 접착시트 타입의 탈모제가 용이하여 충분히 효과를 높일 수 있다. 접착력이 강한 시트 타입은 피부에 손상을 주는 경우가 있으므로, 같은 부위를 여러 번 탈모하는 것은 삼가해야 한다.

【처방예】 왁스타입

송진	48.0%
밀납	25.0
고형 파라핀	17.0
바세린	10.0
산화방지제	적당량

【제조법】 전량을 가열하고 균일하게 용해시킨 후, 충전하고 냉각 고화시킨다.

2) 제모제

불필요한 털을 화학적 작용으로 제거하는 제품으로서, 탈모제에 비해 통증이 없고, 왁스 타입과 같이 가온할 필요가 없으므로, 현재 가장 널리 이용되고 있다.

제모의 메커니즘은, 모의 구성 성분인 케라틴 단백질의 시스테인 결합(디설파이드 결합)을 환원하여 절단하는 것이다.

$$\mathrm{CH{-}CH_2{-}S{-}S{-}CH_2{-}CH} \xrightarrow{\text{환원}} \mathrm{CH{-}CH_2{-}SH \quad HS{-}CH_2{-}CH}$$

이 반응을 신속하고 효과적으로 일어나도록 하기 위해서는 모를 팽윤시켜야 함으로 pH를 11~13 정도의 알칼리로 유지시켜야 한다.

환원제로서는 황화스트론튬, 황화나트륨, 황화칼슘 등의 무기계와 티오글리콜산의 유기계가 있다. 무기계 환원제는 악취가 강하면서, 피부에 자극이 강하다는 결점 때문에 현재는 거의 사용되지 않는다.

티오글리콜산염에는 티오글리콜산칼슘, 나트륨, 리튬, 마그네슘, 스트론튬염 등이 있고, 현재 널리 이용되고 있는 것은 칼슘염과 나트륨염이다.

티오글리콜산염류는 비교적 불쾌한 냄새가 적어서 향료로 쉽게 마스킹할 수 있고, 또 피부에의 자극도 적다. 강알칼리성을 나타내므로 사용되는 원료는 가수분해되기 어려울 것, 티오글리콜산염은 산소를 흡수하여 불활성될 것, 사용하는 용기의 부식성 등에 유의하여 제조할 필요가 있다.

바른 후 5~8분 정도에서 모를 제거할 수 있어야 하는데, 티오글리콜산염의 농도와 pH에 영향을 받으므로 농도는 4% 이상, pH는 12이상을 하나의 기준으로 하는 것이 좋다.

화학적 작용이기 때문에 사람에 따라 염증을 일으키는 경우가 있으므로 소비자에게 적절한 사용방법을 지도하는 것이 중요하다.

제형은 페이스트상, 크림상, 에어로졸상이며, 겨드랑이 등과 같이 밀착성이 요구되는 부위에는 크림상 또는 페이스트상이 적당하다. 넓은 부위에는 에어로졸상이 적당하다.

참고로 제모제의 주요 성분과 보조 성분의 성질을 아래에 기술한다.

2-1) 티오글리콜산칼슘 ; $(HSCH_2COO)_2Ca$

약간 황화물 냄새가 나는 백색 분말결정이다. 물에 대한 용해도는 상온에서 7%, 95℃에서 27%이다. 수용액은 알칼리성이고 수산화칼슘 등을 첨가하여 pH를 12정도로 조정하여 사용

한다. 제품에서의 농도는 2~10%이다.

2-2) 제모조제

모에 제모제가 효과적으로 작용하도록 하는 조제로서, 모의 단백질을 팽윤 변성시키는 작용이 있는 요소, 그리고 구아니딘과 같은 유기 아민을 가하여 단시간에 제모할 수 있도록 고안된 것도 있다.

【처방예 1】 크림 타입

티오글리콜산칼슘	4.0%
세틸알코올	6.0
바세린	15.0
유동파라핀	10.0
폴리옥시에틸렌올레일알코올에테르	4.0
폴리옥시에틸렌스테아릴알코올에테르	2.0
정 제 수	59.0
향료	적당량

【제조법】 정제수에 티오글리콜산칼슘을 가하고 가열용해하여 65℃로 유지한다(수상). 나머지성분을 혼합하고, 가열용해, 분산하여 65℃로 유지한다(유상). 수상에 유상을 가하고 호모믹서로 균일하게 유화한다. 유화후 교반하면서 35℃까지 냉각한다.

【처방예 2】 에어로졸 타입

정제수	66.5%
디프로필렌글리콜	10.0
티오글리콜산	6.0
수산화나트륨	4.5
폴리옥시에틸렌세틸알코올에테르	3.0
유동파라핀	2.0
향료	적당량
LPG	6.0
디메틸에테르	2.0

【제조법】 정제수에 티오글리콜산을 첨가한 것(수상)에 폴리옥시에틸렌세틸알코올에테르,

유동파라핀, 향료를 70℃로 가열 용해한 유상을 가하고 교반 유화 후, 수산화나트륨을 가한다. 그 후 35℃로 교반 냉각하고 원액을 얻는다. 얻어진 원액을 용기에 충전 후 분사제로서 LPG, 디메틸에테르를 가한다.

5-7 》 목욕용제 ; Bath preparations

5-7-1. 목욕용제의 역사와 목적

일본은 온천이 많은 나라로, 옛부터 사람들은 온천을 건강유지 및 치료에 이용하여 왔다. 또 같은 목적의 생활의 지혜로서 약용식물, 예를 들면 유자탕 및 창포탕 등이 널리 이용되었고 지금까지 이용되고 있다.

온천에는 다양한 종류(미인탕, 자식탕, 삐고 멍든 곳을 치료하는 탕 등)가 있다. 온천지에 가지 않고도 가정에서 온천을 쉽게 이용할 수 없을까 하는데에 착안하여 당초에는 온천 성분을 건조시켜서 분말로 만든 물질 및 결정 등이 이용되었다. 그 후, 1925년경에 무기염류로 가정용 목욕용제를 개발한 것이 목욕용제의 시초이다. 목욕용제를 형태로 분류하면 분산제, 과립제, 정제, 연질캅셀제, 액제 등 여러 종류가 있다. 정제 및 연질캅셀제는 잘못하여 복용하게 될 것을 피하기 위해 직경을 2cm 이상으로 해야 한다는 규정이 있다.

목욕용제는 다음과 같은 목적으로 사용된다.

① 목욕물에 색과 냄새를 부여하여, 마음을 부드럽게 하고 기분을 상쾌하게 한다.
② 온천의 유효성분 또는 약제를 배합하고, 보온효과, 혈행촉진효과, 피로회복효과 및 미용효과를 높인다.
③ 피부를 청결하게 한다.

이 들 목적 중 몇 개를 조합시켜 제품을 만드는데, ① 및 ②의 목적을 갖는 제품이 많고, 최근에는 ①과 ②를 조합시킨 제품이 주류를 이루고 있다. ③의 목적에 맞는 제품은 버블베스로 목욕물에 용해하고, 기포를 내어 목욕하는 것으로 서양에서는 일반적 목욕법이다.

5-7-2. 목욕용제의 종류와 기능

1) 무기염류 목욕용제

주성분은 온천에 함유되어 있는 무기염류이며, 이것에 착색, 부향한 것으로 목욕물에 간단히 용해된다. 온천 효과 성분으로 목욕용제에 이용되는 원료는 몸의 온도를 높여 혈행촉진 효과가 있는 염화나트륨, 염화칼슘, 황산나트륨, 황산마그네슘 등이 있고 피부를 청결히 해

주는 탄산수소나트륨, 세스퀴탄산나트륨, 탄산나트륨, 탄산칼륨 등이 있다.

제품을 형태로 분류하면 분말, 과립, 정제 등이 있는데, 용해할 때 목욕물에서 이산화탄소의 기포를 발생시키는 발포성 베스솔트가 있으며, 성분은 탄산수소나트륨, 세스퀴탄산나트륨, 탄산나트륨 등에 호박산, 주석산, 사과산 등의 유기산의 결정을 조합시킨 것이다. 또한 보존시의 안정성을 향상시키기 위하여 황산나트륨 및 전분 등의 흡습제를 첨가한다.

처방으로서 일반적인 목욕용제의 예를 기재한다.

【처방예 1】 분말 타입

황산나트륨	50.0%
탄산수소나트륨	50.0
색소	적당량
향료	적당량

【제조법】 상기 성분을 균일하게 혼합한다.

【처방예 2】 과립 타입

황산나트륨	50.0%
탄산수소나트륨	49.0
카르복시메틸셀룰로오스나트륨	1.0
색소	적당량
향료	적당량

【제조법】 상기 성분에 물을 적량 가하고, 균일하게 혼합하여 압출 조립하고, 건조, 체별한다.

【처방예 3】 정제 타입

황산나트륨	45.0%
탄산수소나트륨	15.0
탄산나트륨	8.0
호박산	22.0
윤택제	적당량

색소	적당량
향료	적당량

【제조법】 상기 성분을 균일하게 혼합하고, 타정기로 원형 또는 각형으로 성형한다.

2) 약용식물 목욕용제

약용식물의 건조품을 재단 또는 분쇄한 것을 그대로 포장 또는 부직포로 포장한 제품, 용매로 추출한 추출엑기스의 액상 제품, 또는 스프레이 드라이 처리 등으로 건조된 엑기스를 무기염류에 가한 제품 등이 있다.

약용식물로서는 회향, 황금, 오오바구, 카모마일, 후박, 쌀 발효엑기스, 작약, 삼백초, 창포, 생강, 천궁, 귤껍질, 고추, 당귀, 당근, 유자, 쑥, 알로에, 보우후우, 박하 등이 있고, 약용식물 중에 함유하는 정유, 탄닌, 아즈렌 등 여러 가지의 성분에 보습, 혈행촉진, 소염, 진정, 진통, 살균, 청정 등의 효과가 있으며 각각 목적에 따라 배합한다.

3) 바스오일

바스오일은 액상의 동물성 및 식물성유지, 탄산수소, 고급알코올 또는 에스테르유 등의 유분이 주성분으로, 목욕후의 피부에 유분을 부여하고, 수분 증발을 방지하며, 피부를 유연하고, 매끄럽게 하는 등 미용의 목적으로 사용된다.

바스오일 중에서 특히 주로 향을 즐길 수 있도록 한 제품으로, 바스코롱(bath cologne)또는 바스퍼퓸(bath perfume)이라는 것이 있다. 바스오일은 사용시의 유분의 용해, 분산 등의 상태로 다음과 같이 분류할 수 있다.

① Floating bath type (기름 방울로서 표면에 뜬다)
② Spreading bath type (유막으로 확산된다)
③ Dispersion bath type (유분이 미세입자가 되어 목욕물에 분산)
④ Milk bath type (유분이 목욕물에 백탁 분산한다)

이러한 바스오일 중 ④의 밀크 바스타입은, 피부에 붙지 않고 뽀송뽀송하여 일본인의 피부감촉에 맞기 때문에 애용된다. 또 밀크 바스타입은 오일성분과 계면활성제성분으로 이루어져서, 그대로 액상 제품화할 수 있다.

최근에는 밀크 바스타입을 연질캡슐에 충전하여, 바스캡슐로서 이용하고 있다. 이 바스캡슐은 1회 사용량이 명확하다는 것, 콤팩트하다는 것, 젤라틴 피막은 투명하고 깨끗하며, 착색가공하여 외관이 좋으며, 피막성분은 보습작용이 있다는 것 등의 장점이 있다.

바스캡슐은 의약품의 소프트 캡슐과 같고, 연캡슐 기제는 젤라틴, 글리세린 및 물의 조성으로 이루어져 있어서 욕조에 넣으면 젤라틴 피막이 팽윤 용해하여 내용물이 욕조에 백탁 분산한다.

【처방예】 밀크 바스타입(캡슐형)

a) 내용물 처방	
유동파라핀	60.0%
스쿠알란	10.0
마카데미아너츠오일	10.0
솔비탄올레이트	5.0
POE 올레일에테르	10.0
향료	4.0
물	1.0
b) 캡슐	
젤라틴	41.0%
물	41.0
글리세린	18.0

【제조법】 1) a) 상기 성분을 균일하게 용해한다.

2) b) 상기 성분을 70℃로 균일하게 용해하고, 탈기포하고, 온도를 낮춰 60℃로 유지한다.

3) 젤라틴의 시트화 및 캡슐화

b)의 성분을 로울러 위에서 약 1mm의 시트를 만들고, 시트는 로타리식 전자동 소프트캡슐 성형기의 원통형 성형기에 공급하고 쌍방향으로부터의 회전에 의해 캡슐을 성형한다. 동시에 펌프로 a)를 충전한다. a)가 규정량에 달하면 동시에 성형도 완료되고, 이 때 접착에 필요한 온도를 형상 세그먼트로 시트에 주면, 성형시의 압력에 의해 캡슐이 접착한다. 캡슐은 3~7일간 정도 서서히 건조하여 캡슐의 수분이 10% 이하가 되면 제품이 완성된다.

4) 버블바스

물의 경도가 높은 서양에서는 비누의 기포력이 나쁘다는 점과, 입욕 습관에서 생겨난 상품이다. 욕조에 버블바스를 투입하고, 수도꼭지로부터 뜨거운 물을 세게 틀어서 욕조에 기포가 채워지도록 한 제품이다. 주로 세정 및 경수연화를 목적으로 한 목욕용제이며, 동시에 풍부한 기포와 향기를 즐길 수 있다. 서양에서는 입욕 습관상 널리 보급되어 있으나, 일본에서는 별로 이용되지 않는다.

제품형태로서는 분말상, 과립상, 고형상, 젤상, 액상 등이 있다. 이용되는 원료의 기포, 세정제 성분은 경수에서도 기포력이 양호한 알킬황산에스테르염, 알킬에테르황산에스테르염 등의 음이온 계면활성제를 중심으로 하여, 폴리옥시에틸렌알킬에테르, 지방산알카놀아미드 등의 비이온 계면활성제 및 이미다졸린계 양쪽성 계면활성제 등이 이용되고 있다. 분말상 및 액체상의 처방예를 기술한다.

【처방예 1】 분말 타입

라우릴황산나트륨	40.0%
황산나트륨	44.0
무수규산	10.0
산화티탄	5.0
에데트산3나트륨(EDTA-3Na)	1.0
색소	적당량
향료	적당량

【제조법】 상기 성분을 균일하게 혼합한다.

【처방예 2】 액상 타입

라우릴황산나트륨	6.0%
폴리옥시에틸렌라우릴에테르황산나트륨	15.0
폴리옥시에틸렌라우릴에테르황산트리에탄올아민	10.0
라우린산디에탄올아미드	3.0
디스테아린산에틸렌글리콜	3.0
글리세린	5.0
에데트산3나트륨(EDTA-3Na)	1.0
물	57.0
색소	적당량
향료	적당량

【제조법】 상기 성분을 균일하게 혼합용해한다.

5-8 》 해충 퇴치제

모기·각다귀 등의 벌레에게 물리지 않도록 예방하기 위하여 사용하는 제품이다. 자교성 곤충(모기, 이, 파리, 빈대 등)의 흡혈성 벌레의 기피성분으로서, 디메틸프탈레이트, 2-에틸-1,3-헥산디올, 비스부틸렌테트라하이드로플프랄, N,N-디에틸-m-톨루아미드 등이 있다. 이와 같은 리펠런트제를 신체에 바르면, 증발하여 신체 주위를 둘러싼다. 이 증발된 리펠런트제가 모기의 탄산가스 감지기를 마취시켜 습도감지기를 방해하여 기피효과를 나타낸다.

【처방예】 벌레 막이 스프레이

에탄올	49.5%
N,N-디에틸-m-톨루아미드*	5.5
향료	적당량
LPG(분사 가스)	45.0

* 약사법상 N,N-디에틸-m-톨루아미드의 배합량 상한은 10%이다.

참고문헌

1) R. H. Ferguson, F. B. Rosevear, R. C. Stillman : Ind. Eng. Chem., 35, 1005, (1943)
2) J. W. McBain, S. Ross : Oil and Soap, 24, 97, (1944)
3) 荻野：油化学, 18, 804, (1964)
4) 鴨田, 大畠, 青木, 仁科：油化学, 18, 804, (1969)
5) 清水, 塚田：フレグランスジャーナル, 11(1), 46-51, (1983)
6) 長沼雅子：都薬雑誌, 19(6), 21-26, (1997)
7) 福田　實：日本香粧品科学会　第22回教育セミナー講演要旨集, (1997)
8) 福田　實：日本化粧品技術者会誌, 31(4), 385-395, (1997)
9) 長沼雅子 他：日本化粧品技術者会誌, 31(4), 420-428, (1997)
10) R. M. Sayre et al. : J. Soc. Cosmet. Chem., 31, 133-143, (1980)
11) C. Cole, R. VanFossen : Photochem. Photobiol., 47, 738, (1988)
12) M. Stockdale : Int. J. Cosmt. Sci., 9, 85-98, (1987)
13) J. Ferguson et al. : Int. J. Cosmt. Sci., 10, 117-129, (1988)
14) B. L. Diffey, J. Robson : J. Soc. Cosmet. Chem., 40, 127-133, (1989)
15) 小川克基 他：日本化粧品技術者会誌, 29(4), 336-352, (1996)
16) 藤原直三：Bio Industry, 11(1), 49-53, (1994)
17) 土屋 他：日本化粧品技術者会誌, 22, (1)10, (1988)
18) 土師信一郎, 合津陽子：フレグランスジャーナル, 9, 42-46, (1999)

6 구강용 화장품

구강용 화장품은, 치아 및 그 주변부를 청결히 하고, 입속을 깨끗하고 상쾌하게 하며, 충치나 치주질환을 예방하는 구강용 외용제인 치약류와, 신트림 등 불쾌감 방지를 목적으로 하는 내복제인 구강 청정제로 크게 구분된다.

6-1 》 치약류 ; Dentifrices

6-1-1. 치약의 역사

치약이 인류 역사에 등장했다는 초기의 기록은, 기원전 1550년경의 고대 이집트이다. 부싯돌 분말, 녹청(綠靑), 녹점토(綠粘土), 유향(乳香), 꿀 등을 혼합한 것을 사용하였다고 한다. 그 후 로마시대나 그리스시대에도 녹각 분말, 동물의 뼈, 경석이나 대리석 분말, 꿀, 각종 약초를 원료로 한 치약이 이용되었던 것으로 보이고, 중세까지 쓰였을 것으로 상상된다. 치약이 그 원료나 형태, 기능에서 현재의 치약에 가깝게 되었던 것은 18세기 이후이고, 튜브에 담긴 것으로는 1850년 미국의 「세필드 치약」이 최초였다.

일본에서는 나라시대 이전부터 치약과 같은 것이 사용되었던 것으로 추정되지만, 문헌에 나타난 것은 1643년경 丁字屋喜佐衛門이라는 상인이 「丁字屋 치약」을 발매한 것이 최초이다. 에도시대에는 방주사(房州砂), 구운 소금, 숯, 조개껍질을 태워서 만든 분말 등을 원료로 이용한 것으로 추측할 수 있고, 메이지시대에 탄산칼슘이나 비누를 이용한 서양식 처방이 등장했다. 또 제품의 형태로는 메이지시대의 분말치약, 반연고상 치약에 이어, 다이쇼시대에 튜브에 들어 있는 연고상 치약이 등장했다. 최근에는 액상치약, 액체치약, 구강세정액 등 다양한 제품이 개발되었다.

최근 치과의학과 약학의 발전과 함께 불소화물을 위시하여 각종 약효 성분이 연구되어, 치약은 단순히 구강내 청소기능 뿐만 아니라 충치(dental caries)나 치주질환(periodontal diseases)의 예방 등 구강내 건강유지에 필수 역할을 하고 있다.

6-1-2. 치약류의 분류

치약류는, 사용시 칫솔과 함께 쓰는 치약제(dentifrice)와, 칫솔을 병용하지 않는 구강세정액(mouth wash)으로 크게 분류된다. 또한 치약의 형태에 따라 분말치약, 반연고상 치약, 연고상치약, 액상치약 및 액체 치약으로 분류된다. 구강세정액은 그 용법 및 형태에 따라 원액타입, 농축타입, 분말타입으로 분류된다(표 6-1, 2).

표 6-1. 치약류의 분류

용법	분류	형상	성분	특징
칫솔과 병용	치약제	분말치약	연마제, 발포제, 향미제, 약용성분, 기타	연마제가 95% 이상
		반연고상 치약	연마제, 습윤제, 발포제, 향미제, 약용성분, 기타	연마제가 70% 전후
		연고상 치약	연마제, 습윤제, 발포제, 향미제, 약용성분, 결합제, 기타	연마제가 60% 이상
		액상 치약	상동	저점도의 액상제형
		액체 치약	습윤제, 결합제, 발포제, 향미제, 약용성분, 기타	연마제는 배합되지 않음
칫솔을 사용안함	구강세정액		용제, 습윤제, 가용화제, 향미제, 약용성분, 기타	액체로 사용하고 원액, 농축, 분말타입이 있다(표 6-2 참조).

표 6-2. 구강세정액의 타입별 분류

타 입	용 법	특 징
원액타입	원액을 그대로 사용	간편하고 현재 널리 사용되고 있음
농축타입	원액을 일정량 물에 희석하여 사용	콤팩트하고 가볍고 1병으로 사용횟수가 많음
분말타입	분말을 물에 일정량 녹여 사용	휴대에 편리

6-1-3. 치약제

1) 치약제의 기능

치약제는 약사법에 의해 약효성분이 포함되지 않는 「화장품」과 불소화물 등 약효성분이 배합되어 있는 「의약부외품」으로 구분된다. 각각의 기능 및 효과범위는 표 6-3과 같이 정해져 있다. 여기서 화장품 치약의 효능·효과는 치약제의 기본적 기능이라고 할 수 있고, 이것은 주로 청소작용에 기인한 것이다. 한편 약효성분이 배합된 의약부외품 치약제는 기본적 기능에 추가적으로 약효성분이 있는 화학적, 약리적 효과에 의해 보다 적극적인 충치 또는 치주질환의 예방을 목적으로 한다.

1-1) 청소작용[1)]

치아의 표면에는 음식물 색소나 담뱃진 등에 의한 스테인(stain)이라고 하는 유색성 침착물이나, 구강내 세균 덩어리가 점착성 물질로 부착된 플라크(plaque) 등의 여러 가지 침착물이 존재한다. 특히 플라크는 우식이나 치주 질환, 구취의 원인으로, 플라크가 타액중의 칼슘이온이나 인산이온 등과의 작용으로 석회화되면, 치아에 단단하게 부착된 치석(tartar)을 형성한다. 이러한 침착물은 칫솔에 의한 기계적 청소 작용만으로는 완전하게 제거하는 것이 어렵고, 치약제의 성분 중의 연마제나 발포제의 작용에 의해 치아 표면의 침착물을 효과적으로 제거할 수 있다.

표 6-3. 치약제의 효능·효과의 범위

화장품	의약부외품
(1) 충치예방 (2) 치아를 희게 한다. (3) 치태를 제거 (4) 구중 정화 (5) 구취 방지 (6) 치아의 진(타르)을 제거 (7) 치석 침착을 방지	(1) 치아를 희게 한다. (2) 구중 정화 (3) 구중을 상쾌하게 한다. (4) 치조 농루의 예방 (5) 치은염 예방 (6) 치석 침착을 방지 (7) 충치예방 또는 충치발생 및 진행의 예방 (8) 구취 방지 (9) 담배의 진을 제거 단, (4)~(9)는 대응하는 약효성분의 배합 필요

1-2) 충치의 예방

충치의 원인에 대하여 널리 수용되고 있는 학설은, 음식물(특히 당), 충치 원인세균, 치아의 질의 감수성이라는 3가지 요인에 의해 충치가 발생한다고 하는 Keyes의 설[2)]이다(그림 6-1).

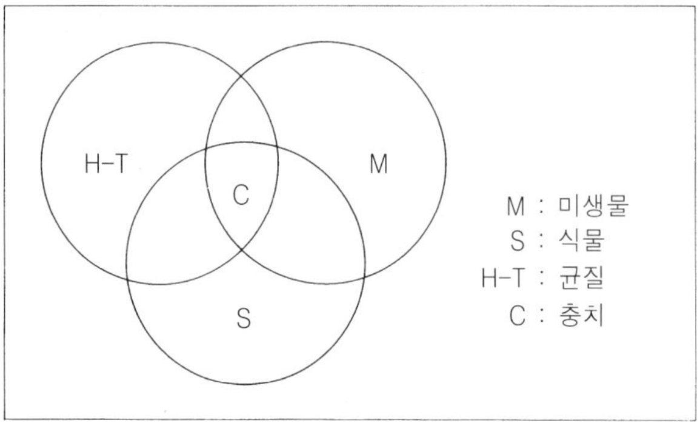

그림 6-1. Keyes의 충치 원인도(3원)

즉 충치 원인세균인 스트랩토코커스 뮤탄스(streptococcus mutans) 등의 연쇄구균이 자당을 기질로 하여 불용성, 점착성의 다당류를 생성하고, 거기에 스트랩토코커스 뮤탄스 자신과 다른 구강내 세균과 함께 세균 덩어리가 되어 치면에 부착된다. 이것이 치태라는 것이며 치태중에서 스트렙토코커스 뮤탄스를 위시한 산성생균이 자당으로부터 생산한 산에 의해 치아의 무기질이 용해(탈회)되는 현상이 충치이다. 또한 이 탈회의 정도는 치아의 산에 대한 저항성의 강약에도 영향을 받는다고 알려져 있다. 따라서 충치를 예방하기 위해서는 ① 자당의 섭취를 줄이고 ② 치아면에 부착된 치태를 제거하며 ③ 치아의 산저항성을 증강시켜야 한다. 치약에는 그 기본적인 기능인 청소작용에 의해 치태를 제거하는 효과가 있는데, 여기에 치태를 만드는 세균의 증식을 억제하는 성분이나, 세균 덩어리가 치면에 부착되는 원인이 되는 다당류를 분해하는 성분을 배합하여, 보다 적극적으로 치태의 형성을 억제하는 것이 가능하다.

또한 불소화합물〔fluoride(NaF, SnF_2, Na_2FPO_3)〕은 치아의 주성분인 하이드록시아패타이트($Ca_{10}(PO_4)_6(OH)_2$)에 작용하여, 플루오로테드하이드록시아패타이트($Ca_{10}(PO_4)_6(OH)_{2-X}F_X$)가 되어 산에 대한 저항성을 증가시키며, 재석회화(탈회된 부분이 다시 결정화되어 치질을 형성하는 것)를 촉진함으로써 치아의 질을 강화하는 작용이 있다. 이러한 성분을 배합한 치약제는 청소작용만 하는 치약제보다 우수한 충치 예방 효과가 있는 것으로 알려져 있다.

1-3) 치주질환의 예방

치주질환은 잇몸염이나 치조농루 등 치아 주위조직의 병을 말하는데, 영양의 밸런스가 붕괴되거나 고혈압과 당뇨병 등의 전신적 원인 및 구강내의 부착물이나 치열이 고르지 않은 것과 같은 국소적 원인으로 발생한다. 특히 치태는 충치의 원인일 뿐만 아니라 치주질환의 원인도 된다. 치태가 치아와 잇몸 경계부위에 부착 정체하면, 치태중의 세균이 분비하는 독소에 의해 잇몸에 염증이 생긴다. 염증이 생긴 부위는 혈관 확장 등에 의하여 붉게 부어오르며, 이 때문에 치아와 잇몸 경계부위 즉 치주 포켓이라는 굴곡이 생겨 치태가 더욱 쌓이기 쉬워지고 염증이 급속히 진행되면서 치주 조직이 파괴된다. 이와 같은 치주질환을 예방하기 위해서는 치태의 제거가 중요하고, 여기에 염증을 억제하는 성분이나 세균증식을 억제하는 성분, 잇몸에 혈행을 촉진하는 성분 등을 배합한 치약이 치주질환에 보다 효과적인 것으로 알려져 있다.

2) 치약제의 성분

치약제는 그 형상에 따라 배합성분 배합비율이 다르고, 주성분으로서는 연마제, 습윤제, 발포제, 결합제, 향미제, 착색제, 보존제 및 약효성분 등이 있다(표 6-4).

표 6-4. 치약제의 성분

분 류	성 분	효과・작용
연마제	・탄산칼슘 ・인산수소칼슘 ・무수규산(실리카) ・수산화알루미늄 등	・치약의 주요성분 ・치아표면을 손상시키지 않고, 치아표면의 오염을 제거한다.
습윤제	・글리세린 ・솔비톨 등	・치약 중 분체에 윤기를 주고 가소성을 준다(크림상으로 만듦).
발포제 (기포제)	・라우릴황산나트륨 등	・구중에 치약을 확산시켜서, 입안의 오염을 세정한다.
결합제 (접결제)	・카복시메칠셀룰로오스나트륨 ・카라기난 등	・분체와 액체 성분을 결합시키고, 성형성을 부여한다.
향미제	・삭카린나트륨 ・페파민트오일 ・스피아민트오일 ・멘톨 등	・향미를 조화한다. ・상쾌감과 냄새를 부여하여 사용감을 증진시킨다.
착색제	・법정 색소	・치약의 외관을 좋게 한다.
보존제	・파라옥시안식향산에틸파라벤류 ・파라옥시안식향산부틸 등	・치약의 변질 방지
	・정제수	・치약의 점도・조도를 조정한다.
약효성분	・불화물 ・살균제 ・소염제 등	・충치예방, 치주질환 예방, 치은염 예방, 구취제거, 구강내 오염제거 등의 효과를 높인다.

2-1) 연마제 ; abrasives

연마제는 치약의 주요성분 중 하나로서 치아표면을 상처내지 않고 치아표면의 부착물을 제거하고 치아 본래의 광택이 나도록 하는 것으로, 대부분이 무기화합물 분말이다.

연마제의 구비조건은 우선 첫번째로 경도를 들 수 있다. 치아표면을 구성하는 에나멜질의 경도는 모오스 경도로 6~7이므로 연마제의 경도는 3 또는 그 이하가 바람직하다. 입자경은 20μm 이하가 실용적이며, 그 이상의 연마제는 모래씹는 듯한 느낌과, 치아표면이나 잇몸에 손상을 줄 수 있으므로 바람직하지 않다. 입자의 모양도 침상이나 봉상을 피하는 것이 좋다. 연마제 분말 혹은 연마제를 배합한 치약제의 연마력 측정법은 지금까지 여러 가지 방법이 제안되었지만 현재 세계적으로 널리 인정받고 있는 것으로는 RDA(Radio-active dentin abrasion)법이 있다[3]. 이것은, 사람의 뽑힌 치아의 상아질에 방사선을 조사하여 치질성분 중의 ^{31}P을 ^{32}P로 변환하고 연마시험기에서 연마제 혹은 치약제로 연마했을 때에 연마되어 나오는 ^{32}P의 양을 측정하는 방법이다. 이 방법에 따르면 연마력의 적당한 값은 피로인산칼슘의 연마력을 100으로 했을 때 250이하인 것으로 되어있다.

연마제로서 또 다른 조건은 pH가 약산성-약알칼리성의 범위이고, 물불용성의 무미, 무취한 백색분말이 바람직하다. 또한 당연히 독성 등 안전성도 충분히 고려되어야한다.

이러한 조건을 만족시키면서 현재 널리 사용되고 있는 연마제는 다음과 같다.

① 탄산칼슘($CaCO_3$) : 옛부터 치약용 연마제로 사용되어 왔으며, 싼 가격으로 입수가능하지만 연마력은 일반적으로 인산칼슘보다 크다. 중질 및 경질 두 종류가 있고, 중질은 석회석을 원료로 하고, 경질은 수산화칼슘을 원료로 한다.

② 제2인산칼슘($CaHPO_4$, $CaHPO_4 \cdot 2H_2O$) : 이수염 및 무수염이 있으나 무수염은 이수염에 비하여 경도가 높기 때문에 단독으로 사용하는 것은 드물다. 이수염은 부드러운 연마성과 사용감이 양호하고, pH도 중성이며, 다른 성분과의 상용성도 좋다. 그러나 이수염은 치약제로서 장기간 경과시 결정수를 잃고 무수염으로 변환되어 치약제를 경화시키기 때문에, 일반적으로는 마그네슘염 등 안정화제를 첨가하여 사용한다.

③ 무수규산($SiO_2 \cdot 2H_2O$) : 실리카라고도 한다. 치약제에 이용되는 무수규산은 고순도의 비결정질 이산화규소를 주성분으로 하며, 제법을 변화시킨 여러 종류의 물성이 알려져 있다. 무수규산은 불소와 반응해서 불용성 염을 생성하지 않으므로 불소치약에 적합하다. 다른 연마제에 비하여 굴절률이 낮아서 투명 치약의 제조가 가능하다.

④ 수산화알루미늄($Al(OH)_3$) : 천연 광석으로도 존재하지만 치약제에 이용되는 것은 알루미늄산염에서 합성된 것 등이다. 제2인산칼슘보다 비교적 싸므로 제2인산칼슘의 대체품으로 사용된다.

⑤ 기타 연마제 : 기타 연마제로는 피로인산칼슘, 불용성 메타인산나트륨, 탄산마그네슘

등이 있다. 또한 특수한 용도로서 알루미나가 이용되는 경우도 있다.

2-2) 습윤제 ; Humectants

습윤제는 치약제 성분중 분말이 페이스트상이 되게 하고 치약제가 용기나 공기중에 굳는 것을 방지한다. 주로 글리세린, 솔비트액(솔비톨의 고농도 수용액), 프로필렌글리콜, 폴리에틸렌글리콜 등 다가알코올이 사용된다.

2-3) 발포제 ; Foaming agents

발포제의 역할은 치약제를 구강중에 확산시켜 청소효과를 높이며, 또 계면활성제로서의 작용으로 구강중의 오염을 세정하는 것이다. 또한 거품의 부피감으로 치약사용시 감각적인 안정감이나 만족감을 주는 작용을 한다. 발포제로는 발포, 분산, 현탁, 침투, 세정, 경수성 등이 우수하고, 독성과 자극성이 없는 계면활성제 중에서 선택된다. 구강내에서 사용하므로 맛과 냄새도 중요시된다. 현재 널리 사용되고 있는 것은 라우릴황산나트륨이며, 이 외에 라우로일사르코신산나트륨, 알킬설포호박산나트륨, 야자유지방산모노글리세린설폰산나트륨, 자당지방산에스테르 등이 이용된다.

2-4) 결합제 ; binders

결합제는 치약제중의 분말과 액체 성분간의 분리를 방지하고, 치약제에 적당한 점탄성과 형상을 준다. 또한 치약제의 구강내에서의 분산성, 발포성 등에 영향을 준다. 현재 널리 이용되는 것은 카르복시메틸셀룰로오스나트륨(CMC)이다. CMC는 생리적 불활성으로 물에 쉽게 용해되어 다른 성분과 상용성이나 안정성이 좋으며 비교적 가격이 저렴하다는 특징이 있다. CMC는 분자중의 OH기의 치환도와 중합도에 의해 성질이 달라지므로 목적에 따라 적당히 선택하여야 한다. 그 외에 셀룰로오스 유도체로서 메틸셀룰로오스, 하이드록시에틸셀룰로오스, 하이드록시프로필셀룰로오스 등도 알려져 있다. 또한 알긴산나트륨, 카라기난, 산탄검 등의 다당류나 폴리아크릴산나트륨과 같은 합성 고분자화합물, 벤트나이트, 라포나이트 등의 무기 점토 광물도 사용된다.

2-5) 향미제 ; Flavoring agents

향미제는 치약제 원료에 기인하는 불쾌한 냄새나 맛을 제거하고, 청량감과 기호성을 좋게 향미를 부여하여 치약을 사용하기 쉽게 하기 위한 것이다.

① 향 료 : 치약제에 사용되는 향료로는 페파민트유, 스피아민트유, *l*-멘톨 등이 청량감, 상쾌감을 주기 위해 많이 이용되고, 여기에 기호성을 높이기 위한 각종 향료가 이용된다.

② 감미제 : 사카린나트륨이 많이 사용되고, 습윤제로서 이용되는 글리세린과 솔비톨에도 감미가 있다. 치약제의 목적에서 보면 감미제가 충치를 유발하는 성질이 있으면 안되

는 것은 당연하다.

2-6) 약효성분

치약제에 배합된 약효성분은 그 작용 메커니즘에 의해 충치나 치주질환 예방 등의 효과가 확인된다(상세사항은 화장과 약제의 구강용 약제의 항을 참조바람).

3) 치약제의 처방예

【처방예 1】 분말 치약

탄산칼슘	95.0%
라우릴황산나트륨	1.8
사카린나트륨	0.1
향료	적당량
정제수	3.1

【처방예 2】 반연고상 치약

탄산칼슘	70.0%
글리세린	20.0
라우릴황산나트륨	1.5
사카린나트륨	0.1
향료	적당량
정제수	8.4

【제조법】 믹서에 탄산칼슘, 라우릴황산나트륨을 넣고 글리세린, 정제수를 가하여 혼합한다. 그리고 정제수 일부에 사카린나트륨을 용해한 것과 향료를 가하여 균일하게 될 때까지 혼합한다.

【처방예 3】 연고상 치약

제2인산칼슘 · 이수염	45.5%
무수규산	2.0
글리세린	15.0

카르복시메틸셀룰로오스나트륨	1.0
카라기난	0.3
라우릴황산나트륨	1.5
사카린나트륨	0.1
약효성분	적당량
향료	적당량
파라옥시안식향산에틸	0.01
정제수	35.09

【제조법】 진공 믹서에 정제수, 글리세린을 넣고 카르복시메틸셀룰로오스나트륨, 카라기난을 첨가하여 혼합용해한다. 여기에 제2인산칼슘·이수염, 무수규산, 라우릴황산나트륨을 첨가하고 혼합한다. 또한 정제수 일부에 사카린나트륨을 용해한 것과 향료, 파라옥시안식향산에틸을 첨가하고 균일하게 될 때까지 혼합한 후 감압 탈기포한다. 혼합과 탈기포가 불충분하면 시간 경과에 따라 고체-액체 성분 분리가 일어나므로 주의를 요한다.

【처방예 4】 연고상 치약(투명 타입)

무수규산	20.0%
솔비트액	55.0
글리세린	10.0
카르복시메틸셀룰로오스나트륨	1.5
라우릴황산나트륨	1.8
사카린나트륨	0.05
향료	적당량
파라옥시안식향산에틸	0.01
착색제	적당량
정제수	11.64

【처방예 5】 액상 치약

무수규산	10.0%
프로필렌글리콜	2.0
글리세린	5.0
솔비트액	10.0

폴리아크릴산나트륨	1.0
라우릴황산나트륨	1.0
사카린나트륨	0.1
향료	적당량
파라옥시안식향산에틸	0.01
착색제	적당량
정제수	70.89

【처방예 6】 액체치약

에탄올	10.0%
글리세린	5.0
라우릴황산나트륨	1.0
폴리옥시에틸렌폴리옥시프로필렌글리콜	0.5
사카린나트륨	0.15
향료	적당량
안식향산나트륨	0.1
착색제	적당량
정제수	82.25

【제조법】 정제수에 글리세린, 라우릴황산나트륨, 폴리옥시에틸렌폴리옥시프로필렌글리콜을 가하고 용해한다. 여기에 에탄올에 향료를 용해시킨 것을 가하고, 혼합용해한다. 다음에 사카린나트륨, 안식향산나트륨, 착색제를 가하고 용해시킨 후 여과한다.

6-1-4. 구강 세정제 ; Mouth wash

1) 구강 세정제의 기능과 성분

구강 세정제는 물치약 혹은 마우스 워시라고도 한다. 형상은 액체치약과 유사하지만 액체치약이 칫솔을 병용하는 것에 반하여 구강 세정제는 칫솔을 사용하지 않고 적당량을 입안에 넣고 헹구어낸 후 뱉어낸다. 구강 세정제는 원액 타입, 농축 타입, 분말 타입이 있고 현재 원액 타입이 보편화되어 있다(표 6-2 참조).

일본의 구강 세정제는 1960년경 미국으로부터 수입한 양치제로부터 발전하여 비교적 역사가 짧은 제품이지만 서구화된 생활과 구강위생 및 치과 예방의학이 사회적으로 인식됨에 따라 급속이 정착되고 있다.

구강 세정제의 기능은 입안을 정화하고, 입냄새를 방지하며 입안을 상쾌하게 한다. 약용성분이 배합된 것은 충치 및 치주질환의 예방효과가 있다.

구강 세정제의 성분으로는 에탄올 등의 용제, 습윤제, 가용화제, 향미제, 보존제, pH조정제 등이 사용된다. 분말 타입은 액체성분 대신에 탄산수소나트륨 등의 부형제가 이용되고 있다(표 6-5).

표 6-5. 구강 세정제의 성분

분 류	성 분	효과・작용
물	정제수	점도, 조도, 용량 등의 조정용 용매
용 제	에탄올 등	향미제 용해, 상쾌감 부여
습윤제	글리세린 등	구강내의 보습작용, 향미제 용해보조
가용화제	폴리옥시에틸렌경화피마자유 폴리옥시에틸렌폴리옥시프로필렌글리콜 라우릴황산나트륨 등	향미제 가용화, 구강내의 보습작용
향미제	사카린나트륨 멘톨 페파민트오일 등	청량감, 특징 향미의 부여
보존제	파라옥시안식향산에틸 안식향산나트륨 등	방부, 제품의 변질 방지
착색제	법정색소, 카라멜 등	착색으로 외관을 좋게 함
pH 조정제	인산염, 구연산염	pH의 조정
약효성분	1,8-시네올, 티올, 살리틴산메틸, *l*-멘톨	치은염 예방, 치태의 침착 예방, 구취방지

【처방예 1】 원액 타입

에탄올	15.0%
글리세린	10.0
폴리옥시에틸렌경화피마자유	2.0
사카린나트륨	0.15
안식향산나트륨	0.05
향료	적당량
인산이수소나트륨	0.1

착색제	적당량
정제수	72.7

【제조법】 정제수에 글리세린, 폴리옥시에틸렌경화피마자유를 가하고, 용해한다. 여기에 에탄올에 향료를 용해시킨 것을 가하고, 혼합 용해한다. 다음에 사카린나트륨, 안식향산나트륨, 인산이수소나트륨, 착색제를 가하고 용해시킨 후, 여과한다.

【처방예 2】 농축 타입

이소프로필알코올	30.0%
솔비트액	10.0
라우릴황산나트륨	4.0
사카린나트륨	0.15
향료	적당량
안식향산나트륨	0.15
착색제	적당량
정제수	55.7

【처방예 3】 분말 타입

탄산수소나트륨	97.8%
무수규산	2.0
사카린나트륨	0.2
향료	적당량
착색제	적당량

6-2 》 구강 청량제 ; Mouth freshener

구강 청량제는 구토나 기타 불쾌감의 방지를 목적으로 하는 내복제로서, 약사법상 의약부외품으로 취급한다. 형상으로는 환제상, 판상, 트로키상, 액상 등이 있고 액상은 스퀴즈식 혹은 펌프식 용기로 분무하여 사용하는 것도 있다.

구강 청량제와 형상이 유사한 것으로 엿이나 껌, 청량과자 등 식품이 있지만 이들 식품과 구강 청량제와는 법적으로 취급이 명확히 구분된다.

구강 청량제는 그 목적 때문에 일반적으로 청량감이 강한 향미가 있고 그 성분은 센약쿠, 회향, 간장, 계피, 정자 등의 생약류, 박하유, 회향유, *d*-칸플, *l*-멘톨, 클로로피린유도체 등이 있고 형상에 따라 부형제, 향미제, 보존제 등이 이용된다.

【처방예】 액상 타입

에탄올	40.0%
글리세린	10.0
폴리옥시에틸렌경화피마자유	1.0
l-멘톨	0.5
사카린나트륨	0.05
글루콘산클로로헥시딘	0.02
향료	적당량
정제수	48.43

【제조법】 정제수에 글리세린, 폴리옥시에틸렌경화피마자유를 첨가하고, 용해한다. 여기에 에탄올에 *l*-멘톨 및 향료를 용해시킨 것을 가하고, 혼합용해한다. 다음에, 사카린나트륨 글루콘산클로로헥시딘을 가하고 용해시킨 후, 여과한다.

참고문헌

1) 岩崎浩一郎他：歯界展望, 62(2), 321, (1983)
2) P. H. Keyes：Int. Dental J., 12, 443, (1962)
3) R. J. Grabenstetter et al.：J. Dental Res., 37. 1060, (1958)

찾아보기

ㄱ

가소제 • 515
가스 크로마토그래피 • 339
가용화 • 237
각질박리·용해제 • 210
각질층 • 67
각질층 수분량 • 46
각화 • 28
간반 • 44
갈래모 코팅제 • 543
감미제 • 615
감작성 • 282
개발 프로세스 • 20
건성피부 • 48
검화법 • 565
겉보기 밀도 • 245
결합제 • 615
겸용 파운데이션 • 490
경모 • 74
경피 수분 손실 • 46
계면 • 229
계면장력 • 229
계면활성제 • 177, 230
고급 지방산 비누 • 178
고밀도 폴리에틸렌 • 316
고분자 계면활성제 • 183
고분자 분체 • 134
고분자 실리콘 • 193
고속액체 크로마토그래피 • 341
고형백분 • 484
공극률 • 246
과립층 • 28
과산화수소 • 549
광가령 • 59
광감작성 • 283
광과민증 • 59
광구병 • 312
광노화 • 59, 62
광독성 • 283
광독성 반응 • 59
광물성 염모제 • 557
광안정성 시험 • 259
광알레르기 반응 • 59
광알레르기성 • 283
구강 세정제 • 618
구강 청량제 • 620
구강용 약제 • 216
구강용 화장품 • 17
구름 점 • 236
군청 • 130
굴절률 • 479
그린 • 160
글리세린 • 185
금속 • 317
금속비누 • 199
금속의 성형법 • 319
금속이온 봉쇄제 • 198
기능성 안료 • 135
기모근 • 76
기미 • 44
기저세포 • 28

기저층 • 28

ㄴ

나일론 파우더 • 135
난색계 • 109
남성 호르몬 • 63
내모근초 • 77
냉각장치 • 364
네일 가드 • 519
네일 드라이어 • 519
네일 에나멜 • 514
네일 트리트먼트 • 518
네일 폴리쉬 • 519
노인성 색소반 • 44, 67
노화 • 60
누설시험 • 261
눈 화장품류 • 501
눈자극성 • 284
뉴턴유체 • 248
니트로셀룰로오스 • 192

ㄷ

다가알코올에스테르 형 • 182
다상에멀젼 • 239
다일래이턴시 • 249
다층식 화장수 • 434
덧 눈썹 • 512
데오드란트 로션 • 595
데오드란트 비누 • 576
데오드란트 스틱 • 598
데오드란트 스프레이 • 597
데오드란트 파우더 • 596
도파 • 30
도파키논 • 30
도포용기 • 314
독성 • 284
동물 시험 대체법 • 287
동백(椿)유 • 168
동적 마찰계수 • 482
디메틸에테르 • 327
디메틸폴리실록산 • 176
디스퍼 • 362
디에탄올아미드 • 525
디프로필렌글리콜 • 185

ㄹ

라놀린 • 170
라멜라상 • 235
라스팅 노트 • 162
라우린산 • 173
랑게르한스 세포 • 39, 70
레올러지 • 248
레이크 • 123
레티놀 • 205
로즈 • 158
루시놀 • 204
리파아제 • 50
리포좀 • 244
린스 • 526
린스 일체형 샴푸 • 528
립스틱 • 495

ㅁ

마사지 크림 • 449
마스카라 • 506
마스크 • 462
마스킹 • 142
마이카 • 128
마이크로 에멀젼 • 238, 427
마이크로크리스탈린 왁스 • 172
마카다미아 너트유 • 169
막힘시험 • 261

만셀 표색계 • 105
망상층 • 31
매니큐어 제품류 • 512
메디케이티드 비누 • 576
메이크업 화장품 • 16
메이크업 화장품의 역할 • 478
메틸페닐폴리실록산 • 176
멜라노사이트 • 29, 37
멜라노솜 • 30, 43
멜라닌 • 30, 37, 42, 56
면포 • 51
명도 • 104
모간 • 76
모경지수 • 79
모구 • 76
모근 • 76
모근부 • 531
모낭 • 50
모낭공 • 50
모노에탄올아미드 • 524
모발 • 73
모발 마찰 측정기 • 254
모세관 점도계 • 250
모소피 • 77, 80, 90
모수질 • 77, 84
모유두 • 76
모이스처 밸런스 • 419
모주기 • 77
모포 • 75, 531
모피질 • 77, 83, 93
목욕용제 • 603
무기 안료 • 127
무기염류 목욕용제 • 603
무수규산 • 614
무스크 • 147
뮤우게 • 159
미들 노트 • 162
미리스틴산 • 173
미리스틴산 2-옥틸도데실 • 175
미리스틴산 이소프로필 • 175
미목 • 501
미생물 오염 • 503
미셀 • 233
밀납 • 170

ㅂ

바니싱 크림 • 447
바디 케어 화장품 • 17
바디샴푸 • 577
바세린 • 172
바스오일 • 605
반영구 염모제 • 553
반죽·혼합기 • 363
발톱 • 95
발포제 • 615
발한 • 497
방부제 • 274
방취 화장품 • 594
방향 화장품 • 18
배리어 기능 • 37
배합 금지 성분 • 378
백분 • 483
백색안료 • 131
버블바스 • 606
베시클 • 244
베이비파우더 • 486
베타-카로틴 • 125
벤가라 • 129
변이원성 • 285
보습제 • 183
보통피부 • 48
복합에멀젼 • 239
복합화 미립자 분체 • 137
볼연지류 • 500

부식시험 • 261
부착성 • 482
분산계 • 228
분산기 • 361
분산법 • 239
분쇄기 • 360
분체백분 • 484
분체혼합기 • 360
불소화합물 • 612
불완전 각화도 • 48
비누 • 567
비듬 • 531
비듬, 가려움용 약제 • 214
비이온 계면활성제 • 181, 524
비타민 A류 • 205
비타민 C류 • 201
비타민류 • 220
비표면적 • 245

ㅅ

사과산 디이소스테아릴 • 175
사이클 온도시험 • 262
산성 뮤코 다당 • 31
산성 퍼머제 • 548
산탄검 • 190
산화 방지제 • 196
산화아연 • 132
산화염모제 • 554
산화제 • 548
살균제 • 270
색상 • 104
색소반 • 44
색재 • 114
색채 • 101
샴푸 • 522
선 번 • 56
선탠 • 58
선탠 화장품 • 588
성형기 • 366
세구병 • 312
세레신 • 172
세리사이트 • 128
세안료 • 420
세정용 화장수 • 433
세틸 알코올 • 174
세팅로션 • 538
셀프 탠닝 화장품 • 590
소수기 • 230
손톱 • 95
솔비톨 • 186
수렴 화장수 • 432
수류중(水流中)에서의 모발마찰 측정기 • 253
수백분 • 485
수산화알루미늄 • 614
수소 결합 • 88
수지류 • 515
쉐이브용 화장품 • 468
쉐이빙 비누 • 469
쉐이빙 크림 • 469
스쿠알란 • 172
스킨 케어 화장품 • 16
스킨 케어 화장품의 기능 • 418
스킨 케어 화장품의 목적 • 417
스킨 케어 화장품의 역할 • 419
스테아린산 • 173
스테아릴 알코올 • 174
스톡스(Stokes)의 법칙 • 505
스트렙토코커스 뮤탄스 • 612
스트레스와 피부 • 70
스트레이트 퍼머제 • 549
스틱 용기 • 314
스파이시 • 161
습윤성 • 247
습윤제 • 615

시베트 • 147
시스테인류 • 547
시스틴 결합 • 87
시트러스 • 160
시프레 • 160
식물성 염모제 • 556
실리콘레진 • 497
실리콘유 • 176

ⓞ

아(亞)멜라닌 • 79
아로마세라피 • 143
아로마콜로지 • 143
아미노산류 • 223
아스코르빈산 • 201
아실 N-메틸타우린염 • 178
아실메틸 타우린염(AMT) • 523
아이 링클 케어 • 512
아이라이너 • 503
아이메이크업 리무버 • 512
아이브로우 • 510
아이섀도우 • 507
아조계 염료 • 120
아포크린선 • 33, 34, 594
안식각 • 246
안트라퀴논계 염료 • 122
알데히드 • 161
알레르기성 • 282
알부틴 • 203
알칼리성 퍼머제 • 548
알킬 베타인 • 524
알킬디메틸아미노초산베타인 • 180
알킬아미드 베타인 • 524
알킬아미드프로필디메틸아미노초산베타인 • 181
알킬에테르인산염 • 178
알킬황산에스레르염(AS) • 523
알킬황산에스테르염 • 178
암버그리스 • 147
압축가스 • 327
애니멀 • 161
애프터 선케어 화장품 • 591
애프터쉐이빙 로션 • 473
액정 • 234
액체바디 세정료 • 576, 578
액취방지용 약제 • 211
액화가스 • 326
액화석유가스 • 326
약사법 • 15
약용비누 • 576
약용식물 목욕용제 • 605
양이온 계면활성제 • 179, 527
양쪽성 계면활성제 • 180, 524
에나멜 리무버 • 517
에멀젼 • 238
에센스 • 458
에스테르 검화법 • 571
에스테르류 • 175
에스트로겐 • 63
에어로졸 • 325
에크린선 • 33, 594
에틸렌옥사이드·프로필렌옥사이드 블록 공중합체 • 182
에피큐티클 • 82
엑소큐티클 • 82
엔도큐티클 • 82
엘라그산 • 204
엘라스틴 • 31
여드름 • 49
여성 호르몬 • 63
연마제 • 614
연모 • 74
연백분 • 485
염결합 • 87

염료 • 120
염모제 • 549
염색법 • 239
염화디알킬디메틸암모늄 • 180
염화벤잘코늄 • 180
염화알킬트리메틸암모늄 • 179, 527
영구 염모제 • 554
오데코롱 • 564
오리엔탈 • 160
오리피스 점도계 • 251
오스트발트 라이페닝 • 244
온도 안정성 시험 • 257
올리브유 • 168
용제 • 515
우디 • 160
우로카닌산 • 37
원자발광 스펙트럼 • 350
원통상 용기 • 312
유극세포 • 28
유극층 • 28
유기 안료 • 123
유기 합성 색소 • 115
유동 파라핀 • 171
유동성 • 246
유두층 • 31
유리 • 317
유리의 성형법 • 319
유멜라닌 • 30, 79
유성 파운데이션 • 491
유액 • 436
유연 화장수 • 430
유지 • 168
유화 • 238
유화기 • 361
육모용 약제 • 212
육모제 • 529
은폐력 • 479
음이온 계면활성제 • 177, 523
응력 시험 • 262
응집 • 242
응집법 • 239
의약부외품 • 16, 371, 611
의약부외품의 정의 • 373
의약품 • 16
이미다졸리늄 베타인 • 524
이산화티탄 • 131
이소스테아린산 • 174
이소스테아릴 알코올 • 174
이차오염 • 268
일광 그을림 방지 화장품 • 586
일시적 염모제 • 552
일중항산소 • 38
일차오염 • 268
임계 미셀농도 • 233
입모근 • 76

ㅈ

자갈 분쇄기 • 363
자연노화 • 62
자외선 • 53
자외선 흡수제 • 193
쟈스민 • 158
저밀도 폴리에틸렌 • 316
적외선 흡수 스펙트럼 • 346
전기전도도 • 239
전상온도 • 231
점탄성체 • 248
정균작용 • 270
젖산나트륨 • 186
제2인산칼슘 • 614
제논아크램프 • 260
제모제 • 601
제한제 • 211
젤 • 455

조갑 • 96
조기질 • 97
조상부 • 97
조상피 • 98
조합향료 • 155
조향 • 161
주근깨 • 44
주름 • 64
중화법 • 569
지백분 • 485
지성피부 • 48
지질 • 86
진(眞)멜라닌 • 79
진주 광택 안료 • 132
진피 • 31, 68
질량 스펙트럼 • 348
질화붕소 • 135

ㅊ

착색안료 • 129
착색제 • 497
채도 • 104
천연 계면활성제 • 183
천연 색소 • 124
천연 향료 • 147
천연물 유래의 약제 • 223
천연보습인자 • 36, 419
첩포시험 • 286
체적밀도 • 245
체질안료 • 128, 481
초미립자 이산화티탄 • 131
초음파유화기 • 363
최소홍반량 • 58, 582
충전기 • 369
충전성 • 245
치약류 • 609
치약제 • 610
친수기 • 230
침입도형 점도계 • 253
침전 방지제 • 516

ㅋ

카로틴 • 43
카르나우바 왁스 • 169
카르복시메틸 셀룰로오스 나트륨 • 190
카르복시비닐 폴리머 • 190
카르사민 • 126
카민 • 495
카스토리움 • 147
카올린 • 128
칸데릴라 왁스 • 169
칼라 스틱 • 552
칼라 스프레이 • 553
컬러로션 • 538
컬럼 크로마토그래피 • 337
케라토히아린 • 28
케라티노사이트 • 31
케라틴 • 28, 73, 84
케이크 타입 파운데이션 • 489
케이킹 현상 • 490
코직산 • 203
코키닐 • 126
콘·플레이트형 점도계 • 252
콘·플레이트형 진동 점도계 • 253
콘디셔닝제 • 525
콜드크림 • 444
콜라겐 • 31
콜로이드 • 227
콜로이드분쇄기 • 363
콤팩트 용기 • 313
퀴놀린계 염료 • 121
퀸스씨드검 • 190
큐티클 • 90
큐티클 리무버 • 519

크라프트 점 • 236
크리밍 • 242
크림 • 442
크산틴계 염료 • 121
클렌징 오일 • 474
클렌징 크림 • 451
클렌징 폼 • 422

ㅌ

타르색소 • 115
타정분류 • 483
탄산칼슘 • 614
탈모 • 530
탈모제 • 600
탈색제 • 599
탈컴파우더 • 486
탈크 • 128
탑 노트 • 162
턴오버 • 28
테스토스테론 • 49, 531
투명비누 • 572
튜브 용기 • 312
트리 페닐 메탄계 염료 • 122
특수 화장품 • 379
티로시나아제 • 30
티로신 • 30
티오글리콜산류 • 547
티오글리콜산염 • 601
티오글리콜산칼슘 • 601
틱소트로피 • 249
틴들 현상 • 237

ㅍ

파라핀 • 171
파우더 용기 • 313
파우더 제품 • 474
파우더 파운데이션 • 488
파운데이션류 • 487
팔미틴산 • 173
팩 • 462
퍼머넌트 웨이브용제 • 544
페로몬 • 140
페오멜라닌 • 30
펜슬용기 • 314
펩타이드 결합 • 87
평행판 플래스트 메타 • 253
포마드 • 540
포장기 • 370
포토크로믹 안료 • 136
폴리메틸메타아크릴레이트 • 134
폴리비닐 피롤리돈 • 192
폴리비닐알코올 • 192
폴리스티렌 • 316
폴리에텔렌테레프탈레이트 • 316
폴리에틸렌 파우더 • 134
폴리에틸렌글리콜 • 186
폴리에틸렌테레프탈레이트 • 135
폴리염화비닐 • 316
폴리옥시에틸렌 형 • 181
폴리옥시에틸렌알킬에테르황산에스테르염 • 523
폴리옥시에틸렌알킬에테르황산염 • 178
폴리프로필렌 • 316
표면처리 • 247, 482
표피 • 28, 30, 68
품질 • 18
품질 보증 • 19
품질 특성 • 18
프레온가스 • 327
프로게스테론 • 63
프로테아제 • 208
프로펠러 믹서 • 361
프로필렌글리콜 • 185

프리쉐이빙 로션 • 472
플라스틱 • 315
플라스틱의 성형방법 • 318
피마자유 • 169
피막 형성제 • 515
피부 • 27
피부 자극성 • 281
피부 타입의 분류 • 48
피부 표면 형태 • 46
피부 혈류량 • 69
피부상재균 • 594
피부의 처짐 • 66
피부점탄성 측정기 • 253
피지 억제제 • 209
피지량 • 69
피지선 • 31, 49
피하 지방 조직 • 69
피하조직 • 31
필오프타입 • 504

ㅎ

한색계 • 109
한선 • 33
합성 마이카 • 136
합성향료 • 154
합성화장비누 • 575
합일 • 243
항균제 • 269, 271
항산화 시스템 • 38
항염증제 • 207
항지루제 • 533
항히스타민제 • 223
해충 퇴치제 • 608
핵자기 공명 스펙트럼 • 347
핸드 케어 화장품 • 592
향료 • 141
향미제 • 615
향수 • 560
향장품 • 16
헤모글로빈 • 43
헤어 리퀴드 • 539
헤어 미스트 • 537
헤어 브리치 • 549, 557
헤어 블로우 • 543
헤어 사이클 • 77
헤어 스틱 • 540
헤어 스프레이 • 537
헤어 오일 • 544
헤어 왁스 • 541
헤어 젤 • 537
헤어 케어 화장품 • 17
헤어 크림 • 542
헤어 트리트먼트제 • 541
헤어무스 • 535
헤어폼 • 535
혈관 • 34
호르몬 • 222
호르몬류 • 382
호모믹서 • 362
호모지나이저 • 363
호호바유 • 170
홍색구진 • 51
화장비누 • 572
화장수 • 426
화장품 • 15
화장품의 정의 • 373
환원제 • 548
활성 산소 • 38
황산화철 • 129
회전 스핀들형 점도계 • 251
회전 원통형 점도계 • 251
후로랄 • 158
후루티 • 161
후제아 • 160

훼멜라닌(phaeomelanin) • 79
흡수성 • 482
희석법 • 239
히아루론산나트륨 • 187

기타

1,3-부틸렌글리콜 • 186
1차 흑화 • 56
2-피롤리돈-5-카르본산나트륨 • 187
2차 흑화 • 58
ABS 수지 • 316
AHA • 206
AS 수지 • 316
CIE(표준) 표색계 • 106
D상 유화법 • 240
GMP • 275
HLB • 230
in vitro • 584
in vivo • 583
Lab 표색계 • 106
London-Van der Walls • 242
N-아실글루타민산염 • 523
N-아실아미노산염 • 179
O/W 유화형 파운데이션 • 492
O/W형 중성크림 • 448
PA분류 표시 • 583
SPF측정법 • 582
SPF측정법 기준 • 581
Stoke의 법칙 • 242
UVA방지효과 측정법 • 583
UVA방지효과 측정법 기준 • 581
UV케어 화장품 • 581
W/O 유화형 파운데이션 • 494
W/O형 에몰리엔트 크림 • 452
X선 회절 스펙트럼 • 344
α-하이드록시산 • 206

· 김주덕 숙명여자대학교 원격향장대학원 교수
· 김상진 대전보건대학 화장품과학과 교수
· 김한석 청암대학교 향장피부미용과 교수
· 권영두 한중대학교 약재가공학과 교수
· 박경환 전) 오산대학 피부미용과 교수
· 이화순 신안산대학교 뷰티디자인과 교수
· 진종언 동강대학교 뷰티미용과 교수

신화장품학 - 2판 정가 25,000원

인　쇄 2004년 1월 10일 초판 1쇄
발　행 2020년 3월 10일 초판 7쇄
편　저 光井武夫
공　역 김주덕 · 김상진 · 김한석 · 권영두 · 박경환 · 이화순 · 진종언
발행인 정우용
발행처 도서출판 동화기술
경기도 파주시 광인사길 201(문발동, 파주출판도시)
Tel (031)955-4211~6 donghwapub@nate.com
Fax (031)955-4217 www.donghwapub.co.kr
(등록) 1977년 12월 19일/9-16호

Printed in Korea
ISBN 978-89-425-9178-7